全国地层多重划分对比研究

（52）

贵州省岩石地层

主　　编：董卫平

编 著 者：（以编写章节先后为序）

董卫平　林树基　陈玉林

尹恭正　焦惠亮　王克勇

王洪第　甘修明　张吉惠

许　昊

中国地质大学出版社

内 容 简 介

作者以现代地层学原理和国内外地层规范原则为指导，对近80年来贵州省地层学方面积累的大量资料和文献进行了全面收集、清理和综合研究后著成，本书系统地反映了中元古代至第三纪共11个断代的岩石地层、生物地层和年代地层划分和对比的最新成果。书中重点筛选出省内当前使用的岩石地层单位名称，全面叙述了这些单位的创名、原始定义和划分沿革，明确了其现在定义、地质特征、区域变化和时代归属。书中还对此次建立的“贵州省地层数据库”功能作了简介。

本书是从事地学教学、科研、区域地质调查和矿产勘查工作者的重要工具书，也是国内外从事地学基础性研究人员的重要参考资料。

图书在版编目(CIP)数据

贵州省岩石地层/董卫平主编.—武汉:中国地质大学出版社,1997.12(2013.1 重印)
(全国地层多重划分对比研究:52)
ISBN 978-7-5625-1269-1

Ⅰ.贵…
Ⅱ.董…
Ⅲ.地层学—贵州省
Ⅳ.P535.273

中国版本图书馆 CIP 数据核字(2008)第164017号

贵州省岩石地层 董卫平 主 编

责任编辑:张晓红 责任校对:胡义珍

出版发行:中国地质大学出版社(武汉市洪山区鲁磨路388号) 邮编:430074
电话:(027)67883511 传真:67883580 **E-mail**:cbb @ cug.edu.cn
经 销:全国新华书店 **http**://www.cugp.cn

开本:787毫米×1092毫米 1/16 字数:500千字 印张:19.75 插页1
版次:1997年12月第1版 印数:2013年1月第3次印刷
印刷:武汉教文印刷厂 印数:1101—1600册

ISBN 978-7-5625-1269-1 定价:59.50元

序

100多年来，地层学始终是地质学的重要基础学科的支柱，甚至还可以说是基础中的基础，它为近代地质学的建立和发展发挥了十分重要的作用。随着板块构造学说的提出和发展，地质科学正经历着一场深刻的变革，古老的地层学和其他分支学科一样还面临着满足社会不断进步与发展的物质需要和解决人类的重大环境问题等双重任务的挑战。为了迎接这一挑战，依靠现代科技进步及各学科之间相互渗透，地层学的研究范围将不断扩大，研究途径更为宽广，研究方法日趋多样化，并萌发出许多新的思路和学术思想，产生出许多分支学科，如生态地层学、磁性地层学、地震地层学、化学地层学、定量地层学、事件地层学、气候地层学、构造地层学和月球地层学等等，它们的综合又导致了“综合地层学”和“全球地层学”概念的提出。所有这一切，标志着地层学研究向高度综合化方向发展。

我国的地层学和与其密切相关的古生物学早在本世纪前期的创立阶段，就涌现出一批杰出的地层古生物学家和先驱，他们的研究成果奠定了我国地层学的基础。但是大规模的进展，还是从1949年以后，尤其是随着全国中小比例尺区域地质调查的有计划开展，以及若干重大科学计划的执行而发展起来的。正像我国著名的地质学家尹赞勋先生在第一届全国地层会议上所讲：“区域地质调查成果的最大受益者就是地层古生物学。”1959年召开的中国第一届全国地层会议，总结了建国十年来所获的新资料，制定了中国第一份地层规范（草案），标志着我国地层学和地层工作进入了一个新的阶段。过了20年，地层学在国内的发展经历了几乎十年停滞以后，于1979年召开了中国第二届全国地层会议，会议在某种程度上吸收学习了国际地层学研究的新成果，还讨论制定了《中国地层指南及中国地层指南说明书》，为推动地层学在中国的发展，缩小同国际地层学研究水平的差距奠定了良好基础。这次会议以后所进行的一系列工作，包括应用地层单位的多重性概念所进行的地层划分对比研究、区域地层格架及地层模型的研究，现代地层学与沉积学相结合所进行的盆地分析以及1：5万区域地质填图方法的改进与完善等，都成为我国地层学进一步发展的强大推动力。为此，地质矿产部组织了一项“全国地层多重划分对比研究（清理）”的系统工程，在30个省、直辖市、自治区（含台湾省，不含上海市）范围内，自下而上由省（市、区）、大区和全国设立三个层次的课题，在现代地层学和沉积学理论指导下，对以往所建立的地层单位进行研究（清理），追溯地层单位创名的沿革，重新厘定单位含义、层型类型与特征、区域延伸与对比，消除同物异名，查清同名异物，在大范围内建立若干断代岩石地层单位的时空格架、编制符合现代地层学含义的新一代区域地层序列表，并与地层多重划分对比研究工作同步开展了省（市、区）和全国两级地层数据库的研建，对巩固地层多重划分对比研究（清理）成果，为地层学的科学化、系统化和现代化发展打下了良好基础。这项研究工作在部、省（市、区）各级领导的支持关怀下，全体研究人员经过5年的艰苦努力已圆满地完成了任务，高兴地看到许多成果已陆续要出版了。这项工作涉及的范围之广、参加的单位及人员之多、文件的时间跨度之长，以及现代科学理论与计算机技术的应用等各方面，都可以说是在我国地层学工作不断发展中具有里程碑意义的。这项研究中不同层次成果的出版问世，不仅对区域地质调查、地质图件的编测、区域矿产普查与勘查、地质科研和教学等方面都具有现实的指导作用和实用价值，而且对我国地层学的发展和科学化、系统化将起到积极的促进作用。

首次组织实施这样一项规模空前的全国性的研究工作，尽管全体参与人员付出了极大的辛勤劳动，全国项目办和各大区办进行了大量卓有成效和细致的组织协调工作，取得了巨大的成绩，但由于种种原因，难免会有疏漏甚至失误之处。即使这样，该系列研究是认识地层学真理长河中的一个相对真理的阶段，其成果仍不失其宝贵的科学意义和巨大的实用价值。我相信经过广大地质工作者的使用与检验，在修订再版时，其内容将会更加完美。在此祝贺这一系列地层研究成果的公开出版，它必将发挥出巨大社会经济效益，为地质科学的发展做出新的贡献。

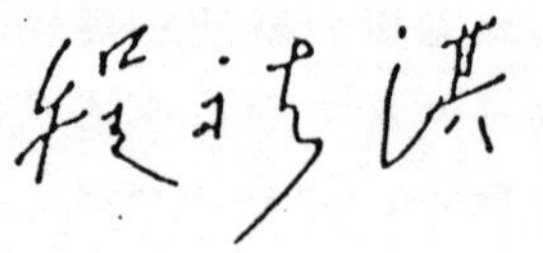

前　言

地层学在地质科学中是一门奠基性的基础学科，是基础地质的基础。自从19世纪初由W史密斯奠定的基本原理和方法以来的一个半世纪中，地层学是地质科学中最活跃的一个分支学科，对现代地质学的建立和发展产生了深刻的影响，作出了不可磨灭的贡献，特别是在20世纪60年代由于板块构造学说兴起引发的一场“地学革命”，其表现更为显著。随着板块构造学的确立，沉积学和古生态学的发展，地球历史和生物演化中的灾变论思想的复兴和地质事件概念的建立，使地层学的分支学科，如时间地层学、生态地层学、地震地层学、同位素地层学、气候地层学、磁性地层学、定量地层学和构造地层学等像雨后春笋般地蓬勃发展，这种情况必然对地层学、生物地层和沉积地层等的传统理论认识和方法提出了严峻的挑战。经过20年的论战，充分体现当代国际地质科学先进思想的《国际地层指南》（英文版）于1976年见诸于世，之后在不到20年的时间里又于1979、1987、1993年连续三次进行了修改补充，陆续补充了《磁性地层极性单位》、《不整合界限地层单位》，以及把岩浆岩与变质岩等作为广义地层学范畴纳入地层指南而又补充编写了《火成岩和变质岩岩体的地层划分与命名》等内容。

国际地层学上述重大变革，对我国地学界产生了强烈冲击，十年动乱形成的政治禁锢被打开，迎来了科学的春天，先进的科学思潮像潮水般涌来，于是在1979年第二届全国地层会议上通过并于1981年公开出版了《中国地层指南及中国地层指南说明书》，其中阐述了地层多重划分概念。于1983年按地层多重划分概念和岩石地层单位填图在安徽区调队进行了首次试点。1985年《贵州省区域地质志》中地层部分吸取了地层多重划分概念进行撰写。1986年地质矿产部设立了“七五”重点科技攻关项目——“1∶5万区调中填图方法研究项目”，把以岩石地层单位填图，多重地层划分对比，识别基本地层层序等现代地层学和现代沉积学相结合的内容列为沉积岩区区调填图方法研究课题，从此拉开了新一轮1∶5万区调填图的序幕，由试点的贵州、安徽和陕西三省逐步推向全国。

1∶5万区调填图方法研究试点中遇到的最大问题是如何按照现代地层学的理论和方法来对待与处理按传统理论和方法所建立的地层单位？如果维持长期沿用的按传统理论建立的地层单位，虽然很省事，但是又如何体现现代地层学和现代沉积学相结合的理论与方法呢？这样就谈不上紧跟世界潮流，迎接这一场由板块构造学说兴起所带来的“地学革命”。如果要坚持这一技术领域的革命性变革，就要下决心花费很大力气克服人力、财力和技术性等方面的重重困难，对长期沿用的不规范化的地层单位进行彻底的清理。经过反复研究比较，我们认识到科学技术的变革也和社会经济改革的潮流一样是不可逆转的，只有坚持改革才能前进，不进则退，否则就将被历史所淘汰，别无选择。在这一关键时刻，地质矿产部和原地矿部直管局领导作出了正确决策，从1991年开始，从地勘经费中设立一项重大基础地质研究项目——全国地层多重划分对比研究项目，简称全国地层清理项目，开始了一场地层学改革的系统工程，在全国范围内由下而上地按照现代地层学的理论和方法对原有的地层单位重新明确其定义、划分对比标准、延伸范围及各类地层单位的相互关系，与此同时研建全国地层数据库，巩固地层清理成果，推动我国地层学研究和地层单位管理的规范化和现代化，指导当前和今后一个时期1：5万、1：25万等区调填图等，提高我国地层学研究水平。1991年地质矿产部原直管局将地层清理作为部指令性任务以地直发(1991)005号文和1992年以地直发(1992)014号文下发了《地矿部全国地层多重划分对比（清理）研究项目第一次工作会议纪要》，明确了各省（市、自治区）地质矿产局（厅）清理研究任务，并于1993年2月补办了专项地勘科技项目合同（编号直科专92-1），并明确这一任务分别设立部、大区和省（市、自治区）三级领导小组，实行三级管理。

部级成立全国项目领导小组

组长	李廷栋	地质矿产部副总工程师
副组长	叶天竺	地质矿产部原直管局副局长
	赵　逊	中国地质科学院副院长

成立全国地层清理项目办公室，受领导小组委托对全国地层清理工作进行技术业务指导和协调以及经常性业务组织管理工作，并设立在中国地质科学院区域地质调查处（简称区调处）。

项目办公室主任	陈克强	区调处处长，教授级高级工程师
副主任	高振家	区调处总工，教授级高级工程师
	简人初	区调处高级工程师
专家	张守信	中国科学院地质研究所研究员
	魏家庸	贵州省地质矿产局区调院教授级高级工程师
成员	姜　义	区调处工程师
	李　忠	会计师
	周统顺	中国地质科学院地质研究所研究员

大区一级成立大区领导小组，由大区内各省（市、自治区）局级领导成员和地科院沈阳、天津、西安、宜昌、成都、南京六个地质矿产研究所各推荐一名专家组成。领导小组对本大区地层清理工作进行组织、指导、协调、仲裁并承担研究的职责。下设大区办公室，负责大区地层清理的技术业务指导和经常性业务技术管理工作。在全国项目办直接领导下，成立全国地层数据库研建小组，由福建区调队和部区调处承担，负责全国和省（市、自治区）二级地层数据库软件开发研制。

各省（市、自治区）成立省级领导小组，以省（市、自治区）局总工或副总工为组长，有区调主管及有关处室负责人组成，在专业区调队（所、院）等单位成立地层清理小组，具体负责地层清理工作，同时成立省级地层数据库录入小组，按照全国地层数据库研建小组研制的软件及时将本省清理的成果进行数据录入，并检验软件运行情况，及时反馈意见，不断改进和优化软件。在全国地层清理的三个级次的项目中，省级项目是基础，因此要求各省（市、自治区）地层清理工作必须实行室内清理与野外核查相结合，清理工作与区调填图相结合，清理与研究相结合，地层清理与地层数据库建立相结合，“生产”单位与科研教学单位相结合，并强调地层清理人员要用现代地层学和现代沉积学的理论武装起来，彻底打破传统观点，统一标准内容，严格要求，高标准地完成这一历史使命。实践的结果，凡是按上述五个相结合去做的效果都比较好，不仅出了好成果，而且通过地层清理培养锻炼了一支科学技术队伍，从总体上把我国区调水平提高到一个新台阶。

三年多以来，参加全国地层清理工作的人员总数达400多人，总计查阅文献约24 000份，野外核查剖面约16 472.6 km，新测剖面70余条约300 km，清理原有地层单位有12 880个，通过清查保留的地层单位约4721个（还有省与省之间重复的），占总数36.6%，建议停止使用或废弃的单位有8159个（为同物异名或非岩石地层单位等），占总数63.4%，清查中通过实测剖面新建地层单位134个。与此同时研制了地层单位的查询、检索、命名和研究对比功能的数据库，通过各省（市、自治区）数据录入小组将12 880个地层单位（每个单位5张数据卡片）和10 000多条各类层型剖面全部录入，首次建立起全国30个（不含上海市）省（市、自治区）基础地层数据库，为全国地层数据库全面建成奠定了坚实的基础。从1994年7月—11月，分七个片对30个省（市、自治区）地层清理成果报告及数据库的数据录入进行了评审验收，到1994年底可以说基本上完成了省一级地层清理任务。1995—1996年将全面完成大区和总项目的清理研究任务。由此可见，这次全国地层清理工作无论是参加人数之多，涉及面之广，新方法新技术的应用以及理论指导的高度和研究的深度都可以堪称中国地层学研究的第三个里程碑。这一系统工程所完成的成果，不仅是这次直接参加清理的400多人的成果，而且亦应该归功于全国地层工作者、区域地质调查者、地层学科研与教学人员以及为地层工作做过贡献的普查勘探人员。全国地层清理成果的公开出版，必将对提高我国地层学研究水平，统一岩石地层划分和命名指导区调填图，加强地层单位的管理以及地质勘察和科研教学等方面发挥重要的作用。

鉴于本次地层清理工作和地层数据库的研建是过去从未进行过的一项研究性很强的系统工程，涉及的范围很广，时间跨度长达100多年，参加该项工作的人员多达300～400人，由于时间短，经费有限，人员水平不一，文献资料掌握程度等种种主客观原因，尽管所有人员都尽了最大努力，但是在本书中少数地层单位的名称、出处、命名人和命名时间等不可避免地存在一些问题。本书中地层单位名称出现的“岩群”、“岩组”等名词，是根据1990年公开出版的程裕淇主编的《中国地质图（1∶500万）及说明书》所阐述的定义。为了考虑不同观点的读者使用，本书对有“岩群”、“岩组”的地层单位，均暂以（岩）群、（岩）组处理。如鞍山（岩）群、迁西（岩）群。总之，本书中存在的错漏及不足之处，衷心地欢迎广大读者提出宝贵意见，以便今后不断改正和补充。

在30个省（市、自治区）地层清理系统成果即将公开出版之际，我代表全国地层清理项目办公室向参加30个省（市、自治区）地层清理、数据库研建和数据录入的同志所付出的辛勤劳动表示衷心的感谢和亲切的慰问。在全国地层清理项目立项过程中，原直管局王新华、黄崇轲副局长给予了大力支持，原直管局局长兼财务司司长现地矿部副部长陈洲其在项目论证会上作了立项论证报告，在人、财、物方面给予过很大支持；全国地层委员会副主任程裕淇院士一直对地层清理工作给予极大的关心和支持，并在立项论证会上作了重要讲话；中国地质大学教授、全国地层委员会地层分类命名小组组长王鸿祯院士是本项目的顾问，在地层清理的指导思想、方法步骤及许多重大技术问题上给予了具体的指导和帮助；中国地质大学教授杨遵仪院士对这项工作热情关心并给以指导；中国地质科学院院长、部总工程师陈毓川研究员参加了第三次全国地层清理工作会议并作了重要指示与鼓励性讲话；部科技司姜作勤高工，计算中心邬宽廉、陈传霖，信息院赵精满，地科院刘心铸等专家对地层数据库设计进行评审，为研建地层数据库提出许多有意义的建议。中国科学院地质研究所，南京古生物研究所，中国地质科学院地质研究所，天津、沈阳、南京、宜昌、成都和西安地质矿产研究所，南京大学，西北大学，中国地质大学，长春地质学院，西安地质学院等单位的知名专家、教授和学者，各省（市、自治区）地矿局领导、总工程师、区调主管、质量检查员和区调队、地研所、综合大队等单位的区域地质学家共600余人次参加了各省（市、自治区）地层清理研究成果和六个大区区域地层成果报告的评审和鉴定验收，给予了友善的帮助；各省（市、自治区）地矿局（厅）、区调队（所、院）等各级领导给予地层清理工作在人、财、物方面的大力支持。可以肯定，没有以上各有关单位和部门的领导和众多的专家教授对地层清理工作多方面的关心和支持，这项工作是难以完成的。在30个省（市、自治区）地层清理成果评审过程中一直到成果出版之前，中国地质大学出版社，特别是以褚松和副社长和刘粤湘编辑为组长的全国地层多重划分对比研究报告编辑出版组为本套书编辑出版付出了极大的辛苦劳动，使这一套系统成果能够如此快地、规范化地出版了！在全国项目办设在区调处的几年中，除了参加项目办的成员外，区调处的陈兆棉、其和日格、田玉莹、魏书章、刘凤仁多次承担地层清理会议的会务工作，赵洪伟和于庆文同志除了承担会议事务还为会议打印文稿，于庆文同志还协助绘制地层区划图及文稿复印等工作。

在此，向上面提到的单位和所有同志一并表示我们最诚挚的谢意，并希望继续得到他们的关心和支持。

全国地层清理项目办公室（陈克强执笔）

目　录

第一章
绪 论

一、目的任务

地层学是地质学的重要基础学科。近十余年来，随着现代地层学概念的倡导和地层多重划分理论的研究和实践，我国地层学研究正处在一个新的发展阶段。面对省内历年来积累的大量第一性地层资料，急需按照国内外有关规范的原则要求，运用新概念、新理论和新方法，澄清地层分类、地层划分、地层命名原则，以及它们在使用中造成的混乱，力求建立客观实用的单位。与此同时，建立起本省地层数据库，使地层单位，尤其是岩石地层单位的创建和使用逐步规范化、现代化。在清理各类地层单位的基础上，研究他们之间的对应关系，作为大区域性地层学研究的基础。其主要目的是为当前大规模地开展1：5万区调填图服务，为中、小比例尺地质编图服务，实现区调填图和编图工作的现代化。该项工作的全面开展也无疑将会使我国现行的地层规范得到补充和完善，提高我国地层学和基础地质科学的研究水平，使地层学研究领域跨入国际先进行列。

《贵州省地层多重划分对比研究》是"八五"期间地矿部重点科研项目"全国地层多重划分对比研究"的下属课题。地矿部直管局地直发(1991)005号文，要求"各省、自治区、直辖市地质矿产局要将本地区的地层划分对比研究引入1991—1995年地质勘探项目计划，并结合区调填图统筹安排，按全国部署要求按时完成。"贵州省地矿局以黔地发(1991)95号文，将课题下达贵州区调队具体实施。1991年11月课题组提交了设计书，1992年5月按项目第一次全国会议制定的《全国地层多重划分对比研究总体设计》〔(1992)014号文〕要求，课题组重新编写了设计。按项目和课题的设计要求，1991年12月课题组开始收集资料，全面开展以岩石地层(单位)为主，生物地层(单位)、年代地层(单位)为辅的清理和划分对比研究工作。

二、地层研究简况

贵州地层学研究有近80年的历史。本世纪50年代以前的地层学研究工作，一般是在路线地质(矿产)调查中完成的。工作虽较粗略，但为贵州地层学研究打下了良好基础，如丁文江(1914)对黔西"威宁系"，丁文江、俞建章(1931)对黔南"丰宁系"，王曰伦、熊永先等(1936—1937)对黔东前寒武系，刘之远、卢衍豪(1940—1947)对黔北寒武系，尹赞勋等(1944—1946)对黔北志留系，乐森璕（1928—1944）对黔西南二叠系、三叠系，许德佑、陈康等（1940－1944）黔西南三叠系的研究等，至今仍具有重要参考价值，创名的大部分地层单位目前仍在沿用。

1959 年“第一届全国地层会议”至 1979 年“第二届全国地层会议”的 20 年间，是贵州地层学研究全面进展的阶段。随着大面积区域地质调查、石油地质普查工作的铺开，以及省内外有关生产、教学和科研单位专项研究的同期开展，完成了大量高水准地层剖面和地层研究成果，在岩石地层、生物地层和地质年龄测定方面积累了丰富的第一性资料，地层学的研究内容逐步拓宽到岩石学、沉积学、古地理学、古地磁学、微古生物学、同位素年龄测定等学科领域，把省内地层学研究工作推进到国内先进行列。该阶段的主要成果集中反映在《贵州省各时代地层总结》、《西南地区区域地层表·贵州省分册》、《西南地区古生物图册·贵州省分册》（贵州地层古生物工作队，1972—1976）等文献中。

1980 年以来，随着全省 1∶20 万区域地质调查工作的全面完成，以及《中国地层指南及中国地层指南说明书》（1981）的颁布，运用现代地层学概念和地层多重划分原理的总结研究工作，使省内地层学研究在地层分类、地层划分等方面日趋完善。其中包括 70 年代末至 80 年代初开展的一系列重要年代地层界线研究（如震旦系-寒武系，寒武系-奥陶系，奥陶系-志留系，泥盆系-石炭系，二叠系-三叠系界线研究）、《贵州省区域地质志》、《贵州地层典》、《贵州沉积岩区 1∶5 万区调填图方法研究》以及同期开展的 1∶5 万区调填图等项工作，都不同程度地运用了现代地层学原理。当前，随着《沉积岩区 1∶5 万区调填图方法指南》的推广，正逐步加强对地层基本层序、不整合界定地层单位的建立和划分以及岩石地层格架等方面的调查和研究工作。

三、地层综合区划和区域地层发育特征

贵州地层自中元古代至第四纪均有出露，以海相沉积岩发育和古生物化石丰富为主要特色。中、晚元古代沉积物以海相陆源碎屑岩为主，夹火山碎屑岩及碳酸盐岩；古生代至晚三叠世中期沉积物由海相碳酸盐岩夹碎屑岩组成；晚三叠世晚期以后全为陆相沉积。地层最大累积厚度大于 50 000 m，赋存有煤、铝、磷、锰等沉积矿产。地史上经历了武陵、雪峰（晋宁）、加里东、华力西—印支、燕山—喜马拉雅 5 个发展阶段。区域性古（深）断裂对地层发育有明显控制作用。

根据全国和中南区项目办公室制定的综合地层区划原则、区划等级，以及提供的地层大区、区、分区划分方案，贵州隶属于华南地层大区中的扬子地层区和东南地层区。其综合地层区划和岩石地层序列详见图 1-1、表 1-1。各地层区特征如下。

（一）扬子地层区（$Ⅵ_4$）

1. 上扬子地层分区（$Ⅵ_4^3$）

基底为中、上元古界梵净山群、板溪群组成的活动或较活动型复理石、类复理石沉积，中元古界与上元古界之间由武陵运动形成的不整合面分隔。震旦纪至三叠纪基本上无造山运动，大范围处于陆表海或海陆交互环境，其东部边缘地区处于陆架斜坡地带。晚三叠世中期地壳上升，海水退出，开始大面积陆相沉积。侏罗纪至老第三纪历经燕山运动，形成山间盆地或断陷盆地陆相沉积，赤水地区与四川盆地连片。

（1）赤水地层小区（$Ⅵ_4^{3-1}$）：以四川盆地型侏罗系、白垩系大面积分布，缺失泥盆系、石炭系为特点。

（2）黔北地层小区（$Ⅵ_4^{3-2}$）：早古生代地层发育良好、分布广泛、化石丰富，缺失泥盆系。

（3）黔中地层小区（$Ⅵ_4^{3-3}$）：普遍缺失奥陶系中上统、志留系和泥盆系。

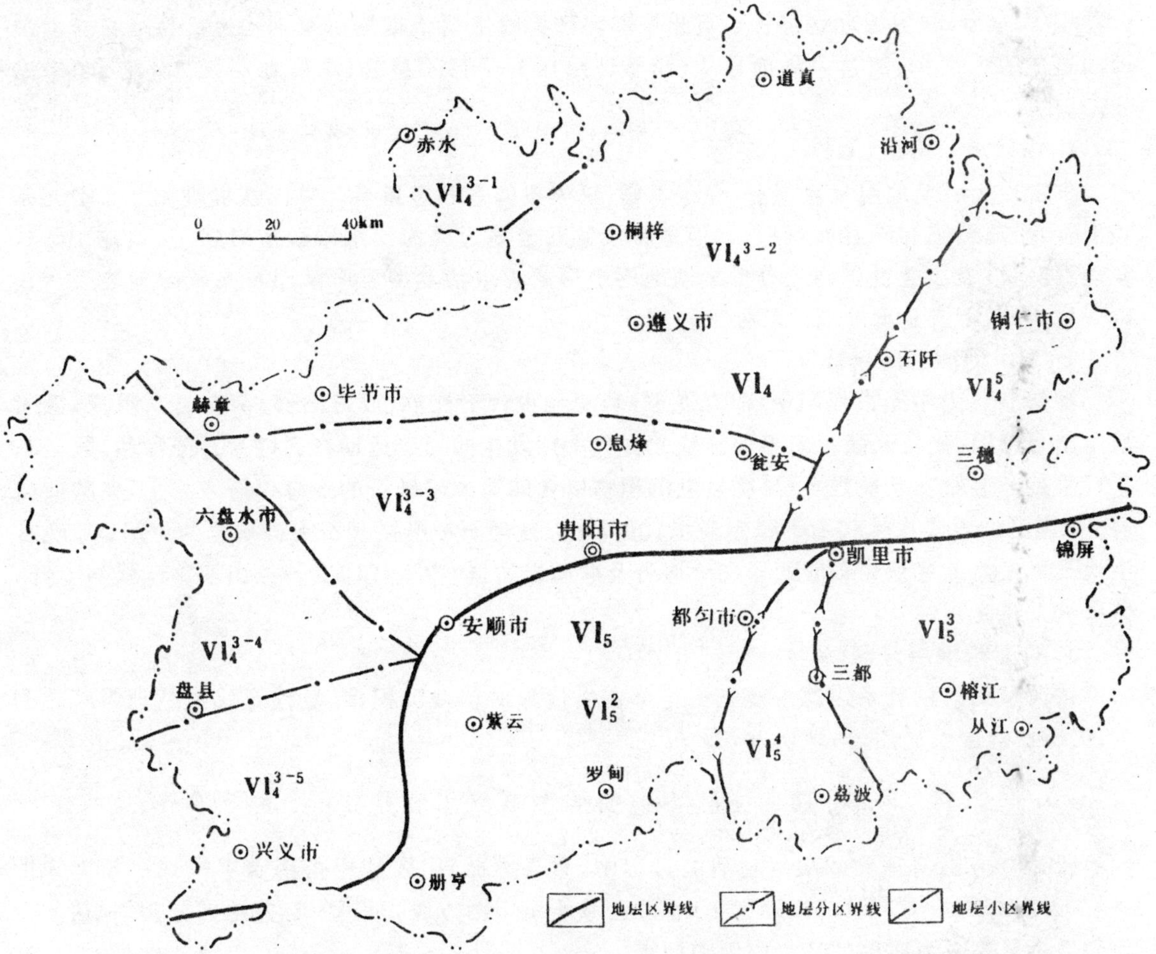

图 1-1 贵州省地层综合区划图

VI_4. 扬子地层区；VI_4^3. 上扬子地层分区；VI_4^{3-1}. 赤水地层小区；VI_4^{3-2}. 黔北地层小区；VI_4^{3-3}. 黔中地层小区；VI_4^{3-4}. 黔西北地层小区；VI_4^{3-5}. 黔西南地层小区；VI_4^5. 江南地层分区；VI_5. 东南地层区；VI_5^2. 右江地层分区；VI_5^3. 湘中地层分区；VI_5^4. 桂湘赣地层分区

(4)黔西北地层小区(VI_4^{3-4})：缺失寒武系中、上统及奥陶系，上古生界发育不全，石炭系、二叠系过渡地层发育。

(5)黔西南地层小区(VI_4^{3-5})：泥盆系为台盆碳酸盐岩、碎屑岩组合，具石炭系、二叠系过渡地层，三叠系发育完好。

2. 江南地层分区(VI_4^5)

该区处于扬子陆块与东南活动带的过渡地带。以中元古界梵净山群复理石建造为基底，与上覆晚元古代地层板溪群类复理石建造不整合接触。下震旦统长安组、黎家坡组为含冰筏沉积的砂泥岩；富禄组属海相碎屑岩；大塘坡组为黑色泥岩及碳酸盐岩含锰建造。上震旦统一志留系由碎屑岩、硅质岩夹碳酸盐岩组成，属浅海→次深海过渡的斜坡带沉积。受加里东运动影响，区内抬升，普遍缺失晚志留世—早泥盆世沉积，石炭系—三叠系保存极差。

(二)东南地层区(VI_5)

前震旦纪基底岩系为九龙群（或四堡群）、下江群（或丹洲群），与扬子地层区江南地层分区（VI_4^5）连成一片，均为活动型沉积。贵州东部两区界线主要依据加里东期构造层特征和加里东运动造成的志留系、泥盆系界面性质（扬子地层区为平行不整合，东南地层区为不整合）来划分。

1. 右江地层分区（VI_5^2）

早古生代后期地层发育不全、保存不好，缺失奥陶系和志留系。早泥盆世晚期至二叠纪基底上隆，出现裂陷和裂谷型盆地，台地边缘或盆间台地边缘为浅水碳酸盐岩建造，盆地中形成复理石沉积；晚二叠世至晚三叠世早期地层中形成再生活动型巨厚复理石夹碳酸盐岩及火山碎屑岩建造；晚三叠世晚期以后处于陆相环境。

2. 湘中地层分区（VI_5^3）

褶皱基底为中元古代四堡群（九龙群）和晚元古代下江群（或丹洲群）两套岩系组成，两者呈不整合接触，代表武陵运动界面。晚元古代中期发生的晋宁运动在区内为升降性质，震旦系平行不整合于前震旦系之上。早震旦世沉积物以含陆源冰碛砾石的浅海碎屑岩为主，夹碳酸盐岩。晚震旦世至早古生代为不稳定环境，沉积物以复理石或类复理石夹硅质岩为主组成。晚古生代及早三叠世沉积为碳酸盐岩夹碎屑岩及硅质岩建造。中生代印支—燕山期地壳强烈上升，盖层被大幅度剥蚀。

3. 桂湘赣地层分区（VI_5^4）

该区未见前震旦系出露。震旦纪至早古生代为活动型沉积，以复理石或类复理石建造为主，夹碳酸盐岩及硅质岩，地层发育较好。

四、工作中遵循的主要原则和规定

课题在地层清理和划分对比研究过程中，主要遵循《中国地层指南及中国地层指南说明书》、《国际地层指南》及《沉积岩区1∶5万区域地质填图方法指南》中有关地层分类、地层划分和地层命名等方面明确的基本原则和规定。

岩石地层单位的清理，是本次工作的重点。清理过程中坚持岩石地层单位宏观划分标志和可填图性标准；坚持岩石地层基本单位“组”宜少、宜概分、实效大的标准，尽量沿用习惯使用的“老组”，并修订其含义。把按两个“指南”要求创名的“同名不同义”和“同义不同名”的岩石地层单位作为清理的重点。对推荐使用的和建议停用的岩石地层单位，均按统一要求填制卡片并输入地层数据库。对推荐使用的省内创名的单位，明确其原始定义和现在定义，指定目前层型（正层型、新层型、选层型），阐明其地质特征和区域变化。对沿用外省的岩石地层单位，除明确其层型地点的原始定义和现在定义外，有变化的要明确其在省内的目前定义，指出代表性剖面（次层型）。本次工作中，对新第三纪至第四纪的岩石地层单位未作清理。

生物地层（单位）的清理，是在《贵州省区域地质志》（1987）清理、研究的基础上进一步筛选的。选择不同时代所含主要生物门类作为生物地层（单位）的筛选和划分。着重明确生物地层（单位或生物群）建立的地点及其在岩石地层单位中纵横向延伸范围。对部分生物不发育或生物地层资料不系统而未建立生物地层单位的断代，也着重研究其主要生物门类或典型生物组合在岩石地层单位中的纵横变化特点或规律。

年代地层的划分工作，对中、上元古界主要通过全面收集省内及邻区历年所获地质年龄资料进行；对古生代以来各断代年代地层划分，以国内外已建立的区域性单位“阶”作为划分标准，主要依据生物地层（单位）提出清理划分意见，其中部分断代（如三叠系）目前仍以国际通用的阶为标准。根据省内目前研究程度，奥陶系仍按三统划分，石炭系使用二分（下统、上统），二叠系沿用二分，白垩系采用三分方案。

五、人员及分工

课题自1991年12月开展至1994年8月提交送审稿，经历了资料收集和综合研究阶段（1991年12月—1992年12月），卡片填制和地层数据库筹建阶段（1993年1月—1994年3月）和最终成果编制阶段（1994年4月—8月）。工作中得到贵州省地矿局、贵州省地矿局区调院的指导和支持，得到全国项目办公室和中南大区办公室的指导和业务协调。工作中引用的大量第一性资料、文献及报告、专著等，是广大地质工作者，特别是区调一线同志的劳动结晶。

报告的编写分工是：第一章绪论由董卫平执笔，第二章前震旦纪由林树基执笔，第三章震旦纪由陈玉林执笔，寒武纪由尹恭正执笔，奥陶纪、志留纪由焦惠亮执笔，全章由尹恭正统稿，第四章泥盆纪、二叠纪由王克勇执笔，石炭纪由王洪第执笔，全章由王洪第统稿；第五章三叠纪由甘修明执笔，侏罗纪由张吉惠执笔，全章由甘修明统稿；第六章白垩纪—早第三纪由张吉惠执笔，由王克勇统稿；第七章结语由董卫平执笔。全稿由董卫平修改统纂。各断代岩石地层卡片由报告执笔人负责填制，焦惠亮对卡片及录入进行了检查校对。贵州省地层数据库情况及功能简介由许昊执笔。

贵州省地层数据库的建库工作由许昊负责，许昊、王红梅、孙亚莉、王秋菊、姚元惠等参加了微机录入工作。陆素仰做了图件清绘工作。区调院微机室、复印室及成果编辑室在定稿过程中均付出了辛勤劳动。

第二章 前震旦纪

前震旦纪地层主要分布于黔东南地区，在黔东北和黔中地区小片出露，总面积约30 000 km^2，含有钨、锡、铜、金、砷、铅锌、铀、铁等矿产，主要由一套浅变质的陆源碎屑岩、火山岩、火山碎屑岩及少许碳酸盐岩组成，厚逾 20 000 m。大致以玉屏-镇远-贵阳一线为界，西北归扬子地层区上扬子分区印江小区，东南归东南地层区江南分区榕江小区。如图 2－1。

前震旦纪地层的划分对比研究，在贵州有近 60 年历史，1936 年王曰伦等创“下江系”，揭开序幕。但 50 年代末以前，此项工作进展甚微。1959 年贵州省地质局梵净山队、区调队分别在黔东北梵净山地区和黔东南九龙地区的这套浅变质岩中，相继发现不整合面（武陵运动），首次为此巨厚岩系的划分提供重要依据。其后，湘黔桂三省（区）前震旦系踏勘小组（1961）对区内前震旦系进行的概略划分，贵州区调队（1962、1974）在黔东地区实测大量剖面的基础上，对黔东上板溪群（今下江群）的划分以及在 1∶5 万梵净山幅区调工作中对梵净山群（原称下板溪群）的划分，为贵州前震旦系层序的建立打下了基础。其所提出的划分方案，基本为其后的研究者沿用。但有关年代地层划分及对比，如前震旦系顶界、板溪群对比等问题，迄今未取得一致的意见。

在本次工作中，关于前震旦系顶界，根据早震旦世冰期气候事件及相关的冰成沉积在全球有较好的可对比性，我们采用把前震旦系顶界放在南华冰期冰成沉积之底，即长安组及其相应地层之底的意见。关于前震旦系内部的岩石地层划分，首先以区域性不整合面作为最高一级岩石地层单位——群的分界；在此基础上，以岩石类型及其组合特征或明显的岩性标志划分组、段。关于原有的岩石地层单位名称的选择，主要依据该地层单位的层型剖面所具有的代表意义，同时考虑多年来的使用习惯。为便于今后 1∶5 万或更大比例尺地质填图和找矿工作利用，对于划分较细、不易进行大区域对比，但又确实具有一定可资辨别、相对稳定的岩性标志的单位名称，尽量给予保留。对于没有明显划分标志，或经过其后的工作证明原有所据标志不确或存在问题，则适当给予合并。贵州前震旦系目前尚无可供利用的古地磁资料，古生物与同位素年龄资料也相当匮乏，其年代地层界线则据邻区相关资料大致厘定。本次工作提出的贵州前震旦系划分方案，如表 2－1。

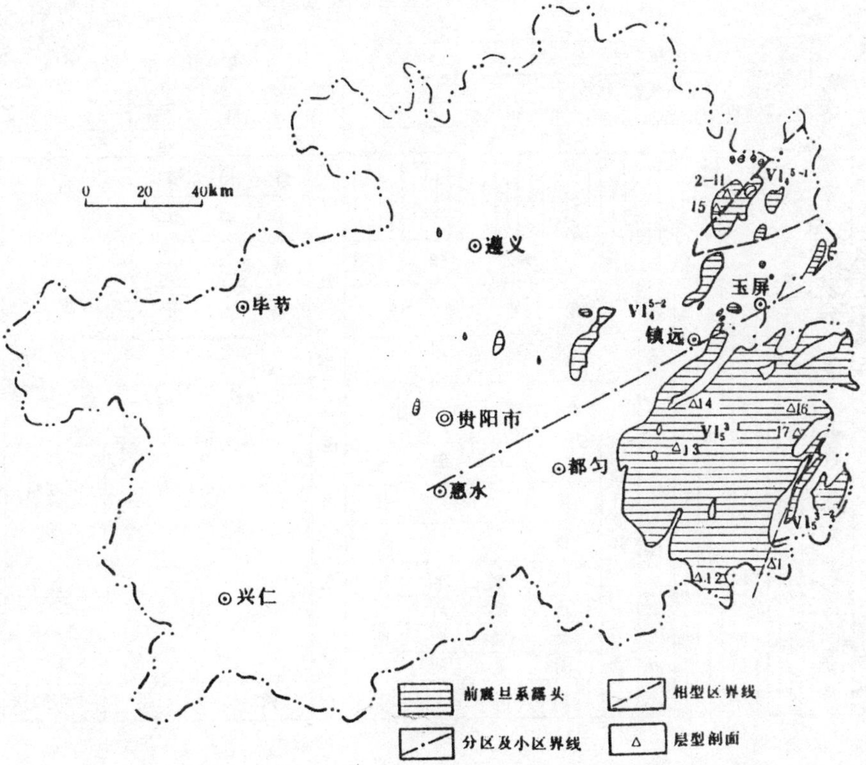

图 2－1 贵州前震旦系分布、分区及剖面位置图

VI_4^5. 扬子地层区江南地层分区；VI_4^{5-1}. 武陵山相型区；VI_4^{5-2}. 大娄山相型区；VI_5^3. 东南地层区湘中地层分区；VI_5^{3-1}. 苗岭相型区；VI_5^{3-2}. 九万大山相型区．1. 从江尧等（△尧等组）；2. 印江淘金河（△淘金河组）；3. 印江肖家河（△余家沟组）；4. 印江肖家河（肖家河组）；5. 印江太子石（回香坪组）；6. 江口回香坪（△回香坪组）；7. 江口铜厂（△铜厂组）；8. 江口洼溪（△洼溪组）；9. 江口独岩塘（△独岩塘组）；10. 松桃冷家坝（△红子溪组）；11. 松桃红子溪（△红子溪组）；12. 从江甲路（△甲路组）；13. 雷山雀鸟（△乌叶组）；14. 台江番召（△番召组）；15. 印江张家坝（△张家坝组）；16. 锦屏平略（△清水江组，△平略组）；17. 锦屏隆里（△隆里组）

第一节　岩石地层单位

区内的前震旦系以武陵运动不整合界面为界，分两套地层：下为梵净山群和九龙群；上为板溪群和下江群及丹洲群。梵净山群和九龙群为武陵期优地槽回返阶段的沉积，包括下部前复理石泥质岩和上部复理石砂泥岩。梵净山群分布于黔东北梵净山区；九龙群分布于黔东南从江南部地区，往南至桂北四堡以南称四堡群，其上部砂泥岩中尚夹大套枕状细碧岩为主的海相基性—超基性火山喷发岩。板溪群和下江群自下而上均包括后造山期磨拉石砂砾岩、滨浅海钙泥砂质岩、半深水—深水碳泥质岩以及复理石砂泥岩、类复理石—类磨拉石含砾砂泥岩，代表雪峰冒地槽由早期扩张、沉降至晚期回返隆升阶段沉积的完整序列。前者为稳定大陆边缘易氧化、易暴露于大气的浅水环境沉积，以其中紫色层多见（或以紫色层为主）为特色；后者为处于大陆边缘向盆地过渡的斜坡地带的沉积，沉积物处于弱氧化至弱还原环境，以多呈灰绿色为特征，并向南与盆地沉积——丹洲群渐变过渡。下江群与丹洲群在地理上连成一片，下江群下部

表 2-1 贵州前震旦系划分简表

<table>
<tr><td rowspan="4" colspan="2">岩石地层
年代地层</td><td colspan="4">扬子地层区</td><td colspan="4">东南地层区</td></tr>
<tr><td colspan="4">江南地层分区</td><td colspan="4">湘中地层分区</td></tr>
<tr><td>大娄山相型区</td><td colspan="3">武陵山相型区</td><td colspan="2">苗岭相型区</td><td colspan="2">九万大山相型区</td></tr>
<tr><td>南沱组 澄江组</td><td colspan="3">南沱组 西界河组</td><td colspan="2">长安组</td><td colspan="2">长安组</td></tr>
<tr><td colspan="10">800 Ma</td></tr>
<tr><td rowspan="6">上元古界下部</td><td rowspan="6">青白口系</td><td rowspan="6">板溪群</td><td colspan="3" rowspan="2"></td><td rowspan="6">下江群</td><td>隆里组</td><td rowspan="4">拱洞组</td><td rowspan="6">丹洲群</td></tr>
<tr><td>平略组</td></tr>
<tr><td colspan="3">鹅家坳组</td><td>清水江组</td></tr>
<tr><td rowspan="3">红子溪组</td><td colspan="2">张家坝组</td><td>番召组</td></tr>
<tr><td colspan="2">金竹坪组</td><td colspan="2">乌叶组</td></tr>
<tr><td colspan="2">芙蓉坝组</td><td colspan="2">甲路组</td></tr>
<tr><td colspan="2">1000 Ma</td><td colspan="8">武陵运动</td></tr>
<tr><td rowspan="8">中元古界</td><td rowspan="8">蓟县系—长城系</td><td rowspan="8"></td><td rowspan="8">梵净山群</td><td rowspan="3">核桃坪亚群</td><td>独岩塘组</td><td rowspan="8">九龙群</td><td rowspan="7">河村组</td><td rowspan="3">鱼西组</td><td rowspan="8">四堡群</td></tr>
<tr><td>洼溪组</td></tr>
<tr><td>铜厂组</td></tr>
<tr><td rowspan="5">白云寺亚群</td><td>回香坪组</td><td>文通组</td></tr>
<tr><td>肖家河组</td><td rowspan="3">九小组</td></tr>
<tr><td>余家沟组</td></tr>
<tr><td>淘金河组</td></tr>
<tr><td>未出露</td><td>尧等组</td><td>未出露</td></tr>
<tr><td colspan="10">1800 Ma</td></tr>
</table>

甲路组和乌叶组与丹洲群下部白竹组、合桐组岩性、岩相大体相同，在桂北三江一线以西属同物异名。三江以东，二者始显出较明显差别：①底部砾岩、砂砾岩和含砾砂泥岩往东逐渐为泥质岩所代替，与下伏九龙群（或四堡群）的接触关系亦由明显的角度不整合接触逐渐过渡为平行不整合以至整合接触；②合桐组中上部夹大量海相基性火山喷发岩层。本书将下江群与丹洲群下部地层的分界放在三江－融县一线，东称丹洲群；西称下江群。该两群的上部地层，丹洲群内分 1 个组，称拱洞组；下江群内分 4 个组，自下而上为番召组、清水江组、平略组、隆里组。前者以泥质岩为主；后者以砂泥岩为主，并以夹大量凝灰质岩为特征。两者的分界大致在黎平—榕江一线。各岩石地层单位均经受了绿片岩相区域变质，局部由于后期大规模花岗岩侵入产生的接触变质作用的叠加，而达到角闪石角岩相。

省内前震旦系其划分 27 个岩石地层单位，包括 4 个群、2 个亚群和 21 个组（表 2-1）。现分述如下。

梵净山群 Pt_2F （06-52-0100）

【创名与原始定义】 湘黔桂三省（区）前寒武系踏勘小组 1961 年命名①，原称“梵净山组”，创名地点在黔东北梵净山区。指梵净山等地区不整合地伏于武陵运动面之下的一套“变质较深”的地层，厚度大于 3 000 m，岩性“主要为灰绿色、暗绿色千枚状板岩、千枚岩、变质粉砂岩、云母片岩。并有酸性—基性岩浆侵入”。划归板溪群下亚群。

【沿革】 1970—1973 年贵州省地质区域地质调查大队（以下简称贵州区调队）在梵净山

① 湘桂黔三省（区）前寒武纪地层踏勘小组，1962，湘桂黔三省（区）前寒武系踏勘总结报告（油印本），下同。

区1∶5万区调中，认为武陵运动形成的不整合面具有大区域意义，不整合面上、下两套岩层有明显差别，代表了地史发展两大不同阶段的产物，不应作为同一个群内的两个亚群对待，将梵净山组升级，改称梵净山群，以代替“板溪群下亚群”一名。代表梵净山区不整合于红子溪组及其相当地层之下的一套浅变质陆源碎屑岩与火山岩系，并自下而上分：淘金河组、余家沟组、肖家河组、回香坪组、铜厂组、洼溪组、独岩塘组。本次工作中，鉴于梵净山群上、下部(以回香坪组之顶为界)岩相建造特征迥然不同，下部地层中往往作为组、段划分标志的层状变质基性—超基性岩，不仅成因尚有争议，横向变化也较大，有的在短距离内即可尖灭；上部各组段划分亦无明显稳定的岩相岩性标志，难于在较大区域内掌握使用。为便于大区间对比，将上部3个组和下部4个组分别合并为2个亚群，上亚群广布于梵净山区东部的核桃坪地区，称核桃坪亚群；下亚群主要出露于梵净山区西北部著名的白云寺以西地区，称白云寺亚群。

【现在定义】 指贵州梵净山地区不整合于红子溪组及芙蓉坝组之下的一套巨厚的浅变质陆源碎屑岩与火山岩系。未见底。厚度大于10 000 m。分2个亚群和7个组。下亚群为白云寺亚群，包括淘金河组、余家沟组、肖家河组与回香坪组；上亚群称核桃坪亚群，包括铜厂组、洼溪组和独岩塘组。

【层型】 创名时未指定层型，下属各组的正层型可作为本群的选层型。

【地质特征及区域变化】 梵净山群下部以浅变质的基性枕状熔岩(细碧岩)、拉斑玄武岩为主夹层状基性—超基性岩和砂泥岩；上部为浅变质的砂岩、粉砂岩、泥岩及凝灰岩组成的陆源碎屑浊积岩，偶夹层状基性—超基性岩。与上覆地层以武陵运动形成的不整合面相隔，界线清楚。在梵净山区，其出露部位有西老东新之势。根据侵入于梵净山群中的白岗岩的白云母K-Ar年龄值为905 Ma、966 Ma及相邻地区相关岩群的同位素年代数据，本群的沉积时限为1 800～1 000 Ma，归长城系—蓟县系，属中元古界。

白云寺亚群　Pt_2BY　(06-52-0101)

【创名及原始定义】 本次工作中林树基(1994)创名，创名地点为梵净山白云寺。指梵净山群下部由浅变质的基性枕状熔岩和拉斑玄武岩为主组成的火山-沉积地层。分4组：淘金河组、余家沟组、肖家河组与回香坪组。总厚大于7 000 m，未见底。

【沿革】 见梵净山群。

【现在定义】 同原始定义。

【层型】 本亚群包含的淘金河组、余家沟组、肖家河组、回香坪组的正层型即本亚群的正层型。

【地质特征及区域变化】 白云寺亚群主要分布于黔东北梵净山区西北部，下部为变余砂岩、变余粉砂岩、千枚岩、板岩及变余凝灰岩与变质层状基性—超基性岩的不等厚互层；上部以变质枕状基性熔岩为主，间夹沉积变质岩及变质层状基性—超基性岩，偶见变质的火山集块岩和火山角砾岩。以大套变质基性—超基性岩的结束与上覆核桃坪亚群分界。属中元古界蓟县系—长城系。

淘金河组　Pt_2t　(06-52-0102)

【创名及原始定义】 贵州区调队1974年创名，创名地点在梵净山区西麓淘金河。为梵净山区出露的最老地层，主要由变余凝灰岩、变余粉砂岩-粉砂岩与变质辉绿岩(或略有分异的辉长-辉绿岩，个别含长辉岩)组成，构成3.5个变质沉积-岩浆岩旋回。出露厚度1 025～

1 331 m。以上部浅色岩层与上覆余家沟组底部的深色岩石划界。

【沿革】 见梵净山群。

【现在定义】 同原始定义。

【层型】 正层型为印江县城西直距约 30 km 梵净山西北麓淘金河剖面(108°41′00″,27°57′00″),据贵州区调队,1974,1∶5万梵净山区域地质调查报告,层序如下:

上覆地层:余家沟组 灰—深灰色中厚层状变余砂岩—粉砂岩

——————整 合——————

淘金河组	总厚度>1 320.9 m
第三段	厚度 496.8 m
35. 浅灰色中厚层变余粉砂岩	9.4 m
34. 浅灰色中厚层变余凝灰岩、砂岩、凝灰质板岩组成复理石韵律层。具斜层理、波状和凸镜状层理及小型冲刷面	48.5 m
33. 灰色薄层—中厚层粉砂质绢云板岩	5.5 m
32—30. 浅灰色中厚层变余粉—细砂岩夹变余凝灰岩。具波状、凸镜状层理及小型冲刷面	53.3 m
29. 灰色中厚层变余凝灰岩	3.7 m
28. 灰—灰绿色块状变质辉绿岩	3.8 m
27. 灰绿—灰色块状变质辉长—辉绿岩	7.9 m
26—24. 灰—浅灰色块状变质辉绿岩	247.1 m
23. 灰—浅灰色中厚层变余凝灰岩	25.2 m
22—21. 浅灰—灰白色厚层块状变余粉—细砂岩	32.8 m
20—19. 浅灰色中厚层变余凝灰岩与变余凝灰质砂岩互层	59.6 m
第二段	厚度 681.9 m
18. 绿灰色块状变质辉绿岩	25.1 m
17. 灰—绿灰色块状变质辉长—辉绿岩	30.2 m
16—15. 灰—绿灰色块状变质辉绿岩	131.7 m
14—12. 浅灰色中厚层变余粉砂岩夹变余凝灰岩	164.8 m
11—8. 灰—浅灰色中厚层变余凝灰岩夹变余粉砂岩、凝灰质砂岩及深灰色板岩	203.8 m
7—4. 深灰色厚层状变余粉砂—细砂岩。有伟晶岩侵入	126.3 m
第一段	厚度>142.2 m
3—2. 灰绿色块状变质辉绿岩。有白岗岩、伟晶岩侵入	130.5 m
1. 浅灰色中厚层变余粉砂—细砂岩。有白岗岩侵入。(未见底)	>11.7 m

【地质特征及区域变化】 组内变质沉积岩与岩浆岩具一定的旋回性,据之将本组分三段:第一、二旋回的岩石分属第一、二段,其上统归第三段。其中岩浆岩以辉绿岩为主,部分为辉长-辉绿岩,呈层状及似层状。在大罗附近,岩体中下部尚相变为含长辉石岩。第一、二段上部的岩体厚度分别为 130.5 m 和 187 m;第三段上部的岩体,厚 163~259 m,横向上可急剧尖灭。沉积变质岩以变余砂岩与变余凝灰岩为主,夹板岩,顶部复理石韵律显著,常见斜层理和冲刷槽。本组分布于梵净山区西北隅的大罗—标水岩一带,出露面积约 12 km^2,有白岗岩、伟晶岩侵入,是梵净山区钨、锡、铜、铌钽等矿产的重要围岩之一。

余家沟组 Pt_2y （06－52－0103）

【创名及原始定义】 贵州区调队1974年创名，创名地点在梵净山区北麓余家沟。指整合于淘金河组与肖家河组之间由变余砂岩-粉砂岩、板岩以及变质辉绿岩组成的地层。分二段：下段以变余砂岩-粉砂岩为主夹板岩；上段以粉砂质绢云板岩为主，夹变余砂岩-粉砂岩，并在其中部、近顶部和顶部各见一层状变质辉绿岩（厚度分别为307.6 m，20 m，38 m）。以顶部的一层变质辉绿岩之顶与上覆肖家河组分界。厚609～1 464 m。下段由南西向北东变薄，上段相反。

【沿革】 见梵净山群。

【现在定义】 同原始定义。

【层型】 正层型为印江县大罗—牛风包余家沟组剖面，该剖面位于印江县城东直距约35 km的松桃、江口、印江三县交界处的大罗—牛风包附近（108°44′00″，27°58′00″），据贵州区调队1974年测制。

上覆地层：**肖家河组** 灰色厚层变余凝灰质砂岩

——————— 整 合 ———————

余家沟组	总厚度 859.9 m
第二段	厚度 533.6 m
37. 绿灰色块状变质辉绿岩	38.8 m
36—35. 上部浅灰—灰色变余细砂岩；下部浅灰色绢云板岩	23 m
34. 深灰色块状变质辉绿岩	20 m
33—31. 上部灰白色含粉砂铁白云石绢云板岩；中部绿灰色粉砂质绿泥绢云板岩；下部灰色中厚层变余粉砂-细砂岩	51 m
30. 灰色块状变质辉绿岩	307.6 m
29—28. 上部浅灰色粉砂质板岩与变余粉砂岩互层；中部浅灰色变余岩屑石英砂岩夹砂质板岩；下部浅灰—灰色中厚层含粉砂钙质绢云板岩及砂质板岩	93.2 m
第一段	厚度 326.3 m
27. 灰—深灰色块状变余细砂岩及变余钙质石英粉砂岩夹粉砂质板岩	29.3 m
26. 浅灰色块状变余岩屑石英砂岩夹变余粉砂岩与粉砂质板岩	38.4 m
25—23. 深灰色块状变余砂岩，夹同色千枚状绢云板岩。具皱纹片状构造，中部夹浅灰色块状变余钙质岩屑石英砂岩	62.6 m
22—19. 深灰色中厚层变余岩屑石英砂岩夹粉砂质板岩及绢云千枚岩。具皱纹片状构造	168.9 m
18. 深灰色中厚层粉砂质绿泥石绢云母板岩夹绢云千枚岩。具皱纹片状构造	27.1 m

——————— 整 合 ———————

下伏地层：**淘金河组第三段** 浅灰色薄层含钙质绢云母板岩

【地质特征及区域变化】 本组分布于梵净山区西北部棉絮岭、三岔路、余家沟一带，面积约28 km²。其中，浅变质砂泥岩一般显示较明显的复理石韵律特征。有时尚夹变质砾岩和变质含砾砂岩。变质辉绿岩（或辉长-辉绿岩）多呈似层状，局部夹变质超基性岩—辉绿岩，厚度变化较大。中部岩体厚度可自肖家河、石柱岩一带的88～128 m，向东北至三岔路、余家沟一带增大到309～466 m；上部岩体有时呈凸镜状。本组是梵净山区钨、锡、铜、砷矿产的主要围岩之一，有白岗岩侵入。

肖家河组 Pt_2x （06－52－0105）

【创名与原始定义】 贵州区调队1974年创名，创名地点在梵净山区西侧护国寺附近的肖家河。系指整合于余家河组与回香坪组之间的一套地层，“主要由灰、深灰至灰绿色变余砂岩-粉砂岩、板岩与变质辉绿岩-超基性岩（顶部偶见变质细碧岩）组成，有白岗岩侵入，厚868～1 393 m。由下部岩石颜色深、层面光滑等特征与下伏余家河组顶部的浅灰色岩石区分。顶部以一层稳定分布的层状变质基性-超基性岩与回香坪组分界”。

【沿革】 见梵净山群。

【现在定义】 同原始定义。

【层型】 正层型为印江县肖家河剖面，位于梵净山西麓的印江县护国寺附近（108°38′5″，27°55′27″），贵州区调队1974年测制。副层型为印江县大尖峰肖家河组剖面，位于梵净山东北部松桃、印江交界线上（108°45′00″，27°59′00″），贵州区调队1974年测制。印江县肖家河剖面如下：

上覆地层：回香坪组 灰色中厚层变余砂岩与深灰色薄板状绢云板岩

——————— 整 合 ———————

肖家河组	总厚度 1 127.9 m
第二段	厚度 402.3 m
33. 黑绿色变质辉石橄榄岩，向上、下两侧递变为浅灰绿色变质橄榄辉石岩，变质辉长-辉绿岩及变质辉绿岩	42.3 m
32. 灰—浅灰色薄板状斑点板岩与变余砂岩互层	33.7 m
31. 绿灰色绿泥石石英岩	46.4 m
30. 浅灰绿色块状变质辉绿岩	19.1 m
29. 灰—绿灰色薄板状富钠斑点板岩	12.9 m
28. 浅灰绿色变质角斑岩	1.0 m
27. 深灰—暗灰色块状变质辉石橄榄岩，向上、下两侧递变为灰绿色变质橄榄辉石岩-变质辉石岩-变质含长辉石岩-变质辉长辉绿岩或辉绿岩	73.0 m
26. 灰色中厚层变余砂岩夹砂质板岩	18.6 m
25. 灰—灰绿色中厚层变余石英晶屑凝灰岩	4.0 m
24. 灰—绿灰色块状变质辉绿岩。顶部为变质角斑岩	4.8 m
23. 浅灰绿色薄板状粉砂质绢云板岩，夹变余砂岩	19.1 m
22. 灰—绿灰色块状变质辉绿岩，顶部为浅灰色块状变质细碧岩	40.4 m
21—20. 灰—深灰色厚层块状变余砂岩夹砂质板岩及绢云板岩	87.0 m
第一段	厚度 725.6 m
19. 灰绿色块状变质石英辉绿岩	166.7 m
18. 灰色中厚层砂质绢云板岩	42.2 m
17. 深灰色薄板状绢云板岩，夹中厚层变余砂岩及变余粉砂岩	159.9 m
16—15. 灰色中厚层—厚层石英绢云板岩，夹厚层块状变余石英角斑晶屑凝灰岩	178.2 m
14. 深灰—灰色中厚层变余砂岩，夹绢云石英板岩	56.1 m
13. 深灰色中薄层凝灰质变余砂岩，夹石英绢云板岩	68.1 m
12—11. 深灰色中薄层砂质绢云板岩。下部夹变余砂岩	54.4 m

——————— 整　合 ———————

下伏地层：**余家沟组第二段**　浅灰色中薄层绢云角闪石英岩夹板岩

副层型印江县大尖峰剖面

上覆地层：**回香坪组第一段**　灰色薄层千枚状绢云板岩

——————— 整　合 ———————

肖家河组	总厚度 977.5 m
第二段	厚度 309.9 m
49. 深灰绿色块状变质辉绿岩及变质超基性岩	20.3 m
48. 灰黄绿色中厚层状变余粉砂岩	40.4 m
47. 灰黄色薄层—中厚层状千枚状绿泥绢云板岩夹变余砂岩	67.0 m
46. 深灰色薄层—中厚层状变余粉砂岩、变余砂岩及绢云板岩互层	43.9 m
45. 灰色薄层状绢云板岩，夹浅灰色中厚层状变余粉砂岩及变余细砂岩	34.8 m
44. 灰黑、灰绿色块状变质超基性岩及变质辉绿岩	20.0 m
43. 青灰、灰色中层状变余砂岩	9.4 m
42. 上部为灰色中层状变余砂岩，夹深灰色绢云板岩：下部为深灰、灰色碳酸盐石英绢云板岩，夹浅灰色中厚层状变余粉砂岩	74.1 m

——————— 整　合 ———————

第一段	厚度 667.6 m
41. 绿灰色块状斑状变质辉绿岩	145.2 m
40. 灰、绿灰色块状变质辉绿岩	90.7 m
39. 灰、浅灰色厚层变余砂岩，夹灰、深灰色绢云板岩	44.7 m
38. 深灰、灰色厚层变余粉砂岩	48.0 m
37. 深灰色薄板状千枚状绢云板岩	20.9 m
36. 灰色中层状变余灰砂岩	56.5 m
35. 浅灰色厚层状粉砂质板岩	11.0 m
34. 灰色中层状石英绢云板岩	14.7 m
33. 深灰色千枚状板岩，夹灰色中厚层状变余砂岩	79.9 m
32. 中上部为灰、深灰色绢云板岩，夹浅灰、灰色中厚层状变余砂岩；下部为浅灰色中厚层状变余砂岩，夹灰色板岩	103.9 m
31. 上部为灰色中厚层状变余砂岩，夹绢云板岩；下部为浅灰色绢云板岩，夹浅灰色中厚变余砂岩	52.1 m

——————— 整　合 ———————

下伏地层：**余家沟组第二段**　绿灰色块状变质辉绿岩

【地质特征及区域变化】　本组分布于梵净山区西北部肖家河、牛风包、大尖峰一带，面积约 26 km^2。由变余砂岩-粉砂岩、板岩与层状变质基性-超基性岩组成 3～6 个变质沉积岩-岩浆岩旋回。以第一旋回之顶为界划分为二段：下段总厚 725 m，上部变质石英辉绿岩厚度 166.7 m，横向上厚度变化可自 66～236 m，上段总厚 402 m，其中变质基性-超基性岩有 2～5 层，在层型剖面上，厚度分别为 40.4 m、4.8 m、73 m、19.1 m 和 42.3 m，以变质辉绿岩为主，岩体顶部或见变质角斑岩、变质细碧岩；有的以变质辉石橄榄岩为主，其上、下两侧依次过渡为变质橄榄辉石岩-变质辉石岩-变质辉长辉绿岩或辉绿岩。本组内的变质沉积岩多具复理石韵律特征，变余砂岩中常见斜层理，有时可见同生砾石，板岩中常见条纹状及条带状层理。

回香坪组　Pt_2h　(06-52-0104)

【创名及原始定义】 贵州区调队1974年创名，创名地点在江口县回香坪。指整合于肖家河组与铜厂组之间的一套以巨厚变质基性熔岩为主夹沉积变质岩组成的地层。总厚1 824～4 100 m。以一些分布较稳定的熔岩为标志分6个段。以初见具枕状构造的变细碧岩与下伏肖家河组分界；以大套变质基性-超基性岩的结束与上覆铜厂组分界。

【沿革】 见梵净山群。

【现在定义】 同原始定义。

【层型】 正层型由江口县黑湾河(回香坪组第二段—第六段)剖面(108°42′00″,27°54′00″)与江口县太子石(回香坪组第一段)剖面(108°41′00″,27°55′00″)组成，贵州区调队1974年测制。

江口县黑湾河剖面

上覆地层：铜厂组第一段　浅灰色中厚层状变余凝灰质砂岩

———— 整　合 ————

回香坪组	总厚度>2 177.22 m
第六段	厚度129.12 m
74. 浅灰绿色块状变质石英辉绿岩，具杏仁状构造	1.00 m
73. 浅灰绿色块状变质超基性岩，普遍具铜镍矿化、滑石化	17.20 m
72. 浅灰色厚层状变质石英角斑晶屑凝灰岩	1.40 m
71. 浅灰、灰色薄层状千枚岩	8.70 m
70. 浅灰色厚层状变余凝灰岩	1.20 m
69. 上部为浅灰绿色块状变质细碧岩、辉绿岩；中部为灰绿色块状变质含长辉石岩；下部为灰绿色块状变质石英辉绿岩	29.30 m
68. 上部为灰色薄层、中厚层状变余粉砂岩，夹板岩；下部粉砂质板岩，夹变余砂岩	69.70 m
67. 灰色薄层状变余凝灰岩	0.62 m

———— 整　合 ————

第五段	厚度451.20 m
66. 浅灰绿色块状变质细碧岩，具枕状、杏仁状构造	7.00 m
65. 灰色变余凝灰岩	0.70 m
64. 浅灰绿色块状变质细碧岩，具枕状构造	38.50 m
63. 灰、深灰色薄层状变余凝灰岩	2.40 m
62. 灰绿色块状变质辉绿岩	2.50 m
61. 浅灰、灰色薄层、中厚层状变余凝灰岩，具斜层理	10.40 m
60. 上部为浅灰、灰色中厚层状含粉砂质绿泥绢云板岩；下部为灰绿色块状变质辉绿岩	10.50 m
59. 浅灰色薄层状变余凝灰岩	0.40 m
58. 灰绿色块状变质辉绿岩	8.20 m
57. 上部为浅灰、灰色变余凝灰质粉砂岩；中、下部为浅灰、灰绿色薄层状含粉砂质绿泥绢云板岩	10.00 m
56. 灰绿色块状变质辉长-辉绿岩	49.10 m
55. 浅灰、灰色薄层、中厚层状菱铁矿绿泥绢云板岩	25.10 m

54. 灰绿色块状变质辉绿岩 32.90 m
53. 浅灰、灰色薄层、中厚层状菱铁矿绿泥绢云板岩 35.00 m
52. 浅灰绿色块状变质辉绿岩 52.50 m
51. 浅灰色薄层、中厚层状含粉砂质绿泥绢云板岩 5.70 m
50. 浅灰绿色块状变质辉绿岩 8.70 m
49. 浅灰、灰色薄层、中厚层状变余砂岩 8.30 m
48. 浅灰绿色块状变质细碧岩，具杏仁状构造 27.50 m
47. 浅灰绿色块状变质辉绿岩 11.60 m
46. 浅灰色薄层状绢云板岩，夹变余粉砂岩 10.70 m
45. 浅灰绿色块状变质辉绿岩 49.90 m
44. 浅灰色薄层状变余粉砂-细砂岩，夹粉砂质绢云板岩 36.70 m
43. 浅灰色薄层状变余凝灰岩 2.00 m
42. 灰、灰绿色薄层状变余砂岩 3.90 m

———————— 整 合 ————————

第四段 厚度 591.80 m

41. 浅灰绿色块状变质辉绿岩 11.20 m
40. 暗灰绿色块状变质辉石橄榄岩，上、下两侧依次分异为变质橄榄辉石岩-变质辉石岩 30.30 m
39. 灰绿色块状变质辉长-辉绿岩 4.00 m
38. 浅灰绿色块状变质石英辉绿岩 1.30 m
37. 浅灰色中厚层状变余长石石英砂岩 7.30 m
36. 浅灰、灰色中厚层状变余凝灰岩 13.10 m
35. 浅灰绿色块状变质细碧岩，具杏仁状构造 14.40 m
34. 浅灰绿色块状变质辉绿岩 131.50 m
33. 浅灰绿色块状变质辉绿岩 19.70 m
32. 浅灰色薄层状变余粉砂岩、粉砂质绢云板岩，夹变余砂岩 23.70 m
31. 浅灰绿色块状变质辉长-辉绿岩；中部为变质橄榄辉石岩 78.90 m
30. 浅灰色薄层状绿泥石绢云板岩，夹变余粉砂岩 18.90 m
29. 浅灰色块状变质细碧岩，具枕状、杏仁状构造 118.60 m
28. 灰绿色块状变质辉绿岩 39.40 m
27. 浅灰绿色薄层状粉砂质绢云板岩，夹变余粉砂岩 79.50 m

———————— 整 合 ————————

第三段 厚度 502.40 m

26. 浅灰、灰色薄层状变质石英角斑晶屑凝灰岩 0.50 m
25. 灰绿色块状变质辉绿岩 17.70 m
24. 浅灰、灰白色中厚层状变余石英角斑质凝灰岩，夹粉砂质板岩 20.40 m
23. 灰绿色块状变质辉绿岩 48.60 m
22. 黑灰绿色块状变质辉石橄榄岩，上、下两侧分异为变质橄榄辉石岩 40.00 m
21. 浅灰绿色块状变质辉绿岩 7.70 m
20. 浅灰、灰色薄层状含粉砂质绿泥绢云板岩 4.90 m
19. 浅灰绿色块状变质辉长-辉绿岩及辉绿岩 177.70 m
18. 浅灰绿色块状变质辉石橄榄岩 37.30 m
17. 浅灰、灰色变余凝灰质长石石英砂岩 4.00 m
16. 浅灰绿、灰绿色块状变质细碧岩，具枕状构造 77.30 m

15. 灰绿色块状变质辉绿岩，具杏仁状构造　49.10 m

14. 浅灰色变余砂岩　17.20 m

——————整　合——————

第二段　厚度 502.70 m

13. 浅灰绿色块状变质细碧岩，具枕状、杏仁状构造　102.00 m

12. 灰色中厚层状变余细砂岩　20.00 m

11. 浅灰绿色块太变质辉绿岩，具杏仁状构造　43.80 m

10. 浅灰绿色块状变质细碧岩　37.40 m

9. 浅灰、灰色薄层、中厚层状变余凝灰质长石石英砂岩，夹粉砂质板岩　50.00 m

8. 浅灰绿色块状变质细碧岩　30.40 m

7. 浅灰、灰绿色块状变质辉绿岩　59.50 m

6. 上部为浅灰绿色块状变质细碧岩；下部为浅灰绿色变质火山集块岩　8.90 m

5. 顶部为角砾状变质细碧岩，其下为浅灰绿、灰绿色块状变质辉绿岩，具杏仁状构造　35.30 m

4. 浅灰绿色块状变质辉绿岩，具杏仁状构造　55.90 m

3. 浅灰绿色变质火山集块岩　3.50 m

2. 上部为浅灰绿色块状变质辉绿岩；下部为灰色变余砂岩及板岩　56.00 m

——————整　合——————

第一段　浅灰绿色块状变质辉绿岩及超基性岩　>28.00 m

江口县太子石剖面

上覆地层：回香坪组第二段　深灰色斑点状绿泥绢云板岩

——————整　合——————

回香坪组

第一段　厚度 832.7 m

43. 灰色块状变质辉长辉绿岩　88.6 m

42. 灰绿色块状变质辉绿岩　19.8 m

41. 灰色变余砂岩　12.7 m

40. 灰绿色绿泥石石英绢云板岩　86.4 m

39. 灰绿色块状变质辉长-辉绿岩，中部为变质超基性岩　178.5 m

38. 灰色绢云石英绿泥板岩；顶部为变余凝灰岩　1.1 m

37. 上部为灰绿色块状变质辉绿岩；中、下部为灰绿色块状变质辉长-辉绿岩　58.0 m

36. 顶部为绿色块状变质细碧岩(2 m)，其下为灰绿色块状变质辉长-辉绿岩　96.8 m

35. 灰绿色块状变质基性火山岩　54.9 m

34. 灰绿色块状变质细碧岩　48.6 m

33. 灰绿色块状变质辉绿岩　44.3 m

32. 灰绿色块状变质细碧岩，具枕状构造　18.4 m

31. 灰、灰绿色块状变质辉绿岩　54.5 m

30. 灰绿色块状变质细碧岩，具枕状构造　56.0 m

29. 灰色中厚层状变余凝灰岩　14.1 m

——————整　合——————

下覆地层：肖家河组第二段　灰色块状变质辉绿岩

【地质特征及区域变化】　本组分布于梵净山区中部牛尾河、回香坪、扇子形及东南部的密麻树、两岔河一带，面积约 135 km^2。以变质基性熔岩为主，夹沉积变质岩(两者之比约5∶1

～3∶1)。变质基性熔岩以变质细碧岩占绝对优势,另见变辉绿岩、角砾岩、火山角砾岩、火山集块岩等。在一个熔岩层中,常由中心向两边其基性度降低,结晶粒度变细,完整者在出现由辉石橄榄岩-橄榄辉石岩-辉长辉绿岩-辉绿岩-细碧岩的分异系列。细碧岩常具枕状构造。沉积变质岩以板岩和变余砂岩为主,次为变余凝灰岩,常具复理石韵律。本组变质基性熔岩由南西向北东减少或变薄,变余凝灰岩夹层由下而上增多。顶部有一层强蚀变超基性岩,普遍具铜镍矿化。

核桃坪亚群　Pt_2HT　(06-52-0101)

【创名及原始定义】 本次工作中林树基(1994)创名,创名地点在梵净山东麓核桃坪。指白云寺亚群与武陵运动不整合面之间的一套由浅变质的砂岩、粉砂岩、泥岩、凝灰岩组成的陆源碎屑浊积岩为主的地层。具明显的复理石韵律,偶见少许层状变质基性-超基性岩的夹层。据沉积旋回分铜厂组、洼溪组、独岩塘组,总厚大于 3 500 m。

【沿革】 见梵净山群。

【现在定义】 同原始定义。

【层型】 本亚群包含的铜厂组、洼溪组、独岩塘组正层型即本亚群的正层型。

【地质特征及区域变化】 核桃坪亚群广泛分布于梵净山区东部,由变余砂岩、变余粉砂岩、变余凝灰岩、绢云母板岩-千枚岩、粉砂质板岩等组成。具复理石韵律,并构成以变余砂岩-粉砂岩为主(夹板岩)及板岩、千枚岩为主(夹变余砂岩-粉砂岩)的地层以厚达数百米的规模相互交替、下粗上细的2.5个大沉积旋回。中下部板岩中含疑源类化石 *Protosphaeridium* cf.-*densum*, *Protoleiosphaeridium* spp., *Polyporata obsoleta*, *P.* aff. *obsoleta*, *Lignum*? sp. 等。上覆红子溪组底部砾岩不整合地超覆于本亚群的不同层位之上,界线清晰。

铜厂组　Pt_2tc　(06-52-0106)

【创名及原始定义】 贵州区调队 1974 年创名,创名地点在江口县铜厂。指整合于回香坪组与洼溪组之间,由浅灰到深灰色变余砂岩-粉砂岩、变余凝灰质砂岩、绢云千枚岩、板岩组成的不定式互层,具复理石韵律,厚 1 289～1 350 m。以其上部颜色深,以绢云板岩为主,而与上覆洼溪组下部的钙质变余砂岩段区分。

【沿革】 见梵净山群。

【现在定义】 同原始定义。

【层型】 正层型在江口县黑湾河铜厂(108°43′00″,27°53′00″);副层型剖面位于江口县洼溪(108°47′00″,27°56′00″),均由贵州区调队 1974 年测制。江口县黑湾河铜厂剖面层序如下:

上覆地层:洼溪组　浅灰色中厚层变余含钙质砂岩及粉砂质板岩

——————整　合——————

铜厂组	总厚度 1 203.7 m
第二段	厚度 738.0 m
27—26. 浅灰色薄层绢云千枚岩夹变余粉砂岩及含钙质细砂岩。前者具皱纹片状构造	120.9 m
25—22. 灰色薄—中厚层变余白云质粉砂-细砂岩夹灰—深灰色薄层绢云千枚岩及粉砂质板岩	180.1 m
21. 灰—深灰色薄层变余白云质粉砂岩及白云质绢云千枚岩,夹浅灰色中厚层具斜层理的变余细砂岩。含疑源类 *Protosphaeridium* cf. *densum*, *Polyporata* cf. *obsoleta*, *Polyporata* sp.	67.7 m

20. 深灰色薄层含粉砂质绢云千枚岩及粉砂质白云质绢云千枚岩，夹灰色薄层—中厚层变余含钙质砂岩。前者具皱纹片状构造　36.2 m

19. 浅灰—灰色薄层—中厚层变余粉砂—细砂岩，夹粉砂质板岩、千枚岩　22.1 m

18. 灰色薄层千枚状绢云板岩及粉砂质绢云板岩夹变余粉砂岩　99.6 m

17. 灰色薄层—中厚层变余粉砂岩，夹灰—深灰色薄层粉砂质白云质绢云千枚岩　73.2 m

16. 灰色薄层砂质千枚状板岩与绢云板岩，夹同色中厚层变余粉砂岩　138.2 m

第一段　厚度 465.7 m

15—14. 浅灰—灰色薄层绢云板岩及粉砂质板岩与同色中厚层变余粉砂—细砂岩互层　91.7 m

13. 浅灰白色中厚层变余粉砂质沉凝灰岩夹灰—深灰色变余凝灰质粉砂岩　11.3 m

12—10. 浅灰—灰色中薄层粉砂质绢云板岩，夹灰色变余粉砂—细砂岩　109.2 m

9. 浅灰色中厚层变余含粉砂质凝灰岩与灰色中厚层变余凝灰质粉砂岩互层　15.4 m

8—7. 浅灰—灰色中厚层—厚层变余粉砂—细砂岩夹浅灰色中厚层粉砂质绢云板岩　94.1 m

6. 浅灰—灰色中厚层绿泥绢云板岩　53.3 m

5—3. 浅灰—灰色中厚层变余粉砂—细砂岩与浅灰色薄层粉砂质绢云板岩互层。前者具斜层理　85.0 m

2. 浅灰、灰白色中厚层变余凝灰质砂岩　5.7 m

——————— 整　合 ———————

下伏地层：回香坪组　浅灰绿色块状变质辉绿岩，具杏仁状构造

【地质特征及区域变化】　本组分布于梵净山区中部铜厂、冷家坝一带，面积约 40 km^2。据岩性划分二段：第一段以变余砂岩-粉砂岩为主，其中交错层理、波痕、冲刷槽、干裂纹均较发育。在横向上，由南西向北东凝灰质、砂质岩减少，泥质岩增多，底部有时尚见厚达 10 m 左右的辉绿岩床，厚 400～500 m；第二段以绢云千枚岩和板岩为主，厚 738～865 m，含疑源类化石：*Protosphaeridium* cf. *densum*，*Protoleiosphaeridium* spp.，*Polyporata obsoleta*，*P.* aff. *obsoleta*，*P.* sp.，*Lignum*? sp. 等。本组是梵净山区钨、锡、铜矿的主要围岩之一，并有白岗岩、长英岩、石英钠长斑岩侵入。

洼溪组　Pt_2w　(06-52-0107)

【创名及原始定义】　贵州区调队 1974 年创名，创名地点在江口县洼溪。指整合于铜厂组和独岩塘组之间，由浅灰至灰、灰绿色变余砂岩-粉砂岩、变余石英晶屑凝灰岩、绢云板岩与粉砂质板岩组成的地层，复理石韵律发育。厚 1 100～1 238 m。下部以砂质岩为主，上部以泥质岩为主，构成由粗到细的一个完整的沉积旋回。以另一旋回下部大套变余岩屑砂岩、变余砂岩—粉砂岩为主的地层的岩屑开始与上覆独岩塘组分界。

【沿革】　见梵净山群。

【现在定义】　同原始定义。

【层型】　正层型为江口县洼溪剖面(108°47′11″，27°55′30″)，贵州区调队 1974 年测制。

上覆地层：独岩塘组　浅灰—灰色变余砂岩

——————— 整　合 ———————

洼溪组　总厚度 1 100.0 m

第二段　厚度 652.2 m

22—20. 浅灰—灰绿色千枚状绢云板岩及粉砂质绢云板岩，夹浅灰—灰色变余粉砂岩。

具条纹状层理 65.5 m

19. 浅灰色中厚层变余粉砂—细砂岩，间夹灰绿色粉砂质板岩 41.7 m

18—17. 浅灰、灰绿色粉砂质绢云板岩与绢云板岩。具条带状层理 50.9 m

16—15. 浅灰、灰绿色千枚状绢云板岩与绢云板岩 113.0 m

14—12. 浅灰绿色粉砂质绢云板岩与变余粉砂岩互层。具条纹状层理 168.2 m

11. 灰绿色绢云板岩，具条纹状层理 212.9 m

第一段 厚度 447.8 m

10. 上部为浅灰色变余石英角斑凝灰岩；下部为浅灰色中厚层变余细砂岩 77.4 m

9. 浅灰—灰色千枚状绢云板岩，夹变余粉砂岩 47.1 m

8. 浅灰色中厚层变余石英角斑晶屑沉凝灰岩及粉砂质板岩。具斜层理 66.5 m

7—6. 浅灰—灰色薄—中厚层变余粉砂质板岩与变余粉砂岩、变余砂岩互层 167.3 m

5. 浅灰—浅灰绿色粉砂质板岩夹变余凝灰质细砂岩 26.9 m

4. 浅灰色中厚层变余凝灰质细砂岩与变余粉砂岩互层 17.1 m

3. 浅灰—灰色绢云板岩与变余粉砂岩互层 23.3 m

2. 浅灰色中厚层变余凝灰质细砂岩 22.2 m

———— 整 合 ————

下伏地层：铜厂组 浅灰、灰色中厚层铁白云质变余砂岩

【地质特征及区域变化】 本组位于梵净山区东部大转湾、洼溪、冷家坝一带，面积约 26 km²。据岩性分二段：第一段以变余砂岩-粉砂岩为主，变余凝灰岩夹层较多，常含钙质，偶见波痕。变余凝灰岩多见于本段下部和上部，中部少见。在横向上，由东北（洼溪一带）向南面（黑湾河—大转弯一带）凝灰质岩石减少至消失。第二段以绢云板岩为主，具清晰的条纹—条带状水平层理。

独岩塘组 Pt$_2$*d* (06-52-0108)

【创名及原始定义】 贵州区调队 1974 年创名，创名地点在江口县洼溪独岩塘。指整合覆于洼溪组之上、不整合伏于板溪群红子溪组浅紫灰色—灰绿色块状变质砾岩之下的一套地层，以浅灰绿—灰绿色变余岩屑砂岩为主，次为变余砂岩-粉砂岩与绢云板岩，它们交互成层，具复理石韵律。残留厚度 785 m 左右。

【沿革】 见梵净山群。

【现在定义】 同原始定义。

【层型】 正层型为江口县独岩塘剖面（108°48′49″，27°55′50″），由贵州区调队二分队 1974 年实测。

上覆地层：红子溪组 浅紫灰—灰绿色块状变余砾岩

~~~~~~ 不 整 合 ~~~~~~

独岩塘组 总厚度 785.1 m

40—39. 浅灰—灰色中厚层变余杂砂岩与同色粉砂质板岩互层 111.6 m

38—37. 上部浅灰—灰色中厚层变余粉砂岩；中下部浅灰色粉砂质板岩夹变余粉砂岩 46.2 m

36—34. 浅灰—灰色中厚层变余杂砂岩夹同色粉砂质板岩 238.9 m

33—31. 浅灰—灰色中厚层变余粉砂-细砂岩与粉砂质板岩及绢云板岩互层 104.6 m

30—27. 浅灰色中厚层变余杂砂岩夹绢云板岩 178.0 m
~~~~~~

26—24. 浅灰色绢云板岩与变余粉砂岩互层。中下部夹中厚层变余杂砂岩 92.9 m

23. 浅灰—灰色变余细砂岩夹粉砂质板岩 12.9 m

——————— 整 合 ———————

下伏地层：**洼溪组** 浅灰绿色千枚状绢云板岩及粉砂质板岩

【地质特征及区域变化】 本组分布十分局限，仅见于梵净山区东部独岩塘附近，面积约 4 km^2。以其中变余砂岩—粉砂岩含大量岩屑、长石及火山晶屑物而有别于梵净山群内其他各组的变余砂岩-粉砂岩为特征。由于分布面积小，横向变化情况不明。

九龙群 Pt_2J (06-52-0109)

【创名及原始定义】 贵州区调队板溪群专题组赵化琛等 1963 年创名①，创名地点在从江县城西南约 45 km 的九龙村附近，原称九龙组。指分布于黔东南与桂北交界区贵州从江九龙至广西大苗山英洞一带角度不整合于上板溪群(今称下江群或丹洲群)甲路组之下的一套灰至灰绿色厚层细粒变余石英砂岩-粉砂岩，上部时夹千枚岩、绢云石英片岩，厚度大于 1 960 m (未见底)。归属下板溪群。1974 年升格称九龙群。

【沿革】 1963 年贵州区调队三分队在从江县尧等与广西大苗山县河村附近的下板溪群中测制剖面，建尧等组与河村组。1974 年该区下板溪群改称九龙群，代表从江以南地区伏于武陵运动不整合面之下的一套具复理石韵律的浅变质碎屑-粘土岩系，包括下部尧等组和上部河村组。1979 年王砚耕等将九龙群改归四堡群，分上、下两部分。并认为其下部可与梵净山群的下部四个组对比；上部与梵净山群上部的三个组相当。四堡群为广西区调队 1972 年命名，原义代表湘黔桂交界区的原下板溪群。层型地点在三防花岗岩之南的融安县四堡地区，主要由具复理石特征的灰至灰绿、深灰色变质砂泥岩组成，中部夹海相基性-超基性火山岩，其内部划分先后有“六分”、“四分”、“三分”、“二分”方案提出。《广西壮族自治区区域地质志》(1985)按三分方案，据岩性组合并以中部细碧角斑岩为标志层，自下而上划分九小组、文通组、鱼西组(1994 年广西岩石地层清理组划分：黄峰山组、文通组、鱼西组)。该群与三防花岗岩北部边缘地区九龙、河村等剖面为层型所处的九龙群之间的对比，目前尚无一致认识。据中南地质矿产研究所前寒武纪研究组资料：“在林洞以西相当于河村组上、下部之间”，曾发现有“与鱼西组下部(即今文通组)枕状细碧岩、块集岩及凝灰岩……同时的火山岩”。这似乎表明，文通组层位与河村组中部相当是可能的；九小组与鱼西组或可分别与河村组下部和上部对比，它们均具有显著的复理石特征。九龙群与四堡群或为不同环境的沉积，前者以不含(或少含)海相基性-超基性火山岩而与四堡群相区别，故保留九龙群一名。刘鸿允(1982，1991)将九龙群又称加榜群。

【现在定义】 指不整合于下江群甲路组之下的一套变质海相陆源碎屑岩系。下部以变质泥质岩为主；上部以变质复理石砂泥岩为主，或夹少许变质基性-超基性海相火山岩。总厚大于 6 000 m，未见底。仍分两组：上称河村组；下称尧等组。

【层型】 正层型位于从江县九龙村附近(108°36′00″，25°28′00″)，贵州区调队赵化琛等 1963 年重测。贵州从江尧等剖面(108°51′00″，25°38′00″)和广西大苗山河村组剖面(108°58′00″，25°20′00″)为次层型。从江九龙剖面层序如下：

① 贵州省地质局区调队赵化琛等，1963，黔东地区前寒武系研究初步总结(油印本)，下同。

上覆地层：**甲路组**

〰〰〰〰〰 不 整 合 〰〰〰〰〰

九龙群　　总厚度>1 830 m

6. 深灰色中厚层变余石英砂岩，时夹粉砂岩，劈理发育　　430 m

5. 深灰色块状变余硅质粉砂岩，致密坚硬，底有 5 m 厚的辉绿岩脉穿插　　335 m

4. 深灰绿色层带状变余粉砂岩，砂岩，层理不甚清晰　　200 m

3. 灰色层状变余硅质粉砂岩，时夹片岩与变余粗粒长石石英砂岩　　170 m

2. 暗灰色石英云母板岩，夹片岩；中下部为变余石英砂岩　　120 m

1. 灰色、灰绿色变余硅质粉砂岩及中粗粒石英砂岩，具交错层理。（未见底）　　>575 m

【地质特征及区域变化】　本群分布于从江以南的黔桂边界地区，为武陵期优地槽回返阶段的沉积。下部尧等组属回返早期前复理石砂泥岩，其下因三防花岗岩的侵入而出露不全，出露最大厚度 1 193 m。上部河村组代表地槽回返晚期的复理石建造，甲路组不整合覆于不同层位之上，残留厚度最大达 4 468 m(河村)。往北迅速变薄，至尧等附近仅存 939 m。显示了该区本群地层自北而南变新之势。更往南，由于其中所夹变质海相基性-超基性火山岩的增加，过渡为四堡群。本群中尚见大量基性-超基性岩侵入体。

时限大致为 1 000～1 800 Ma，归长城系—蓟县系，属中元古界。

尧等组　Pt_2yd　(06-52-0110)

【创名及原始定义】　贵州区调队 1964 年创名①，创名地点在从江县城南 13 km 的尧等村附近。指伏于河村组之下的一套由灰绿色绿泥绢云石英片岩，千枚岩夹变余砂岩组成的地层。下部以片岩为主，上部以千枚岩为主。变余砂岩中偶见残留的平行层理和斜层理。出露最大厚度 1 193 m。上与河村组整合，下与花岗岩呈侵入接触。

【沿革】　本组原归属下板溪群，1974 年后归九龙群或四堡群。邢裕盛等(1989)将本组作为四堡群最下部的一个组级单位。

【现在定义】　同原始定义。

【层型】　正层型位于从江县尧等村附近(108°51′00″，25°38′00″)，贵州区调队 1964 年测制。

上覆地层：**甲路组**

〰〰〰〰〰 不 整 合 〰〰〰〰〰

河村组　　总厚度 939 m

13. 上部灰、灰绿色变余砂岩为主，夹少量绢云石英千枚岩；下部浅灰绿—灰黄色中厚层块状坚硬的变余粉砂岩夹千枚状绢云石英片岩及绿泥绢云石英片岩　　286 m

12. 浅灰色块状变余砂岩，与片状绢云石英千枚岩互层　　276 m

11. 灰绿色绢云石英千枚岩，下部夹薄层—中厚层状变余砂岩　　68 m

10. 浅灰色块状变余粉砂岩　　42 m

9. 灰绿色片状绢云石英千枚岩，夹少许灰绿色变余细砂岩　　87 m

8. 浅灰绿色中厚层—块状及薄层状致密坚硬的片理化变余砂岩及薄层状绢云千枚岩夹片岩，或互层　　180 m

---

① 贵州省地质局区调队，1964，1：20 万榕江幅区域地质测量报告书(上册)，下同。

—————— 整 合 ——————

尧等组 总厚度 1 194 m

7. 浅灰绿色绢云千枚岩，时夹千枚岩状砂质板岩 62 m

6. 浅灰绿色绢云石英千枚岩，具条纹构造，有时含黄铁矿的小结核 45 m

5. 浅灰绿色绢云石英千枚岩与石英绢云片岩，夹含黑云母变余砂岩 295 m

4. 灰绿色千枚状绢云石英片岩，夹绢云石英片岩，常有串珠状扁豆形石英脉沿片理充填 201 m

3. 灰绿色千枚状云母石英片岩，及少许绿泥绢云石英片岩，沿片理有石英脉充填 208 m

2. 灰绿色绿泥石英千枚岩及少量石榴石绿泥绢云千枚岩，中有石英脉及中粒黑云母花岗岩脉穿插 112 m

1. 灰绿色绿泥白云母石英片岩及石榴石硬绿泥白云母石英片岩，间夹深灰色变余粉砂岩凸镜体 271 m

~~~~~~~~ 侵入接触 ~~~~~~~~

下伏：吉羊花岗岩基

【地质特征及区域变化】 本组为省内出露的最老地层，见于吉羊穹状背斜轴部，绕三防花岗岩（又称吉羊花岗岩）体外围的洞头、尧等、南加、干洞一带分布。横向岩性厚度变化不大。与上覆河村组渐变过渡。有酸性、中性、基性-超基性岩侵入。三防花岗岩与之作侵入接触，形成了清晰的接触变质带。本组由于区域变质和接触变质作用的叠加影响，变质较深，愈近岩体，片理愈益发育，层理多被发育的片理所掩没。局部尚被混合岩化、花岗岩化。在广西融县四堡地区与本组相当的地层深埋地下，未出露。

河村组 Pt_2hc (06-52-0111)

【创名及原始定义】 贵州区调队1964年创名，创名地点在广西大苗山县林洞河村。指整合于尧等组之上、不整合伏于下江群（原称上板溪群）甲路组之下，由浅灰绿至灰绿色变余砂岩—粉砂岩与绢云石英千枚岩互层组成的地层，具明显的复理石韵律及小规模的滑塌构造与液化构造，有时可见波痕。本组以大套浅变质的复理石砂泥岩的出现与下伏尧等组分界；以武陵运动造成的不整合面与上覆甲路组分界。剥蚀残留厚度940～4 668 m，自南而北变薄。

【沿革】 本组原归属下板溪群，1974年后归九龙群或四堡群。

【现在定义】 同原始定义。

【层型】 正层型位于广西大苗山县林洞河村附近(108°58′00″，25°20′00″)；副层型剖面位于从江尧等村附近(108°51′00″，25°38′00″)，贵州区调队1974年测制。大苗山县林洞河村剖面列述于下：

上覆地层：甲路组

~~~~~~~~ 不 整 合 ~~~~~~~~

河村组 总厚度 4 468 m

33. 深灰—灰带绿色的石英千枚岩夹变余砂岩 140 m

32. 灰—浅灰绿色厚层—块状变余砂岩，夹砂质千枚岩，变质砂岩中具波痕，并偶见鸭蛋形砂质结核分布 158 m

31. 灰—浅灰绿色云母砂质千枚岩，具条纹构造 31 m

30. 灰色薄层—厚层变余砂岩夹千枚岩 174 m

29. 灰色薄层变余砂岩、粉砂岩与浅灰绿色绢云绿泥千枚岩交互成层。有辉石橄榄岩岩

脉侵入	210 m
28. 浅灰绿色中厚层—薄层变余砂岩与石英千枚岩互层	207 m
27. 灰色块状—厚层变余砂岩	48 m
26. 浅灰绿色薄层绢云石英千枚岩与变余砂岩互层	483 m
25. 浅灰—灰黄白色绢云石英千枚岩，含少许磁铁矿细粒，夹薄层条纹状变余砂岩	164 m
24. 灰、灰绿色变余砂岩与千枚岩互层	263 m
23. 灰色厚层块状变余砂岩，夹绢云石英千枚岩	93 m
22. 浅灰绿色薄层石英千枚岩与薄层变余砂岩互层，具清晰的条带状构造	132 m
21. 浅灰绿色坚硬致密块状变余砂岩	94 m
20. 浅灰色石英千枚岩、绿泥石英绢云片岩，夹薄层变余砂岩	165 m
19. 浅灰绿色石英绢云千枚岩，局部仍具水平层纹，偶夹薄层石英岩	352 m
18. 深灰色块状变余砂岩	129 m
17. 深灰、灰绿色变余砂岩与砂质千枚岩互层	121 m
16. 灰绿色绿泥石英云母片岩	34 m
15. 灰色薄层—块状变余砂岩	350 m
14. 灰—深灰色块状变余砂岩	75 m
13. 灰色条带状变余砂岩夹千枚岩，及薄层变余砂岩与千枚岩互层，条带宽 1～5 cm 不等	281 m
12. 灰、深灰色巨厚层—厚层条带状构造的变余砂岩、粉砂岩	319 m
11. 灰、灰绿色块状变余砂岩	175 m
10. 深灰色薄层变余砂岩与石英千枚岩互层，具细至宽条带构造	107 m
9. 灰、深灰色薄层—块状变余砂岩，偶见环状构造的同生结核	163 m

———————— 整　合 ————————

下伏地层：**尧等组**　浅灰绿色石英绢云片岩及千枚岩

【地质特征及区域变化】　本组分布于吉羊穹状背斜轴部、尧等组外缘的河村、乌扭、英洞、南退岭一带，以其具有巨大厚度、岩性比较单一、韵律性强、具多种型式的层纹构造为特征。岩石几乎全由变质的中粗粒至粉砂级的砂岩和砂质泥岩组成，它们构成十几个由厚层至块状变余砂岩为主→中厚层至薄层状变余砂岩与薄层至页状千枚岩互层→千枚岩为主夹变余砂岩的规律变化，厚度由数十米至数百米不等的大型韵律层，各个大型韵律层又由一系列小的复理石层构成。复理石层常在各个大型韵律层的中部及上部重复出现。单个复理石层厚度通常只有几厘米至十几厘米。本组内有橄榄辉石岩、辉石橄榄岩及花岗岩侵入。

下江群　Pt_3X　(06-52-0112)

【创名及原始定义】　王曰伦(1936)创名于从江县下江一带，原称“下江系”，1955 年介绍。系指“贵州和广西交界地区震旦纪冰碛层之下出露的变动不大并变质不深，厚达数千米，最下部又出现以晶质片岩为主”的岩层，由“主要为互层的石英砂岩、千枚岩、硬砂岩、页岩、板岩及少数的片岩和大理岩”组成。分加榜岩组和拉揽岩组两部分。

【沿革】　1959 年全国地层会议将包括下江系、板溪系在内的一部分华南元古宙地层，统称板溪群。后沿用，并以武陵运动(又称东安运动、梵净运动、四堡运动)造成的不整合面为界，分上板溪群和下板溪群(湖南又称东安群、彭家群；广西又称丹洲群、四堡群)。1966 年，刘鸿允首次使用下江群一名，用以代表黔东地区武陵运动不整合面之下与“下板溪群”相当的变质地层。1979 年贵州区调队用下江群一名代表黔东南地区的原上板溪群。鉴于王曰伦(1936，1955)所指加榜岩组与拉揽岩组，实代表甲路组中上部以上地层，本书从后议。刘鸿允(1982，1991)又称拉揽岩群。

【现在定义】 指黔东南及其相邻的湘桂边界地区整合于下震旦统长安组之下、不整合覆于九龙群之上的一套浅变质陆源-火山碎屑建造。自下而上分为甲路、乌叶、番召、清水江、平略、隆里六组。

【层型】 本群正层型为从江宰便剖面。此剖面顶、底不全，且相当粗略。故选择本群所属各组的正层型为该群的选层型剖面。

【地质特征及区域变化】 本群自下而上包括后造山期磨拉石砂砾岩、滨浅海钙质砂泥岩、半深水—深水碳泥质岩以及复理石砂泥岩、类复理石-类磨拉石含砾砂泥岩，代表黔东南及其紧邻的湘桂边界地区雪峰冒地槽由早期扩张、沉降至晚期回返隆升阶段沉积的完整序列。在锦屏—三都一线发育最为完整，厚逾万米。以下部甲路组第二段钙质岩系与乌叶组第二段黑色岩系分布广泛，为区域性标志层，以及上部清水江组夹有大量凝灰质岩为特色。往东南至黎平—榕江一线，番召组和清水江组内变余砂岩夹层与凝灰质岩明显减少，泥质岩相应增加，厚度减薄至 3 000—4 000 m。至从江计化—西山一线之南，全变为以灰绿至深灰色绢云板岩、粉砂质板岩为主的地层，其中仅夹很少量的变余砂岩与变余凝灰质砂岩，偶含钙质凸镜体，未再发现沉凝灰岩。两者连同其上的平略组均以浅变质的泥质岩为主，难以划分，成为丹洲群拱洞组的一部分。本群时限大致为 800～1 000 Ma，属上元古界下部青白口系。

甲路组　$Pt_3 j$　(06－52－0113)

【创名及原始定义】 贵州区调队赵化琛等 1963 年创名，创名地点在从江县城西南约 55 km的甲路村。指角度不整合于下板溪群(今称九龙群)之上、整合地伏于乌叶组之下的一套地层。以石英绢云片岩、千枚岩为主，下部夹较多变余砂岩-粉砂岩；上部夹较多钙质千枚岩及大理岩透镜体、底部常见变质砂砾岩。厚 947 m。以大套钙质岩系的结束与上覆乌叶组分界。

【沿革】 原归上板溪群。1974 年后改归板溪群或下江群或拉揽群。本书划归下江群。

【现在定义】 同原始定义。

【层型】 正层型为从江县甲路村甲路组剖面(108°36′00″,25°20′00″)，由贵州区调队赵化琛等 1962 年实测。次层型为从江顶洞—高文甲路组剖面(108°57′00″,25°36′00″)。从江县甲路村甲路组层序如下：

上覆地层：乌叶组　深灰色厚层含硅质粉砂岩及绢云母千枚岩

——————— 整　合 ———————

甲路组	总厚度 831 m
第二段	厚度 110 m
14. 浅灰绿色钙质千枚岩夹灰色、微带肉红色细粒大理岩凸镜体	15 m
13. 灰绿色薄层钙质绢云千枚岩	10 m
12. 浅灰绿色千枚岩及含钙质千枚岩。灰色大理岩呈凸镜体和结核状夹于含钙质千枚岩中，钙质流失后留下具串珠状顺层排列的孔洞	85 m
第一段	厚度 721 m
11. 浅灰—灰白色变余细粒石英砂岩，含白云母碎片，片理化，层理不清	12 m
10. 灰绿色片状石英绢云千枚岩与千枚状含绿泥石绢云粉砂质板岩互层	46 m

9. 灰绿色砂质片岩夹千枚状含绿泥石绢云粉砂质板岩	72 m
8. 灰绿色石英绢云片岩夹绿泥石片岩	228 m
7. 浅灰绿色中厚层变余不等粒砂岩	66 m
6. 灰绿色千枚状石英绢云片岩，具强烈丝绢光泽	181 m
5. 黄灰绿色厚层变余不等粒砂岩	22 m
4. 褐黄色千枚状石英绢云片岩	62 m
3. 暗灰绿色厚层变余粉砂岩	24 m
2. 暗灰绿色变余砾岩。砾石成分为下伏地层之砂岩和脉石英，半浑圆状，砾径 2～5 mm。长轴略平行层面	8 m

～～～～～ 不 整 合 ～～～～～

下伏地层：**四堡群**

【地质特征及区域变化】 本组主要分布于从江南部地区，在台江新寨及雷山雀乌附近零星见及。按岩性分二段：第一段由灰至灰绿色变余砾岩—砂砾岩、变余砂岩、含砾砂板岩及石英绢云片岩、千枚岩、板岩组成。下部以变余砂砾岩和含砂砾岩为主，厚 8～42 m；上部以千枚岩、板岩为主，厚 113～795 m。底部变余砾岩和砂砾岩主要见于甲路、九龙一带，其中砾石组分比较复杂，有变余砂岩、石英岩、千枚岩、脉石英、辉石角岩等。砾径一般 2～5 cm，大者达 30 cm 以上。往东南至尧等、河村等地，所含砾石变小变少，过渡为含砾屑绢云板岩。更往东至广西元宝山以东的三江合桐一带，全为变质泥质岩所代替。第二段为灰绿色钙质绢云千枚岩、板岩与粉砂质板岩，夹大理石凸镜体，厚 153～280 m。本组内有铁矿及多金属矿产出。

乌叶组 Pt_3wy （06－52－0114）

【创名及原始定义】 贵州区调队赵化琛等 1963 年创名，创名地点在从江县西南 44 km 的秀塘乡乌叶村附近。指整合于甲路组和番召组之间的一套地层。下部为灰绿色至灰色石英绢云千枚岩、板岩夹变余砂岩-粉砂岩及少许变余凝灰岩；上部为深灰至灰黑色绢云千枚岩、碳质或有机质千枚岩、板岩为主，夹变余砂岩及少许薄层钙质粉砂岩和钙质小凸镜体。底部以大量不含钙质岩石的开始和甲路组上段钙质岩系分界；顶部以灰黑色千枚岩、板岩的结束与番召组分界。

【沿革】 原归上板溪群。1974 年后改归板溪群或下江群或拉揽群。与桂北三江以西的丹洲群合桐组为同物异名。

【现在定义】 同原始定义。

【层型】 正层型为从江秀塘乡乌叶村乌叶组剖面(108°33′00″,25°30′00″)，由贵州区调队三分队 1962 年实测；次层型为雷山县雀乌村乌叶组剖面(108°24′00″,26°28′00″)，由贵州区调队板溪群专题组 1961 年实测。从江秀塘乌叶村乌叶组层序如下：

上覆地层：**清水江组至番召组**

———— 整 合 ————

乌叶组	总厚度 1 223 m
第二段	厚度 547 m
20. 灰色厚层砂质绢云板岩夹薄层千枚岩	41 m
19. 灰黑色千枚状碳质绢云板岩	51 m

18. 灰色薄—中厚层变余硅质粉砂岩，夹少量灰黑色绢云千枚岩，含黄铁矿晶粒 18 m

17. 灰黑色绢云千枚岩，含很多小团块状的磁黄铁矿及立方晶形黄铁矿 36 m

16. 灰、深灰色巨厚层变余绢云粉砂岩，夹灰黑色绢云千枚岩，上部为变余凝灰质绢云粉砂岩 219 m

15. 灰黑色中—厚层绢云千枚岩，间夹灰色厚层变余粉砂岩，含磁黄铁矿和星散状黄铁矿晶粒 84 m

14. 灰黑色绢云母千枚岩，含少量黄铁矿和污染状的有机质，具丝绢光泽 69 m

13. 深灰色薄—中厚层含粉质绢云板岩，单层厚 20 cm 左右 29 m

第一段 厚 676 m

12. 浅青灰色厚层石英绢云板岩，具细隐层纹构造，较致密；下部夹浅绿灰色绢云板岩 192 m

11. 灰色微带绿色厚层含粉砂硅质绢云板岩，单层厚 50 cm 左右 61 m

10. 灰色薄—中厚层粉质千枚状板岩，夹薄层(3～7 cm)绢云千板岩 47 m

9. 浅绿灰色中—厚层硅质绢云板岩，夹薄层含硅绢云片岩 24 m

8. 灰色粉质绢云板岩，夹绢云片岩 129 m

7. 深灰—浅灰色层纹状粉砂质板岩，每两单层之间均夹绢云片岩，板岩单层厚 10～30 cm 48 m

6. 灰绿色石英绢云片岩，夹薄层状灰绿色硅质板岩 116 m

5. 灰色巨厚层—块状石英绢云板岩，夹少量薄层绢云千板岩 59 m

——————— 整 合 ———————

下伏地层：甲路组　灰绿色钙质绢云片岩，夹薄层钙质绢云千枚岩和硅化大理岩凸镜体

【地质特征及区域变化】 本组主要分布于从江县城—从江加鸠一线以南。在雷山县西江至新寨一带以及台江雀乌一带的雷公山背斜近轴部小片见及。按岩性分二段：下部以灰至灰绿色绢云千枚岩、板岩为主的地层划归第一段；上部以深灰至灰黑色碳质千枚岩为主的地层划归为第二段。第一段岩性在横向上比较稳定，局部具较清晰的复理石韵律，厚 300～500 m，变化也不大。在纵向上，自下而上，由浅灰绿色千枚岩为主→灰色中厚层至厚层状变余砂岩与千枚岩互层→灰至浅灰色中厚层至巨厚层状变余砂岩为主，偶夹千枚岩、变余凝灰质粉砂岩及凝灰质板岩。表现为海退层序。第二段普遍含黄铁矿和磁黄铁矿的晶粒和团块，层位稳定，且以其明显有别于上、下地层的深灰至灰黑色色泽而易于辨识，但厚度变化较大，200 m(从江九龙)～800 m(从江顶洞)不等。其中尚含疑源类化石：*Leiosphaeridium* sp.。据与本组层位相当的湖北大洪山地区花山群洪山组上部细碧岩 K－Ar 年龄值为 844 Ma(马国干等，1980)或 848.5±12.5 Ma(胡世玲等，1986)及桂北三江地区丹洲群合桐组中上部与细碧岩同源并大致同期的似层状辉榄-辉长岩体的锆石 U－Pb 年龄值为 837 Ma(广西地质局，1985)等数据分析，本组第二段沉积时代当在距今 840 Ma 左右，属晚元古代早期。

番召组　Pt_3f　(06－52－0115)

【创名及原始定义】 贵州区调队赵化琛等 1963 年创名，创名地点在台江城东约 8 km 番召镇附近。指整合于乌叶组与清水江组之间以变余砂岩-粉砂岩及粉砂质绢云板岩为主组成的地层。其上以大套变余晶屑-玻屑凝灰岩、层凝灰岩及凝灰质板岩的出现与清水江组划界。

【沿革】 原归上板溪群。1974 年后改归板溪群或下江群或拉揽群。本书归下江群。

【现在定义】 同原始定义。

【层型】 正层型剖面位于台江县番召镇附近(108°21′00″，26°41′00″)由贵州区调队姚润西等(1961)、赵化琛等(1962)测制，(详见《贵州省区域地质志》，1987，P. 16—17)。

【地质特征及区域变化】 本组广泛分布于黔东南地区，按岩性分二段：第一段为灰至浅灰绿色变余砂岩-粉砂岩与绢云板岩互层，砂岩中偶含钙质结核或钙质凸镜体，或见同生砾石，局部可见一砾岩层（榕江腊峨、滚浪），其厚约 1 m，砾石成分为灰黑色千枚状板岩，灰黄色千枚状板岩、半滚圆状至角砾状，砾径一般 0.5～3 cm，胶结物为砂质。灰黑色千枚状板岩砾石可能来自下伏的乌叶组上部。本段厚 400～920 m，由西北往东南变薄。第二段为灰至深灰色粉砂质绢云板岩夹凝灰质板岩及少许变余砂岩、变余凝灰岩，厚 400～1 900 m（一般厚在 1 000 m 以上），锦屏—雷山一线厚度最大，往两侧变小。本组内复理石韵律发育。在创名地番召附近，尚见原生滑塌构造、塌积层厚达 20 m。在黎平—榕江一线东南地区，由于上覆清水江组凝灰质岩的大量减少，本组与清水江组难于划分。

清水江组 Pt_3q （06-52-0116）

【创名及原始定义】湘黔桂三省（区）前寒武系踏勘小组 1961 年创名，创名地点在锦屏县城附近的清水江一带。指拉揽组黑色板岩（相当于现称的乌叶组第二段）和江口组含砾砂岩之间的一套灰绿色条带状板岩、变余粉砂岩、砂质板岩为主组成的地层，并与黔东北—湘西一带的五强溪组对比。划归上板溪群或板溪群上亚群。

【沿革】 1962 年贵州区调队板溪群专题组赵化琛等将上述清水江组分解为两部分：下部称番召组；上部仍以清水江组命名。修订后的清水江组限指原清水江组上部含较多凝灰质的浅变质砂泥岩，并以锦屏县平略清水江组剖面为层型，分三段：第一段为灰至深灰色变余凝灰岩、变余砂岩夹变余沉凝灰岩、凝灰质板岩，或为互层，具明显的复理石韵律，厚 1 439～2 977 m；第二段为灰至深灰色变余沉凝灰岩夹变余凝灰岩、变余砂岩及凝灰质板岩，沉凝灰岩中具缟状构造（或称马尾丝状构造），厚 550～1 127 m；第三段为浅灰至浅灰绿色板岩，中上部夹较多变余砂岩及变余粉砂岩，厚 2 050～2 910 m。1984 年秦守荣等将第三段改称平略组，其下一、二段仍称清水江组，涵义修订为："整合于番召组和平略组之间、以含有较多凝灰质岩为特色，由浅灰至深灰、灰绿色变余凝灰岩、变余沉凝灰岩、变余凝灰质砂岩-粉砂岩和板岩组成多种样式互层"的一套地层。

【现在定义】 同秦守荣等（1984）清水江组定义。下以大量凝灰质岩的出现与番召组划界；上以大量凝灰质岩的结束与大套泥质岩的开始与平略组分界。

【层型】 选层型为锦屏县西南约 13 km 的锦屏县平略剖面（109°06′00″，26°36′00″），贵州区调队姚润西等 1976 年实测，层序如下：

上覆地层：平略组　浅灰—深灰色粉砂质板岩

——————— 整　合 ———————

清水江组	总厚度 2 104.2 m
50. 浅灰—灰色厚层变余粉—细砂岩，夹变余沉凝灰岩	109.0 m
49. 灰色块状变余凝灰岩与变余沉凝灰岩互层	39.3 m
48—46. 浅灰、灰色凝灰质板岩夹绿泥绢云板岩，底部为灰色粉砂质板岩	105.2 m
45—42. 浅灰—灰色变余凝灰质粉—细砂岩与变余沉凝灰岩互层，夹少许变余凝灰岩，上部粉-细砂岩中含钙质结核	133.4 m
41. 灰色变余沉凝灰岩，夹变余凝灰质粉砂岩	48.8 m
40—39. 浅灰—灰色块状变余凝灰岩。顶部为含粉砂绿泥板岩，具水平细纹—条纹层理	72.9 m
38—37. 灰色块状变余凝灰质粉砂岩，局部含钙质结核。顶部为灰色粉砂质板岩	58.2 m

36. 灰色凝灰质板岩，具水平细纹—条纹层理　14.2 m

35—32. 浅灰—灰色变余沉凝灰岩，具水平细纹—条纹层理。下部夹灰色粉砂质板岩及变余凝灰质粉砂岩　146.3 m

31. 灰色凝灰质板岩。具水平细纹—条纹层理　28.1 m

30—28. 灰色块状变余细砂岩、变余凝灰质细-粉砂岩、变余沉凝灰岩、变余凝灰岩互层　159.4 m

27. 上部灰色块状变余凝灰岩；下部灰色绿泥绢云板岩　19.9 m

26. 灰色厚层变余凝灰质细砂岩与变余沉凝灰岩互层，含钙质结核　65.5 m

25. 灰色块状变余凝灰岩与凝灰质板岩互层　136.5 m

24—23. 上部灰色凝灰质粉砂质板岩，具水平细纹—条纹层理；下部灰色含粉砂绿泥绢云板岩　52.6 m

22. 灰色块状变余凝灰岩与凝灰质粉砂质板岩互层　43.3 m

21. 灰色绿泥绢云板岩，具水平细纹—条纹层理　18.8 m

20. 灰色变余沉凝灰岩与变余凝灰岩互层　41.8 m

19—16. 浅灰—灰色凝灰质粉砂质板岩及凝灰质粉砂岩与变余沉凝灰岩及变余凝灰岩互层　147.6 m

15. 灰—深灰色块状变余凝灰质细砂岩与凝灰质板岩互层　46.8 m

14. 灰色变余凝灰岩与变余沉凝灰岩互层　34.2 m

13. 浅灰—灰色块状变余凝灰质细砂岩与变余沉凝灰岩互层　20.5 m

12—11. 灰色块状变余凝灰岩与变余沉凝灰岩互层。下部为变余凝灰质粉砂岩　65.6 m

10. 上部为灰色凝灰质粉砂质板岩，下部为变余沉凝灰岩　77.6 m

9. 灰色绿泥石绢云板岩。具水平细纹—条纹层理　60.1 m

8. 灰色块状变余凝灰岩，中部夹粉砂质绢云板岩　38 m

7. 灰色凝灰质粉砂质板岩，具水平细纹—条带层理　37.3 m

6—5. 灰色绿泥绢云板岩，顶部为灰色块状变余凝灰岩夹凝灰质板岩　93.6 m

4. 浅灰—灰色块状变余含钙质细粒砂岩　33.5 m

3. 灰—深灰色凝灰质板岩，底部厚 1.2 m 为变余砂岩　104.0 m

2. 灰—深灰色变余沉凝灰岩　26 m

1. 灰色块状变余凝灰岩，中部夹一层 2 m 厚的凝灰质板岩　26.2 m

———— 整　合 ————

下伏地层：番召组　灰色凝灰质板岩及粉砂质板岩

【地质特征及区域变化】　本组广泛分布于黔东南地区，以含大量凝灰质并普遍具明显的复理石韵律为特色。在天柱—雷山一线发育最为典型，厚度较大（多在 2 000 m 以上）。往东南，其中凝灰质岩渐次减少，砂泥质岩相应增多，厚度变薄。至从江计化、西山一带，逐渐被砂泥质岩所代替，与上覆平略组、下伏番召组均难于划分，而过渡为丹洲群拱洞组的一部分。

平略组　Pt_3p　(06－52－0117)

【创名及原始定义】　贵州区调队秦守荣等 1984 年创名，创名地点在锦屏县平略村。指整合于清水江组与隆里组之间的一套由浅灰、灰至灰绿色绢云板岩、粉砂质板岩为主组成的地层，夹少量凝灰质板岩与变余砂岩，偶夹数层凸镜状砾岩。其上以含砾砂岩的出现与隆里组划界。

【沿革】　本组系由原清水江组第三段（贵州区调队，1974）更名而来。详见清水江组沿革栏目。

【现在定义】 同原始定义。

【层型】 正层型位于锦屏县西南约13 km的平略村附近(109°06′00″,26°36′00″),由贵州区调队姚润西等1976年实测。

上覆地层:**隆里组** 灰、灰绿色厚层块状变余细砂岩、变余粉砂岩、砂质板岩、绢云母板岩互层

——————— 整 合 ———————

平略组	厚1 839.5 m
17. 灰色绢云板岩,局部夹灰绿色薄层变余砂岩。板岩中具水平条纹—条带层理	174.9 m
16—15. 浅灰—灰色绢云板岩,夹粉砂质绢云板岩。具条纹—条带层理	271.5 m
14—13. 黄绿色含粉砂绿泥绢云板岩。具水平细纹—条带层理	117.0 m
12. 灰色粉砂质板岩,夹变余绢云粉砂岩及绢云板岩	310.2 m
11. 灰—深灰色粉砂质板岩、粉砂质绢云板岩。具细纹—条带层理及同生包卷层理	67.1 m
10. 灰绿色中厚层变余凝灰质细砂岩夹凝灰质板岩,含同生砾石,具斜层理、波痕	27.9 m
9. 深灰色绢云板岩	44.9 m
8. 浅灰、灰色凝灰质板岩,具细层纹。含疑源类 *Leiopsophosphaera solida*, *Asperatopsophosphaera bavlensis*, *Pseudozonosphaera junshaoensis*, *Trachysphaeridium incrassatum* 等	49.8 m
7—6. 灰、深灰色粉砂质板岩夹少量变余绢云粉砂岩、凝灰质板岩。具水平条纹—条带层理	249.7 m
5. 灰绿色中厚层变余细粒砂岩。具斜层理、包卷层理	111.3 m
4. 浅灰—灰色粉砂质板岩,上部夹0～3 m不等厚的砾岩;中下部夹两层变余粉-细砂岩	148.0 m
3. 浅灰绿色变余细-粉砂岩与粉砂质板岩互层	108.0 m
2. 浅黄色含粉砂绿泥板岩,具水平细纹—条纹层理	63.4 m
1. 浅灰—灰色粉砂质板岩	95.8 m

——————— 整 合 ———————

下伏地层:**清水江组** 浅灰—灰色厚层块状变余粉-细砂岩与变余沉凝灰岩互层

【地质特征及区域变化】 本组分布于黔东南地区。横向上岩性变化较大,在台江、雷山等地下部尚夹少许变余沉凝灰岩,上部夹少量紫红色绢云板岩,并偶见大理岩小凸镜体。在锦屏平略,黎平孟彦、榕江平永等地,中上部见变余砂岩的大凸镜体(长可达数公里),其中含极不稳定的同生砾岩或成分复杂的砾岩夹层。局部具复理石韵律,厚900～2 200 m。在锦屏—雷山一线厚度较大,往东南变薄,其中的凝灰质板岩与变余砂岩夹层,亦有自西北往东南减少之势。

隆里组 Pt_3l (06-52-0118)

【创名及原始定义】 贵州区调队赵化琛等1963年创名,创名地点在锦屏县隆里村。指整合或假整合地伏于下震旦统南沱组南沱段(黑色页岩段)之下,整合覆于清水江组第三段含凝灰质板岩之上的地层。分三段:第一段为浅灰至灰色变余砂岩、变余含长石砂岩与板岩之互层,常含分散砾石(滚圆度较好)及砾岩凸镜体,时见波痕及冲刷槽,厚526～1 800 m;第二段为灰绿色至浅灰绿色板岩夹少许变余粉砂岩,厚约900 m;第三段为肉红色至灰白色变余长石石英砂岩、变余石英砂岩、含砾砂岩夹板岩,厚大于107 m。在层型剖面上,石炭—二叠系灰岩不整

合覆于其上。

【沿革】 70年代中期，贵州区调队二分队在1∶20万黎平幅区调中，将原隆里组第三段划出，归长安组，属震旦系；其余归隆里组，属前震旦系。后沿用。

【现在定义】 为整合于下震旦统长安组与下江群平略组之间，由灰至浅灰黄色和灰绿色变余含砾不等粒砂岩、变余粉-细砂岩与粉砂质板岩、绢云板岩的不等厚互层组成的地层。下以大套含砾砂岩的出现与平略组分界；上以浅灰至浅灰绿色块状无分选性的含砾板岩大量出现与长安组分界。

【层型】 选层型剖面位于锦屏县城南约30km的隆里村附近（109°06′00″，26°25′00″），由贵州区调队姚润西等1976年实测。

上覆地层：长安组 灰白色中—厚层变余含砾不等粒砂岩、变余细—中粒砂岩与浅紫、浅黄色砂质板岩互层

——————— 整 合 ———————

隆里组	总厚度1 437.8 m
第二段	厚度754.5 m
50. 灰绿色变余绢云粉—细砂岩与浅灰色砂质板岩互层	27.4 m
49. 浅灰—灰绿色砂质绢云板岩，具水平细纹—条纹层理	11.2 m
48. 浅灰绿色绿泥斑点绢云板岩	19.2 m
47. 浅灰色绢云板岩，具水平细纹层理	30.9 m
46. 浅灰—灰色砂质绢云板岩，具水平条纹层理	4.4 m
45. 浅黄绿色绢云板岩，具水平细纹层理	44.9 m
44. 浅绿、灰绿色含粉砂绢云板岩	37.5 m
43. 浅灰绿色绢云板岩，具水平细纹层理	40.6 m
42—41. 浅灰色含粉砂—砂质绢云板岩，具水平细纹—条带层理。底部7.7 m为浅灰绿色变余细粒石英砂岩	74.3 m
40. 浅黄色含粉砂绢云板岩，具水平细纹—条带层理	34 m
39. 浅黄灰色绢云板岩，具水平细纹层理	21.0 m
38. 鸭蛋青色含粉砂绢云板岩	88.8 m
37. 浅绿色含粉砂绢云板岩与绿泥斑点绢云板岩互层	158.4 m
36. 浅黄绿色绿泥斑点绢云板岩，具水平细纹—条纹层理	50.5 m
35. 浅黄色粉砂质绢云板岩，具水平条纹层理	11.6 m
34. 黄白色变余细砂岩	7.2 m
33. 浅灰绿色绿泥石斑点绢云母板岩，具水平细纹层理	54.6 m
32. 浅黄—浅灰色粉砂-砂质板岩，具水平细纹—条带层理	38.0 m
第一段	厚度683.3 m
31. 黄白色中—厚层变余细砂岩	21.9 m
30—28. 浅黄色变余细粒砂岩为主，下部变余不等粒砂岩夹一层砂砾岩凸镜体，顶底为浅灰黄色粉砂质板岩。具水平条纹—条带层理	94.6 m
27. 浅灰色厚层变余砂岩，上部细粒，下部中粒结构	37.7 m
26—24. 浅灰色粉砂质板岩夹变余细砂岩，中部见含砂砾岩凸镜体	42.6 m
23. 灰绿色厚层块状变余细砂岩，具对称波痕，底部0.4 m为砂砾岩	62.7 m
22—21. 上部为砂质板岩，中部为变余细砂岩，下部为变余含砾不等粒砂岩。具波状、条纹—条带层理，及对称波痕。局部含同生砾石	29.5 m

20. 灰黄色变余粉砂岩。下部夹砂质板岩	34.4 m
19—18. 浅黄色厚层块状变余不等粒砂岩，含砂砾岩凸镜体，夹砂质板岩	70.6 m
17—16. 浅黄色粉砂质板岩与变余粉—细砂岩互层。前者具水平细纹—条纹层理	38.7 m
15—13. 浅黄色粉砂质板岩夹变余含砾砂岩。前者具水平层理、对称波痕	59.3 m
12. 上部粉砂质板岩，下部浅灰色厚层变余粉砂岩。前者具水平条纹—条带层理	19.3 m
11—10. 自上而下为砂质板岩、变余细砂岩、变余砂砾岩。具对称波痕	27.0 m
9—8. 浅黄色粉砂质板岩夹变余细砂岩	14.7 m
7. 上部灰黄色粉砂质板岩，下部变余含砾不等粒砂岩。前者具波状、条纹—条带层理	14.5 m
6. 浅黄色变余砂岩，顶部为砂质板岩	14.9 m
5. 上部浅黄色粉砂质板岩，下部变余含砾砂岩。前者具条纹—条带层理及对称波痕	11.3 m
4. 浅黄色粉砂质板岩，底部为变余粉砂岩。前者具水平条带层理	11.2 m
3—2. 浅灰黄色砂质板岩与变余绢云母砂岩互层。具波状条纹—条带层理，见对称波痕	31.9 m
1. 上部浅黄绿色绢云母板岩，下部浅黄色块状变余不等粒含砾绢云母砂岩	46.5 m

———— 整 合 ————

下伏地层：平略组　　浅黄—微绿色绢云板岩

【地质特征及区域变化】 本组主要分布于黔东南地区锦屏平略、隆里，黎平坝寨、茅贡，榕江平永、水尾，三都拉揽及天柱附近等地。据岩性可分二段：第一段为变余不等粒含砾砂岩、变余粉砂—细砂岩与板岩大致以 1∶1 的比例交互成层，具明显的复理石韵律，时夹砂砾岩凸镜体，厚 581～784 m；第二段由浅灰至淡绿色绢云板岩、绿泥斑点板岩、粉砂质绢云板岩夹少量变余砂岩组成。其地质时代，习惯上划归前震旦纪，作为下江群最顶部的一个地层单位，也有人认为属震旦纪，与黔桂边界的长安组下部、湘西地区的江口组下部对比。

拱洞组　Pt_3g　(06－52－0125)

【创名及原始定义】 广西区调队 1966 年创名，创名地点位于广西融县拱洞村。指整合于合桐组(与乌叶组相当)上部深灰至灰黑色含碳板岩、千枚岩与下震旦统长安组含砾板岩之间的一整套灰绿色绢云板岩、绢云石英千枚岩夹变余砂岩-粉砂岩、变余长石石英砂岩组成的地层。

【沿革】 原归上板溪群，1982 年后归丹洲群。本书划归丹洲群。

【现在定义】 同原始定义。

【层型】 正层型在广西融县拱洞村。

【地质特征及区域变化】 本组在贵州仅分布于黎平—从江一线东南侧，厚 2 700～3 650 m，往东南变薄。往西北与下江群番召组—清水江组—平略组(有人认为还包括隆里组)呈相变关系。后者因有大套凝灰质岩产出较易划分而与本组相区别。

板溪群　Pt_3BX　(06－52－0120)

【创名及原始定义】 王晓青、刘祖奕(1936)创名，原称板溪系，创名地点在湖南益阳城西 60 km 的板溪。指位于马迹塘系紫红色千枚岩及石英砂岩之上的一套灰绿色千枚岩和含卵石之千枚岩。

【沿革】 1938 年王晓青将“板溪系”、“马迹塘系”、“仙人界系”合并统称“板溪系”，其岩性下部为灰绿色之千枚状页岩，间夹石英砂岩，有时亦见有少许红色页岩，上部为具条带状构造之灰绿色板岩，显丝绢光泽，最上部为含卵石之绿色千枚岩，全厚约 300～400 m。1940 年王晓青又再分板溪系上部的含卵石千枚岩（实是含砾板岩）为“洪江系”，其下仍称板溪系。至此肯定了“板溪系”为含砾系之下的地层，时代划归“震旦纪冰碛层之前”。

1944 年王作宾、贾福海首先将板溪系一名引进贵州，用以代表开阳、息烽、修文等地伏于灯影组灰岩之下的板岩地层。1959 年全国地层会议王曰伦等在全国前寒武系对比表中将贵州以往所称板溪系、下江系改称板溪群，后曾长期沿用。1958—1959 年间湘黔桂交界区板溪群及其相当地层内部相继发现区域性不整合面（武陵运动）。60 年代初，湘黔桂三省（区）前寒武系踏勘小组（1961）以此不整合面为界，将板溪群分为上亚群和下亚群，或称上板溪群和下板溪群；以下震旦统与板溪群之间吕梁运动（雪峰运动）形成的不整合或平行不整合面作为前震旦系顶界。并以湘黔大断裂为界，分南、北两区：北区下亚群包括一个组，称梵净山组；上亚群根据沉积旋回和岩相建造的不同分两组：下称马底驿组；上称五强溪组。南区下亚群也包括一个组，称加榜组；上亚群分三组，自下而上依次为拉揽组、清水江组和江口组。拉揽组据岩性分二段：下段钙质片岩段；上段黑色板岩段。与北区马底驿组对比。清水江组分六段，与北区五强溪组对比。江口组主要由含砾砂岩与板岩组成，以含“江口式铁矿”为特征。并认为该组在北区缺失。1962 年，贵州区调队以下震旦统南沱冰碛段之下南沱段的底为板溪群顶界，主要据沉积旋回将贵州东部上板溪群自下而上分出：甲路、乌叶、番召、清水江、隆里五个组，下分 12 个段；下板溪群仍分一组，称九龙组。翌年，该队在 1∶20 万榕江幅区调中，将黔东南及黔桂交界区下板溪群分出尧等、河村两组。70 年代初，该队在 1∶20 万江口幅和 1∶5 万梵净山幅区调中，将黔东北梵净山区下板溪群改称梵净山群，并主要据沉积旋回，分 7 组 13 段。这 7 个组是：淘金河组、余家沟组、肖家河组、回香坪组、铜厂组、洼溪组和独岩塘组。同时，将黔东南、桂北地区的下板溪群分别改称九龙群和四堡群；将板溪群一词限指原上板溪群。并以镇远—新晃一线为界，将板溪群分南、北两区：南区板溪群下分甲路、乌叶、番召、清水江、隆里五个组；北区板溪群又以梵净山区牛角洞—大竹坪一线为界，分东、西两小区：西小区分甲路、乌叶、番召、清水江四个组；东小区分红子溪组与清水江组。认为红子溪组与甲路组、乌叶组、番召组之和的层位相当。1976 年，贵州地层古生物工作队为突出黔南区和黔北区板溪群的差别，将黔北区板溪群加引号表示。并在贵州区调队（1974）在梵净山区再分出东、西两个小区的基础上，将黔北板溪群分为两个分区，分别称松桃分区和余庆分区。1980 年贵州区调队鉴于黔东南板溪群在岩石组分、沉积特征方面与层型地点——湖南益阳板溪群均有大的不同，用下江群一名代表黔东南地区的原上板溪群。北区“板溪群”与层型地点相似，保留板溪群名称。同时，鉴于北区“清水江组”与层型地点的清水江组难于确切对比，改用鹅家坳组一名（贵州 103 地质队 1972 年命名）。1984 年秦守荣等将梵净山区牛角洞—大竹坪一线以西地区的“板溪群”亦改称下江群，其下仍分甲路组、乌叶组、番召组（后改称张家坝组，贵州地矿局，1987）和清水江组。为表示该区下江群与黔东南典型地区下江群的区别，将下江群分两小区：前者归张家坝小区；后者归雷公山小区。

【现在定义】 指不整合于梵净山群之上，平行不整合或低角度不整合伏于下震旦统南沱组、两界河组之下的一套紫红、灰绿等杂色浅变质陆源碎屑岩为主的地层。

【层型】 本群的正层型剖面位于湖南益阳城西约 60 km 的板溪（现改属桃江县）。省内本群所属各组（芙蓉坝组、金竹坪组、张家坝组、红子溪组、鹅家坳组）的正层型剖面可作为其次层型剖面。

【地质特征及区域变化】 本群分布于黔东北梵净山、老岭、佛顶山及黔中九龙山等地区，呈片状散布。大致以梵净山牛角洞—大竹坪一线为界,分两个相型区:武陵山相型区和大娄山相型区。前者包括牛角洞—大竹坪一线以东与镇远—玉屏一线之间的三角地带,其中的板溪群分红子溪组和鹅家坳组两部分;后者包括除上述地区之外的玉屏—镇远—贵阳一线以北地区,该相型区内板溪群在大部地区未出露,主要根据梵净山西侧所见,下分芙蓉坝、金竹坪、张家坝、鹅家坳四组。本群往东南相变为下江群,两者似呈逐渐过渡的关系,以其中紫色层常见而与下江群相区别,分界线大致在玉屏—镇远一线附近,似由湘黔大断裂控制。沉积时限大致为800～1 000 Ma,属上元古界下部青白口系。

芙蓉坝组　Pt_3fr　(06-52-0124)

【创名及原始定义】 贵州区调队秦守荣等1984年创名,创名地点在印江县芙蓉坝。原始定义系指梵净山区甲路组第一段或红子溪组第一段及黔东南从江地区甲路组第一段下部主要由变质砾岩或砂砾岩组成的地层(即板溪群、下江群底部的底砾岩段)。

【沿革】 70年代初贵州区调队在1:20万江口幅和1:5万梵净山幅区调中划归甲路组。80年代初秦守荣等(1984)建议将甲路组上、下两段升格为组级单位,下段称芙蓉坝组;上段沿用甲路组名称。鉴于层型地点黔东南区甲路组涵义清楚,命名以来已被广泛使用,故此建议没有得到推广。黔东北地区原划归甲路组的地层,其岩性岩相与层型地点甲路组差异较大,理应另立新名。本书借用芙蓉坝组一名代替黔东北地区的原甲路组。

【现在定义】 指不整合覆于梵净山群之上、整合伏于金竹坪组之下的地层。主要由灰至灰绿色钙质千枚状板岩与大理岩组成。

【层型】 选层型位于印江县芙蓉坝东约2.5 km的金厂附近(108°43′00″,28°00′00″),由贵州区调队三分队1970年实测;次层型剖面位于印江县肖家河(108°38′00″,27°51′00″)。兹将金厂剖面列述于下:

上覆地层:**金竹坪组**　灰色浅紫色绢云母千枚岩

————— 整　合 —————

芙蓉坝组　　总厚度 32.85 m

4. 灰微带浅紫色钙质千枚岩,夹大理岩薄层及扁豆体,风化溶蚀后呈串珠孔洞　20.2 m
3. 下部为浅灰带浅紫色块状砂质大理岩,厚约4 m,上部为灰白色厚层致密状大理岩,横向厚度变化很大　7.61 m
2. 底砾岩:紫灰、黄褐色,砾石成分下部以蚀变闪长岩为主,上部以石英岩、石英砂岩及板岩为主,砾径大者100 cm,小者呈碎屑状,一般5～10 cm,大者浑圆,半浑圆状,小者呈棱角半棱角状,下部砂质胶结,上部钙质胶结,含砾大者占20%～30%,小者占70%～80%　5.04 m

~~~~~~ 不　整　合 ~~~~~~

下伏地层:**梵净山群**　灰绿色厚层变余砂岩,粉砂质绢云板岩

【地质特征及区域变化】 本组分布于梵净山区西北侧的密麻树、肖家河、芙蓉坝金厂一带。按岩性分二段:第一段为紫灰、灰绿色间杂的变余砾岩、砂砾岩,厚1～13 m,局部达69 m,砾石组分包括板岩、变余砂岩、石英岩、辉绿岩、白岗岩等。砾径一般2～10 cm,大者60～70 cm,个别可达100 cm。呈棱角状至次滚圆状,砂泥质胶结。向东与红子溪组底部变余砾岩及含砾砂岩横向连续呈过渡关系。第二段为浅紫灰、灰绿色钙质千枚岩、绢云千枚状板岩及
~~~~~~

肉红色至浅灰白色块状大理岩组成。厚 20～40 m。大理岩多呈凸镜状，厚者可达 5 m。沿走向延伸可达 200 m。自西而东减少。本段大理岩中产叠层石：*Fanjingshanella fanjingshanensis*。常有铜矿化。

金竹坪组　$Pt_3j\hat{z}$　(06－52－0123)

【创名及原始定义】 本次工作中林树基(1994)创名，创名地在松桃县金竹坪。指整合于芙蓉坝组与张家坝组之间的一套由灰绿与灰紫色砂质板岩为主夹变余砂岩的地层。下以大理岩或钙质千枚状板岩的结束与芙蓉坝组分界；上以大套灰至灰绿色或紫红至紫灰色变余砂岩的开始与上覆张家坝组划分。与乌叶组层位相当。

【沿革】 原归乌叶组，因岩性与黔东南层型地乌叶组差别较大，而改用今名。

【现在定义】 同原始定义。

【层型】 正层型为印江县芙蓉坝东约 2.5 km 的金厂至松桃县乌罗东约 3 km 的金竹坪剖面(108°47′00″,28°04′00″)，由贵州区调队三分队 1970 年实测。

上覆地层：张家坝组　灰白色灰色变余石英砂岩，夹色层纹状变余砂岩和粉砂质板岩，砂岩中含少许砾石

——————　整　合　——————

金竹坪组	总厚度 1 738.32 m
19. 灰绿色灰色板岩、砂质板岩，上部砂质增高，夹灰白色变余砂岩和变余石英砂岩	227.90 m
18. 下部灰紫—浅紫色厚层块状变余砂岩，往上泥质增多，出现粘土质条带；上部为紫红色薄层状粘板岩，层理清楚	104.10 m
17. 灰、灰绿色中厚层—厚层变余长石石英砂岩，一般以细粒为主，中部夹少量灰白色中粒石英砂岩和薄层灰色板岩，层理清楚，风化后呈浅灰白色，其中有锈褐色斑点星散分布	186.4 m
16. 紫红色板岩、砂质板岩夹少量灰绿色板岩，层理平直清楚，局部有片状构造，沿裂隙有铁质污染	247.20 m
15. 暗紫灰色具灰绿色砂质条纹的粉砂质板岩	8.00 m
14. 暗紫灰色粉砂质板岩和灰绿色绢云板岩互层，具条纹及条带状构造	67.25 m
13. 灰绿色薄—中厚层变余绢云粉砂岩，单层厚 10～40 cm，夹条纹变余粉砂岩，有时具由粗—细的韵律构造，上部为灰绿色厚层、中厚层夹薄层变余粉砂岩	50.48 m
12. 灰绿色粉砂质板岩，时具隐层纹构造	55.68 m
11. 浅紫灰色、灰绿色相混杂的粉砂质板岩与薄层绢云条纹状变余粉砂岩偶夹紫灰色绢云板岩。具小韵律构造，单个韵律层厚 3～5 cm，中部岩石具波状层理	120.91 m
10. 灰绿色板状(单层厚 1～2 cm)粉砂质绢云板岩，时具条纹状构造，下部砂质较高，层面上具小波状构造	15.58 m
9. 浅紫灰色条痕状及条纹状粉砂质板岩，单层厚 1～5 cm，条纹由浅绿灰色与紫灰色相间组成，下部夹 2 m 厚的灰绿色粉砂质板岩，上部条纹减少	181.43 m
8. 灰绿色千枚状粉砂质条纹状绢云板岩，中部呈叶片状，上部及下部均呈板状	127.23 m
7. 浅紫灰色千枚状含粉砂绢云板岩，时具隐层纹构造，板理发育	29.00 m
6. 灰绿色粉砂质千枚状绢云板岩，单层厚 0.5～2 cm，时具不明显的砂质细条纹	52.15 m
5. 浅紫灰色粉砂质绢云板岩，含砂质粉砂质小凸镜体	18.51 m
4. 浅紫灰色叶片状绢云千枚岩，上部夹浅紫色千枚状板岩，并含砂质大理岩扁豆体(长	

轴 3～30 cm，短轴 1～2 cm） 79.67 m

3. 灰绿色页片状绢云千枚岩（单层厚 1～2 cm），夹灰绿色粉砂质绢云板岩及薄层变余粉砂岩 144.59 m

2. 灰带浅紫色绢云千枚岩，片理发育 22.24 m

——————— 整 合 ———————

下伏地层：芙蓉坝组 灰带浅紫色钙质千枚岩夹大理岩凸镜体

【地质特征及区域变化】 本组出露于梵净山西北的印江县张家坝、金厂，松桃县乌罗金竹坪至四川秀山县中溪一带，按岩性分二段：第一段为灰、灰绿色与灰紫色粉砂质绢云板岩、千枚岩夹变余粉砂岩及砂岩。深灰色板岩中普遍含黄铁矿细粒，厚 92～339 m。本组自南而北厚度增加，碳质板岩急剧减少，岩石颜色由灰绿色为主变为灰紫、紫红色为主。在四川溶溪附近，由于板溪群上部遭强烈剥蚀，本组直接与下震旦统南沱组不整合接触。

张家坝组 $Pt_3\hat{z}$ （06－52－0119）

【创名及原始定义】 秦守荣等 1984 年创名，创名地点在印江县张家坝村。原义系指分布于梵净山西北侧整合于乌叶组和清水江组之间的一套浅变质碎屑岩，中上部为浅紫色块状变余细—中粒含长石石英砂岩与紫红色变余粉砂—细砂岩互层；下部浅灰至灰白色变余细砂-粗砂岩与灰绿色板岩互层。常具复理石韵律。厚 340～460 m。与番召组层位相当。底以大套变余砂岩、变余长石石英砂岩（夹板岩）的开始与以绢云板岩、千枚状板岩为主的金竹坪组分界；顶以变余凝灰岩、沉凝灰岩与凝灰质板岩互层的出现与鹅家坳组分界。

【沿革】 原归番召组。因岩性与黔东南层型地点番召组差别较大而改用今名，本书沿用。

【现在定义】 同原始定义。

【层型】 正层型为印江县城南东约 20 km 的张家坝剖面（108°41′00″，27°57′00″），由贵州区调队秦守荣等 1983 年实测。

上覆地层：鹅家坳组 浅灰、灰绿色厚层—块状变余凝灰岩、变余沉凝灰岩与变余凝灰质砂岩互层

——————— 整 合 ———————

张家坝组 总厚度 460 m

3. 浅紫色变余中—粗粒含长石石英砂岩与紫红色变余粉—细粒岩屑砂岩互层，夹少许灰绿色变余砂岩及粉砂质板岩 320 m

2. 浅灰—灰绿色粉砂质绿泥石绢云母板岩夹少许变余细砂岩 80 m

1. 浅灰—灰白色变余中—粗粒含长石石英砂岩与浅灰—灰绿色绢云母粘土岩互层，具复理石韵律，砂岩粒度递变明显，下部有时含砾 60 m

——————— 整 合 ———————

下伏地层：金竹坪组 深灰—灰黑色粉砂质板岩，上部夹少许变余砂岩及变余沉凝灰岩

【地质特征及区域变化】 本组略呈北东向狭长带状出露于梵净山西北侧的张家坝至石灰窑一带．横向上岩性及厚度变化较大。由典型地点往西至木黄峰一带，变为以浅灰，灰绿色变余砂岩、变余长石石英砂岩为主的地层。往南至老岭—佛顶山地区，砂质成分明显减少，变为灰至深灰色薄层至中厚层粉砂质板岩为主夹变余砂岩—粉砂岩及少许凝灰质板岩，紫色板岩仅

在下部偶尔见及。与黔东典型地区番召组第二段相当接近。往北至四川秀山中溪及孝溪鸡公山一带，下震旦统南沱组角度不整合覆于其上。在溶溪附近的鸡公山背斜北端及川黔边界平穴背斜东南翼，本组剥蚀缺失。

红子溪组　Pt_3hz　(06-52-0121)

【创名及原始定义】　贵州区调队1972年创名于松桃苗族自治县红子溪。原义系指不整合覆于梵净山群之上、低角度不整合地伏于下震旦统南沱组之下的一套紫灰、灰绿及杂色浅变质陆源碎屑岩。

【沿革】　1984年，秦守荣等参考贵州103地质队所测的松桃县快场剖面资料，将红子溪组涵义修订为：不整合于梵净山群之上、整合伏于清水江组(鹅家坳组)之下的一套紫灰至灰绿等杂色粉砂质绢云板岩、变质砂质岩为主的地层。并将原第二段和第三段合并，而分两段，第一段与甲路组第一段下部对比；第二段与甲路组第一段上部—番召组对比。本书沿用红子溪组。

【现在定义】　同秦守荣等(1984)修订后的红子溪组定义。

【层型】　正层型为松桃冷家坝—红子溪剖面(108°47′00″,27°58′00″)，由贵州区调队姚润酉等1965年实测，1971年修测。

上覆地层：鹅家坳组　灰色含粉砂质板岩夹薄层变余凝灰岩

——————整　合——————

红子溪组	总厚度 3 984 m
第二段	厚度 3 255 m
17. 中上部紫红夹灰绿色绢云板岩；下部紫色变余粉砂岩；底部1 m为灰绿色变余凝灰岩	438 m
16. 紫红色含粉砂绢云板岩，中部偶夹灰绿色变余粉砂岩，下部夹少许灰绿色粉砂质板岩	566 m
15. 上部灰绿色粉砂质板岩夹紫红色绢云板岩；中下部灰紫色粉砂质板岩	180 m
14. 灰绿色砂质板岩夹绢云板岩，下部夹薄层变余砂岩	212 m
13. 绢云板岩与粉砂质板岩互层。顶部为浅灰绿及紫红色，中下部为浅灰绿色，并夹少量变余粉砂岩	135 m
12. 杂色(灰绿、浅灰绿、淡紫、紫红色交互)绢云板岩、粉砂质板岩及砂质板岩互层，中部夹少量变余粉砂岩。底部为变余砂岩夹砂质板岩	355 m
11. 紫色(顶、底杂灰绿色)绢云板岩及粉砂质板岩。中部含钙质(大理岩)微层，底部夹砂质板岩	338 m
10. 浅灰—灰绿色绢云板岩、粉砂质板岩夹变余粉砂岩	240 m
9. 粉砂质板岩、绢云板岩夹少量变余粉砂岩。上部为紫灰及灰紫色，有钙质(大理岩)微层或结核；中下部为杂色(紫灰、灰紫夹浅灰绿及灰绿色)，仅局部含钙质	479 m
8. 浅灰绿、灰绿色绢云板岩及粉砂质板岩，顶部夹少量变余砂岩	109 m
7. 紫灰色千枚状绢云板岩夹粉砂质板岩。偶夹微层钙质(大理岩)凸镜体	203 m
第一段	厚度 729 m
6. 上部淡绿色绢云板岩；下部浅灰绿色粉砂质板岩	132 m
5. 浅灰、灰绿色变余砂岩与千枚状绢云板岩及粉砂质板岩互层	273 m
4. 浅灰绿、灰绿色千枚状砂质板岩、绢云板岩夹少量变余砂岩	128 m

3. 浅灰、浅灰绿色变余砂岩与千枚状粉砂质板岩及绢云板岩互层　89 m

2. 灰绿色千枚状绢云板岩。中上部夹少量含钙质绢云板岩　97 m

1. 灰绿色变余含砾砂岩。沿走向可变为变质砾岩或砂砾岩　10 m

～～～～～～～～～～ 不 整 合 ～～～～～～～～～～

下伏地层：梵净山群

【地质特征及区域变化】 本组出露于松桃县牛角洞—江口县大竹坪一线与红石—松桃断裂之间，处梵净山区东部的三角地带。往西与芙蓉坝组、金竹坪组、张家坝组呈相变关系；向东被覆于鹅家坳组之下。分布局限。在层型地点松桃冷家坝至红子溪一带，按岩性可分三段：第一段由灰绿、紫褐色块状变质砾岩、含砾砂岩、砂岩组成，砾石成分较复杂，有板岩、变余砂岩、变余粉砂岩、变辉绿岩、变细碧岩、变石英角斑晶屑凝灰岩等，砾径一般 2～10 cm，大者达 20～40 cm，外形棱角状至次滚圆状，厚 4.7 cm（横向上，最大厚度可达 50 m，南厚北薄）；第二段以灰绿色粉砂质绢云板岩为主，夹同色变余砂岩—粉砂岩，厚 605 m（横向上厚 160～700 m 左右）；第三段为紫红与灰绿相间（紫红色为主）的粉砂质绢云板岩夹变余砂岩—粉砂岩，前者常具水平层理，在底部厚约 200 m 的板岩中，沿层间常有钙质条带、团块或小凸镜体，总厚 2 315 m。其上与下震旦统南沱组冰碛岩呈不整合接触。在红子溪之南约 10 km 的快场附近，上覆地层为鹅家坳组，两者整合接触、渐变过渡。

鹅家坳组　Pt_3e　(06－52－0122)

【创名及原始定义】 贵州 103 地质队 1972 年创名，创名地点在江口县鹅家坳。原指黔东北江口、松桃一带不整合地伏于下震旦统南沱冰碛岩组之下，整合覆于红子溪组之上的地层。主要为灰色中厚层及块状变余砂岩、深灰色变余凝灰质粉砂岩、灰黑色变余晶屑凝灰岩、凝灰质板岩及灰绿色绢云板岩。

【沿革】 70 年代贵州区调队将本组与黔东南区清水江组下部对比，划归清水江组。70 年代后期，在编制第二代 1∶50 万贵州省地质图（1980）工作中，沈志达等认为两者难于确切对比，启用鹅家坳组一名代表贵州北部地区板溪群的最上部地层，其涵义与原涵义基本一致。秦守荣等（1984、1989）仍划归清水江组。

【现在定义】 本组整合覆于红子溪组或张家坝组之上，低角度不整合于下震旦统澄江组—南沱组或大塘坡组之下，主要由浅灰至灰、灰绿色变余岩屑砂岩、变余石英砂岩、变余凝灰岩与变余沉凝灰岩互层夹少量板岩组成，具复理石韵律。砂岩中有时含砾，局部可见砂砾岩夹层。为黔北地区板溪群最上部地层。上以雪峰运动造成的不整合—平行不整合面为界，与下震旦统界线清楚；下以始见大量凝灰质岩与下伏红子溪组或张家坝组顶部的紫灰色砂板岩划分。

【层型】 选层型位于江口马槽河—岑坝之间（108°50′，27°51′），贵州 103 地质队 1972 年实测。层序如下：

上覆地层：南沱组　冰碛砾岩

～～～～～～～～～～ 不 整 合 ～～～～～～～～～～

鹅家坳组　总厚度 351.9 m

26. 灰色厚层及薄层状含粉砂质板岩，与粉砂质板岩　166 m

25. 灰色厚层变质晶屑火山凝灰岩，底部为深灰色变质砂岩　16 m

24. 灰色粉砂质板岩　30.4 m

23. 灰白色变余粉砂质凝灰岩夹黑色凝灰岩 34.4 m

22. 灰、黄灰色厚层粉砂质板岩 22.2 m

21. 深灰色变质凝灰质砂岩及黑色变质晶屑火山凝灰岩 18.8 m

20. 灰色厚层含粉砂质板岩，层理不明，其底部及中下部各夹灰色变质凝灰岩(单层厚0.3～0.5 m) 64.1 m

———————— 整 合 ————————

下伏地层：红子溪组

次层型为清镇上麦城剖面(107°30′,27°42′)，由贵州区调队四分队1976年实测。

上覆地层 澄江组 (原称铁厂组)

————————平行不整合(?)————————

鹅家坳组(原称番召组—清水江组) 总厚度＞621 m

42. 灰—浅灰绿色变余长石岩屑粉砂岩，底部厚1.2 m为变余硅质砂岩 18 m

41. 深灰与浅灰色相间的层纹状薄层变余粉砂岩与变余层凝灰岩，上部深灰质增多，逐渐过渡为变余层凝灰岩与变余凝灰岩 23 m

40. 蓝灰色薄层变余长石岩屑砂岩-粉砂岩，时夹粉砂质板岩 27 m

39. 深灰与灰带绿色薄层—中厚层状变余长石岩屑砂岩 15 m

38. 深灰与灰带绿色相间呈条带的变余凝灰质砂岩-粉砂岩 18 m

37. 灰色薄层—厚层状极坚硬的变余硅质砂岩-粉砂岩 18 m

36. 蓝灰色层纹状薄层变余复杂砂岩夹灰绿色变余凝灰岩 2 m

35. 灰—灰带绿色薄层变余复杂砂岩-细砂岩，具层纹构造 28 m

34. 灰色厚层夹薄层状变余复杂砂岩 15 m

33. 深灰色薄层变余复杂砂岩，夹浅灰绿色薄层变余玻屑凝灰岩 27 m

32. 深灰色薄层变余复杂砂岩，下部夹数薄层浅灰绿色变余玻屑凝灰岩 18 m

31. 灰绿与浅灰绿色风化后粘性甚大的变余玻屑凝灰岩 1 m

30. 灰带绿色薄层变余复杂砂岩夹变余玻屑凝灰岩 15 m

29. 深灰—浅灰色薄层变余长石岩屑砂岩-粉砂岩，夹少量变余玻屑凝灰岩。上部夹厚0.2 m深灰色坚硬致密的变余火山凝灰岩 25 m

28. 暗灰与浅灰色相间条带状变余层凝灰岩，底部厚5 m为灰色具细层纹的巨厚层状变余长石岩屑砂岩 30 m

27. 深灰与浅灰色相间呈条带的薄层—中厚层状层凝灰岩 38 m

26. 蓝灰色厚层—巨厚层状变余粉砂岩，上部具层纹状构造 9 m

25. 深灰色中厚层变余粉砂岩夹变余玻屑凝灰岩、变余凝灰质粉砂质板岩及变余层凝灰岩 15 m

24. 灰—浅灰绿色厚层—巨厚层状变余砂岩，具斜层纹，中部见同生砾石。砾石呈黑色，长条形、椭圆形、较圆滑 6 m

23. 深灰与浅灰色相间的条带状变余层凝灰岩夹变余细砂岩、水云母-绢云母板岩及少许碳质板岩、变余硅化火山凝灰岩 20 m

22—21. 灰、浅灰色薄层变余细砂岩夹灰黄、灰黑色相间的层纹状变余凝灰质粉砂岩 35 m

20. 灰、蓝灰色表面棕褐色坚硬的巨厚层状变余复杂砂岩。稍含钙质 7 m

19. 深灰与蓝灰色相间呈层纹的中厚层—薄层状灰岩，局部具原生褶皱构造 5 m

18. 蓝灰—浅灰色厚层坚硬的变余凝灰质砂岩-粉砂岩 5 m

17—16. 深灰与浅灰色相间呈条带状、层纹状薄层变余层凝灰岩，上部条带较粗，中夹变余玻屑凝灰岩与变余凝灰质细砂岩 41 m

15. 深灰色薄层变余岩屑砂岩与浅灰蓝色层纹状变余砂岩及粉砂质板岩互层，并夹7层以上10～20 cm厚的变余玻屑凝灰岩 47 m

14. 黑色与浅灰绿色相间的层纹状、条纹状的含粉砂质板岩与变余长石岩屑砂岩互层 6 m

13. 蓝灰一灰色薄层变余长石岩屑砂岩与灰绿至黄绿色含粉砂质板岩互层 7 m

12. 蓝灰色变余长石石英砂岩与薄层粉砂质板岩，顶、底及中部均夹少许黑色碳质板岩 5 m

11. 上部蓝灰色厚层变余凝灰岩及层纹状含粉砂质板岩。下部变余凝灰质粉砂岩与变余层凝灰岩。顶部厚2 m为灰色厚层坚硬的变余长石石英砂岩 7 m

10—9. 蓝灰色薄层—中厚层变余长石岩屑砂岩，偶夹少许含粉砂质碳质板岩(上部浮土掩盖) 34 m

8. 蓝灰—浅灰色薄层—厚层状变余长石岩屑砂岩，岩层中有少许黑色有机质细脉分布 36 m

7. 蓝灰色厚层—巨厚层状变余长石岩屑砂岩 6 m

6—4. 蓝灰色厚层变余长石岩屑砂岩，夹碳质板岩与水云母-绢云母板岩及变余凝灰岩 6 m

3—1. 上下部均为蓝灰色厚层—薄层状变余长石岩屑砂岩，中部为深灰与浅灰色相间的薄层变余岩屑粉砂岩与凝灰质板岩互层，二者均具层纹状构造。上部夹黑色含凝灰质碳质板岩。(未见底) >6 m

【地质特征及区域变化】 本组为黔北地区板溪群内分布最广的一个岩石地层单位，见于梵净山、老岭、佛顶山以及黔中余庆水洞、翁安朵丁、清镇上麦城等地。据其中含有较多凝灰质岩与普遍具复理石旋回，可与黔东南区清水江组对比。但本组砂质、凝灰质及砂岩中岩屑组分明显增多，且上部多被剥蚀。残留厚度南厚北薄，300～1 500 m不等，往北至松桃孟溪一带缺失。在铜仁万山以东地区，本组与五强溪组连成一片，岩性也相当接近。

上述各群及其中各组之间的岩石地层对比关系如(图2-2)所示。

第二节 生物地层

利用微生物化石划分、对比前震旦系，是地层研究中应予充分注意的一个方面。贵州地层古生物工作队(1976)在这方面做了有益的尝试，他们根据当时在梵净山群铜厂组和下江群乌叶组中所获的少量化石资料，认为铜厂组所产化石其时代归属近于长城系；乌叶组所产化石其时代归属近于蓟县系和青白口系。但迄今为止，这项工作进展不大。贵州地区前震旦系中已发现的主要疑源类化石名单及其产出层位，如表2-2。这些疑源类多是表面光滑或略显粗糙的种形、形态类型相对简单的分子。其生物地层意义，尚待深入研究。

第三节 年代地层划分

贵州前震旦系顶、底年代及年代地层划分，以及同处武陵运动不整合面上、下各群之间时代是否相当等问题，前人都提出过不同意见。有的学者认为，武陵运动不整合面之上各群之间，以及该不整合面之下各群之间在年代上并不相当：北部的板溪群和梵净山群时代较早，南区的丹洲群和四堡群时代较晚；梵净山群属“南口系”，年龄为>1 400～1 450 Ma；四堡群属蓟县系，年龄在1 000～1 100 Ma至1 400～1 450 Ma之间，层位与板溪群(黔东北—湘西北)相当；丹洲群属青白口系，年龄在1 000～1 100 Ma至800 Ma前后(乔秀夫等，1981)。也有人认为板溪群与下江群(丹洲群)同为武陵运动后雪峰冒地槽沉积，它们同处武陵运动不整合面与下

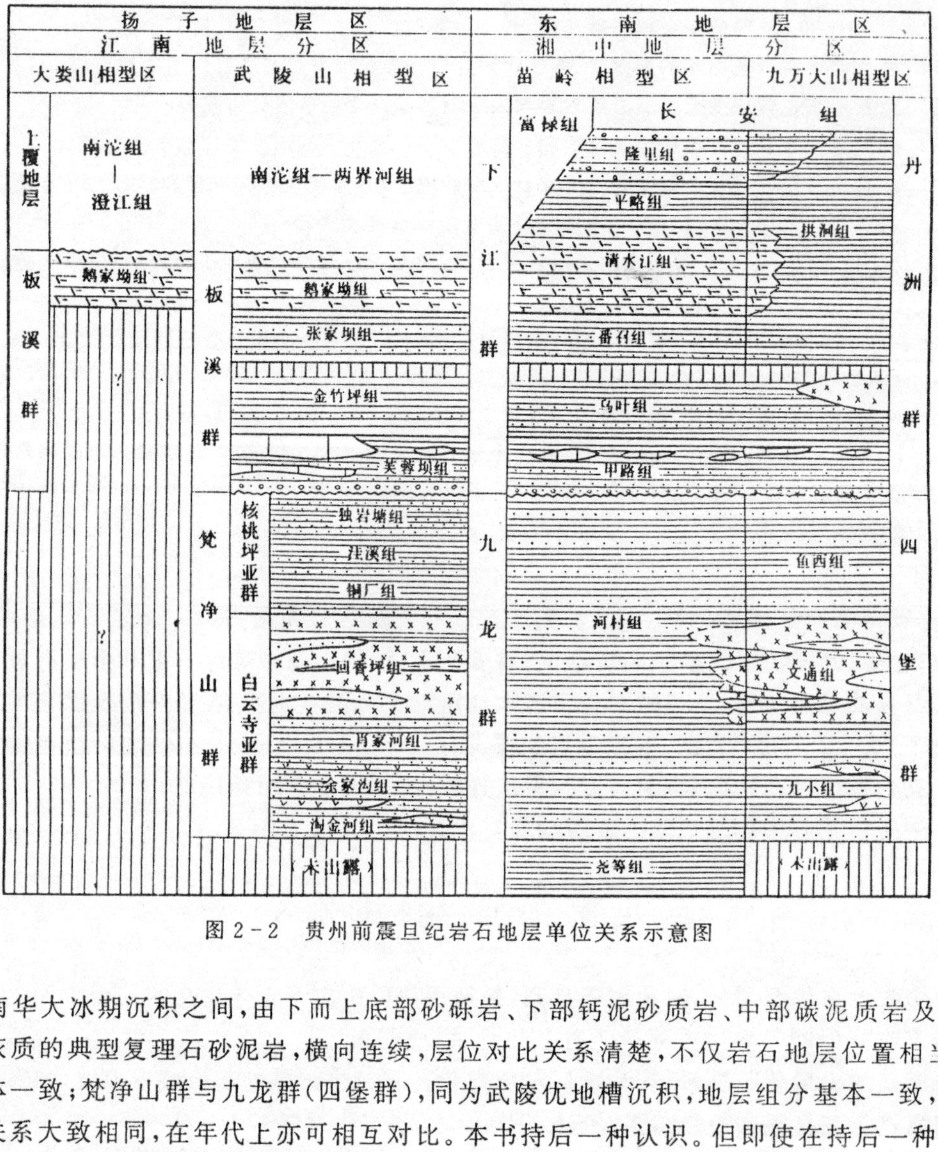

图 2-2　贵州前震旦纪岩石地层单位关系示意图

震旦统南华大冰期沉积之间，由下而上底部砂砾岩、下部钙泥砂质岩、中部碳泥质岩及上部含大量凝灰质的典型复理石砂泥岩，横向连续，层位对比关系清楚，不仅岩石地层位置相当，其年代也大体一致；梵净山群与九龙群(四堡群)，同为武陵优地槽沉积，地层组分基本一致，层序及其叠置关系大致相同，在年代上亦可相互对比。本书持后一种认识。但即使在持后一种认识的人中，对各群的年代地层归属也有不同意见。

近年，随着同位素地质年代测定工作的进展，在省内及邻近地区相继取得了一批新的年代数据，为区内各群时代的进一步厘定提供了可能性。

1. 前震旦系上限年龄

本书根据早震旦世冰期气候事件及冰成沉积在全球分布的普遍性和较佳的可对比性，将震旦系下界亦即前震旦系顶界放在南华大冰期早冰期冰成沉积——长安组之底。关于南华大冰期时限，目前主要有两种意见，其一为 740～680 Ma(刘鸿允，1991)；其二为 740～720 Ma 至 680～650 Ma(马国干等，1989)。最近湖南区调所在湖南南部与长安组相当的早震旦世冰成地层——泗洲山组白云质灰岩中，获得 Rb－Sr 等时线年龄值为 794 Ma；与南沱组大致相当的埃岐岭组下部获得硅质岩的 Rb－Sr 等时线年龄值为 718～721 Ma(唐晓珊等，1993)。这一组数据与宜昌地矿所马国干等(1980，1984)测定的其层位介于南沱组和长安组之间的湖北长阳古城大塘坡组的 739 Ma 的 Rb－Sr 等时线年龄值，及峡东地区莲沱组上部的层凝灰岩锆石离子

表 2-2 贵州前震旦纪疑源类分布表

化石名称 \ 岩石地层单位	铜厂组	甲路组	乌叶组	番召组	清水江组	平略组	隆里组
Asperatopsophosphaera bavlensis			●			●	●
A.incrassa							●
A.partialis						●	●
A.simplex							●
A.umishanensis			●				●
Bcaphita sp.						●	
Dictyosphaera microreticulata			●				
Kildinella hyperboreica				●			●
Leiofusa digitata			●				
Leiominuscula sp.			●				
Leiosphaeridium sp.			●				
Leiopsophosphaera solida			●	●		●	●
Macroptycha sp.			●				●
Margominuscula sp.			●				
Polynucella sp.			●				
Polyporata microprosa			●				
P. cf. *obsoleta*	●						
P. sp.	●						
Protoleiosphaeridium cf. *bullatum*			●				
P.solidum			●				
Protospaeridium dencum			●				
P. cf. *densum*	●						
Pseudozonosphaera asperlla			●	●			●
P. junshaoensis			●	●		●	●
P.sinica				●			●
P.verrucosa			●				
Quadratimorpha jugata				●			
Scaphita sp.						●	
Taeniatum sp.			●				
Trachysphaeridium chihsienense							●
T.cultum				●			
T.dalongkouensis			●				●
T.etouchangense			●			●	
T.hyalinum			●				
T.incrassatum			●	●		●	●
T. irregularium			●	●		●	●
T.largissimum							●
T.minor			●				●
*T.*aff. *planum*			●				
T.rudcrude			●	●		●	●
T.rugosum			●	●			●
T.scabrum				●			●
T.simplex			●	●			●
T.stipticum						●	
*T.*cf. *stipticum*			●				
T. yunnanensis			●	●		●	●
Trematosphaeridium holtedahlii			●				
Triangumorpha sp.(?)				●			

探针 U－Pb 年龄值 748±12 Ma 的数据，相当耦合。另据桂北丹洲群合桐组中上部与细碧岩同源并大致同期的似层状辉橄-辉长岩体的锆石 U－Pb 年龄值为 837 Ma（广西地矿局，1985）；与之层位相当的湖北大洪山地区花山群洪山组上部细碧岩 K－Ar 年龄值 844 Ma（马国干等，1980）或 848.5±12.5 Ma（胡世玲等，1986）。可明显看出，前震旦系上界年龄当介于 794 Ma 与 844～848 Ma 之间。考虑到合桐组中上部至丹洲群（下江群）顶界，即长安组之底的地层尚有巨大厚度，几乎包括了雪峰冒地槽的整个回返阶段的沉积。看来，按照全国地层委员会（北京）1983 年通过并在 1989 年重申建议使用 800 Ma 作为震旦系和前震旦系的界线年龄是合适的。

2. 武陵运动时限

武陵运动不整合面作为梵净山群、九龙群、四堡群与板溪群、下江群、丹洲群的界面，其时限的确定显然对于各群年代的厘定有重要意义。根据梵净山区侵入于梵净山群中的白岗岩的白云母 K－Ar 年龄值为 905 Ma 和 966 Ma；侵入于九龙群（四堡群）并为下江群（丹洲群）不整合覆盖的本洞花岗闪长岩体全岩 Rb－Sr 等时线年龄值 1 063±95 Ma 和 952 Ma（宜昌地质矿产研究所分别于 1975、1987 年两次测试所获数据），以及中国科学院地质研究所 1975 年获得的湖南苍水铺板溪群马底驿组下部安山岩 Rb－Sr 年龄值 950±50 Ma 等数据，武陵运动时限当大致在 950～1 050 Ma 之间。若取其中值，则为 1 000Ma±。与全国地层委员会（1983、1989）建议的青白口系和蓟县系的界限年龄一致。

3. 前震旦系下限年龄及各群的年代地层归属

这里所指的“下限年龄”，是指在区内已出露的前震旦系部分的最老年龄。1987 年，贵州区调队曾根据与梵净山群、四堡群相当的江西双桥山群下部凝灰质千枚岩测得 1 401 Ma 的 Rb－Sr 等时线年龄值，推断梵净山群及与其相当的群出露部分的最大时限＜1 400 Ma（贵州地矿局，1987）。其后，广西区调队在文通组上段玄武质科马提岩中取样，得到全岩 Rb－Sr 年龄值为 1 667±247 Ma，因为样品不是取自四堡群最低层位，推测四堡群形成时代在 1 800～1 400 Ma之间，与北方长城系对比（董宝林，1988）。继而，毛景文等（1990）利用 Sm－Nd 法测试文通组 8 件镁铁质-超镁铁质火山岩样品，获得成岩等时年龄 2 219±111 Ma 的数据，认为四堡群为早元古代而不是中晚元古代的产物。近年来，有关地质学家在扬子地台周缘还得到越来越多年龄值＞1 800 Ma 的同位素数据，认为扬子古陆基底不是中晚元古代，而可能是早元古代或太古宙。在没有取得更多资料以前，本书暂将梵净山群、九龙群、四堡群划归长城系—蓟县系，属中元古界，时限暂定为 1 800～1 000 Ma；板溪群、下江群、丹洲群，划归青白口系，属上元古界下部，时限定为 1 000～800 Ma。

4. 板溪群、下江群内各组的年代地层位置

众所周知，在海侵序列中沉积物形成的起始时代由盆地中心向周缘逐渐变新，底部沉积物穿时性最为明显，往上变小，至顶部最高海面时期，整个海盆沉积物的年代始趋于一致（图 2－3）。而在海退序列中则相反。

区域地质资料表明，在湖南怀化、益阳、衡山、株州一线以南地区，与下江群大致相当的安江群与下伏冷家溪群（大致与九龙群、四堡群对比）为连续沉积（陈心才，1990）；在桂北，四堡群与丹洲群的接触关系，自西而东由明显的角度不整合渐变为平行不整合（广西壮族自治区区域地质志，1985）。这一情况揭示：在扬子古陆东南缘，武陵运动强度有由 SE 向 NW 增强之势。同时也表明，武陵运动后，武陵地槽尚未完全封闭。从桂北融县至三江合桐一线以东的白竹组下部以泥质岩为主，夹少量砂岩，未再见到砂砾岩等情况分析，残留海盆尚及于三江合桐以东地

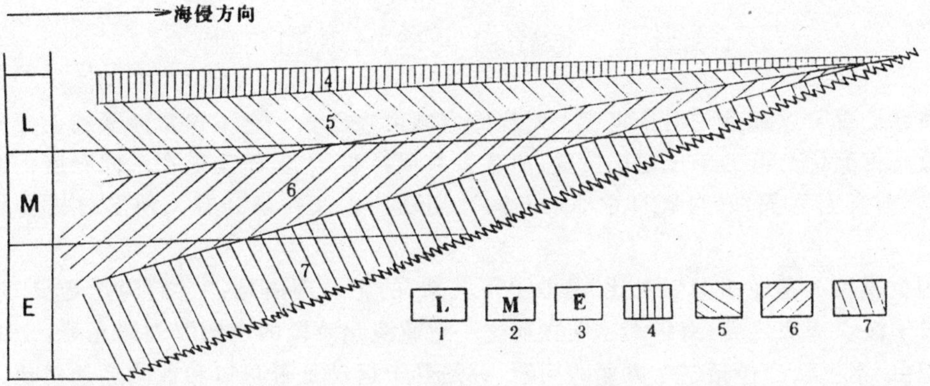

1. 沉积晚期；2. 沉积中期；3. 沉积早期；4. 顶部沉积层；5. 上部沉积层；6. 中部沉积层；7. 底部沉积层

图 2－3　海侵期沉积层与年代关系模式图

1. 沉积晚期；2. 沉积中期；3. 沉积早期；4. 顶部沉积层；5. 上部沉积层；6. 中部沉积层；7. 底部沉积层

区。雪峰海槽正是在这个基础上孕育并再度往北西向扬子古陆边缘扩展的。前已述及，雪峰海槽沉积（板溪群、下江群、丹洲群）自下而上包括了由早期沉降至晚期回返的一整套由海侵至海退完整旋回的沉积。其中部乌叶组上段以深灰至灰黑色碳泥质岩为主，普遍含星散状黄铁矿颗粒，水平层理发育，反映当时处于较深水—深水的还原环境。其沉积时期显然是雪峰期海槽的最高海面时期。如此，则其与金竹坪组上段的年代地层应大致相当；乌叶组上段之下及之上各组段总体上应分别为“海进式”与“海退式”沉积。其相应各岩石地层年代不完全一致，前者由南（或南东）向北或（北西）变新，后者相反。即板溪群内金竹坪组上段之下各组段时代，较之下江群乌叶组上段之下各相应组段要新；金竹坪组之上与乌叶组之上各相应组段时代，则前者较老，后者较新。

乌叶组上段及其相当地层所代表的最高海面时期是雪峰海槽由以沉降为主到回返上升为主的转折时期。依此为标志，本书将雪峰沉积期划分为三个阶段：此转折期属中阶段；前为早阶段；后属晚阶段。相关组段的年代地层对比关系表示于图 2－4。

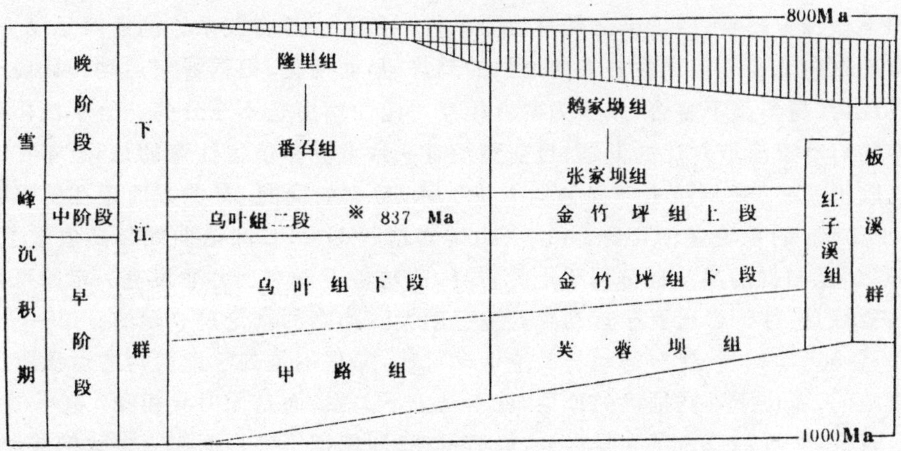

※ U-Pb年龄值

图 2－4　下江群、板溪群各组段年代地层位置关系示意图

第四节 板溪群与莲沱组的对比

板溪群是否可以和莲沱组从年代上对比的问题由来已久。它不仅常涉及到上文所阐述的板溪群及其相当(岩)群的年代地层位置、前震旦系顶界的划定,而且还在不同程度上造成了我国震旦系-前震旦系界线、早震旦世冰期与间冰期划分以及一系列有关地层对比上的长期混乱。

认为板溪群和莲沱组可以对比"并非上下关系"的主要理由是:"它们同是晋宁、武陵运动形成的扬子板块基底之后,南华大冰期之前这一地质演化阶段的产物"(刘鸿允等,1992)。关于上述理由,本书认为包括二个方面的问题:一是晋宁运动是否可以和武陵运动对比;二是莲沱组和板溪群是否都是南华大冰期之前的产物?

晋宁运动是否可以和武陵运动对比?首先联系到的是澄江运动与雪峰运动是否相当。雪峰运动为田奇瑪 1948 年创名,指南沱冰碛层与下伏板溪群之间的不整合所代表的构造运动。当时,早震旦世早冰期沉积——长安组的冰成成因尚未被认识,其所指的"南沱冰碛层"显然系指现今人们称的"南沱组",而不是与江口组、长安组相当的地层。所以,雪峰运动的确切涵义应该是只代表南沱组与板溪群之间的不整合所代表的构造运动,而非其他。湘黔桂地区的区域地质资料已经表明,板溪群与上覆下震旦统之间的接触关系,由黔东南—桂北地区往北或北西朝扬子古陆方向,由整合过渡逐渐变为平行不整合→不整合;紧覆于其上的地层也相应地由长安组→大塘坡组→南沱组。众所周知,一个较大规模的构造运动不是一蹴而就的,其间可能包括了若干幕或若干阶段。澄江运动由米士(Misch)1942 年创名于滇东,是指南沱冰碛层与下伏澄江砂岩间低角度不整合至平行不整合所代表的构造运动。多年来不少人认为澄江组(即澄江砂岩)可以和富禄组对比。在这种情况下,虽然不能排除澄江运动与雪峰运动作完全对比的可能性,但把前者作为后者中的一个构造幕来认识也不是不可能的。至于晋宁运动是否和武陵运动相当的问题,我们知道晋宁运动系指澄江砂岩与下伏昆阳群之间的高角度不整合代表的构造运动,就其"高角度不整合"这点来看,似乎与一些地方武陵运动所造成的高角度不整合有类似之处,但多年来湖南、广西的资料已一再证明,在湘中南和桂北的东部地区,板溪群及与其相当的丹洲群和下伏冷家溪群、四堡群之间呈现为平行不整合→整合关系。同雪峰运动一样,武陵运动也有自南东向北西朝扬子古陆方向增强的趋势。显而易见,根据晋宁运动和武陵运动在某些地方都表现为"高角度不整合"来作为两者相互对比的理由是不充分的。至于昆阳群是否全属中元古界并与冷家溪群对比的问题,目前更没有一致意见。值得注意的是,近年在昆阳群顶部柳坝塘组取得 Rb－Sr 同位素年龄值为 1 002 Ma 数据的同时,有关方面还在昆阳群内取得了 1 850～850 Ma 的系统递增年龄,并以火山熔岩锆石 U－Pb 和谐曲线年龄值做了检验(吴懋德,1988)[①]。昆阳群的某一部分属于上元古界,而与板溪群对比并非没有一定的可能性。显然,在现有资料的条件下做出晋宁运动和武陵运动大致相当的结论是仓促的。退一步说,即使澄江运动和雪峰运动相当,晋宁运动与武陵运动对比,那是不是处于此两构造运动所形成的两个不整合面之间,而位于不同地区的地层,就不是上下关系,而是同时异相呢?也不尽然。不整合面的非同时性,学者们已做了大量讨论,毋需赘述。即使把不整合面作为大致的等时面,如果同处于两个不整合面之间,甲地地层连续,沉积记录保存完整;乙地地层大量缺失,或仅保留了

① 吴懋德,1988,云南前寒武纪研究现状。江西地质科技,第 4 期。

其某一阶段的沉积，甲、乙两地之间的地层也不能笼统地相互对比，乙地保留的那一部分地层，也只可能与甲地相应阶段沉积的那一部分地层对比，或为同时异相。而同其他部分的地层之间，在层序上仍属上下关系。

另一个问题是，板溪群和莲沱组是否都是南华大冰期前的产物？目前，我国习用的震旦纪冰期、间冰期划分序列大致包括两个类型，其一包括长安冰期、富禄间冰期、南沱冰期，其二包括古城冰期、大塘坡间冰期、南沱冰期。前者以桂北地区剖面为层型建立的长安组、富禄组、泗里口组和以黔东南黎家坡剖面为层型建立的乌衣组、摆堵组、黎家坡组为代表；后者以湖北长阳古城剖面、贵州松桃大塘坡剖面为层型建立的古城组（及铁丝坳组）、大塘坡组、南沱组为代表。刘鸿允（1989，1991）将其统归“南华大冰期”，并将富禄组与大塘坡组均划归“大塘坡间冰期”；将长安组与古城组均归于“长安冰期”并做相应对比，由此得到板溪群和莲沱组均为“南华大冰期之前这一演化阶段的产物”的错误结论。

黔东南、桂北地区的震旦纪冰期、间冰期划分序列初建于60年代初期。1964年，贵州区调队①②鉴于黔桂边界地区下震旦统岩性、岩相与我国南方下震旦统层型地点长江峡区下震旦统明显不同，在当时取得的大量新资料基础上，以层序清楚、剖面连续、出露完整的从江黎家坡下震旦统剖面为层型，自下而上新建“乌衣组”、“摆堵组”和“黎家坡组”，代表黔东及其相邻地区下震旦统海相连续地层层序，乌衣组和黎家坡组分别代表早震旦世早冰期和晚冰期沉积，摆堵组代表其间的间冰期沉积。通过自黔东南—黔东北—川东南—鄂西地区20余条相关的典型剖面的对比，认为“黔东地区黎家坡组、摆堵组可分别与峡区南沱冰碛层（今南沱组）、南沱砂岩（今莲沱组）可大致对比；而峡区缺失与乌衣组相当的地层”。1966年广西区调队③修订王曰伦（1936，1955）所建的“长安砂岩”、“富禄砂岩”涵义，建“长安组”、“富禄组”，分别代表桂北地区早震旦世早冰期及间冰期沉积；晚冰期沉积引用峡区“南沱组”。中国南方早震旦世可划分为两个冰期的成果由廖士范于1979年向国际上做了正式报导，首次将早震旦世早冰期、晚冰期及其间的间冰期分别命名为长安亚冰期、南沱亚冰期和莲沱亚间冰期（王曰伦于1980年改称长安冰期、南沱冰期、富禄间冰期）。同时，对代表相应时期沉积的各组地层——长安组、莲沱组（富禄组）、南沱组的涵义再次做了严格限定。其中特别明确了湘黔桂地区莲沱间冰期（即富禄间冰期）地层“上部有砂页岩、碳质页岩夹菱锰矿……，底部有铁质板岩或铁矿层”这一共识，为早震旦世冰期、间冰期的划分标定了明确、易于识别的界线。

湖北长阳古城剖面和贵州松桃剖面所代表的震旦纪冰期、间冰期序列建于80年代初期，古城组、铁丝坳组均由马国干等（1983）命名。前者“代表湖北长阳古城附近平行不整合于莲沱组之上、整合于大塘坡组之下的一段下部由块状冰碛岩、上部由砂岩夹粘土岩（含落石）组成的地层，厚度小于10 m，变化剧烈”；后者命名于贵州松桃大塘坡锰矿区的铁丝坳，为“整合于莲沱组和大塘坡组之间，由以杂砾岩和岩屑砂岩为主的多层冰成岩石组合而成，厚十几米至几十米”，认为其层位与古城组相当。大塘坡组是一套含锰碳质页岩为主的沉积，时夹钙质岩凸镜体（其中有时含叠层石），马国干等以此作为大塘坡间冰期沉积的代表，对比于富禄组顶部的含锰层位，同时以古城组（和铁丝坳组）作为古城冰期沉积的代表，对比于富禄组下部与长安组上部之和，而长安组下部被对比于莲沱组。尽管本书对后二个对比有不同意见，但也可清楚地看

---

① 贵州区调队，1964，贵州东部震旦纪冰碛岩系的划分和对比。

② 贵州区调队，1964，榕江幅1：20万区域地质测量报告书。

③ 广西区调队，1966，三江幅1：20万区域地质报告书。

出大塘坡间冰期不相当富禄间冰期，前者只相当于富禄间冰期末的一段温暖期；古城冰期也不能对比于长安冰期，两者的上、下界线都是不同的。对涵义不同、层序有别的古城冰期(及古城组)和长安冰期(及长安组)进行相应对比，而得出伏于古城组之下的莲沱组与伏于长安组之下的板溪群层位大致相当的结论，无疑是不恰当的。古城组的下界究竟在哪里？如何对比？这是长期没有得到满意回答的又一问题。正如创名者所说，其“变化剧烈”。在这样的“层型”条件下，由不同的人做远距离对比所得出的结果多种多样是不难理解的。在野外调查中，从黔东南、桂北以至湖南靖县一带，在出露完好的富禄组剖面上不时可以看到在巨厚的海相砂泥岩之间夹着一些厚度不大、岩性与古城组类同的凸镜体。这个现象很容易使人联想到富禄间冰期中的气候波动幅度有时也较大，如同任何一个冰期会出现若干间冰段一样，其中也可能出现若干冰段。还值得注意的是，这类凸镜体在紧接顶部含锰碳质板岩段(即许多人所称的大塘坡组)之下更较常发现。它似乎揭示出富禄间冰期末的气候曾以更大的幅度向寒冷方向呈波状变化。

富禄间冰期末的这个冰段的标志，可以湖南靖县龙家、桂北三江等剖面为代表，它由层次不清、组分复杂的变杂砾质岩及砂屑岩为主组成，厚度一般小于 30m。松桃大塘坡一带的铁丝坳组以及湘西北石门县杨家坪一带的东山峰组，大体上也相当于这个层位。如果铁丝坳组对比于古城组无误的话，很显然古城组的层位将只能相当于富禄组上部；古城组(和铁丝坳组)之下的莲沱组顺理成章地对比于富禄组中下部。近年，贵州区调队(1992)[①] 在黔东南区开展 1:5 万都江幅区调工作中，在原划归“铁丝坳组”之下的地层中发现富禄组底部标志层——紫红色铁质板岩及长安组(未见底)，再次说明了这一点。

鄂西地区“南华大冰期”与黔东南—桂北地区“南华大冰期”地层对比如表 2-3 所示。

表 2-3　鄂西、黔东南、桂北地区“南华大冰期”地层对比简表

<table>
<tr><td rowspan="3"></td><td colspan="2">鄂　西</td><td colspan="4">黔　东　南</td><td>桂　北</td></tr>
<tr><td colspan="2">马　国　干　等</td><td colspan="4">贵州区调队</td><td>广西区调队</td></tr>
<tr><td colspan="2">1983</td><td colspan="4">1964</td><td>1966</td></tr>
<tr><td rowspan="5">南华大冰期</td><td>南沱冰期</td><td>南沱组</td><td>南沱冰期</td><td colspan="3">黎家坡组</td><td>(泗里口组)
(“南沱组”)</td></tr>
<tr><td>大塘坡间冰期</td><td>大塘坡组</td><td rowspan="3">富禄间冰期</td><td rowspan="3">摆塘组</td><td>上段</td><td>碳质板岩(Mn)</td><td rowspan="3">富　禄　组</td></tr>
<tr><td>古城冰期</td><td>古城组</td><td rowspan="2">下段</td><td rowspan="2">砂泥岩</td></tr>
<tr><td colspan="2" rowspan="2"></td></tr>
<tr><td>长安冰期</td><td colspan="3">乌　衣　组</td><td>长　安　组</td></tr>
</table>

不言而喻，伏于鄂西古城冰期沉积——古城组之下的莲沱组，与伏于黔东南—桂北地区长安冰期沉积——长安组(或乌衣组)之下的板溪群(及其相当(岩)群)，其时代和层位都是不同

① 贵州区调队，1992，都江—平江幅 1:5 万区域地质调查报告。

的。前者只是富禄间冰期沉积的一部分，后者才是“南华大冰期之前”的产物。过去有人以未发现与长安组时代相当的陆相冰成沉积为由，将长安组置于莲沱组之上，认为莲沱组“既非冰川沉积又非间冰期沉积”，这个理由是可以商榷的。因为富禄间冰期陆地环境的长期侵蚀剥蚀作用，完全有可能给其前期沉积以大量破坏和改造，以致剥蚀殆尽。陆地环境堆积的南沱组，似乎是由于南沱冰期之后紧接着的大规模海进（陡山沱—灯影期海进）所造成的广袤的海相层的覆盖而较好地保存下来。

此外，贵州中北部南沱组之下的一套紫红、灰、灰绿色间杂的变余岩屑砂岩-粉砂岩、变余含砾砂岩、凝灰质粉砂岩、粉砂质板岩及少许变余玻屑凝灰岩组成的以陆相为主的地层，前人称狮子口系（袁见齐、刘岩朋，1941），或狮子口群（贵州地层古生物工作队，1976）①、贵州区调队（1987）称澄江组。这套地层出露于遵义松林、清镇铁厂、开阳翁昭等地，在金沙岩孔钻孔中亦曾见及（揭露厚度 282 m），上与南沱组低角度不整合或平行不整合接触，界线清楚。多数地方未见底。但在清镇上麦城一带，这套地层清楚无误地覆于板溪群鹅家坳组（原称番召组—清水江组）之上，并组成九龙山背斜的核部，出露厚度大于 1 000 m。刘鸿允曾多次论述该区的“狮子口系”或“狮子口群”层位与澄江组、莲沱组相当，并于近年（1991）直接将其划归牛头山组—陆良组。如果这种划分无误的话，板溪群之上存在与莲沱组层位相当的地层是十分清楚的。

综上，可以得出以下几点初步结论：

（1）莲沱组与板溪群不是同时异相，而是上、下关系；莲沱组可以和富禄组中下部对比。

（2）大塘坡间冰期不相当于富禄间冰期；只相当于富禄间冰期末的一段温暖时期。

（3）长安冰期不能对比于古城冰期；后者只相当于富禄间冰期晚期的一个冰阶段。

（4）晋宁运动难于同武陵运动对比；晋宁运动、澄江运动或可分别对比于雪峰运动早、晚两个构造幕。

贵州前震旦系的划分对比研究，通过几十年来两三代人的努力取得了明显的进展，但目前已有的资料尚较简略，微体古生物、沉积相乃至有关岩浆岩（特别是层状基性-超基性岩）方面，尚有大量工作要做；各群之间的对比及形成不同群的大地构造环境的研究，以及各群的含矿性研究均亟需深入；古地磁测量工作尚待开展。如何应用岩层中的各类标志对此巨厚的古老岩系进行地层多重划分，仍然是今后工作中必须面对的课题。

① 贵州地层古生物工作队（朱金陵执笔），1976，贵州的前震旦系。

第三章
震旦纪—志留纪

震旦纪—志留纪地层主要分布于我省北部和东部，零星出露于中部、南部和西北部(图 3-1)。地层发育良好，古生物化石丰富，沉积类型和岩相变化比较复杂，主要由碳酸盐岩和碎屑岩组成，厚度 5 000～10 000 m，是深入研究和解决我国有关地层问题的重要地区。其中含有丰富的矿产资源，除中外驰名的的汞矿和磷矿外，还赋存有开采价值的锰、锑、铅锌、金、重晶石、稀土及其他沉积矿产，具有极其重要的经济价值。

震旦纪—志留纪地层的研究工作始于本世纪 20 年代。50 年代前，丁文江、黄汲清等(1929—1930)，王曰伦、熊永先、吴希曾(1935—1938)，乐森玥、蒋溶(1925—1944)，刘之远、卢衍豪(1942—1945)，尹赞勋、谌义睿、秦鼐(1944—1946)，王钰(1945)，盛莘夫、张鸣韶(1939)，彭琪瑞(1942)和田奇瑰、刘国昌、王作宾及贾福海等(1943—1945)的研究工作，为划分贵州震旦纪—志留纪地层奠定了基础。50 年代中期之后，中国科学院(以下简称中科院)、中国地质科学院(以下简称地科院)、地质和石油部门及地质院校进行了大量的综合研究，逐步建立起贵州震旦纪—志留纪的地层层序。60 年代至 70 年代末，进入了多学科、多方法全面综合研究的新时期。贵州区调队、地质部第八普查勘探大队(以下简称地质部八普)、石油部贵州石油勘探开发指挥部(以下简称贵州石油指挥部)以及中科院、地科院、有关地质院校等实测了大量地层剖面，把震旦纪—志留纪地层的研究提高到一个新阶段。进入 80 年代，统一地层划分概念逐渐为现代地层多重划分概念所取代，在 1987 年出版的《贵州省区域地质志》中首次得到了体现。与此同时，在震旦-寒武系、寒武-奥陶系和奥陶-志留系界线及生物地层的研究等方面都取得了显著进展，使地层研究进入了一个新时期。

第一节　岩石地层单位

贵州境内已经命名的震旦纪—志留纪的岩石地层单位有 120 个左右，通过清理，现继续沿用的有 54 个(53 个组 1 个群)，其中震旦纪 11 个(图 3-2)，寒武纪 22 个，奥陶纪 11 个(图 3-3)，志留纪 10 个(图 3-4)。现将这些岩石地层单位由老到新分地区叙述如下。

长安组　$Z_1\hat{c}$　(06-52-0201)

【创名及原始定义】 王曰伦(1936)在湘黔桂交界地带进行地质调查时创名长安砂岩，赵

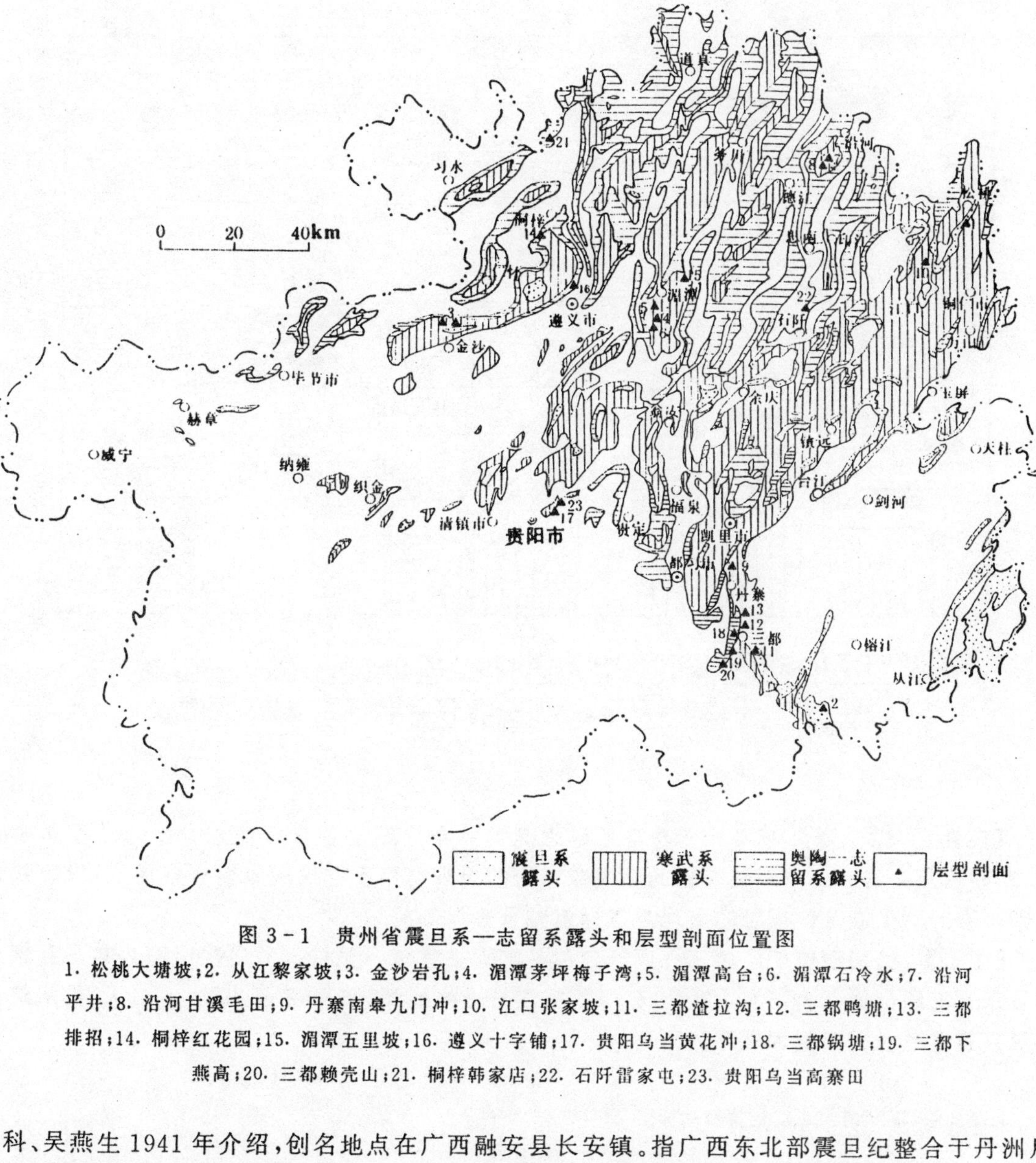

图 3-1 贵州省震旦系—志留系露头和层型剖面位置图

1. 松桃大塘坡；2. 从江黎家坡；3. 金沙岩孔；4. 湄潭茅坪梅子湾；5. 湄潭高台；6. 湄潭石冷水；7. 沿河平井；8. 沿河甘溪毛田；9. 丹寨南皋九门冲；10. 江口张家坡；11. 三都渣拉沟；12. 三都鸭塘；13. 三都排招；14. 桐梓红花园；15. 湄潭五里坡；16. 遵义十字铺；17. 贵阳乌当黄花冲；18. 三都锅塘；19. 三都下燕高；20. 三都赖壳山；21. 桐梓韩家店；22. 石阡雷家屯；23. 贵阳乌当高寨田

金科、吴燕生 1941 年介绍，创名地点在广西融安县长安镇。指广西东北部震旦纪整合于丹洲片岩及千枚岩之上，富禄凝灰岩之下的一套地层，岩性为绿色含椭圆状卵石之砂岩。

【沿革】 1966 年广西区调队（1∶20 万三江幅）将长安砂岩改称长安组，指假整合于富禄组之下，整合或微角度不整合于丹洲群之上的一套含砾砂泥岩为主的地层。贵州区调队 1964 年将本套地层称乌衣组，1965 年称南沱组第一段。廖士范（1976）① 首次将长安组引入黔东南，并于 1978 年将相当广西长安组上段的冰碛砾岩、砂砾岩、含砾板岩等新建平袍组。贵州区调队（1977）在 1∶20 万黎平幅区调工作中，将长安组用于贵州东南部下震旦统，王砚耕等（1980，1984）沿用。《贵州省区域地质志》（1987）沿用长安组，并以肇兴剖面为代表将长安组分为二段，本书沿用的长安组仅限于其第二段。

---

① 廖士范，1976，贵州震旦系及我国震旦系几个问题的讨论。贵州地质科技情报，第 2 期。

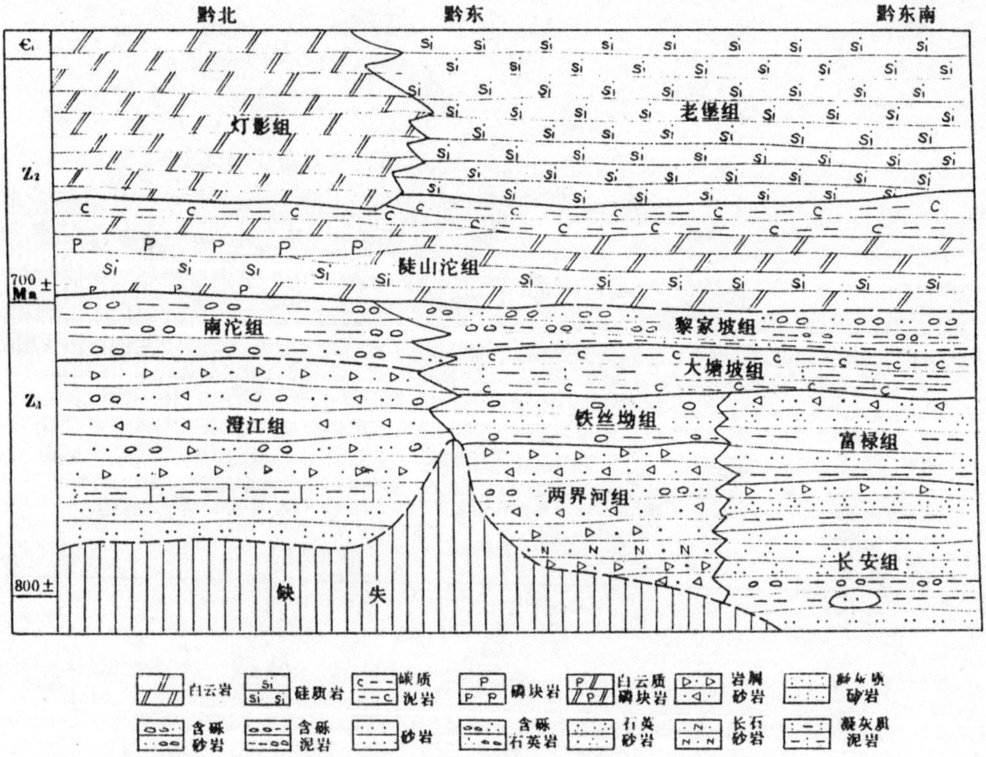

图 3-2 贵州省震旦纪岩石地层时空分布图

【现在定义】 指位于拱洞组与富禄组之间的一套巨厚层状含砾泥岩、含砾砂岩夹细砂岩、粉砂岩及泥岩。底以千枚板岩的消失或砂岩的出现与丹洲群拱洞组整合分界，顶以块状含砾砂砾岩的消失或含铁板岩的出现与富禄组整合分界。

【层型】 选层型位于广西三江侗族自治县城北古宜镇石显村。省内次层型为黎平县肇兴震旦系长安组剖面(06-52-0201-4-1)，从江县平袍剖面(06-52-0201-4-2)。贵州黎平县肇兴震旦系长安组剖面层序如下：

上覆地层：富禄组　紫红色含铁砂岩

——————— 整　合 ———————

长安组	总厚度 1 899 m
20. 灰绿色块状砾砂质泥岩，砾石少而小，具球状风化	334 m
19. 灰绿色块状含砾不等粒岩屑石英砂岩	75 m
18. 灰色块状含砾泥岩，砾石多而小	100 m
17. 灰色块状砾质泥岩，上部砾石大而多，下部砾石少而小，多为米糠状岩屑	219 m
16. 灰绿色块状砾质泥岩，砾石多为米糠状岩屑	138 m
15. 灰、灰绿色绿泥板岩，具水平纹层	36 m
14. 灰绿色块状含砾砂质绢云绿泥板岩	44 m
13. 灰色板岩，具水平纹层	27 m
12. 灰色块状含砾泥岩，砾石较多，大小不均，成分复杂	127 m
11. 灰色块状含砾泥岩，砾石下部少上部多而复杂	116 m

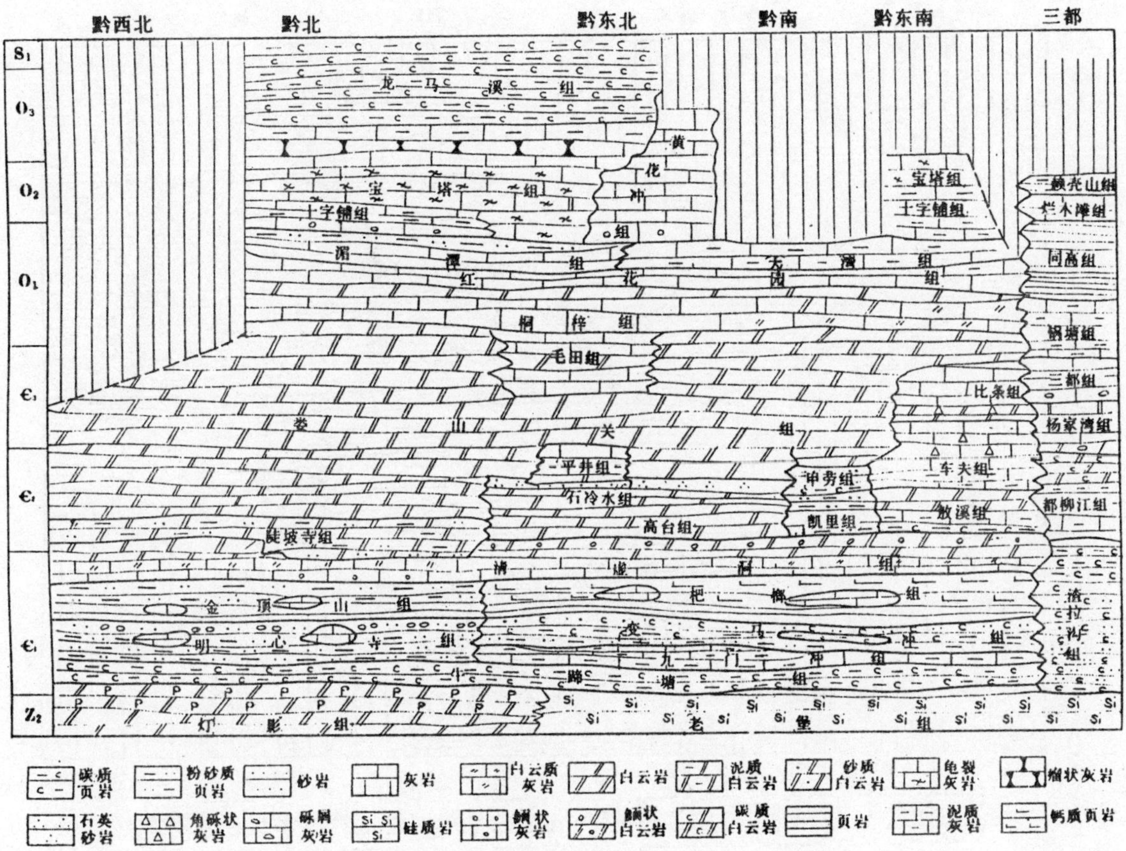

图 3-3　贵州省寒武纪—奥陶纪岩石地层时空分布图

10. 灰绿色块状含砾泥岩，砾石多而小，成分复杂　64 m

9. 灰色粘土岩，具砂质纹层　39 m

8. 灰色块状粉砂岩，夹凸镜状砂岩　42 m

7. 灰白色块状粗粒石英砂岩　22 m

6. 灰色块状含砾泥岩，砾石较多，砾径较大　44 m

5. 灰色薄层含砾泥岩夹同色粘土岩，具水平纹层　23 m

4. 灰绿色薄层粉砂质粘土岩，下部夹数层细粒岩屑石英杂砂岩及粉砂岩，具水平层理及波状纹层　397 m

3. 浅灰色中厚层细粒岩屑石英杂砂岩，夹少量粉砂质粘土岩，具水平层理　29 m

2. 黄色(风化色)薄层粉砂质粘土岩　2 m

1. 黄色(风化色)中—厚层含砾岩屑石英杂砂岩，砾石小而少，上部具断续水平层理　21 m

——————　整　合　——————

下伏地层：丹洲群拱洞组　绢云板岩

【地质特征及区域变化】　省内该组下部为灰、灰绿色块状砾质泥岩，夹粗粒砂岩、粉砂岩、砂岩凸镜体及粘土岩等；中部为灰、灰绿色含砾泥岩夹粘土岩；上部为灰、灰绿色厚层块状砾质岩屑砂岩、砾砂质泥岩、砾质泥岩。砾质岩砾石成分较复杂，有砂岩、板岩、脉石英、硅质岩、岩屑、花岗岩等，砾石形状多为半浑圆状—次棱角状，砾径一般为 0.5～5 cm，小砾石多为米糠状

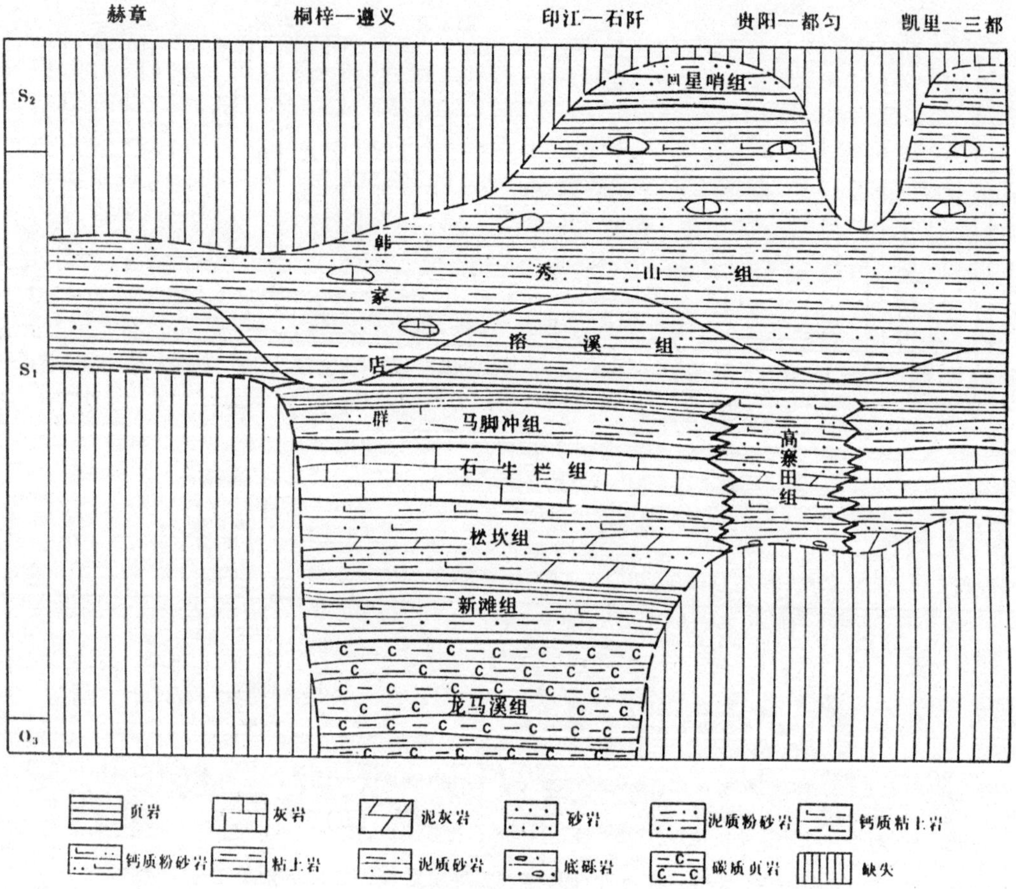

图 3-4　贵州省志留纪岩石地层时空分布图

岩屑，分布不均，大小混杂，排列无序，局部见同生角砾。砾质岩所夹粘土岩具水平纹层，上部砾质砂岩砾石较大，抗风化力强，具球形风化。

本组主要分布于黔东南黎平、从江、榕江一带。在黎平一带，下部为灰、灰绿色中厚—厚层块状岩屑砂岩、砾质岩屑砂岩、砂质粘土岩、砾质砂岩、砾砂质泥岩；上部为灰绿色块状含砾砂质泥岩夹浅灰色岩屑砂岩、灰绿色砂质粘土岩、粘土岩等。含砾砂质泥岩含砾 5%左右，砾石成分除板岩、砂岩外，见少量火成岩及基性、酸性岩岩屑，砾径 0.2～5 cm，最大达 80 cm，次棱角状—半浑圆状。在榕江一带，下部为灰、灰绿色块状砾砂质泥岩、砾质粉砂质泥岩、砾质砂岩夹石英砂岩、粘土岩；上部为含砾粉砂岩、砂质砾岩、含砾砂岩、粘土岩夹石英砂岩和砾岩凸镜体等组成。砾质岩呈块状，含砾 10%～15%，砾石成分除砂板岩外，仅镜下见花岗岩类岩屑；砾石排列无序，分选极差，为半棱角状—半浑圆状，砾径一般 1～5 cm，偶达 40 cm，砾面时见擦痕。各地砾质岩中所夹砂岩、粘土岩厚度一般数米至十余米，沿走向变化较大，难以逐层追索对比。

本组与下伏地层下江群或丹洲群为渐变过渡，整合接触。底界以砾质岩出现与下伏地层划界。

本组厚度由北往南、由西往东有增厚之势，罗寨厚 1 142 m，黎家坡厚 1 122 m，平袍厚 812 m，肇兴厚 1 898 m。时代为早震旦世早期。

富禄组 Z_1f （06－52－0202）

【创名及原始定义】 王曰伦(1936)在湘黔桂一带进行地质调查时于桂北创名富禄砂岩。赵金科、吴燕生1941年介绍，创名地点在广西三江侗族自治县富禄乡。指整合于长安砂岩之上，车田矽化层之下的一套地层为富禄凝灰岩，灰绿色凝灰岩含棱角长石等。

【沿革】 1966年广西区调队将富禄砂岩改称富禄组。王曰伦(1955)将包括本段地层的震旦系下部地层称冰碛系。湘黔桂三省(区)前寒武系地层工作组(1962)称南沱砂岩组。贵州区调队(1964)将本段地层命名摆堵组，下分二段。贵州区调队(1965)在1∶20万榕江幅区调中称南沱组第二段。贵州地层古生物工作队(1975)将富禄组引入贵州。贵州区调队(1977)在1∶20万黎平幅区调时采用桂北地层系统，沿用富禄组，明确本组涵义为：底部条带状含铁板岩，顶部为黑色碳质粘土岩，夹硅质岩及含锰白云岩凸镜体。贵州省地质局科研所(1979)称莲沱组。王砚耕(1984)将上部碳质粘土岩归大塘坡组，之下的碎屑沉积称富禄组，《贵州省区域地质志》(1987)及本书沿用王氏定义。

【现在定义】 指整合于长安组与大塘坡组之间的地层，岩性为层理清晰的砂岩、泥岩，局部夹含砾砂岩、凸镜状白云岩。底以紫红色含铁页岩的出现与长安组分界；顶以黑色碳质页岩的消失或含砾砂泥岩的出现与上覆大塘坡组分界。底部为紫红色条带状铁质页岩；下部为灰、灰绿色厚层块状岩屑石英杂砂岩、粗粒岩屑石英砂岩；上部为灰色块状含砾泥岩、含砾砂岩、含砾杂砂岩、岩屑石英杂砂岩、粉砂岩、砂质粘土岩、粘土岩等组成。

【层型】 正层型为广西三江侗族自治县富禄乡富禄组实测剖面。省内次层型为贵州榕江县巴鲁震旦系剖面(06－52－0202－4－1)、贵州黎平县肇兴震旦系剖面(06－52－0202－4－3)。贵州黎平县肇兴震旦系剖面层序如下：

上覆地层：大塘坡组　深灰色含碳质粉砂质粘土岩

——————— 整　合 ———————

富禄组	总厚度＞751 m
35—34. 顶部为灰色钙质岩屑砂岩，其下为含砾杂砂岩	13 m
33. 灰色块状岩屑石英杂砂岩，含钙质团块及同生角砾	36 m
32. 灰色块状含砾粘土岩与粘土岩，具条带状构造	16 m
31. 灰色厚层砂质粘土岩	9 m
30. 灰色块状含砾岩屑杂砂岩夹粘土岩或互层组成条带	29 m
29. 灰色厚层块状粘土岩及粘土质粉砂岩，前者具强碳酸盐化	52 m
28. 灰色块状岩屑石英杂砂岩	35 m
27. 灰色块状含砾泥岩	27 m
26. 灰色块状粗粒长石石英杂砂岩	12 m
25. 灰色厚层长石石英杂砂岩，黑色矿物偏集呈断续纹层	109 m
24. 灰色块状长石石英杂砂岩	28 m
23. 灰色块状岩屑石英杂砂岩，偶具水平条带	312 m
22—21. 灰绿色块状岩屑石英杂砂岩，含少量钙质，具断续水平条带，底部0.2 m为紫红色含铁砂岩	73 m

——————— 整　合 ———————

下伏地层：长安组　灰绿色块状含砾砂质泥岩

【地质特征及区域变化】 据岩性特征本组可分两部分。下部为灰、灰绿色厚层块状岩屑石英杂砂岩、岩屑砂岩、粗粒岩屑石英杂砂岩，含少量钙质，偶见水平纹层或黑色矿物局部偏集呈断续水平纹层；上部由灰色块状含砾泥岩、岩屑石英杂砂岩、粘土岩、粉砂岩、含砾岩屑砂岩、含砾泥岩、含砾砂岩等组成，粘土岩时具碳酸盐化，与含砾岩屑砂岩、含砾泥岩组成条带或为夹层，含砾砂岩局部含钙质及同生角砾。底部为 0.2 m 红色含铁砂岩。

本组主要分布于贵州东南部黎平、从江、榕江等地。在黎平一带，岩性以灰、灰绿色块状岩屑砂岩为主，夹少量含砾砂质粘土岩、粉砂岩粘土岩等，底部无含铁岩石，以连续出露较多的砂岩而与下伏长安组砾质岩划界。在从江、榕江一带，岩性为灰、灰绿、浅紫灰色中厚—厚层岩屑石英砂岩、含砾岩屑砂岩、含砾杂砂岩、砂泥质砾岩、岩屑砂岩、粘土岩等，底部为紫红、浅紫色由含铁粘土岩、含铁质团块岩屑砂岩组成，时夹赤铁矿凸镜体。黎家坡一带本组岩性较单一，由灰、灰绿色厚层岩屑石英砂岩组成。往东至平袍粘土岩、含砾粘土岩、含砾砂岩增多，厚度增大。本组厚度由北而南、由西往东有增厚之势，黎家坡厚 200 m，平袍厚 300 m，肇兴厚 800 m。时代为早震旦世中期。

两界河组　Z_1lj　(06-52-0203)

【创名及原始定义】 1967 年邹盛荣在松桃县铁矿坪锰矿段详查工作中创名，1984 年在该报告① 中使用，地点在贵州松桃县大塘坡两界河谷。指板溪群与大塘坡组间一套碎屑沉积。分三段：第一段为灰、深灰色砾岩、含砾砂岩、砂岩、白云岩，厚 184 m；第二段为灰、浅灰色厚层块状长石石英砂岩、岩屑长石砂岩、含砾岩屑砂岩，厚 98 m；第三段为灰、深灰色厚层含砾岩屑砂岩、岩屑长石砂岩、粉砂岩等组成，厚 30 m。以砾岩与下伏板溪群不整合接触。

【沿革】 王砚耕(1984)将原含义第一、二段地层称两界河组，贵州地矿局(1987)及本书沿用王氏定义。

【现在定义】 为板溪群之上的一套碎屑沉积，下部为灰绿色中厚层砂质砾岩、白云质砾岩、白云岩、岩屑砂岩、岩屑杂砂岩、含砾粘土岩；中部为灰、灰绿色中厚层岩屑杂砂岩、岩屑砂岩，夹粉砂岩；上部为灰、灰绿色中厚层长石岩屑砂岩、含砾长石砂岩、含砾岩屑砂岩。底以砾质岩与下伏板溪群板岩不整合接触，顶与铁丝坳组整合接触。

【层型】 正层型为贵州松桃县大塘坡两界河震旦系剖面，位于贵州松桃县西南 39 km 大塘坡东两界河谷(108°53′,28°00′)，由孙仁贵等 1961 年测制。次层型为松桃县杨立掌剖面(06-52-0202-4-2)。松桃县大塘坡两界河组剖面层序如下：

上覆地层：**铁丝坳组**　灰、浅灰色含砾杂砂岩

——————— 整　合 ———————

两界河组	总厚度 389 m
20—18. 浅灰绿色细—粗粒岩屑砂岩及长石岩屑砂岩	78 m
17—14. 浅灰、灰色中厚层—块状含砾长石砂岩及含砾岩屑砂岩	73 m
13. 灰、灰绿色粗粒长石岩屑砂岩，具平行层理	10 m
12. 灰色细—中粒岩屑杂砂岩，上部具平行层理，中部有较大型交错层理	40 m
11—9. 灰绿色中厚—厚层长石岩屑砂岩夹粉砂岩，局部具细层理，偶含细砾	56 m
8. 灰绿色薄—中厚层岩屑砂岩	19 m

① 贵州地质局 103 地质队，1984，贵州省松桃县大塘坡铁矿坪锰矿段详查报告。

7. 灰色中厚层细—中粒岩屑杂砂岩具大型交错层理	27 m
6. 浅灰绿色中层含砾砂质粘土岩	17 m
5—4. 浅灰绿色薄—中厚层泥质岩屑砂岩及岩屑杂砂岩，下部含细砾石并夹多层白云岩	39 m
3—2. 浅灰绿色含泥粉砂质砾岩及白云质砾岩，底部时为白云岩	30 m

~~~~~~~~~~ 不 整 合 ~~~~~~~~~~

下伏地层：**板溪群**　紫红色板岩

【地质特征及区域变化】本组以一套碎屑沉积为特征。底部为浅灰绿色块状粉砂质砾岩、白云质砾岩、白云岩；下部为灰绿色中厚层岩屑杂砂岩及含砾砂质粘土岩，近底部含细砾石并夹有多层白云岩；中部为灰、灰绿色厚层岩屑杂砂岩、岩屑砂岩、长石岩屑砂岩，时含砾石，具大型交错层理及平行层理；上部为灰、浅灰绿色中厚层—块状长石岩屑砂岩、含砾岩屑砂岩、含砾长石砂岩。以底部砂质砾岩、白云质砾岩或砾质白云岩与下伏板溪群板岩不整合分界，界线清楚。

本组主要分布于黔东北松桃—印江地区，岩性、厚度变化大。在西部的峰岩沟一带，底部的砾岩或白云岩尖灭，岩性由灰、浅灰色中厚层石英砂岩、长石石英砂岩夹细砂岩及细砂岩组成；在杨立掌一带由浅灰、黄绿色中厚层岩屑石英砂岩与细砂岩、含砾石英砂岩、粉砂岩夹粘土岩、岩屑砂岩等组成。向南（东）未见本组岩性。厚度各地不一，在峰岩沟厚200 m，杨立掌厚170 m。主要为一套水下冲积扇沉积。时代为早震旦世中早期。

澄江组　$Z_1\hat{c}j$　**(06－52－0204)**

【创名及原始定义】　谢家荣等(1941)创名于云南澄江县城附近。指该地伏于冰碛层之下的长石质粗砂岩。

【沿革】　1942年米士改称“澄江砂岩系”。1955年贵州省工业厅地质勘测处将开阳灯影灰岩之下的一套黄绿、紫红色砂岩、砂页岩称“澄江砂岩”。1963年贵州地质局第三综合地质队最先使用澄江组，代表开阳马路坪磷矿区最下部的地层。贵州区调队(1976)在1：20万贵阳幅创名铁厂组，将澄江组划归“铁厂组第三段”；在1：20万息烽幅(1980)称“马路坪群”，划归下震旦统。1984年贵州区调队王砚耕等将澄江组一名限用于清镇、开阳、瓮安等地南沱组之下，下江群之上的一套砂屑岩，本书采用该划分意见。

【现在定义】　暗红、紫红、土红色长石石英粗砂岩、石英砂岩夹黄绿色页岩，砂岩中含小泥砾，发育交错层理。顶被南沱组冰碛砾岩不整合覆盖，正层型处未见底。区域上该组下部普遍有紫红色或浅灰色砾岩层，角度不整合于老岩层之上。

省内本组为平行不整合于板溪群与陡山沱组间的一套碎屑沉积，可分二段；第一段为灰紫、紫红色厚层块状长石岩屑砂岩、含砾岩屑砂岩，第二段为浅灰、灰绿色厚层岩屑砂岩、长石岩屑砂岩、粘土岩状玻屑凝灰岩及粉砂岩等组成。厚280 m。底以紫红色粗粒岩屑砂岩与下伏板溪群平行不整合接触。

【层型】　选层型为云南澄江县城北凤凰山至解家坟震旦系剖面。省内次层型为贵州清镇县铁厂震旦系剖面(06－52－0204－4－1)，贵州遵义县六井震旦系剖面(06－52－0204－4－2)。贵州清镇县铁厂澄江组剖面层序如下：

上覆地层：**陡山沱组**　深灰色粘土岩

－－－－－－ 平行不整合 －－－－－－
~~~~~~~~~~

澄江组　总厚度 288 m

第二段　厚度 174 m

13. 上部浅灰绿色(风化为灰白色)玻屑凝灰岩,下部为绿色含凝灰质粉砂岩夹粘土岩　22 m

12—11. 灰、浅灰色薄层砂岩、粉砂岩夹粘土岩　77 m

10—9. 灰绿色厚层含砾长石岩屑砂岩,中夹 0.5 m 粘土岩　61 m

8—7. 灰、浅灰色厚层岩屑砂岩　14 m

———————— 整　合 ————————

第一段　厚度 114 m

6. 紫红色厚层含砾粗砂岩,中部夹 10 cm 砂砾岩,顶夹二层(各层 5 cm)粉砂质粘土岩　16 m

5. 紫红色厚层含砾岩屑粗砂岩,砾石局部偏集为砂砾岩,顶部 0.2 m 为粉砂质粘土岩　27 m

4. 紫红色厚层岩屑砂岩,顶部 0.8 m 粉砂质粘土岩,上部夹 0.5 m 含砾粗砂岩　24 m

3. 紫红色厚层块状粗粒含砾长石岩屑砂岩,顶 0.5 m 为粘土质粉砂岩　37 m

———————— 平行不整合 ————————

下伏地层:板溪群　浅灰色粉砂岩

【地质特征及区域变化】　本组据岩性特征可分二段。第一段下为紫红、灰紫色厚层块状长石岩屑砂岩,上为含砾长石岩屑砂岩、含砾岩屑砂岩,间夹砂砾岩及粘土岩;第二段下为浅灰、灰绿色厚层岩屑砂岩、不等粒长石岩屑砂岩夹粘土岩,局部含砾,上为灰绿色粘土岩状玻屑凝灰岩、凝灰质粉砂岩和粉砂岩。厚 280 m 左右。底以紫红色粗粒岩屑砂岩与下伏板溪群粉砂岩或板岩平行不整合分界,顶以凝灰质岩或粉砂岩与上覆陡山沱组粘土岩区分。

本组主要分布于瓮安、清镇、开阳、遵义、金沙一带。东部开阳一带,下部为紫红色粉砂质粘土岩、粘土岩、粉砂岩夹砾岩凸镜体;上部为浅灰、灰绿色岩屑石英砂岩、含砾砂岩、粘土岩等。遵义一带,含较多的火山物质,下部为灰紫、紫红色凝灰岩、凝灰质砂岩;中部为灰绿、紫红色中厚层粉砂岩、杂砂岩、岩屑砂岩;上部为浅灰、灰红色凝灰岩、层凝灰岩。西部金沙一带下部为紫红色粉砂岩、砂质砾岩、砂质粘土岩、岩屑砂岩;上部为灰紫、紫红色凝灰质粉砂岩、粉砂质粘土岩。在遵义、金沙一带本组伏于南沱组之下。本组在各地岩性特征虽不尽一致,但下部碎屑岩、上部凝灰质岩形成的"下红上绿"特征普遍存在,唯往西下部碎屑岩的粒度变细,泥质增多,砾石或砾质岩减少。本组厚度向东西两侧有变薄之势,清镇铁厂附近厚 278 m,开阳为 147 m,遵义六井为 70 m。属河流—河口湾相沉积,时代为早震旦世中期。

铁丝坳组　Z_1t　(06-52-0205)

【创名及原始定义】　马国干、王砚耕(1983)创名于贵州松桃县大塘坡锰矿区的铁丝坳。指岩性由多层冰成岩石组合而成,主要为杂色砾岩及岩屑砂岩,厚十余米至几十米。与下伏莲沱组整合接触,上与大塘坡组连续沉积。为广布于武陵山区有代表性的冰川—陆棚海沉积。

【沿革】　王砚耕(1984)将该组用于武陵型震旦系地层系统中,《贵州省区域地质志》(1987)及本书沿用该方案。贵州地矿局科研所(1985)在贵州早震旦世锰矿研究中另名的大屋组及杨暹和(1987)在黔东、川东南地区创名的榕溪组,均为同物异名。

【现在定义】　整合于两界河组与大塘坡组之间的一套碎屑沉积。下部为黄灰、灰色块状砾质砂岩、砂泥质砾岩;中部为灰色厚层岩屑砂岩、杂砂岩;上部为深灰色薄中—厚层砾质泥岩与杂砂岩互层及杂砂岩与粘土岩互层。底以砾质砂岩与下伏两界河组分界,顶以砾质泥岩与上覆大塘坡组分界。

【层型】 正层型为贵州松桃县铁丝坳震旦系剖面，位于贵州松桃县大塘坡锰矿区铁丝坳(108°52′,28°00′)，由马国干等1983年测制。次层型为贵州松桃县杨立掌震旦系剖面(06-52-0205-4-2)，贵州万山特区黑岩脑震旦系剖面(06-52-0205-4-3)。贵州松桃县铁丝坳剖面层序如下：

上覆地层：**大塘坡组** 黑色碳质页岩夹菱锰矿

——————— 整 合 ———————

铁丝坳组	总厚度 23.5 m
4. 灰黑色薄层碳质粉砂岩，偶含细小砾石，具细层理	2.1 m
3. 深灰色杂砾岩，砾径10 mm左右，大者30 mm，含砾8%，砾石成分复杂，落石使层理弯曲，基质为泥质，具细层理	1.3 m
2. 灰色中厚—厚层长石石英砂岩，局部含砾，侧向夹白云岩透镜体	15.6 m
1. 深灰色块状杂砾岩，含砾率30%，砾石成分有砂岩、板岩、白云岩、凝灰岩、石英岩等，砾石表面具条痕、压坑等，局部显层理	4.5 m

——————— 整 合 ———————

下伏地层：**两界河组** 灰色长石石英砂岩

【地质特征及区域变化】 本组岩性可分为：下部灰、黄灰色厚层块状含砾杂砂岩、砾质砂岩、混碛岩；中部浅灰、灰色中厚层杂砂岩、岩屑砂岩，在本层下部砂岩的粒度较粗；上部灰、深灰色薄—中厚层砾质泥岩与杂砂岩间互成层(习称"小冰碛层")；下部为深灰色杂砂岩与粉砂质粘土岩互层，局部含细砾及黄铁矿。厚24 m。在松桃县杨立掌剖面采获疑源类 *Asperatopsophosphaera umishanensis*, *Lignum* sp. 等。1985年王砚耕在贵州松桃杨立掌、四川小茶园等地本组所获的古地磁资料显示的磁极位置为西经142.8°，北纬63.2°，与大塘坡组磁极位置相近。1987年朱鸿对杨立掌、溶溪等地所获的古地磁结果显示的古地磁极位置为东经213°～216°，北纬73°、49°古纬度为10°～23°。

本组主要分布于黔东北及黔东地区，层位虽较稳定，但岩性变化较大。在杨立掌由灰色砾质砂泥岩、粉砂质粘土岩、细砂岩组成，厚7 m。在铜仁、三穗一带，底部常见滑积岩，厚18 m。在台江五河一带则由含砾砂质岩夹砂岩凸镜体组成，厚8 m。本组为一套斜坡相沉积，时代为早震旦世中期。

大塘坡组 Z_1dt (06-52-0206)

【创名及原始定义】 贵州103地质队江荣吉(1967)① 创名，地点在贵州松桃县西南39 km的大塘坡。指整合于莲沱砂岩组和南沱冰碛组间的一套细屑沉积，下分三层：下部为灰黑色碳质粘土岩夹细砂岩、粉砂岩、白云岩，是主要含锰层位，厚25 m；中部砂质页岩层，为深灰色含粉砂质粘土页岩，厚247 m；上部微层状砂质页岩层及深灰色微层状粉砂质粘土页岩，厚295 m。下以碳质页岩与下伏莲沱砂岩组划界。

【沿革】 贵州区调队(1970)在1：20万江口幅、沿河幅区调中将其作为南沱组第二段。廖士范(1976)将本段地层置于莲沱组上部，并为贵州地层古生物工作队(1978)沿用。湘黔桂震旦亚界研究队(1979)、王砚耕(1980)仍称南沱组第二段。刘崇本(1980)、朱鸿(1987)、王自强

① 贵州省地质局103地质队江荣吉，1967，贵州省松桃县大塘坡锰矿区详查报告。

(1987)称南沱组大塘坡段。刘鸿允(1980、1991)称大塘坡组,并划归晚震旦世。王砚耕(1984、1985)、《贵州省区域地质志》(1987)及本书沿用大塘坡组。

【现在定义】 为整合于铁丝坳组和黎家坡组之间的一套细屑沉积,可分二段:第一段为深灰、灰黑色碳质粘土岩和含粉砂质碳质粘土岩,底部夹多层似层状、凸镜状菱锰矿及凝灰岩,含菌、藻、疑源类化石;第二段为灰、深灰色粉砂质粘土岩、粘土岩、泥岩夹粉砂岩,含疑源类化石。底以碳质粉砂质粘土岩与下伏铁丝坳组杂砂岩分界,顶以页岩与黎家坡组含砾粘土岩分界。

【层型】 正层型为贵州松桃县大塘坡震旦系剖面,位于贵州松桃县西南 39 km 大塘坡(108°53′,28°00′),江荣吉 1965 年测制。次层型为贵州松桃县杨立掌震旦系剖面(06-52-0206-4-2),贵州万山特区黑岩脑震旦系剖面(06-52-0206-4-3)。贵州松桃县大塘坡剖面层序如下:

上覆地层:黎家坡组 灰色块状含砾粘土岩

——————— 整 合 ———————

大塘坡组	总厚度 552 m
第二段	厚度 527 m
6. 灰、深灰色薄层砂质页岩,层理清晰,砂质沿层偏集组成条带	263 m
5. 灰、深灰色粉砂质页岩夹碳质粉砂质页岩	93 m
4. 灰、深灰色粉砂质页岩、水平层理清晰	123 m
3. 灰色薄层砂质页岩夹黑色碳质页岩	48 m
第一段	厚度 25 m
2. 深灰、黑色薄层碳质有机质粘土岩,底部见薄层菱锰矿	25 m

——————— 整 合 ———————

下伏地层:铁丝坳组 灰色细砂岩及含砾砂岩

【地质特征及区域变化】 本组据岩性特征可分二段:第一段主要为深灰、灰黑色碳质粘土岩、含粉砂碳质粘土岩,底部夹多层似层状、凸镜状菱锰矿及凝灰岩或凝灰质岩,是锰矿的主要产出层位,厚 10～25 m;第二段为灰、深灰色粉砂质粘土岩、粘土岩、泥岩夹少量粉砂岩,上部具卷曲层理、水平层理等,含菌、藻、疑源类等化石,厚 200～550 m。本组含有丰富的微生物化石,可分为二个组合,其一为 *Eosynechococcus datangpoensis - Eoastrion* 组合,产于第一段黑色碳质粘土岩和菱锰矿中,尤以底部最为富集;其二为 *Huroniosporamicroreticulata - Globophycus microsphaericus - Sphaerocongresus variabilis* 组合,该组合产于第一段黑色碳质粘土岩所夹硅质岩中,个体虽小,但属种较多而丰富。

1985 年王砚耕于松桃县杨立掌采集了本组第一段黑色碳质粘土岩的同位素样,求得 Rb-Sr 等时年龄值为 688±16 Ma;并据此认为大塘坡组的时限为 700～680 Ma;同年于贵州杨立掌、四川小茶园、湖南民乐锰矿床的大塘坡组第一段碳质粘土岩和菱锰矿采集的古地磁样品结果为西经 165.5°～139.6°,古纬度为赤道北侧 23°左右,为正极性。1987 年,朱鸿在贵州杨立掌、四川溶溪等地采集的古地磁样结果,古地磁极位置为东经 188°～213°,北纬 22°～66°,古纬度为 20°～28.5°之间。

本组地层出露于黔东北及黔东地区,以黔东北发育最好。大塘坡、杨立掌、大屋等地两段易分,大型锰矿多集中于此。在大园—松桃一线缺失大塘坡组沉积,南沱组直接覆于前震旦系之上。往东南至台江清水江流域一带发生了较大变化,第一段为灰黑色碳质粘土岩夹硅质岩凸镜体，局部夹凝灰质岩，少见工业锰矿体；第二段砂质增多，为灰色粉砂质粘土岩、泥岩夹薄层砂岩。在黎平一带，第一段以灰色粘土岩、薄层硅质岩为主，第二段为灰色粉砂质粘土岩、粉砂岩夹硅质岩组成。本组厚度由西北往东南有减薄之势，在大塘坡厚 552 m，杨立掌一带为 200～300 m，台江一带为 100～200 m，黎平地区仅 10 m 左右。本组为斜坡—盆地相沉积，时代为早震旦世。

黎家坡组 Z_1ljp **（06-52-0207）**

【创名及原始定义】 贵州区调队林树基（1964）创名，地点在贵州从江县西南 66 km 黎家坡。指摆堵组与灯影组之间一套早震旦世晚冰期冰海相堆积，主要由灰绿、浅紫色块状冰碛砾岩及含砾泥岩组成，中上部夹绢云母板岩。冰碛砾岩呈块状无层理，砾石排列无序、分选差、呈半棱角—半浑圆状，成分有石英岩、石英砂岩、板岩及花岗岩等，砾径一般 0.5～5 cm，大者达 40 cm，砾面见钉形擦痕及磨光面，含砾率 10%～50%，砂泥质胶结，厚 2 320 m。以底砾岩与下伏摆堵组假整合划界。

【沿革】 贵州区调队（1965，1976，1987）称“南沱组第三段”或“南沱组”。廖士范（1976，1979）称“南沱冰碛层”。刘鸿允（1991）在总结中国震旦系时引用黎家坡组，代表黔东南区“南华大冰期”南沱冰期沉积，并与长江峡区南沱组、湘中洪江组、桂北泗里口组对比。

【现在定义】 指大塘坡组与陡山沱组间的一套碎屑沉积。岩性由灰绿、浅紫色块状砾质砂泥岩、砾质泥岩、中上部夹浅紫红色粘土岩组成。砾石形状各异、成分复杂、大小悬殊、排列无序、砂泥质胶结。下以砾质砂泥岩与下伏大塘坡组碳质粘土岩平行不整合分界，界线清楚。其上与上震旦统灯影组、陡山沱组或下寒武统渣拉沟组以至中泥盆统邦寨组平行不整合或不整合接触。

【层型】 正层型为贵州从江县黎家坡震旦系剖面，位于贵州从江县西南 66 km 黎家坡（108°21′，25°36′），贵州区调队三分队何勋等（1963）测制。次层型为贵州松桃县杨立掌震旦系剖面（06-52-0207-4-2），贵州台江县五河震旦系剖面（06-52-0207-4-3）。从江黎家坡剖面层序如下：

上覆地层：陡山沱组

══════ 断 层 ══════

黎家坡组	总厚度 2 320 m
21. 浅紫灰色块状冰碛砾岩	360 m
20. 浅紫红色绢云母板岩	6 m
19. 灰绿色块状冰碛砾岩	404 m
18. 浅紫色、浅绿灰色块状冰碛砾岩	1 138 m
17. 灰、浅灰绿色块状冰碛砾岩	412 m

——————— 平行不整合 ———————

下伏地层：大塘坡组　黑色粘土岩

【地质特征及区域变化】 本组以砾质岩与上、下地层区分。其颜色为灰、浅灰绿与浅紫、浅紫灰色间互组成。岩性为砾质砂泥岩、砾质泥岩，在上部夹一层厚 6 m 紫红色粘土岩，上部泥质多，下部砂质多，岩石呈块状、无层理。砾质岩中的砾石成分复杂，由石英砂岩、石英岩、脉石英、粉砂岩、板岩、千枚岩等组成，下部见花岗岩砾石、酸性—基性岩岩屑。砾石形状各异，为棱角状一半浑圆状，大小悬殊、排列无序，砾径一般1～5 cm，大者达40 cm，含砾率10%～50%，砂泥质胶结，厚2 320 m。以灰绿色砾质砂泥岩与下伏大塘坡组深灰色粘土岩平行不整合接触。

本组分布于黔东、黔东南等广大地区，但各地岩性、厚度变化均较大。在三穗、天柱一带为一套灰、灰绿、浅灰色中厚层—块状岩屑砂岩、岩屑石英砂岩、粉砂岩、含砾砂岩、夹粘土岩等组成。台江一带仍以块状砾质砂泥岩、砾质泥岩为主，唯砾质岩中的砂岩、粘土岩夹层可达5层之多，单层厚2～10 m不等。黎平地区，由灰、灰绿色块状砾质砂岩、砾质粘土岩、含砾粘土岩、砾质粉砂岩，夹粘土岩、砂岩凸镜体等组成。总的特征是由北往南砾质岩中的砾石变小，成分较复杂，泥质加多，砂岩、粘土岩的夹层增多。厚度也由北而南有增加的趋势：松桃杨立掌厚50 m，台江五河厚350 m，从江黎家坡厚2 300 m。

本组为斜坡—浅槽盆地相沉积，时代属早震旦世。

南沱组　Z_1n　(06-52-0208)

【创名及原始定义】　1907年Blackwelder，创名，创名地点在湖北省宜昌县南沱。原始定义系指伏于大套石灰岩之下的砂质和泥质岩石组成的南沱层(Nantou Formation)。出露于南沱陡壁下的缓坡上，这套岩层的底部由长石石英砂岩和砾岩组成。下部呈紫褐色，向上渐变成白色和紫色石英岩，总厚度约45 m；上部出露35 m厚的硬质块状泥砾层或冰碛岩，既不呈片状也不成层，这是一套绿色粗砂质的粘土岩，结构杂乱，呈棱角状、无分选性的地层系列。

【沿革】　1956年《中国区域地层表(草案)》将湖北峡区南沱冰碛层改称南沱组。王曰伦(1955)将贵州冰碛层称冰碛系；贵州区调队(1959)① 称南沱冰碛层，划归下震旦统。湘黔桂三省(区)前寒武系地层工作组(1962)称南沱冰碛组，归于下震旦统。刘鸿允(1966)将黔北冰碛岩称南沱组，划归上震旦统。贵州区调队(1975)对贵州东部前武系的划分中，称为南沱组第三段，也划归上震旦统。贵州区调队(1976)1∶20万遵义幅称南沱组，归于下统。贵州地层古生物工作队(1978)称南沱冰碛层，归于下震旦统。王砚耕(1984)、《贵州省区域地质志》(1987)沿用南沱组。本书将南沱组限用于贵州中、西部地区。

【现在定义】　灰绿色、紫红色冰碛泥砾岩(杂砾岩)，上部夹薄层状砂岩凸镜体，冰碛砾岩(杂砾岩)中的砾石无分选性，其表面见擦痕。与上覆陡山沱组白云岩平行不整合接触与下伏莲沱组凝灰质细砂岩与大塘坡组碳质粉砂质页岩呈平行不整合接触。

省内本组指澄江组与陡山沱组之间一套碎屑沉积。岩性由灰绿、灰紫、灰紫红色块状砾质砂岩、砾质泥岩、砾质砂泥岩、含砾泥岩等组成。砾质岩中之砾石成分复杂、排列杂乱无分选，形状半棱角一半浑圆状、大小悬殊，砂泥质胶结。底以砾质泥岩与下伏澄江组平行整合或不整合接触，顶与陡山沱组白云岩、泥质白云岩整合或平行不整合接触。

【层型】　选层型在湖北省宜昌市。省内次层型为遵义县六井震旦系剖面(06-52-0208-4-1)，金沙县岩孔震旦系剖面(06-52-0208-4-2)。贵州遵义县六井剖面层序如下：

上覆地层：陡山沱组　浅灰色白云岩

——————— 平行不整合 ———————

南沱组　　总厚度62 m

① 贵州区调队，1959，贵州东南部前寒武纪地层及所含矿产的初步认识。

12. 灰绿色薄层含砾泥岩 0.2 m

11—10. 灰绿、紫红色块状泥砂质砾岩 13.8 m

9—8. 灰紫、紫红色块状泥砂质砾岩 14 m

7—2. 灰紫红色块状砾质砂岩 30.1 m

1. 灰紫、紫红色块状泥砂质砾岩 3.9 m

——————— 平行不整合 ———————

下伏地层:澄江组　浅灰色薄层凝灰岩

【地质特征及区域变化】 省内本组以一套砾质岩为特征。下部为灰紫、灰紫红、紫红色厚层块状砾质泥岩、砾质砂泥岩;上部为紫红、灰绿色砾质砂岩、含砾泥岩。砾质岩呈厚层块状,不显层次。砾石成分以变质岩为主,火成岩少见,形状多样、大小悬殊、呈半棱角—半浑圆状、排列无序,砾径一般 5～30 cm,大者可达 1 m,砾面时见光面、擦痕,含砾率 15%～40%,砂泥质胶结。底以砾质岩与下伏澄江组平行不整合接触。

本组主要分布于贵州中、西部,总体岩性及厚度比较稳定,遵义一带最厚达 67 m,金沙一带厚 38 m,开阳以东地区本组缺失。据岩性和沉积特征本组属冲积扇相,时代为早震旦世晚期。

陡山沱组　Z_2d　(06 - 52 - 0209)

【创名及原始定义】 李四光等(1924)创名陡山沱岩系,地点在湖北省宜昌市陡山沱。"中震旦系,陡山沱岩系:它主要含页岩和薄层石灰岩。在下部主要为页岩,……含有盘状黑色燧石的硬质页岩是这个地层下部的突出特征。……顺次向上追索,页岩渐渐变得富于钙质。它们先后顺序是:最初为泥质的层纹状蓝色硬石灰岩,其次局部呈鲕状的纯石灰岩层,最后是薄层状白云岩局部被砂质页岩覆盖。"

【沿革】 1936 年王曰伦首次将"陡山沱层"引入贵州。1956 年《中国区域地层表(草案)》将峡区本套地层改称陡山沱组,并划归上震旦统。贵州区调队(1959)、贵州石油普查勘探大队(1960)引用陡山沱组,贵州区调队(1963)称陡山沱段,置于灯影组下部。刘鸿允等(1966)将黔中与本段地层层位相当的含磷地层另名洋水组,下分六井段、松林段;1973 年又将黔北的本段地层称松林组、洋水组;1991 年则用洋水组六井段、松林段或陡山沱组。王砚耕(1980)、《贵州省区域地质志》(1987)在黔中用洋水组,黔东用陡山沱组。本书沿用陡山沱组。

【现在定义】 整合在灯影组之下,平行不整合于南沱组之上,以灰、褐灰、灰白色白云岩为主,下部灰—褐灰色白云岩,含泥质和硅质磷质结核;中部灰黑色页片状含粉砂质白云岩;上部灰、灰白色中—厚层状白云岩夹硅质层或燧石团块组成。底部以一层含砾白云岩的底面与下伏南沱组呈平行不整合接触;顶部以黑色碳质页岩与上覆灯影组分界,呈整合关系。

省内本组与峡区有较大差别,为一套含磷碳酸盐岩-粘土岩组合。下部为浅灰、浅灰红色中厚层白云岩、泥质白云岩,该层白云岩各地厚度虽不一,但均可见及,为本组底部一标志层;中部深灰、暗灰绿色粘土岩、粉砂质粘土岩、含粉砂碳质粘土岩;上部为泥质白云岩、夹白云岩、磷块岩的碳质页岩,夹含磷硅质岩、磷结核的白云岩等组成,具疑源类等化石,厚 145 m。下以白云岩与下伏南沱组或黎家坡组砾质砂泥岩整合接触。

【层型】 正层型在湖北省宜昌市。省内次层型为遵义县六井震旦系陡山沱组剖面(06 - 52 - 0209 - 4 - 1),台江县五河震旦系陡山沱组剖面(06 - 52 - 0209 - 4 - 2)。

【地质特征及区域变化】 本组在黔中、黔东南地区均有分布。黔中地区主要由隐藻磷块岩、硅质岩、白云岩等组成，是著名的“开阳式磷矿”产出层位。东部台江一带泥质增多，以粘土岩为主夹白云岩、磷块岩凸镜体或形成互层，底部白云岩或含锰白云岩仍不失为划分标志。镇远附近本组下部见十余米滑塌角砾岩。黔东南黎平一带，以深灰、灰黑色碳质粘土岩为主，夹硅质岩、磷块岩凸镜体等，不含或很少含碳酸盐岩。本组厚度由西北往东南增厚，黔中一带厚10～30 m，台江五河厚126 m，黎平肇兴厚310 m。本组在遵义一带为内陆架沉积，在开阳一带为滩相沉积。台江一带为斜坡相，黎平一带为深水滞流相沉积。本组叠层石及微生物化石较为丰富。黔中磷块岩中的叠层石有 *Boxonia xifengensis*，*Baicalia guizhouensis*，*Linella* cf. *simica*，*Patomia multigemmia*，*Gymnosolen* cf. *confragosus*，*Xifengia irregularis*，*Paraconophyton kaiyangense*，*Stratifera* cf. *pseudocolumnata* 等；以藻类及少量菌类、疑源类组成的微生物化石群落主要有 *Polystichus xifengensis*，*Actinophycus fascicularis*，*Monostichus cirriformis*，*Palaeorettella multilateralis*，*Palaeolyngbya* sp.，*Rhizophycus incospicum*，*Eomycetopsis* sp.，*Micrhystridium* sp.，*Lophosphaeridium yichangense* 等。时代为晚震旦世早期。

老堡组　Z∈*l*　(06-52-0210)

【创名及原始定义】 王曰伦(1936)创名老堡层，赵金科、张文佑1952年介绍，创名地点为广西北部三江侗族自治县老堡乡。指整合于龙山系之上、水口群之下的地层。

【沿革】 广西区调队(1966)改称老堡组。王曰伦(1955)将冰碛系之上的地层统称为两路口系。湘黔桂三省(区)前寒武系地层工作组(1962)称留茶坡组。廖士范(1976)称灯影组，贵州区调队(1977)1：20万黎平幅称老堡组，王砚耕(1980)、《贵州省区域地质志》(1987)沿用老堡组。本书将老堡组扩用于江南地层分区。

【现在定义】 指整合于清溪组与陡山沱组之间的一套灰、灰黑色薄—中层状硅质岩。下以碳质页岩的消失或硅质岩的出现与陡山沱组分界，上以硅质岩的消失或含泥硅质岩的出现与清溪组分界。

省内本组为整合于陡山沱组与下寒武统牛蹄塘组或渣拉沟组之间一套硅质沉积。岩性为深灰、灰黑色薄—中层状硅质岩、碳质硅质岩、含磷硅质岩夹碳质页岩。下以硅质岩的底界面与下伏陡山沱组分界，界线清楚。顶以硅质岩与牛蹄塘组或渣拉沟组碳质页岩分界。

【层型】 选层型在广西三江侗族自治县古宜镇泗里口。省内次层型为黎平县肇兴震旦系剖面(06-52-0210-4-1)，台江县五河震旦系剖面(06-52-0210-4-2)。

【地质特征及区域变化】 本组以一套深色硅质沉积为特征。下部为灰黑色中厚层硅质岩，具条纹、条带状层理，时见碳酸盐岩凸镜体，含黄铁矿；中部为中厚层夹薄层硅质岩；上部为灰黑、黑色薄层-板状硅质岩、碳质硅质岩，夹叶片状-薄层状碳质粘土岩，含磷块岩结核、磷质纹层及黄铁矿微粒，具水平纹层。厚30～120 m。产小壳化石 *Kaiyangites novilis*，*Calcihexactina* sp.，藻类 *Miniococcus sinensis*，*Huroniospora microreticulata*，*Clonophycus melanocenta*；菌类 *Archaeotrichion contortum* 等。与下伏陡山沱组整合接触，界线清楚。

本组主要分布于黔东、黔东南广大地区，主体岩性为暗色薄层—中层状硅质岩。在台江五河一带，下部见灰黑色薄层硅磷质页岩，上部夹角砾状硅质岩，顶部为厚度不大硅质磷块岩凸镜体。在天柱大河边一带，下部为黑色薄层硅质岩夹磷块岩，上部为灰、深灰色块状重晶石及泥岩组成。在三穗、镇远一带，本组除夹重晶石结核或凸镜体外，还普遍夹薄层碳质粘土岩。厚度由西北往东南增大，在松桃杨立掌厚度为30 m，铜仁锁溪厚40 m，台江五河厚38 m，黎平肇兴厚120 m。

本组在石阡—福泉一线东南具斜坡沉积特点，在锦屏一线东南具深水滞流陆架沉积特征。时代跨晚震旦世—早寒武世。

灯影组　Z∈dy　(06-52-0211)

【创名及原始定义】　李四光等(1924)创名灯影石灰岩，创名地点为湖北省宜昌市西北20 km长江南岸石牌村至南沱村的灯影峡。为“上震旦系灯影石灰岩：白色块状呈峭壁形的石灰岩，多少带白云质；在风化表面上有坚硬的矽质夹层突出。”“在很多地方包含特殊而且成群的层状体，有时呈似圆筒状，但更多的是不对称圆锥状。”“是震旦纪浅水中繁殖的钙质藻类遗骸，”“特地命名为 *Collenia cylindrica*，*Collenia angulata*。”“灯影石灰岩，从灯影峡下口的寒武纪页岩下突起。”

【沿革】　1941年袁见齐将开阳洗泥坝狮子口系之上的一套白云质灰岩命名为“盐井坝白云质灰岩”，1942年刘之远将遵义金顶山一带寒武系黑色页岩之下的硅质灰岩命名为“新土沟灰岩”。1943年朱夏首次将“灯影灰岩”一名引入贵州，代表黔中地区覆于下江群之上的一套硅质岩。罗绳武(1948,1953)称灯影系，嗣后又称新土沟灰岩。1956年《中国区域地层表(草案)》沿用灯影灰岩，代表贵州震旦系上部地层。1959年第一次全国地层会议改称灯影组，并分为上部灯影段及下部陡山沱段，贵州区调队(1960—1975)沿用该方案。贵州石油普查大队(1960)、刘鸿允(1963)、廖士范(1976)将灯影组限用于灯影灰岩或灯影灰岩段。尹恭正、王砚耕等(1982)，王砚耕、尹恭正等(1984)在灯影组与下寒武统牛蹄塘组之间创建戈仲伍组或桃子冲组，并根据小壳化石将其划属上震旦统至下寒武统梅树村阶。《贵州省区域地质志》(1987)沿用尹、王等划分意见，并以开阳中心剖面和清镇河坝寨剖面为层型将灯影组二分，上部阿坝寨段为白云质粘土岩、白云岩夹硅质岩，后者富含微生物化石；下部藻白云岩段由隐藻白云岩组成，富含藻类化石和凝块石及核形石等。

【现在定义】　岩性三分明显：下部灰白色内碎屑白云岩；中部为黑色薄层含沥青质灰岩，含燧石条带及结核，产宏观藻类；上部灰白色中—厚层状白云岩，含燧石层及燧石团块；顶部硅磷质白云岩产小壳化石。上以黑色碳质页岩的出现与水井沱组分开，呈平行不整合接触，其下以碳质页岩出现与陡山沱组分界，呈过渡关系接触。

省内本组典型地区可分三部分。中下部为灰、浅灰色厚层块状细晶白云岩、鲕状白云岩、藻白云岩、泥-微晶白云岩，夹砾屑、砾砂屑白云岩；上部为粉砂质粘土岩、微晶白云岩，夹硅质岩、磷块岩凸镜体或薄层；顶部为灰、深灰色薄层白云质硅质岩、含磷白云岩、含磷硅质岩、磷块岩等组成。厚296 m。底以白云岩与下伏陡山沱组隐藻磷块岩整合接触。顶以黑色磷块岩和白云岩与牛蹄塘组碳质页岩整合分界。

【层型】　正层型在湖北省宜昌县。省内次层型为清镇县阿坝寨震旦系剖面(06-52-0211-4-1)，开阳县中心震旦系剖面(06-52-0211-4-2)。

【地质特征及区域变化】　本组岩性变化不大，主要为一套组构复杂的白云岩，普遍含有硅质团块和条带。在黔中一带夹有较厚磷块岩，上部硅质岩、泥质岩稍多。在黔北有不同程度剥蚀。在遵义一带，下部为灰、浅灰色厚层状细晶白云岩、碳质粘土岩、硅质白云岩、微晶白云岩，含硅质团块或条带，夹硅质磷块岩薄层或凸镜体；上部为磷质白云岩、白云质粘土岩、白云岩。在纳雍一带出露不全，为灰、灰白色中厚层白云岩、条带状白云岩、硅质白云岩、泥质白云岩、碎屑状白云岩、硅质岩，含磷及硅质团块等。厚度由西北往东南减薄，遵义松林厚441 m，金沙岩孔厚 483 m，开阳、清镇地区厚 240～300 m。

贵州中西部清镇—织金地区，本组已发现门类繁多、数量丰富的微生物化石和带壳动物化石。微生物化石可分两个群落；产于本组下部藻白云岩中的(D_2 群落)有蓝藻、绿藻及疑源类，主要有 *Parasolenopora flabella*，*Balios confentus*，*Palaeomicrocystis mulangensis* 等；产于本组上部暗色硅质岩中的(F_2 群落)有蓝藻、绿藻及菌类 *Globophycus annularis*，*G. microsphaericus*，*Minioeoccus sinensis*，*Tetraphycus grandis*，*Chlorosarecinomorpha bella*，*Obruchevella parva* 等。本组上部至顶部富产带壳小动物化石，主要有 *Anabarites trisulcatus*，*Conotheca circumplexa*，*Protohertzina unguliformis*，*Siphogonuchites bisulcatus*，*Zhijinites minutus* 等晚震旦世晚期至早寒武世早期动物群。时代为晚震旦世晚期至早寒武世早期。

牛蹄塘组　$\in_1 n$　(06-52-0301)

【创名及原始定义】 刘之远(1942)在遵义县牛蹄塘附近创名"牛蹄塘黑色页岩"。指该地覆于新土沟石灰岩之上，以黑色页岩为主间夹灰色页岩的地层，厚约 150 m。底部与新土沟石灰岩(实为白云岩——笔者注)呈不连续状接触。顶部为明心寺层，居间为一层褐黄色石英松砂岩，具虫迹，厚约 0.5 m，可作二者分界标识。

【沿革】 刘之远命名牛蹄塘黑色页岩时又称"牛蹄塘页岩"或"牛蹄塘层"，1948 年改称牛蹄塘页岩。卢衍豪 1942 年称"牛蹄塘建造"，1962 年改称牛蹄塘组。张文堂等(1964)① 认为牛蹄塘组只在底部有厚约 40 m 的黑色页岩，愈往底部含碳质愈高，风化后呈白色或灰白色、黑色页岩之上即为灰、深灰或黑色硬页岩，这层硬页岩厚 100 m 左右，并与其上部的明心寺组灰绿色泥质页岩(风化后呈柿黄色)有明显的界线。沈志达(1976)②、张文堂等(1979)、周志毅等(1980)、项礼文等(1981)和卢衍豪等(1982)均沿用张文堂等(1964)的划分意见。《贵州省区域地质志》(1987)认为牛蹄塘组的涵义应以最初的定义为准，其底部为黑色硅质岩及磷块岩夹黑色高碳质页岩，下部为黑色高碳质页岩，中上部为黑色碳质页岩夹灰绿色砂质页岩，含三叶虫 *Tsunyidiscus* 等，本书使用该意见。

【现在定义】 指灯影组与明心寺组间的一套地层。下部为黑色高碳质页岩，偶夹黑色硅质页岩；中、上部为黑色碳质页岩，夹灰绿色含碳质粉砂岩和粉砂质泥岩，含三叶虫 *Tsunyidiscus* 等。下以黑色磷块岩和白云岩的消失及黑色高碳质页岩的出现与灯影组或老堡组整合或平行不整合分界；上以黑色碳质页岩的消失和灰、灰绿色含钙质砂质页岩的出现与明心寺组整合分界。

【层型】 创名时未指定层型。选层型为金沙县岩孔剖面(105°16′，27°34′)，由贵州区调队一分队 1974 年重测。次层型为遵义县松林庙湾寒武系牛蹄塘组实测剖面(52-0301-4-2)，开阳县花力马树鞍下寒武统牛蹄塘组实测剖面(06-52-0301-4-3)。金沙县岩孔剖面层序如下：

上覆地层：明心寺组　深灰、灰绿色含钙质砂质页岩，致密而坚硬，沿层面见云母片，含三叶虫 *Tsunyidiscus* cf. *niutitangensis* 及高基虫等

---

① 张文堂、钱义元、林焕令、袁克兴、陈旭、王俊庚、林尧坤，1964，贵州北部的寒武系。黔北地层现场会议——贵州北部的古生代地层。1～32 页。中国科学院地质古生物研究所编(下同)。

② 贵州地层古生物工作队(沈志达执笔)，1976，贵州的寒武系。

——————— 整 合 ———————

牛蹄塘组 总厚度 125.1 m

7. 灰色含碳质页岩夹黄绿色含碳质粉砂岩薄层。含三叶虫 *Shizhudiscus gaotianyaensis* 及软舌螺和高基虫等 43.0 m

6. 黑色碳质页岩夹粉砂质条带，含三叶虫 *Tsunyidiscus yanjiazhaiensis*，*Shizhudiscus gaotianyaensis* 及软舌螺 7.0 m

5. 黑色高碳质页岩，风化后呈白色或灰黄色，含三叶虫 *Tsunyidiscus yanjiazhaiensis*，*Shizhudiscus gaotianyaensis* 等 11.2 m

4. 黄绿色粉砂质泥岩，顶部为黑色碳质页岩，风化后呈灰白色，夹含铁质硅质岩，含三叶虫 *Tsunyidiscus yanjiazhaiensis*，*T.* ? *guizhouensis*，*Shizhudiscus gaotianyaensis* 和高基虫 *Tsunyiella* sp. 及海绵骨针 *Protospongia* sp. 等 16.4 m

3. 黑色高碳质页岩，风化后呈灰色或灰黑色、含三叶虫 *Mianxiandiscus* sp. 和海绵骨针 *Protospongia* sp. 45.1 m

2. 上部为黑色矽质页岩夹黑色燧石层 2.4 m

——————— 整 合 ———————

下伏地层：灯影组　黑色磷块岩和灰白色厚层白云岩，夹少许褐黄色粘土岩

【地质特征及区域变化】 本组广泛分布于扬子区与华南区过渡地带的滇东北至湖北和长江中、下游地区。清镇一带厚度最大，达 200 m 左右；向西、向东均变薄，习水一带厚度仅 12.44 m。伏地层在石阡—余庆—都匀一线以西为灯影组，以东为老堡组，除部分地区（如习水）为平行不整合接触外，多数地区为整合接触。与上覆地层明心寺组或九门冲组整合接触。早寒武世早期，石阡—余庆—都匀一线以西地区位于向东延伸的台架区，牛蹄塘组除含比较丰富软舌螺等小壳动物外，还含较丰富的盘虫类 *Tsunyidiscus*，*Mianxiandiscus*，*Shizhudiscus* 和少量高基虫类如 *Liangshanella* 及个别 Redlichiids（类）如 *Zhenbaspis*。以东地区为一向东倾斜的斜坡，海水较深、物质来源较少、沉积速率较慢，厚度变薄，黑色页岩中除含较多的黄铁矿小颗粒和一些海绵骨针外，未见盘虫类和其他三叶虫及高基虫类，说明当时这一海域可能为一缺氧还原环境，生物难以生存。

明心寺组　$\in_1 m$　(06-52-0302)

【创名及原始定义】 刘之远（1942）在遵义金顶山明心寺附近创名“明心寺层”。指该地覆于牛蹄塘黑色页岩之上，以页岩为主，其下部为黄、黄绿或灰黄色富含粘土质页岩，上部为黄绿色含砂粒、云母片页岩的一套地层。厚度约 200 m。顶部盖以金顶山层，呈连续状。

【沿革】 卢衍豪（1942、1945）和尹赞勋等（1945）称明心寺建造。刘之远（1948）称明心寺页岩，并将其二分为：下部页岩富含粘土质，色呈黄、黄绿或灰黄色，风化后成柿黄色，愈上含砂粒渐富，云母片亦多，间夹黄绿色石英砂岩，产化石 *Redlichia chinensis*，*Kueichowia liui*，*Palaeolenus* sp. 和 *Obollus* sp. 等，厚 200 m；上部为灰绿或绿色页岩，夹云母砂岩，化石甚丰，尤以小型 *Eodiscus* 为最，厚 90 m。1959 年卢衍豪（1962）改称明心寺组。张文堂等（1964）认为明心寺组的岩性与刘之远所述相似，但所含化石可分两个带。张正华、周志毅等（1970）研究金沙岩孔寒武系剖面，并于 1973 年与贵州区调队和贵州地层古生物工作队共同确定将明心寺组顶界置于含三叶虫 *Paokannia* 等的含砾石英砂岩之顶。贵州区调队（1974，1976，1978，1980）、沈志达（1976）和卢衍豪等（1982）均沿用 1973 年划分意见。项礼文等（1981）以含三叶虫 *Paokannia* 的

含砾石英砂岩之底作为明心寺组顶界。《贵州省区域地质志》(1987)将明心寺组自上而下划分为三段。本书使用张正华等与贵州区调队(1973)的划分方案。

【现在定义】 指整合于金顶山组与牛蹄塘组间的一套地层。下部为粉砂质页岩和泥岩、页岩夹泥灰岩团块;中下部为泥质条带状灰岩夹少量页岩;中上部为粉砂质泥岩和泥质粉砂岩;顶部为石英粉砂岩及含砾石英砂岩,含三叶虫 *Paokannia* 等。下以碳质页岩的消失与牛蹄塘组分界,上以石英砂岩及含砾石英砂岩的消失与金顶山组分界。

【层型】 选层型为金沙县岩孔剖面(106°15′,27°35′),由张正华、周志毅等 1970 年实测,张文堂等(1979)介绍。次层型为遵义县松林庙子湾寒武系明心寺组实测剖面(06-52-0302-4-2)。层序如下:

上覆地层:金顶山组　黄绿色粉砂质页岩,含三叶虫 *Palaeolenus lantenoisi*, *Redlichia* (*R. ichangensis*)等

——————整　合——————

明心寺组　总厚度 264.3 m

9. 浅灰色粉砂岩、细砂岩及含砾石英砂岩,含三叶虫 *Szechuanolenus nanjiangensis* 和 *Paokannia* sp. 等　19.4 m

8. 黄绿、灰绿色泥岩,含三叶虫碎片及软舌螺化石　46.6 m

7. 灰绿、黄绿色泥岩,底部为粉砂质泥岩,含三叶虫 *Drepanuroides* sp., *Drepanopyge* sp., *Syndianella guizhouensis* 和 *Mayiella* sp. 等　21.8 m

6. 灰、深灰色中薄层泥质条带灰岩,夹青灰色含碳质页岩,底部为深灰色礁灰岩和粉砂质泥灰岩。富含三叶虫 *Kueichowia guizhouensis*, *K. liui*, *Pseudoichangia jinshaensis* 和古杯类 *Ajacicyathus* sp., *Rotundocyathus* sp., *Coscinocyathus* sp., *Archaeofungia* sp. 等　42.3 m

5. 青灰色钙质页岩夹灰绿色粉砂质页岩、薄层粉砂岩,底部含泥灰岩团块或泥灰岩凸镜体。含三叶虫 *Zhenbaspis*(*Zhenbaspis*) *dashapoensis* 和 *Malungia*? sp. 等　124.1 m

4. 灰色粉砂质泥岩,底部渐变为钙质泥岩及泥灰岩,含三叶虫 *Qingkouia zhangyangensis* 和 *Zhenbaspis zunyiensis* 等　10.1 m

——————整　合——————

下伏地层:牛蹄塘组　灰黑、深灰绿色碳质页岩,夹灰绿色砂质页岩和钙质页岩,含三叶虫 *Tsunyidiscus* cf. *niutitangensis*, *T. yangjiazhaiensis* 和 *Shizhudiscus gaotianyaensis* 等

【地质特征及区域变化】 本组分布于威宁—云南宣威一线以东,务川—瓮安—贵定一线以西地区。湄潭一带厚度最大,达 500 m 左右。在遵义—清镇一线以西地区,下部以粉砂质页岩、钙质页岩为主夹少许泥灰岩,含三叶虫 *Zhenbaspis*、盘虫类 *Guizhoudiscus* 和 *Tsunyidiscus*,高基虫类 *Tsunyiella* 及零星古杯;中下部以钙质粉砂岩为主夹灰岩,含不典型的礁状古杯和红藻灰岩,古杯保存尚完整,含三叶虫 *Kueichowia* 及少量盘虫类 *Shizhudiscus*, *Guizhoudiscus*;中部以钙质粉砂岩和灰岩为主,含底栖三叶虫 *Drepanuroides*, *Drepanopyge*, *Mayiella* 和 *Syndianella* 等。粉砂岩中的灰岩团块含零星单体古杯;上部为一套粉砂岩、泥岩、泥质粉砂岩和砂岩,常见波痕构造,生物极少,偶见虫管化石;顶部为含砾石英砂岩和砂岩,砂砾成分为石英,磨圆度较好,铁锰质胶结,含三叶虫 *Paokannia* 和 *Szechuanolenus* 等,但保存破碎。软舌螺化石定向排列,反映了水体较浅,能量较大。遵义—清镇一线以东地区,本组下部以页岩为主,碎屑成

分减少，含三叶虫 *Yinites maopingensis*，盘虫类 *Tsunyidiscus* 和 *Shizhudiscus* 及高基虫 *Tsunyiella*；中部以泥灰岩和页岩为主，含丰富的三叶虫 *Yinites typicalis* 和较原始的 *Redlichia*（*R.*）*primigena* 及多层礁状古杯，湄潭—开阳一线往东古杯减少；上部为页岩及泥灰岩，含丰富的三叶虫 *Metaredlichioides*，*Hsuaspis*，*Chengkouia*，*Xiuqiella* 等，一般头、胸、尾分开保存，说明水体较为动荡；顶部为含砾砂岩和砂岩，含三叶虫 *Paokannia*，*Szechuanolenus* 及软舌螺类，但保存破碎。

金顶山组　$\in_1 j$　(06-52-0303)

【创名及原始定义】　刘之远(1942)在遵义金顶山创名"金顶山层"。指该地覆于明心寺层之上以砂岩及页岩为主夹有灰岩的地层。下部为褐红色薄层云母砂岩与暗灰色泥质页岩交互成层，厚度约 50 m；中部暗灰色不纯灰岩，厚约 5～30 m，富产古杯化石；顶部为暗灰色云母薄层砂岩及页岩，间夹不纯灰岩，厚 60～70 m。总厚度约 20～200 m。

【沿革】　卢衍豪(1942,1945)、尹赞勋等(1945)称金顶山建造。卢衍豪(1962)称金顶山组。张文堂等(1964)以一层含古杯石灰岩与明心寺组顶部砂岩分界，并建立了 2 个生物带：下部为 *Protopharetra*-*Archaeofungia* 带，上部为 *Palaeolenus deprati* 带。贵州区调队(1965,1970)称明心寺-金顶山组。张正华、周志毅等(1970)研究测制了金沙县岩孔寒武系金顶山组剖面。《贵州省区域地质志》(1987)将金顶山组分上、下两部分：下部为粉砂质页岩及页岩，富含三叶虫 *Palaeolenus* 等；中上部为粉砂质页岩及粉砂质泥岩夹鲕、豆状生物灰岩和古杯灰岩，富含三叶虫 *Megapalaeolenus* 等，本书沿用该划分意见。

【现在定义】　指整合于明心寺组与清虚洞组之间的一套地层，下部为粉砂质页岩及页岩，含三叶虫 *Palaeolenus* 等，上部为粉砂质页岩及砂质泥岩夹鲕状灰岩和古杯灰岩，含三叶虫 *Megapalaeolenus* 等的地层序列。底以灰、棕灰色含铁质石英砂岩和含砾石英砂岩的消失与明心寺组分界。顶以粉砂质页岩的消失和薄层白云质条带灰岩夹鲕状灰岩的出现与清虚洞组分界。

【层型】　选层型为金沙县岩孔剖面(106°15′,27°35′)，系张正华、周志毅等 1970 年实测，张文堂等(1979)介绍。次层型为湄潭县茅坪梅子湾寒武系金顶山组实测剖面(06-52-0303-4-2)，息烽县宝莲寺下寒武统金顶山组实测剖面(06-52-0303-4-3)。金沙县岩孔寒武系金顶山组实测剖面层序如下：

上覆地层：清虚洞组　深灰—浅灰色块状灰岩，局部夹白云质条带和白云质灰岩，含三叶虫 *Eoptychoparia jinshaensis*，*Redlichia*（*Pteroredlichia*）*murakamii* 等

——————整　合——————

金顶山组　　总厚度 147.2 m

13. 黄绿色粉砂质页岩、泥岩夹灰色薄层粉砂岩，含三叶虫 *Redlichia*（*Pteroredlichia*）*murakamii* 和 *R.*（*Redlichia*）*hupeiensis* 等　　31.9 m

12. 灰绿、黄绿色粉砂质页岩夹深灰色中薄层鲕状、豆状灰岩，含三叶虫 *Megapalaeolenus fengyangensis*，*M. globus*，*Pseudoichangia daomiaoensis*，*Redlichia*（*R.*）*kaiyangensis* 等　　49.5 m

11. 灰色块状礁灰岩夹钙质泥岩、页岩，底部为灰色中厚层鲕状灰岩，富含古杯类和三叶虫。主要有古杯类 *Retecyathus* sp.，*Archaeocyathus* sp.；*Protopharetra* sp.；三叶虫 *Megapalaeolenus deprati*，*Kootenia* cf. *yui*，*Redlichia*（*R.*）*kaiyangensis* 等　　19.7 m

10. 黄绿色粉砂质页岩，含三叶虫 *Palaeolenus lantenoisi*，*Redlichia*(*R.*) *ichangensis* 等　46.1 m

——————— 整 合 ———————

下伏地层：**明心寺组**　浅灰色石英粉砂岩、细砂岩夹含砾石英砂岩，含三叶虫 *Paokannia* sp. 和 *Szechuanolenus nanjiangensis* 等

【地质特征及区域变化】 本组广布于石阡—余庆一线以西，威宁—宣威一线以东地区。下部以粉砂质页岩及页岩为主，富含三叶虫 *Palaeolenus lantenoisi*，*Redlichia*(*R.*) *ichangensis* 和 *Shifangia* sp. 等；中部为块状礁灰岩夹钙质泥岩、页岩和少许鲕状灰岩，富含古杯类 *Retecyathus* sp.，*Archaeocyathus* sp. 和三叶虫 *Megapalaeolenus deprati*，*R.*(*R.*) *kaiyangensis* 及 *Kootenia* cf. *yui* 等；上部和顶部为粉砂质页岩、泥岩夹少许鲕豆状灰岩，富含三叶虫 *Megapalaeolenus fengyangensis*，*Pseudoichangia daomiaoensis*，*R.*(*R.*) *kaiyangensis*，*R.*(*R.*) *major* 和 *R.*(*Pteroredlichia*) *murakamii* 等。本组中部夹有灰岩，且由西向东有逐渐增多的趋势，有时还夹有凸镜状藻类和古杯礁体，而所含古杯类又以中部最多，个体较小，一般保存尚完好。湄潭—瓮安一线往东古杯类逐渐减少，可能与水体变深有关。本组所含的三叶虫多属扬子型，但至分布区东缘的余庆小鳃、瓮安朵丁和石阡窑上一带除含 *Megapalaeolenus* 外，常含少量的过渡区分子，如 *Arthricocephalus* 和 *Changaspis* 等，时代属早寒武世。

清虚洞组　$\in_{1-2}q$　(06-52-0304)

【创名及原始定义】 尹赞勋、谌义睿、秦鼐(1945)在湄潭城东清虚洞附近创名"清虚洞石灰岩"。指该地寒武系剖面第1—7层，发育于高台石灰岩之下和金顶山层黄色云母砂岩或砂质页岩之上的由黑灰、深灰色石灰岩、污斑石灰岩和不纯石灰岩组成，厚度100余米的一套地层。时代相当于鄂西石龙洞组上部。

【沿革】 卢衍豪(1945)沿用清虚洞石灰岩时，亦认为其时代属中寒武世早期。王钰(1947)指出清虚洞石灰岩应属下寒武统。1959年卢衍豪(1962)改称清虚洞组。张文堂等(1964)指出清虚洞组基本全由石灰岩组成，其下与金顶山组的灰绿色砂质页岩的地层分界清楚，并建立了 *Redlichia murakamii* 带。之后，贵州区调队(1970，1974，1976，1978，1980)和沈志达(1976)沿用清虚洞组时，将其顶界置于鲕状白云岩之底。周志毅等(1980)在沿用清虚洞组时，在其上部建立了 *Redlichia guizhouensis* 带。项礼文等(1981)认为清虚洞组主要由一套浅海相白云质灰岩组成，上部夹白云岩或粉砂质白云岩，厚度120～250 m，岩性厚度变化不大，并建立 *Redlichia murakamii* - *Hoffetella* 带。卢衍豪等(1982)亦沿用清虚洞组。《贵州省区域地质志》(1987)将清虚洞组分为三段：下段为灰、深灰色厚层块状灰岩；中段为厚层豹皮状条带白云质灰岩、钙质白云岩夹条带状灰岩；上段为灰色薄至厚层白云岩、泥质白云岩夹叶片状白云岩及钙质、泥质含云母粉砂岩。厚度150～400 m。本书使用张文堂(1964)的划分意见，并将鲕粒白云岩划归本组顶部。

【现在定义】 指金顶山组与高台组之间的一套地层，自下而上为深灰色鲕状灰岩夹砂质页岩，豹皮状灰岩、含白云质生物屑灰岩，灰岩夹灰质白云岩，白云岩和泥质白云岩夹粉砂岩及鲕状白云岩，含三叶虫 *Redlichia* 和 *Eoptychoparia* 等。底以鲕状灰岩出现和粉砂质页岩消失与金顶山组分界。顶以含云母砂质白云岩出现和鲕粒及泥质团块白云岩消失与高台组分界。本组与下伏金顶山组或杷榔组和上覆高台组、陡坡寺组或凯里组均为整合接触。

【层型】 选层型为湄潭县茅坪梅子湾剖面(107°25′，27°29′)，由贵州区调队三分队1973

年实测。次层型为遵义县庙子湾寒武系清虚洞组实测剖面(06-52-0304-4-2)和江口县张家坡寒武系清虚洞组实测剖面(06-52-0304-4-3)。湄潭县茅坪梅子湾剖面层序如下:

上覆地层:高台组　灰、深灰色薄层含云母砂质白云岩,含三叶虫 *Kaotaia magna* 等

——————整　合——————

清虚洞组	总厚度 208.3 m
49. 深灰、灰色厚层含鲕粒及泥质团块白云岩	0.9 m
48. 灰色薄—厚层白云岩及泥质白云岩	22.9 m
47—46. 灰色厚层微—细粒白云岩,底部为灰、深灰色厚层白云质生物碎屑灰岩,含三叶虫碎片	18.6 m
45—44. 灰、浅灰色薄—中厚层白云岩夹叶片状白云岩及泥质白云岩,上部夹一层厚 40 cm 黑色燧石层,顶部为深灰色厚层白云岩及薄—中厚层钙质泥质含云母粉砂岩。顶部含三叶虫 *Redlichia* cf. *guizhouensis*, *Eoptychoparia* sp. 等	15.7 m
43—42. 灰、深灰色厚层块状条带状白云质灰岩,上部呈豹皮状及条带状,底部为浅灰色中厚层微—细粒泥质纹状白云岩	36.4 m
41—40. 上部灰、深灰色厚层灰岩,中下部灰色厚层—块状条带状灰岩,含三叶虫 *Redlichia*(*Pteroredlichia*) *murakamii* 等	45.6 m
39—38. 上部深灰色厚层微粒钙质白云岩,中、下部灰色厚层块状条带状微—细粒白云质灰岩,夹 20 cm 灰黄色页岩,含三叶虫 *Redlichia* (*Pteroredlichia*) *murakamii* 等	24.3 m
37. 灰色薄层微—细粒钙质白云岩	6.1 m
36—35. 灰、深灰色厚层块状豹皮状灰岩及含白云质生物碎屑灰岩,含三叶虫 *Redlichia* (*Pteroredlichia*) *murakamii*、*Hoffetella* sp. 等	36.6 m
34. 深灰色薄—中厚层鲕状灰岩夹灰色砂质页岩	1.2 m

——————整　合——————

下伏地层:金顶山组　灰色薄层砂岩及粉砂质页岩,夹少量薄层灰岩,含黄铁矿细粒,风化后铁染较重。含三叶虫 *Redlichia*(*R.*)*kaiyangensis*, *R.*(*Pteroredlichia*) *chinensis* 等

【地质特征及区域变化】　清虚洞组广布于威宁—云南宣威一线以东地区,向东北延伸至湘西北和鄂西北一带。在江口、石阡和余庆一带厚度较大,江口张家坡一带厚度最大,达 400 m。向西、向东变薄,在丹寨的东南部,厚度小于 100 m。本组下部以泥质灰岩、灰岩和鲕状灰岩及白云质灰岩为主,含三叶虫 *Redlichia*(*Pteroredlichia*) *murakamii*, *Eoptychoparia*, *Antagmus* 和 *Hoffetella* 等;上部白云岩增多,夹少量粉砂质白云岩,含三叶虫较少,除 *R.*(*R.*)*nobilis* 外,还有些小型褶颊虫类如 *Antagmus* 等。此外,在瓮安—凤冈一线以东,夹有页岩。本组在遵义-清镇一线以西其时代属早寒武世,该线以东跨早—中寒武世。

陡坡寺组　$\in_{1-2}d$　(06-52-0305)

【创名及原始定义】　卢衍豪、王鸿祯(1939)①在云南省宜良陡坡寺附近创名陡坡寺层。谢家荣(1941)介绍。原始定义:主要岩性为黄灰色灰质页岩和砂岩夹薄层石英岩,其中发现 *Anomocare*, *Anomacarella*, *Ptychoparia* 等三叶虫,厚度近 150 m。

① Lu, Y. H. and Wang, H. C., 1939, Geology of the Iliang—Lunan Region, Yunan(Ms.)。

·【沿革】 昆明工学院地质系等(1966)称陡坡寺组。张正华、周志毅等(1970)在研究金沙县岩孔中寒武统地层时沿用陡坡寺组,并将金沙县岩孔的陡坡寺组作为贵州的代表性剖面。之后,张文堂等(1979)、周志毅等(1980)、卢衍豪等(1982)和《贵州省区域地质志》(1987)都沿用陡坡寺组。

【现在定义】 指双龙潭组与龙王庙组间的由灰、黄、黄绿色薄层砂岩、页岩、瘤状灰岩互层组成的一套地层。下以白云岩的消失和粉砂岩、粉砂质页岩的出现与龙王庙组分界。上以砂岩、页岩的消失和白云岩的出现与双龙潭组分界。均呈整合接触。

贵州境内的陡坡寺组与下伏清虚洞组和上覆娄山关组均为整合接触。

【层型】 正层型在云南省宜良县陡坡寺。省内次层型为金沙县岩孔寒武系陡坡寺组实测剖面(06-52-0305-4-1),遵义县松林庙子湾寒武系陡坡寺组实测剖面(06-52-0305-4-2)。现以张正华、周志毅等(1970)实测,张文堂等(1979)正式发表的金沙县岩孔寒武系陡坡寺组实测剖面为代表,列其层序如下:

上覆地层:娄山关组　灰、浅灰色中厚层—块状白云岩,局部具假鲕状结构

——————— 整　合 ———————

陡坡寺组　　总厚度 71.8 m

20. 灰绿色含粉砂质泥质白云岩,顶底部为深灰色鲕状白云岩,含三叶虫 *Paramecephalus meitanensis*, *Kütsingocephalus kütsingensis*, *Sinoptychoparia huannipoensis* 等　11.8 m

19. 灰绿色粉砂泥质白云岩及白云质泥岩,含三叶虫 *Pseudosolenoparia yankongensis*, *P. angusta*, *Onchocephalus veridicus*, *Kaotaia magna*, *Paramecephalus meitanensis*, *Kütsingocephalus yankongensis* 等　7.9 m

18. 上部绿灰色粉砂质泥质页岩,下部灰白—灰褐色薄层粉砂岩夹泥灰质白云岩,含三叶虫 *Kunmingaspis qianbeiensis*, *Probowmaniella renhuaiensis*, *Chittidilla similis* 等　27.8 m

17. 浅灰色泥质白云岩夹粉砂质泥岩、薄层粉砂岩,含三叶虫 *Chittidilla* sp. 和腕足类 *Lingulepis* sp. 等　22.5 m

16. 深灰色薄层粉砂质泥质白云岩,富含三叶虫 *Redlichia* (*R.*) *guizhouensis*, *Paraperiomma solenopariformis*, *Eoptychoparia connata*, *Poulsenia decipiens*, *Antagmus dapingensis* 及腕足类 *Heleionella* sp. 等　1.8 m

——————— 整　合 ———————

下伏地层:清虚洞组　灰—深灰色厚层—块状白云岩

【地质特征及区域变化】 该组分布于遵义—清镇一线以西地区,下部为粉砂质页岩、泥质白云岩、白云质页岩夹少许白云岩,含三叶虫 *Kunmingaspis*, *Chittidilla*, *Probowmaniella* 和 *Mufushania* 等。上部以泥质白云岩为主,含三叶虫 *Kütsingocephalus*, *Paramecephalus*, *Sinoptychoparia* 和 *Kaotaia* 等。厚度一般为 20～75 m。以金沙县岩孔一带厚度最大,可达 70 余米,向东、向西和向北变薄,由西向东白云岩成分略有增加,习水一带夹少许灰岩。本书将上述金沙岩孔剖面的第 16 层应划归陡坡寺组内。该组为一跨下、中寒武统的岩石地层单位。贵州境内的陡坡寺组与下伏清虚洞组和上覆娄山关组均为整合接触。

高台组　$\in_2 g$　(06-52-0306)

【创名及原始定义】 尹赞勋、谌义睿、秦鼐(1945)在湄潭高台创名高台石灰岩。指该地高

台石灰岩剖面第1—8层，发育于清虚洞石灰岩之上的一套地层，底部为黄色页岩；下部为灰白色薄层易碎之石灰岩、共心构造之石灰岩、深灰色燧石状石灰岩和灰色角砾状石灰岩；上部为灰色石灰岩夹灰色砂质石灰岩，顶底均含三叶虫等化石，厚度150～250 m。

【沿革】 王钰(1947)指出高台石灰岩的时代为中寒武世。刘之远(1948)沿用高台石灰岩。1959年卢衍豪(1962)改称高台组，上覆地层为娄山关群，下伏地层为清虚洞组。张文堂等(1964)建议把高台石灰岩底部厚6～30 m，产三叶虫 *Kaotaia* 和 *Pagetia* 等的一段钙质页岩称高台组，同时建立 *Kaotaia magna* 带。贵州区调队(1969,1972)将高台组涵义扩大，底部包括厚2 m左右的鲕状白云岩，下部为2～30 m的粉至细砂岩，夹砂质页岩、粉砂质白云岩，中、上部为中厚层细粒白云岩和叶片状白云岩，总厚度约150～300 m。1974年，贵州区调队基本上沿用张文堂等(1964)的涵义并指出高台组系由灰色薄层砂质、泥质白云岩及粉砂质粘土岩和粉砂岩组成，含三叶虫 *Kaotaia* 等，底部为厚度1～3 m的厚层鲕状白云岩，总厚度为12～65 m，上覆地层为石冷水组，下伏地层为清虚洞组。沈志达(1976)和项礼文等(1981)均沿用该划分意见。周志毅等(1980)将清虚洞组上部含三叶虫 *Redlichia*(*R.*) *guizhouensis* 与高台组含三叶虫 *Kaotaia* 层位之间的一段中厚层白云岩划入高台组内。《贵州省区域地质志》(1987)采用张文堂等(1964)划分意见，指位于石冷水组与清虚洞组之间的一套灰色薄至中厚层砂质白云岩夹薄层条带状白云岩、泥质白云岩及厚层细粒白云岩的地层，含三叶虫 *Kaotaia* 等，厚度为2～45 m。本书沿用该划分意见。

【现在定义】 指整合于石冷水组与清虚洞组间的一套地层。岩性为灰色薄层砂泥质白云岩、粘土岩、砂质粘土岩和粉砂岩夹泥质白云岩及白云岩，含三叶虫 *Kaotaia* 等。底以灰色薄层砂泥质白云岩、砂质粘土岩的出现和鲕状白云岩的消失与清虚洞组分界。顶以灰色泥质条带白云岩的出现和灰色薄至中厚层砂泥质白云岩及粘土岩的消失与石冷水组分界。

【层型】 正层型为湄潭县高台剖面(107°21′,27°37′)，由贵州区调队1974年重测。次层型为江口县张家坡寒武系高台组实测剖面(06－52－0306－4－2)，麻江县羊跳寨寒武系高台组实测剖面(06－52－0306－4－3)。湄潭县高台剖面层序如下：

上覆地层：石冷水组　灰色厚层泥质条带白云岩及白云岩

——————— 整　合 ———————

高台组	总厚度 41.5 m
6. 灰色薄—中厚层砂泥质白云岩及粘土岩。含三叶虫 *Kaotaia* cf. *magna*, *Douposiella* sp., *Paramecephalus* sp. 和 *Meitania suni* 等	3.6 m
5. 灰色薄层条带状白云岩	7.5 m
4. 深灰色厚层微—细粒白云岩	16.1 m
3. 深灰色中厚层泥质条带白云岩	5.3 m
2. 灰色薄层砂泥质白云岩及粉砂质粘土岩、粉砂岩。含三叶虫 *Kaotaia magna*, *K.* sp., *Paramecephalus meitanensis*, *Meitania suni* 和 *Solenoparia* sp. 等	9 m

——————— 整　合 ———————

下伏地层：清虚洞组　灰色厚层鲕状白云岩及厚层白云质灰岩

【地质特征及区域变化】 本组广泛分布于遵义—清镇一线以东和铜仁—玉屏—丹寨一线以西地区，主要由粉砂质白云岩、粉砂岩、泥质白云岩和白云质页岩组成，富含三叶虫 *Kaotaia*, *Paramecephalus* 等。自西向东逐渐变薄，至江口县张家坡一带仅厚2 m，并由砂泥质白云岩渐变为白云质页岩或含白云质页岩。与上覆石冷水组(或娄山关组)和下伏清虚洞组均为连续沉积、整合接触。时代为中寒武世。

石冷水组 $\in_2\hat{s}l$ **(06-52-0307)**

【创名及原始定义】 贵州区调队三分队和贵州地层古生物工作队(1974)在湄潭县石冷水创名。原始定义指该地覆于高台组之上,上部为薄层页片状白云岩及中厚层角砾状白云岩,中部为薄层蛋壳状白云岩,下部为中厚层至厚层微至细粒白云岩,顶、底各夹一层砂泥质白云岩,富含三叶虫 *Shilengshuia* 的一套地层。厚 200～400 m。下以砂泥质白云岩消失与高台组分界。上以石英砂岩出现与娄山关组(或平井组)分界。

【沿革】 该组创建后,贵州区调队及项礼文等(1981)、卢衍豪等(1982)、沈志达(1983)和《贵州省区域地质志》(1987)均沿用此名。

【现在定义】 指整合于娄山关组(或平井组)与高台组间的一套地层。下部为灰、深灰色中至厚层白云岩,中、上部为灰、浅灰色厚层白云岩夹中至厚层角砾状、叶片状白云岩及砂泥质白云岩,含三叶虫 *Shilengshuia* 等。下以薄层砂泥质白云岩的消失和中厚层白云岩的出现与高台组分界。上以中厚层石英砂岩的出现与娄山关组(或平井组)分界。

【层型】 正层型为湄潭县石冷水剖面(107°24′,27°26′),系贵州区调队三分队 1973 年实测。次层型为习水县两岔河中、上寒武统剖面(06-52-0307-4-2)。湄潭县石冷水剖面层序如下:

上覆地层:娄山关组　肉红色薄—厚层细粒至粗粒石英砂岩

——————— 整　合 ———————

石冷水组　　总厚度 240.1 m

10. 上部为灰、浅灰色厚层角砾状白云岩与叶片状微粒白云岩互层,近顶部夹 0.5 m 砂质白云岩,下部为灰色厚层角砾状白云岩与灰、浅灰色薄层及叶片状白云岩互层　　64.7 m

9—8. 上部为灰色微粒白云岩,近顶部夹 0.5 m 叶片状白云岩,顶部为 1.2 m 灰色薄层砂泥质白云岩。剖面东北 300 m 处相当层位中含三叶虫 *Manchuriella guizhouensis*。下部为灰、黄灰色厚层含砂质白云岩夹薄层白云岩及砂质白云岩　　55.3 m

7—6. 上部浅灰色叶片状白云岩与灰色中厚层细层纹微粒白云岩互层,夹泥砂质白云岩及蛋壳状白云岩;下部为薄—中厚层微—细粒白云岩、深灰色厚层细粒白云岩　　54.7 m

5—4. 灰色薄—叶片状微粒白云岩及少许灰色薄层白云岩夹角砾状白云岩。含丰富的三叶虫 *Shilengshuia contracta*, *S. jiubaensis*, *S. lata*, *Jiubaspis longus*, *J. brevica*, *Proasaphiscus intermedius* 和 *Manchuriella meitanensis*。下部有 5.2 m 灰色薄层微粒白云岩及角砾状白云岩　　25.5 m

3. 灰、浅灰色中厚层—厚层细粒白云岩,中上部具细层纹,局部似豹皮状或瘤状　　39.9 m

——————— 整　合 ———————

下伏地层:高台组　灰色薄—中厚层砂泥质白云岩、粉砂质粘土岩、粉砂岩,风化后呈黄色。含三叶虫 *Kaotaia magna*, *Paramecephalus meitanensis* 和 *Kütsingocephalus kütsingensis* 等

【地质特征及区域变化】 石冷水组广布于遵义—清镇一线以东和铜仁—玉屏—丹寨一线以西地区及习水一带。以薄层叶片状、蛋壳状白云岩和角砾状白云岩为主,中下部和中上部夹

砂泥质白云岩，中下部富含三叶虫 *Shilengshuia*，*Jiubaspis*，*Proasaphiscus intermedius*，*Manchuriellus meitanensis* 等，在贵阳乌当吊崖还含有三叶虫 *Diaoyaspis guiyangensis*，*Honanaspis*？ *guizhouensis*，*Wudangia constricta* 和 *Guizhouanomocare* 等，中上部含三叶虫 *Manchuriella guizhouensis* 等。与上覆娄山关组（或平井组）和下伏地层高台组（或陡坡寺组）均为连续沉积，整合接触。时代属中寒武世。

娄山关组　∈O*l*　（06－52－0308）

【创名及原始定义】 丁文江（1930）在遵义与桐梓间的娄山关创名娄山关石灰岩。黄汲清（1947）整理正式发表。指该地的一套石灰岩。时代属寒武纪。

【沿革】 刘之远（1942）将其分为上、中、下三部分。卢衍豪（1942）沿用娄山关石灰岩。尹赞勋等（1945）将娄山关石灰岩下部分出，另命名清虚洞石灰岩和高台石灰岩，卢衍豪（1945）沿用尹氏等的划分意见。黄汲清（1947）正式发表了丁氏的娄山关石灰岩含义。1959 年卢衍豪（1962）改称娄山关群，下伏地层为高台组，时代属中、晚寒武世。张文堂等（1964）称娄山关组，并将其底界置于高台组页岩之上。贵州区调队（1969，1970）称娄山关群，底界置于 0.5～9 m 的薄层石英砂岩、白云质砂岩之下。其后贵州区调队（1974）、沈志达（1976）和项礼文等（1981）沿用娄山关群，下伏地层为石冷水组。张文堂等（1979）和周志毅等（1980）认为娄山关群的下伏地层为高台组或陡坡寺组。卢衍豪等（1982）和《贵州省区域地质志》（1987）将娄山关群的下伏地层称为石冷水组或陡坡寺组，后者还认为娄山关群为中、晚寒武世至早奥陶世穿时的岩石地层单位。本书使用《贵州省区域地质志》（1987）含义，并改称娄山关组。

【现在定义】 指整合于陡坡寺组与桐梓组间的一套灰、浅灰色薄层至块状微—细粒白云岩、泥质白云岩夹角砾状白云岩，局部含燧石团块的地层序列。下以灰绿色粉砂质白云质泥岩及鲕状白云岩的消失和灰至浅灰色中厚层、厚层白云岩的出现与陡坡寺组分界。上以浅灰、浅灰白色中及薄层白云岩的消失和含海百合茎生物碎屑灰岩出现与桐梓组分界。

【层型】 选层型为金沙县岩孔剖面（106°13′，27°37′），由张正华、周志毅等 1970 年实测，贵州区调队一分队 1974 年重测。次层型为余庆县坪桃娄山关组实测剖面（06－52－0308－4－2），江口张家坡寒武系娄山关组实测剖面（06－52－0308－4－2）。金沙县岩孔剖面层序如下：

上覆地层：桐梓组　灰白色、灰色薄层白云岩夹白云质页岩。底部为含腕足类及海百合茎的生物碎屑灰岩

——————　整　合　——————

娄山关组	总厚度 1 048.0 m
62. 浅灰、灰白色中及薄层白云岩，夹灰黑、黄绿色页岩和浅灰白色泥质白云岩	58.4 m
61. 浅灰色中厚层白云岩，夹浅灰色厚层白云岩、灰白色薄层泥质白云岩和灰、黄绿色页岩及灰白色燧石条带	66.1 m
60. 灰白色中厚层泥质白云岩	50.0 m
59. 灰白色中厚层白云岩	68.9 m
58. 灰白色厚层白云岩	55.7 m
57. 灰色中厚层泥质白云岩夹薄层粉砂质泥质白云岩	17.6 m
56. 灰白—深灰色中厚层白云岩，局部具石英碎屑	61.1 m
55. 浅灰—深灰色中厚层白云岩，具晶洞和缝合线构造	100.8 m
54. 浅灰—灰色厚层白云岩，夹深灰色白云岩	58.1 m

53. 灰—深灰色中厚层白云岩 48.9 m

52. 深灰—灰色厚层白云岩，具针孔构造 73.7 m

51. 灰色中厚层白云岩夹深灰色白云岩，底部为疙瘩状白云岩 50.6 m

50. 灰—浅灰色薄—中厚层泥质白云岩和白云岩夹中厚层、厚层角砾状泥质白云岩，三者依序交替出现 62.3 m

49. 浅灰色中厚、薄层白云岩、泥质白云岩，下部夹浅灰色角砾状白云岩 34.8 m

48. 浅灰色中厚层—薄层白云岩，局部具针孔构造。顶部 1.5 m 为灰、灰黄色砂质白云岩 46.5 m

47. 灰—浅灰色中—薄层白云岩薄层—页片状泥质白云岩互层。部分具膏溶晶洞 107.2 m

46. 浅灰色中厚层白云岩，具假鲕状、豆状及针孔状构造 13.8 m

45. 灰—深灰色厚层白云岩，下部具假鲕状构造 20.0 m

44. 灰色泥质条带块状白云岩 30.0 m

43. 灰—浅灰色中厚、厚层白云岩 23.5 m

——————— 整 合 ———————

下伏地层：陡坡寺组 灰绿色粉砂质、白云质泥岩，风化后呈灰黄色。顶部为鲕状白云岩，中厚层、厚层白云岩夹薄层泥质白云岩。含三叶虫 *Paramecephalus meitanensis*，*Kütsingocephalus kütsingensis* 等

【地质特征及区域变化】 本组广布于上扬子地层分区和湘、黔边境地区。岩性以白云岩为主，下部多为薄层；中部以中厚层为主，夹较多的角砾状白云岩；上部以中厚层为主，局部含燧石团块。本组常含石膏、盐类和叠层石。在平塘—瓮安—凤冈一线以东灰质成分略有增加。至沿河、印江、务川和川东南一带常夹多层灰岩，并含有较丰富的三叶虫。本组厚度一般为 1 000 m左右，余庆小鳃一带厚度达1 305 m，往西南至普定一带厚度减薄。本组一般与上覆桐梓组（或毛田组）及下伏陡坡寺组（石冷水组、平井组或比条组）均为连续沉积，整合接触。清镇和修文乌栗一带与上覆石炭系或二叠系呈平行不整合接触。时代为中寒武世—早奥陶世。

平井组 $\in_2 p$ （06－52－0309）

【创名及原始定义】 贵州区调队三分队（1966）① 以沿河平井中上寒武统剖面为标准创名，1970 年正式发表。原始定义：下部为灰色薄层至中厚层白云岩；底部为石英砂岩、白云质石英砂岩；上部为深灰色厚层灰岩、白云质灰岩及白云岩，含三叶虫 *Cyclolorenzella* 等。厚度 225～575 m。底以灰色石英砂岩的出现与高台组分界，顶以石灰岩消失与甘溪组分界。

【沿革】 贵州区调队三分队（1970）正式发表平井组时，将其上覆地层改称后坝组，1974 年与贵州地层古生物工作队共同将下伏地层命名为石冷水组。之后，沈志达（1976）、项礼文等（1981）和《贵州省区域地质志》（1987）沿用平井组时，均采用 1974 年划分意见。张文堂等（1979）亦沿用平井组，但将其底界置于高台组页岩之顶。本书沿用《贵州省区域地质志》（1987）使用的含义。

【现在定义】 指整合于石冷水组与娄山关组之间的一套地层，上部为灰、深灰色条带状灰岩、白云质灰岩及白云岩，含三叶虫 *Paranomocare* 等；下部为灰、深灰色厚层白云岩夹白云质灰岩和底部厚为 6 m 石英砂岩的一套地层。底以石英砂岩的出现与石冷水组分界。顶以灰、深

① 贵州省地质局区调队三分队，1966，黔东北务川、德江、印江、沿河及四川秀山一带寒武纪地层的划分（手稿），下同。

灰色灰岩的消失与娄山关组分界。

【层型】 正层型为沿河县平井剖面(108°25′,28°23′),系贵州区调队三分队1966年实测。次层型为沿河县毛田寒武系平井组实测剖面(06-52-0309-4-2),务川县三坑寒武系平井组实测剖面(06-52-0309-4-3)。沿河县平井剖面层序如下:

上覆地层:娄山关组 浅灰色厚层状细粒白云岩,夹薄层含泥质白云岩

——————整 合——————

平井组 总厚度 444 m

72—71. 上部为深灰色薄层状含泥质条带微粒灰岩,夹鲕状灰岩,顶部夹白云岩;下部为灰色薄层细粒灰岩,夹假豹皮状灰岩及鲕状灰岩。上、下均含三叶虫 *Paranomocare* sp. 等 25 m

70. 灰色厚层状中粒白云岩,夹灰白色细粒白云岩,偶夹灰色条带细粒白云质灰岩 25 m

69. 浅灰、灰色厚层状细粒灰岩,夹灰色厚层致密灰岩及砾岩,竹叶状条带状灰岩、底部偶夹浅灰色厚层细粒白云岩、白云质灰岩 29 m

68—66. 灰色厚层状细粒白云岩、浅灰色厚层微粒白云岩,中部夹灰色厚层细粒钙质白云岩及浅灰色厚层细粒白云质灰岩,上部夹角砾状白云质灰岩 54 m

65—64. 灰色中—厚层状细粒白云质灰岩,夹灰白色中厚层细—中粒灰岩。含三叶虫 *Paranomocare* sp. 12 m

63. 灰色厚层状白云质灰岩,夹灰色厚层细粒白云岩。含少量白燧石结核 39 m

62. 灰色厚层细粒白云岩,夹灰色厚层细—中粒白云质灰岩及浅灰色薄层细条纹状假砾状、含泥质白云质灰岩 26 m

61. 灰色厚层状细粒白云质灰岩,质较纯,顶部夹1 m薄层细粒含泥质白云质灰岩,底部偶见数厘米不规则燧石团块 6 m

60. 灰色厚层状细粒白云岩,岩性均一,质较纯,见少量方解石脉,偶夹浅灰色薄—中厚层微粒白云质灰岩 18 m

59. 浅灰色中厚层条纹状白云质灰岩,夹深灰色中厚层细粒白云质灰岩 7 m

58. 灰色中厚层细粒白云质灰岩与浅灰色角砾状微粒白云质灰岩互层。上部以灰色细粒为主。下部以砾状、致密状为主 19 m

57—56. 深灰、灰色厚层状细粒白云岩。上部夹灰色薄层白云岩及黄灰色叶片状泥质白云岩。顶部为厚0.5 m浅灰色鲕状白云岩 83 m

55—54. 灰、浅灰色薄层状细—微粒白云岩,层理发育,风化后呈叶片状,其间夹少量角砾状白云岩 42 m

53. 深灰色中厚层角砾状白云岩,夹灰—浅灰色薄层微粒白云岩 9 m

52—49. 灰色薄层状细至微粒白云岩,夹叶片状泥质白云岩及角砾状白云岩 44 m

48. 灰色中厚层状粗粒石英砂岩 6 m

——————整 合——————

下伏地层:石冷水组 深灰、灰色薄层角砾状白云岩,顶部为厚2 m深灰色中厚层状含鲕粒细白云岩

【地质特征及区域变化】 本组分布于印江—德江—务川一线以北和川东南的酉阳地区。可分为两段,下段为灰色薄层与中厚层白云岩互层,底部为0.5~9 m浅灰色薄层石英砂岩、白云质石英砂岩或砂质白云岩。厚50~121 m。在沿河李福坪和务川一带局部有汞矿化;上段:下部为灰色厚层至块状白云岩。厚度125~395 m。在务川、沿河南部和德江北部有汞矿化。沿

河三角塘一带产铅锌矿;上部为深灰色厚层条带状灰岩、白云质灰岩及白云岩,富含三叶虫 *Paranomocare* 和 *Lisania* 等,上部灰岩从东向西,由南往北逐渐增厚,四川秀山溶溪以北灰岩和白云岩交替出现,至松桃盂溪灰岩逐渐消失,由白云岩所代替。平井组与下伏石冷水组和上覆娄山关组为连续沉积,整合接触。时代属中寒武世。

毛田组　∈O*m*　(06-52-0310)

【创名及原始定义】 贵州区调队三分队(1966)以沿河县甘溪毛田中上寒武统剖面为标准创名。原始定义:指伏于桐梓组之下的一套灰、深灰色厚层灰岩、白云质灰岩、白云岩呈不等厚层互层,间夹鲕状、层纹状、竹叶状灰岩,含三叶虫 *Calvinella* 等的地层。厚 105～200 m。底以浅灰、灰白色厚层至块状白云岩消失与甘溪组分界。顶以生物碎屑灰岩的出现与桐梓组分界。

【沿革】 贵州区调队三分队(1970)正式沿用毛田组时将其下伏地层改称后坝组。贵州区调队(1974)、沈志达(1976)、张文堂等(1979)、项礼文等(1981)和《贵州省区域地质志》(1987)等先后沿用毛田组,采用贵州区调队三分队(1970)划分意见。本书沿用该方案。

【现在定义】 指整合于娄山关组与桐梓组之间的一套灰色、浅灰色厚层至块状灰岩夹白云质灰岩和白云岩,含三叶虫 *Calvinella*,*Metacalvinella* 和鹦鹉螺等的地层。底以浅灰、灰色厚层块状灰岩的出现和浅灰、灰白色厚层白云岩的消失与娄山关组分界。顶以深灰、灰黑色生物碎屑灰岩的出现与桐梓组分界。

【层型】 正层型为沿河县甘溪毛田剖面(108°24′,28°22′),贵州区调队三分队 1966 年实测。次层型为沿河县李福坪—平井寒武系毛田组实测剖面(06-52-0310-4-2)、桐梓县黑石溪寒武系毛田组实测剖面(06-52-0310-4-3)。沿河县甘溪毛田剖面层序如下:

上覆地层:**桐梓组**　灰、灰黑色生物碎屑灰岩和块状致密灰岩,含三叶虫 *Wanlingtingia latilimbata* 等

——————— 整　合 ———————

毛田组	总厚度 200.21 m
49. 浅灰、灰色厚层块状灰岩、白云质灰岩及白云岩,底部为厚层白云岩	119.69 m
48. 上部浅灰、灰色厚层竹叶状灰岩,下部浅灰、灰色具斜纹层理的白云质灰岩	3.65 m
47. 浅灰、灰色厚层块状细粒白云岩	5.07 m
46. 浅灰、灰、深灰色厚层块状灰岩和白云质灰岩,底部为鲕状灰岩,含三叶虫 *Metacalvinella* sp. 和腕足类 *Nisusia* sp. 等	50.40 m
45. 浅灰、灰色厚层—块状致密灰岩,中部夹两层浅灰色厚层细粒白云岩	21.40 m

——————— 整　合 ———————

下伏地层:**娄山关组**　浅灰、灰色厚层细粒白云岩,夹深灰、灰色及浅灰色厚层细粒白云岩

【地质特征及区域变化】 本组分布于印江—思南—凤冈—桐梓一线以北和川东南酉阳等地。为一套灰、深灰色厚层灰岩、白云质灰岩和白云岩呈不等厚互层,间夹鲕状、层纹状和竹叶状灰岩,向东和西南方向白云质成分增加。下部含三叶虫 *Metacalvinella typica*,*M. elongata*,*M. ganqiensis*,*M. yanheensis*,*Calvinella striata* 和腕足类 *Nisusia*? sp. 等。上部含鹦鹉螺 *Yanheceras endogastrum* 等。顶部含牙形石:*Monocostodus sevierensis* 和 *Teridontus nakanurai* 等。为一穿晚寒武世和早奥陶世的岩石地层单位。与下伏娄山关组和上覆桐梓组为连续沉积、整合接触。

九门冲组　$\in_1 jm$　(06-52-0311)

【创名及原始定义】　张正华、周志毅等(1970)以丹寨县南皋九门冲寒武系剖面为标准创名。张文堂等(1974)介绍。指覆于灯影组之上，底部为黑色含磷硅质岩；中、下部为碳质页岩，上部为灰黑色灰岩偶夹页岩，含三叶虫 *Hupeidiscus* 等的一套地层。厚100余米。底以黑色含磷硅质岩出现与灯影组分界。顶以灰黑色灰岩消失和灰绿色泥岩出现与变马冲组分界。

【沿革】　张文堂等(1979)、周志毅等(1980)和卢衍豪等(1982)沿用九门冲组。《贵州省区域地质志》(1987)将原九门冲组下部黑色含磷硅质岩划入留茶坡组，并将其上部灰岩命名为小鳃段。本书沿用该意见，但不使用小鳃段。

【现在定义】　指整合于牛蹄塘组与变马冲组之间的一套黑色有机质灰岩夹灰绿、灰黑色页岩，含三叶虫 *Hupeidiscus*。底以碳质页岩消失和黑色有机质灰岩的出现与牛蹄塘组分界。顶以黑色有机质灰岩的消失和灰绿色泥岩及碳质粉砂岩、碳质页岩的出现与变马冲组分界。

【层型】　正层型为丹寨县南皋九门冲剖面(107°53′，26°24′)，张正华、周志毅等1970年实测。次层型为岑巩县羊桥下寒武统九门冲组实测剖面(06-52-0311-4-2)、江口县张家坡寒武系九门冲组实测剖面(06-52-0311-4-3)。丹寨县南皋九门冲剖面层序如下：

上覆地层：变马冲组　灰绿色含碳质泥岩，中部及底部夹泥质粉砂岩，含三叶虫 *Protolenella conica*，*Chengkouia pustulosa* 及腕足类 *Acrothella* sp. 等

——————整　合——————

九门冲组　总厚度 22.5 m

7. 深灰色中薄层灰岩，底部灰岩含白云质，含三叶虫 *Hupeidiscus orientalis*，*Metaredlichia* sp.，*Hsuaspis* sp. 及腕足类 *Lingula* sp. 等　14.2 m
6. 棕色页岩夹薄—中层深灰色灰岩，页岩中含三叶虫 *Hupeidiscus* sp.　3.8 m
5. 深灰色薄层灰岩与棕色钙质页岩互层，含海绵骨针 *Protospongia* sp.　4.5 m

——————整　合——————

下伏地层：牛蹄塘组　黑色碳质页岩，含海绵骨针 *Protospongia* sp.

【地质特征及区域变化】　本组分布于务川—瓮安—贵定一线以东和天柱—剑河—三都一线以西地区，主要由一套黑色有机质灰岩，偶夹黑色、灰绿色碳质页岩和页岩组成，下部含小壳化石 *Semielliptotheca sulcata* 等，中、上部含三叶虫 *Hupeidiscus orientalis*，*Metaredlichia* sp. 和腕足类 *Lingula* sp. 等。时代为早寒武世。本组自西向东逐渐变薄，余庆小鳃一带厚度最大，达300余米，丹寨新屋基附近仅厚5 m。与下伏牛蹄塘组和上覆变马冲组均为连续沉积、整合接触。

变马冲组　$\in_1 bm$　(06-52-0312)

【创名及原始定义】　张正华、周志毅等(1970)以丹寨南皋变马冲寒武系剖面为标准创名，张文堂等(1974)介绍。指覆于九门冲组之上的一套碳质层纹状砂质页岩及碳质页岩、泥岩、粉砂岩地层，含三叶虫 *Chengkouia* 等。厚度数十米。底以灰色有机质灰岩的消失与九门冲组分界。顶以黄绿色页岩的出现与乌训组分界。

【沿革】　张文堂等(1979)、周志毅等(1980)和卢衍豪等(1982)沿用变马冲组，称其上覆地

层为杷榔组。李善姬(1981)[①] 将其下伏黑色有机质灰岩划入变马冲组内,下伏地层称杨家坪组。《贵州省区域地质志》(1987)及本书沿用张、周等(1970)划分意见。

【现在定义】 指整合于九门冲组与杷榔组之间的一套碳质层纹状砂质页岩、碳质泥岩、碳质页岩、粉砂岩,偶夹砂岩,含三叶虫 *Chengkouia* 等的地层序列。底以灰黑色有机质灰岩的消失与九门冲组分界。顶以黄绿、灰绿色页岩或粉砂岩的出现与杷榔组分界。

【层型】 正层型为丹寨南皋变马冲剖面(107°53′,26°23′),张正华、周志毅等 1970 年实测。次层型江口县张家坡寒武系变马冲组剖面(06-52-0312-4-2)、岑巩县羊桥寒武系变马冲组剖面(06-52-0312-4-3)。丹寨县南皋变马冲剖面层序如下:

上覆地层:**杷榔组**　深灰、灰色含粉砂质泥岩,含三叶虫 *Arthricocephalus duyunensis*, *Redlichia* sp. 和海绵骨针 *Protospongia* sp. 等

——————— 整　合 ———————

变马冲组　　总厚度 28 m

9. 灰黑色层纹状碳质泥岩,夹石英粉砂岩及泥质粉砂岩,含三叶虫 *Chengkouia pustulosa* 和腕足类 *Acrothele* sp. 等　　24.3 m

8. 灰绿色含碳钙质泥岩,中部及底部夹泥质粉砂岩,含三叶虫 *Protolenella conica*, *P. lata*, *Chengkouia pustulosa* 和腕足类 *Acrothele* sp. 等　　3.7 m

——————— 整　合 ———————

下伏地层:**九门冲组**　深灰色中薄层灰岩,含三叶虫 *Hupeidiscus orientalis*, *H.* sp., *Metaredlichia* sp., *Hsuaspis* sp. 和腕足类 *Lingula* sp. 等

【地质特征及区域变化】 本组分布于务川—瓮安—贵定一线以东、天柱—剑河—三都一线以西地区。主要由一套碳质层纹状砂质页岩、碳质泥岩和粉砂岩组成,含三叶虫 *Protolenella conica*, *Chengkouia pustulosa* 和腕足类 *Acrothele* sp. 等。在江口、岑巩一带,其上部和顶部含三叶虫 *Szechuanolenus* 等。时代为早寒武世。本组厚度变化极大,28～530 m 左右,由西向东厚度锐减,余庆小鰓一带最厚,达 531 m。西部以粉砂质页岩为主,东部以碳质页岩和碳质粉砂岩为主。与下伏九门冲组和上覆杷榔组(或金顶山组)为连续沉积、整合接触。

杷榔组　$\in_1 p$　(06-52-0313)

【创名及原始定义】 杨敬之、钱义元等(1959)以都匀牛场杷榔村附近寒武系剖面为标准创名杷榔页岩组,钱义元(1961)改称杷榔组。中科院黔南地层队(1963)正式发表,指伏于清虚洞灰岩之下的一套黄绿、灰绿色页岩和粉砂质页岩,含三叶虫 *Arthricocephalus* 等的地层。厚度约 95 m。顶以灰绿、黄绿色页岩、粉砂质页岩的消失和泥质灰岩的出现与清虚洞灰岩组分界。

【沿革】 贵州区调队五分队和二分队(1965)沿用杷榔组。张正华、周志毅等(1970)以丹寨县南皋九门冲寒武系剖面为代表,将杷榔组与其上覆的灰岩、白云岩合称乌训组,下伏地层称变马冲组。张文堂等(1974)介绍并沿用张、周等的乌训组。张文堂等(1979)和周志毅等(1980)先后恢复杷榔组一名,并将其上覆含三叶虫 *Protryctocephalus* 的钙质页岩和灰岩及白云岩称乌训组。卢衍豪等(1982)沿用张等(1979)和周等(1980)的划分意见。沈志达(1976)和

① 李善姬,1981,西南地区地层总结——寒武系。地质部成都地质矿产研究所编(下同)。

项礼文等(1981)在沿用杷榔组时,称其下伏地层为“明心寺组”,上覆地层为清虚洞组。《贵州省区域地质志》(1987)沿用杷榔组,称下伏地层为变马冲组,上覆地层为清虚洞组,并指出杷榔组一名适用于石阡—余庆—都匀一线以东和铜仁—玉屏一线以西地区。本书使用该方案。

【现在定义】 指整合于清虚洞组与变马冲组之间的一套地层,下部为浅灰、灰绿色粘土页岩,偶夹粉砂岩,含三叶虫 *Arthricocephalus* 等;上部为浅灰色钙质页岩、粉砂质页岩及粘土页岩及粘土页岩间夹泥质灰岩凸镜体。底以黑色碳质页岩的消失与变马冲组分界。顶以薄层鲕状灰岩、灰岩的出现与清虚洞组分界。

【层型】 正层型剖面杷榔组出露不全。次层型为江口县张家坡剖面(108°51′,27°53′),系贵州区调队二分队(1965)实测;次层型为岑巩县羊桥寒武系杷榔组实测剖面(06-52-0313-4-2)。江口县张家坡剖面层序如下:

上覆地层:**清虚洞组** 灰色钙质页岩夹鲕状灰岩,含三叶虫 *Probowmania? convexa* 和 *Redlichia*(*Pteroredlichia*) *murakamii* 等

——————— 整 合 ———————

杷榔组 总厚度 366.6 m

40—38. 浅灰、灰色含钙质粘土页岩、含云母粘土岩,偶夹薄层泥质灰岩。含三叶虫 *Arthricocephalus* (*A.*) *duyunensis*, *Balangia* sp., *Redlichia* (*Pteroredlichia*) *murakamii*, *R.* (*P.*) *chinensis* 等 62 m

37—33. 灰、深灰色薄层含钙质页岩,间夹浅灰绿色薄层粘土岩,偶夹灰色泥质灰岩,含三叶虫 *Arthricocephalus* (*A.*) *duyunensis*, *Changaspis micropyge*, *Balangia* sp., *Redlichia* (*Pteroredlichia*) *murakamii*, *R.* (*P.*) *chinensis* 等 92.3 m

32—30. 灰、深灰色薄层含云母质粘土岩及粘土页岩,含三叶虫 *Arthricocephalus* (*A.*) *duyunensis*, *Changaspis* sp. 和 *Redlichia* (*Pteroredlichia*) *murakamii* 等 83.5 m

29. 灰色薄层含钙质粘土页岩,含三叶虫 *Arthricocephalus* (*A.*) *duyunensis* 和 *Redlichia* sp. 等 46.9 m

28—25. 浅灰、灰色薄层粘土页岩、含云母粘土页岩及粉砂质页岩,含三叶虫 *Arthricocephalus* (*A.*) *duyunensis*, *A.* (*A.*) *chauveaui* 和 *Redlichia* (*Pteroredlichia*) *murakamii* 等 81.9 m

——————— 整 合 ———————

下伏地层:**变马冲组** 灰黑色碳质页岩,含海绵骨针 *Protospongia* sp.

【地质特征及区域变化】 本组分布于石阡—余庆—都匀一线以东、剑河南明—剑河—三都一线以西地区。下部以灰绿、黄绿、浅灰色粘土页岩为主,偶夹粉砂岩,富含三叶虫 *Arthricocephalus chauveaui*, *Changaspis micropyge*, *Balangia balangensis* 等;上部为灰色薄层钙质页岩、粉砂岩及粘土页岩,间夹薄层凸镜状泥质灰岩。富含三叶虫 *Redlichia*(*Pteroredlichia*) *murakamii* 及少许 *Arthricocephalus duyunensis* 等。时代属早寒武世。厚度变化较大,岑巩、麻江一带厚度较大,约 500~700 m。一般地区为 200~500 m,在镇远地垅厚 200 m。与下伏变马冲组和上覆清虚洞组为连续沉积、整合接触。

凯里组 $\in_2 k$ (06-52-0314)

【创名及原始定义】 卢衍豪(1963)以凯里(实为丹寨——笔者注)南皋寒武系剖面为标准创名。指该剖面覆于杷榔组之上的一套灰绿、黄绿色云母粉砂质页岩和钙质粘土页岩,含三叶

虫"*Ptychoparia*"spp. 和 *Pagetia* 等的地层。厚度 260 m 左右，时代属早寒武世。底以深灰色泥质灰岩消失与杷榔组分界。顶以灰、深灰色厚层泥质灰岩出现与高台组分界。

【沿革】 贵州区调队(1965)建议以丹寨县南皋九门冲寒武系为标准将凯里组更名为南皋组。张正华、周志毅等(1970)重新研究测制丹寨县南皋九门冲寒武系剖面时仍沿用凯里组一名，并称其上覆地层为甲劳组，下伏地层为乌训组，时代属中寒武世早期。张文堂等(1974，1979)、周志毅等(1980)、李善姬(1981)、卢衍豪(1982)、《贵州省区域地质志》(1987)等都沿用凯里组，并采用张、周等(1970)划分意见，李善姬称其下伏地层为清虚洞组。本书采用李善姬(1981)划分意见。

【现在定义】 指整合于清虚洞组与甲劳组之间的一套由灰绿、黄绿色页岩、泥灰岩夹少量石灰岩，并富含三叶虫 *Pagetia*，*Oryctocephalus* 等的地层序列。底以深灰色含白云质条带灰岩的消失与清虚洞组分界。顶以黑色碳质灰岩夹含碳质页岩的出现与甲劳组分界。

【层型】 正层型为丹寨县南皋九门冲剖面(107°52′，26°23′)，张正华、周志毅等(1970)重测，张文堂等，1979 年介绍。

上覆地层：甲劳组　黑色碳质灰岩夹含碳钙质页岩，含三叶虫 *Parafuchouia prompta*

——————— 整　合 ———————

凯里组　　总厚度 277.5 m

31—29. 灰色薄—中层灰岩、砂泥质灰岩，下部为灰色钙质页岩及灰绿色粉砂质泥岩。上部含三叶虫 *Kootenia jialaoensis*，*Oryctocephalus* sp.，*Pagetia danzhaiensis*，*Peronopsis* sp. 等；下部含三叶虫 *Kaotaia globosa*，*K. magna*，*Xingrenaspis xingrenensis*，*X. quadrata*，*X. brevica*，*Oryctocephalus incurvus*，*Ehmaniella*? *similis* 及腕足类 *Homotreta* sp. 等　　90.7 m

28—24. 黄绿、灰绿色粉砂质钙质页岩、粉砂岩，下部为深灰、灰绿色泥岩及中薄层灰岩或泥灰岩。富含三叶虫 *Oryctocephaloides convexus*，*O. elongatus*，*O. nangaoensis*，*Pagetia saucris*，*Oryctocephalus incurvus*，*Danzhaiaspis quadratus*，*D. latilimbata*，*D.* (*Nangaocephalus*) *similis*，*Jiumenia triangulata*，*J. spinosa*，*Burlingia ovata*，*Metabalangia yupingensis*，*Xingrenaspis rectangularis* 及腕足类 *Homotreta* sp. 等　　84.9 m

23—22. 绿色、黄灰色粉砂质泥岩、泥质粉砂岩及泥质、钙质粉砂岩，下部夹黑色炭质粉砂质泥岩。富含三叶虫 *Kunmingaspis qiannanensis*，*Nangaops nangaoensis*，*N. danzhaiensis*，*Probowaniella lata*，*Eoptychoparia nangaoensis*，*Mufushania latilimbata*，*Modocia obsoura*，*Nangaoia megaceps*，*Onchocephalus*? *sanwanensis*，*Pachyaspis* (*Danzhaina*) *lilia*，*Wuxunaspis deltoidea*，*W. deflecta* 和 *Elrathiella*? *bella* 等　　101.9 m

——————— 整　合 ———————

下伏地层：清虚洞组　深灰、灰色薄—中层灰岩，中上部具白云质条带

【地质特征及区域变化】 本组分布于铜仁—镇远青溪—凯里挂丁—麻江宣威—独山一线以东和剑河南明—剑河—三都一线以西的丹寨、台江、施秉、玉屏及铜仁南部地区，主要由一套灰绿、黄绿色页岩、泥岩夹少量薄层灰岩和泥灰岩组成，富含三叶虫，底部有 *Nangaops elongata*，*Kunmingaspis qiannanensis*，*Probowmaniella lata* 等；下部含三叶虫 *Elrathiella kailiensis*，*Mufushania latilimbata*，*Nangaoia megaceps*，*Wuxunaspis deltoidea* 等；中部含三叶

虫 *Burlingia ovata*, *Danzhaiaspis quadratus*, *Jumenia triangulata*, *Oryctocephalus convexus*, *Xingrenaspis rectangularia* 等；上部含三叶虫 *Kaotaia magna*, *Oryctocephalus incurvus*, *Xingrenaspis xingrenenisi* 等；顶部含三叶虫 *Kootenia jialaoensis* 等。时代属中寒武世。本组由南向北逐渐变薄，以丹寨南皋厚度最大，达 320 余米，向北至铜仁黄家院仅厚 10 m 左右，其下部和顶部都逐渐变为薄层纹层灰岩、含白云质灰岩和白云岩。本组与下伏清虚洞组和上覆甲劳组（或娄山关组）都为连续沉积、整合接触。

【其他】 近年来，赵元龙等研究凯里动物群时，在台江革东川硐寒武系凯里组下部发现了丰富的三叶虫 *Bathynotus*，共生的有 *Chittidilla*, *Kunmingaspis* 和个别 *Redlichia* 等。为此，对凯里组的时代问题提出了争议，有人认为凯里组是一个跨下、中寒武统的岩石地层单位；有人根据凯里组底部所含丰富的大型褶颊虫类来分析，认为是褶颊虫类三叶虫大爆发、大发展的一个新阶段，应该是中寒武世的开始。有关凯里组的时代问题有待于进一步研究。此外，赵元龙等在凯里组中发现了比较丰富且保存较好的水母状化石和棘皮动物化石，对研究凯里组与波基斯页岩的关系及凯里组的沉积环境都具有十分重要的意义。

甲劳组 $\in_2 jl$ （06－52－0315）

【创名及原始定义】 张正华、周志毅等（1970）以丹寨南皋甲劳寒武系剖面为标准创名，张文堂等（1974）介绍。指覆于凯里组之上，下部为碳质灰岩及碳质页岩，中部为钙质页岩和泥灰岩；上部为砂质页岩和钙质粉砂岩，含三叶虫 *Parafuchouia* 等的一套地层。厚度 100 余米。底以灰色薄层灰岩的消失与凯里组分界，顶以中厚层泥质白云岩的出现与炉山组分界

【沿革】 张文堂等（1974）称甲劳组的上覆地层为娄山关群。张文堂等（1979）、周志毅等（1980）、李善姬（1981）、卢衍豪等（1982）和《贵州省区域地质志》（1987）等都先后沿用甲劳组，李善姬称上覆地层为炉山组，卢衍豪称上覆地层为炉山群。本书采用张文堂的意见，并将上覆地层改称娄山关组。

【现在定义】 指整合于凯里组与娄山关组之间的一套地层。自下而上为碳质灰岩、碳质页岩、钙质页岩、泥灰岩、砂质页岩和钙质粉砂岩，含三叶虫 *Parafuchouia* 等的地层序列。底以灰色薄层灰岩的消失和碳质页岩的出现与凯里组分界。顶以砂质页岩、粉砂岩的消失和泥质白云岩的出现与娄山关组分界。

【层型】 正层型为丹寨县南皋九门冲甲劳剖面（107°52′，26°22′），张正华、周志毅等（1970）实测（张文堂等，1979，西南地区的寒武系，101 页）。

上覆地层：**娄山关组** 灰色中厚层泥质白云岩

——————— 整 合 ———————

甲劳组　　　　总厚度 84 m

35—34. 灰、灰黄色钙质页岩夹砂质页岩、粉砂岩。含三叶虫 *Ehmaniella casta*, *Solenopleuropsis* sp., *Jialaopsis latus*, *Kootenia sanwanensis*, *Parafuchouia* cf. *elongata*, *P. limbata* 和 *Ptychoparella usualia* 等　　　　53 m

33—32. 深灰色厚层泥质灰岩及黑色碳质灰岩夹黑色钙质页岩。含三叶虫 *Parafuchouia prompta* 和 *P.* sp.　　　　31 m

——————— 整 合 ———————

下伏地层：**凯里组** 灰色薄—中厚层灰岩。含三叶虫 *Kootenia jialaoensis* 等

【地质特征及区域变化】 本组只在丹寨一带有出露。由碳质灰岩、页岩、钙质页岩夹泥灰岩和硅质页岩组成，中、上部含三叶虫 *Parafuchouia prompta*，*Ptychoparella usualia*，*Ehmaniella casta* 和 *Kootenia sanwanensis* 等及少量腕足类等。据所含化石，其时代应属中寒武世中期。本组与上覆娄山关组和下伏凯里组均为整合接触。

敖溪组　$\in_2 a$　(06－52－0316)

【创名及原始定义】 湖南区测队(1965)以湖南保靖敖溪至排吉寒武系剖面为标准创名。指该剖面整合于清虚洞组之上，由薄层至微层泥质白云岩、白云岩夹少量中厚层灰质白云岩组成。近下部夹 30～40 cm 碳泥质微粒白云岩，风化后似板状页岩。碳泥质白云岩中含三叶虫及腕足类的一套地层。

【沿革】 沈志达(1976)首次将敖溪组引用到黔东北地区，并称其上覆地层为花桥组，下伏地层为清虚洞组。杨家騄(1978)称那洞组。卢衍豪(1982)称铜鼓滩组。彭善池(1979,1987)、项礼文等(1981)、李善姬(1981)和《贵州省区域地质志》(1987)等先后沿用敖溪组。本书沿用《贵州省区域地质志》(1987)意见，并将上覆地层通称车夫组。

【现在定义】 指整合于车夫组和清虚洞组间的一套薄层夹中厚层泥质白云岩、白云岩夹少量灰质白云岩、碳泥质白云岩的地层。产三叶虫及腕足类化石。

省内本组以灰白色薄至中厚层白云岩、灰色薄层泥质白云岩及黑色泥质灰岩、炭质灰岩组成，时代属中寒武世。

【层型】 正层型为湖南省保靖敖溪—排吉剖面。省内次层型为万山寒武系敖溪组实测剖面(06－52－0316－4－1)，铜仁茶店寒武系敖溪组实测剖面(06－52－0316－4－2)。万山寒武系敖溪组实测剖面系由湖南省区调队(1972)实测，其层序如下：

上覆地层：车夫组　黑色厚层—薄层状泥质白云岩、白云质灰岩，具水平条带构造。中夹一层薄层状泥质灰岩

—————— 整　合 ——————

敖溪组	总厚度 534 m
45. 灰色薄—中层状白云岩，含石英团块	12.0 m
44. 灰、灰黑色薄层条带状泥质白云岩夹黑色砂质页岩	36.5 m
43. 灰色薄—中层状条带细粒白云岩	21.4 m
42. 灰白色厚层块状石英团块细晶白云岩	6.2 m
41. 灰白色厚层夹薄层细晶白云岩	55.9 m
40. 灰色薄层—中层条带细晶白云岩	23.2 m
39. 灰白色厚层块状细晶白云岩夹少量条带状白云岩	43.7 m
38. 灰色薄层条带白云岩	34.8 m
37. 竹叶状白云岩、条带状白云岩夹中、薄层状白云岩	9.3 m
36. 灰色薄层条带状白云岩	44.2 m
35. 灰色薄层—中层状白云岩，具波状层理	2.0 m
34. 灰、灰黄色极薄层泥质白云岩夹页状泥质白云岩	2.0 m
33. 灰白色厚层块状细晶白云岩	5.7 m
32. 灰、灰黄色极薄层泥质白云岩夹页状泥质白云岩	12.7 m
31. 灰色薄层条带状白云岩	24.6 m
30. 灰色薄层状灰岩，石英岩脉、方解石脉发育	6.4 m

29. 灰、灰黑色薄层泥质灰岩夹砂质泥灰岩，含少量燧石条带。含三叶虫 *Fuchouia chiai* 等 15.3 m

8. 黑色碳质灰岩夹薄层细粒白云岩 2.1 m

27. 灰、灰黑色薄层—中层状水平条带泥质灰岩，黄铁矿化十分强烈 2.5 m

26. 黑色碳质泥灰岩夹薄层细粒白云岩 3.9 m

25. 灰、灰黑色极薄层细粒白云质灰岩。含三叶虫 *Solenoparia* sp.，*Wenkchemnia*? sp. 4.5 m

24. 灰黑色薄层状灰质白云岩夹薄层—中层状细粒白云质灰岩 11.3 m

23. 灰黑色薄层细粒灰岩，具水平状泥质条带。含三叶虫 *Fuchouia chiai* 等 6.3 m

22. 灰黑色薄层白云质灰岩夹鲕状灰岩，含砂泥质条带。含三叶虫 *Fuchouia chiai*，*Oryctocephalus incurvus*，*Pagetia* sp.，*Poliella* sp. 等 6.4 m

21. 黑色砂质碳质泥灰岩夹黑色凸镜状灰岩 18.5 m

20. 黑色条带状砂质碳泥质页岩 40.9 m

19. 黄色页状砂质泥灰岩夹燧石条带 3.5 m

18. 灰色薄层状含燧石条带白云岩夹砂质泥灰岩、灰岩、含三叶虫 *Oryctocephalus* cf. *incurvus*，*Fuchouia* sp. 60.5 m

17. 灰色薄层结晶白云岩，偶夹灰岩 16.8 m

16. 黑色中层状含碳质砂泥质灰岩夹凸镜状灰岩 0.9 m

———— 整 合 ————

下伏地层：清虚洞组　深灰色薄层状灰岩夹薄层白云岩

【地质特征及区域变化】 本组在省内分布于铜仁—镇远羊坪一线以东地区，其下部以含碳质、砂泥质灰岩为主；上部以白云岩为主，夹薄层条带状白云岩。中、下部含三叶虫 *Oryctocephalus incurvus*，*Fuchouia chiai* 和 *Pagetia* sp. 及腕足类 *Poliella* sp. 等，时代属中寒武世。本组自西向东变薄，碳泥质成分增加。与下伏清虚洞组和上覆车夫组均为整合接触。

车夫组　$\in_{2-3}\hat{c}$　(06-52-0317)

【创名及原始定义】 湖南区测队(1965)以保靖敖溪至排吉间车夫村附近寒武系剖面为标准创名。指由薄层泥质条带灰岩夹厚层角砾状灰岩、竹叶状灰岩及白云岩组成，底部以一层厚度约 30～40 m 的白云岩与下伏“花桥组”分界，整合接触。产丰富的三叶虫及少量腕足类。时代属晚寒武世早期。

【沿革】 沈志达(1976)将车夫组引用到黔东的铜仁—玉屏地区。杨家騄(1978)和卢衍豪等(1982)称老茶田组。彭善池(1979，1987)、项礼文等(1981)和李善姬(1981)等先后沿用车夫组。《贵州省区域地质志》(1987)对车夫组的涵义做了厘定，指比条组与花桥组之间由薄层条带状泥质白云岩、白云质灰岩和条带灰岩，偶夹砾屑灰岩组成的地层，沿层面含硅质小球。厚 130～250 m。本书将原花桥组停用，并划归本组。

【现在定义】 为灰、青灰色泥质微层灰岩及薄层泥质条带灰岩，夹角砾状、竹叶状灰岩、白云质灰岩及白云岩，含丰富的三叶虫和少量腕足类的化石地层。与上覆比条组和下伏敖溪组均为整合接触。

省内本组主要由薄层条带状泥质白云岩、白云质灰岩及条带状灰岩组成，偶夹砾屑灰岩。上与比条组砾屑灰岩，下与敖溪组白云岩均为整合接触。

【层型】 正层型为湖南省保靖敖溪—排吉剖面。贵州境内次层型为万山寒武系车夫组剖面(06-52-0317-4-1)湖南区调队(1972)测制，其层序如下：

车夫组　　　　　　　　　　　　　　　　　　　　　　　　　　　　　　　　　　总厚度>86.0 m

53. 灰黑色薄层灰质白云岩夹泥质白云岩。(未见顶)　　>10.0 m

52. 灰、灰白色厚层角砾状白云质灰岩，含三叶虫 *Solenoparia* sp.，*Pagodia* sp.，*Lejopyge* sp. 和 *Schmaleneia* sp. 等　　2.5 m

51. 灰色薄层泥质白云岩夹薄层白云质灰岩，含三叶虫 *Prohedinia* cf. *attenuata*，*Dorypyge* sp.，*Fuchouia* sp.，*Aojia* sp. 等　　7.8 m

50. 灰、灰白色厚层石英团块结晶白云岩　　14.3 m

49. 灰、灰黑色条带状泥质白云岩，夹白云质灰岩凸镜体　　10.7 m

48. 黑色中层条带状泥质白云质灰岩夹灰岩凸镜体，顶部有一层厚层角砾状白云质灰岩　　11.0 m

47. 灰色薄层状泥质条带灰岩，局部夹生物灰岩，含三叶虫 *Dorypyge damesi*，*Prohedinia* cf. *attenuata*，*Peronopsis* cf. *cylindrica*，*Ptychagnostus atavus*，*Hypagnostus hunanica*，*Aojia* sp. 等　　23.2 m

46. 黑色厚层—薄层泥质白云岩、白云质灰岩，具水平条带构造。中部夹一层薄层状(风化后呈黑棕色)含粉砂质泥质灰岩　　6.5 m

——————— 整　合 ———————

下伏地层：敖溪组　灰色薄—中层状白云岩

【地质特征及区域变化】　本组分布于铜仁—玉屏一线以东地区，主要由薄层泥质条带灰岩、纹层灰岩夹厚层砾屑、竹叶状灰岩、白云质灰岩和白云岩组成。中、下部含三叶虫 *Ptychagnostus atavus*，*Dorypyge* cf. *richthofeni*，*Lisania bura*，*Fuchouia chiai*，*Prohedinia sinensis*，*Lejopyge laevigata*，*Paradamesops laterilobatus*，*Wanshania wanshanensis*，*Fenghuangella lachatianensis* 等；上部含三叶虫 *Pseudagnostus* sp.，*Bergeronites hunanensis*，*Paradamesella typica* 和 *Glyptagnostus stolidutus* 及少许腕足类等。为一跨中、晚寒武世的岩石地层单位。厚 350～700 m，由西向东逐渐变厚，白云质成分减少。与上覆比条组和下伏敖溪组为连续沉积，整合接触。

比条组　$\in_3bt$　(06－52－0318)

【创名及原始定义】　湖南区测队(1965)以保靖敖溪至排吉间比条村附近的寒武系剖面为标准创名。指与下伏车夫组和上覆追屯组为连续沉积，由青灰色厚层至块状致密灰岩及细粒结晶灰岩组成，下部灰岩呈癞痢状或条带状构造，夹假鲕状灰岩。上部灰岩常具斜交的泥质纹带，夹数层中至粗粒结晶白云岩。本组含生物化石丰富，主要为三叶虫，次为腕足类。时代属晚寒武世。

【沿革】　沈志达(1976)将比条组引用到黔东的铜仁—玉屏地区。杨家騄(1978)和卢衍豪(1982)称亭子关组。彭善池(1979,1987)沿用比条组时，称上覆地层为沈家湾组。项礼文等(1981)沿用比条组时，称其上覆地层为追屯组或“铜仁白云岩”。李善姬(1981)沿用比条组时，称上覆地层为箭塘组。《贵州省区域地质志》(1987)厘定了比条组的涵义系指上覆追屯组与下伏车夫组间的一套厚层陆屑质砂质灰岩、灰质白云岩夹白云岩，含三叶虫 *Prochuangia*，*Homagnostus* 等的地层。厚约 300～500 m。本书采用该划分意见。

【现在定义】　指娄山关组与车夫组间的一套青灰色厚层至块状致密灰岩及细粒结晶灰岩，下部灰岩具癞痢状构造，上部夹数层中至粗粒结晶白云岩，含三叶虫和少量腕足类及牙形刺等化石。底以癞痢状灰岩出现与车夫组整合分界。顶以中厚层白云岩出现与娄山关组整合分界。

省内本组与层型地点岩性特征无大变化。

【层型】 正层型在湖南省保靖县。省内尚未发现有代表性的剖面。

【地质特征及区域变化】 本组分布于铜仁—玉屏一线以东和沅陵—芷江—天柱一线以西的贵州东北部和湖南西北部地区。主要由癞痢状灰岩、灰岩夹白云岩组成，含三叶虫 *Glyptagnostus reticulatus*，*Chuangia wulingensis*，*Paracidaspis hunanica*，*Prochuangia granulosa*，*Proceratopyge fenghwangensis*，和 *Yuepingia minor* 等，时代属晚寒武世。厚度自西向东逐渐增大，大庸—吉首(西)—天柱一线以东上覆地层为白水溪组，以西则为娄山关组。贵州境内尚未测制完整而有代表性的剖面。根据近期工作，在万山高楼坪寄马冲一带有部分比条组地层出露，还有待于进一步研究。比条组与上覆娄山关组和下伏车夫组为整合接触。

渣拉沟组　$\in_1\hat{z}$　(06-52-0319)

【创名及原始定义】 杨敬之、钱义元等(1959)创名于三都城郊渣拉沟附近，钱义元(1961)介绍。指该地不整合(?)于南沱冰碛层之上，由一套以黑色碳质页岩、深黑色含磷及沥青质页岩为主，间夹青灰色矽化灰岩和黑色砂质页岩组成的地层。厚度 140 m 左右。

【沿革】 贵州区调队五分队(1965)沿用渣拉沟组，认为其与下伏灯影组为平行不整合接触。沈志达(1976)、项礼文等(1981)和卢衍豪等(1982)都沿用渣拉沟组，但沈志达称其下伏地层为灯影组，而后者均沿用杨敬之、钱义之等(1959)划分意见。《贵州省区域地质志》(1987)以三都渣拉沟都柳江南岸渣拉沟组剖面为代表，将原渣拉沟组底部黑色含磷结核薄层硅质岩划归留茶坡组，并认为与下伏留茶坡组和上覆都柳江组均为连续沉积，整合接触。本书采用该意见。

【现在定义】 指整合于老堡组与都柳江组之间的一套黑色碳质页岩夹砂质页岩凸镜体，含海绵骨针 *Protospongia* 的地层序列。底以黑色薄层硅质岩的消失和黑色碳质页岩的出现与老堡组分界。顶以黄绿色粘土页岩的出现与都柳江组分界。

【层型】 选层型为三都县城东渣拉沟都柳江南岸剖面(107°54′,25°59′)贵州区调队五分队(1965)实测。次层型为三都县里略寒武系渣拉沟组实测剖面(06-52-0319-4-2)，三都县鸭塘寒武系渣拉沟组实测剖面(06-52-0319-4-3)。三都县城东渣拉沟都柳江南岸剖面层序如下：

上覆地层：都柳江组　黄绿色粘土页岩，底部夹黑色条带，含三叶虫 *Proasaphiscus*?sp. 和海绵骨针 *Protospongia* sp.

——————　整　合　——————

渣拉沟组　　总厚度 91 m

3. 黑色碳质页岩，富含黄铁矿结核，风化后呈红褐色，上部夹砂质页岩凸镜体，含海绵骨针 *Protospongia* sp.　　91 m

——————　整　合　——————

下伏地层：老堡组　黑色薄层硅质岩，顶部含磷结核

【地质特征及区域变化】 本组分布于剑河南明—剑河—三都一线以东地区。主要由黑色碳质页岩组成，中、上部夹少许砂质页岩，含海绵骨针 *Protospongia*，上部碳质减少，渐变为砂质粘土岩。向南、向北逐渐增厚，在三都附近厚度 91 m，南部水洋附近厚度达 200 m 左右，北部

的里略一带厚度达 248 m。与上覆都柳江组及下伏老堡组均为整合接触。时代为早寒武世。

都柳江组　$\in_2 dl$　(06-52-0320)

【创名及原始定义】 杨敬之、钱义元等(1959)研究三都城郊都柳江畔寒武系剖面时创名。钱义元(1961)介绍。指该地覆于渣拉沟组之上的一套地层，下部为灰黄、蓝灰等杂色页岩及砂质页岩，含海绵骨针 *Protospongia*；上部为黑色或褐黄色砂质页岩、砂岩夹薄层不纯灰岩及灰岩夹黑色砂质页岩。厚度 406 m。底以灰黄、蓝灰色页岩及砂质页岩的出现与渣拉沟组整合分界。顶以含砾石灰岩出现与杨家湾组砂页岩整合分界。

【沿革】 贵州区调队五分队(1965)、沈志达(1976)和李善姬(1981)等在沿用都柳江组时，称上覆地层为三都组。项礼文等(1981)和卢衍豪等(1982)沿用都柳江组时仍称其上覆地层为杨家湾组。蔡英等(1983)研究测制了三都城北约 5 km 的鸭塘寒武系剖面。《贵州省区域地质志》(1987)以三都县鸭塘寒武系都柳江组剖面为代表，指出都柳江组上部以灰色含粉砂屑泥—结晶灰岩及泥质细晶白云岩为主，夹黑色碳质页岩，含三叶虫 *Lisania*，*Oryctocephalus* 等；下部以黄绿色粘土岩、泥岩为主，夹深灰色中、薄层泥晶灰岩和黑色碳质灰岩，含三叶虫 *Kunmingaspis* 和 *Pagetia* 等。厚 400 m 左右。下伏地层为渣拉沟组，上覆地层为杨家湾组。时代属中寒武世。本书采用该划分意见。

【现在定义】 指整合于渣拉沟组与杨家湾组之间的一套地层，下部为黄绿色粘土岩、泥岩为主夹深灰以泥晶灰岩和碳质页岩，含三叶虫 *Pagetia* 等；上部以灰色含粉砂屑泥—细晶灰岩及泥晶白云岩为主夹黑色碳质页岩，含三叶虫 *Peronopsis* 等。底以黄绿色粘土岩、泥岩的出现与渣拉沟组分界。顶以厚层砾屑白云岩和砾屑灰岩出现与杨家湾组分界。

【层型】 选层型为三都县城北 5 km 的鸭塘寒武系都柳江组剖面(107°55′，26°03′)，由蔡英、尹恭正等(1983)实测(《贵州省区域地质志》，73—74 页，图 41)。次层型为三都县里略寒武系都柳江组实测剖面(06-52-0320-4-2)。贵州省三都县鸭塘寒武系都柳江组实测剖面层序如下：

上覆地层：杨家湾组　灰色中薄层纹泥质白云岩夹厚层砾屑白云岩

——————— 整　合 ———————

都柳江组　　　　总厚度 405.50 m

23—20. 灰—灰黄色薄层含粉砂泥质细晶白云岩、黑色—深灰色中层含泥质细晶碳质细晶白云岩及高碳质页岩　　79.29 m

19—15. 灰、灰黄色薄层含粉砂屑或粉砂屑泥—细晶灰岩及薄层灰岩夹深灰色页岩。底部厚 5.9 m 为深灰色粉砂质页岩与粉砂岩互层　　58.47 m

14—11. 中部为灰色中层泥晶灰岩夹钙质页岩；上部及下部为黑色碳质页岩夹深灰色黑色泥晶灰岩。中部含三叶虫 *Lisania* sp.，下部含三叶虫 *Peronopsis* sp.，*Oryctocephalus* sp. 和 *Pagetia latilimbata*　　59.59 m

10—9. 上部为灰绿色粘土岩，局部含钙质、砂质，偶夹薄层泥晶灰岩；下部为深灰色含碳质泥岩，夹泥晶灰岩凸镜体。上部含三叶虫 *Pagetia latilimbata* 和 *P.* sp.；下部含海绵骨针 *Protospongia* sp.　　117.65 m

8—2. 上部为黑色碳质泥岩夹灰岩凸镜体；中部为深灰色中薄层泥晶灰岩；下部为黄绿色含碳质泥岩及黑色中薄层含砂屑泥晶灰岩。中、下部含丰富的三叶虫 *Kunmingaspis* sp.，*Jiumenia*? sp.　　57.4 m

1. 上部为黑色碳质页岩，下部为黄绿色粘土页岩。含海绵骨针 *Protospongia* sp.　　33.10 m

——————— 整　合 ———————

下伏地层：渣拉沟组　黑色中厚层碳质页岩

【地质特征及区域变化】 本组分布于剑河南明—剑河—三都一线以东地区，主要由黄绿色粘土页岩、泥岩和深灰色泥—细晶灰岩夹白云岩和少许碳质页岩组成。厚度240～450 m。底部含三叶虫 *Kunmingaspis* 等，下部含三叶虫 *Pagetia latilimbata*，*Oryctocephalus* 和球接子 *Peronopsis* sp. 等，中、上部含三叶虫 *Lisania* 和球接子 *Hypagnostus* 等。时代属中寒武世早至晚期。与上覆杨家湾组和下伏渣拉沟组均为整合接触。

杨家湾组　$\in_{2-3}y$　(06-52-0321)

【创名及原始定义】 杨敬之、钱义元等(1959)研究三都城东杨家湾附近寒武系剖面时创名杨家湾灰岩组。钱义元(1961)介绍，称杨家湾组。指该地覆于都柳江组之上，下部为黑色厚层块状灰岩和含长条形砾石及泥质灰岩；上部为黑色厚层灰岩夹钙质页岩的一套地层。厚77 m。底以厚层块状灰岩和长条形砾石及泥灰岩的出现与都柳江组分界。顶以黄色页岩出现与三都页岩组分界。

【沿革】 中国科学院黔南地层队(1963)正式发表杨家湾灰岩组。贵州区调队五分队(1965)将杨家湾组划归三都组。沈志达(1976)和李善姬(1981)沿用贵州区调队五分队划分意见。项礼文等(1981)和卢衍豪等(1982)仍沿用杨家湾组，并称其上覆地层为三都组。贵州区调队蔡英等(1983)研究测制了三都城北5 km鸭塘附近的寒武系杨家湾组剖面，《贵州省区域地质志》(1987)指定三都鸭塘寒武系杨家湾组剖面为代表性剖面，并将其划分为上、下两部分。本书采用该意见。

【现在定义】 指整合于都柳江组与三都组之间。下部为灰色厚层块状砾屑灰岩、砾屑白云岩、灰岩和白云岩；上部为灰色薄、中层灰岩和泥灰岩夹少量页岩，纹层、波状层理发育。底部含三叶虫 *Lisania* 等，上部含三叶虫 *Lotagnostus* 等的一套地层。底以碳质页岩消失和砾屑灰岩、白云岩出现与都柳江组分界。顶以块状砾屑灰岩出现与三都组分界。

【层型】 选层型为三都县城北约5 km的鸭塘剖面(107°55′，26°3′)，蔡英、尹恭正等(1983)实测(《贵州省区域地质志》，74—75页，图42)。次层型为三都里略寒武系杨家湾组实测剖面(06-52-0321-4-2)。三都县城北约5 km的鸭塘剖面层序如下：

上覆地层：三都组　灰色厚层块状砾屑灰岩

——————— 整　合 ———————

杨家湾组　　总厚度371.89 m

52—50. 中、上部为灰色薄层水平纹层泥质灰岩与深灰色水平纹层泥灰岩互层；下部为灰色厚层砂质灰岩夹薄层水平纹层泥灰岩，含丰富的三叶虫 *Lotagnostus punctatus*，*Jegorovaia expansa* 和 *Sanduspis* sp. 等　　110.89 m

49—47. 中、上部为灰色水平纹层泥灰岩、砂质灰岩与灰绿色含粉砂质页岩互层；下部为黑色、灰色碳质页岩及砂屑灰岩。含三叶虫 *Olenus* sp.，*Prochungia* sp.，*Pseudagnostus* cf. *communis*，*P*. sp. 和 *Sanduspis gracilis* 等　　36.76 m

46—40. 灰绿色薄—中厚层砂质灰岩、纹层泥灰岩夹黄色薄层瘤状灰岩，粒屑灰岩及灰绿色粘土页岩。含三叶虫 *Prochungia* sp.，*Onchonotina* sp.，*Pseudoyuepingia modesta*, *Proceratopyge fenghwangensis*, *Sanduspis* sp. 和笔石 *Dictyonema* sp. 及 *Dendrograptus* sp. 等 99.82 m

39—36. 灰色泥灰岩、薄层灰岩、中薄层粉砂岩夹灰色砾屑灰岩及粉砂屑灰岩，底部为厚 2 m 黑灰色碳质页岩。含三叶虫 *Pseudagnostus* sp., *Lejopyge* sp., *Corynexochus* sp., *Sanduspis* sp., *Proceratopyeg* sp. 等 52.83 m

35—29. 灰色中厚层、块状砾屑灰岩、白云质灰岩、白云岩，夹薄层条带状微—细晶灰岩和泥质白云岩。含三叶虫 *Lejopyge* sp., *Phalacroma* sp., 和 *Pseadagnostus* sp. 37.42 m

28—27. 灰色薄、中层中晶灰岩，薄层白云岩及中层中—细晶砾屑灰岩。底部富含三叶虫 *Fenghwangella* sp., *Hypagnostus* sp. 等 7.5 m

26—24. 灰色中—厚层砾屑白云岩夹灰色中层条带白云质灰岩。顶部含三叶虫 *Lisania* sp. 和 *Hypagnostus* sp. 等 26.67 m

——————— 整 合 ———————

下伏地层：都柳江组　灰黑色碳质页岩夹深灰色中厚层碳质白云岩

【地质特征及区域变化】 本组分布于剑河南明—剑河—三都一线以东，主要由一套中厚层灰岩、泥灰岩夹少量页岩和碳质页岩及部分砾屑灰岩或砾屑白云岩组成。下部含三叶虫 *Lisania* 和 *Hypagnostus* 等；中部含三叶虫 *Phalacroma*, *Lejopyge*, *Sanduspis*, *Pseudagnostus* 等；中上部含三叶虫 *Proceratopyge fenghwangensis*, *Pseudagnostus communis* 及笔石 *Dendrograptus* sp.；上部含三叶虫 *Lotagnostus punctatus* 等。根据所含化石，本组为一穿时的中寒武世晚期和晚寒武世早、中期的岩石地层单位，与上覆三都组和下伏都柳江组为连续沉积，整合接触。

三都组 $\in_3 s$ (06-52-0322)

【创名及原始定义】 卢衍豪(1954)研究三都晚寒武世三叶虫时创名三都页岩。指该地含晚寒武世三叶虫的一套页岩。

【沿革】 钱义元(1961)首次沿用时称三都组，并称下伏地层为杨家湾组。中科院黔南地层队(1963)正式发表三都城郊寒武系剖面称三都页岩组，并将其分上、下两部分：上部以黄绿、灰黄及青灰色钙质页岩为主，夹薄层泥质灰岩或灰岩凸镜体，厚 256 m；下部以褐黄及黄绿色页岩为主，夹薄层泥质灰岩及钙质页岩，泥质灰岩中常具长条形砾石，厚度 464 m。上、下部富含三叶虫 *Lotagnostus*, *Hedinaspis* 和 *Proceratopyge* 等。贵州区调队五分队(1965)沿用三都组时，将下伏杨家湾组并入，称其下伏地层为都柳江组。沈志达(1976)和李善姬(1981)均采用贵州区调队(1965)划分意见。项礼文等(1981)和卢衍豪等(1982)沿用三都组时，采用钱义元(1961)和中科院黔南地层队(1963)划分意见。《贵州省区域地质志》(1987)将三都排招寒武系三都组剖面作为代表性剖面，并指出三都组主要由黄灰、青灰和灰色泥灰岩组成，其下伏地层为杨家湾组。本书采用该划分意见。

【现在定义】 指整合于杨家湾组与锅塘组之间的一套以黄灰、青灰色泥灰岩为主，下部夹薄层瘤状灰岩及砾屑灰岩，底部为厚层块状砾屑灰岩，富含三叶虫 *Hedinaspis*, *Sanduspis* 和球接子 *Lotagnostus* 等的地层序列。底以灰、深灰色薄层泥灰岩的消失和砾屑灰岩及泥灰岩夹中层砾屑灰岩的出现与杨家湾组分界。顶以青、灰绿色钙质页岩、泥灰岩的消失和泥晶灰岩的出现与锅塘组分界。

【层型】 正层型在三都县城附近。次层型为三都县城北约 6 km 的排招剖面(107°54′,

26°06′)，蔡英、尹恭正(1983)实测。次层型为三都县里略寒武系三都组实测剖面(06－52－0322－4－2)。三都县城北排招剖面层序如下：

上覆地层：锅塘组　灰色中、薄层泥质灰岩及灰岩互层

——————— 整　合 ———————

三都组　　总厚度 434.63 m

29—28. 上部为绿灰、青灰色薄层泥灰岩；下部为青灰、绿灰色钙质泥岩，具水平层纹构造，含三叶虫 *Charchaqia sanduensis*，*Sanduspis* sp.，*Macropyge*(*Promacropyge*)sp. 和 *Palaeoharpes* sp.　　117.44 m

27—23. 绿灰色薄层泥灰岩、泥晶灰岩，偶夹薄层瘤状泥晶灰岩，底部为厚 1 m 灰色厚层砾屑灰岩。含三叶虫 *Euloma*(*Proteuloma*) sp. 和 *Jegorovaia* sp. 等　　153.45 m

22—17. 中、上部为灰色薄层泥晶灰岩及灰、绿灰色薄层泥页岩，夹少量黄绿色页岩；下部为绿灰色页岩；底部为厚 1.5 m 灰色块状含砂质砾屑灰岩。含三叶虫 *Pseudagnostus* sp.，*Jegorovaia* sp.，*Euloma*(*Proteuloma*) sp.，*Acrocephalina* cf. *acuta*，*Guizhoucephalina* sp. 和 *Sanduspis* sp. 等　　68.83 m

16—12. 灰色中薄层灰岩、泥晶灰岩、泥灰岩夹中层砾屑灰岩、钙屑灰岩及少量黄色钙质页岩，底部为厚层、块状砾屑灰岩，含三叶虫 *Hedinaspis regalis*，*Jegorovaia* cf. *expansa*，*Charchaqia* cf. *sanduensis*，*Cyclolorenzella*? sp.，*Pseudagnostus* sp. 等，*Lotagnostus* sp. 等　　94.91 m

——————— 整　合 ———————

下伏地层：杨家湾组　灰、深灰色薄层泥灰岩夹薄层灰岩

【地质特征及区域变化】　本组分布于剑河南明—剑河—三都一线以东地区，主要由深灰、黄灰色泥质、粉砂质灰岩组成，夹少许砾屑、似竹叶状灰岩和钙质页岩及砂质页岩等。厚 450～600 m 左右。富含三叶虫 *Hedinaspis kueichouensis*. *H. regalis*，*Charchaqia sanduensis*，*Jegorovaia expansa*，*Acrocephalina* cf. *acuta*，*Niobella*，*Leiagnostus* 和 *Yuepingia* 等。根据所含化石，本组时代属晚寒武世，与上覆锅塘组和下伏杨家湾组整合接触。

桐梓组　O_1t　(06－52－0401)

【创名及原始定义】　源于 1940 年张鸣韶、盛莘夫于桐梓县城南 7 km 红花园村创名的“桐梓层”，1948 年刘之远介绍。指该地下部以灰色、黄灰色页岩为主，间夹薄层灰岩，富含三叶虫及腕足类化石；上部以深灰色薄层灰岩为主，间夹灰色、黄灰色、绿色页岩，含三叶虫等的一套地层。底部以一层灰白色砂质灰岩，夹有鲕状灰岩，与娄山关灰岩分界，二者呈不连续，顶与红花园灰岩呈整合接触。厚度约 80 m。

【沿革】　1956 年《中国区域地层表(草案)》改称桐梓组。1962 年张文堂沿用桐梓组与原含义相同。1964 年张文堂等①在原命名地重测桐梓红花园剖面，认为“桐梓层”底界之下有 8.5 m 的灰岩，含丰富的腕足类及三叶虫化石，其下才是娄山关群的白云岩，故将原底界下移至灰岩之底，此种划分意见沿用至今。

【现在定义】　指整合于娄山关组细晶白云岩之上、红花园组细—粗晶生物碎屑灰岩之下，

① 张文堂、许汉奎、陈旭、陈均远、袁克兴、林尧坤、王俊庚，1964，贵州北部的奥陶系，贵州北部的古生代地层——黔北地层现场会议，中国科学院南京地质古生物研究所。下同。

由灰—深灰色中至厚层夹薄层微—细晶白云岩和细—粗晶生物屑灰岩，夹砾屑、鲕豆粒白云岩，常含燧石团块或结核状，顶及下部夹灰、灰绿色页岩及钙质页岩组成，含三叶虫、腕足类等化石的一套岩层。

【层型】 正层型为桐梓县红花园剖面，位于桐梓县城南 7 km 红花园村东山坡（106°51′，28°05′），由贵州区调队三分队于 1975 年重测（《贵州省区域地质志》，1987，102 页）。

【地质特征及区域变化】 本组以不纯碳酸盐岩为主，夹少量粘土岩，以灰岩普遍含细小燧石颗粒或方解石团块为特征。底以薄—中厚层含大量生物碎屑灰岩出现与娄山关组的白云岩或毛田组的厚层致密灰岩及白云质灰岩分界。据正层型剖面，本组自下而上岩性可分四个部分。

底部：灰、深灰色薄—中厚层生物碎屑灰岩，以含大量生物碎屑为标志。富含三叶虫及腕足类等化石，厚 8.7 m。一般厚 10～20 m，务川三坑最厚达 55 m。在遵义—瓮安—镇远一线西南地区，多相变为白云岩，但局部仍可见大量生物碎屑。

下部：灰、灰绿、黄绿色页岩、钙质页岩夹灰色薄层或凸镜状细—中晶生物碎屑灰岩或泥灰岩，习称“桐梓页岩”，为黔北地区重要的含钾岩层。富含三叶虫及腕足类等化石。厚度为 12 m，一般厚 10 m 左右，务川三坑最厚达 31 m。除贵阳—毕节一线西南地区多为薄层泥质白云岩或泥云岩外，其他地区广泛分布，可作区域性的标志层。

中部：灰色中厚层微至细晶白云岩、泥质白云岩，间夹砾屑、鲕豆粒白云岩或白云质灰岩，普遍含燧石小结核或小凸镜体，化石稀少，沿河甘溪见丰富的叠层石。厚 60 m，一般为 50～80 m，沿河甘溪最厚达 153 m。由桐梓向东灰岩渐增，黔东北一带以灰岩为主，夹白云质灰岩及少量白云岩。

上部：浅灰、灰色薄及中厚层生物碎屑灰岩、层纹状泥质白云岩，夹黄绿色页岩及薄层鲕状生物碎屑灰岩，少量中厚层中粒石英砂岩，夹层上多下少。向东钙质砂岩及石英砂岩夹层增多，向东南页岩夹层减少，灰岩可渐变为白云岩。富含三叶虫及少量腕足类，黔东北地区尚产笔石。笔 24 m，一般为 20～30 m，道真平胜最厚达 54 m。

上述四部分岩性，在桐梓—思南—铜仁一线以北地区稳定，易于区分；该线以南，上部除偶见白云质砂岩或砂岩凸镜体外，中、上部均为白云岩不易区分时，本组只能分为底、下及中上三部分。黔西北及黔中等地，本组基本上全为白云岩，仅下部偶夹泥质薄片或泥云岩，与下伏娄山关组难于区分，主要以本组含泥质多、层间常夹泥质薄片、风化面为黄灰色、露头呈浑圆状、具微细层型及小型交错层理、含白云石及方解石小团块等特征，与下伏娄山关组顶部常含大量燧石团块、条带或硅质层的细—中晶白云岩区分。本组一般厚度为 100 m 左右，黔东北较厚，务川三坑厚达 225 m，黔西北较薄，毕节芭蕉沟厚仅 20 m。本组在贵阳—毕节以西属局限台地沉积，以东至松桃—凯里一线以西为开阔台地沉积，凯里—三都观音石一带为台地边缘地带。

本组底部产三叶虫 *Wanliangtingia* sp.，*Lohanpopsis* sp.，下部产三叶虫 *Dactylocephalus* sp.，*Asaphellus changi* 及顶部产三叶虫 *Tungtzuella* sp. 等，其时代为早奥陶世新厂期。

红花园组　O_1h　(06-52-0402)

【创名及原始定义】 源于 1940 年张鸣韶、盛莘夫于桐梓县城南 7 km 红花园村创名的“红花园石灰岩”。1948 年刘之远介绍。指整合于桐梓层之上的灰色厚层灰岩，性坚韧，时成结晶状，含灰白色块状、球状或凸镜状燧石。厚约 35～60 m。化石丰富，以头足类 *Cameroceras* sp. 为最多，次为腹足类、古杯类及腕足类，时代属下奥陶统。

【沿革】 1956年《中国区域地层表(草案)》称红花园灰岩。张文堂1962年称红花园石灰岩组，1964年在原命名地重测桐梓红花园剖面并改称红花园组。其岩性及生物群面貌与原始定义一致，并沿用至今。

【现在定义】 指整合于桐梓组灰岩夹页岩之上、湄潭组页岩之下，由灰、深灰色中至厚层夹薄层微至粗晶生物碎屑灰岩与波状泥质条带生物碎屑灰岩组成的韵律式沉积。下部偶夹页岩或薄层燧石，自下而上常含结核状或凸镜状燧石，富含头足类、海绵、三叶虫及腕足类等化石。

【层型】 正层型为桐梓红花园剖面，位于桐梓县城南7 km红花园村东山坡(106°51′，28°05′)，系贵州区调队三分队于1975年重测。

上覆地层：湄潭组 灰色薄片—板状粘土页岩夹灰色薄及中厚层生物碎屑灰岩。底部产笔石 *Didymograptus filiformis* 等

—————— 整 合 ——————

红花园组 总厚度32.8 m

25. 灰色中厚层微—细粒含波状泥质条带生物碎屑灰岩与厚层微—细粒生物碎屑灰岩组成三个半韵律，其中二、三韵律上部含少量不规则的燧石结核。产三叶虫 *Megalaspides* sp.；海绵 *Calathium* sp.；头足类 *Kerkoceras unicostatum*，*Belemnoceras* sp. 及腹足类、腕足类、苔藓虫等 17.4 m

24. 灰色中及厚层微—细粒生物碎屑灰岩，底部含波状泥质条带。产头足类 *Hopeioceras* sp.，*Corcanoceras*? sp.，三叶虫 *Psilocephalina*? sp. 及腹足类、腕足类等 7.6 m

23. 灰色中及厚层微—中粒生物碎屑灰岩，偶含燧石结核，下部含波状泥质条带，中、下部夹燧石凸镜体，底部夹黄绿色粘土页岩。产海绵 *Calathium* sp.，头足类 *Hopeioceras* sp.，三叶虫 *Psilocephalina* sp. 及腕足类等 4.3 m

22. 灰色中及厚层微—中粒生物碎屑灰岩，含灰色燧石结核或凸镜体，底部夹黄绿色粘土页岩及似层状燧石。产头足类 *Hopeioceras* sp.，腹足类 *Ecculiomphalus* sp.，腕足类 *Hesperonomia* sp. 等 3.5 m

—————— 整 合 ——————

下伏地层：桐梓组 黄绿色薄片状粘土页岩夹灰色薄及中厚层生物碎屑灰岩。产三叶虫 *Tungtzuella* sp. 等

【地质特征及区域变化】 本组以碳酸盐岩为主，以后期重结晶及含大量生物碎屑为特征。底以中厚层生物碎屑灰岩出现，与下伏桐梓组灰岩夹页岩或白云质灰岩、白云岩分界明显。岩性及生物群均较稳定，在贵阳—毕节一线以西及黔中等地，多为钙质白云岩或白云岩(后期白云岩化)，局部仍保留了含大量生物碎屑及头足类化石的特征。黔东北及黔南等地，中、下部夹多层白云质灰岩或白云岩。都匀—凯里一带含大量海绵，局部富集可形成滩礁。本组厚度变化不大，一般稳定在20～50 m之间；毕节一带小于20 m，思南东华溪及都匀绿荫桥可厚达140余米。本组在省内绝大部分地区属浅海开阔台地相沉积，东南部至凯里—三都一带为台地边缘滩相沉积。

据所含头足类 *Hopeioceras* sp.，*Corcanoceras* sp.，*Belemnoceras* sp.，三叶虫 *Psilocephalina* sp. 及海绵 *Calathium* sp. 等化石，时代为早奥陶世宁国早期。

湄潭组 O_1m (06-52-0403)

【创名及原始定义】 源于俞建章(1933)在湄潭城西北8 km五里坡创名的“湄潭页岩”。

指覆于含 *Cameroceras* 的宜昌灰岩之上，伏于 *Lesneurilla* 层之下，含 *Phyllograptus wulipoensis* 的绿色页岩层。厚度不详。时代属早奥陶世晚期。

【沿革】 1940 年张鸣韶、盛莘夫将"湄潭页岩"称马路口页岩。1945 年王钰、1959 年卢衍豪、1962 年张文堂沿用湄潭页岩，1948 年刘之远称仰天窝页岩，均与原含义相同。1964 年张文堂等在原命名地重测剖面，认为俞氏(1933)称的 *Lesneurilla* 层是瘤状泥质灰岩，极不稳定；*Yangtzeella* 出现的层位上下均有，且不宜用化石名称命名地层单位，另外 *Lesneurilla* 层之上下岩性相近，又产同一种化石(*Phyllograptus*)。因此将顶界上移至 *Yangtzeella* 层中部(即该层砂、页岩之顶)，将原称的"湄潭页岩"、"*Lesneurilla* 层"及"*Yangtzeella* 层"中下部砂页岩合并称湄潭组，作为红花园组之上，十字铺组之下的地层。该含义沿用至今。

【现在定义】 指整合于红花园组厚层生物碎屑灰岩之上、十字铺组灰岩及鲕豆粒灰岩之下的一套地层，以灰绿、黄绿色页岩、砂质页岩为主夹泥质灰岩及薄层砂岩，中部常为数十米厚的瘤状灰岩，富含笔石、三叶虫及腕足类等化石。

【层型】 正层型为湄潭县五里坡剖面，位于湄潭县城西北 8 km 五里坡(107°28′,27°48′)，张文堂等于 1964 年重测(贵州地层古生物工作队，1977 年《西南地区区域地层表·贵州省分册》，112 页)。次层型为桐梓县红花园剖面，贵州区调队三分队于 1975 年实测。

【地质特征及区域变化】 本组以碎屑岩、粘土岩为主，夹不纯碳酸盐岩，富含化石为特点。以页岩出现与下伏红花园组的厚层生物碎屑灰岩分界清楚。在层型剖面上本组自下而上可分三个岩性段。

第一段：灰黄、灰绿及蓝灰色页岩，富含笔石、三叶虫及腕足类等化石，厚 63 m。其余地区尚夹粉砂质粘土岩、砂质页岩，近底部常夹数层厚度为 0.2～1 m 的灰色薄层或凸镜状生物碎屑灰岩。向东灰岩夹层增多，层次增厚；向西砂质增高，毕节—赫章一带夹多层长石石英砂岩或铁质砂岩。本段厚度多在 100 m 左右，毕节芭蕉沟最厚为 153 m，黔中地区厚度略薄。

第二段：深灰色瘤状灰岩，含腕足类及腹足类等化石，厚 20 m。其余地区多为中至厚层微至粗晶灰岩、泥质条带灰岩，夹少量砂质页岩及钙质粉砂岩等。夹层西多东少，灰岩向东增厚。本段一般厚 20～50 m。

第三段：灰黄色砂质页岩夹薄层砂岩、灰黑色页岩及灰色薄层泥质灰岩，富含笔石、三叶虫及腕足类等化石，厚 31 m。西部毕节一带砂岩增多，为含长石石英砂岩，向东砂粒减小，含量降低，多为粉砂岩或泥质粉砂岩。黔西北、黔北及黔中等地，顶部尚夹多层灰色薄—中厚层泥质条带生物碎屑灰岩(或呈凸镜体)。本段厚度多为 100 m 左右，毕节芭蕉沟最厚为 153 m。

本组岩性三分清楚，一、三段以页岩为主，岩性稳定；二段以灰岩为主，岩性变化较大。西部赫章杉树林一带仅保留第一段。北部遵义—湄潭—石阡一线以南砂质减少，厚度逐渐减薄。黔中大方—息烽一线以南和织金—修文一线以北地区本组缺失。向东灰岩夹层增多，与大湾组逐渐过渡。厚度一般为 200 m 左右，湄潭五里坡最薄，仅 115 m，毕节芭蕉沟最厚达 338 m。本组在桐梓—金沙一线以西为陆源碎屑滩相，以东至印江—余庆—都匀一线以西为内陆架相沉积。

本组生物十分丰富，有笔石、三叶虫、腕足类、头足类及腹足类等，笔石分带明显，三叶虫次之。所含笔石下部为 *Didymograptus filiformis*, *D. eobifidus*, *D. deflexus*, *Azygograptus suecicus*；上部为 *Glyptograptus sinodentatus minor*, *G. austrodentatus*，时代为早奥陶世宁国中晚期。

大湾组　O_1d　(06－52－0404)

【创名及原始定义】 源于 1956 年张文堂、李积金等于湖北宜昌县分乡场女娲庙大湾村南

1.5 km 创名的“大湾层”。原始定义:大湾层(约 11 m)以灰绿色瘤状石灰岩为主,间夹有薄层秽绿色页岩多层,产腕足类、笔石、三叶虫。与上覆扬子贝层、下伏 *Cameroceras* 石灰岩均呈整合接触。

【沿革】 1959 年中国科学院黔南地层队在黔南首次使用大湾组,认为都匀、麻江一带位于泥盆系或志留系平行不整合面之下、红花园石灰岩之上的紫红、灰绿、灰色泥质灰岩、瘤状灰岩夹页岩,应称大湾组。嗣后,省内外有关单位在黔南及黔东北广泛使用该含义的大湾组。1974 年中科院南古所,曾将黔东北一带的大湾组改称紫台组,但未被采用。

【现在定义】 为一套富含腕足类、三叶虫和笔石等的泥质较高的碳酸盐岩地层,下部为灰、灰绿色薄至中厚层瘤状泥质灰岩夹黄绿色页岩;中部为紫红色灰岩及灰色瘤状泥质灰岩;上部为灰色泥质瘤状灰岩与黄绿色页岩互层或夹层。与上覆牯牛潭组中厚层灰岩和下伏红花园组深灰色厚层含头足类的生物碎屑粗晶灰岩均呈整合接触。

省内含义为整合于红花园组厚层生物碎屑灰岩之上、宝塔组厚层灰岩之下(或平行不整合于志留系之下)的一套灰绿、黄绿夹紫红色钙质泥页岩夹薄至中厚层瘤状灰岩、泥质灰岩、泥灰岩及粉砂岩。富含头足类、三叶虫、笔石及腕足类等化石。

【层型】 正层型在湖北宜昌分乡场。省内次层型为沿河甘溪剖面,穆恩之等,1972 年实测①。沿河甘溪剖面大湾组层序如下:

上覆地层:宝塔组 深灰—灰黑色(上部夹紫灰色)中厚层灰岩

——————— 整 合 ———————

大湾组 总厚度 260.3 m

26—25. 黄绿色含云母粉砂质泥岩,夹少量粉砂岩及灰岩凸镜体。含三叶虫 *Ningkianolithus* sp., *Hanchuangolithus* sp.;腕足类 *Tritoechia* sp., *Sinorthis* sp.;笔石 *Didymograptus* sp., *Glyptograptus* sp. 等 62.4 m

24—23. 黄绿色泥质粉砂岩,夹同色页岩。含三叶虫 *Encrinurella* sp., *Megalaspides* sp.;腕足类 *Yangtzeella* sp., *Lepidorthis* sp. 及笔石 *Glyptograptus austrodentatus*, *Didymograptus* sp. 等 50.7 m

22. 黄绿色云母页岩,底部夹灰质条带及砂质条带。含笔石 *Didymograptus nexus*, *D.* cf. *nicholsoni*, *D.* cf. *uniformis*, *Tetragraptus* sp.;三叶虫 *Neseuretus* sp., *Eucalymene* sp. 等 13.8 m

21. 黄绿色中厚层网眼状泥灰岩,层间夹页岩及泥质条带。含头足类 *Protocycloceras deprati*, *Orthoceras seihekiense*, *Kotoceras typicum* 及腕足类 *Yangtzeella poli* 等 27.8 m

20. 紫红色夹黄绿色泥质灰岩和不规则钙质页岩及泥质条带。含头足类 *Bathmoceras* sp., *Sactorthoceras* cf. *makkolense*, *Dideroceras* sp.;三叶虫 *Eucalymene* sp. 及腕足类 *Yangtzeella* sp. 等 23.1 m

19. 黄绿色页岩夹薄层含云母砂质页岩及灰质条带。盛产笔石 *Phyllograptus anna longus*, *P. ilicifolius*, *Didymograptus inflexus*, *D. kurcki*, *Azygograptus suecicus*, *A. undulatus*;三叶虫 *Liomegalaspides* sp.;腕足类 *Mimella* cf. *formosa*, *Sinorthis typica*, *Desmorthis* sp., *Yangteella* sp. 等 48.2 m

18. 紫红、黄绿等杂色泥灰岩,夹薄层同色页岩,下部夹钙质泥岩。含三叶虫及腕足类 8.9 m

① 中国科学院南京地质古生物研究所西南队奥陶系组,1977,西南地区奥陶系基础剖面论述。地层古生物 8 期,50~53 页。

17. 黄绿色页岩，质地较纯，下部富含钙质。含笔石 *Phyllograptus densus*，*P. ilicifolis*；三叶虫 *Eucalymene* sp.，*Megalaspides* sp.，*Taihungshania* sp.；腕足类 *Paurorthis typa*，*Mimella meitanensis*，*Yangtzeella* sp.，*Doloresella* sp. 等 12.1 m

16. 灰色中厚层泥质条带灰岩。含腕足类 *Punctolira resupinata*，*Clarkella unsulcata*，*Paurorthis typa* 等 2.9 m

15. 黄绿色页岩，富含腕足类、笔石及三叶虫。含笔石 *Didymograptus extensus*，*D. affinis*，*D. nicholsoni*；腕足类 *Paurorthis typa*，*Yangtzeella* sp.；三叶虫 *Megalaspides* sp.，*Eucalymene* sp. 等 4.3 m

14—13. 灰色薄层或中厚层灰岩夹黄绿色页岩或泥质条带。含笔石 *Didymograptus inflexus*，*D. deflexus*，*D. aequabilis*；腕足类 *Punctolira resupinata*，*Leptella leptelloidea*，*Paurorthis typa* 等 6.1 m

———— 整 合 ————

下伏地层：红花园组　深灰色厚层硅质灰岩，富含头足类 *Manchuroceras* sp. 等

【地质特征及区域变化】 本组以紫红、灰绿、黄绿色不纯灰岩夹粘土岩及粉砂岩，富含头足类、三叶虫及笔石为特征。底以杂色泥质灰岩夹钙质页岩或互层出现，与下伏红花园组厚层生物碎屑灰岩分界明显。据沿河甘溪剖面，本组自下而上可分三个岩性段。

第一段(13—19 层)：黄绿色页岩夹灰色中厚层泥质条带灰岩、紫红及杂色泥灰岩、含云母砂质页岩等。底部常夹数层泥质条带灰岩，富含笔石、三叶虫及腕足类等化石。厚 82 m，黔东北地区一般厚 60～90 m，黔南地区一般不足 40 m，都匀绿荫桥仅残留 20 余米。本段以色杂、泥质多为特点。

第二段(20—21 层)：紫红夹黄绿色中厚层泥质条带灰岩、泥灰岩，层间夹钙质页岩，富产头足类、腕足类及三叶虫，厚 51 m，一般厚 30～50 m，黄平克马塘最厚达 100 m。本段以色呈紫红、暗红色，岩石层次较厚，地貌上常呈陡坎为特点。

第三段(22—26 层)：黄绿色泥质粉砂岩、粉砂质泥岩间夹页岩、钙质粉砂岩，顶部常夹灰岩凸镜体，产笔石、三叶虫及腕足类等化石。厚 127 m，一般厚 100 m 左右，印江后坝最厚达 169 m，黔南多残留，不全，厚度小于 100 m。本段以黄绿色并含粉砂为特点。

本组分布于黔东地区，岩性稳定、三分清楚，各段厚度互为消长，可与湄潭组的三个岩性段相对应。在沿河—思南—余庆—贵定一带与湄潭组相变；在丹寨—三都一带与同高组相变。本组在黔东北一带出露较全，厚 220～270 m，向南减薄且由上向下逐层缺失；黔南及黔东南地区多保留一、二段，局部地区第一段不全，厚度变化较大，一般小于 150 m。本组主要属缓坡相沉积。

生物群面貌更接近壳相，笔石不发育，头足类丰富，主要见于第二段。据所产笔石 *Didymograptus deflexus*，*Azygograptus suecicus*，*Glyptograptus austrodentatus* 及头足类 *Protocycloceras deprati* 等，时代为早奥陶世宁国中晚期。

十字铺组　$O_{1-2}\hat{s}$　(06-52-0405)

【创名及原始定义】 源于 1928 年乐森玥在遵义市西北 6 km 董公寺与飞来石之间的十字铺村创名的“十字铺页岩”。其上、下均为断层，厚度 12.5 m。按岩性可分三部分：上部为浅黄色坚硬的砂质页岩，厚 6.5 m，产海林檎及三叶虫；中部为褐黄色软质页岩及铜青色鲕状灰岩，厚 4 m，含腕足类甚多；下部为浅褐色软质页岩夹浅灰色薄层页岩，厚 2 m，未见化石。时代为

中奥陶世兰代洛期。

【沿革】 1930年丁文江在黔北所称的仰天窝页岩及1933年俞建章所称的扬子贝层都包括了"十字铺页岩"。1940年张鸣韶、盛莘夫曾用十字铺页岩，指马路口页岩之上、马蹄石灰岩之下的地层。1956年《中国区域地层表(草案)》所称的十字铺组相当乐氏(1928)"十字铺页岩"之下的地层。1959年卢衍豪称十字铺统。1962年张文堂改称十字铺组，底界比张、盛(1940)所划的十字铺页岩要高。1964年张文堂在原命名地重测十字铺组剖面，明确该组"位于湄潭组之上，宝塔组之下，以钙质页岩为主，底部常有2～7 m的灰岩，总厚度约20 m，产三叶虫、笔石、腕足类及海林檎等化石，时代为中奥陶世"。1974年中科院南古所将上述十字铺组底部2～7 m灰岩称牯牛潭组，其上称十字铺组(狭义)。1974年以来前述两种划分意见均有引用。本书采用张文堂等(1964)厘定的含义。

【现在定义】 指整合于湄潭组砂质页岩之上、宝塔组龟裂纹灰岩之下的一套灰、黄灰、绿色砂质页岩、钙质页岩、泥岩、泥灰岩、泥质灰岩，底部常为数米厚的厚层灰岩或鲕豆状灰岩。由下向上砂泥质增多，钙质减少。富含笔石、三叶虫、腕足类，次为头足类及海林檎等化石。

【层型】 正层型为遵义市董公寺十字铺剖面，位于遵义市西北6 km十字铺村西(106°53′,27°43′)，龚联瓒、王钢1981年重测。层序如下：

上覆地层:宝塔组　底部为灰、灰红色厚层块状生物碎屑灰岩，其上为龟裂纹灰岩

———————— 整　合 ————————

十字铺组　　总厚度30.8 m

11. 黄色、砖红色薄层页岩，含白色粘土质断续条带，产腕足类 *Nicolella actoniae*, *Bellimerina* sp.，三叶虫 *Birmanites hupeiensis* 及海林檎等　　2.8 m

10—9. 黄色或黄绿色薄层微含粉砂质钙质页岩，偶含泥质灰岩。产笔石 *Gymnograptus linnarssoni*, *Glyptograptus teretiusculus*；三叶虫 *Calymenesun tingi*, *Birmanites hupeiensis*, *Lonchodomas yohi*, *Ampyx abnormalis*；腕足类 *Leptellina sinensis*, *Bellimurina rudis*，海林檎 *Sinocystis* sp. 等　　9.0 m

8—6. 灰—灰绿色或黄灰色薄层含粉砂质钙质泥岩或页岩，含少量泥质结核。产笔石 *Gymnograptus linnarssoni*, *Dicellograptus divaricatus salopiensis*, *Didymograptu seuodus*, *Climacograptus* sp.；三叶虫 *Hastiremopleurides shihtzupuensis*, *Birmanites hupeiensis*, *Illaenus kueichouensis*；腕足类 *Glyptorthis insculpta*, *Leptellina sinensis* 海林檎、牙形石等　　11.7 m

5—4. 黄灰色薄层泥灰岩，产笔石 *Glyptograptus* cf. *turgidus*, *Zigzagigraptus* sp., *Dendrograptus* sp.；三叶虫 *Calymenesun tingi*, *Metopolichas sinensis*；腕足类 *Porambonites triquetrus*, *Bellimurina rudis* 及海林檎、头足类等　　4.6 m

3. 灰色厚层粘土质条带灰岩。产头足类 *Dideroceras* cf. *endocylindricum*；腕足类 *Lingulella* sp. 等　　0.9 m

2. 灰色风化后为红灰色中厚层含铁鲕粒灰岩。产牙形石　　0.6 m

1. 灰色厚层含生物碎屑灰岩。产腕足类 *Leptellina sinensis*, *Tetraodontella* sp.；三叶虫 *Megalaspides* sp. 等　　1.2 m

———————— 整　合 ————————

下伏地层:湄潭组　褐黄、棕黄色薄层砂质页岩、云母质粗砂质页岩及云母页岩。产腕足类及笔石

【地质特征及区域变化】 本组以不纯碳酸盐岩为主，由下向上钙质减少，泥质增多，层次减薄。以厚层灰岩或鲕、豆粒灰岩出现，与下伏湄潭组的砂、页岩夹薄层泥质灰岩分界，标志明显。据正层型剖面自下而上可分三部分。

下部（或底部）：灰、灰红色厚层灰岩，其间夹 0.6 m 和含铁鲕粒灰岩，含头足类、腕足类及三叶虫等化石，厚 2.7 m。该部分岩性稳定，但厚度变化较大，一般小于 10 m，向东增厚，遵义四坎脚最厚达 22 m。

中部（或本部）：灰、灰黄色薄至厚层泥质灰岩及泥灰岩（或钙质泥岩），向上层次减薄，泥质增加，富含笔石、三叶虫及腕足类等化石，厚 21.7 m。该部分为本组的主体岩性，泥质多，风化后常成钙质页岩（如湄潭五里坡），一般厚 10～20 m，遵义四坎脚最厚达 38 m。

上部（或顶部）：黄、灰黄或黄绿色页岩、钙质页岩、粉砂质钙质页岩，富含笔石、三叶虫及腕足类等化石，厚 6.4 m。该部分仅见于遵义附近，厚度均小于 10 m。

本组主要分布于黔北地区，黔东南施秉齐家坝及凯里万潮荷花村等地零星出露。上述三部分岩性常为渐变过渡，下部较稳定，中、上部不易区分，多数地区只能分为下部及中上部两部分。向东下部灰岩逐渐增厚，黔东北地区中上部全为厚层灰岩，偶见小型龟裂纹。与宝塔组不易区分，统称宝塔组。本组在遵义董公寺—四坎脚一带最厚达 30～60 m，一般小于 20 m，桐梓三岔最薄仅 3 m，遵义以南剥蚀殆尽。本组为开阔台地相碳酸盐泥坪沉积。

据下部头足类 *Dideroceras wahlinbergi*, *Meitanoceras* sp.，中、上部笔石 *Glyptograptus tertiusculus*, *Gymnograptus linnarssoni* 及下垂类对笔石、三叶虫 *Birmanites hupeiensis*, *Claymenesun tingi* 等，其时代为早奥陶世宁国晚期至中奥陶世胡乐期。

宝塔组 $O_{1-3}b$ （06－52－0406）

【创名及原始定义】 源于 1924 年李四光、赵亚曾于湖北秭归新滩龙马溪雷家山创名的“宝塔石灰岩”。原始定义为：“一种致密灰色石灰岩，几米厚，以含多量巨大直角石即 *Orthoceras sinensis* 个体为特征。”

【沿革】 1929 年丁文江等将黔北这段岩层称“马蹄石灰岩”（风化面形如马蹄印）。1933 年俞建章称“直角石灰岩”。1940 年张鸣韶、盛莘夫称马蹄石灰岩或塔石灰岩。1945 年王钰等称“龟裂纹石灰岩”。1959 年卢衍豪首次将宝塔石灰岩一名引入贵州，将顶部分出涧草沟层，其下称宝塔石灰岩。张文堂 1962 年称马蹄石灰岩组，1964 年改称宝塔组。1974 年中科院南古所在黔北称为马蹄组，黔东北一带据生物将宝塔组上部分出梅江组，下部分出大田坝组，其间为缩小后的宝塔组。1987 年王钢等在黔北将十字铺组之上，涧草沟组之下的一套岩层称宝塔组；黔东北无十字铺组地区，则将牯牛潭组之上，涧草沟组之下的地层称宝塔组，将十字铺组全为灰岩的岩层包括在内（相当于 1974 年南古所称的梅江组、宝塔组、大田坝组三组之和）。本书使用张文堂（1964）宝塔组含义。

【现在定义】 指整合于庙坡组黑色页岩之上、龙马溪组黑色页岩之下的一套岩层，含海生动物化石鹦鹉螺类、三叶虫等，上部以灰带灰绿色泥质瘤状灰岩为主；下部以中厚层、厚层紫红、灰绿色“龟裂纹”灰岩为主，夹薄层泥质灰岩。

省内现含义为，整合于十字铺组钙质页岩（泥灰岩）或大湾组砂、页岩之上，龙马溪组黑色碳质页岩之下，岩性为灰、浅灰、浅紫略带肉红色中厚层至厚层龟裂纹灰岩、厚层灰岩及泥质灰岩，下部龟裂纹少而不明显，中上部明显，富含头足类及少量三叶虫，顶部（原称涧草沟组）常为瘤状泥质灰岩、泥灰岩或钙质页岩。

【层型】 选层型为湖北秭归新滩下滩头沿江剖面。省内次层型为毕节燕子口(下水)剖面(06-52-0406-4-1),沿河甘溪剖面[①] (06-52-0406-4-3)(穆恩之等,1972年实测)。沿河甘溪剖面宝塔组层序如下:

上覆地层:**龙马溪组** 风化后呈灰白色泥岩,夹薄层黄褐色笔石页岩

——————— 整 合 ———————

宝塔组 总厚度 58.0 m

31. 黄色钙质页岩(实为泥灰岩),含三叶虫 *Nankinolithus* sp.,*Hammatocnemis decorosus*,*Calymenesun* sp.;腕足类 *Foliomenafolium*,*Trimurellina incerta* 等 3.2 m
30. 浅灰至灰色条带状或网眼状灰岩,夹小型干裂纹灰岩,富含头足类 *Richardsonoceras* sp.,*Sinoceras* sp.,*Michelinoceras yui*;三叶虫 *Illaenus* sp.,*Hammatocnemis* sp. 等 14.1 m
29. 浅灰色干裂纹灰岩,富含头足类 *Sinoceras chinese*,*Michelinoceras* sp.,*Eosomichelinoceras* sp. 等 13.7 m
28. 灰色泥质条带灰岩,夹小型干裂纹灰岩,含头足类 *Cyclotituites* sp.,*Lituites ningkiangense*,*Dideroceras endocylindricum* 等 3.1 m
27. 深灰至黑色灰色(上部夹紫灰色)中厚层灰岩,含头足类 *Dideroceras peiyangense*,*Protocycloceras guangyinqiaoense*;腕足类 *Yangtzeella* sp. 等 23.9 m

——————— 整 合 ———————

下伏地层:**大湾组** 黄绿色含云母粉砂质泥岩,夹同色粉砂岩及灰岩凸镜体

【地质特征及区域变化】 本组以具龟裂纹的碳酸盐岩及含丰富的头足类化石为特点。黔北地区以龟裂纹灰岩与下伏十字铺组的泥灰岩或钙质页岩分界,岩性及生物群面貌均与典型地区相同,厚度在30 m左右;黔东北地区以厚层灰岩与下伏大湾组的砂、页岩分界,该区因黔北的十字铺组已全部相变为厚层灰岩,与上覆地层岩性无法区分,故均划入本组。厚度多在40 m以上,松桃来龙山最厚达80 m。本组有由北向南逐渐减薄的趋势,至遵义—余庆—施秉—线以南缺失。属开阔台地相沉积。

据黔北所产头足类 *Sinoceras chinense*,*Richardsonoceras scofieldi* 及顶部三叶虫 *Nankinolithus* sp. 等,其时代为中奥陶世浠江期至晚奥陶世石口期;黔东北底部产头足类 *Dideroceras* sp.,*Protocycloceras* sp.,下部产头足类 *Lituites* sp.,中上部所产化石与黔北相同,其时代为早奥陶世宁国晚期—晚奥陶世石口组。

黄花冲组 $O_{1-3}hh$ (06-52-0407)

【创名及原始定义】 1974年中科院南古所在贵阳市东北10 km的乌当黄花冲创名。指位于下奥陶统与下志留统之间的一套石灰岩,其顶部产雷氏角石及珊瑚、腹足类等化石。代表全部中奥陶统,其上缺失上奥陶统。

【沿革】 1976年贵州区调队四分队1:20万贵阳幅将本组上部产晚奥陶世珊瑚的厚10余米灰岩分出另建"龙井组",其下称黄花冲组。1976年高道德[②]、1981年王汝植[②] 称宝塔组。

---

① 中国科学院南京地质古生物研究所,1977,西南地区奥陶系基础剖面论述。地层古生物8期53页(内刊)。
② 高道德,1976,贵州省各时代地层总结——贵州的奥陶系,贵州省地质局。
② 王汝植,1981,西南地区地层总结——奥陶系,地质部成都地质矿产研究所。

1980 年贵州区调队二分队 1：20 万息烽幅及 1987 年王钢等所用的黄花冲组均与原始含义相同。本书采用该含义。

【现在定义】 系指整合于湄潭组泥质灰岩夹钙质页岩之上、平行不整合于高寨田组砾状灰岩(底砾岩)之下的一套灰、浅灰、灰紫色厚层至块状微晶灰岩、生物屑灰岩,局部含紫红色或灰绿色泥质斑块,上部因重结晶常为细—中晶灰岩,富含头足类、珊瑚及介形虫等化石。

【层型】 正层型为贵阳市乌当黄花冲剖面,位于贵阳市东北 10 km 乌当黄花冲(107°48′, 26°38′),系贵州区调队四分队于 1976 年重测(《贵州省区域地质志》,1987,108 页)。

【地质特征及区域变化】 本组为一套质地较纯的灰岩组成,含大量生物碎屑(多为藻屑),缝合线发育,具灰绿、紫红色泥质斑块,层间时夹泥质薄条带而显“链状”构造,富含珊瑚、头足类及介形类化石。底以较纯的灰岩出现与湄潭组的砂页岩或泥质灰岩夹钙质页岩分界。本组分布于贵阳—龙里—贵定一带,由乌当黄花冲向北至乌当白岩,厚度减薄为 35 m。上部白云岩化明显,底部为含鲕状赤铁矿的生物碎屑灰岩(与黔北十字铺组底部岩性相似);向东至龙里洗马河厚度为 113 m,颜色偏浅,层次多为块状,具弱白云岩化,整合于烂木滩组的硅化灰岩及薄层硅质岩之上;至贵定一带残存厚度仅 10 余米。属开阔台地相沉积,并具滩相特征。

据本组所含珊瑚 *Yohophyllum kueiyangense*, *Calostylis loai*, *Amsassia minima*, *Protaraea guiyangensis*, *Plasmoporella intermedia*, *Heliolites orientalis* 等及头足类 *Dideroceras wahlenbergi*, *Richardsonoceras* 等,时代为早奥陶世宁国晚期—晚奥陶世石口期。

锅塘组 ∈Og (06-52-0408)

【创名及原始定义】 1959 年中国科学院黔南地层队于三都城西锅塘附近创名(1963 发表)。下部为灰岩与页岩互层,上部以条带灰岩为主,厚 522 m,富产三叶虫及笔石。时代虽然和桐梓组相当,但岩性及化石差别很大。

【沿革】 1962 年张文堂曾用锅塘组。1965 年贵州区调队五分队在 1：20 万都匀幅区调中发现在原划同高组底部的钙质砂岩实为粉砂质白云岩,系锅塘组顶部白云岩的相变,应划入锅塘组。1977 年穆恩之、朱兆玲等所称锅塘组与原始含义相同,并将其上的钙质砂岩另建五里关组;1983 年、1987 年王钢等将五里关组改称五里关段,划归锅塘组顶部。1988 年王钢、张碧志将锅塘组底部划归三都组,下部另建三合镇组,其上称锅塘组(狭义)。本书采用 1965 年贵州区调队五分队厘定的锅塘组含义。

【现在定义】 指整合于三都组钙质页岩或泥灰岩之上、同高组页岩之下的一套岩层。由灰黄、灰色薄层泥质条带泥晶灰岩、泥质灰岩夹多层泥晶砾屑灰岩和少量含生物碎屑泥晶灰岩及钙质页岩,顶部微—细晶白云岩或白云质砂岩组成。含丰富的三叶虫及少量笔石等化石。

【层型】 正层型为三都锅塘剖面,位于三都中学向西至铁工厂西约 1.5 km(107°52′, 25°59′),系中科院黔南地层队 1959 年实测(黔南地层会议——贵州都匀、独山和三都一带古生代地层,31—33 页)。次层型为三都中学剖面(06-52-0408-4-2),由龚联瓒、焦惠亮等 1982 年实测。

【地质特征及区域变化】 本组仅分布于三都一带,以不纯碳酸盐岩及砾屑灰岩夹钙质粘土岩为特点。以泥质灰岩或泥质条带灰岩与下伏三都组钙质页岩或泥灰岩整合分界。据正层型剖面及三都中学剖面,本组自下而上可分五个岩性段。

第一段:灰、深灰色页岩夹薄层泥质条带灰岩,厚 80 m;三都中学剖面为灰至深灰色薄层泥质泥晶灰岩夹钙质页岩及少量中厚层砾屑灰岩,厚 122 m。均富含三叶虫及笔石化石。向北泥质减少、厚度渐薄。

第二段：灰色薄层泥晶灰岩间夹钙质页岩，下部夹层少，上部夹层多，厚 218 m；三都中学剖面为灰至深灰色薄至中厚层泥质条带泥晶灰岩，顶为 2 m 厚的砾屑灰岩，厚 142 m。含少量三叶虫及笔石。

第三段：灰色条带状灰岩，夹 3～4 层角砾状灰岩，生物稀少，偶见三叶虫及笔石，厚 112 m；三都中学剖面为灰色薄层泥灰岩夹薄层砂、泥质条带泥晶灰岩及“饼状”泥晶灰岩凸镜体。富含三叶虫及笔石，厚 160 m。

第四段：灰至深灰色或灰黑色条带状灰岩及豹皮状灰岩，含三叶虫及笔石，厚 103 m；三都中学剖面为灰至深灰色厚层至块状含白云质泥质泥晶灰岩，白云质、泥质分布不均，常呈条带或网眼状、似豹皮状，夹 5 层(0.5～2 m)厚层竹叶状砾屑灰岩，偶见头足类化石，厚 98 m。向北(西)白云质含量逐渐增高，为薄至中厚层泥质白云岩或粗晶白云岩。

第五段：正层型剖面及三都中学剖面均出露不全，为微红色石英砂岩夹灰绿色砂质页岩、页岩，产三叶虫，厚度大于 8 m。三都城北五里关出露较好，为灰、浅灰色至灰黄色薄层粉砂岩及细砂岩夹钙质泥质砂岩、粉砂质泥灰岩及生物碎屑灰岩凸镜体，砂岩中虫迹发育，化石稀少，厚约 60 m。在三都下燕高顶、底均为石英砂岩，其间为泥质泥晶白云岩，厚 47 m。向北顶部出现灰岩夹层，至三都普安羊冬一带为厚约 12 m 的灰白色细晶生物碎屑灰岩，其下为泥质白云岩。

本组五个岩性段之间为渐变过渡，厚度互为消长。第一至第三段岩性稳定，含泥质较多；第四段以含白云质为特点，风化面常呈豹皮状，向北至三都水牛、羊冬一带相变为含泥质的白云岩；第五段岩性变化较大，常呈凸镜体。本组向北至三都观音石一带与桐梓组相变，厚度减薄，三都锅塘及中学一带厚度大于 522 m，城北大塘为 370 m，至水牛仅 300 m。为台地边缘斜坡—深水陆架相沉积。

据本组第一段产三叶虫 *Hedinaspis kueichouensis*，*Yuepingia* sp.，*Euloma* sp.；笔石 *Dictyonema flabelliforme*，*D. jugatum* 及第四段产三叶虫 *Szechuanella* sp. 及笔石 *Callograptus* cf. *taitzehoensis*，*Herrmannograptus uniformis* 等，其时代为晚寒武世凤山晚期—早奥陶世新厂期。

同高组　O_1tg　(06－52－0409)

【创名及原始定义】　源于 1959 年中国科学院黔南地层队于三都城北 4 km 大塘附近创名的“同高页岩组”(1963 年发表)。岩性为绿色页岩，底部有棕黄色细砂岩，厚度 240～260 m。富含笔石和极少量的甲壳类及腕足类。其时代虽然和大湾组相当，但岩性及化石均有不同。

【沿革】　1965 年贵州区调队五分队 1∶20 万都匀幅区调认为黔南地层队(1959)所划的同高页岩组与猴塘灰岩组之间为断层接触，后者实为锅塘组的岩性重复，应废弃猴塘灰岩组，将同高组顶界上移至与志留系翁项群之间的平行不整合处，底界放在原同高页岩底部砂岩之顶，并改称同高组。明确该组岩性为下部页岩；上部粉砂岩夹页岩；顶部为灰岩及硅化灰岩。1977 年穆恩之、朱兆玲等使用的同高组只相当于 1∶20 万都匀幅所划的同高组下部，并于上部建立杨能寨组，顶部建立烂木滩组。1983 年王钢、焦惠亮① 明确同高组为位于锅塘组之上、烂木滩组之下的岩层，与 1∶20 万都匀幅报告中所划的同高组上、下两部分相当。本书采用王

① 王钢、焦惠亮，1983，黔南三都地区的奥陶系。贵州区域地质，1983 年第 1 期。

钢、焦惠亮(1983)明确的含义。

【现在定义】 指整合于锅塘组细砂岩或钙质砂岩之上、烂木滩组紫红色微至细晶灰岩之下的一套岩层。下部为蓝灰、灰绿和黄绿色页岩;上部灰绿、黄绿色页岩、粉砂质页岩及薄层钙、泥质粉砂岩。富含笔石及少量三叶虫及腕足类等化石。

【层型】 正层型为三都大塘剖面,位于三都县城北 4 km 大塘附近(107°52′,26°01′),中科院黔南地层队于 1959 年实测(黔南地层会议——贵州都匀、独山和三都一带古生代地层,33—35 页)。因该剖面上部被断层所截,另以三都下燕高剖面(06-52-0409-4-2)为次层型,位于三都县城西北 8 km 下燕高西沟中(107°49′,26°02′),由龚联瓒、焦惠亮等 1982 年实测(《贵州省区域地质志》,112—113 页)。

【地质特征及区域变化】 本组仅分布于三都附近,以粘土岩为主,向上含粉砂质及钙质,单层略厚,富含笔石。以页岩出现与下伏锅塘组的石英砂岩或砂质白云岩分界清楚。据三都下燕高剖面,本组可分两个岩性段。

下段:灰绿、黄灰及蓝灰色粘土页岩,质纯细腻,含少量泥质团块及结核,上部常见绿色斑点,富含笔石(主要集中在下部)及少量三叶虫等,厚 237 m。

上段:黄绿、灰绿色粘土页岩与泥岩、钙泥质粉砂岩、粉砂质页岩互层或夹层,富含云母片,具水平纹层,产少量笔石及三叶虫,厚 253 m。该段在大塘附近被断层所截。

上述两段岩性稳定,二者渐变过渡。下段下部在三都四十寨一带与红花园组相变,其上及上段向北钙质增加、灰岩夹层增多,与大湾组逐渐相变。本组在下燕高一带最厚为 490 m,向两侧减薄,南至十字路厚 334 m,东北至拉鹅厚 300 m。为深水陆架沉积。

产笔石 *Tetragraptus*(*Etagraptus*) *scondens* var. *curvatus*, *Didymograptus filiformis*, *D. eobifidus*, *D. deflexus*, *Glyptograptus austrodentatus* 等,其时代为早奥陶世宁国早、中期。

烂木滩组 O_1l (06-52-0410)

【创名及原始定义】 1977 年穆恩之、朱兆玲等于三都县城西 6 km 普安至马场公路上的烂木滩村创名(1979 年发表)。指整合于杨能寨组(原称同高组上部)之上,假整合于“上翁项组”之下的一套地层,下部为紫红色灰岩、上部为青灰色矽质灰岩夹杂色泥质灰岩。厚 30 m。产头足类化石。时代可能为宁国晚期。

【沿革】 1981 年地质部八普将下部称牯牛潭组,上部称况家岩组。1983 年王钢、焦惠亮沿用烂木滩组,下部称“红灰岩段”,上部称“硅化灰岩段”。《贵州省区域地质志》(1987)将下部紫红色灰岩称牯牛潭组,上部硅化灰岩称烂木滩组。本书采用原创名时的含义。

【现在定义】 整合于同高组泥质钙质粉砂岩之上,平行不整合于石牛栏组钙质泥岩或泥质灰岩之下的一套岩层,由下部紫红色中厚层泥质微—细晶灰岩,富含头足类及少量三叶虫,上部蓝灰色薄层强硅化微—粉晶灰岩夹粉砂质泥灰岩及硅质岩组成,化石稀少。

【层型】 正层型为三都十字路烂木滩剖面,位于三都县城西 6 km,普安—马场公路上的烂木滩村(107°49′,25°59′),穆恩之等 1972 年测制(中科院南古所,1977,西南地区奥陶系基础剖面论述,地层古生物,8 期,88—89 页)。次层型为三都下燕高剖面,龚联瓒、焦惠亮等 1982 年实测。三都下燕高剖面烂木滩组层序如下:

上覆地层:石牛栏组 黄灰色薄层粉砂质泥晶灰岩。盛产腕足类及珊瑚

——————— 平行不整合 ———————

烂木滩组　　　　　　　　　　　　　　　　　　　　　　　　　　　　　总厚度 53.4 m

20. 灰—蓝灰色薄层强硅化微—粉晶灰岩和含骨针硅化灰岩，夹含硅质、粉砂质泥晶灰岩和硅质岩　　45.4 m

19. 紫红色中厚层—厚层泥质微—细晶灰岩，含生物碎屑，近顶部夹一层砾屑灰岩。盛产头足类 *Vaginoceras giganteum*，*Michelinoceras paraelongatum*，*Protocycloceras* cf. *guanyinqiaoense*，*Ruedemannoceras* sp. 等　　8.0 m

———————— 整　合 ————————

下伏地层：同高组　灰绿色薄层富含云母粘土质、钙质粉砂岩，具水平纹层。含笔石 *Glyptograptus austrodentatus* 及三叶虫等

【地质特征及区域变化】　本组以紫红色不纯碳酸盐岩，上部具明显的硅化为特点。以中厚层紫红色灰岩与下伏同高组的黄绿色粉砂质泥岩分界。本组下部仅出露于三都—凯里一带，厚度变化较大，一般在 10 m 左右，三都赖壳山最厚达 69 m，向北逐渐减薄；上部岩层分布较广，硅化强度有向北减弱之势，厚度变化大，一般厚 10～40 m，三都况家岩最厚达 67.5 m，向北至三都四十寨仅数米，至凯里大中、都匀王司等地厚 20～40 m，至龙里椿菜坪为黄花冲组所覆盖，厚度仅 10 m。属浅海台地—广海陆架相沉积。

据本组下部所产头足类 *Vaginoceras giganteum*，*Michelinoceras paraelongatum*，*Dideroceras* sp. 等，其时代大致相当于早奥陶世宁国晚期。因上部化石少，仅见少量海绵骨针，与下伏地层整合接触，其时代暂归早奥陶世。

赖壳山组　O_2lk　(06-52-0411)

【创名及原始定义】　1983 年王钢、焦惠亮于三都县城西南 5 km(762 高地)的赖壳山创名。岩性由黄绿、灰绿色粉砂质页岩、粉砂质粘土岩及薄层泥质粉砂岩组成，产丰富的笔石及较多的三叶虫等化石，厚 28.5 m。下与烂木滩组硅化灰岩，上与泥盆系邦寨组含砾石英砂岩均为假整合接触。

【沿革】　1965 年贵州区调队四分队在 1：20 万独山幅区调中于三都赖壳山发现产中奥陶世笔石及三叶虫地层，称十字铺组。高道德(1976)、穆恩之、朱兆玲(1977)沿用。《贵州省区域地质志》(1987)公开使用赖壳山组，本书使用该含义。

【现在定义】　同原始定义。

【层型】　正层型为三都赖壳山剖面，位于三都县城西南 5 km 赖壳山(762 高地，107°50′，25°57′)，王钢、焦惠亮 1982 年实测(《贵州省区域地质志》，1987，115 页)。

【地质特征及区域变化】　本组以含较多的陆源碎屑的粘土岩及产丰富的笔石、三叶虫为特点。底以砂质页岩与烂木滩组的硅化灰岩平行不整合分界，顶以砂页岩与泥盆系邦寨组含砾砂岩平行不整合接触。本组分布局限在三都赖壳山及三都大河两处，后者地层稍厚，多为钙质泥质粉砂岩，保存厚度 23 m。属陆源碎屑滩相沉积。

据所产笔石 *Glyptograptus teretiusculus*，*Climacograptus brevir* 及三叶虫 *Birmanites hupeiensis*，*Lonchodomas yohi* 等，其时代为中奥陶世胡乐期。在本组中、下部曾获 *Didymograptus* cf. *macilentus* 及下垂类对笔石，故有可能跨早奥陶世宁国晚期。

龙马溪组　OSl　(06-52-0501)

【创名及原始定义】　源于 1924 年李四光、赵亚曾于湖北秭归新滩龙马溪村边创名的“龙

马页岩”。原始定义:“龙马页岩是黑色含沥青质页岩,比上覆新滩页岩要硬得多,含大量剑笔石、删笔石、单笔石和少量零星的直角石在一起。黑色页岩厚度不超过 32 m,但它向上消失于巧克力色的风化黑蓝色页岩中。……不知道是否应将这层黑蓝色页岩包括在龙马页岩中,……有待于它含笔石的性质的进一步证明。无论如何,龙马页岩总厚度不会超过 200 m。”“龙马页岩为早期蓝多维列世(Liandovery,早志留世早期)。”

【沿革】 1930 年丁文江等将黔北志留系的下部称“酒店垭页岩”(中部称石牛栏灰岩,上部称韩家店页岩)。1947 年尹赞勋、谌义睿将酒店垭页岩改称龙马溪页岩。1962 年穆恩之在龙马溪页岩底部分出五峰组(归奥陶系),其上称龙马溪群。1964 年张文堂等① 将穆氏(1962)的龙马溪群顶界提高到丁氏(1930)所称的石牛栏灰岩中部,在龙马溪群底部又分出观音桥组,置于志留系最底部。贵州区调队在 1∶20 万区调中沿用张文堂等(1964)重新厘定的龙马溪群含义。1974 年中科院南古所改称龙马溪组,与张文堂等(1964)的龙马溪群含义相同。1979 年葛治洲、戎嘉余等将龙马溪组顶界下移至穆恩之(1962)所称龙马溪群的顶界,将观音桥组划归奥陶系,《贵州省区域地质志》(1987)采用此种划分意见。本书以李四光、赵亚曾(1924)所指的黑色页岩部分为本组定义,上为新滩组,下为宝塔组。

【现在定义】 指整合于宝塔组泥质瘤状灰岩之下、新滩组黄绿色页岩之下的一套富含笔石的黑色页岩、碳质页岩、硅质岩、碳质硅质页岩夹硅质灰岩凸镜体组成的地层(即观音桥层),尚含腕足类及三叶虫化石。

省内本组含义与层型地相同。

【层型】 选层型在湖北省秭归新滩龙马溪。省内次层型为习水吼滩剖面,由贵州区调队三分队 1987 年实测,其层序如下:

上覆地层:新滩组 褐灰、灰黑色薄板状含粉砂质粘土岩,上部夹薄板状粉砂岩,具水平纹层。下部产笔石 *Pristiograptus leei*,*Rastrites rastrum* 等

——————— 整 合 ———————

龙马溪组 总厚度 21.8 m

54. 黑色碳质页岩及含粉砂质碳质灰岩。产笔石 *Diplograptus fastigatus*,*Monoclimacis* sp. 等 16.4 m

53. 灰黑色中厚层含生物碎屑及碳质泥灰岩,风化后呈粘土岩。产三叶虫 *Dalmanitina* sp.;腕足类 *Hirnantia magna*,*Dalmanella* sp.,*Oxoplecia* sp.,*Clintonella* sp. 等 0.8 m

52. 黑色薄板状含粉砂质碳质页岩,上部夹黑色薄层粉砂岩。上部产笔石 *Paraorthograptus* sp.,*Climacograptus supernus*;中部产笔石 *Tangyagraptus typicus*,*Dicellograptus excavatus*;下部产笔石 *Dicellograptus complanatus guizhouensis*,*D. ornatus*,*Orthograptus maximus*,*O. abbreviatus* 等 4.6 m

——————— 整 合 ———————

下伏地层:宝塔组 灰色中厚层含生物碎屑泥晶灰岩及瘤状泥质灰岩,产三叶虫 *Hammatocnemis* sp. 等

【地质特征及区域变化】 本组以颜色黑、富含笔石的碳质、硅质页岩夹不纯的碳酸盐岩凸

① 张文堂、陈旭、许汉奎、王俊庚、林尧坤、陈均远,1964,贵州北部的志留系,贵州北部的古生代地层——黔北地层现场会议,中国科学院南京地质古生物研究所。

镜体为特点。以黑色碳质页岩出现与下伏宝塔组的泥质瘤状灰岩分界。据省内次层型剖面及区域分布特征，本组自下而上可分三部分。

下部（原称五峰组）黑、黑灰色碳质页岩、硅质页岩、碳质硅质页岩夹钙质、粉砂质页岩，风化后呈灰白色、灰紫色，富含笔石，一般厚度 3～6 m，黔东北地区较厚，松桃火烧桥厚达 14 m。

中部（习称观音桥层）灰、深灰、灰黑色薄至中厚层微晶泥质灰岩、生物碎屑灰岩及泥质岩，富含三叶虫、腕足类及少量珊瑚等，一般厚 0.5～2 m。凤冈硐卡拉以生物碎屑灰岩为主，厚度达 11.5 m，向两侧 1～2 km 急剧减薄为 0.5～2 m。在桐梓红花园夹多层灰黄色钙质页岩，厚 8 m。

上部（原龙马溪组底部）黑、灰黑色碳质页岩、碳质粉砂质页岩，偶夹黄绿色页岩，富含笔石，厚度 20～25 m，一般为 10 m 左右。

本组分布于毕节—遵义—湄潭—余庆一线以北地区，下部岩性及厚度较稳定；中部变化较大，多数地区为凸镜状生物碎屑泥灰岩，石阡等地局部可成点礁，在思南东华溪、松桃火烧桥等地尖灭；上部向东南与新滩组下部相变。本组厚度在 30 m 以下，由北向南逐渐减薄至尖灭。主要为深水滞流盆地沉积，中部为滩相。

下部产笔石 *Dicellograptus szechuanensis*，*Pleurograptus lui*，*Tangyagraptus typicus*，*Diceratograptus mirus*；中部产三叶虫 *Dalmanitina guizhouensis* 及腕足类 *Hirnantia* sp.；上部产笔石 *Glyptograptus persculptus*，*Climacograptus bicaudatus*，*Akidograptus* sp.，*Orthograptus guizhouensis*，*O. vesiculosus* 等，时代为晚奥陶世五峰期至早志留世早期。

新滩组　S_1xt　(06-52-0502)

【创名及原始定义】 源于 1907 年 Blackwelder 于湖北秭归新滩创名的“新滩页岩”。原始定义：“厚层绿色页岩，局部夹薄层石英岩和结晶灰岩。页岩甚软，常含砂质，无化石。最底部在苏家坝一带是黑和棕色的粘土页岩，在天目树坪最顶部是红色页岩，在大宁县其上部偶见含橄榄绿色石英岩和泥质石英岩。在大庙寺不仅含绿色而且含具有薄煤层的棕色和灰色泥岩。沿长江出现于巫山峡、宜昌峡和新滩。以最后地名作为此地层名称。”

【沿革】 1924 年李四光、赵亚曾称“新滩系”并二分，下为龙马页岩，上为新滩页岩。1925 年谢家荣、赵亚曾将“新滩系”自下而上分为龙马页岩、罗惹坪系、纱帽山系，该三分意见长期沿用。本书采用层型地点使用的现在定义。

【现在定义】 指整合于龙马溪组与罗惹坪组之间的一套黄绿色页岩、砂质页岩、薄层粉砂岩夹少量薄层细砂岩，波痕发育，产笔石的地层序列。下与龙马溪组黑色页岩分界；上与罗惹坪组泥质灰岩或灰岩凸镜体分界，皆为整合接触。

省内本组指整合于龙马溪组黑色碳质页岩之上、松坎组钙质页岩与薄层泥质灰岩互层之下的一套岩层。由深灰—灰色薄层至板状页岩、粉砂质页岩、泥岩组成，向上渐夹钙质页岩、钙质粉砂岩、偶夹薄层泥灰岩凸镜体，富含笔石。

【层型】 选层型在湖北秭归新滩长江南岸。省内次层型为桐梓韩家店剖面，由贵州区调队三分队 1975 年实测，其层序如下：

上覆地层：松坎组　深灰色薄片—板状钙质页岩与灰色薄层微粒泥质灰岩呈夹层或互层。产笔石 *Petalolithus palmeus*，*Rastrites* sp.；腕足类 *Lissatrypa*? sp.，*Zygospiraella* sp.；三叶虫 *Songkania hanjiadianensis* 等

——————整　合——————

新滩组　　总厚度 183.7 m

8—7. 深灰色薄片—板状钙质页岩，偶夹灰色薄层微粒泥质灰岩。产笔石 *Oktavites communis*，*Monograptus undulatus*，*Petaloithus* cf. *elongatus* 等　　40.7 m

6. 灰色薄片状钙质页岩。产笔石 *Monograptus* cf. *gemmatus*，*Streptograptus sartorius*，*Glyptograptus serratus* 等　　19.6 m

5. 深灰色薄板—片状粉砂质页岩与粘土岩互层。产笔石 *Pristiograptus gregarius Diplograptus modestus*，*Orthograptus insectiformis* 等　　27.8 m

4. 深灰色薄片—板状粉砂质页岩，底部夹深灰色薄层层纹状泥质粉砂岩。产笔石 *Pristiograptus leei*，*P. gregarius*，*Rastrites hybridus*，*R. guizhouensis*，*Monograptus gemmatus*，*Petalolithus minor*，*Orthograptus bellulus* 等　　22.8 m

3. 深灰色薄片—板状粘土页岩夹少量粉砂质页岩。产笔石 *Pristiograptus gregarius*，*P. cyphus*，*Rastrites peregrinus*，*Oktavites* cf. *communis* 等　　30.2 m

2. 深灰色薄板状粉砂质页岩与在黄色薄层层纹状粉砂岩互层。产笔石 *Pristiograptus gregarius*，*Demirastrites triangulatus*，*Climacograptus yangtzeensis*，*Pseudoclimacograptus hughesi* 等　　42.6 m

——————整　合——————

下伏地层：**龙马溪组**　灰黑色薄板—片状碳质页岩。产笔石 *Orthograptus vesiculosus*，*Climacograptus bicaudatus*，*Glyptograptus persculptus*，*Sinuatus transcient* 等

【地质特征及区域变化】　本组岩性单调，以颜色深、单层薄的含粉砂质粘土岩为特点。底以不含碳质的页岩或粉砂质页岩与龙马溪组的黑色碳质页岩整合分界；顶以钙质页岩与松坎组钙质页岩夹泥质灰岩整合。本组分布于黔北毕节—遵义—湄潭—余庆一线以北，其南部缺失。厚度变化较大，由北向南减薄，一般为 100 m 左右，道真巴鱼最厚达 246 m。思南—石阡一线以南地区与下伏奥陶系不同层位平行不整合接触，缺失下部地层。

松坎组　S_1sk　(06-52-0503)

【创名及原始定义】　源于 1981 年戎嘉余、杨学长在桐梓县城北 47 km 韩家店村（松坎西 3 km）命名的石牛栏组下段或松坎段。指张文堂等(1964)所测韩家店剖面龙马溪群上部，岩性为黑色灰质页岩与薄层瘤状灰岩、泥质灰岩互层，往上灰质成分增高，厚 131 m。含腕足类、三叶虫与笔石等。

【沿革】　1982 年穆恩之等将松坎段从石牛栏组中分出称松坎组。1982 年金淳泰曾用桥沟组①。《贵州省区域地质志》(1987)及本书沿用松坎组。

【现在定义】　整合于新滩组与石牛栏组之间的一套地层，岩性为灰—深灰色薄层钙质泥、页岩与薄层（偶夹中厚层）微粒泥质灰岩、泥灰岩互层。

【层型】　正层型为桐梓县韩家店剖面。位于桐梓县城北 47 km，松坎西 3 km 的韩家店村(106°50′,28°33′)，贵州区调队三分队于 1975 年实测，其层序如下：

上覆地层：**石牛栏组**　深灰—灰色厚层夹中厚层瘤状泥质条带灰岩

——————整　合——————

① 金淳泰，1982，西南地区地层总结——志留系，地质部成都地质矿产研究所。

松坎组 总厚度 133.2 m

12. 深灰—灰绿薄层及凸镜状泥质灰岩与深灰色薄层钙质泥岩互层。中部产三叶虫 *Encrinuroides meitanensis*, *Latiproetus* sp.；腕足类 *Beitaia* cf. *modica*, *Zygospiraella* sp.；底部产笔石 *Pristiograptus* cf. *tenuis*, *Neodicellograptus siluricus*, *N. superstus* 等 54.1 m

11. 深灰—灰色薄及中厚层微粒泥质灰岩，层间夹深灰色薄板状钙质页岩。产笔石 *Rastrites hybridus*, *Glyptograptus tamariscus*, *Pristiograptus* sp.；三叶虫 *Latiproetus* sp. 等 6.2 m

10. 深灰色薄层、片状钙质页岩及薄层钙质泥岩与灰色条带状—凸镜状微粒泥质灰岩互层，由下往上泥质灰岩渐增。中部产珊瑚 *Amplexoides chaoi*, *Syringoporinus* sp.；三叶虫 *Latiproetus* sp.；腕足类 *Eospirifer* cf. *sinensis*；下部产笔石 *Pseudoclimacograptus hubeiensis*, *Climacograptus* cf. *angustus* 等 47.2 m

9. 深灰色薄片状—板状钙质页岩夹灰色薄层微粒泥质灰岩。上部产笔石 *Petalolithus palmeus*, *Paramonoclimacis* cf. *typicalis*；腕足类 *Cryptothyrella* sp.；中部产笔石 *Pseudoclimacograptus hubeiensis*；腕足类 *Dalmanella*? sp.；下部产笔石 *Petalolithus* cf. *elongatus*, *Rastrites* sp., *Pseudoclimacograptus* sp.；三叶虫 *Songkania hanjiadianensis* 等 25.7 m

——————— 整　合 ———————

下伏地层：新滩组　深灰色薄片—板状钙质页岩、偶夹灰色薄层微粒泥质灰岩。产笔石 *Oktavites communis* 等

【地质特征及区域变化】 本组由粘土质岩、粉砂质岩与薄层不纯碳酸盐岩间互成层，自下向上颜色渐浅、泥页岩减少、单层增厚。底以页岩、灰岩互层，与新滩组页岩、砂质页岩渐变过渡分界。分布于务川—正安—毕节燕子口一线西北地区，务川—印江—湄潭一线东南地区，为灰岩、页岩较稳定区，其间为钙质粉砂岩、粉砂质页岩区。两区交界地带灰岩、砂岩、页岩形成过渡岩石组合。在道真以北，逐渐与以砂岩为主的小河坝组过渡。厚度由西北向东南减薄，且与新滩组互为消长，一般厚 100 m 左右，习水县温水最厚达 180 m。属台地潮坪沉积。

据所产笔石 *Petalolithus palmeus*, *Neodicellograptus siluricus*；三叶虫 *Songkania hanjiadianensis*；腕足类 *Beitaia* cf. *modica* 及珊瑚 *Amplexoides chaoi* 等，定其时代为早志留世早中期。

石牛栏组　$S_1\hat{s}$　(06-52-0504)

【创名及原始定义】 源于 1930 年丁文江于四川綦江南 90 km 观音桥村附近石牛栏创名的“石牛栏灰岩”(1939 年熊永先首次介绍)。岩性以厚层灰岩为主，含 *Spirifer tingi*, *Orthoceras*, *Halysites* 和 *Favosites* 等甚多，岩石性质及厚薄常不定，夹灰质页岩，不易与上下地层区分。

【沿革】 1962 年穆恩之改称石牛栏群。1964 年张文堂等将穆氏(1962)所称石牛栏群上部厚层灰岩、瘤状灰岩称石牛栏群，下部薄层灰岩夹钙质页岩划归龙马溪群；1974 年中科院南古所沿用该含义的石牛栏群。1976 年王立亭① 改称石牛栏组，将该组顶界上移至韩家店群中下部紫红色页岩之底，底界与张氏(1964)划分一致。1979 年葛治洲、戎嘉余等所称石牛栏组含义

① 王立亭，1976，贵州省各时代地层总结——贵州的志留系。

与穆氏(1962)的石牛栏群一致。1981年戎嘉余、杨学长将葛、戎(1979)称的石牛栏组分为上、下两段,上称石牛栏段,下称松坎段。1982年穆恩之等明确石牛栏组位于松坎组之上,韩家店组之下,其含义与张氏(1964)石牛栏群一致。1984年林宝玉等所称石牛栏组与王立亭(1976)的石牛栏组一致。《贵州省区域地质志》(1987)引用的石牛栏组与穆氏(1982)的划分一致,本书沿用该意见。

【现在定义】 以灰、深灰色中厚层至块状生物骨屑及介屑灰岩为主,时具角砾状及瘤状构造,偶夹泥质灰岩及钙质泥岩,富含珊瑚、腕足类及三叶虫等化石。与下伏松坎组的灰岩和黑色页岩交互层及上覆马脚冲组黄绿色泥岩均为整合过渡。

省内现在定义同创名省的现在定义。

【层型】 正层型为四川綦江观音桥剖面,位于綦江县城南90 km川黔边境观音桥南的石牛栏村(106°47′,28°38′),由贵州区调队三分队1975年重测。省内次层型为桐梓韩家店剖面(06-52-0504-4-1),由魏家庸等1978年测制。四川綦江观音桥剖面石牛栏组层序如下:

上覆地层:韩家店群马脚冲组 深灰色中厚层夹薄层泥质粉质岩,层面具波痕

——————整 合——————

石牛栏组 总厚度 91.6 m

15. 灰及浅灰色厚层夹中厚层微—粗粒生物碎屑灰岩夹一层微粒泥质条带灰岩,底部为1 m厚的深灰色薄层及中厚层泥质粉砂岩。上部产珊瑚 *Mesofavosites shiqianensis spinosus*, *Ceriaster minor*, *Multisolenia* cf. *tortuosa* 等 5 m

14—2. 灰色中及厚层瘤状泥质灰岩与微粒条带状泥砂质灰岩互层,夹厚层微粒灰岩,底部2.5 m为中厚层钙质粉砂岩。中上部产珊瑚 *Mesofavosites yumenensis*, *Favoites forbesi fenggangensis*, *Multisolenia tortuosa*, *Tryplasma cylindricum*;层孔虫 *Intexodictyon variabiles* 等 11.5 m

14—1. 灰色中厚层微粒条带状泥砂质灰岩及厚层微—细粒生物碎屑灰岩,下部为中厚层钙质砂岩。产珊瑚 *Catenipora* cf. *baimapoensis*, *Syringopora qianbeiensis*, *Orthopaterophyllum* sp.,层孔虫 *Labechia obruchevi*;腕足类 *Eospirifer radiatus* 等 5.3 m

13~2. 灰及深灰色厚层微—细粒瘤状泥质灰岩与瘤状灰岩互层,夹薄层泥质条带灰岩。上部产珊瑚 *Qianbeilites multitabulatum*, *Mesofavosites chunnanensis*, *Favosites subamkardakensis*, *Halysites* sp., *Ceriaster* sp.;下部产珊瑚 *Heliolitella shiniulanensis*, *Favosites guanyinqiaoensis*, *Pycnactis* sp., *Crassilasma* sp., *Densiphylloides* sp. 等 45.2 m

13—1. 灰色薄—中厚层微至细粒瘤状泥灰岩,顶部为微至粗粒生物碎屑灰岩,底部灰岩含泥质条纹。产珊瑚 *Halysites catenulatus*, *Leolasma* sp.,腕足类 *Lissocoelina* sp. 等 2.9 m

12. 灰色中及厚层微粒瘤状泥质灰岩,顶部夹黑色薄板状钙质页岩两层,上部夹生物碎屑灰岩一层。顶部产笔石 *Pristiograptus* sp.;腕足类 *Beitaia modica*;中上部产珊瑚 *Amplexoides chaoi*, *Plasmopora beishaensis*, *Palaeofavosites solenoporides*, *Favosites subgothlandicus shiniulanensis*, *Ceriaster minor*;腕足类 *Zygospiraella duboisi* 等 21.7 m

——————整 合——————

下伏地层:松坎组 灰色薄层泥质灰岩与灰色中厚层泥质灰岩互层,夹薄板状钙质页岩。产笔石及三叶虫等化石

【地质特征及区域变化】 本组以碳酸盐岩夹少量粘土岩及粉砂岩、富含珊瑚、腕足类及层孔虫等化石为特点。底以厚层灰岩或瘤状灰岩(地形上常见陡坎)与松坎组薄层泥质灰岩及钙质页岩分界清楚。

黔北地区本组以灰岩为主,粘土岩等夹层较少,厚40～145 m,一般在100 m左右。毕节燕子口一带,灰岩中含大量陆源碎屑的泥质、粉砂质及石英砂粒,显弱白云岩化,厚度约10～30 m;仁怀—遵义—余庆一线以南本组尖灭;道真巴鱼—桐梓坡渡以北,砂岩夹层增多,与川南小河坝组相变;向东中上部出现较多的泥、页岩夹层。

黔东北地区,本组中上部泥、页岩夹层增多,厚度较大,一般为150～200 m,思南东华溪最厚达250 m;向北至沿河乔家寨除顶底为灰岩外,有近200 m的泥、页岩并夹砂岩,至沿河洪渡一带与川南小河坝组相变;由思南向南至石阡本庄、余庆苏羊一带,泥、页岩减少,厚度减薄为数十米。

黔南地区本组以中厚层生物碎屑灰岩为主,间夹泥质灰岩及钙质泥岩,与下伏大湾组的砂、页岩或烂木滩组的硅化灰岩呈平行不整合接触,界面上常有0.5～10 m厚的分选极差的底砾岩。龙里、贵定一带,本组与高寨田组中部相变。

本组以开阔台地沉积为主,毕节一带具边缘相特征,沿河—道真一线以北为近滨沉积,黔南局部地区有台地滩相特点。

据所产珊瑚 *Maikottia multitabulatus*,*Heliolitella shiniulanensis*,*Favosites subamkardakensis*,*Troedssonites rugosus*;腕足类 *Pentamerus* sp.;头足类 *Songkanoceras amplum* 等化石,定其时代为早志留世中期。

韩家店群　$S_{1-2}HJ$　(06-52-0505)

【创名及原始定义】 源于1930年丁文江在桐梓县城北47 km的韩家店村创名的"韩家店页岩"(1947年黄汲清首次介绍)。指川黔边境志留纪地层上部含化石稀少的一套页岩。

【沿革】 1962年穆恩之改称韩家店群。1964年张文堂等在命名地重测韩家店剖面,仍称韩家店群。1974年中科院南古所将韩家店群用于黔北,将川东南及黔东北地区相当韩家店群的地层自下而上划分为雷家屯组上部、白沙组、秀山组、回星哨组。1976年王立亭改称韩家店组,并将底界上移至下红层之底。1979年葛治洲、戎嘉余等在黔北仍称韩家店群;在黔东北将雷家屯组的上部页岩另建马脚冲组,废弃白沙组改用溶溪组,其上仍称秀山组。1982年穆恩之等在黔北改用韩家店组;黔东北的划分与葛、戎等(1979)意见一致。1984年林宝玉等取消韩家店群一名,改用白沙组及秀山组,代表黔北及黔东北相当于韩家店群的地层。《贵州省区域地质志》(1987)在黔北仍称韩家店群,分为下、中、上三段,与黔东北所称的马脚冲组、溶溪组及秀山组下段相对应。1990年龚联瓒认为贵州北部及黔东北的志留系岩性及生物大致相同,建议统一用黔东北的地层名称。

本书认为贵州北部及南部的志留纪地层有很多相似之处,特别是黔中地区下红层以上的岩层与韩家店群的岩石组合及生物群面貌大致相同,可统一用韩家店群,并自下而上分为马脚冲组(含原翁项群下亚群第二段)、溶溪组(含原翁项群下亚群第三段及原高寨田群上亚群下段)、秀山组(含原翁项群下亚群第四段至上亚群第二段及原高寨田群上亚群中段)。

【现在定义】 指整合于石牛栏组灰岩之上、回星哨组紫红色泥岩之下或平行不整合于梁山组砂页岩之下的一套岩层,由灰绿、黄绿、蓝灰色夹紫红色的页岩、泥岩、砂质页岩、粉砂质泥岩、钙质泥岩夹薄层或凸镜状生物碎屑灰岩组成,含丰富的腕足类、三叶虫、头足类及少量笔石、珊瑚等化石。含马脚冲组,溶溪组及秀山组。

【层型】 正层型为桐梓韩家店剖面,位于桐梓县城北 47 km 韩家店村(106°50′,28°33′),贵州区调队三分队 1975 年重测(《贵州省区域地质志》,1987,104 页)。次层型为石阡雷家屯绕茶官剖面(06－52－0505－4－3),地质部八普 1978 年实测(《贵州省区域地质志》,1987,144 页)。

【地质特征及区域变化】 本群以杂色泥质岩及粉砂质岩为主,夹少量碳酸盐岩凸镜体。下部含砂质,生物稀少;上部泥质多,夹碳酸盐岩,生物丰富。本群在省内分布广泛,东部地区出露较全,岩性变化不大,厚度由黔东北向西、向南减薄,一般厚度为 400～1 000 m,最大厚度为 1 700 m。各地区特征如下:

黔东北地区本群三个组出露较全,少数地区与上覆二叠系梁山组呈平行不整合接触,划分标志清楚,岩性特征明显,生物丰富,厚度多在 1 000 m 以上,松桃火烧桥最厚达 1 700 m。

黔北地区本群可划分三个组,与上覆二叠系梁山组或石炭系黄龙组均呈平行不整合接触,缺失秀山组上部地层。溶溪组厚度减薄,一般小于 100 m。至习水县温水及道真一带溶溪组尖灭后,不能再分三个组时,统称韩家店群,生物丰富,道真巴鱼一带尚产笔石,厚度变化不大,一般厚 200～400 m。

黔南及黔中地区局部出露较全,在缺失秀山组上部地层时,与上覆泥盆系蟒山组呈平行不整合接触。黔南地区马脚冲组及溶溪组厚度小,两组之和一般小于 50 m;秀山组下部石英细砂岩夹页岩横向变化大,可在数公里内相变为粉砂岩或钙质粉砂岩,厚 250～650 m。黔中地区只能分出溶溪组及秀山组,相当于马脚冲组的地层已划入高寨田组中,本区秀山组中的灰岩夹层增多,生物丰富,有较多的珊瑚及双壳类,厚度变化大,贵阳乌当一带厚约 340 m,龙里—贵定一带多在 200 m 左右,贵定花坡营最厚达 400 m。

黔西北地区本群沿断裂带零星出露,下部为断层所截,上与泥盆系呈平行不整合接触,只保存了部分溶溪组及秀山组,生物以双壳类为主,最大厚度为 230 m。

据所产的腕足类、三叶虫、头足类及笔石等,本群时代为早志留世晚期至中志留世早期。

马脚冲组 S_1m (06－52－0506)

【创名及原始定义】 1979 年葛治洲、戎嘉余等于石阡县城北 5 km 雷家屯旁的马脚冲村创名。相当于《西南地区地层古生物手册》中的雷家屯组上部那套不含碳酸盐岩的碎屑沉积。岩性为黄绿、灰绿色页岩,厚度 48 m,化石主要为腕足类,数量少,属种单调。其下与雷家屯组、其上与溶溪组均为连续沉积。

【沿革】 1982 年穆恩之等沿用马脚冲组。1984 年林宝玉等称石牛栏组上部。《贵州省区域地质志》(1987)在黔东北沿用马脚冲组,认为与黔北韩家店群下段相当。本书使用葛、戎等(1979)原含义。

【现在定义】 同原始定义。下伏地层改称为石牛栏组。

【层型】 正层型为石阡县雷家屯剖面,位于石阡县城北 5 km 马脚冲村(108°13′,27°34′),葛治洲、戎嘉余等于 1972 年实测(《西南地区碳酸盐岩生物地层》,1979,212—213 页)。

【地质特征及区域变化】 本组以粘土岩为主,偶夹少量粉砂质页岩、钙质页岩及石英粉砂岩,含少量腕足类为特点。底以黄绿、灰绿色页岩出现,与石牛栏组灰岩分界清楚,整合接触;顶以黄绿色砂页岩与溶溪组紫红色泥岩连续沉积。本组分布广泛,岩性稳定,常见波痕和虫迹,生物不发育,厚度由北向南减薄,一般为 100 m,松桃董家坪最厚达 230 m,凯里翁项最薄仅

20 m。在贵阳—贵定一带，本组已划入高寨田组第三段。属潮坪—泻湖相沉积。

所产腕足类 *Nucleospira calypta*，*Nalivkinia elongata*；少量三叶虫 *Encrinuroides* sp. 等。时代为早志留世中晚期。

溶溪组 S_1r （06-52-0507）

【创名及原始定义】 1979 年葛治洲创名于四川秀山县溶溪南 6 km 公路旁。岩性是一套紫红、黄绿、灰绿等杂色砂质泥岩、砂质页岩夹粉砂岩，顶部均以紫红色粉砂质泥岩为界，色调鲜明，易于划分，其下与小河坝组，其上与秀山组均为连续沉积，厚 258.3 m 的地层。化石稀少，产笔石、腕足类等。

【沿革】 1974 年中科院南古所称白沙组，1976 年王立亭改称白沙段。1979 年葛治洲、戎嘉余等认为白沙组命名地构造复杂、无实测剖面，故改用溶溪组。1982 年穆恩之等沿用溶溪组。1984 年林宝玉等仍用白沙组。《贵州省区域地质志》(1987)称溶溪组。本书使用葛、戎等(1979)含义。

【现在定义】 岩性以紫色、灰绿等杂色泥、页岩、粉砂质泥岩为主，夹粉砂岩，含以腕足类、三叶虫等为主的生物群，与下伏马脚冲组黄绿色页岩及上覆秀山组黄绿等色粉砂岩、页岩均为整合接触。

省内本组现在定义同创名地现在定义。

【层型】 正层型为四川秀山县溶溪剖面。省内次层型为石阡县雷家屯绕茶官剖面(06-52-0504-4-3)，由地质部八普于 1973 年实测(《贵州省区域地质志》，1987，147 页)。

【地质特征及区域变化】 本组以紫红色及杂色的粘土岩、粉砂质岩、化石稀少为特点。为滨岸陆缘碎屑滩相沉积。底以紫红色粘土岩与下伏马脚冲组的黄绿、灰绿色页岩分界明显，整合接触；顶以紫红色泥岩与秀山组黄绿色砂、泥岩连续过渡。分布较广，岩性稳定，厚度及颜色变化较大。各地区变化特征如下。

黔东北地区本组上、下紫红色层清楚，其间为杂色与紫红色间互，厚度多在 200 m 以上，松桃董家坪最厚达 455 m，向西南减薄。

黔北地区凤冈、思南及余庆等地本组特征与黔东北相似，但厚度减薄为 100 余米；桐梓、遵义及仁怀等地，本组上部紫红色层变为黄绿色，仅存下部紫红色层，厚度减薄为数米至数十米；习水县温水、桑木场一带下部紫红色层变为黄绿或灰绿色时，不能分出溶溪组，其下马脚冲组与其上秀山组不易划分，则用韩家店群。

黔中及黔南地区本组紫红色层极不稳定，不能分出溶溪组的地区统称韩家店群，厚度为 0～122 m。

黔西北地区赫章狗飞寨等地本组底部为断层所截，保留的紫红色页岩、砂质页岩夹浅灰色中厚层石英砂岩，厚度约 109 m，应为溶溪组。

本组的变化主要表现为上部紫红色层呈一斜线变化，即由北东向南西紫红色层逐渐降低，直至尖灭。底界(下部紫红色层之底)相对稳定。经野外观察，本组紫红色系纵、横向以由表及里为紫红→紫灰→灰绿→灰色等的渐变，应主要为次生风化所致，而非原生色。

据所产稀少的腕足类 *Nucleospira calypta*. *Nalivkinia* sp. 和双壳类，以及上覆、下伏地层时代，定本组时代为早志留世中晚期。

秀山组 $S_{1-2}x$ (06－52－0508)

【创名及原始定义】 1974 年中科院南古所于四川秀山县溶溪东南 7 km 的秀(山)—溶(溪)公路上创名。指以页岩为主夹灰质砂岩、泥灰岩、灰岩薄层，产丰富的笔石(*Stomatograptus*, *Monograptus* 等)、头足类(*Sichuanoceras* 等)、三叶虫(*Coroncephalus* 等)以及腕足类、双壳类、海百合(豆海百合)茎等化石的地层。葛治洲等(1979)补充其定义为：秀山组可分为上下两段，下段为石英粉砂岩、石英粉砂质页岩和细砂岩，上部偶夹砂质灰岩、灰质石英粉砂岩及粉砂岩、灰岩结核，厚约 298 m，产十分丰富的化石，其下与溶溪组，其上与回星哨组均呈整合接触，在回星哨组缺失的地方，则与上覆云台观组、铜矿溪组(梁山组)、栖霞组平行不整合。

【沿革】 1976 年王立亭称秀山段。1982 年金淳泰所称秀山组只相当于中科院南古所(1974)命名的秀山组上部。1979 年葛治洲、戎嘉余等，1982 年穆恩之等，1984 年林宝玉等及《贵州省区域地质志》(1987)等所用的秀山组与原含义相同。

【现在定义】 以页岩为主夹灰质砂岩、泥灰岩、灰岩薄层，可分上、下两段，产丰富的笔石、头足类等化石，整合覆于溶溪组之上、伏于回星哨组之下。

省内本组指整合于溶溪组紫红色泥页岩之上、回星哨组之下，或平行不整合于二叠系梁山组、石炭系黄龙组或泥盆系蟒山组之上的一套岩层。由黄绿、灰绿、蓝灰色泥、页岩、粉砂岩、钙泥质粉砂岩夹薄层或凸镜状生物碎屑灰岩及少量石英粉砂岩等组成。下部砂质多，生物较少；上部泥质多、生物丰富。产腕足类、三叶虫、头足类及少量笔石、珊瑚等化石。

【层型】 正层型为四川秀山县溶溪剖面。省内次层型为石阡县雷家屯绕茶官剖面(06－52－0504－4－3)，由地质部八普于 1973 年实测(《贵州省区域地质志》，1987，146—147 页)。

【地质特征及区域变化】 本组以粘土岩、粉砂质岩夹薄层不纯碳酸盐岩或凸镜体并富含生物为特点。底以黄绿、灰绿色页岩或砂质页岩与溶溪组紫红色泥页岩分界清楚。主要为潮坪—泻湖相沉积，凯里翁项一带属滨岸相。以本组中部常发育厚度不等的不纯砂岩，可将本组分为上、下两个岩性段。下段砂质较多，钙质较少，为黄绿、灰绿、灰黄色泥页岩、粉砂岩、钙质砂岩夹泥质砂岩、石英粉砂岩及少量薄层灰岩凸镜体；生物不富，有腕足类、三叶虫及少量双壳类、腹足类等。厚度 0～538 m，一般为 150～200 m。上段砂质较少，钙质较高，为黄绿、灰绿、蓝灰色泥页岩，夹多层薄层或凸镜状生物碎屑灰岩及少量粉砂质钙质泥岩、粉砂岩等。富含腕足类、三叶虫、笔石、头足类、双壳类及少量珊瑚等；厚 0～530 m，一般为 200～300 m。

黔东北印江—石阡—凯里近南北向一带，本组出露较全，上覆地层多为回星哨组，少数地区与上覆二叠系梁山组或泥盆系蟒山组平行不整合接触。上、下两段划分清楚，厚度较大并向南减薄，松桃董家坪最厚达 1 068 m，印江合水为 806 m，石阡为 443 m，至凯里翁项一带为 600 m。凯里—丹寨河口一带，下段顶部砂岩增厚达数十米至百米。地形上常呈陡坎，与上段极易区分。

黔中贵阳—贵定—都匀一带灰岩夹层增多，岩性及厚度变化较大，受后期剥蚀而保存不全，与上覆泥盆系蟒山组平行不整合接触。仅贵阳乌当等地局部出露较全。厚 0～400 m，一般为 150～300 m。

黔北地区本组出露不全，与上覆二叠系梁山组或石炭系黄龙组平行不整合接触。仁怀—桐梓—绥阳—湄潭—线以北地区，上段保存不全且两段划分标志不甚明显；该线以南地区仅存下段，至毕节—遵义—余庆一线以南缺失本组。该区生物丰富，道真一带尚产笔石，一般残留厚度为 150～300 m，道真巴鱼最厚达 365 m。

黔西北赫章朱砂厂—狗飞寨一带，仅存本组下段且不全，与上覆泥盆系丹林组平行不整合接触。岩性为一套灰绿、黄绿色页岩、砂质页岩夹薄层至中厚层泥质砂岩及细砂岩，含双壳类及少量腕足类等化石，厚约 108 m。

据所产腕足类 *Nalivkinia elongata*，*Nucleospira calypta*，*Xinanospirifer* sp.；三叶虫 *Coronocephalus rex*；头足类 *Sichuanoceras guizhouensis* 及笔石 *Stomatograptus sinensis*，*Monograptus guizhouensis* 等，本组时代为早志留世晚期至中志留世早期。

回星哨组　S_2hx　(06－52－0509)

【创名及原始定义】 1974 年中科院南古所于四川秀山县溶溪区回星哨村创名。原义为："在川湘黔交界地区，秀山组之下存在一套紫红、黄绿色泥质粉砂岩，产大甲类翼肢鲎(*Pterygotus*)等化石，暂定为上志留统，名回星哨。"葛治洲等(1979)补充定义为："它的下部为暗紫红色、灰绿色粉砂质泥岩，上部为黄色、灰白色。"

【沿革】 王立亭(1976)、葛治洲等(1979)、穆恩之等(1982)及《贵州省区域地质志》(1987)均称回星哨组，1982 年金淳泰及 1984 年林宝玉等定其时代为晚志留世。

【现在定义】 岩性以紫红色泥页岩为主，夹黄绿等色粉砂岩、页岩，含少量双壳类、腹足类及翼肢鲎化石，整合覆于韩家店组或秀山组等黄绿色泥、页岩之上，平行不整合伏于云台观组石英砂岩之下的地层体。

省内本组为整合于秀山组黄、灰绿色泥、页岩之上，平行不整合于泥盆系蟒山组或二叠系梁山组之下的一套岩层。下部为紫红、暗紫红、灰绿色粉砂质泥、页岩及粉—细砂岩；上部为黄绿、黄白色中厚层细—中粒石英砂岩、石英粉砂岩夹砂质页岩(习称上红层)。产双壳类及鲎类等化石。

【层型】 正层型为四川秀山县溶溪回星哨村剖面。省内次层型为石阡雷家屯绕茶官剖面(52－0509－4－2)，地质部八普于 1973 年实测(《贵州省区域地质志》，1987，145—146 页)。

【地质特征及区域变化】 本组以泥质岩及碎屑灰岩为主组成，具下部红色、上部绿色或灰白色为特点。底以紫红色泥、页岩出现与下伏秀山组黄绿、灰绿色泥、页岩分界清楚。

本组主要分布于印江—石阡一线狭窄地带，岩性稳定，厚度由北向南减薄，松桃董家坪最厚达 107 m，印江合水厚度为 85 m，至石阡雷家屯厚仅 39 m；黔东南凯里翁项一带，厚 0～68 m；黔中地区零星出露，贵阳鸡岭厚 72 m，贵定花坡营厚 64 m。本组属气候炎热、海退条件下的潮坪—泻湖沉积。

所产双壳类 *Modiomorpha* sp.，*Spathella* sp. 及鲎类等化石，时代难以确定，鉴于本组整合于秀山组之上，暂定其时代为中志留世中晚期。

高寨田组　S_1g　(06－52－0510)

【创名及原始定义】 源于 1944 年乐森璕、蒋溶于贵阳市东北 7 km 的高寨田村创名的"高寨田页岩"。下部为黄绿色页岩夹薄层砂岩(190 m)；中部为灰色不纯灰岩夹钙质页岩，含 *Microplasma*，*Amplexus* 及 *Eospirifer tingi* 等化石(15 m)；上部为绿灰色钙质页岩及砂质页岩夹薄层砂岩，其下钙质页岩中含 *Pentamerus*?，*Modiolopsis crypta* 及 *Poleumita*? 等化石(120 m)，时代为上志留统①。

---

① 引自穆恩之，1962 年，中国的志留系。

【沿革】 1945年米士及1947年尹赞勋等称高寨田群，改属中志留统。1956年秦洪宾、1962年穆恩之等，以高寨田页岩中下部红层之底为标志分为上、下高寨田群，上为上志留统，下为中志留统。1976年王立亭采用秦、穆的划分意见，并据所产化石将下高寨田群时代放在下统，上高寨田群时代改为中统。1976年贵州区调队1：20万贵阳幅将下高寨田群改称后所组，划属下志留统；上高寨田群改称高寨田群，为中志留统。1979年葛治洲、戎嘉余等统称高寨田群并划属中志留统，认为本群底界大致相当于溶溪组顶界。1981年地质部八普所分的上、下高寨田群，界线大致在1：20万贵阳幅区调报告中所称上高寨田群三段与四段之间，其下属下统，其上为中统。1982年穆恩之等将上、下高寨田群界线划分在下红层（即溶溪组）近顶部，上高寨田群为中下统，下高寨田群为下统，只相当下红层中下部，底界划在穆氏（1962）所称的上、下高寨田群分界处。1984年林宝玉等所分的上、下高寨田群界线在下红层之底，其上为中统，其下为下统。《贵州省区域地质志》（1987）称高寨田群，并分上、下二亚群，分界在穆氏（1962）所称下高寨田群中部与上部之间，大致相当于黔北的石牛栏组与马脚冲组之间，中、下统界线放在上亚群中段偏上层位。

本书已将穆氏（1962）称的上高寨田群（含溶溪组以上的地层）统称韩家店群，将下高寨田群改称为高寨田组，与1：20万贵阳幅后所组含义相同。

【现在定义】 指平行不整合于奥陶系黄花冲组厚层灰岩侵蚀面上，整合于韩家店群溶溪组紫红色泥岩之下的一套岩层，以灰绿、黄绿色钙质粘土岩、钙质页岩夹中厚层泥质灰岩、泥灰岩及钙质粉砂岩为主的岩层，底部常为厚度不等（0.5～2 m）的圆砾状灰岩（即底砾岩），含丰富的双壳类、腹足类及少量腕足类等化石。

【层型】 选层型贵阳市乌当后所剖面，位于贵阳市乌当东北11 km乌当后所村（106°48′，26°37′），贵州区调队四分队1972年实测，其层序如下：

上覆地层：韩家店群溶溪组　紫红色薄—中厚层碎屑状粘土岩，夹少许灰绿色碎屑状粘土岩

——————整　合——————

高寨田组	总厚度 181 m
20. 灰绿、黄绿色薄—中厚层钙质粉砂质粘土岩	2 m
19. 黄灰、灰绿色薄层钙质粘土岩，夹少许薄层泥灰岩	5 m
18. 灰微带绿色薄层钙质粉砂岩	1 m
17. 紫红、灰绿色薄层钙质粉砂岩，偶夹薄层含泥质灰岩	11 m
16. 青灰、灰绿色薄—中厚层泥灰岩，间夹薄层粘土质粉砂岩	11 m
15. 青灰、灰绿带紫红色薄层—中厚层泥质灰岩	2 m
14. 灰绿、青灰带紫红色薄层碎屑状泥质灰岩，间夹薄层含泥质灰岩，含稀少腹足类 *Hormotoma* sp. 等	3 m
13. 灰绿、紫红色中厚—厚层生物碎屑泥灰岩，夹少许灰色中厚层含泥质灰岩。含双壳类 *Goniophora contraria minima*、*Anodontopsis* sp. 等	8 m
12. 灰绿带紫红色薄层泥岩，夹少许含泥质灰岩。含双壳类 *Eurymyella guizhouensis*，*Amphicoelia quadratus*；腹足类 *Straparollus* sp. 等	18 m
11—10. 灰绿色钙质页岩或泥岩，夹薄层泥灰岩。含双壳类 *Eurymyella guizhouensis*，*Amphicoelia quadratus*；腹足类 *Staparollus pervetusta* 等	33 m
9—8. 灰绿微带紫红色中厚层—厚层泥质灰岩及泥灰岩。含双壳类 *Eurymyella guizhouensis*、*Sowteria* sp.；腹足类 *Straparollus* sp. 等	11 m
7—6. 灰绿色薄层钙质粘土岩和页岩，顶部偶见紫红色。含腕足类 *Lingula deprati*，	

Orbiculoidea sp.;双壳类 *Eurymyella guizhouensis*,*Goniophora triangulata*;腹足类 *Straparollus praestans* 等 39 m

5—4. 灰绿、局部为紫红色钙质粘土岩夹页岩。含双壳类 *Eurymyella guizhouensis*,*Goniophora triangulata*;腹足类 *Straparollus pervetusta* 和稀少腕足类等 28 m

3. 灰绿、黄灰色钙质薄层—中厚层粘土岩和页岩。含双壳类 *Anodontopsis* sp. 及腹足类等 6 m

2. 灰绿色中厚层泥灰岩,偶见灰岩砾石 2 m

1. 黄绿、灰绿色中厚层圆砾状灰岩(底砾岩),砾石为生物灰岩,滚圆度较好,泥质胶结 1 m

——————— 平行不整合 ———————

下伏地层:**黄花冲组** 灰色厚层细晶灰岩,含珊瑚 *Heliolites orientalis* 等

【地质特征及区域变化】 本组具颜色多变、岩性复杂、横向变化较大的特点。底以砾岩与下伏奥陶系黄花冲组灰岩或湄潭组砂页岩夹灰岩平行不整合接触;顶以黄绿色粘土岩与溶溪组紫红色粘土岩连续过渡。

在层型地点自下而上可分三个岩性段。第一段为灰绿、黄灰色钙质粘土岩、页岩、粉砂质页岩夹粉砂岩及薄层泥质灰岩,底部常为厚 1～3 m 的杂色底砾岩,横向可渐变为含砾砂质灰岩,含双壳类、腹足类及少量腕足类等化石,厚 76 m。第二段为灰、灰绿略带紫红色中至厚层灰岩、泥质灰岩、粉砂质灰岩、生物碎屑灰岩夹钙质粘土岩、页岩及少量钙质粉砂岩,富含双壳类及腹足类等化石,厚 81 m。第三段为灰绿、黄灰色薄层钙质粉砂岩与粉砂质粘土岩互层,偶夹薄层泥灰岩,常具微波状层理及小型对称波痕,化石稀少,厚 19 m。上述三个岩性段可分别与黔北的松坎组、石牛栏组与马脚冲组相对应。

本组分布于贵阳—贵定—都匀一带,贵定大栗树、桥子顶及都匀斑庄等地,可区分三个岩性段,第一段以钙质粉砂岩为主夹粉砂质泥岩,厚 82～162 m,桥子顶最厚为 162 m;第二段以粉砂质灰岩为主,间夹钙质泥岩及钙质、粉砂质泥岩厚 92～120 m;第三段岩性与选层型剖面相同,厚 0～101 m。龙里安邦寨及贵定白岩本组只能分为两段,下段为粉砂质钙质泥岩或泥灰岩,厚 35～123 m;上段为中厚层夹薄层致密灰岩或粉砂质灰岩,厚 33～95 m。贵定花坡营及石板寨一带本组不能分段,前者为黄绿、黄灰色钙质粉砂岩与泥质粉砂岩互层,厚度较大,可达 326 m;后者为薄—中厚层灰岩及泥质灰岩,上部夹黄绿及灰绿色页岩,厚 203 m。本组属潮坪—泻湖相沉积。

本组目前所获生物多不典型,时代划分意义不大,据所产双壳类 *Goniophora triangulata*,*Eurymyella guizhouensis*;腹足类 *Straparollus pervetusta* 及腕足类 *Eospirifer* sp.,Pentamerinae 等化石及区域对比,暂定其时代为早志留世中期。

第二节 生物地层

早震旦纪晚期之后,全球气温变暖,生物界呈现新面貌,多细胞藻类较前大为繁盛,单细胞浮游藻类出现许多新类型。晚震旦世时,软躯体后生动物(以 *Charnia* 为代表)和管状动物(如 *Sinotubulites*)开始繁衍。晚震旦世末期,多门类小壳动物开始出现,至早寒武世小壳动物大爆发。寒武纪是无脊椎动物大爆发和大发展的一个重要阶段,三叶虫、小壳动物强烈分异,高基虫、古杯动物和腕足动物亦大量繁衍,变化复杂,生物地层的划分主要依据三叶虫。奥陶纪是无脊椎动物大发展阶段,又是笔石动物的全盛时期。扬子区具大西洋型笔石群(如下垂对笔石和

断笔石)和南方型头足类(长颈角石和湄潭角石等),生物地层的划分除依据笔石动物外,还有鹦鹉螺类和三叶虫等。志留纪时,除早志留世早期笔石动物继续繁衍,早志留世中期之后底栖动物(四射珊瑚、床板珊瑚和腕足动物)及浮游动物(头足类和三叶虫)相当丰富。生物地层的划分,早志留世早期主要依据笔石动物,早志留世中期开始主要依据笔石及腕足动物、头足类、三叶虫和珊瑚。

经过清理研究,将贵州的震旦纪—志留纪划分为83个生物地层单位,其中震旦纪1个(组合带),寒武纪44个(6个延限带,15个顶峰带,2个奥佩尔带和21个组合带),奥陶纪27个(13个延限带,3个顶峰带和10个组合带),志留纪11个(3个延限带,3个顶峰带和5个组合带)。现由老到新分地区叙述如下。

1. *Anabarites* - *Protohertzina* 组合带

张文堂等(1979)创名 *Circotheca longiconica* - *Anabarites trisulcatus* 带作为梅树村阶的化石带。尹恭正、王砚耕、钱逸(1982)称 *Anabarites* - *Conotheca* - *Protohertzina* 组合,为织金县戈仲伍震旦系-寒武系界线剖面的下组合。尹恭正(1990)改称 *Anabarites* - *Protohertzina* 组合带。本组合带除含阿纳巴管类 *Anabarites trisulcatus*, *A.* sp. 和牙形石 *Protohertzina anabarica*, *P.* sp. 及 *Hertzina* sp. 等外,还含软舌螺类 *Conotheca subcurvata*, *C.* sp., 球形壳类 *Archaeooides* sp. 和 *Olivooides* sp. 等。本带是晚震旦世最晚的一个生物地层单位。

2. *Siphogonuchites* - *Sachites* 组合带

尹恭正、王砚耕、钱逸(1979、1982年正式发表)以织金县戈仲伍震旦系-寒武系界线剖面为标准,创名 *Zhijinites* - *Siphogonuchites* - *Sachites* 组合带。尹恭正(1987)改称 *Siphogonuchites* - *Sachites* 组合带。本组合带适用于贵州中西部织金、清镇和开阳等地。分布于灯影组的上部和顶部,垂直延伸厚度为数米至20 m,一般为10 m左右。含管壳类 *Siphogonuchites triangulatus*, *S. bisulcatus*, *Sachites moidipingensis*, 软舌螺类 *Conotheca circumflexa*, *C. subcuvata*, 织金壳类 *Zhijinites longistriatus*, *Parazhijinites guizhouensis* 等,还含有似软舌螺类 *Pseudorotheca tetacloides* 等30余属50余种。下伏生物地层为 *Anabarites* - *Protohertzina* 组合带。

3. *Mianxiandiscus* 顶峰带

周志毅、袁金良(1980)以滇东寒武系为标准,创名 *Parabadiella* - *Mianxiandiscus* 带。尹恭正(1987)以金沙县岩孔寒武系剖面为代表改称 *Mianxiandiscus* 顶峰带。本顶峰带适用于遵义—清镇一线以西的遵义松林、金沙岩孔和织金等地。分布于牛蹄塘组的下部。垂直延伸厚度为数米至10 m左右。本带除含三叶虫 *Mianxiandiscus* 外,还含有少量海绵骨针 *Protospongia*。下伏生物地层为 *Siphogonuchites* - *Sachites* 组合带。

4. *Tsunyidiscus* 顶峰带

张文堂等(1964)以遵义县牛蹄塘剖面为标准,创名 *Hebeidiscus niutitangensis* 带,1974年厘定为 *Tsunyidiscus niutitangensis* 带。尹恭正(1987)改称 *Tsunyidiscus* 顶峰带。本顶峰带适用于务川—湄潭—瓮安一线以西地区。分布于牛蹄塘组的上部,垂直延伸厚度为10—30 m,在金沙岩孔一带达100 m左右。本带主要含三叶虫 *Tsunyidiscus niutitangensis*, *T. yanjiazhaiensis* 和 *T. qingzhenensis* 等,与之共生的还有 *Shizhodiscus gaotianyensis* 和 *Guizhoudiscus* 等及少量高基虫 *Tsunyiella zhijinensis* 和 *Songlinella songlinensis* 等,在福泉一带还含三叶虫 *Wutingaspis fuqianensis*。下伏生物地层为 *Mianxiandiscus* 顶峰带。

5. *Zhenbaspis* 顶峰带

周志毅等(1980)以金沙县岩孔寒武系剖面为标准,创名 *Zhenbaspis dasapoensis* - *Guizhoudiscus* 带。尹恭正(1987)改称 *Zhenbaspis* 顶峰带。本顶峰带适用于遵义—清镇一线以西地区。分布于明心寺组下部,垂直延伸厚度一般为数十米。本带主要含三叶虫 *Zhenbaspis* (*Z.*) *lata*, *Z.* (*Z.*) *dasapoensis*, *Z.* (*Z.*) *qingzhenensis* 等,与之共生的有 *Guizhoudiscus chintingshanensis*, *G. tingi*, *G. zunyiensis*, *Shizhoudiscus gaotianyanensis*, *Runnania runanensis*, *Mayiella*? sp. 和高基虫 *Tsunyiella luna* 等。往东至湄潭一带,本带的重要分子被 *Yinites maopingensis* 所取代。下伏生物地层为 *Tsunyidiscus* 顶峰带。

6. *Kueichowia* - *Pseudoredlichia* 组合带

周志毅(1980)以金沙岩孔寒武系剖面为标准,创名 *Kueichowia* 带。尹恭正(1987)改称 *Kueichowia* - *Pseudoredlichia* 组合带,本组合带适用于遵义—清镇一线以西地区。分布于明心寺组下部,垂直延伸厚度一般为数十米,个别地区达 100 m 左右。本带主要含三叶虫 *Kueichowia liui*, *K. xishuiensis*, *K. guizhouensis*, *Pseudoredlichia jinshaensis* 和 *P. zhijinensis* 等,共生的有 *Dicerodiscus*, *Guizhoudiscus tingi*, *G. kaiyangensis*, *Shizhoudiscus* 和 *Zhenbaspis* 及高基虫类 *Tsunyiella luna* 等。在遵义—清镇一线以东 *Pseudoredlichia* 逐渐消失,但在开阳一带 *Kueichowia* 仍比较丰富,再往东至湄潭梅子湾一带 *Kueichowia* 亦消失。下伏生物地层为 *Zhenbaspis* 顶峰带。

7. *Drepanuroides* - *Yinites typicalis* 组合带

张文堂等(1964)以遵义县牛蹄塘寒武系剖面为标准,创名 *Drepanuroides* 带和 *Redlichia wanfusiensis* - *Yinites typicalis* 组合带。本组合带适用于湄潭—贵定一线以西地区。分布于明心寺组中部,垂直延伸厚度一般为 20～60 m,最大可达 100 余米。本带主要含三叶虫 *Drepanuroides kueichowensis*, *Yinites typicalis*, *Y. meitanensis*, *Y. guizhouensis* 等,共生的有 *Redlichia* (*R.*) *wanfusiensis*, *R.* (*R.*) *primigena*, *Syndinella guizhouensis*, *Mayiella zhijinensis* 和 *Drepanopyge* 及软舌螺 *Yankongvitus* 等。在遵义金顶山、开阳中心、湄潭金盆水、湄潭牛场十里溪和茅坪梅子湾等地,与其共生的还有古杯类 *Rotundocyathus shilixiensis*, *Archaeofungia meitanensis*, *Coscinocyathus zunyiensis*, *Dictyocyathus jindingshanensis* 和 *Retecyathus wanfusiensis* 等。下伏生物地层为 *Kueichowia* - *Pseudoredlichia* 组合带。

8. *Metaredlichioides* - *Meitanella* 组合带

周志毅等(1980)以湄潭组茅坪梅子湾寒武系剖面为标准,创名 *Metaredlichioides* - *Meitanella* 带。尹恭正(1987)改称 *Metaredlichioides* - *Meitanella* 组合带。本组合带适用威宁—宣威一线以东和湄潭—瓮安一线以西地区。分布于明心寺组上部。垂直延伸厚度一般为 10～50 m。本带主要含三叶虫 *Metaredlichioides constrictus*, *M. szechuanensis*, *M. meiziwanensis* 和 *Meitanella hastata* 等,共生的有 *Maopingaspis guizhouensis*, *Chengkouia intermedia* 和 *C. longa* 等。下伏生物地层为 *Drepanuroides* - *Yinites typicalis* 组合带。

9. *Paokannia* - *Szechuanolenus* 奥佩尔带

周志毅等(1980)以金沙县岩孔寒武系剖面为标准,创名 *Paokannia* - *Szechuanolenus* 带。尹恭正(1987)改称奥佩尔带。本组合带适用于威宁—宣威一线以东和务川—湄潭—瓮安一线以西地区。分布于明心寺组顶部,垂直延伸厚度一般为 5～20 m。本带主要含三叶虫 *Paokannia angulata*, *P. guizhouensis*, *Szechuanolenus nanjiangensis*, *S. songlinensis* 和 *S. meiziwanensis* 等。共生的有 *Pseudoichangia damiaoensis*, *Ichangia* sp., *Shifangia* sp. 及 *Redlichia* sp. 等。

下伏生物地层为 *Metaredlichioides - Meitanella* 组合带。

10. *Palaeolenus* 延限带

周志毅等(1980)以金沙县岩孔寒武系剖面为标准,创名 *Palaeolenus* 带。尹恭正(1987)改称 *Palaeolenus* 延限带。本组合带适用于务川—湄潭—瓮安一线以西地区。分布于金顶山组的下部,垂直延伸厚度为 1～40 m。本带主要含三叶虫 *Palaeolenus lantenoisi*,*P. tingi* 等,共生的有 *Redlichia*(*R.*)*kaiyangensis*,*R.*(*R.*)*ichangensis*,*Kootenia* sp.,*Shifangia* sp. 及腕足类 *Acrotheles* sp. 等。下伏生物地层为 *Paokannia - Szechuanolenus* 奥佩尔带。

11. *Megapalaeolenus* 延限带

张文堂等(1964)以湄潭县牛场十里溪寒武系剖面为标准,创名 *Palaeolenus deprati* 带,1974 年改称 *Megapalaeolenus deprati* 带。周志毅等(1980)称 *Megapalaeolenus* 带。尹恭正(1987)改称 *Megapalaeolenus* 延限带。本延限带适用于石阡—余庆—都匀一线以西地区。分布于金顶山组中、上部,垂直延伸厚度一般为 40～80 m。本带主要含三叶虫 *Megapalaeolenus deprati*,*M. fengyangensis*,*M. longispinus*,*M. guizhouensis* 等,共生的有 *Redlichia*(*R.*)*kaiyangensis*,*R.*(*Pteroredlichia*)*murakamii*,*Yuehsieszella szechuanensis*,*Kootenia* cf. *yui*,*Breviredlichia* sp.,*Arthricocephalus* sp.,*Cheiruroides*(*Neocheiruroides*)*shiqianensis* 和腕足类 *Obolella* sp. 等。在遵义—清镇一线以西,与之共生有还有古杯类 *Protopharetra yanjiaoensis*,*Retecyathus* sp. 及 *Archaeocyathus* sp. 等。下伏生物地层为 *Palaeolenus* 延限带。

12. *Redlichia*(*Pteroredlichia*)*murakamii* - *Hoffetella* - *Eoptychoparia* 组合带

张文堂等(1964)以湄潭牛场十里溪寒武系剖面为标准,创名 *Redlichia murakamii* 带,1974 年改为 *R.*(*Pteroredlichia*)*murakamii* 带。尹恭正(1987)厘定为 *Redlichia*(*Pteroredlichia*)*murakamii - Hoffetella - Eoptychoparia* 组合带。本组合带适用于铜仁—玉屏—丹寨一线以西地区。分布于清虚洞组下部。垂直延伸厚度约 30～100 m 左右。本带主要含三叶虫 *R.*(*Pteroredlichia*)*murakamii*,*R.*(*P.*)*chinensis*,*Hoffetella transversa*,*H. intermedia*,*H. guizhouensis*,*H. songtaoensis*,*Eoptychoparia gaodongensis*,*E. jinshaensis* 和 *E. taijiangensis* 等,共生的有 *R.*(*P.*)*chinensis*,*R.*(*P.*)*murakamii intermedia*,*R.*(*R.*)*jiangkouensis*,*R.*(*R.*)*hupehensis*,*Chuchiaspis jinshaensis*,*C. kaiyangensis* 和 *Yuehsienszella* sp. 等。下伏生物地层为 *Megapalaeolenus* 延限带。

13. *Redlichia*(*Redlichia*)*nobilis* 顶峰带

周志毅等(1980)以金沙县岩孔寒武系清虚洞组为标准,创名 *Redlichia*(*R.*)*guizhouensis* 带。尹恭正(1987)厘定为 *R.*(*R.*)*guizhouensis - R.*(*R.*)*nobilis* 组合带。本书改称 *R.*(*R.*)*nobilis* 顶峰带。本顶峰带适用于铜仁—玉屏—丹寨一线以西地区。分布于清虚洞组上部和遵义—清镇一线以西的陡坡寺组底部。垂直延伸厚度一般为 1.8～5 m。本带主要含三叶虫 *R.*(*R.*)*nobilis*,与之共生的有 *Eoptychoparia connata*,*Poulsenia decipens*,*Antagmus depingensis*,*Paraperiomma solenoperiformis* 等。下伏生物地层为 *R.*(*P.*)*murakamii - Hoffetella - Eoptychoparia* 组合带。

14. *Kunmingaspis - Chittidilla* 组合带

周志毅等(1980)以金沙县岩孔寒武系剖面为标准,创名 *Kunmingaspis - Chittidilla* 带。尹恭正(1987)改称组合带。本组合带适用于遵义—清镇一线以西地区。分布于陡坡寺组的下部。垂直延伸厚度一般为 10～20 m。本带主要含三叶虫 *Kunmingaspis qianbeiensis*,*K. brevica*,*Chittidilla similis*,*C. yunanensis*,*C.* aff. *plana* 等,共生的有 *Probowmaniella renhaiensis*,

Paragraulos sp. 和 *Redlichia* sp. 及腕足类 *Lingula* sp. ,*Lingulepis* sp. 等。下伏生物地层为 *Redlichia* (*R.*) *nobilis* 顶峰带。

15. *Kaotaia* - *Paramecephalus* 奥佩尔带

张文堂等(1964)以湄潭县高台寒武系高台组剖面为标准,创名 *Kaotaia magna* 带。尹恭正(1987)厘定以 *Kaotaia* - *Paramecephalus* 奥佩尔带。本奥佩尔带适用于铜仁—玉屏—台江一线以西地区。分布于遵义—清镇一线以西地区陡坡寺组的上部及遵义—清镇一线以东地区的高台组。垂直延伸厚度一般为 2～30 m。本带主要含三叶虫 *Kaotaia magna*, *K. globosa*, *K. gaotaiensis*, *Paramecephalus meitanensis*, *P. sinicus*, *P. conicus*, *P. shilengshuiensis* 等,共生的有 *Kütsingocephalus kütsingensis*, *K. shengi*, *K. yunnanensis*, *K. latilimbatus*, *K. yankongensis*, *Sinoptychoparia euglypea* 及 *Pseudosolenoparia yankongensis* 等。在遵义—清镇一线以东,本带还富含 *Meitania transversa*, *M. suni* 和 *M. similis* 等。下伏生物地层为 *Kunmingaspis* - *Chittidilla* 组合带

16. *Shilenshuia* - *Jiubaspis* 组合带

尹恭正(1987)以湄潭石冷水寒武系石冷水组剖面为标准创名。本组合带适用于遵义—清镇一线以东的湄潭、福泉和贵阳乌当等地区。分布于石冷水组的中下部。垂直延伸厚度一般为 25 m 左右。本带主要含三叶虫 *Shilenshuia jiubaensis*, *S. constricta*, *S. lata*, *Jiubaspis longus*, *J. brevis* 等,共生的有 *Proasaphiscus intermedius* 和 *Manchuriella meitanensis* 等。在贵阳乌当吊崖本带还含三叶虫 *Diaoyaspis guiyangensis*, *D. wudangensis*, *Honanaspis*? *guizhouensis*, *Wudangia constricta*, *W. subconica*, *Guizhouanomocare gracilis* 和 *Douposiella* cf. *guiyangensis* 等。在福泉一带本带还含有三叶虫 *Danzhaiaspis dopingensis*, *Fuquania conica* 及 *F. fuquanensis* 等。下伏生物地层为 *Kaotaia* - *Paramecephalus* 奥佩尔带。

17. *Manchuriella guizhouensis* 顶峰带

李善姬(1981)以湄潭石冷水中寒武统石冷水组剖面为标准,创名 *Manchuriella* 带。尹恭正(1987)将其厘定为 *Manchuriella guizhouensis* 顶峰带。本顶峰带适用于遵义—清镇一线以东的湄潭、福泉和贵阳乌当等地。分布于石冷水组的上部。垂直延伸厚度一般为 2～10 m。本带主要含三叶虫 *Manchuriella guizhouensis*。在福泉一带,与其共生的还有 *Daopingia dopingensis*, *D. guizhouensis* 和 *D. elongatus* 等。在余庆一带还含有 *Manchuriella suyangensis* 和 *Proasaphiscus* sp. 等。下伏生物地层为 *Shilenshuia* - *Jiubaspis* 组合带。

18. *Paranomocare* - *Lisania* 组合带

李善姬等(1973)① 以沿河县平井寒武系平井组剖面为标准,创名 *Paranomocare* 带。尹恭正(1987)将其厘定为 *Paranomocare* - *Lisania* 组合带。本组合带适用于务川—德江—印江一线以北地区。分布于平井组上部。垂直延伸厚度一般为 20～60 m。主要含三叶虫 *Paranomocare guizhouensis*, *P. songtaoensis*, *P. constrictus* 及 *Lisania guizhouensis* 等,共生的有 *Manchuriella* sp. ,cf. *Cyclolorenzella* sp. 等。下伏生物地层为 *Manchuriella guizhouensis* 顶峰带。

19. *Metacalvinella* 顶峰带

李善姬等(1973)以沿河县甘溪寒武系毛田组剖面为标准,创名 *Calvinella* - *Metacalvinella* 带。尹恭正(1991)将其厘定为 *Metacalvinella* 顶峰带。本顶峰带适用于桐梓—绥阳—凤冈—思南—印江一线以北地区。分布于毛田组下部。垂直延伸厚度一般为 10～40 m。本带主要含

---

① 李善姬、尹恭正,1973,黔东北中、晚寒武世娄山关群三叶虫新材料及其地层意义。西南地层古生物通讯,第 3 号。(下同)。

三叶虫 *Metacalvinella typica*，*M. robusta*，*M. elongata*，*M.* ?*yanheensis* 和 *M.* ?*ganqiensis* 等。在凤岗蜂岩等地还含有三叶虫 *Calvinella walcotti* 和 *C. strata* 等。下伏生物地层为 *Paranomocare* - *Lisania* 组合带。

20. *Yanheceras* 顶峰带

陈均远等(1979)以沿河甘溪寒武系毛田组上部鹦鹉螺为属型命名 *Yanheceras*。尹恭正(1987)创名 *Yanheceras* 顶峰带。本顶峰带适用于印江—德江一线以北的沿河地区。分布于毛田组上部。垂直延伸厚度为10～20 m。本带主要含鹦鹉螺 *Yanheceras endogastram* 和 *Y.* sp. 等，在务川大坪三坑的相当层位中含 Saukiidae。下伏生物地层为 *Metacalvinella* 顶峰带。

21. *Kaiyangites* - *Calcihexactina* 组合带

尹恭正(1987)以台江县五河震旦系-寒武系界线剖面为标准创名。本组合带适用于石阡—余庆一线以东和剑河南明—剑河—三都一线以西地区。分布于老堡组顶部。垂直延伸厚度为0.25～0.5 m。本带主要含分类位置不明的 *Kaiyangites novilis*，*K.* sp.，海绵类 *Calcihexactina* sp. 等，与其共生的有织金壳类 *Zhijinites* sp.。

22. *Hupeidiscus* 延限带

周志毅等(1980)以丹寨县南皋九门冲寒武系剖面为标准，创名 *Hupeidiscus* 带。尹恭正(1987)改称 *Hupeidiscus* 延限带。本延限带适用于务川—瓮安—贵定一线以东和剑河南明—剑河—三都一线以西地区。分布于九门冲组内。垂直分布厚度一般为30～60 m，在余庆小鳃一带达150 m，但在丹寨新屋基只有5 m。主要含三叶虫 *Hupeidiscus orientalis*，*H. shiqianensis*，*H. fengdongensis* 等，共生的有 *Neocobboldia* sp.，*Sinodiscus* sp. 和 *Metaredlichia* sp. 等，在余庆小鳃一带还含有少量古杯类 *Ajacicyathus* sp. 和 *Coscinocyathus* sp. 等。下伏生物地层为 *Kaiyangites* - *Calcihexacitina* 组合带。

23. *Metaredlichioides* - *Chengkouia* 组合带

周志毅等(1980)以余庆小鳃寒武系变马冲组剖面为标准，创名 *Metaredlichioides* — *Chengkouia* 带。尹恭正(1987)厘定为 *Szechuanolenus* - *Chengkouia* 组合带。经清理，现称 *Metaredlichioides* - *Chengkouia* 组合带。本组合带适用于务川—瓮安一线以东和剑河南明—剑河—三都一线以西地区。分布于变马冲组的中、下部，垂直延伸厚度30～200 m。本带在余庆小鳃主要含三叶虫 *Metaredlichioides longxiensis*，*M. elevatus*，*Chengkouia* sp. 等，共生的有 *Xiuqiella* sp.。在丹寨南皋九门冲主要含三叶虫 *Chengkouia pustulosa*，*C.* sp. 等，共生的有 *Protolenella conica*，*P. lata* 等。下伏生物地层为 *Hupeidiscus* 延限带。

24. *Szechuanolenus* 顶峰带

周志毅等(1980)以江口县张家坡寒武系变马冲组剖面为标准，创名 *Szechuanolenus* 带。本书改称顶峰带。本顶峰带适用于务川—瓮安一线以东和剑河南明—剑河—三都一线以西地区。分布于变马冲组上部。垂直延伸厚度一般为10～50 m。在江口县张家坡和岑巩县羊桥一带主要含三叶虫 *Szechuanolenus nangjiangensis*，*S. jiangkouensis* 等，共生的有 *Redlichia* sp.，*Kootenia* sp. 和 *Neocobboldia* sp. 等。在黄平浪洞一带，该带还含有 *Chengkouia langdongensis*，*Protolenella huangpingensis* 等。在余庆小鳃，本带还含有 *Paokannia angulata*。下伏生物地层为 *Metaredlichioides* - *Chengkouia* 组合带。

25. *Arthricocephalus* - *Changaspis* 组合带

周志毅等(1980)创名 *Arthricocephalus* - *Changaspis* 带。尹恭正(1987)以江口县张家坡寒武系杷榔组剖面为标准改称组合带。本组合带适用于石阡—余庆一线以东和剑河南明—剑河

—三都一线以西地区。分布于杷榔组下部至中上部。垂直延伸厚度一般为 200～400 m 左右。本带主要含三叶虫 *Arthricocephalus duyunensis*, *A. chauveaui*, *A. horridus*, *A. jiangkouensis*, *A. taijiangensis*, *A.* (*Arthricocephalites*) *xinzhaiheensis*, *A.* (*A.*) *balangensis*, *A.* (*A.*) *tongrenensis*, *Changaspis micropyge*, *C. nangaoensis* 和 *C. placenta* 等。共生的有 *Balangia* sp., *Eodontopleura primtiva*, *E. jiangkouensis*, *Redlichia* (*Pteroredlichia*) *murakamii*, *R.* (*P.*) *chinensis*, *R.* (*Redlichia*) *hupeihensis* 和 *Kootenia* sp. 及腕足类 *Acrothele* sp. 等。在松桃一带，共生的三叶虫还有 *Duyunaspis duyunensis*, *D. laevigatus*, *D. obesis*, *D. songtaoensis* 和 *Feilongshania brevica* 等。下伏生物地层为 *Szechuanolenus* 顶峰带。

26. *Protoryctocephalus* 顶峰带

周志毅等(1980)以丹寨南皋九门冲剖面为标准创名 *Protoryctocephalus* 带。尹恭正(1987)改称顶峰带。适用于台江—丹寨地区，分布于杷榔组顶部，垂直延伸厚度约 50 m 左右。*Protoryctocephalus* 为本区特有，富含 *P. wuxunensis*, *P.* sp. 及 *Redlichia* sp. 等。下伏生物地层为 *Arthricocephalus* - *Changaspis* 组合带。

27. *Kunmingaspis* - *Nangaops* 组合带

周志毅等(1980)以丹寨县南皋九门冲寒武系剖面为标准，创名 *Nangaops* - *Kunmingaspis* 带。尹恭正(1987)改称 *Kunmingaspis* - *Nangaops* 组合带。本组合带适用于台江—丹寨地区，分布于凯里组底部，垂直延伸厚度在 25 m 左右。本带主要含三叶虫 *Kunmingaspis qiannanensis*, *Nangaops nangaoensis*, *N. danzhaiensis*, *N. elongatus*, *N. rara*, *N. latilimbatus* 等，与其共生的有 *Eosoptychoparia guizhouensis*, *E. conica*, *E. intermedia* 等。下伏生物地层为 *Protoryctocephalus* 顶峰带。

28. *Wuxunaspis* 顶峰带

周志毅等(1980)以丹寨县南皋九门冲寒武系凯里组剖面为标准，创名 *Wuxunaspis* 带。尹恭正(1987)改称顶峰带。本顶峰带适用于台江—丹寨地区，分布于凯里组下部，垂直延伸厚度在60 m左右。本带主要含三叶虫 *Wuxunaspis deltoidea*, *W. deflecta*, *W. subquadrata* 等，与之共生的有 *Elrathiella kailiensis*, *E.* ? *beila*, *Eosoptychoparia conica*, *Mufushania latilimbata*, *Nangaoia megaceps*, *Onchocephalus*? *sanwanensis*, *Pachyaspis* (*Danzhaina*) *lila*, *Pagetia* sp., *Ptychoparia*? *nitida* 及腕足类 *Heleionella* sp. 等。下伏生物地层为 *Kunmingaspis* - *Nangaops* 组合带。

29. *Jiumenia* 顶峰带

尹恭正(1991)① 以丹寨县南皋九门冲寒武系凯里组为标准创名。本顶峰带适用于台江—丹寨地区。分布于凯里组中部，垂直延伸厚度为 130 m 左右。本带主要含三叶虫 *Jiumenia spinosa*, *J. typica*, *J. triangulata* 等，共生的有 *Xingrenaspis xingrenensis*, *X. elongatus*, *Metabalangia yupingensis*, *Oryctocephalus incurvus*, *Pagetia saucris*, *Ehmaniella*? *similis*, *Meitania similis*, *Eosoptychoparia intermedia*, *Burlingia ovata*, *Danzhaispis quadratus*, *D. latilimbatus*, *D.* (*Nangaocephalus*) *similis*, *Oryctocephaloides convexus* 及腕足类 *Hometreta* sp. 等。下伏生物地层为 *Wuxunaspis* 顶峰带。

30. *Kaotaia globosa* 顶峰带

尹恭正(1987)以丹寨南皋九门冲寒武系凯里组为标准创名。本顶峰带适用于台江—丹寨

① 贵州省地矿局区调院，1996，贵州地层典。(下同)。

地区。分布于凯里组上部，垂直延伸厚度一般在 60 m 左右。本带主要含三叶虫 *Kaotaia globosa*，共生的有 *Kaotaia magna*，*Pagetia saucris*，*Ehmaniella*? *similis*，*Xingrenaspis xingrenensis* 和 *Oryctocephalus incurvus* 及腕足类 *Homotreta* sp. 等。下伏生物地层为 *Jiumenia* 顶峰带。

31. *Kootenia jialaoensis* 顶峰带

周志毅等(1980)以丹寨县南皋九门冲寒武系凯里组为标准，创名 *Kootenia jialaoensis* 带。尹恭正(1987)改称顶峰带。本顶峰带适用于台江—丹寨地区。分布于凯里组的顶部，垂直分布厚度约 30 m 左右。本带主要含三叶虫 *Kootenia jialaoensis*，共生的有 *Pagetia danzhaiensis*，*Xingrenaspis quadratus*，*X. brevicus*，*Peronopsis* sp. 及腕足类 *Dicellomus* sp. 等。下伏生物地层为 *Kaotaia globosa* 顶峰带。

32. *Ehmaniella*—*Parafuchouia* 组合带

周志毅等(1980)以丹寨南皋九门冲寒武系甲劳组剖面为标准，创名 *Parafuchouia* 带。尹恭正(1987)厘定为 *Ehmaniella* - *Parafuchouia* 组合带。本组合带适用于丹寨地区。分布于甲劳组。垂直延伸厚度约 60 m 左右。主要含三叶虫 *Ehmaniella casta*，*Parafuchouia elongata*，*P. limbata* 和 *P. prompta* 等，共生的有 *Jialaopsis latus*，*Kootenia sanwanensis*，*K. fida*，*Ptychoparella usalis* 及腕足类 *Helcionella* sp. 和 *Acrothele* sp. 等。下伏生物地层为 *Kootenia jialaoensis* 顶峰带。

33. *Paramphoton* - *Dorypyge* 组合带

杨家騄(1978)以铜仁县枫木坪和铜鼓滩中寒武统剖面为标准，创名 *Dorypyge* cf. *richthofeni* 带及 *Paramphoton* 带。尹恭正(1987)将其厘定为 *Paramphoton* - *Dorypyge* 组合带。本组合带适用于铜仁—玉屏一线以东地区。分布于车夫组的下部，垂直延伸厚度约 60 m 左右。主要含三叶虫 *Paramphoton xiangxiensis*，*P. parallela*，*Dorypyge* cf. *richthofeni* 等。与之共生的有 *Fuchouia chiai*，*Aojia hespera*，*Huzhuia paratypica*，*Paranomocarella parallela* 和球接子类 *Linguagnostus fengmupisensis*，*Goniagnostus nathorsti*，*Lejopyge laevigata*，*Triglagnostus lundgreni*，*Cotalagnostus elaudicans*，*Hypagnostus hunanicus* 及 *Peronopsis fallax* 等。

34. *Lisania tungjenensis* - *Peronopsis* 组合带

杨家騄(1978)以湖南保靖县花桥中、上寒武统剖面为标准，创名 *Lisania tungjenensis* 带。尹恭正(1987)厘定为 *Lisania tungjenensis* - *Peronopsis* 组合带。本组合带适用于铜仁—玉屏一线以东地区，分布于车夫组中部，垂直延伸厚度约 90 m 左右。本带在贵州境内主要含三叶虫 *Lisania tungjenensis*，*L. paralala*，*L. paratungjenensis* 和球接子类 *Peronopsis fallax*，*P. fallax minor* 等，与之共生的有三叶虫 *Dorypyge perconvexalis*，*Fuchouia chiai*，*Prohedinia sinensis*，*Huzhuia paratypica*，*Aojia yuanjiangensis*，*Baojingia youshuiensis*，*Eoshengia jiudiatangensis*，*Paranomocarella parapolita*，*Paradamesops laterilobatus* 和球接子类 *Linguagnostus spinosus*，*Ciceragnostus cicer*，*Lejopyge laevigata*，*Pertagnostus sinicus* 及 *Phalacroma sinica* 等。下伏生物地层为 *Paramphoton* - *Dorypyge* 组合带。

35. *Paradamesops jimaensis* - *Cyclolorenzella tuma* 组合带

杨家騄(1987)以湖南保靖县花桥中、上寒武统剖面为标准，创名 *Paradamesops jimaensis* - *Cyclolorenzella tuma* 组合带。本组合带适用于铜仁—玉屏一线以东地区。分布于车夫组中上部，垂直延伸厚度约 30～60 m。本带在万山高楼坪寄马冲主要含三叶虫 *Paradamesops jimaensis*，*P. laterilobatus* 和 *Cyclolorenzella tuma* 等，与之共生的有 *Dorypyge perconvexalis*，

Huzhuia paratypica, *Blackwelderia granosa*, *Dorypygella posterocosta*, *Protaizehoia yuepingensis*, *P. granifera*, *Cyclolorenzella caijiapingensis*, *Neanomocarella asiatica*, *Bergeronites hunanensis*, *Wanshania wanshanensis* 和球接子类 *Hypagnostus nepos* 及 *Kormagnostus*? *speciosus* 等，下伏生物地层为 *Lisania tungjenensis* - *Peronopsis* 组合带。

36. *Liostracina* - *Ammagnostus* 组合带

杨家騄(1987)以湖南省凤凰县亭子关中上寒武统剖面为标准，创名 *Liostracina* - *Chatiania* 带。尹恭正(1991)改称 *Liostracina* - *Ammagnostus* 组合带。本组合带适用于铜仁—玉屏一线以东地区。分布于车夫组中上部，垂直延伸厚度在 20 m 左右。本带在万山高楼坪寄马冲主要含三叶虫 *Liostracina bella*, *L. taoyuanensis* 和球接子类 *Ammagnostus sinensis* 等，共生的有 *Fenghuangella coniforma*, *Paradamesella subtriagutata*, *Neoanomocarella asiatica*, *Bergeronites* (*Palaeadotes*) *changdeensis*, *Proceratopyge* (*P.*) *fuyangensis* 和 *Paradamesops karatauensis* 及球接子类 *Tomagnostus rara*, *Kormagnostus taoyuanensis*, *Aspidagnostus rugosus*, *Hypagnostus kendectasicus* 等。下伏生物地层为 *Paradamesops jimaensis* - *Cyclolorenzella tuma* 组合带。

37. *Glyptagnostus stolidotus* 延限带

彭善池(1983)以湖南省桃源县瓦儿岗中、上寒武统剖面为标准，创名 *Glyptagnostus stolidotus* 带。尹恭正(1991)改称延限带。本延限带适用于铜仁—玉屏一线以东地区。分布于车夫组上部，垂直延伸厚度约 10～30 m。本带主要含球接子类 *Glyptagnostus stolidotus*，共生的三叶虫有 *Chatiania chatianensis* 和 *Teinistion hunanensis* 及球接子类 *Glyptagnostus waergangensis*, *Aspidagnostus inquilinus* 等。下伏生物地层为 *Liostracina* - *Ammagnostus* 组合带。

38. *Glyptagnostus reticulatus* 延限带

杨家騄(1981)以湖南凤凰县亭子关—老茶田寒武系剖面为标准，创名 *Chuangia* - *Glyptagnostus reticulatus* 带。尹恭正(1991)厘定为 *Glyptagnostus reticulatus* 延限带。本延限带适用于铜仁—玉屏一线以东地区。分布于比条组的下部，垂直延伸厚度约 40 m 左右。主要含球接子类 *Glyptagnostus reticulatus*，与之共生的有 *Ciceragnostus cicer*, *Pseudagnostus communis*, *Phalacroma granulosa* 及三叶虫 *Olenus austriacus*, *Shengia quadrata*, *Prochuangia granulosa*, *Proceratopyge fenghuangensis*, *Changia austriaca* 等。下伏生物地层为 *Glyptagnostus stolidotus* 延限带。

39. *Kunmingaspis* 顶峰带

尹恭正(1987)以三都县鸭塘寒武系剖面为标准创名。本顶峰带适用于剑河南明—剑河—三都一线以东地区。分布于都柳江组下部，垂直延伸厚度为 20～30 m。本带主要含三叶虫 *Kunmingaspis* cf. *qiannanensis* 和 *K.* sp. 等，与之共生的有 *Jiumenia*? sp.。

40. *Pagetia latilimbata* - *Peronopsis* 组合带

尹恭正(1987)以三都县鸭塘寒武系剖面为标准创名。本组合带适用于剑河南明—剑河—三都一线以东地区。分布于都柳江组中下部。垂直延伸厚约 30 m 左右。本带主要含三叶虫 *Pagetia latilimbata* 和 *Peronopsis* cf. *taitzuhoensis* 等，与之共生的有 *Pagetia venusta*, *P.* sp. 和 *Oryctocephalus* sp. 等。下伏生物地层为 *Kunmingaspis* 顶峰带。

41. *Lisania* - *Hypagnostus* 组合带

尹恭正(1987)以三都县鸭塘寒武系剖面为标准创名。本组合带适用于剑河南明—剑河—

三都一线以东地区。分布于都柳江组上部和杨家湾组底部，垂直延伸厚度50～100 m左右。本带主要含三叶虫 *Lisania* 和球接子类 *Hypagnostus*。下伏生物地层为 *Pagetia latilimbata* - *Peronopsis* 组合带。

42. *Pseudagnostus* - *Phalacroma* 顶峰带

尹恭正(1987)以三都县鸭塘寒武系剖面为标准创名。本顶峰带适用于剑河南明—剑河—三都一线以东地区。分布于杨家湾组下部，垂直延伸厚度为50～150 m左右。本带主要含球接子类 *Pseudagnostus* 和 *Phalacroma*，与之共生的有 *Lejopyge* 等。下伏生物地层为 *Lisania* - *Hypagnostus* 组合带。

43. *Prochuangia* - *Olenus* 组合带

尹恭正(1987)以三都县鸭塘寒武系剖面为标准创名。本组合带适用于剑河南明—剑河—三都一线以东地区。分布于杨家湾组的中部，垂直延伸厚度一般为100 m左右。本带主要含三叶虫 *Prochangia granulosa*, *P.* cf. *granulosa*, *P.* sp. 和 *Oleus* cf. *guizhouensis*, *O.* sp. 等，与之共生的有三叶虫 *Sanduspis gracilis*, *Onchonotina* sp., *Proceratopyge* cf. *fenghuangensis* 和球接子 *Pseudagnostus* cf. *comminis*, *P.* sp. 等。下伏生物地层为 *Pseudagnostus* - *Phalacroma* 顶峰带。

44. *Lotagnostus punctatus* 顶峰带

尹恭正(1987)以三都县鸭塘和排招寒武系剖面为标准创名。本顶峰带适用于剑河南明—剑河—三都一线以东地区。分布于三都组底部，垂直延伸厚度一般为40～100 m。本带主要含球接子类 *Lotagnostus punctatus*, *L.* sp.，与之共生的有三叶虫 *Proceratopyge cylindrica*, *P. fenghwangensis*, *Wujiania limites*, *Jegorovaia expansa*, *Sanduspis* sp., *Euloma* (*Proteoloma*) sp. 和球接子类 *Pseudagnostus* sp. 等。下伏生物地层为 *Prochuangia* - *Olenus* 组合带。

45. *Hedinaspis* 延限带

尹恭正等(1984)以三都县城边寒武系剖面为标准，创名 *Hedinaspis kueichouensis* 带。尹恭正(1987)厘定为 *Hedinaspis* 延限带。本延限带适用于剑河南明—剑河—三都一线以东地区。分布于三都组下部至锅塘组底部，垂直延伸厚度为600 m左右。本带主要含三叶虫 *Hedinaspis regalis*, *H. kueichouensis*, *H.* cf. *shengi*, *H.* sp.，与之共生的有 *Charchaqia sanduensis*, *Niobella yangjiawanensis*, *N. sanduensis*, *Jegorovaia expansa*, *Westeraadites limites*, *Pseudayupingia modesta*, *Sanduspis gracilis*, *Acrocephalus reticulata*, *A.* cf. *acuta*, *Guizhoucephalina longispina*, *Onchonotina vigilans* 和 *Hospis* sp. 及球接子类 *Geragnostus spinosus*, *Lotagnostus asiaticus* 等。下伏生物地层为 *Lotagnostus punctatus* 顶峰带。

46. *Dictyonema flabelliforme* 延限带

孙云铸(1935)于河北开平盆地创名，代表冶里组下部奥陶系最底部的一个笔石带。穆恩之于1959年引用，1980年厘定为下奥陶统新厂阶(X1)带。本延限带适用于黔南三都—都匀一带，见于三都中学剖面及锅塘剖面的锅塘组下部，垂直延伸厚度70～100 m，都匀绿荫桥剖面桐梓组下部，垂直延伸厚度20余米。特点是大量网格笔石、无羽笔石和三叶虫共生。常见的笔石有 *Dictyonema flabelliforme regulare*, *D. flabelliforme sociale*, *D. jugatum*, *Dendrograptus* sp.，共生的三叶虫 *Hysterolenus aticus*, *Raptagnostus* sp. 等。

47. *Callograptus taitzehoensis* 延限带

穆恩之1959年于辽宁太子河创名，作为冶里组第2个笔石带，1980年厘定为下奥陶统新厂阶(X2)带。省内仅分布于三都地区,见于三都中学剖面及锅塘剖面的锅塘组中部,分布于距底界 250～300 m 厚度内。特点是以三叶虫为主,伴以少量笔石。除带化石外,共生的笔石 *Hermmannograptus uniformis* 及三叶虫 *Symphysurus* (*Troedssonia*) *lubrica*, *Pilekia* cf. *transversalis*, *Euloma*(*Miaeuloma*) *subqudrata*, *Triplacephalus* sp., *Leiagmestus* sp. 等。

48. *Tetragraptus*(*Etagraptus*) *approximatus* 延限带

李积金、陈旭(1962)于三都大塘首次使用,作为同高组下部笔石带,相当于穆恩之等(1980)厘定的下奥陶统宁国阶早期(N1)*Etagraptus approximatus* 带。王钢等(1987)定其性质为延限带。该延限带适用于三都地区,分布于三都大塘剖面及下燕高剖面同高组下部 30 余米厚度内。重要属种有 *Tetragraptus*(*Etagraptus*) *scandens* var. *curvatus*, *T. decipiens*, 次为 *Didymograptus sinensis*, *D. opimus* 等。

49. *Didymograptus filiformis* 延限带

李积金等(1962)在三都大塘首次使用,作为同高组上部笔石带,相当于穆恩之等(1980)厘定的下奥陶宁国阶(N2)带。主要见于黔南三都地区大塘剖面及下燕高剖面同高组距底界 30～60 m 厚度内,在黔北地区的桐梓红花园及湄潭五里坡湄潭组底部数米厚度内也有分布。重要属种有 *Didymograptus sinensis*, *D. nicholsoni*, *D. auamantinus*, *Tetragraptus quadribrachiatus*, *T. penden* 等。

50. *Didymograptus eobifidus* 顶峰带

1974 年陈旭等创名 *Didymograptus eobifidus* 带,贵州地层古生物工作队(1976)将该带引用黔北、黔南地区。穆恩之等(1979—1980)将该带作为 *Didymograptus deflexus* 带的 3 个亚带中的下亚带,即下奥陶统宁国阶(N3a)带。王钢等(1987)厘定为顶峰带。该顶峰带在省内普遍适用,在黔南三都地区分布于同高组下部距底界 60～100 m 厚度内,黔北地区主要分布于湄潭组下部距底界 30～50 m 厚度内。重要属种有 *Didymograptus diapason*, *D. nobilis*, *D. bifidus*, *D. protobifidus*, *D. parallellus*, *D. protoamplus*, *D. subtilis*, *D. columbianus* 等。

51. *Didymograptus deflexus* 顶峰带

该带最早建立于英国,属 *D. extentus* 带的一个亚带。张文堂(1962)在黔北湄潭组内划分出 *D. deflexus* 带。穆恩之、葛梅钰等(1979)将西南地区的 *D. deflexus* 带划分为三个亚带,并明确其时代为早奥陶世宁国期(N3)生物地层单位。王钢等(1987)厘定为顶峰带。该顶峰带在省内普遍适用,在黔南分布于同高组下部距底界 60～100 m 厚度内;在黔北分布于湄潭组中下部距底界 50～80 m 厚度内及大湾组底部数米至 10 余米厚度内。重要属种有 *Didymograptus inflexus*, *D. vacillans*, *D. scanicus*, *D. lautus*, *D. parrus*, *D. enshiensis*, 伴有下垂类对笔石 *D. minutus*, *D. meitanensis*, *D.* cf. *fagellifer*, 下斜对笔石 *D.* cf. *liber*, *D. kurcki* 及叶笔石和少量均分笔石等。

52. *Azygograptus suecicus* 延限带

李积金(1961)在黔南大湾组中首次使用 *A. suecicus* 带,张文堂(1964)在黔北湄潭组划出该带。1979 年穆恩之等将该带作为西南地区下奥陶统宁国阶(N4 带)生物地层单位。王钢等(1987)定其性质为延限带。该延限带适用黔北地区,发育于湄潭组及大湾组第一段上部,垂向延伸厚度 10～20 m,以断笔石(*Azygograptus*)大量出现为特征。重要属种有 *Azygograptus lapworthis*, *A. undulatus*, *A. flexilis*, 共生笔石有 *Tetragraptus bigsbyi*, *T. reclinatus*, *Phyllograptus elegans*, *P. regularis*, *P. anna* 等。

53. *Glyptograptus sinodentatus* 顶峰带

源于张文堂(1964)在黔北湄潭创名的 *G. sinodentatus* var. *minor* 带。1979 年穆恩之等称 *G. sinodentatus* 带，作为西南地区下奥陶统宁国阶中期(N6 带)生物地层单位。王钢等(1987)定其性质为顶峰带。该顶峰带适用于黔北地区，发育于湄潭组及大湾组第三段中下部 20～50 m厚度内。重要属种有 *Glyptograptus sinodentatus minor*，*G. sinodentatus meitanensis*，共生的有 *Didymograptus extensus injectus* 等。与此带相当的是 *Didymograptus nexus* 顶峰带，以大量窄枝平伸的对笔石和上斜的四笔石为特点。

54. *Glyptograptus austrodentatus* 延限带

穆恩之等(1979)建立，为西南地区下奥陶统宁国阶(N7 带)生物地层单位。王钢等(1987)定其性质为延限带。该延限带适用于全省，在黔北地区发育于湄潭组及大湾组第三段上部 15～20 m 厚度内，在黔南三都地区见于同高组上段上部 40 m 厚度内。本带以出现大量双列有轴笔石为最大特点。重要属种有 *Glyptograptus austrodentatus major*，*G. robustus*，*G. sinanensis*，*G. turgidus* 等。另伴有少量平伸式对笔石 *Didymograptus nitidus*，*D. extensus*，*D. linearis* 和假栅笔石及假苔藓笔石等。

55. *Gymnograptus linnarssoni* - *Glyptograptus teretiusculus* 共存延限带

穆恩之(1959)首次使用 *Glyptograptus teretiusculus* 带，为华中—西南区中奥陶统底部笔石带。张文堂等(1964)在遵义十字铺的十字铺组中建立 *Dicellograptus sextans exilis* - *Gymnograptus linnarssoni* 带，同年又将穆氏 *G. teretiusculus* 带作为十字铺组生物带。王钢(1987)据省内笔石发育特点综合考虑上述意见，定其为共存延限带。相当于穆恩之(1980)厘定的中奥陶统胡乐阶 H_{u1} 带，该带在黔北分布于十字铺组中、上部，在黔南三都地区赖壳山组中仅见 *G. teretiusculus*。在黔北共生的笔石有 *Dicellograptus divaricatus salopiensis*，*D. sextans*，*Glyptograptus siccatus latus*，*G. guizhouensis*，*Prolasiograptus retusus*，*Didymograptus euodus*，*Climacograptus* 等；黔南地区共生的有 *Climacograptus brevis*，*C.* cf. *caudatus*，*Amplexograptus sanduensis*，*Diplograptus* sp.，*Didymograptus* sp. 等。此外，还共生有大量三叶虫及腕足类等。

56. *Dicellograptus szechuanensis* - *Pleurograptus lui* 共存延限带

源于穆恩之(1954，1959)在狭义的盐津组和五峰组分别建立的 *Pleurograptus lui* 带及 *Dicellograptus szechuanensis* 带。王钢(1987)据其产出层位及共生关系定其为共存延限带，相当于穆恩之(1980)厘定的上奥陶统五峰阶 W1—W2 带。该带主要分布于黔北龙马溪组下部(原五峰组下部)，一般厚度 2 m，典型地点(沿河甘溪)厚度 6.7 m。以叉笔石大量出现为特点，*D. szechuanesis* 在黔北均有产出，*P. lui* 仅见于沿河甘溪等地。共生主要分子有 *Dicellograptus complanatus complexus*，*D. complanatus asiaticus*，*D. ornatus*，*D. ornatus angustus*，*D.* cf. *pumilus*，*D. excavatus*，*D. tenuis*，*D.* cf. *graciliramosus*，*Amplexograptus disjunctus yangziensis*，*Orthograptus abbreviatus* 以及 *Climacograptus* sp.，*Glyptograptus* sp. 等。

57. *Tangyagraptus typicus* 延限带

穆恩之(1974)于湖北棠垭建立，产出层位划属五峰组上部。王钢等(1987)定其性质为延限带。省内见于黔北地区，以遵义板桥及桐梓红花园等地发育较好，产于龙马溪组下段中部(原五峰组中部)厚度 1～2 m。主要共生分子有 *Yinograptus disjunctus*，*Climacograptus venustus*，*Orthograptus maximus*，*Dicellograptus ornatus*，*D. excavatus*，*Paraorthograptus angustus*，*Paraplegmatograptus* sp. 等，毕节燕子口、遵义十字铺等地还采获三叶虫 *Triarthrus dawanensis*，*Robergia sinensis* 等。

58. *Paraorthograptus - Diceratograptus mirus* 组合带

源于张文堂(1964)在黔北五峰组上部建立的 *Diceratograptus mirus* 带和穆恩之(1974)于湖北五峰组建立的 *Paraorthograptus uniformis* 带，汪啸风(1980)、张文堂(1982)将二者合并，称 *Paraorthograptus - Diceratograptus mirus* 带。王钢(1987)定其为组合带。省内主要分布于黔北及黔东北龙马溪组下段上部(原五峰组上部)，以遵义板桥及桐梓红花园发育较好，最大特点是拟直笔石空前繁盛，一般厚度 2 m。重要属种有 *Paraorthograptus uniformis*, *P.* cf. *typicus*, *P. longispinus*，共生的笔石有 *Climacograptus supernus*, *C. hastatus*, *Orthograptus truncatus*, *Paraplegmatograptus* sp., *Yinograptus* sp. 等。

59. *Wanliangtingia latilimbata - Songtaoia* 组合带

1978 年尹恭正[①] 建 *Wanliangtingia - Fenkelnburgia* 带，1986 年改称为本组合带，作为贵州北部早奥陶世早期生物地层单位。发育于桐梓组底部厚数米至 50 余米的薄层生物碎屑灰岩中。重要属种有 *Wanliangtingia latilimbata*, *W. yanheensis*, *W. granulata*, *Jinshaella jinshaensis*, *Songtaoia guizhouensis*, *Apatokephalops* sp. 等，尚见大量腕足类等化石。尹恭正(1978)在黔南三都地区建立的早奥陶世早期生物地层单位 *Hysterolenus* 延限带见于锅塘组下部，垂向延伸厚度 100～200 m。该带适用于玉屏—台江—三都一线以东地区，与本组合带时代大致相当。重要属种有 *Hysterolenus asiaticus*, *Symphysurus* (*Troedssonia*) *lubrica*, *Pilekia transversalis*, *Triplacephalus elongatus* 等。

60. *Dactylocephalus - Asaphellus* 组合带

卢衍豪(1959)于鄂西半河统下部建 *Asaphellus inflatus* 带，中部建 *Dactylocephalus dactyloides* 带。尹恭正(1978)改称为 *Asaphellus - Dactylocephalus* 组合。为贵州北部下奥陶统桐梓组下部生物地层单位。王钢等(1986)改称 *Dactylocephalus - Asaphellus* 组合带。本组合带广布扬子区，发育于桐梓组下部页岩及其上下灰岩中，垂向延伸厚度为 1.5～30 m。重要属种有 *Dactylocephalus dactyloides*, *Asaphellus inflatus*, *A. changi*, *A. wuchuanensis*, *Lohanpopsis lohanpoensis*, *Chungkingaspis sinensis*, *Szechuanella szechuanensis*, *Apatokephalops elongatus* 等。

61. *Tungtzuella* 延限带

源于卢衍豪(1959)在黔北桐梓组内建立的 *Acanthograptus - Tungtzuella* 带或 *Tungtzuella* 带。尹恭正(1986)改称本延限带。主要分布于黔北桐梓组顶部，垂向延伸厚度为 1～5 m。重要属种有 *Tungtzella kweichowensis*, *T. szechuaensis*, *Psilocephalina lubrica*, *P.* cf. *sinuata* 等。与上述延限带层位相当，在桐梓组上部尹恭正(1986)在黔东北建立的 *Yingjangia* 延限带垂向延伸厚度约 20 m。重要属种有 *Yingjangia elongata*, *Y. lata* 等。

62. *Meitanopsis - Taihungshania renhuaiensis* 组合带

尹恭正(1986)建立适用于黔北地区，分布于湄潭组及大湾组下部数十米厚度内。常见属种有 *Meitanopsis angulata*, *M. zunyiensis*, *Taihungshania renhuaiensis*, *Megalaspides taningensis*, *Hammatoenemis primitivus*, *Banqiaonites zunyiensis*, *Psilocephalina bijieensis*, *Hungioides* sp. 等。

63. *Yinpanolithus - Taihungshania multisegmentata* 组合带

尹恭正(1986)建立。本组合带适用于黔北地区，分布于湄潭组、大湾组第一段上部 20～50 m厚度内。本带可与 *Meitanopsis - Taihungshania renhuaiensis* 组合带相互穿插，但总体上

---

① 尹恭正，1978，贵州扬子型寒武系、奥陶系的分界。贵州区域地质，1978 年第 2 期。(下同)。

位于其上。常见属种有 *Megalaspides taningensis*,*Neopsilocephalina zunyiensis*;*Pseudocalymene sinanensis*,*Renhuaia longispina*,*Carolinites zunyiensis*,*Annamitella*? *guizhouensis* 等。

64. *Ningkianolithus* – *Hanchungolithus* 组合带

尹恭正(1986)建立。本组合带适用于黔北地区,分布于湄潭组及大湾组第三段中上部数十米厚度内,以富含三瘤虫为特点。常见属种有 *Ichangolithus ichangensis*,*Hanchungolithus*(*Yinjiangolithus*) *angustus*,*Neopsilocephalina zunyiensis*,*Neseuretus* cf. *tungtzuensis*,*Pseudocalymene banqiaoensis*,*Remopleurides nastus* 等。

65. *Calymenesun tingi* – *Birmanites hupeiensis* 组合带

源于张文堂等(1974)在黔北中奥陶统十字铺组建立的 *Calymenesun tingi* 带和尹恭正(1985)建立的 *Birmanites hupeiensis* 带。尹恭正(1986)将上述两带合并称组合带。该带在省内广泛适用,分布于十字铺组中上部及赖壳山组,垂向延伸厚度为 5～20 m。重要属种有 *Ampyx abnormalis*,*Lonchodomas yohi*,*Illaenus kueichouensis*,*I. renhuaiensis*,*Telephina angulata*,*Rhombampyx yii*,*Cybelurus*? *sinensis*,*Prossopiscus rugosus* 等。

66. *Paraphillipsinella globosa* – *Hammatoenemis yangtzeensis* 组合带

尹恭正(1986)建立。本组合带适用于贵州北部,分布于宝塔组中,垂向延伸厚度一般在 40 m左右。常见属种有 *Lamproscutellum guizhouensis*,*Remopleurides guizhouensis*,*Cyclopyge recurva*,*C. yinjiangensis*,*Sphaerexochus* cf. *fibrisulcatus*,*Nileus* sp.,*Illaenus* sp. 等。

67. *Nankinolithus* 延限带

张文堂(1964)在黔北涧草沟组内建立 *Nankinolithus* 带。王钢(1986)定其性质为延限带。适用于本省北部。分布于宝塔组顶部(原称涧草沟组)2 m 左右厚度内。重要属种有 *Hammatocnemis decorosus*,*Calymenesun granulosa*,*Lonchodomas jiantsaokouensis*,*Shumardia aculeata*,*Parisoceraurus decorus*,*Kweichowilla minuta* 等。

68. *Dalmanitina guizhouensis* – *Dalmanitina zunyiensis* 组合带

尹恭正(1986)建立该带作为贵州北部奥陶系顶部生物地层单位。适用于黔西北、黔北、黔东北地区,分布于龙马溪组中段(原观音桥组),垂向延伸厚度约 1～3 m。重要属种有 *Dalmanitina dejiangensis*,*Diacanthaspis laokuangshanensis*,*Tsunyilichas pustalosus* 及大量腕足类等化石。

69. *Coreanoceras* – *Hopeioceras* 组合带

源于张文堂(1964)于桐梓红花园建立的 *Calathium* – *Cameroceras* 带。中科院南古所(1974)认为该带中所定的房角石 *Cameroceras* 多为朝鲜角石 *Coreanoceras*,且特征明显、分布普遍,故改用 *Coreanoceras* 带。贵州地层古生物工作队(1976)及王钢等(1987)用 *Coreanoceras* – *Hopeioceras* 组合带,认为 *Coreanoceras* 富集在红花园组中上部,*Hopeioceras* 多富集在中下部。本带适用黔北地区,分布于红花园组中,垂向延伸厚度 20～40 m,局部可达 70 m。共生分子有 *Belemnoceras quadrale*,*Phorkoceras robustum*,*Oderoceras depressum*,*Kerkoceras unicostatum*,*Cyrtovaginoceras* sp.,*Manchuroceras* sp. 等。

70. *Protocycloceras deprati* 延限带

源于穆恩之(1959,1979)在大湾组中建立的 *Protocycloceras* sp. nov. 带或 *Protocycloceras deprati* 带。王钢等(1987)定其性质为延限带。在省内广泛适用,分布于大湾组、湄潭组第二段,可上延到第三段中下部,垂向延伸厚度数米至数十米。常见属种有 *Protocycloceras wangi*,*Dideroceras chisilicum*,*D. grabaui*,*Cochlioceras sinensis*,*Chisiloceras neichiaensis*,*Kotoceras* sp. ,*Kutorgoceras* sp. 等。

71. *Meitanoceras* - *Dideroceras wahlenbergi* 共存延限带

源于中科院南古所(1974、1979)于贵州北部牯牛潭组建立的 *Dideroceras wahlenbergi* 带和 *Meitanoceras* 带。王钢等(1987)定其性质为延限带,1990 年改称共存延限带。省内适用于黔北地区,分布于十字铺组底部及黔东北宝塔组底部,垂向延伸厚度 1～10 m。特征分子有 *Meitanoceras subglobosum*, *M. subglobosum discoides*, *M. zhenganense*, *Dideroceras wahlenbergi* 等。常见属种有 *Dideroceras peiyangense*, *D. cylindricum*, *Paradnatoceras tubiforme*, *Michelinoceras yangi*, *M. kinnekullense*, *Rhynchorthoceras zaddachi*, *R. guiyangense* 等。

72. *Sinoceras chinense* 延限带

源于杨敬之(1954)、卢衍豪(1959)建立的 *Sinoceras chinense* 带。王钢(1987)定其性质为延限带。该延限带在黔北宝塔组中均有分布且数量众多,在黔东北地区分布于宝塔组中、上部。垂向延伸厚度一般约 30 m。共生分子有 *Sinoceras chinense* var. *eccentrica*, *Eurasiatioceras eurasitaticum*, *Fenggangoceras planoseptatum*, *Dongkalaceras dongkalaense*, *Richardsonoceras scofieldi*, *R. fenggangense*, *Michelinoceras huangnigangense*, *M. elengatum*, *Eosomichelinoceras huananense* 等。

73. *Glyptograptus persculptus* 延限带

源于穆恩之(1959)建立的 *Glyptograptus persculpltus* 带。陈旭、林尧坤(1978)在黔北使用 *Glyptograptus persculptus* - *Sinuatus transient* 带,龚联瓒(1987)定其性质为延限带,1992 年改称 *G. persculptus* 延限带。该延限带位于 *Hirnantia* - *Dalmanitina* 组合带之上,为志留系最底部的一个笔石带。本延限带适用于黔北的桐梓、正安等地,分布于龙马溪组上段最底部,垂向延伸极薄,一般在"观音桥层"之上 0.1～0.5 m 内。共生分子有 *Climacograptus normaris*, *Orthograptus guizhouensis*, *Glyptograptus* cf. *tamariscus linearis* 和 *Monograptus* sp. 等。

74. *Climacograptus bicaudatus* - *Akidograptus ascensus* 共存延限带

源于穆恩之(1959)建立的 *Akidograptus ascensus* 带及张文堂(1964)在黔北志留系建立的 *Climacograptus bicaudatus* 带。龚联瓒(1987)按上述两带分布情况定其性质为共存延限带。该共存延限带位于 *G. persculptus* 延限带之上,分布于黔北桐梓韩家店、毕节燕子口及黔东北松桃等地龙马溪组上段下部(原龙马溪组底部),垂向延伸很薄,一般在距底 0.5～2 m 厚度内。主要分子有 *Akidograptus gigantus*, *A. macilentus*, *Climacograptus trifilis lubricus*, *C. radicatus*, *Orthograptus lonchoformis*, *Glyptograptus caudatus*, *Diplograptus diminutus*, *D. bifurcus* 等。

75. *Orthograptus vesiculosus* 顶峰带

穆恩之(1959)在上扬子地层分区首次使用 *Orthograptus vesiculosus* 带。龚联瓒(1987)定其性质为顶峰带。该顶峰带连续于 *C. bicaudatus* - *A. ascensus* 共存延限带之上。在黔北地区分布于龙马溪组上段中、上部(原龙马溪组底部),韩家店剖面上部于"观音桥层"之上 1.4～2.4 m 厚度内。主要分子有 *Orthograptus angustifolius*, *O. longicaudatus*, *Pristiograptus atavus*, *Climacograptus minutus*, *Rhophidograptus minutus*, *Diplograptus tcherskyi* 等。

76. *Pristiograptus cyphus* 延限带

穆恩之(1959)在华中—西南区首次使用 *Pristiograptus cyphus* 带。龚联瓒(1987)定其性质为延限带。该延限带连续于 *Orthograptus vesiculosus* 顶峰带之上,适用于黔北地区龙马溪组上段上部及新滩组下部(原龙马溪组中下部),垂向延伸厚度约 30 m 左右。重要分子有 *Mono-*

climacis lunata。常见分子有 *Pernerograptus revolutus*，*Demirastrites raitzhainiensis*，*Rastrites confextus*，*R. rastrum*，*Climacograptus yangtzeensis*，*Diplograptus torithecatus* 等。

77. *Pristiograptus gregarius* 顶峰带

源于陈旭等(1978)在黔北桐梓建立的 *Pristiograptus gregarius* 带。魏家庸(1978)、龚联瓒(1987)定其性质为顶峰带。该顶峰带连续于 *P. cyphus* 延限带之上，发育于新滩组中部(原龙马溪组中部)，数量多、易采集，垂向延伸厚度约 20 余米。常见分子有 *Rastrites guizhouensis*，*Demirastries triangulatus*，*Pristiograptus leei*，*Pseudoclimacograptus hughesi variabilis*，*P. hubeiensis*，*Orthograptus atlenuatus* 等。

78. *Oktavites communis* 顶峰带

源于张文堂等(1964)于黔北建立的 *Oktavites communis* 带。龚联瓒(1987)定其性质为顶峰带。该顶峰带连续于 *P. gregarius* 顶峰带之上，发育于黔北新滩组上部及松坎组下部(原龙马溪组上部)，垂向延伸厚度约 90 m。常见分子有 *Glyptograptus tamariscus linearis*，*Pseudoclimacograptus enshiensis*，*Orthograptus insectiformis*，*Petalolithus folius*，*P. minor granulus*，*Dimorphograptus longicaudatus fusiformis*，*Monoclimacis flacata*，*Monograptus arciformis* 等。

79. *Songkania* - *Beitaia* 组合带

龚联瓒(1987)建立。该组合带连续于 *Oktavites communis* 顶峰带之上，分布于黔北、黔东北地区松坎组及石牛栏组下部。常见腕足类 *Borealis* sp.，*Zygospiraella* sp.，*Eospirifer sinensis*，*Isorthis* sp.；三叶虫 *Encrinuroides meitanensis*，*Latiproetus* sp.；笔石 *Neodicellograptus siluricus*，*Rastrites hybridus*，*Petalolithus palmeus* 及珊瑚 *Syringoporinus* sp.，*Plasmopora* sp.，*Amplexoides chaoi* 等。

80. *Troedssonites* - *Pentamerus* 组合带

龚联瓒(1987)建立。该带连续于 *Songkania* - *Beitaia* 组合带之上，分布于黔北、黔东北地区石牛栏组中上部。主要分子有珊瑚 *Hedstromophyllum rodiatum*，*Favosites subamkardakensis*，*Palaeofavosites paulus sinensis*，*Halysites tongziensis*；头足类 *Songkanoceras* sp.；腕足类 *Virgianella* sp.，*Pleurodium* sp.，*Stricklandia* sp. 等。

81. *Maikottia* - *Kodonophyllum* 组合带

源于王鸿祯、何心一(1983)建立的 *Kodonophyllum* - *Maikottia* 组合。龚联瓒(1987)改称本带。该组合带连续于 *Troedssonites* - *Pentamerus* 组合带之上，分布于石牛栏组上部。常见分子有珊瑚 *Multisolenia tortuosa*，*Parafletcheria dupliformis*，*Ceriaster columellatus*，*Cladopora shiqianensis* 及腕足类 *Eospirifer songkanensis*，*Aegiromena* sp.，*Nucleospira* sp. 等。

82. *Nucleospira* - *Nalivkinia* 组合带

杨学长、戎嘉余(1982)于四川秀山溶溪建立，代表秀山组上段下部的腕足类组合。龚联瓒(1987)将其范围扩大，代表马脚冲组至秀山组上段下部的生物地层单位。该组合带连续于 *Maikottia* - *Kodonophyllum* 组合带之上，分布于马脚冲组至秀山组上段下部之间的层位。常见腕足类 *Eospirifer* sp.，*Striispirifer* sp.，*Lingulla* sp.；三叶虫 *Latiproetus* sp.，*Encrinuroides* sp.；少量珊瑚 *Favosites* sp.，*Mesofavosites* sp. 和头足类 *Sichuanoceras* sp. 等。

83. *Stomatograptus sinensis* - *Xinanospirifer* 组合带

龚联瓒(1987)建立。相当于杨学长、戎嘉余(1982)建立的秀山组上段上部腕足类组合(第二组合的大部分及第三组合)。本组合带分布于黔东北地区及凯里等地，秀山组上部为目前省内志留系最高的生物带，连续于 *Nucleospira* - *Nalivkinia* 组合带之上。重要共生分子有笔石

Stomatograptus shiqianensis, *Monograptus* cf. *ricartonensis* 及腕足类 *Linostrophomena* sp. 等。常见有笔石 *Monograptus shiqianensis*, *M. guizhouensis*；三叶虫 *Coronocephalus rex*, *Kailia* sp.；头足类 *Sichuanoceras sichuanense*, *S. guizhouensis*, *Kailiceras* sp.；腕足类 *Howellella shiqianensis* 及少量珊瑚 *Favosites gothlandicus*, *Carnegiea guizhouensis* 等。

第三节　年代地层及重要年代地层界线

一、年代地层

震旦纪年代地层的划分，按全国地层委员会的决议(1982)分为上统和下统，其界线置于陡山沱组之底。内部最基本的年代地层单位仅有邢裕盛等(1979)提议的灯影峡阶，由于目前尚未建立年代地层层型，故在贵州欲划出此阶，难度还相当大。贵州震旦纪年代地层与岩石地层、生物地层的对应关系如表 3-1。

表 3-1　贵州震旦纪岩石地层、生物地层与年代地层的对应关系

年代地层			生物群落			岩石地层	
			软舌螺	叠层石	藻	扬子区	东南区
寒武系		600 Ma	*Siphogonuchites*			灯影组	老堡组
震旦系	上统		*Anabarites–Sachites–Protohertzina* Ass.Z.		*Palaeocyatis Globophycus*, *Miniococcus*, *Eozygion* *Palaeomicrocystis*, *Balios*, *Tortofimbria*		
				Boxonia xifengensis, *Linella* cf. *simica*, *Patomia multigemmia*, *Gymnosolen* cf. *confragosus*, *Xifengia irregularis*.	*Polystichus*, *Actinophycus*, *Monostichus*, *Palaeorettella*, *Rhizophycus*, *Palaeolyngbya*, *Eomycetopsis*, *Micrhystridium*	陡山沱组	陡山沱组
	下统	700 Ma				南沱组	黎家坡组
					Huroniospora microreticulata–Globophycus microsphaericus–Sphaerocongregus variabilis *Eosynechococcus datangpoensis–Eoastrion*	澄江组	大塘坡组
							富禄组
		800 Ma					长安组
前震旦系							

寒武纪年代地层单位，通过广大地层古生物工作者的研究(卢衍豪，1959；张文堂等，1980；项礼文等，1981；卢衍豪等，1982)划分为 3 个统和 10 个阶，这些年代地层单位亦适用于贵州。他们是：下寒武统的梅树村阶、筇竹寺阶、沧浪铺阶、龙王庙阶；中寒武统的毛庄阶、徐庄阶、张夏阶；上寒武统崮山阶、长山阶、凤山阶。贵州寒武纪年代地层与岩石地层、生物地层的对应关系如表 3-2、表 3-3。

表 3-2 贵州早寒武世岩石地层、生物地层、年代地层对比表

系	统	阶	遵义—织金地区 组	遵义—织金地区 生物地层	沿河—瓮安地区 组	沿河—瓮安地区 生物地层	江口—都匀地区 组	江口—都匀地区 生物地层	台江—丹寨地区 组	台江—丹寨地区 生物地层	玉屏—凤凰地区 组	玉屏—凤凰地区 生物地层	三都地区 组	三都地区 生物地层
寒武系	中统	毛庄阶	高台组 / 陡坡寺组	*Kaotaia–Paramecephalus* Opple Z.	高台组	*Khotaia–Paramecephalus* Opple Z.	高台组		凯里组	*Kunmingaspis–Nangaops* Ass. Z.	敖溪组		都柳江组	*Kunmingaspis* A.Z.
寒武系	下统	龙王庙阶	陡坡寺组	*Kunmingaspis–Chittidilla* Ass. Z.	清虚洞组	*Redlichia* (*R.*) *nobilis* A.Z.	清虚洞组	*Redlichia* (*R.*) *nobilis* A.Z.	凯里组		清虚洞组	*Redlichia* (*R.*) *nobilis* A.Z.	渣拉沟组	
寒武系	下统	龙王庙阶	清虚洞组	*Redlichia* (*R.*) *nobilis* A.Z.	清虚洞组		清虚洞组		清虚洞组	*Protoryctocephalus* A.Z.	清虚洞组		渣拉沟组	
寒武系	下统	龙王庙阶	清虚洞组	*Redlichia* (*Pt.*) *murakamii–Hoffetella–Eoptychoparia* Ass. Z.	清虚洞组	*Redlichia* (*Pt.*) *murakamii–Hoffetella–Eoptychoparia* Ass. Z.	清虚洞组		清虚洞组		清虚洞组	*Redlichia* (*Pt.*) *murakamii–Hoffetella–Eoptychoparia* Ass.	渣拉沟组	
寒武系	下统	沧浪铺阶	金顶山组	*Megapalaeolenus* R.Z.	金顶山组	*Megapalaeolenus* R.Z.	金顶山组 / 杷榔组	*Arthricocephalus–Changaspis* Ass. Z.	杷榔组	*Arthricocephalus–Changaspis* Ass. Z.	杷榔组	*Arthricocephalus–Changaspis* Ass. Z.	渣拉沟组	
寒武系	下统	沧浪铺阶	金顶山组	*Palaeolenus* R.Z.	金顶山组	*Palaeolenus* R.Z.	金顶山组 / 杷榔组		杷榔组		杷榔组		渣拉沟组	
寒武系	下统	沧浪铺阶	明心寺组	*Paokannia–Szechuanolenus* Opple Z.	明心寺组 / 变马冲组	*Szechuanolenus* A.Z.	变马冲组	*Szechuanolenus* A.Z.	变马冲组	*Metaredlichioides–Chengkouia* Ass. Z.	变马冲组	*Szechuanolenus* A.Z.	渣拉沟组	
寒武系	下统	沧浪铺阶	明心寺组	*Metaredlichioides–Meianella* Ass. Z.	明心寺组 / 变马冲组		变马冲组		变马冲组		变马冲组		渣拉沟组	
寒武系	下统	沧浪铺阶	明心寺组	*Drepanuroides–Yinites typicalis* Ass. Z.	明心寺组 / 变马冲组	*Hupeidiscus* R.Z.	变马冲组		变马冲组		变马冲组		渣拉沟组	
寒武系	下统	筇竹寺阶	明心寺组	*Kueichowia–Pseudoredlichia* Ass. Z.	明心寺组 / 九门冲组		九门冲组	*Hupeidiscus* R.Z.	九门冲组	*Hupeidiscus* R.Z.	九门冲组	*Hupeidiscus* R.Z.	渣拉沟组	
寒武系	下统	筇竹寺阶	牛蹄塘组	*Zhenbaspis* A.Z.	牛蹄塘组		牛蹄塘组		牛蹄塘组		牛蹄塘组		渣拉沟组	
寒武系	下统	筇竹寺阶	牛蹄塘组	*Tsunyidiscus* A.Z.	牛蹄塘组		牛蹄塘组		牛蹄塘组		牛蹄塘组		渣拉沟组	
寒武系	下统	梅树村阶	牛蹄塘组	*Mianxiandiscus* A.Z.	牛蹄塘组		牛蹄塘组		牛蹄塘组		牛蹄塘组		渣拉沟组	
寒武系	下统	梅树村阶	灯影组	*Siphogonuchites–Sachites* Ass. Z.	灯影组 / 老堡组	*Kaiyangites–Calcihexactina* Ass. Z.	老堡组		老堡组	*Kaiyangites–Calcihexactina* Ass. Z.	老堡组		老堡组	
震旦系	上震旦统	灯影峡阶	灯影组	*Anabarites–Protohertznia* Ass. Z.	灯影组 / 老堡组		老堡组		老堡组		老堡组		老堡组	
地层区			扬子区		过渡区								东南区	

表 3-3 贵州中、晚寒武世岩石地层、生物地层、年代地层对比表

年代地层 系	统	阶	遵义—织金地区		沿河—瓮安地区		江口—都匀地区		台江—丹寨地区		玉屏—凤凰地区		三都地区	
			岩石地层	生物地层	岩石地层	生物地层	岩石地层	生物地层	岩石地层	生物地层	岩石地层	生物地层	岩石地层	生物地层
寒武系	上寒武统	凤山阶	娄山关组		毛田组	*Monocostodus sevierensis* R.Z. *Yanhaoceras* A.Z.	娄山关组		娄山关组		娄山关组		锅塘组 三都组	*Dictyonema flabilliforme* R.Z. *Hedinaspis* R.Z.
		长山阶			娄山关组	*Metacalvinella* A.Z.					比条组	*Glyptagnostus reticulatus* R.Z.	杨家湾组	*Lotagnostus* (*L.*) *punctatus* A.Z. *Prochungia–Olenus* Ass.Z.
		崮山阶									车夫组	*Glyptagnostus stolidotus* R.Z. *Liostracina–Ammagnostus* Ass.Z. *Paradamesops jimaensis–Cyclolorenzellaium a* Ass.Z.		*Pseudagnostus–Phalacroma* A.Z.
	中寒武统	张夏阶	石冷水组	*Manchuriella guizhouensis* A.Z. *Shilenshuia–Jiubaspis* Ass.Z.	平井组 石冷水组	*Paranomocare–Lisania* Ass.Z.	石冷水组		甲劳组	*Ehmaniella–Parafuchouia* Ass.Z.		*Lisania tungjenensis–Peronopsis* Ass.Z. *Paramphoton–Dorypyge* A.Z.	都柳江组	*Lisania–Hypagnostus* Ass.Z.
		徐庄阶	高台组	*Kaotaia–Paramecephalus* Oppel Z.	高台组	*Kaotaia–Paramecephalus* Oppel Z.	高台组	*Kaotaia–Paramecephalus* Opple Z.	凯里组	*Kootenia jialaoensis* A.Z. *Kaotaia globosa* A.Z. *Jiumenia* A.Z. *Wuxunaspis* A.Z.	敖溪组			*Pagetia latilimbata–Peronopsis* Ass.Z.
		毛庄阶	陡坡寺组	*Kunmingaspis Chittidilla* Ass.Z.	清虚洞组	*Redlichia* (*R.*) *nobilis* A.Z.	清虚洞组			*Kunmingaspis–Nangaops* Ass.Z.				*Kunmingaspis* A.Z.
	下寒武统	龙王庙阶	清虚洞组	*Redlichia* (*R.*) *nobilis* A.Z.				*Redlichia* (*R.*) *nobilis* A.Z.	清虚洞组 杷榔组	*Protaryctocephalus* A.Z.	清虚洞组	*Redlichia* (*R.*) *nobilis* A.Z.	渣拉沟组	
地层区			扬子区				过渡区						东南区	

我国有关奥陶纪年代地层的划分意见虽然较多，但主要有两种，一种是穆恩之(1974)及张文堂等(1982)的划分意见；另一种是赖才根、汪啸风等(1982)的划分意见。本书采用穆恩之及张文堂等划分意见，将贵州奥陶纪年代地层单位划分为 3 个统和 6 个阶，它们是：下奥陶统新厂阶、宁国阶，中奥陶统胡乐阶、滞江阶，上奥陶统石口阶、五峰阶。贵州奥陶纪年代地层与岩石地层、生物地层的对应关系如表 3-4。

表 3-4　贵州奥陶纪岩石地层、生物地层、年代地层对比表

年代地层			生物地层：笔石	生物地层：三叶虫	生物地层：头足类
志留系			*G. persculptus* R.Z.		
奥陶系	上统	五峰阶	*Paraorthograptus-Diceratograptus mirus* Ass.Z. *Tangyagraptus typicus* R.Z. *Dicellograptus szechuanensis-Pleurograptus lui* Conc.Z.	*Dalmanitina* Ass.Z.	
		石口阶		*Nankinolithus* R.Z.	
	中统	滞江阶		*Paraphillipsinella globosa-Hammatoenemis yangtzeensis* Ass.Z.	*Sinoceras chinense* R.Z.
		胡乐阶	*Gymnograptus linnarssoni-Glyptograptus teretiusculus* R.Z.	*Birmanites hupeiensis-Calymenesun tingi* Ass.Z.	
	下统	宁国阶	*Glyptograptus austrodentatus* R.Z. *G. sinodentatus* A.Z. *Azygograptus suecicus* R.Z. *Didymograptus deflexus* A.Z. *D. eobifidus* A.Z. *D. filiformis* R.Z. *T.(E.) approximatus*** R.Z.	*Ningkianolithus-Hanchungolitus* Ass.Z. *Yinpanolithus-Taihungshania multisegmentata* Ass.Z. *Meitanopsis-Taihungshania renhuaiensis* Ass.Z.	*Meitanoceras-Dideroceras wahlenbergi* R.Z. *Protocycloceras deprati* R.Z. *Coreanoceras-Hopeioceras* Ass.Z.
		新厂阶	*Callograptus taitzshoensis* R.Z. *Dictyonema-flabelliforme* R.Z.	*Tungtzuella Yinjiangia* R.Z. *Dactylocephalus-Asaphellus* Ass.Z. *Wanliangtingia latilimbata* R.Z.	
寒武系		凤山阶		*Hedinaspis* R.Z.	*Yanheceras* A.Z.

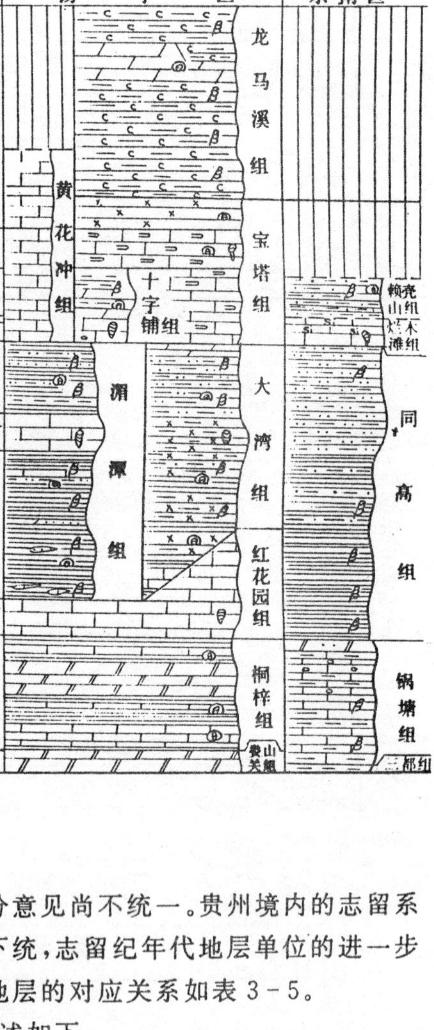

* *Dalnanitina guizhouensis - D. zunyiensis* Ass. Z

** *T.(E.)=Tetragraptus (Etograptus)*

我国志留纪的年代地层可划为上、中、下三统，阶的划分意见尚不统一。贵州境内的志留系发育不全，除部分地区出露中、下统外，大部分地区仅出露下统，志留纪年代地层单位的进一步划分还比较困难。贵州志留纪年代地层与岩石地层、生物地层的对应关系如表 3-5。

现将贵州寒武纪和奥陶纪的年代地层单位由老到新叙述如下。

1. 梅树村阶

钱逸(1977)以云南晋宁梅树村震旦系-寒武系界线剖面为标准创名。罗惠麟等(1980)沿用梅树村阶时，明确指出由老到新包含有：①*Conoteca - Circotheca - Anabarites* 组合带、②*Paraloborilus - Siphogonuchites* 组合带、③*Eonovitatus longevaginatus - Turcutheca badaowanensis* 组合带。相对应的岩石地层为灯影组小歪头山段、梅树村组中谊村段和八道湾段。

本书梅树村阶系指云南晋宁梅树村小歪头山—八道湾震旦系与寒武系界线剖面，由老到新包含有 *Paragloborilus - Siphogonochites* 组合带、*Sinosachites - Lapworthella* 组合带的灯影组上部第 7 层之上至第 12 层所代表的年代地层单位，其底界年龄值为 610±10 Ma。

表 3-5 贵州志留纪岩石地层、生物地层及年代地层对比表

年代地层		生物地层	岩石地层（单位名称）
泥盆系—二叠系			D_1-P_1
志留系	中统	*Xinanospirifer–Stomatograptus sinensis* Ass.Z.	回星哨组；韩家店群秀山组上段
	下统	*Nalivkinia–Nucleospira* Ass.Z.	韩家店群秀山组下段、溶溪组、马脚冲组
		Maikottia–Kodonophyllum Ass.Z.	石牛栏组
		Troedssonites–Pentamerus Ass.Z.	石牛栏组
		Beitaia–Songkania Ass.Z.	松坎组
		Oktavites communis A.Z.	新滩组
		Pristiograptus gregarius A.Z.	新滩组
		Pristiograptus cyphus R.Z.	龙马溪组
		Orthograptus vesiculosus A.Z.	龙马溪组
		Climacograptus bicaudatus–Akidograptus ascensus conc.Z.	龙马溪组
		Glyptograptus persculptus R.Z.	龙马溪组
奥陶系		*Hirnantia–Dalmanitina* Ass.Z.	龙马溪组

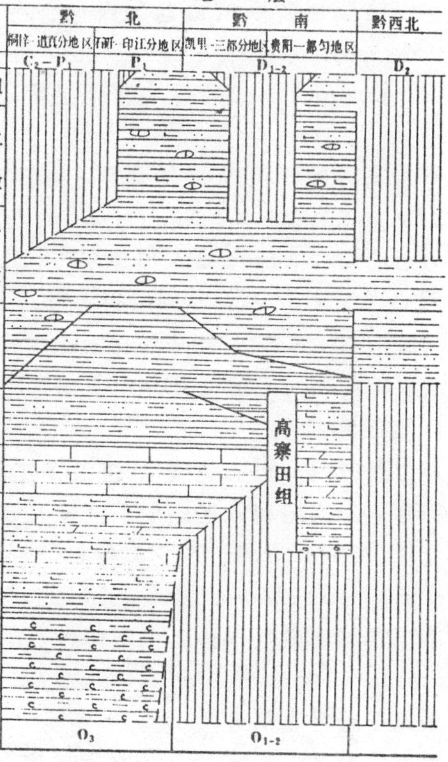

贵州境内梅树村阶系指织金县戈仲伍震旦系-寒武系界线剖面，包含有 *Siphogonuchites* - *Sachites* 组合带和其上的未名带的戈仲伍震旦系-寒武系界线剖面，灯影组第 15 层至第 20 层所代表的年代地层单位。底界年龄值为 600±15 Ma。

2. 筇竹寺阶

卢衍豪（1991）以昆明筇竹寺附近寒武系为标准创名筇竹寺层，并建 *Yunnanocephalus* - *Redlichia walcotti* 带。1959 年卢氏（1962）称筇竹寺期。江能人等（1964）改称筇竹寺阶。张文堂等（1980）沿用筇竹寺阶时，将其由老到新划分为①*Parabadiella* 带和②*Eoredlichia* - *Wutingaspis* 带。

本书筇竹寺阶地层由老到新包含有与①*Parabadiella* - *Mianxiandiscus* 带、②*Eoredlichia* - *Wutingaspis* 带和③*Yunnanocephalus* - *Malungia* 带 3 个生物地层单位对应的筇竹寺组和沧浪铺组红井哨段下部。

贵州境内筇竹寺阶（以金沙岩孔寒武系剖面为代表）由老到新包含有①*Mianxiandiscus* 顶峰带，②*Tsunyidiscus* 顶峰带和③*Zhenbaspis* 顶峰带相对应的牛蹄塘组中上部至明心寺组下部。亦指过渡区（以丹寨南皋九门冲寒武系剖面为代表）包含有与 *Hupeidiscus* 延限带对应的牛蹄塘组和九门冲组地层。

3. 沧浪铺阶

丁文江、王曰伦（1937）以云南马龙县城西南沧浪铺红井哨与乌龙箐之间的寒武系剖面为标准创名沧浪铺系。1959 年卢衍豪（1962）称沧浪铺期。江能人等（1964）改称沧浪铺阶。卢衍

豪(1941)将沧浪铺层(系)自下而上划分为两个三叶虫带:*Palaeolenus* 带和 *Paragraulos* 带。张文堂等(1980)沿用沧浪铺阶时由老到新划分为 6 个三叶虫带:①*Malungia* 带;②*Yiliangella* 带;③*Yunnanaspis* 带;④*Drepanuroides* 带;⑤*Palaeolenus* 带;⑥*Megapalaeolenus* 带。

本书沧浪铺阶系指由老到新包含有与①*Yunnanaspis - Yiliangella* 带,②*Drepanuroides* 带,③*Metaredlichioides - Chengkouia* 带,④*Paokannia - Szechiuanolenus* 带,⑤*Palaeolenus* 带,⑥*Megapalaeolenus* 带等生物地层单位相对应的沧浪铺组红井哨段中、上部和乌龙箐段地层。

贵州境内的沧浪铺阶在扬子区由新到老包含有与①*Kueichowia - Pseudoredlichia* 组合带、②*Drepanuroides - Yinites typicalis* 组合带、③*Metaredlichioides - Meitanella* 组合带、④*Paokannia - Szechuanolenus* 奥佩尔带、⑤*Palaeolenus* 延限带、⑥*Megapalaeolenus* 延限带相对应的明心寺组中下部至金顶山组上部地层。过渡区由新到老包含有与①*Metaredlichioides - Chengkouia* 组合带、②*Szechuanolenus* 顶峰带、③*Arthricocephalus - Changaspis* 组合带等 3 个生物地层单位相对应的变马冲组上部至杷榔组上部地层。

4. 龙王庙阶

卢衍豪(1941)以云南昆明西山龙王庙寒武系剖面为标准创名龙王庙层。1959 年卢氏(1962)称龙王庙组和龙王庙期。江能人等(1964)改称龙王庙阶。卢衍豪(1941)创名龙王庙层时建立了 *Micmacca* 带。张文堂等(1980)沿用龙王庙阶时,由新到老划分为:①*Hoffetella* 带,②*Pteroredlichia chinesis* 带。

本书龙王庙阶系指由老到新包含有①*Redlichia*(*Pteroredlichia*) *murakamii - Hoffetella - Eoptychoparia* 带,②*Redlichia*(*Redlichia*) *nobilis* 带两个时间带相对应的沧浪铺组乌龙箐段顶部至龙王庙组顶部地层。

贵州境内的龙王庙阶系指扬子区和过渡区由老到新包含有①*Redlichia* (*Pteroredlichia*) *murakamii - Hoffetella - Eoptychoparia* 组合带,②*Redlichia* (*Redlichia*) *nobilis* 顶峰带 2 个生物地层单位相对应的金顶山组(或杷榔组)顶部至清虚洞组上部地层。

5. 毛庄阶

卢衍豪、董南庭(1953)以山东省张夏毛庄寒武系剖面为标准创名毛庄统。1959 年卢氏(1962)称毛庄组。张文堂等(1980)改称毛庄阶。卢衍豪等(1953)创名毛庄统时建立了"*Ptychoparia*"带。张文堂等(1980)将毛庄阶划分为 *Shantungaspis* 带。项礼文等(1981)沿用毛庄阶时,进一步明确了命名和层型剖面。

本书毛庄阶系指包含有与 *Shantungaspis - Chittidilla* 组合带相对应的陡坡寺组下部地层。亦系指过渡区包含有与 *Kunmingaspis - Nangaops* 组合带相对应的凯里组底部。或指剑河南明—剑河—三都一线以东包含有 *Kunmingaspis - Chittidilla* 组合带的都柳江组下部地层。

6. 徐庄阶

卢衍豪、董南庭(1953)以山东张夏镇徐庄寒武系为标准创名徐庄统。1959 年卢氏(1962)称徐庄组和徐庄期。张文堂等(1980)称徐庄阶。卢衍豪、董南庭(1953)创名徐庄统时自下而上划分为 4 个化石带:①*Kochaspis ksuchuangensis* 带;②*Sunaspis laevis* 带;③*Metagraulos abrota* 带;④*Bailiella* 带。项礼文等(1981)进一步明确指出徐庄阶的命名和层型剖面在山东省张夏镇徐庄。

本书徐庄阶系指由老到新包含有与①*Hsuchangia* 带,②*Sunaspis* 带,③*Poriagraulos* 带和④*Bailiella* 带 4 个时间带相对应的徐庄组大部分地层。

在贵州，徐庄阶系指扬子区由新到老包含有与①*Kaotaia - Paramecephalus* 奥佩尔带，② *Shilenshuia - Jiubaspis* 组合带，这 2 个生物地层单位相对应的高台组至石冷水组中、下部地层。亦系指过渡区由老到新包含有与①*Kooteniajialaoensis* 顶峰带和②*Ehmaniella - Parafuchuia* 组合带，这 2 个生物地层单位相对应的凯里组顶部及甲劳组地层。或系指江南区包含有与 *Pagetia latilimbata - Peronopsis* 组合带相对应的都柳江组中部地层。

7. 张夏阶

Willis 和 Blackwelder(1907)以山东长清县张夏寒武系为标准创名张夏石灰岩。卢衍豪、董南庭(1953)称张夏统。1959 年卢氏(1962)称张夏组和张夏期。张文堂等(1980)称张夏阶。项礼文等(1981)明确张夏阶命名和标准剖面在山东省长清县崮山虎头崖至黄草顶。

卢衍豪等(1953)将张夏统自下而上划分为：①*Crepicephalina* 带，②*Amphoton* 带和③ *Damesella* 带 3 个化石带。张文堂(1980)称张夏阶时，将其由老到新划分为 6 个化石带：① *Liaoyangaspis* 带；②*Crepicephalina* 带；③*Amphoton* 带；④*Taitzuia - Poshania* 带；⑤*Liopeishania* 带和⑥*Damesella* 带。项礼文等(1981)沿用张夏阶时，将其由新到老划分为 3 个化石带：①*Crepicephalina* 带；②*Amphoton - Taitziuia* 带；③*Damesella* 带。

本书张夏阶系指由新到老包含有①*Crepicephalina* 带，②*Amphoton - Taitzuia* 带和③ *Damesella - Lorenzella* 带这 3 个时间带相对应的张夏组大部分沉积物。

在贵州，张夏阶系指由老到新包含有与①*Manchuriella guizhouensis* 顶峰带和②*Paranomocare - Lisania* 组合带 2 个生物地层单位相对应的石冷水组上部和平井组。亦系指过渡区由老到新包含有与①*Paramphoton - Dorypyge* 组合带，②*Lisania - Peronopsis* 组合带 2 个生物地层单位相对应的车夫组下部地层。而在江南区系指包含有 *Lisania - Hypagnostus* 组合带相对应的都柳江组上部至杨家湾组底部地层。

8. 崮山阶

Willis 和 Blackwelder(1907)以山东省长清县崮山寒武系剖面为标准创名崮山页岩。卢衍豪、董南庭(1953)称崮山统。张文堂等(1980)称崮山阶。卢衍豪、董南庭(1953)将崮山统自下而上划分为①*Blackwelderia* 带和②*Drepanura* 带 2 个化石带。张文堂等(1980)称崮山阶，并沿用卢氏等划分的化石带。项礼文等(1981)明确指出崮山阶的命名地点和层型剖面在山东省长清县崮山塘王寨。

本书崮山阶系指由新到老包含有①*Blackwelderia* 带和②*Drepanura* 带这 2 个时间带的崮山组大部分。

在贵州，崮山阶系指过渡区由老到新包含有与①*Liostracina - Ammagnostus* 组合带和② *Glyptagnostus stolidotus* 延限带这 2 个生物地层单位相对应的车夫组中下部地层。亦系指江南区包含有 *Pseudagnostus - Phalacroma* 顶峰带这一生物地层单位相对应的杨家湾组地层。

9. 长山阶

孙云铸(1923)以河北开平赵各庄北 2 里任庄的长山沟寒武系剖面为标准，创名长山沟建造，1924 年改称长山层。卢衍豪、董南庭(1953)称长山统。1959 年卢氏(1962)称长山组和长山期。张文堂等(1980)称长山阶。

孙云铸(1935)将长山层自下而上划分为：①*Chuangia batia* 带，②*Changshania conica* 带，③*Kaolishania pustulosa* 带 3 个化石带。张文堂等(1980)称长山阶时，将其由老到新划分为：① *Chuangia batia* 带，②*Changshania conica* 带，③*Kaolishania* 带 3 个化石带。项礼文等(1981)将长山阶选层型剖面东移至河北唐山赵各庄东城山。

本书长山阶系指由老到新包含有:①*Chuangia* 带,②*Changshania* 带,③*Kaolishania* 带所代表的长山组大部分地层。

在贵州,长山阶系指过渡区由老到新包含有与①*Glyptagnostus reticulatus* 延限带、②*Innitagnostus inexpetana* - *Proceratopyge* (*Proceratopyge*) *protracta*、③*Corynexochus plumula* - *Proceratopyge* (*Sinoproceratopyge*) cf. *kiangshanensis* 组合带、④*Agnostusclavata* - *Irvingella angustilimabtus* 组合带、⑤*Raptagnostus ciliensis* - *Onchontellus* cf. *kuuktagensis* 组合带、⑥*Lotagnostus* (*Trilobagnostus*) *docorus* - *Kaolishaniella* 组合带这6个生物地层单位相对应的车夫组中上部至上部地层。亦系指江南区由老到新包含有①*Prochungia* - *Olenus* 组合带和②*Lotagnostus punctatus* 顶峰带这2个生物地层单位相对应的杨家湾组上部地层。

10. 凤山阶

孙云铸(1923)以河北唐山古冶赵各庄马家沟凤山寒武系剖面为标准创名凤山组。卢衍豪、董南庭(1953)称凤山统。张文堂等(1980)称凤山阶。卢衍豪、董南庭(1953)将凤山统自下而上划分为:①*Ptychaspis* - *Tsinania* 带②*Quadraticephalus* 带,③*Tellerina* - *Calvinella* 带3个化石带。1959年卢衍豪(1962)据孙氏(1935)和卢氏等(1953)对各地所含化石分析,将凤山组自下而上划分为3个化石带:①*Ptychaspis* - *Tsinania* 带,②*Quadraticephalus* - *Dictyella* 带,③*Calvinella* - *Tellerina* 带。张文堂等(1980)称凤山阶时,由老到新划分为:①*Ptychaspis* - *Tsinania* 带,②*Quadraticephalus* 带,③*Ellesmeroceras* - *Dictyella* 带,④*Tellerina* - *Calvinella* 带。项礼文等(1981)将选层型剖面定在河北唐山古冶赵各庄东城山,并由老到新划分为:①*Ptychaspis* - *Tsinania* 带,②*Quadraticephalus* - *Dictyella* 带,③*Calvinella* - *Mictosaukia* 带3个化石带。

本书凤山阶系指由老到新包含有:①*Tsinania* 带,②*Quadraticephalus* 带,③*Sinoeremoceras* 带,④*Mictosaukia orientalis* 带这4个时间带的长山组顶部至凤山组中、上部所代表的年代地层单位。

贵州境内的凤山阶系指扬子区由老到新包含有:①*Metacalvinella* 顶峰带和②*Yanheceras* 顶峰带这两个生物地层单位的毛田组底部至中、上部地层。亦系指江南区包含有与 *Hedinaspis* 延限带相对应的三都组至锅塘组底部地层。

11. 新厂阶

穆恩之(1974、1980)及张文堂等(1982)建立,以广东台山深井乡新厂新厂组剖面为阶的层型,包括X1(新一)—X3(新三)3个笔石带。省内新厂阶在扬子区三叶虫十分丰富,与3个笔石带相对应包括3个三叶虫带:①*Wanliangtingia latilimbata* - *Songtaoia* 组合带;②*Dactylocephalus* - *Asaphellus* 组合带;③*Tungtzuella* 延限带。其中第3个三叶虫带在黔东北发育了X3(新三)带的笔石为 *Acanthograptus rigidus*, *A. macilentus* 等;江南区 X1(新一)—X2(新二)带的笔石发育,相应包括2个笔石带:①*Dictyonema flabelliforme* 延限带和②*Callograptus taitzehoensis* 延限带。

本阶含娄山关组顶部—桐梓组及锅塘组中上部地层。

12. 宁国阶

穆恩之(1974、1980)及张文堂等(1982)建立,以江西宁国县胡乐镇宁国组剖面为阶的层型,包括N1(宁一)—N9(宁九)9个笔石带。省内宁国阶的笔石丰富,除早、中、晚期各有一段壳相地层建立3个头足类生物带外,其余均为笔石混合相,相当于N1—N7带的笔石为:①*Tetragraptus* (*Etagraptus*) *approximatus* 延限带,②*D. filiformis* 延限带,③*D. eobifidus* 延限带，④*Didymograptus deflexus* 顶峰带，⑤*Azygograptus suecicus* 延限带，⑥*Glyptograptus sinodentatus* 顶峰带，⑦*Glyptograptus austrodentatus* 延限带。相当于 N1 带的 *Tetragraptus* (*Etagraptus*) *approximatus* 仅见于江南区。与上述笔石带 7—6、5—4、3—2 相当的分别为扬子区的 3 个三叶虫带：①*Meitanopsis* - *Taihungshania renhuaiensis* 组合带，②*Yinpanolithus* - *Taihungshania multisegmentata* 组合带，③*Ningkianolithus* - *Hanchungolithus* 组合带。

相当于 N1、N5、N8—N9 的笔石带在扬子区为壳相地层，分别为 3 个头足类生物带：①*Coreanoceras* - *Hopeioceras* 组合带，②*Protocycloceras deprati* 延限带，③*Meitanoceras* - *Dideroceras wahlenbergi* 延限带。

本阶地层在黔北为红花园组—十字铺组下部；在黔东北为红花园组—宝塔组底部；在三都地区为同高组—烂木滩组。

13. 胡乐阶

穆恩之(1974、1980)及张文堂等(1982)建立，以安徽宁国县胡乐镇胡乐剖面为阶的层型。包括 Hu1(胡一)—Hu3(胡三)3 个笔石带。省内胡乐阶的笔石仅 Hu1 带发育，其上为壳相地层。相当于 Hu1 带的笔石仅见于黔北及三都两地，可建立：*Gymnograptus linnarssoni* - *Glyptograptus teretiusculus* 共存延限带。与此层位相当，可建 1 个三叶虫生物带：*Calymenesun tingi* - *Birmanites hupeiensis* 组合带。

本阶地层为十字铺组中、上部，赖壳山组，黄花冲组下部及黔东北地区的宝塔组下部。

14. 溮江阶

穆恩之(1974、1980)及张文堂等(1982)建立，以江西永新县溮江至耳石溮江组剖面为阶的层型，包括 Ha1(溮一)—Ha2(溮二)2 个笔石带。省内溮江阶为壳相地层，仅 1 个头足类生物带：*Sinoceras chinense* 延限带，与此相当的三叶虫生物带为 *Paraphillipsinella globosa* - *Hammatoenemis yangtzeensis* 组合带。

本阶地层在黔北为宝塔组，黔东北为宝塔组中、上部，黔中为黄花冲组中部。

15. 石口阶

穆恩之(1974、1980)及张文堂等(1982)建立，以江西永新县对耳石村石口剖面为阶的层型，包括 Sh1(石一)—Sh2(石二)2 个笔石带。省内石口阶为壳相地层，相当三叶虫 *Nankinolithus* 延限带。

本阶地层包括宝塔组顶部及黄花冲组上部。

16. 五峰阶

穆恩之(1974、1980)及张文堂等(1982)建立，以湖北宜昌黄花场五峰组剖面为阶的层型，包括 W1(五一)—W6(五六)6 个笔石带。省内五峰阶除顶部 W6 带为壳相地层，可建 1 个三叶虫带外，其下笔石丰富，相当于 W1—W2、W3、W4—W5 带，分别为 3 个笔石生物带：*Dicellograptus szechuanensis* - *Pleurograptus lui* 共存延限带，*Tangyagraptus typicus* 延限带；*Paraorthograptus* - *Diceratograptus mirus* 组合带。

相当于 W6 带的三叶虫生物带为 *Dalmanitina guizhouensis* - *Dalmanitina zunyiensis* 组合带。

本阶地层为龙马溪组中、下部(即一、二段)。

二、重要年代地层界线

(一)前震旦系与震旦系界线

长期以来我国地质界沿用李四光早年在峡东地区建立的震旦系分层系统，以莲沱组（原称南沱砂岩）底界作为震旦系下界。几十年来的实践表明，以峡东莲沱组的底作为前震旦系-震旦系界线层型，尽管在我国上前寒武系研究中起到过积极作用，但无论如何是不够理想的，关键是这个界线系由不整合面所确定。而不整合所代表的往往是大量地层缺失，给地质历史的重塑带来困难。现代地层学强调"不整合不宜作为年代地层单位的界线层型"是有其充分理由的。莲沱组与板溪群是否能够对比的讨论持续了近 30 年，以这类不完整的"记录"作为对比标准，恐怕是其中的一个主要原因。

1989 年国际地层委员会以多数票通过前寒武纪地层分会提出的前寒武纪时代划分建议，显示着根据地球演化不同阶段的主要特征划分元古宙的极大可能性。包括长安冰期、富禄间冰期与南沱冰期在内的早震旦世大冰期是地球演化过程中发生的、波及全球的一个重要气候事件，其中的各个部分密切耦合，成为一个有机联系的整体。显然，它们不应该被分割而属于不同的地质年代。前震旦系-震旦系界线的一个合理方案，自然应当在长安组与板溪群及其相当地层之间。继续以莲沱组下界为准的方案是亟需商榷的。

（二）震旦系与寒武系的界线

1983 年 12 月—1984 年 1 月，国际前寒武系-寒武系界线工作组全体正式委员以通讯投票的方式通过了候选层型剖面云南晋宁梅树村剖面层型点（即第 7 层的底界，第 Ⅰ 组合带和第 Ⅱ 组合分界处），推荐给国际地科联有关学术团体，并被纳入国际地质对比计划。根据界线工作组的决议，贵州中、西部地区震旦系与寒武系的界线应划在 *Siphogonuchites* - *Sachites* 组合带与 *Anabarites* - *Protohertzina* 组合带之间，即织金戈仲伍震旦系-寒武系界线剖面第 15 层之底和清镇阿坝寨震旦系-寒武系界线剖面第 13 层之底。

（三）寒武系与奥陶系的界线

贵州的寒武系与奥陶系为连续沉积，但扬子区的大部分地区上寒武统以白云岩为主、化石稀少，两系的界线难以确定。

在黔东北地区，过去一般习惯划在 *Yanheceras* 顶峰带与 *Wanliangtingia latilimbata* 组合带之间，两带相距约 20 m 左右。近年来，随着牙形石研究工作的开展，先后在原娄山关群（或毛田组）顶界之下 1～10 m 处发现了 *Monocostodus sevierensis*，在距顶部 8～15 m 处发现了 *Cordylodus proavus* 等，为进一步解决寒武系与奥陶系的界线提供了重要的化石资料。根据这些重要发现，现将扬子区寒武系与奥陶系的界线置于娄山关组或毛田组上部的 *Cordylodus proavus* 顶峰带与 *Monocostodus sevierensis* 顶峰带之间。

在三都地区，中科院黔南地层队（1959）将寒武系与奥陶系的界线置于锅塘组下部薄层灰岩（含笔石 *Dictyonema flabelliforme* 层位）与三都组上部钙质页岩（含三叶虫 *Hedinaspis kueichouensis* 的层位）之间。尹恭正等（1984）在锅塘组上部薄层灰岩夹页岩的地层中采获三叶虫 *Hedinaspis kueichouensis* 等，故将三都地区混合相的寒武系与奥陶系的界线划在锅塘组上部含 *Hedinaspis* 延限带与 *Dictyonema flabelliforme* 延限带之间，这两个化石带之间的距离还不足 2 m，这也是到目前为止最理想的划分意见。

（四）奥陶系与志留系的界线

贵州北部奥陶系与志留系为连续沉积，目前奥陶系与志留系的界线采用穆恩之（1982）的意见，划在 *Glyptograptus persculptus* 带与 *Diplograptus bohemicus* 带（W6）或 *Hirnantia* - *Dalmanitina* 组合带之间。鉴于目前已将含 *Hirnantia* 动物群及 *Dalmanitina* 的"观音桥层"及其下伏的原五峰组碳质页岩一并划为龙马溪组，因此奥陶系与志留系的界线在龙马溪组内。由于“观音桥层”的穿时性，奥陶系与志留系的界线会出现以下几种情况。

(1)界线位于 *Diplograptus bohemicus* 带(W6)之顶。

以沿河甘溪剖面为代表，“观音桥层”内 *Dalmanitina guizhouensis* – *D. zunyiensis* 组合带位于 *Diplograptus bohemicus* 带之下，大致相当于 W4 和 W5 带，其上即 W6 带。

(2)界线位于 *Dalmanitina guizhouensis* – *D. zunyiensis* 组合带与 *Glyptograptus persculptus* 带之间。

以桐梓红花园及綦江观音桥剖面为代表，“观音桥层”内的 *Dalmanitina guizhouensis* – *D. zunyiensis* 组合带大致相当于 W6 带，在其之上即含笔石 *Glyptograptus persculptus* 等。

(3)界线位于 *Dalmanitina guizhouensis* – *D. zunyiensis* 组合带之顶。

省内多数地区如此，其中个别地区有沉积间断(如凤冈洞卡拉)。

(五)志留系的顶界

贵州志留系与上覆地层呈平行不整合接触，界面清楚，易于划分。除黔北道真—正安一带志留系与上石炭统黄龙组呈平行不整合接触外，多数地区与下二叠统梁山组呈平行不整合接触。在黔南和黔西北地区则与中、下泥盆统帮寨组或蟒山组呈平行不整合接触。

(六)寒武系的内部界线

1. 下统与中统的分界

下、中寒武统的分界，一直是长期争论不休的问题，其焦点是毛庄组的时代归属。通过多年来的深入研究及地层多重划分概念的应用，证明了毛庄组为一跨时的早、中寒武世的岩石层单位。随着这一问题的解决，我国关于下、中寒武统分界的意见亦渐趋一致。

贵州的下、中寒武统为连续沉积。扬子区下寒武统以含丰富的华北型三叶虫 *Redlichia* 为特征，而中寒武统开始则出现大量新型的褶颊虫类。根据这一标准，扬子区的遵义—清镇一线以西地区下统与中统的界线应划在 *Redlichia*(*R.*) *nobilis* 顶峰带与 *Kunmingaspis* – *Chittidilla* 组合带之间，即相当于金沙岩孔寒武系剖面第 16 层与 17 层之间。在扬子区的遵义—清镇一线以东下、中寒武统的界线位于 *Redlichia*(*R.*)*nobilis* 顶峰带之顶，即相当于湄潭县茅坪梅子湾寒武系剖面第 45 层之顶。在丹寨—台江地区下、中寒武统的界线位于 *Kunmingaspis* – *Nangaops* 组合带之底。东部三都地区，下、中寒武统的界线位于 *Kunmingaspis* 顶峰带之底，即相当于三都县鸭塘寒武系统剖面第 2 层之底。

2. 中统与上统的分界

关于中、上寒武统的分界，在我国意见比较一致，都认为华北的崮山阶属上寒武统，即中、上寒武统的界线划在 *Blackwelderia* 延限带与 *Damesella* 延限带之间。

贵州的中、上寒武统虽为连续沉积，但在扬子区多为白云岩沉积，化石稀少，其界线难以划分。黔东北沿河地区，平井组上部夹多层灰岩，含比较丰富的三叶虫 *Paranomocare* 和 *Lisania* 等，其时代属中寒武世晚期，上覆娄山关组未发现化石，仅在川东南酉阳一带发现有三叶虫 *Bergeronites*, *Monkaspis*, *Paradamesops* 等，时代属晚寒武世，故将沿河地区的中、上寒武统界线划在 *Paranomocare* – *Lisania* 组合带之顶，即相当于沿河平井寒武系剖面第 72 层之顶。在东部的玉屏—凤凰地区，中、上寒武统的界线划在车夫组中下部 *Lisania tungjenensis* – *Peronopsis* 组合带与 *Paradamesops jimaensis* – *Cyclolorenzella tuma* 组合带之间，相当于湖南保靖县花桥寒武系剖面第 9 层之底。在东南部的三都一带，中、上寒武统的界线划在杨家湾组底部 *Lisania* – *Hypagnostus* 组合带与 *Pseudagonstus* – *Phalacroma* 顶峰带之间，即相当于三都县鸭塘寒武系剖面第 29 层之底。

(七)奥陶系的内部界线

1. 下统与中统的分界

黔北地区下统与中统的界线划在十字铺组下部的 *Meitanoceras*－*Dideroceras wahlenbergi* 延限带与 *Gymnograptus linnarssoni*－*Glyptograptus teretiusculus* 延限带之间或 *Eoplacognathus foliaceus* 延限带与 *G. linnarssoni*－*G. teretiusculus* 延限带之间。

黔东南三都地区，下、中统的界线大致划在烂木滩组内的 *Dideroceras*，*Protocycloceroides* 生物组合与赖壳山组内的 *Glyptograptus teretiusculus*，*Birmanites hupeiensis* 生物组合之间。

2. 中统与上统的分界

黔北和黔东北地区，中统与上统的界线划在宝塔组上部 *Sinoceras chinense* 延限带与 *Nankinolithus* 延限带之间。

贵阳地区，中统与上统的界线划在黄花冲组上部的 *Richardsonoceras*，*Calostylis loai* 生物组合与 *Heliolites orientalis*，*Plasmoporella intermedis* 生物组合之间。

(八)下志留统与中志留统的分界

贵州中志留统见于黔东北印江—石阡一带，贵阳附近和凯里一带部分保存。黔东北地区，下、中志留统的界线划在秀山组上段的 *Stomatograptus sinensis*－*Xinanospirifer* 组合带之底。

第四节　沉积盆地分析

一、沉积盆地类型

震旦纪至志留纪贵州属扬子板块的范畴。自震旦纪开始，中、西部和北部为上扬子克拉通盆地部分，以扩张和垂向加积为主要特征，为一套稳定的浅海碳酸盐岩及碎屑岩沉积。东部扬子大陆东部边缘(上扬子东南大陆边缘盆地与前陆盆地边界)地区，从震旦纪至早奥陶世，具有拉张和地壳被拉薄的特征，属被动大陆边缘性质，以镶边碳酸盐台地、台地边缘(斜坡)、钙屑浊积岩和硅质岩沉积为主。

二、沉积盆地特征

1. 上扬子克拉通盆地

早震旦世莲沱期，发育了一套陆相岩屑砂岩、含砾岩屑砂岩、玻屑凝灰岩和凝灰质粉砂岩沉积，称澄江组。早震旦世晚期，盆地仍保持“莲沱期”的古地理面貌，沉积了由块状砾质泥岩、砾质泥砂岩、含砾泥岩和冰碛砾岩组成的南沱组，其下缺失含菱锰矿的大塘坡组。

晚震旦世气候转暖，冰川消融，海平面上升，海侵扩大，除西部某些地区沉积物仍以碎屑岩为主外，盆地的大部分地区逐渐变为以碳酸盐岩沉积为主。陡山沱期，黔北地区发育了一套由白云岩、硅质岩、含磷硅质岩和磷块岩等组成并含叠层石、藻及疑源类等化石的沉积。灯影峡期，海侵进一步扩大，盆地中发育了一套以碳酸盐岩为主的沉积。

早寒武世盆地格局与晚震旦世相似。梅树村期海侵，盆地沉积物主要由碳酸盐岩、磷块岩和硅质岩组成，磷块岩中含比较丰富的小壳动物化石。筇竹寺期盆地抬升，灯影组遭受一定程度的剥蚀，随之而来的是海平面逐渐上升，使盆地又一次遭受海侵，整个上扬子海盆西高东低，由于贵州远离古陆，位于盆地的内外陆架带，沉积了一套以黑色碳质页岩、砂质页岩、粉砂质页岩和页岩夹灰岩为主的牛蹄塘组和明心寺组(下部)。沧浪铺期盆地海平面下降，沉积了一套以粉砂岩、石英砂岩、含砾石英砂岩(明心寺组上部)和粉砂质页岩、页岩夹灰岩及鲕状含古杯灰岩(金顶山组)为主的地层。龙王庙期盆地西缘抬升,形成西高东低的碳酸盐缓坡,沉积了一套下部以薄层灰岩、鲕状灰岩为主,中、上部为白云质灰岩、灰质白云岩和白云岩夹粉砂质白云岩为主的地层(称清虚洞组)。

中寒武世,盆地继续抬升,碳酸盐缓坡逐渐发展为碳酸盐台地。毛庄期时,遵义—清镇一线以西主要为一套粉砂质页岩、泥质白云岩和白云质页岩(陡坡寺组)。黔北的大部分地区则为一套砂泥质白云岩、粘土岩夹泥质白云岩或白云质页岩(高台组)。

中及晚寒武世(徐庄期至凤山期)除印江—德江—务川一线以北的广大地区沉积了一套薄层至块状白云岩、泥质白云岩夹角砾状白云岩。张夏期晚时,在印江—德江—务川一线以北地区,沉积了一套其上部为条带状灰岩、白云质灰岩,下部为厚层白云岩及灰质白云岩,底部有一层石英砂岩或白云质石英砂岩的地层(平井组)。在印江—德江—务川—桐梓一线以北地区,沉积了一套灰岩夹白云质灰岩和白云岩的地层(毛田组)。

早奥陶世,盆地在晚寒武世上升之后,早奥陶世早期又发生海侵,黔北一带沉积了一套灰—深灰色生物碎屑灰岩和中至厚层白云岩,上部和下部夹灰绿、黄绿色页岩或泥灰岩并富含三叶虫的一套地层,称桐梓组。在金沙岩孔、毕节、赫章和织金南部等地则为一套白云岩。宁国期早时,主要沉积了一套深灰、灰色中—厚层状生物碎屑灰岩,含丰富的海绵类和鹦鹉螺等的地层(红花园组)。宁国期中时,黔北地区沉积了一套以灰绿、黄绿色页岩、砂质页岩和泥质粉砂岩为主,夹灰色薄至中厚层生物碎屑岩,钙质砂岩及石英砂岩的地层(湄潭组),向西北碎屑岩增多。宁国期晚时,黔北和黔中地区沉积了一套泥灰岩、灰岩和底部常由鲕状灰岩组成的地层。

中奥陶世,盆地受到挤压而收缩,主要表现为碳酸盐台地的特征。胡乐期时,在黔北沉积了一套泥灰岩、灰岩夹钙质页岩的地层(即十字铺组的中、上部)。而在黔东北和黔中地区则沉积了以灰岩或龟裂纹灰岩为主并含珊瑚和鹦鹉螺的地层,黔中称黄花冲组,黔东北称宝塔组。

中奥陶世滞江期至晚奥陶世石口期,黔北和黔东北一带,沉积了一套以龟裂纹灰岩、瘤状灰岩和泥灰岩为主夹薄层灰岩的地层(宝塔组)。

五峰期时,上扬子克拉通盆地海域面积缩小,在黔北、黔东北一带沉积了一套黑色页岩、碳质页岩和硅质页岩夹薄层灰岩的地层(龙马溪组底部)。

早、中志留世,盆地强烈地受到挤压,外围古陆进一步扩大,黔北和黔南地区位于盆地的陆架带上。早志留世时,在黔北沉积了一套黑、灰黑色页岩、粉砂质页岩,薄层灰岩夹页岩和灰绿、黄绿色页岩夹粉砂岩的地层(分别称龙马溪组、新滩组、松坎组、石牛栏组、马脚冲组、溶溪组及秀山组下段)。在黔中和黔南地区沉积了一套灰绿、黄绿色钙质粘土岩、钙质页岩、粉砂质粘土岩夹泥灰岩、生物碎屑灰岩和粉砂岩的地层,称高寨田组和秀山组下段。

中志留世,黔北沉积了一套灰绿、黄绿、蓝灰色泥页岩夹薄层或凸镜状生物碎屑灰岩(秀山组上段)和紫红、灰绿色粉砂质泥、页岩、粉—细砂岩、黄绿色中厚层细—中粒石英砂岩、石英粉砂岩夹砂质页岩的地层(回星哨组)。

2. 上扬子大陆边缘盆地

早震旦世,盆地处于陆架和大陆坡环境。早震旦世早期,在黔东南的黎平一带沉积了一套下部以含砾长石砂岩、含砾砂岩为主的地层(长安组)和上部以碎屑岩为主的地层(富绿组)。在黔东的松桃—台江一带,沉积了一套以岩屑砂岩为主的碎屑岩地层(两界河组)和由杂砾岩、长石石英砂岩及粉砂岩组成的地层(铁丝坳组)。早震旦世中晚期,印江—福泉一线以东,沉积了一套以碎屑岩为主夹菱锰矿层的地层(大塘坡组)。早震旦世晚期,贵州东部沉积了一套岩性与南沱组不同的冰海相沉积，称黎家坡组。

晚震旦世，由于受海侵的影响，早期以泥质沉积为主，沉积了一套以粘土岩为主夹白云岩和磷块岩凸镜体的地层，称陡山沱组。晚期，该区处于大陆坡—次深海沉积环境，沉积了一套以硅质岩为主，水平层理发育的地层（老堡组）。

早寒武世，由于海平面上升，扬子大陆边缘亦发生了缺氧事件，剑河—三都一线以东地区主要为一套黑色碳质页岩为主夹砂质页岩凸镜体的沉积（渣拉沟组）。在黔东北和丹寨—都匀地区，岩性特征与上扬子克拉通盆地东部基本相似，早寒武世早期。为一套以碳质页岩为主的沉积，称牛蹄塘组。沧浪铺期，为一套粉砂质页岩、碳质页岩夹砂岩和灰绿、黄绿色页岩及钙质页岩沉积（变马冲组和杷榔组）。

早寒武世龙王庙期至早奥陶世，贵州东部处于陆坡环境，发育了具碎屑流、浊流、滑塌堆积和等深流，以碳酸盐岩为主的一套地层。在剑河—三都一线以东，龙王庙期时，仍以碳质页岩沉积为主。

3. 上扬子东南前陆盆地

基本上是在上扬子东南大陆边缘盆地基础上演变而来。中奥陶世胡乐期，盆地沉积作用发生重大变化，表现在紧邻扬子碳酸盐台地的上陆坡已经消失，而被深水缓坡所代替，在三都地区沉积了两套地层，其下部为紫红色泥质灰岩，蓝灰色薄层硅化微—粉晶灰岩夹粉砂质泥灰岩或硅质岩组成，并含头足类 *Vaginoceras* 等一套地层（烂木滩组）；其上部为黄、绿、灰绿色粉砂质页岩与厚层钙质粉砂岩和粘土质粉砂岩互层，富含笔石和三叶虫的一套地层（赖壳山组）。滟江期之后，三都地区缺失沉积。

第四章
泥盆纪—二叠纪

贵州上古生界以海相沉积为主，地层发育齐全，古生物化石丰富，历来是我国研究上古生代地层的典型地区之一。

泥盆系、石炭系主要分布于黔中、黔南，二叠系除早二叠世早期在黔北大部分地区缺失外，全省均有分布。泥盆系下统及中统为碎屑岩，上二叠统在贵州西部以海陆交互相和陆相碎屑岩为主，其余皆以碳酸盐岩为主。

贵州上古生代均属扬子地层区。盆地深水相沉积均位于贵州南部，往北依次为盆地（斜坡）、台地边缘、开阔台地及半局限台地的展布，仅晚二叠世沉积格局呈近东西向展布（图4-1）。

根据省内上古生界沉积物组合宏观特征、地层层序、划分标志及区域延展情况，上古生代共选用岩石地层单位44个组11个段，其区域展布情况如图4-2、图4-3。清理筛选出生物地层单位97个。年代地层单位：泥盆系三分未建阶，对顶、底界线及下、中统的划分做了评述；石炭系、二叠系均二分，建议使用11个阶。

第一节　岩石地层单位

丹林组　D_1dl　(06-52-0601)

【创名及原始定义】　云贵石油勘探处104队(1964)①，创名于独山猴儿山丹林寨。指志留纪翁项群灰色钙质砂岩之上，龙洞水组含砾石英砂岩之下的一套灰白色中至厚层石英砂岩间夹页岩的地层，时代为早泥盆世。

【沿革】　王钰、俞昌民等(1964)将丹林组改为“丹林段”，划归猴儿山组下部，时代为中泥盆世早期。孙云铸等(1964)改称为“邦寨组”②，属早泥盆世。刘向(1978)称“丹林群”，相当于广

---

① 云贵石油勘探处104队，1964，黔南泥盆系地层含油性研究报告（阶段总结）。下同。

② 孙云铸等，1964，贵州泥盆纪地层（标准剖面），着重讨论中统的划分和对比问题（打印本）。

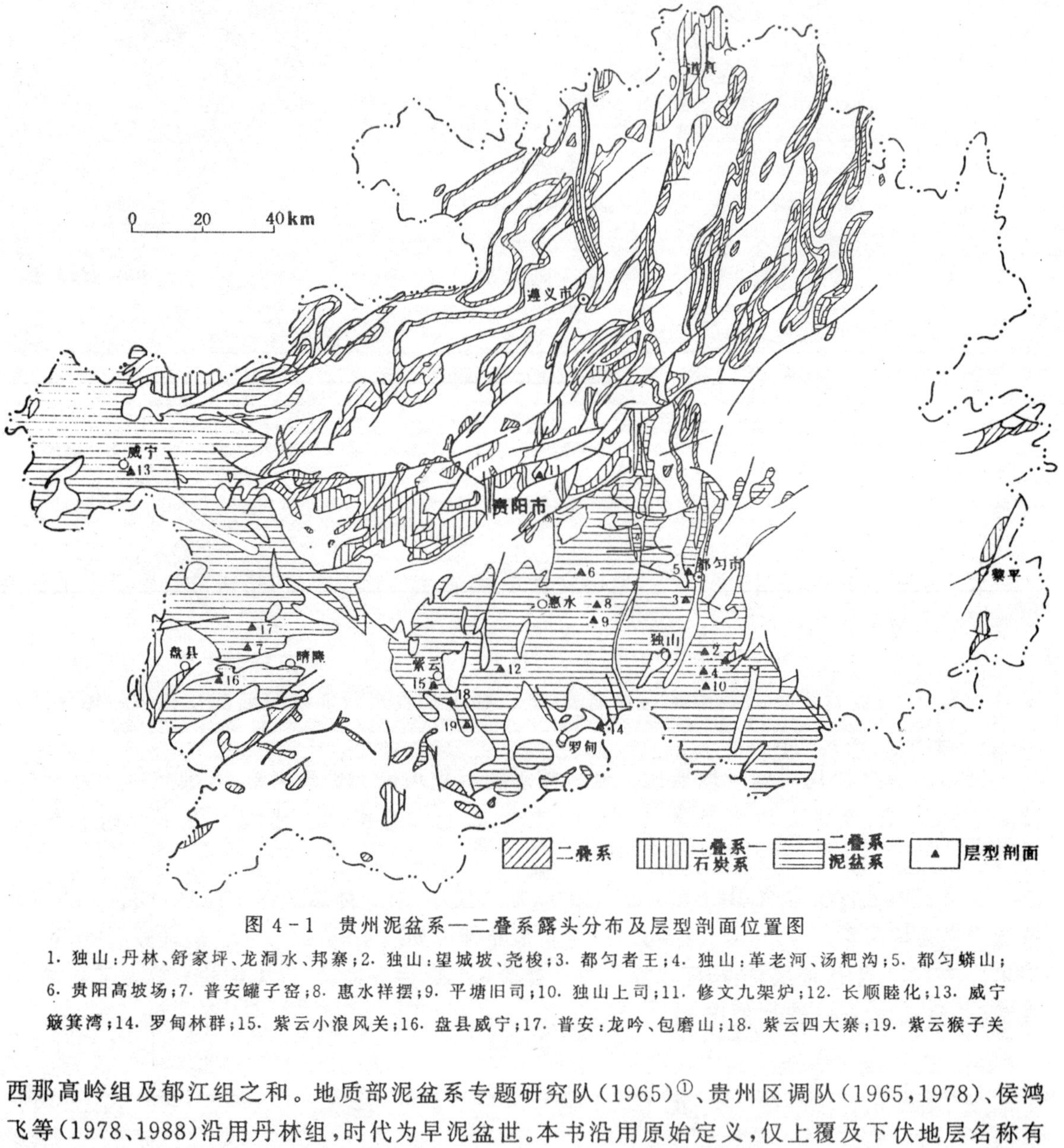

图 4-1 贵州泥盆系—二叠系露头分布及层型剖面位置图

1. 独山：丹林、舒家坪、龙洞水、邦寨；2. 独山：望城坡、尧梭；3. 都匀者王；4. 独山：革老河、汤粑沟；5. 都匀蟒山；6. 贵阳高坡场；7. 普安罐子窑；8. 惠水祥摆；9. 平塘旧司；10. 独山上司；11. 修文九架炉；12. 长顺睦化；13. 威宁簸箕湾；14. 罗甸林群；15. 紫云小浪风关；16. 盘县威宁；17. 普安：龙吟、包磨山；18. 紫云四大寨；19. 紫云猴子关

西那高岭组及郁江组之和。地质部泥盆系专题研究队(1965)①、贵州区调队(1965，1978)、侯鸿飞等(1978、1988)沿用丹林组，时代为早泥盆世。本书沿用原始定义，仅上覆及下伏地层名称有更动。

【现在定义】 指整合于舒家坪组含砾砂岩之下，平行不整合于韩家店群灰色钙质砂岩之上的一套灰白色石英砂岩为主，间夹页岩的地层。下以灰白色石英砂岩与韩家店群灰色钙质砂岩及砂质页岩分界；上以含砾砂岩出现与舒家坪组分界。

【层型】 正层型为贵州独山猴儿山泥盆系地层标准剖面(107°41′，25°51′)，位于独山县猴儿山丹林寨西 1.5 km 的山沟旁，由云贵石油勘探处 104 队 1963 年测制。次层型为贵州赫章小河边至杨家院子泥盆系剖面(06－52－0601－4－2)。独山县猴儿山泥盆系地层标准柱状剖面层序如下：

① 地质部泥盆系专题研究队，1965，黔桂地区早、中泥盆世化石及地层问题。

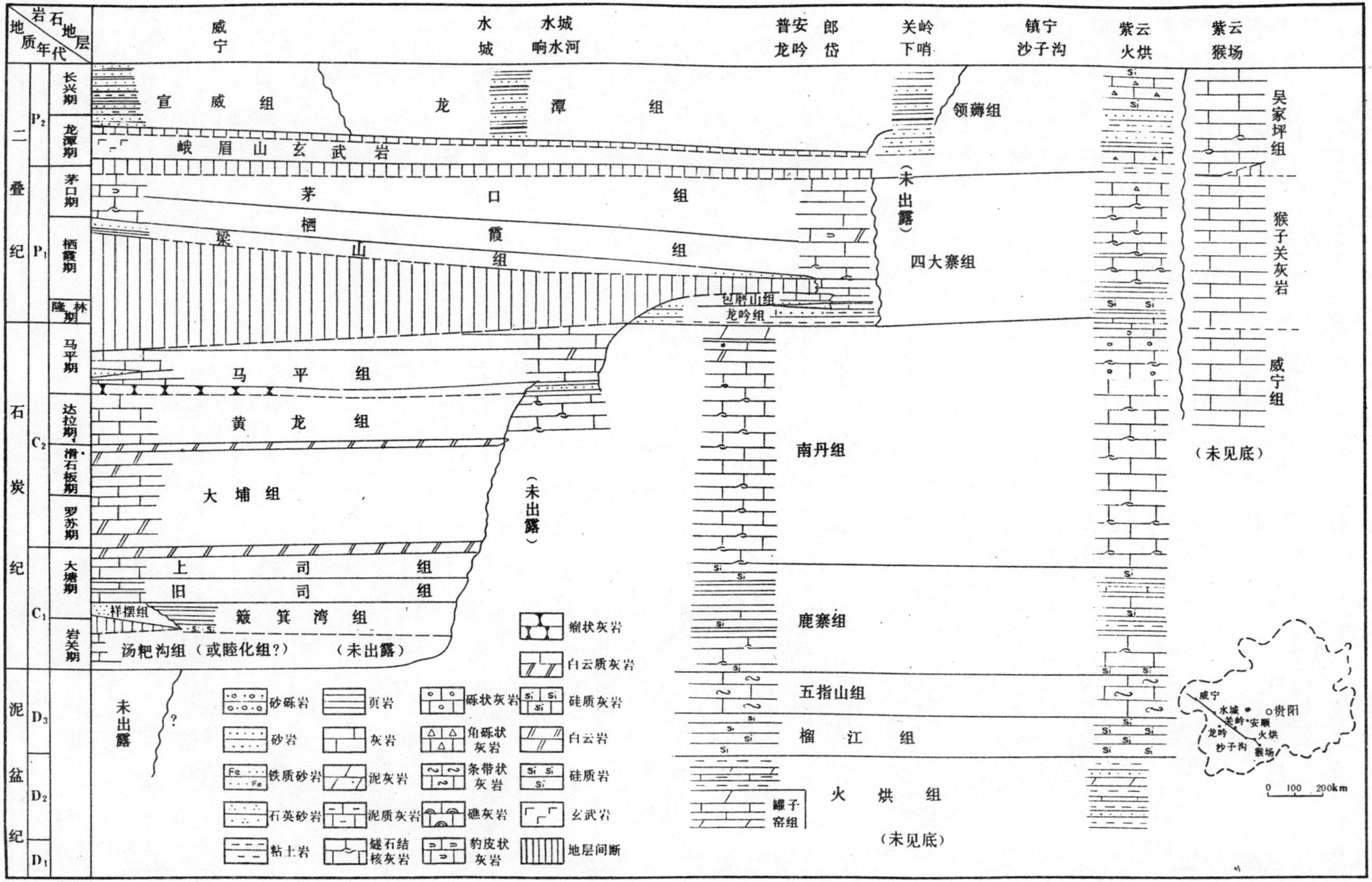

图 4-2 贵州威宁—紫云猴场泥盆纪—二叠纪岩石地层时空剖面图

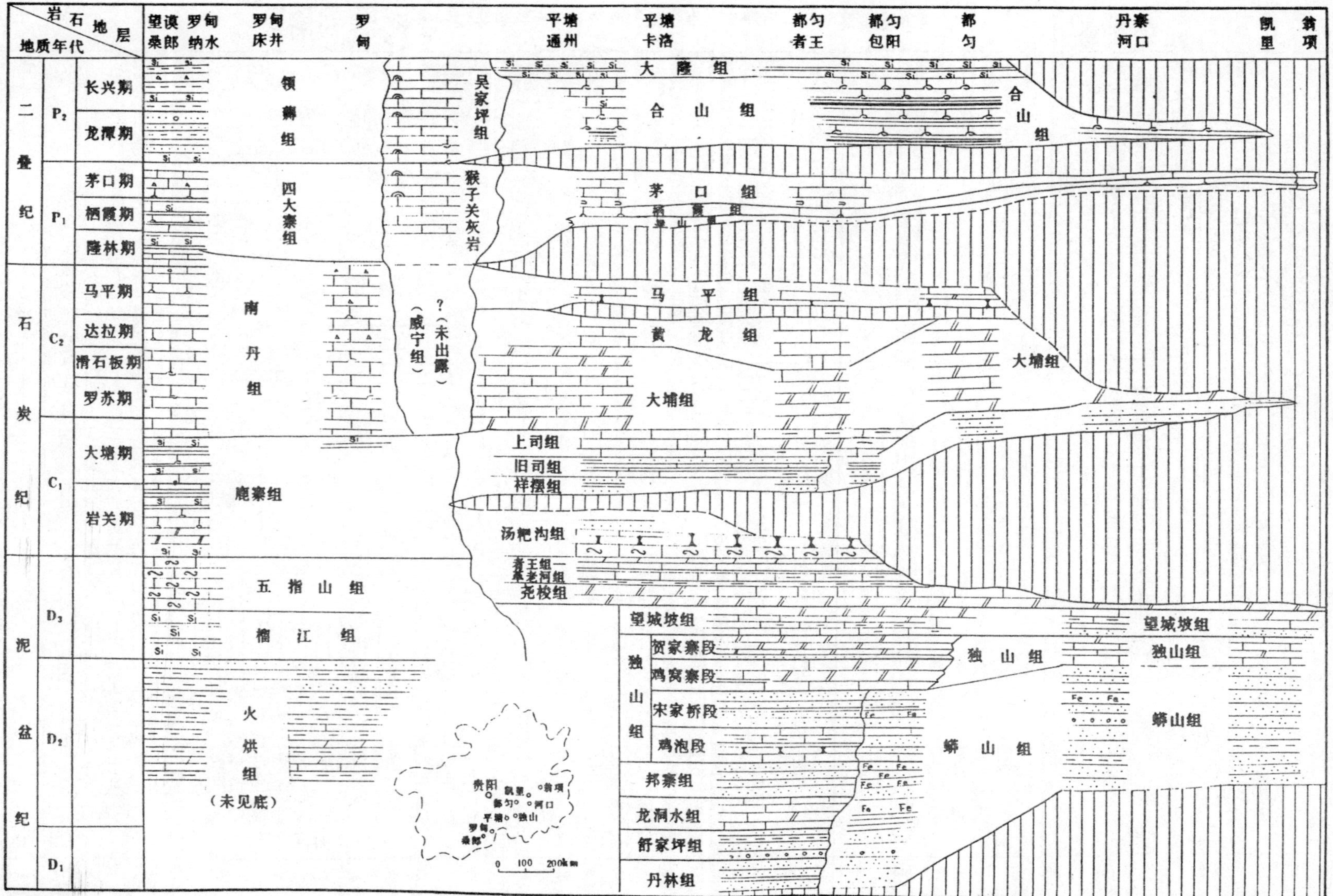

图例同图4－2

图 4－3 贵州望谟桑郎至凯里翁项泥盆纪—二叠纪岩石地层时空剖面图

上覆地层：**舒家坪组** 灰白色含砾石英砂岩

——————整 合——————

丹林组 总厚度 144.32 m

26—24 灰白色厚层石英砂岩、斜层理较发育 22.20 m

23—4 灰白色厚层及中层状石英砂岩夹灰绿色页岩、砂质泥岩，灰色粉砂岩，浅灰色泥质砂岩。含植物化石 *Orthonota* sp. 109.91 m

3—1 浅灰色厚层及中层石英砂岩夹灰绿色粉砂质泥岩及泥岩。石英砂岩具水平层理，部分具斜层理。含植物和鱼化石 12.21 m

——————平行不整合——————

下伏地层：**韩家店群** 蓝灰色中层状钙质粉砂岩

【地质特征及区域变化】 丹林组分布于独山—都匀包阳—赫章小河边一线西南地区，厚度变化不大。在独山猴儿山一带岩性可三分，下部石英砂岩间夹泥岩，砂岩中具水平层理，局部具斜层理；中部石英砂岩夹泥页岩及砂岩；上部为斜层理较发育的厚层块状石英砂岩。属滨海滩相沉积。厚度 144～171 m。在都匀包阳一带为一套交错层理和斜层理发育的砂岩，厚度 178 m。在赫章小河边一带为细粒石英砂岩，中部夹少许粉砂岩及页岩，属潮间砂坪相沉积，厚度 180 m。本组中、下部含植物化石 *Zosterophyllum yunnanicum*，*Drepanophycus spinaeformis*（独山利山）；上部产鱼化石 *Houershanolepis changi*（独山猴儿山），*Duyunaspis paoyangensis*，*Paraduyunaspis hezhangensis*（都匀包阳，赫章草子坪），以及古孢子、几丁虫、虫牙、疑源类等化石，其时代为早泥盆世，但能否代表整个早泥盆世尚无确切的资料。

舒家坪组 $D_1\hat{s}$ （06－52－0602）

【创名及原始定义】 源于王钰、俞昌民(1964)创名于独山城东 10 km 猴儿山舒家坪寨的猴儿山组舒家坪段。指猴儿山组丹林段之上，龙洞水段之下，含腕足动物群为主的灰黑色砂质粘土岩、铁质砂岩的地层，时代属中泥盆世。

【沿革】 1964 年孙云铸等将舒家坪段称为“利山组下砂岩段”。地质部泥盆系专题研究队(1965)改称舒家坪组，定其时代为早泥盆世晚期至中泥盆世早期，刘向(1976①、1978)、《贵州省区域地质志》(1987)及侯鸿飞等(1975，1988)均沿用其涵义，定其时代属早泥盆世晚期。廖卫华、许汉奎等(1978—1979)仍沿用王钰、俞昌民等(1964)的舒家坪段。本书沿用其原始定义，定时代为早泥盆世。

【现在定义】 指整合于丹林组与龙洞水组之间的一套肉红、灰白色石英砂岩、粉砂岩，间夹灰黑色砂质页岩及铁质砂岩的地层，生物以腕足动物为主。底以含砾砂岩与丹林组灰白色厚层石英砂岩分界；顶以龙洞水组灰岩出现划界。

【层型】 正层型为位于独山城东 10 km 之猴儿山舒家坪剖面(107°40′，25°49′)，廖卫华、许汉奎等 1971 年修测，1979 年刊载于《西南地区碳酸盐生物地层》。次层型为贵阳花溪高坡场熊洞山泥盆系剖面(06－52－0602－4－2)。

【地质特征及区域变化】 本组为一套滨岸及潮间陆源碎屑岩为主的沉积，局部夹铁矿层，出露于独山—贵阳—赫章一线。贵阳花溪高坡场一带砂岩的石英颗粒减少，下部由页岩夹砂岩、粉砂岩组成。厚度 80 m。黔西北赫章铁矿山一带，中上部为深灰色薄层至厚层石英砂岩偶

① 贵州地层古生物工作队(刘向执笔)，1976，贵州的泥盆系。下同。

夹砂质页岩及含铁石英砂岩；下部为粘土岩偶夹细砂岩；底为灰黑色白云岩，时含页岩凸镜体。厚度减薄为18 m。本组生物以腕足类 *Euryspirifer paradoxus shujiapingensis*，*Otospirifer daleensis* 等为主，含少量双壳类、三叶虫、苔藓虫、鱼类、海百合茎、植物和孢子等。对其时代有二种意见，一种认为相当早泥盆世晚埃姆斯期，一种认为归属中泥盆世艾菲尔早期。本书采用第一种意见。

蟒山组　$D_{1-2}m$　(06-52-0606)

【创名及原始定义】　源于乐森珥(1929)创名于都匀城西5 km 蟒山的"蟒山石英砂岩"。指下司燧石灰岩之下的一套地层，下部以白色、红色石英砂岩为主，上部为灰色块状灰岩、暗灰色含介形类灰岩及砂岩。出露厚度约700尺(约213 m)，未见底。

【沿革】　1959年中科院黔南地层队(1963)将"蟒山石英砂岩"改称蟒山群，代表都匀地区中泥盆统鸡窝寨段灰岩之下一套厚323 m(未见底)以石英砂岩为主的地层，下部产植物化石 *Drepanophycus spinaeformis*，*Protopteridium minutum*，时代属中泥盆世。王钰、俞昌民、吴岐(1974)在都匀蟒山群下部采获 *Zosterophyllum*，认为本群时代跨早泥盆世。刘向(1976、1978)认为蟒山群包括"乌当组"、"邦寨组"及独山组的"鸡泡段"和"宋家桥段"，时代属早—中泥盆世。廖卫华，许汉奎等(1978)、《贵州省区域地质志》(1987)等均沿用蟒山群。本书改称蟒山组。

【现在定义】　指整合于独山组鸡窝寨段灰岩之下，平行不整合于韩家店群之上的一套石英砂岩、砂岩及砂质页岩组成的地层。底以韩家店群页岩、泥质粉砂岩的消失或石英砂岩出现分界；顶以独山组鸡窝寨段灰岩出现分界。

【层型】　选层型位于都匀城西3 km 班庄，贵州都匀班庄—绿荫桥泥盆纪地层剖面(107°29′，26°18′)，由地质部四普三分队1963年实测(贵州省地层古生物工作队，1977，《西南地区区域地层表贵州省分册》，318—321页)，次层型为贵阳乌当麦让泥盆系实测剖面(06-52-0606-4-2)。

【地质特征及区域变化】　本组岩性单一，化石罕见，属滨岸潮间陆源碎屑沉积，出露于都匀、贵阳、凯里一带。在都匀一带下部为灰、灰白色石英砂岩夹少量粘土岩；中部为灰黄、灰色石英砂岩，偶夹粘土岩；上部为紫红、灰色粉砂岩、石英砂岩夹页岩，底部白云岩夹页岩，厚度249 m。向北至凯里一带下部页岩增多，中部石英砂岩中含细砾石，斜交层理发育；上部页岩夹层减少，砂岩偶见斜层理。厚370 m。在贵阳乌当地区，下部紫红、肉红及浅灰、灰白色细粒石英砂岩，泥铁质粉砂岩，夹铁质石英砂岩或鲕状赤铁矿层(3 m)；中部为浅灰、灰白色细粒石英砂岩夹少量泥岩；上部灰黄、肉红色石英砂岩夹少量紫红色泥铁质砂岩及页岩，厚208 m。本组生物以植物及鱼类为主，尚有孢子、双壳类、三叶虫、腕足类等。在都匀班庄该组下部产植物化石 *Zosterophyllum* sp.，*Drepanophycus spinaeformis*；在贵阳乌当含鱼化石 *Kueichowlepis sinensis*，*Sinopetalichthys kueiyangensis*，*Neoduyunaspis minuta*(下部)，*Bothriolepis sinensis*(上部)；腕足类 *Orientospirifer wangi*(下部)；植物 *Lepidodendropsis*? *arborescens*(上部)。时代为早泥盆世至中泥盆世早中期。

龙洞水组　D_2l　(06-52-0603)

【创名及原始定义】　云贵石油勘探处104队(1964)创名于独山城东10 km 之龙洞水寨东侧。指独山地区中泥盆统独山组之下，下泥盆统丹林组之上的一套石英砂岩夹碳酸盐岩及含铁石英砂岩地层，分为第一段碎屑岩和碳酸盐岩，第二段砂岩。代表艾菲尔期在黔南的沉积。

【沿革】 王钰、俞昌民等(1964)将云贵石油勘探处104队所称的龙洞水组第一段上部碳酸盐岩称为龙洞水段。1965年地质部泥盆系专题研究队将王、俞称的龙洞水段改称龙洞水组，侯鸿飞等(1978—1988)、刘向(1974)、高联达、侯静鹏(1975—1988)均引用该名称及其涵义，并定其时代为中泥盆世早期。本书使用该方案。周希云(1992)[①] 认为龙洞水组的时代属早泥盆世晚期。

【现在定义】 指舒家坪组与邦寨组之间的一套泥质灰岩、生物灰岩、灰岩、白云岩以及粘土岩组成的地层，含腕足类和珊瑚。下以灰岩与舒家坪组石英砂岩分界，上以含铁石英砂岩或铁矿层出现与邦寨组分界，均为连续沉积、整合接触。

【层型】正层型贵州独山龙洞水泥盆纪地层标准剖面(107°39′,25°49′)位于独山城东10 km之龙洞水寨东侧，云贵石油勘探处104队1963年测制。次层型为贵州独山泥盆系剖面(06－52－0603－4－2)、贵州贵阳高坡场熊洞山泥盆系剖面(06－52－0603－4－3)。贵州独山龙洞水泥盆纪地层剖面层序如下：

上覆地层：邦寨组　灰白色铁质石英砂岩，底部局部为赤铁矿层

——————— 整　合 ———————

龙洞水组　　总厚度 61.22 m

64—60. 深灰色中—厚层泥灰岩、灰岩、泥质灰岩、含燧石团块生物灰岩及生物碎屑组成，含腕足类 *Acrospirifer* sp.，*Athyrisina* sp.，*Indospirifer* sp.；珊瑚 *Diganophyllum* sp.，*Calceola sandalina*，Favositidae，*Syringopora* sp.　27.98 m

59. 灰色块状砂质白云岩，含多量紫红色鲕状赤铁矿粒生物碎屑。含腕足类 *Acrospirifer* sp.，*Athyrisina* sp.，*Indospirifer* sp.　22.80 m

58. 浅灰色块状灰岩，顶为厚20 cm黑色页岩含微量分散状黄铁矿。含腕足类 *Gypidula* sp.；珊瑚 *Heliolites* sp.　10.44 m

——————— 整　合 ———————

下伏地层：舒家坪组　浅灰及灰白色条带状石英砂岩

【地质特征及区域变化】 本组由浅海台地相泥质灰岩、灰岩、白云岩以及粘土岩组成，以含腕足类和珊瑚为特征。仅出露于独山猴儿山、利山和贵阳高坡场熊洞山等地。在独山猴儿山上部为泥质灰岩、泥灰岩、含燧石团块生物灰岩；下部为含铁质砂质白云岩；底部为灰岩及粘土岩。属潮间泻湖—正常海沉积。厚55～61 m。贵阳高坡场熊洞山一带全由潮间泻湖相白云岩组成。厚42 m。长顺思京一带(井下资料)上部为少量白云质砂质灰岩；下部为石英砂岩、粘土岩砂质白云岩互层，间夹灰岩，厚144 m。本组生物在独山猴儿山发育较好，其中腕足类经侯鸿飞、鲜思远研究可划分为二个组合，下部称 *Xenospirifer fongi* 组合带，上部为 *Acrospirifer houershanensis* 组合带，定其时代为中泥盆世艾菲尔期。珊瑚经俞昌民、廖卫华(1974,1978)研究将该组四射珊瑚也分两部分，下中部含 *Dushanophrentis cystotabulata*，*Pseudomicroplasma* (*Chonanoplasma*) *longdongshuiense*，*Tabularia devoniana* 等等；上部以 *Utaratuia sinensis*，*Sociophyllum minor*，*Breviseptophyllum kochanense* 等为代表，亦认为其时代为艾菲尔期。周希云(1992)认为龙洞水组的腕足类、四射珊瑚和床板珊瑚生物群面貌以早泥盆世属群为主，具早泥盆世向中泥盆世过渡特点，划归早泥盆世晚期更为合适。本书采用侯鸿飞和俞昌民等的意见，

① 周希云，1992，贵州泥盆纪几个地层问题的讨论。

将龙洞水组时代划归中泥盆世早期。

邦寨组　D_2b　(06-52-0604)

【创名及原始定义】 源于丁文江(1929)创名于三都县邦寨山(当地人叫"棒寨山")的邦寨砂岩。指独山组下部鸡泡灰岩之下的一套石英砂岩,时代为中泥盆世晚期。

【沿革】 1959年中科院黔南地层队(1963)将邦寨砂岩改称为邦寨组,时代为中泥盆世。王钰(1964)改为大河口段,划归独山组底部。嗣后,王钰、俞昌民等(1974)、廖卫华等(1977)称大河口段,《贵州省区域地质志》(1987)、周希云(1992)称大河口组。侯鸿飞等(1975—1978)、刘向(1974—1978)使用邦寨组,本书沿用。

【现在定义】 指整合于龙洞水组灰岩与独山组鸡泡段灰岩之间的一套石英砂岩、粉砂岩和含铁质石英砂岩组成的地层,局部地区夹鲕状赤铁矿,含植物化石碎片。底以石英砂岩与龙洞水组灰岩分界;顶以灰岩出现与独山组分界。

【层型】 选层型为"贵州独山的泥盆系"剖面(原称大河口段)(107°35′,25°50′),廖卫华、许汉奎等1971年修测(《西南地区碳酸盐生物地层》,1979,241页),位于独山县城东约10 km的屯上东侧山沟中及龙洞水山顶一带。次层型为贵阳市高坡场熊洞山泥盆系剖面(06-52-0604-4-2)。

【地质特征及区域变化】 本组由一套滨岸陆源滩相石英砂岩夹页岩组成,局部地区底部有赤铁矿层。生物罕见,一般含植物化石碎片和孢子。分布于独山、三都、贵阳高坡场、赫章小河边等地,厚6～137 m。在独山猴儿山一带为黄、黄褐色石英砂岩、含钙质砂岩,下部夹含铁石英砂岩,底部为铁质砂岩(或赤铁矿层),属无障壁砂质海岸带—海滩沉积,厚137 m。都匀平黄山一带钙质增加,顶部出现灰岩凸镜体,下部夹赤铁矿层。三都中和一带本组覆于寒武系之上,以浅灰色石英砂岩和砾岩组成,厚度骤减为6.3 m。贵阳熊洞山为石英砂岩夹少许页岩、含铁砂岩,厚64 m。赫章铁矿山小河边一带,上部为灰黄色细粒石英砂岩夹砂质页岩、页岩;下部为钢灰色鲕状赤铁矿夹同色砂质页岩和含铁砂岩,厚28 m,属混合坪—砂坪沉积。本组仅在都匀平黄山一带顶部灰岩凸镜体中采获腕足类 *Indospirifer maoerchuanensis*, *Levibiseptum dushanensis*, *Paralazutkinia pinghuangshanensis*。据此推断邦寨组时代可能属中泥盆世艾菲尔期晚时沉积(刘向,1978)。

独山组　$D_{2-3}d$　(06-52-0605)

【创名及原始定义】 丁文江(1929)创名于独山(县)城附近。指独山城区及其东南江寨、鸡泡、宋家桥、鸡窝寨等地一套中泥盆统地层。自下而上划分为:①邦寨砂岩,含腕足类 *Leptostrophia*;②鸡泡灰岩,是腕足类 *Stringocephalus obesus* 的特有层位;③宋家桥砂岩;④鸡窝寨灰岩,含 *Stringocephalus burtini*。时代属中泥盆世晚期吉维特阶。

【沿革】 1931年丁文江、葛利普将独山组改为独山群。田奇瑰(1938)将邦寨砂岩改称为象县群,时代属艾菲尔期;将鸡泡灰岩、宋家桥层和鸡窝寨灰岩归入独山群,属吉维特期。1959年中科院黔南地层队将邦寨砂岩变称为邦寨组,将田氏称独山群改为独山组(所含三个岩性层称为段)。王钰、俞昌民等(1964)将独山组恢复为原始定义范围,并由下而上划分为大河口、屯上、鸡泡、宋家桥和鸡窝寨五个段,时代为中泥盆世晚期。1974年中科院南古所西南队① 在王、

---

① 中科院南古所西南队,1974,西南地区的泥盆系(初稿)。

俞等(1964)划分基础上将鸡窝寨段上部无鹗头贝又尚未出现弓石燕的一段地层创名为“贺家寨段”。刘向(1978)采用中科院黔南地层队(1959)划分方案。《贵州省区域地质志》(1987)将“贺家寨段”划入高坡场组,将本组底界划在屯上段之底。侯鸿飞等(1988)与《贵州省区域地质志》(1987)的观点基本相同,仅是未用屯上段一名。本书采用中科院黔南地层队(1959)的划分意见,将“贺家寨段”仍划属本组并暂沿用,认为独山组为一跨中泥盆世晚期至晚泥盆世早期的岩石地层单位。

【现在定义】 指整合于邦寨组和望城坡组之间由两套碳酸盐岩夹一套碎屑岩组成的地层。自下而上分为四段:①鸡泡段,以白云岩及灰岩为主夹砂岩;②宋家桥段,主要为砂岩;③鸡窝寨段,以白云岩、泥灰岩、灰岩为主;④贺家寨段,由钙质页岩、泥灰岩、白云岩组成。底以灰色灰岩出现与邦寨组砂岩分界,顶以白云岩消失灰岩出现与望城坡组分界。

【层型】 选层型“贵州独山的泥盆系”剖面(107°35′,25°50′),位于独山城北大河口至何家寨,廖卫华、许汉奎等1971年修测(《西南地区碳酸盐生物地层》,1979,239—241页)。次层型为贵阳高坡场泥盆系剖面(06-52-0605-4-2)。

【地质特征及区域变化】 本组由两套碳酸盐岩夹一套砂页岩组成,属浅海台地相沉积,以含腕足类、珊瑚和层孔虫为特征。该组分布广泛,在都匀、独山、贵阳一带四个岩性段界线明显、岩性稳定。都匀—凯里一带鸡泡段变为砂岩,归入蟒山组。独山布寨—惠水王佑—安顺鸡场一带岩性和生物既有台地特点又有台盆特征,四个段难分。本组有由西北向东南增厚趋势,贵阳高坡场厚度271 m,独山厚度为586 m。据所含腕足类、珊瑚等化石,其时代为中泥盆晚期—晚泥盆世早期。

鸡泡段 D_2d^1 (06-52-0617)

【创名及原始定义】 源于丁文江(1929)创名于独山城附近鸡泡寨的“鸡泡灰岩”。指位于邦寨砂岩之上,宋家桥砂岩之下的一套黑灰色中至厚层状灰岩夹黑色薄层瘤状泥质灰岩,以含腕足类 *Stringocephalus obesus* Grabau 为特征。

【沿革】 1931年丁文江、葛利普将鸡泡灰岩改为鸡泡层。中科院黔南地层队(1959)改称鸡泡段,嗣后广泛沿用。王钰、俞昌民等(1964)将该段下部灰岩夹砂岩的地层创名为“屯上段”,本书认为“屯上段”分布面积小,与鸡泡段的界线不清,而与下伏邦寨组砂岩岩性分界十分明显,故仍将其划入鸡泡段。

【现在定义】 指整合于邦寨组与独山组宋家桥段之间的一套灰、深灰色中厚层灰岩、泥质灰岩、瘤状灰岩、白云岩夹砂岩、钙质泥岩和页岩的地层。底以灰岩与邦寨组砂岩分界,顶以灰岩或白云岩与宋家桥段砂岩分界。

【层型】 选层型和次层型与独山组相同。

【地质特征及区域变化】 鸡泡段由一套灰岩、瘤状灰岩、白云岩夹少量砂页岩,局部为礁灰岩的地层,属浅海台地相沉积。分布于都匀—贵阳—赫章一线以南,紫云—惠水(王佑)—独山(下司)一线以北地区。独山地区以碳酸盐岩为主,下部夹砂质灰岩、砂岩和砂质泥岩,厚315 m。贵阳高坡场附近以白云质灰岩、白云岩为主间夹页岩,厚135 m。赫章狗飞寨以白云岩、灰岩为主夹页岩和砂岩(未见底),厚度大于117 m。生物以腕足类和珊瑚为主,尚见双壳类、腹足类、竹节石和层孔虫等,含腕足类 *Bornhardtina* sp., *B. uncitoides*, *Stringocephalus obesus*, *Acrothyris* sp. 等;珊瑚 *Dendrostella trigemme*, *Parasociophyllum isactis* 等。时代为中泥盆世早期。

独山布寨地区相当层段则为块状、板状层孔虫礁灰岩。最大厚度 200～240 m，长4～5 km，宽约 1 km。有待另建岩石地层单位。

宋家桥段 D_2d^s （06－52－0618）

【创名及原始定义】 源于丁文江(1929)创名于独山城附近宋家桥寨的“宋家桥砂岩”。指位于鸡泡灰岩之上，鸡窝寨灰岩之下的一套薄层至厚层石英砂岩。

【沿革】 1931 年丁文江、葛利普将宋家桥砂岩改称宋家桥层。1959 年中科院黔南地层队改称宋家桥段，沿用至今。

【现在定义】 指整合于独山组鸡泡段与鸡窝寨段之间的一套黄褐、灰白色薄至中厚层石英砂岩、含砾石英砂岩夹少量页岩的地层。底以石英砂岩与鸡泡段灰岩分界，顶以石英砂岩与鸡窝寨段灰岩分界。

【层型】 选层型和次层型与独山组相同。

【地质特征及区域变化】 本段为一套灰、灰白色石英砂岩间夹泥质粉砂岩和页岩组成的三角洲相沉积。其分布范围与鸡泡段相同。厚度自东南向西北减薄，砂质含量增多。在独山、贵阳一带，厚 89～110 m。赫章铁矿山和牛栏江边仅见砂岩，厚度骤减为 3～5 m。本段生物化石稀少，以植物和鱼较为常见，时含少量腕足类、珊瑚、轮藻、海百合茎和介形类等。产植物 *Lepidodendropsis* sp.，*L. arborescens*，*Protopteridium minutum*(贵阳高坡场)；鱼 *Bothriolepis* sp.(威宁牛栏江边)。时代为中泥盆世。

鸡窝寨段 D_2d^{jw} （06－52－0619）

【创名及原始定义】 源于丁文江(1929)创名于独山城东北约 3 km 鸡窝寨的“鸡窝寨灰岩”。指位于宋家桥砂岩之上，上泥盆统望城坡灰岩之下的一套厚约百米含 *Stringocephalus burtini* 为特征的灰岩地层。

【沿革】 1931 年丁文江、葛利普将“鸡窝寨灰岩”改为“鸡窝寨层”。1959 年中科院黔南地层队改称“鸡窝寨段”并广为沿用。1974 年中科院南古所西南队将该段上部既无鹗头贝又无弓石燕的一段地层创名为“贺家寨段”。

【现在定义】 指整合于独山组宋家桥段与贺家寨段之间的一套灰岩夹白云质灰岩、白云岩、泥质灰岩、生物灰岩等组成的地层，底以灰岩与宋家桥段砂岩分界，顶以白云岩与贺家寨段砂岩分界。

【层型】 选层型和次层型与独山组相同。

【地质特征及区域变化】 本段为一套潮下浅水到半封闭泻湖的碳酸盐岩沉积。分布于独山、都匀、贵定、安顺、赫章等地，具有南部泥质成分多、厚度大，北部泥质含量少、厚度薄的特点。独山地区本段发育齐全，中下部为灰、深灰色中厚层—块状灰岩、泥质灰岩夹白云质灰岩、泥灰岩和钙质页岩；上部为深灰色厚至块状白云质灰岩和白云岩，含生物(层孔虫)礁体。赫章铁矿山本段下部泥质成分减少，未见泥灰岩夹层，厚 95 m。在牛栏江边本段岩性变化甚微，厚度减薄为57 m。在赫章铁矿山至都匀桐州一线之北本段覆于蟒山组之上，仅保留上部白云岩、白云质灰岩或灰岩，厚度一般 20 余米。在凯里万潮尚夹生物礁体。向南在独山地坝一带泥质成分增多，以泥灰岩为主，厚 77 m；长顺漫滩则由白云质灰岩、生物灰岩和灰岩等组成，厚 126 m。本段生物以腕足类和珊瑚为主，次为层孔虫等。以腕足类 *Stringocephalus burtini*，*Emanuella takwanensis* 和四射珊瑚 *Endophyllum guizhouense*，*Sunophyllum elegantum* 等为代表，时代属中泥盆世晚期。

贺家寨段 D_3d^h （06-52-0620）

【创名及原始定义】 1974年中科院南古所西南队泥盆系研究小组创名于独山城北2.5 km的贺家寨(实为何家寨)。指中泥盆统独山组鸡窝寨段上部既不含鹗头贝又不含弓石燕的一段地层，厚97 m。岩性主要为灰岩和白云质灰岩，暂归上泥盆统望城坡组下部。

【沿革】《贵州省区域地质志》(1987)沿用此名及其涵义，划归高坡场组。本书仍将其划归独山组。

【现在定义】 指整合于独山组鸡窝寨段与望城坡组之间的一套地层，以灰岩、白云岩和白云质灰岩为主，底部为砂岩、钙质泥岩夹灰岩。底以砂岩与鸡窝寨段白云岩分界，顶以白云岩或白云质灰岩望城坡组灰岩分界。贵阳以南地区，顶界以高坡场组晶洞白云岩为划分标志。

【层型】 正层型"贵州独山的泥盆系"剖面(107°35′,25°50′)，位于独山城北何家寨附近。由廖卫华、许汉奎等1971年修测(《西南地区碳酸盐生物地层》,1979,238—239页)。

【地质特征及区域变化】 本段为一套由白云岩、白云岩化含生物屑泥晶灰岩为主组成的潮间至半封闭泻湖沉积。其分布范围与鸡窝寨段基本相同。在独山城附近为灰、深灰色中厚层至厚层白云质灰岩(白云岩)夹少许灰岩，底部为黑色泥页岩夹泥灰岩、石英砂岩，厚97 m。贵阳高坡场—惠水岗度一带为泥页岩夹泥灰岩，厚约3～20 m。本段以腕足类、珊瑚、层孔虫等为主，见少量腹足类，近底部化石丰富，主要有珊瑚 *Sinodisphyllum*，*Pseudozaphrentis* 和 *Mictiphyllum* 等，经廖卫华(1977)研究认为其中绝大多数是我国南方晚泥盆世常见分子，将贺家寨段时代划属晚泥盆世早期。

望城坡组 D_3w （06-52-0607）

【创名及原始定义】 源于丁文江(1929)创名于独山城南的望城坡寨的"望城坡灰岩"。指位于"鸡窝寨灰岩"之上，"尧梭灰岩"(实为白云岩)之下产 *Spirifer sinensis*(*Cyrtospirifer sinensis*)腕足动物群的一套泥质灰岩、致密灰岩夹白云质灰岩组成的地层。时代为晚泥盆世。

【沿革】 1931年丁文江、葛利普在《中国地层上的问题》中将"望城坡灰岩"改称"望城坡群"。1959年中科院黔南地层队(1963)称望城坡组。1974年中科院南古所西南队将望城坡组底界移至贺家寨段之底，并分该组为"贺家寨段"和"卢家寨段"。本书采用1959年中科院黔南地层队望城坡组的涵义。

【现在定义】 指整合于独山组贺家寨段白云岩与尧梭组白云岩之间的一套由灰黑色泥质灰岩、灰岩夹白云质灰岩、泥岩组成的地层，含腕足类和珊瑚等化石。底以灰岩与下伏独山组白云岩划界，顶以上覆尧梭组白云岩出现划界。

【层型】 选层型"贵州独山的泥盆系"剖面(107°29′,26°18′)，位于独山城北2.5 km之何家寨，廖卫华、许汉奎等1971年修测(《西南地区碳酸盐生物地层》,1979,238—239页)。次层型为贵州都匀班庄—绿荫桥泥盆系剖面(06-52-0607-4-2)。

【地质特征及区域变化】 本组由近岸浅海环境灰岩、泥质灰岩、白云质灰岩、泥灰岩及泥岩组成。分布于独山、都匀、凯里等地，具有自北向南厚度增大、泥质增多的特点。独山地区以深灰、灰黑色灰岩、泥质灰岩夹白云质灰岩为主，上部夹泥岩，厚156 m。都匀附近缺失泥岩和白云质灰岩，厚约74 m。凯里万潮夹生物灰岩，厚84 m。本组生物以含腕足类 *Cyrtospirifer* 和 *Tenticospirifer* 为特征，次为珊瑚 *Pseudozaphrentis*，*Sinodisphyllum*，*Dania*，*Penckiella* 以及层孔虫等，多为我国南方和世界晚泥盆世早期（弗拉斯期）常见分子。本组时代属晚泥盆世早期。

尧梭组　D_3y　（06－52－0608）

【创名及原始定义】　源于丁文江（1929）创名于独山城南望城坡与革老河村之间尧梭村的“尧梭灰岩”。指位于“望城坡灰岩”之上，下石炭统“革老河灰岩”之下的一套硅质灰岩、白云岩和白云质灰岩组成的地层。

【沿革】　1931 年丁文江、葛利普将“尧梭灰岩”改称“尧梭群”，1959 年中科院黔南地层队改称为尧梭组，并指出顶部含介形类 *Leperditia* sp.，*Cavellina* sp.。1974 年中科院南古所西南队将本组进一步划分为下部“四方坡段”白云岩及白云质灰岩；上部灰岩称“五里桥段”。本书沿用该划分意见。

【现在定义】　指整合于望城坡组和者王组之间的一套由白云质灰岩、白云岩及灰岩、硅质灰岩组成的地层。底以白云质灰岩或白云岩与望城坡组灰岩分界，顶以豆石灰岩消失，出现泥质灰岩与者王组分界。下部以白云岩为主的称“四方坡段”；上部灰岩、硅质灰岩称“五里桥段”。

【层型】　选层型“贵州独山的泥盆系”剖面（107°32′，25°50′），位于独山城北 3 km 之四方坡至五里桥，廖卫华、许汉奎等 1971 年修测（《西南地区碳酸盐生物地层》，1979，238 页）。

【地质特征及区域变化】　本组由一套浅海台地相白云岩、灰岩组成。岩性稳定，二段易分。分布于独山、都匀、凯里等地。南厚北薄，三都一带厚 486 m，独山附近厚 374 m，都匀厚 262 m，凯里厚 15 2m。生物以含介形类为主要特征，尚见珊瑚、层孔虫等化石，介形类有 *Leperditia mansuata*，*L. equiangularis* 等。本组时代属晚泥盆世法门期。

四方坡段　D_3y^{sf}　（06－52－0621）

【创名及原始定义】　1974 年中科院南古所西南队创名于独山城北 3 km 之四方坡。指尧梭组下部由白云岩和白云质灰岩为主组成的地区，化石稀少，底部偶见于类似于 *Hunanophrentis* 的珊瑚化石和层孔虫 *Amphipora* 等。厚 208 m。

【沿革】　创名后沿用至今。

【现在定义】　指整合于望城坡组与尧梭组五里桥段之间的一套以灰、深灰色中厚层白云岩为主，夹少量白云质灰岩、含燧石条带灰岩的地层。底以白云岩与望城坡组的灰岩分界，顶以白云岩与五里桥段灰岩分界。

【层型】　选层型与尧梭组选层型相同。

【地质特征及区域变化】　本段岩性单一，以灰、灰黑色中—厚层白云岩为主体，局部夹燧石灰岩及泥页岩。分布于独山、三都、都匀、凯里等地，厚 152～460 m，南厚北薄。在独山城北为白云岩夹少许硅质灰岩、或燧石条带灰岩，厚 212 m；都匀一带为白云岩夹少许泥页岩，厚 247 m；三都一带以白云岩为主，上部偶夹紫红色页岩、泥灰岩和白云质灰岩，厚460 m；凯里万潮为白云岩、泥质白云岩，厚 152 m。本段化石罕见且研究程度差，仅下部在独山城北见少许层孔虫，凯里万潮采获腕足类碎片，仅据地层层序划属晚泥盆世晚期。

五里桥段　D_3y^{w}　（06－52－0622）

【创名及原始定义】　1974 年中科院南古所西南队创名于独山城北 3 km 之五里桥。指位于尧梭组四方坡段灰黑色白云质灰岩之上，下石炭统者王段之下的一套灰岩和矽质灰岩，在顶部的灰岩中产豆石介等介形类化石。厚 162 m。

【沿革】创名以来沿用至今。

【现在定义】指整合于四方坡段与者王组之间的一套深灰色厚层块状灰岩、硅质灰岩和顶部含豆石灰岩组成的地层。底以灰岩与四方坡段白云岩分界。顶以豆石灰岩与者王组泥质灰岩分界。

【层型】 选层型与尧梭组选层型相同。

【地质特征及区域变化】 本段由深灰色泥晶灰岩和豆石灰岩等组成,岩性及生物群单一。分布于独山、都匀一带,南厚北薄。独山城附近泥晶灰岩时夹泥质条带,普遍白云岩化,局部具鸟眼构造,厚 162 m。都匀附近为泥晶灰岩及含少量泥质豆石灰岩,厚 15~20 m。三都一带夹瘤状灰岩,厚 26 m。本段以上部盛产介形类 *Leperditia* 为特征。时代属晚泥盆世法门期晚时。

高坡场组 D_3gp (06-52-0609)

【创名及原始定义】 王克勇(1976)① 创名于贵阳高坡场南 3 km 的水塘寨至跑马地一带。指整合于独山组鸡窝寨段富含腕足类的泥质白云岩夹页岩与下石炭统岩关组革老河段者王亚段含泥质灰岩之间的一套以白云岩夹泥质白云岩为主,顶部为豆石灰岩的地层,并分为三段,以产出大量层孔虫为特征。时代属晚泥盆世。

【沿革】 1979 年地质部八普三分队于长顺改尧一带测制地层剖面(包括钻井下地层),将位于独山组之上相当于整个上泥盆统的一套白云岩和白云质灰岩(与高坡场组相当的岩组)命名为改尧组。《贵州省区域地质志》(1987)将高坡场组的下界移至独山组鸡窝寨段之底,并分为四段,时代属中—晚泥盆世。本书使用其原始定义。

【现在定义】 指整合于独山组富含腕足类的白云岩夹页岩与者王组含泥质灰岩之间的一套以白云岩、泥质白云岩为主,顶部为豆石灰岩组成的地层。底以块状晶洞白云岩与下伏独山组泥质白云岩夹页岩分界;顶以含泥质灰岩出现与者王组分界。

【层型】 正层型贵阳花溪高坡场泥盆系剖面(106°50′,26°18′),位于贵阳高坡场南 3 km 水塘至马跑地,王克勇等 1975 年测制(《1∶20 万贵阳幅区域地质调查报告》,1976)。次层型为贵州贵阳乌当麦让泥盆系实测剖面(06-52-0609-4-2)。花溪高坡场泥盆系剖面层序如下:

上覆地层:者王组 灰黑色薄层状含泥质灰岩。产介形虫和植物碎片

———————— 整 合 ————————

高坡场组	总厚度 479 m
第四段	厚 26 m
21. 灰、深灰色块状细晶灰岩,局部含白云质,偶见黄铁矿。产介形虫 *Leperditia* sp. 等	26 m
第三段	厚 318 m
20—18. 浅灰、灰色厚层块状细晶白云岩	125 m
17. 灰、浅灰色中厚层微晶含泥质白云岩,间夹薄层泥质白云岩	16 m
16—15. 浅灰色、灰色厚层块状细至中晶白云岩	44 m
14. 灰、深灰色厚层块状细晶白云岩,下部夹少量中厚层白云岩	107 m
13. 灰色中厚层微至细晶白云岩夹薄层白云岩	20 m
12—11. 暗灰、蓝灰色薄至中厚层泥质白云岩	6 m

① 贵州省地质局王克勇,1976,1∶20 万贵阳幅区调报告。

第二段 厚 109 m

10. 灰色厚层块状细晶白云岩，底部 2 m 角砾状灰岩 47 m

9. 灰色块状细至中晶白云岩，局部为紫红色含泥质白云岩。底部产层孔虫 *Amphipora* sp. 等 19 m

8—7. 灰色块状细至中晶晶洞白云岩。下部产层孔虫 *Amphipora*? sp. 等 43 m

第一段 厚 26 m

6. 灰、暗灰色中厚层泥质白云岩夹少量白云质页岩。中部产腕足类 *Schizophoria excellens*, *S.* sp., *Atrypa richthofeni*, *A.* sp., *Athyris chitzechiaoensis*, *A. chitzechiaoensis compressa*, *Ambocoelia sinensis*, *Crurithyris jiwozhaiensis* 及少量床板珊瑚 *Thamnopora* sp. 等 3 m

5. 深灰、灰黑色厚层块状细晶白云岩。产层孔虫 *Amphipora* sp. 14 m

4—3. 深灰、灰黑色中厚层泥质白云岩夹白云质页岩。产腕足类 *Athyris* sp. 等 9 m

——————— 整 合 ———————

下伏地层：蟒山组 灰白色薄至中厚层细粒石英砂岩。产植物 *Lepidodendropsis* sp.；鱼 *Bothriolepis* sp. 等

【地质特征及区域变化】本组以白云岩为主，顶部为灰岩，化石稀少、岩性单一，属滨海半封闭泻湖相及潮上泻湖沉积。分布于贵阳、长顺、惠水一带及牛栏江以西。厚度 184～1 074 m。在高坡场地区本组可分三段：第一段为灰色厚层块状细至中晶白云岩夹少许泥质白云岩，偶夹角砾状晶洞白云岩，产水晶矿，厚 109 m；第二段灰、浅灰、暗灰色中厚层至厚层块状细晶白云岩，间夹薄层泥质白云岩以及少许含燧石结核白云岩，顶部产水晶矿，厚 318 m；第三段为深灰色块状细晶灰岩，局部含白云质团块，厚 26 m。

惠水岗度一带本组厚度剧增为 1 074 m，岩性为灰色白云岩夹少许黄色白云质页岩，近底部夹灰岩凸镜体，第三段（相变为白云岩）与第二段不易划分，厚 830 m；第一段厚 244 m，底部产锑矿。长顺思京一带本组厚度近 1 000 m，第三段灰岩，厚度约 78 m，第一、二段不易分开，为白云岩夹少许灰绿、黄色页岩，中下部产水晶矿。长顺漫滩第一、二段划分困难，缺失第三段。惠水王佑—安顺胡坝一带三个段不易划分。惠水王佑为白云岩、泥质白云岩夹少许条带灰岩，厚 184 m。安顺胡坝以层纹状白云岩、白云岩为主，下部夹砾状灰岩和白云质条带灰岩，厚 199 m。贵阳乌当—龙里一线以北缺失第三段，第二段为泥质白云岩夹少许白云质页岩和白云岩；第一段为晶洞白云岩夹少许泥质白云岩，厚 94 m。在滇黔边境的牛栏江西岸大岩洞一带，本组第一、二段不易划分，岩性为灰色白云岩，下部夹白云质灰岩和页岩，第三段为灰岩，总厚度 295 m。

本组生物以腕足类和层孔虫为主，产少量珊瑚和腹足类。在第一、二段中含腕足类 *Tenticospirifer* sp.，*Cyrtospirifer* sp，等；第三段中含介形类 *Leperditia* sp.。本组时代应属晚泥盆世。

融县组 D_3r （06－52－0612）

【创名及原始定义】 源于田奇瑪（1938）在广西融县（现融水苗族自治县）县城附近创名的“融县灰岩”。“据乐氏，其出露之处，在广西东北部如融县、全县一带，为一种色白质纯之石灰岩，厚达三十公尺以上，富含腕足化石。”融县灰岩是上泥盆统最上部的地层。

【沿革】 本书将该组引入贵州，代表省内上泥盆统一套开阔台地及台地边缘滩相以灰岩

为主夹少量白云质灰岩和白云岩的地层。

【现在定义】 指整合于巴漆组之上，平行不整合于英塘组之下的一套以浅灰、灰白色中—厚层状球粒—砂屑灰岩、藻砂屑(球粒)灰岩夹蓝藻微晶灰岩、鲕粒灰岩、砾屑灰岩等组成的地层。下以深灰色薄层灰岩的消失或灰白色厚层灰岩的出现与巴漆组分界；上以中层状砂屑灰岩的消失或含铁泥质岩的出现与英塘组分界。

省内本组：指整合于中泥盆统火烘组或独山组之上、下石炭统之下的一套以浅灰、灰白色厚层块状灰岩、鲕状灰岩、生物碎屑灰岩、藻灰岩为主，局部夹灰白、浅灰色白云质灰岩及白云岩的地层。

【层型】 选层型在广西桂林奇峰镇东侧至华侨农场附近。省内次层型为贵州独山县地坝—马道子中泥盆统—下石炭统剖面(06－52－0612－4－1)，贵州威宁罗卜夹—马街独山组—大塘组旧司段剖面(06－52－0612－4－2)。

【地质特征及区域变化】 本组由一套浅色开阔台地和台边缘滩相沉积组成。分布于独山马道子、紫云猫营、威宁以及望谟六里等地，厚度56～608 m。在威宁罗卜夹一带为浅灰色中厚层—厚层块状灰岩夹白云质灰岩夹鲕状、豆状灰岩及白云岩，中部夹少许页岩，厚度约604 m。紫云猫营为灰白色中厚层灰岩及泥质灰岩，厚56 m。独山马道子下部为灰、深灰色泥质灰岩、泥灰岩，夹灰岩和燧石结核灰岩；中上部为灰白、浅灰色灰岩夹白云质灰岩、泥质灰岩、生物灰岩，厚398 m。望谟六里岩性为浅灰、灰白间肉红色、灰色中厚层至块状灰岩，普遍具鲕状构造，厚度大于500 m。

本组生物较少，以腕足类为主，偶见珊瑚、层孔虫、双壳类等。下部富含腕足类 *Cyrtospirifer* 和 *Tenticospirifer* 等晚泥盆世化石(威宁罗卜夹，紫云猫营)。上部层位的年代缺少生物依据，尚需做详尽研究。

者王组 $D_3\hat{z}$ (06－52－0610)

【创名及原始定义】 源于邓峰林(1963)①于都匀墨冲南西7 km者王寨创名的者王段。指位于 *Cystophrentis* 带之下，多量大型介形虫 *Leperditia* 层之上一套深灰、浅灰色泥质灰岩夹页岩所组成的地层。对比西欧、苏联的艾特隆层或湘中邵东段。

【沿革】《西南地区区域地层表·贵州省分册》(1977)将者王段改称革老河下亚段。张明发(1977)②将者王段下界延“豆石灰岩”之底，称者王亚段。邓峰林(1982)③将者王段改称者王层。吴祥和(1983)改称者王组，底界以“豆石灰岩”上移11m，并建议将者王组置于上泥盆统。侯鸿飞等(1988)用者王组代表上泥盆统最高层位。本书沿用邓氏(1963)原涵义。

【现在定义】 指整合于尧梭组与革老河组之间的一套含层孔虫深灰色厚层泥晶灰岩，层间含泥质物或似层状页岩的地层，下以深灰色厚层泥晶灰岩夹似层状页岩出现或“豆石灰岩”的消失与尧梭组分界，上以深灰色灰岩、灰色泥灰岩出现与革老河组分界。

【层型】 正层型贵州都匀墨冲者王剖面(107°23′，26°03′)，位于都匀墨冲南西7 km者王寨的公路旁，由邓峰林1963年测制(《西南地区区域地层表·贵州省分册》，1977，286—287页)。副层型为贵州都匀黄良剖面，邓峰林1963年测制(06－52－0610－4－2)。次层型为贵州

---

① 邓峰林，1963，黔南泥盆—石炭系的过渡层，贵州地质局区域地质测量队(打印本)。

② 张明发，1977，泥盆系与石炭系的分界问题，贵州区域地质，第1期。

③ 邓峰林，1982，黔南者王层(过渡层)的特征及其时代归属，庆祝中国地质学会成立六十周年大会暨学术年会，论文摘要汇编，贵州省地质学会编印。

独山县白虎坡剖面(06-52-0610-4-3)。

【地质特征及区域变化】 本组为岩性较稳定的一套深灰色厚层灰岩、泥质灰岩,层间夹似层状页岩的地层。属浅海台地沉积。出露于独山、都匀、惠水、贵阳高坡场等地,厚度2~100 m。在都匀者王为灰岩、泥质灰岩夹似层状页岩,厚33 m。独山一带本组泥质减少,厚54 m。惠水摆金一带为灰岩夹泥灰岩,厚10~15 m,最厚达100 m。向北在贵阳高坡场马跑地为含泥质灰岩,厚2 m,与下伏高坡场组整合接触,上与下石炭统祥摆组平行不整合接触。

本组生物以层孔虫、有孔虫和腕足类为特征,偶见珊瑚等化石。独山—都匀一带富含层孔虫 *Stromatocerium sinense*, *S. kueichowense*, *Pseudolabechia sinense*, *P. huanjiangensis*,与苏联新地岛艾特隆层的层孔虫较为接近(董得源,1964)。时代属晚泥盆世。

革老河组 D_3g (06-52-0611)

【创名及原始定义】 源于丁文江(1931)创名于独山县城南11 km的甲捞河(旧名"革老河")的革老河灰岩。指位于茅寨石灰岩之上、汤粑沟砂岩之下的一套薄层硅质灰岩与褐、灰色页岩互层,产珊瑚、腕足类的地层。其时代为早石炭世。厚280 m。

【沿革】 1955年刘鸿允称革老河建造。1956年《中国区域地层表(草案)》改称革老河组。1931年俞建章将革老河灰岩上部含 *Pseudouralinia* 的岩层划归"汤粑沟砂岩",以 *Cystophrentis* 为革老河灰岩的带化石,将下界移至"豆石灰岩"之顶。1934年丁文江、葛利普将革老河灰岩、汤粑沟砂岩合称革老河统。

1959年中科院黔南地层队将俞氏(1931)所称的革老河灰岩改称革老河段,1964年杨式溥称革老河组。嗣后,上述两种名称被广泛沿用。贵州区调队(1976)、贵州地层古生物队(1977)使用革老河段,并划分为亚段。王增吉(1979)、吴祥和(1983)称革老河组,王氏以 *Cystophrentis* 出现划其底界,吴氏将该组顶界置于泥质条带灰岩之底。本书使用革老河组并重新明确其岩石界线。

【现在定义】 指整合于者王组和汤粑沟组之间的一套薄层、中层泥质灰岩夹黄褐、绿色页岩和灰岩,产珊瑚、腕足类化石。下以深灰色灰岩出现或泥质灰岩消失与者王组分界,上以条带状灰岩出现与汤粑沟组分界。

【层型】 选层型为独山县革老河至汤粑沟剖面(107°30′,25°45′),位于独山县城南11 km的甲捞河,杨式溥(1964)测制(古生物学报,12卷1期,82—109页)。次层型为贵州独山白虎坡革老河组剖面(06-52-0611-4-2)、贵州惠水县龙塘山下石炭统实测剖面(06-52-0611-4-3)。

【地质特征及区域变化】 本组由灰黑色薄层—中厚层泥质灰岩夹泥灰岩及页岩组成,属浅海台地沉积,岩性单一、厚度稳定。主要分布于独山—惠水一带,厚30~64 m。生物以底栖珊瑚、腕足类为主,尚见有孔虫等,珊瑚以 *Cystophrentis* 为主,腕足类以 *Composita globosa*, *Schuchertella gelaohoensis*, *Cyrtospirifer* 等为代表,产于本组下部。*Cystophrentis* 传统归于早石炭世,但近年来在惠水摆金和湖南该带中发现晚泥盆世典型腕足类 *Cyrtospirifer*, *Tenticospirifer* 化石;在广西宜山、南丹等地发现典型的晚泥盆世牙形石 *Palmatolepis gracilis expansa*, *Polygnathus znepolensis* 与珊瑚 *Cystophrentis*(带)共生。据此,将革老河组置于晚泥盆世晚期。

罐子窑组 $D_{1-2}gz$ (06-52-0614)

【创名及原始定义】 侯鸿飞、徐桂荣(1964)创名于贵州普安城罐子窑北铅厂西南李家湾至大屋仓。指中泥盆统艾菲尔阶晚期或吉维特早期的一套深灰色中—厚层泥灰岩、泥质灰岩和介壳灰岩的地层。以富含腕足类(*Zdimir*)和珊瑚为特征,厚度约 100 m(底界未明确)。

【沿革】 王治平(1965)将本组下部含珊瑚化石较多的一套泥岩和泥灰岩单独划出称李家湾组。孔磊(1974)① 认为李家湾组层位处于罐子窑组之上。1973 年地质部八普和贵州区调队等单位将原罐子窑组涵义扩大,并分为下、中、上三段,本书沿用此涵义。

【现在定义】 指整合于火烘组之下的一套生物灰岩、泥灰岩、灰岩和白云岩为主的地层。以富含腕足类和珊瑚为特征。顶以深灰色泥灰岩消失或灰色厚层灰岩出现与火烘组分界。层型地点未见底。

【层型】 正层型为贵州普安罐子窑剖面,地点在普安县罐子窑铅厂西南李家湾至大屋仓(104°59′,25°54′),侯鸿飞、徐桂荣(1964)测制(古生物学报,1964,12 卷 4 期,572—581 页)。次层型为贵州普安县罐子窑中上泥盆统剖面(06-52-0614-4-2)。

【地质特征及区域变化】 本组以生物灰岩、泥灰岩、灰岩和白云岩为主,富含腕足类和珊瑚,岩性较单一,属台地边缘生物滩相沉积。仅见于普安罐子窑和惠水王佑(井下)。在普安罐子窑附近顶部与火烘组断层接触,底部出露不全,厚度大于 605 m,可分两段:下段为灰黑色薄至厚层泥灰岩夹灰岩(未见底),厚度大于 294 m。上段下部为深灰色薄层至中厚层泥晶—亮晶灰岩间夹泥灰岩及 10 层生物礁(滩)灰岩(由球状、半球状厚板状层孔虫构成骨架,充填物为珊瑚、棘皮类、腕足类、苔藓虫、腹足类、双壳类、三叶虫、蓝绿藻碎屑)及泥晶、亮晶灰岩等,厚 137 m。上段上部为灰、深灰色白云岩夹泥灰岩、灰岩,厚 158 m。惠水王佑一带,为灰黑色灰岩夹泥质灰岩及粘土岩,顶底部钙质粘土岩中造礁生物亦十分丰富,已构成生物礁(滩)。视厚度大于 1 873 m(地质部八普钻井)。

本组下段珊瑚以 *Calceola sandalina*,*Puanophyllum guizhowensis* 等为代表,上段腕足类以富含 *Zdimir*(下部),*Desquamatia desquamata*,*Uncinolus* sp.(上部)等为代表,顶部含牙形石 *Polygnathus cooperisecus*,*P. linguiformis alpha*,*P. foliformis*(熊剑飞,1987)。据目前对四川、广西“*Zdimir* 层”的研究(侯鸿飞等,1988),其时代大致相当埃姆斯最晚期至艾菲尔早期。另据牙形石的研究(熊剑飞,1987)本组属埃姆斯晚期。本书采用侯鸿飞等(1988)意见,将本组时代置于早泥盆世晚期至中泥盆世早期。

火烘组　D_2h　(06-52-0613)

【创名及原始定义】 贵州石油普查大队(1958)创名于贵州紫云火烘弄河寨至营盘山坡上。指位于上泥盆统之下一套含竹节石、海百合茎和小个体腕足类为主的黑色泥岩夹砂岩和少量泥灰岩、灰岩的地层。未见底,厚度大于 1 189 m。时代属中泥盆世。

【沿革】 刘向(1978)将火烘组解体,称底部含菊石 *Anarcestes* 的黑色泥岩为“罐子窑组”,厚度 89 m,其上称火烘组。嗣后,《贵州省区域地质志》(1987)、侯鸿飞、王士涛等(1988)将刘向所称的“罐子窑组”改称纳标组。本书认为上述“罐子窑组”或纳标组岩性与上覆火烘组无区别。仍划归火烘组。

【现在定义】 指整合于榴江组之下的一套含竹节石、海百合茎、浮游介形虫和小个体腕足类为主的黑色泥岩夹砂岩和少量泥灰岩、灰岩的地层。顶以砂岩与上覆榴江组硅质岩划界,未见底。

---

① 孔磊,1974,贵州西部泥盆系与邻区对比,贵州地质科技情报。

【层型】 选层型为贵州紫云火烘营盘—弄河中上泥盆统剖面(106°03′,25°42′),位于紫云火烘区弄河寨—营盘大路旁,贵州区调队四分队(1963)测制(《西南地区区域地层表·贵州省分册》,1977,409—411页)。次层型为贵州望谟桑郎水电站中上泥盆统剖面(06-52-0613-4-2)、贵州普安县罐子窑中上泥盆统实测剖面(06-52-0613-4-3)。

【地质特征及区域变化】 本组为一套由灰黑色粘土岩、灰岩和泥灰岩为主组成的半深海沉积。分布于紫云、罗甸、望谟和普安一带,厚度433~2 416 m(包括钻井下视厚度1 715 m)。本组在紫云火烘地区夹砂岩及粉砂岩,局部含磷和铁质。望谟桑郎一带砂岩夹层减少,厚度大于704 m。独山下司至麻尾一带,中部灰岩和泥灰岩增多。普安罐子窑一带,下部以深色灰岩、泥质灰岩、燧石灰岩为主,中上部深灰色钙质粘土岩和粘土岩间夹灰岩及少许硅质岩,厚度大于433 m。罗甸过石寨—床井一带石英砂岩显著增多,顶部为厚近百米的石英砂岩,局部地段产水晶矿,厚度大于587 m。

本组生物以含竹节石和浮游介形类为主,尚有菊石、腕足类、双壳类、珊瑚、三叶虫、层孔虫及海百合茎等。研究程度差。主要有腕足类 *Stringocephalus burtini*, *Desquamatia desquamata*, *Atrypa* sp., *Emanuella* sp.; 竹节石 *Nowakia sulcata*, *N. holynensis* 及菊石 *Agoniatites* sp. 等。时代为中泥盆世。

榴江组 D_3lj (06-52-0615)

【创名及原始定义】 原称榴江系。冯景兰(1929)创名于广西鹿寨县(旧榴江县)寨沙镇东侧。指该地发育的一套“绿色及红色页岩及其中所夹之扁豆状石灰岩等岩层,下与金竹坳砂岩或四排页岩相接,上与块状石灰岩相接。”当时在“扁豆状灰岩”中找到 *Stringocephalus burtini* 等,时代定为中泥盆世。

【沿革】 1959年地质部四普首次将黔南地区晚泥盆世早期的一套燧石层、硅质页岩、页岩夹少许灰岩的地层称榴江组,1961年该队在望谟桑郎创名桑郎组。1962年云贵石油勘探处李尚武等在长顺代化创名为响水洞组。贵州区调队先后使用的桑郎组(1962—1966)或响水洞组(1987),与榴江组涵义基本相同。本书采用创名在先的榴江组。

【现在定义】 指整合于东岗岭组之上、五指山组之下的一套以灰黑至棕色薄层硅质岩、硅质泥岩为特征的岩层。下以泥晶灰岩的消失或硅质岩出现与东岗岭组分界;上以硅质岩的消失扁豆状灰岩的出现与五指山组分界。

省内本组为整合于火烘组(或独山组)与五指山组之间的一套以硅质岩、硅质灰岩为主,夹少量黑色硅质页岩的地层。

【层型】 正层型位于广西鹿寨县寨沙镇东侧。省内次层型为贵州长顺代化上泥盆统剖面(06-52-0615-4-1)、贵州紫云火烘营盘—弄河中上泥盆统剖面(06-52-0615-4-2)、贵州望谟桑郎水电站中上泥盆统剖面(06-52-0615-4-3)。

【地质特征及区域变化】本组为一套硅质岩夹灰岩、泥页岩为主的地层,属台地间深水海盆相沉积。岩性和生物单一,分布于罗甸、紫云、长顺、盘县一带,厚18~349 m,一般厚110 m左右,由西南向东北减薄。在紫云火烘一带为灰、深灰色中厚层至厚层灰岩、泥灰岩夹燧石灰岩、硅质岩、页岩和砾屑灰岩,厚349 m。望谟桑郎一带为黑色硅质岩、硅质泥岩夹少量同色灰岩及硅质灰岩,厚110 m。火烘—桑郎一线东北至盘县高家哑口—安顺胡坝—罗甸过石寨一带深水台间海槽相的硅质岩、硅质页岩夹泥页岩,厚108~136 m。罗甸沫阳全组变为硅质岩,厚25 m。普定大窑—长顺代化响水洞一带出现灰岩夹层,厚55~80 m。惠水王佑一带为泥质灰岩与燧石灰岩及燧石层互层，底部为粘土岩，厚 18 m。

本组生物以竹节石 *Styliolina* sp.，*Uniconus glaber*；菊石 *Manticoceras* sp. 以及介形类等为主，尚有双壳类、腹足类、珊瑚、海百合茎等。时代为晚泥盆世早期。

五指山组　$D_3w\hat{z}$　(06-52-0616)

【创名及原始定义】 源于张兆瑾(1941)创名于广西南丹大厂东部的"五指山层"。分布颇广，如丹池公路东西两旁高山之上部，八面山东西两翼，南丹罗富秧哨间以及河池三合村以东皆是。全层厚约五十公尺。下部为灰白或绿色薄层状矽质灰岩，上部为浅灰色层状不纯矽质灰岩，外表及内部均成扁豆状或鱼鳞状之结构，为他种灰岩所罕见。

【沿革】 本组与黔南泥质条带灰岩为主的代化组(地质部四普李杰才等，1959)涵义基本一致。据命名优先原则，本书使用五指山组。

【现在定义】 指整合于榴江组黑色硅质岩、硅质泥岩之上，鹿寨组薄层硅质岩、硅质泥岩、泥岩、碳质页岩之下的一套浅灰、灰、浅褐色中—厚层扁豆状灰岩、泥质条带灰岩、薄层泥晶灰岩等岩性组合，下以黑色页岩的消失或浅灰色薄层泥晶灰岩夹泥质条带灰岩的出现与榴江组分界，上以扁豆状灰岩的消失或黑色页岩的出现与鹿寨组分界。

省内现在涵义是指榴江组(原桑郎组、响水洞组)与鹿寨组(原林群组)之间的一套以泥质条带灰岩为主的地层。下与榴江组硅质岩或硅质灰岩，上与鹿寨组硅质岩、硅质页岩均为整合接触。

【层型】 选层型位于广西南丹大厂五指山西北侧 1 km 与五指山相连的羊角山。省内次层型为贵州长顺代化上泥盆统剖面(06-52-0616-4-1)、贵州紫云火烘营盘—弄河中上泥盆统剖面(06-52-0616-4-2)、贵州桑郎水电站中上泥盆统剖面(06-52-0616-4-3)。

【地质特征及区域变化】 本组以泥质条带灰岩为主要特征，时夹砾屑灰岩及鲕粒灰岩，局部见白云岩凸镜体。岩性单一，大化石稀少，属台盆斜坡至盆地沉积。分布于罗甸、长顺、盘县一带，厚 74～260 m。紫云火烘一带以浅灰、深灰色中厚至厚层泥质条带灰岩为主，近顶部夹鲕粒灰岩，厚 260 m。望谟桑郎一带夹砾屑灰岩及鲕粒灰岩，厚 159 m。罗甸沫阳一带为泥质条带灰岩夹砾屑灰岩(四层)及燧石结核灰岩，厚 106～121 m；床井一带厚 74 m。盘县附近为泥质条带灰岩夹"竹叶状灰岩"，局部含燧石团块，底部为泥灰岩，厚 102～203 m。长顺代化附近，上部为青灰、灰、浅灰色灰岩，下部为泥质条带灰岩夹灰岩，厚 153 m。本组生物以牙形石、介形类较为普遍，局部层段产菊石、腕足类、三叶虫、珊瑚等。牙形石主要有 *Spathognathodus*，*Polygnathus* 等。在长顺代化该组上部菊石自下而上分为 *Clymenia* 带和 *Wocklumeria* 带(阮亦萍，1981)。据上述化石特征本组时代为晚泥盆世晚期，少数地区可延至早石炭世。

尚需指出，在睦化一带其顶界划分尚有两种意见：一是划在称为"格董关层"(页岩夹瘤状灰岩凸镜体)之底，是一条极易区别的岩石地层界线(贵州区调队，1963—1965；侯鸿飞等，1985；《贵州省区域地质志》，1987)；二是据"格董关层"之上出现泥质条带灰岩，把顶界上移 2～5 m之泥质灰岩的底面，并认为五指山组在睦化为跨时的岩石地层单位。本书采用后者的意见。

汤粑沟组　C_1t　(06-52-0701)

【创名及原始定义】 源于丁文江(1931)于贵州独山县城南 14 km 的汤粑沟村创名的汤粑沟砂岩。指位于革老河石灰岩与旧司砂岩之间的一套地层。岩性以石英砂岩夹黑色、褐色页岩为主，中部夹灰岩和灰岩凸镜体，顶部为泥灰岩。泥灰岩中产腕足动物和珊瑚等化石。厚170～190 m。

【沿革】 俞建章(1931)把丁氏革老河石灰岩上部含 *Pseudouralinia* 的一段瘤状灰岩划归汤粑沟砂岩，并建立 *Pseudouralinia* 带。同年丁、俞二人都把它作为岩关群上部地层，划归下石炭统，并与杜内阶上部对比。1936 年田奇瓗改称汤粑沟层。刘鸿允(1955)称汤粑沟建造。《中国区域地层表(草案)》(1956)称汤粑沟组，岩性描述与丁氏一致，而化石却与俞氏相同。杨敬之等(1962)使用俞氏含义，但称汤粑沟段。贵州石油勘探局(1963)把含煤层位划归汤粑沟组。60—70 年代大多使用俞氏含义的汤粑沟段或汤粑沟组。吴祥和(1983)① 将俞建章划归革老河石灰岩不产 *Pseudouralinia* 和 *Cystophrentis* 并在地貌上成陡坎的一段致密泥晶灰岩(条带状灰岩)改归汤粑沟组，该含义为《贵州省区域地质志》(1987)、王增吉等(1990)、贵州区调队及本书使用。

【现在定义】 主要由灰—深灰色中—厚层泥晶灰岩、泥质条带灰岩、瘤状灰岩、泥质灰岩、砂质灰岩，夹石英砂岩、粉砂岩、页岩及砂质、钙质页岩组成。产珊瑚、腕足类、棘皮动物等。底部以泥质条带泥晶灰岩与下伏革老河组整合接触，上与祥摆组砂岩平行不整合接触。

【层型】 正层型为贵州省独山县革老河至汤粑沟剖面(107°31′，25°44′)，位于独山城南11 km的甲捞河至汤粑沟，北京地质学院贵州地层队 1960 年实测，1964 年杨式溥刊出。剖面中kg 5、kg 6 两层原划归革老河组，本书改归汤粑沟组。次层型为吴祥和(1983)所测独山其林寨水库剖面(06-0701-4-2)。

【地质特征及区域变化】本组分布于黔南及黔西北两个地区。黔南研究较详，大致可分四个岩性段：底部泥质条带状泥晶灰岩(地貌上常呈陡坎)，化石稀少，偶见 2 mm 大小的薄壳腕足类，厚 10～20 m，是本组与下伏革老河组划分的标志层；下部为瘤状灰岩，时夹页岩，化石丰富，产珊瑚 *Pseudouralinia tangpakouensis* 及腕足类 *Martiniella*，*Yanguania*，*Eochoristites*，*Ptychomaletoechia* 等，厚度 50～100 m；中部石英砂岩夹页岩，厚 10～40 m；上部为含砂质、硅质的燧石团块泥晶灰岩，产珊瑚 *Pseudouralinia gigantea*，最大厚度可达 100 m。总厚度 200 m左右。上述层序在独山其林寨、平塘甘寨、贵阳高坡场甲腊冲及龙里摆主等地基本稳定。独山汤粑沟及荔波一带厚度增大，砂岩夹层增多。惠水扁街一带只保存底部和下部两段，厚度为57 m。贵阳高坡场石板寨、惠水冗哨、明中口、长顺翁糯等地只保留了底部条带状灰岩，厚10 m左右。龙里打木山、粪房、贵阳高坡场板长、长顺翁贵等地缺失本组。本组底部条带状灰岩生物稀少、岩性稳定、分布广泛，各地均整合于革老河组之上。其沉积水体深度比下伏革老河组要大，原始分布远比现在要广。从汤粑沟组自上而下缺失的特点和发育状况，说明本组经历了岩关中后期的地壳隆升，受到了较强的剥蚀。在黔南地区，本组处于潮下至潮间并向上变浅的沉积环境。黔西北地区本组难于细分，厚 50～274 m。威宁黑土河本组不夹砂岩，罗卜夹一带夹少许砂页岩，与下伏地层划分标志没有黔南地区明显。汤粑沟组生物化石丰富，主要集中于中上部，主要有珊瑚 *Pseudouralinia tangpakouensis*，*P. gigantea*；腕足类 *Eochoristites chui*，*E. dushanensis*，*Martiniella chinglungensis*，*M. pentagonia*，*M. asinuata*，*Yanguania dushanensis*，*Ptychomaletoechia kinglingensis* 等。沉积时代应为早石炭世岩关期。

---

① 吴祥和，1983，黔南石炭系地质旅行指南。全国石炭纪地层讨论会文件。下同。

祥摆组 C_1x （06-52-0702）

【创名及原始定义】 源于贵州区调队四分队1976年创名于贵州省惠水县祥摆伐木场的大塘组旧司段祥摆亚段。岩性为灰黑、浅灰色中至厚层细—中粒砂岩、石英岩状砂岩，夹少量深灰、灰黑色页岩、薄层泥质砂岩及1～5层无烟煤（0.1～1 m），煤层上下的页岩中普遍含菱铁矿结核。含植物化石为主，尚见腕足类、腹足类及海百合茎。下与岩关组汤粑沟段假整合，上与旧司段大田亚段整合接触。

【沿革】 丁文江（1931）、杨敬之等（1962）均把本组划归为旧司砂岩或旧司段。中国地质科学院（1979）① 改称祥摆组，并为侯鸿飞等（1982）、吴祥和（1983）、《贵州省区域地质志》（1987）、冯儒林（1987）、王增吉等（1990）及贵州1：5万区调引用，时代划归早石炭世大塘早期。本书沿用该划分意见。

【现在定义】 灰、灰黄、灰白色薄—厚层石英砂岩夹灰黑色、黑色、黄褐色砂质页岩、碳质页岩和煤层、煤线，含菱铁矿结核，夹少量泥灰岩。产植物化石、腕足类、双壳类及海百合茎。下与汤粑沟组灰岩平行不整合接触，上与旧司组大田段灰岩整合。

【层型】 正层型为贵州省惠水县祥摆伐木场剖面（106°58′，26°04′），位于惠水县摆金东偏南15 km祥摆伐木场，贵州区调队四分队张明发1974年实测（《贵州省区域地质志》，1987，200—201页）。

【地质特征及区域变化】 本组以砂页岩夹煤层为特征。是贵州石炭系出露最广、唯一含煤的岩组。分布于惠水断杉、平塘甘寨、荔波一线之北，赫章张口洞、纳雍小尖山、龙里茶山、贵定新巴乡、丹寨河口、三都九阡一线以南地区。黎平、从江一带亦可见及。黔南荔波、独山、平塘、惠水等地发育较好，厚度一般200 m左右，最大达806 m（荔波下甲介）。威宁黑土河、罗卜夹一带为另一沉积中心，厚度亦为200 m以上。北部地区厚度一般在100 m以下，近陆缘变薄直至尖灭。祥摆组是岩关中晚期碳酸盐岩台地遭受剥蚀后，大塘早期开始的海侵体系域底部的沉积组合，属滨海砂泥坪和滨海沼泽相沉积。由于岩相、厚度、沉积环境及古地貌的不同，本组含煤性差异很大，可采煤主要分布于开阔台地近陆一侧的荔波、都匀、麻江、龙里、贵阳及威宁黑土河、罗卜夹一带。可采煤分布特点是：祥摆组沉积厚度较大；下伏地层保留较多，古地形的低凹处沉积；滨岸沼泽化时间较长；成煤期受海平面升降变化影响较小。离岸较远的平塘甘寨、金桥、惠水祥摆伐木场、贵定摆哈等地虽然沉积厚度较大，但该处位于滨海平原，受海平面升降变化影响大，沼泽化时间短，于成煤不利。

祥摆组底界是一个海进面，超覆在汤粑沟组、革老河组、者王组、高坡场组不同层位上，黎平、从江一带则超覆于下江群和震旦系之上；顶界自台地内部向陆依次伏于旧司组、上司组、摆佐组或威宁组之下，是随着海平面上升向陆退积形成的穿时地层体。本组化石稀少，含植物 *Lepidodendron* sp.，*Sublepidodendron* sp.及双壳类、腹足类、海百合茎等。在平塘甘寨本组中上部产腕足类 *Megachonetes zimmermanni*，*Vitiliproductus* sp.等，其时代为早石炭世大塘早期至晚期，底部不排除有岩关晚期沉积的可能。

旧司组 C_1j （06-52-0703）

【创名及原始定义】 源于丁文江（1931）创名于贵州平塘县西关（旧称大塘）东12 km旧

---

① 中国地质科学院主编，1979，中国地层——石炭系（摘要）。第二届全国地层会议论文，下同。

司村的旧司砂岩。原始定义:“由复杂的钙质、砂质、粘土质沉积物组成,以陆相为主”。旧司剖面自上而下为:浅灰色薄层纯灰岩 35 m;微红色砂岩 30 m;不纯砂质灰岩 25 m;红褐色砂岩 35 m;黑色泥质灰岩 37 m;石英砂岩夹黑色灰岩页岩 35 m;黑色页岩和泥质灰岩 75 m。独山黑石关剖面上部(100 m)及下部(60 m)为石英砂岩夹页岩,中部为浅色灰岩夹黑色页岩(50 m)。独山上司剖面为不含钙质,夹页岩的石英砂岩,厚 170 m。

【沿革】 丁文江在创名旧司砂岩的同时还称“Chiussu Series”(旧司系)。俞建章(1931)沿用旧司砂岩,并建立 *Thysanophyllum* 带。1933 年丁文江、葛利普(1934)使用 Chiussuan。田奇瑪(1936)称旧司石灰岩、旧司层或旧司统。孙云铸(1943)用 Chiussuan 和 Chiussu Formation。刘鸿允(1955)使用旧司建造。1956 年《中国区域地层表(草案)》改称旧司组。1959 年中科院黔南地层队(1963)发现丁氏命名地西关剖面是一背斜,地层重复,下伏汤粑沟组未出露,据平塘旧司和独山地区资料,认为“旧司段可分为下部以页岩为主夹砂岩和泥灰岩,上部以泥质灰岩为主夹砂岩和页岩,由独山向北至都匀、贵阳一带变成砂岩系”,把西关旧司剖面被丁文江划归上司灰岩的第 8 层和第 9 层中下部划为旧司段,并考虑是否以 *Kueichouphyllum sinense* 作为旧司段的带化石。杨敬之等(1962)把大塘阶的碎屑岩均列入旧司段。并提出 *Kueichouphyllum sinense* 带或 *K. sinense* - *Thysanophyllum* 作为旧司段珊瑚化石带。贵州石油勘探局(1963)把下部含煤地层归入汤粑沟组和旧司组,其他地区难以细分,统称汤粑沟组及旧司组。贵州区调队 1:20 万都匀幅(1965)、榕江幅(1965)、罗甸幅(1966)把旧司段顶界划在相当丁氏旧司—西关剖面第 9 层砂页岩之底。1:20 万贵阳幅(1976)把旧司段划分为下部祥摆亚段,上部大田亚段,顶、底界与丁、俞(1931)一致。1:20 万息烽幅(1980)把下石炭统碎屑岩及铁铝岩称大塘组旧司段。1979 年中国地质科学院将 1:20 万贵阳幅的旧司段大田亚段称旧司组,祥摆亚段称祥摆组,并为侯鸿飞等(1982)、吴祥和(1983)、王增吉等(1990)引用。贵州区调队(1990)把丁氏西关剖面上司灰岩和第 8 层、第 9 层(即 1:20 万贵阳幅上司段雅水亚段和六寨亚段)改归旧司组,本书采用这一划分方案。

【现在定义】 灰黑色中厚层灰岩夹泥灰岩和页岩。平塘西关、惠水摆金地区自下而上可分三段:①大田段:下部深灰色灰岩夹泥灰岩和页岩,上部以页岩为主,夹灰岩及硅质岩;②雅水段:深灰色中厚层灰岩夹泥质岩、燧石灰岩和少量页岩;③六寨段:浅灰色细砂岩夹页岩及灰岩。整合于祥摆组砂页岩之上,上司组灰岩之下。产珊瑚、腕足类等。

【层型】 正层型为丁文江(1931)测制的平塘旧司至西关剖面(107°00′,25°55′),吴祥和(1976)重新观察记述,剖面位于旧司冗洞至西关的大路上及范影年(1963)测制的西关(大塘至斗底)剖面下部。惠水祥摆伐木场剖面(06-52-0703-4-3)、惠水雅水剖面(06-52-0703-4-4)(贵州区调队,1976)、惠水摆金六寨剖面(06-52-0703-4-5)(贵州区调院,1993)分别为旧司组大田段、雅水段、六寨段的正层型,并作为旧司组复合次层型。

贵州平塘县旧司冗洞至西关附近旧司组剖面层序如下:

上覆地层 上司组 深灰色中厚层状致密灰岩,含大量珊瑚 *Kueichouphyllum heishihkuanense*, *Arachnolasma sinense* var. *lophophylloidea*, *A. sinense* var. *toutangense*, *Lithostrotion irregulare*

——————— 整 合 ———————

旧司组　　总厚度＞489 m

六寨段　　厚度 116 m

12. 灰白色薄层石英砂岩，夹白灰色粘土质页岩，含腕足类、苔藓虫 116 m

雅水段 厚度 78 m

11. 深灰色—黑色中厚层泥质灰岩，层间夹黑色钙质页岩，产珊瑚：*Kueichouphyllum sinense*, *Caninia vesicata*, *Arachnolasma sinense* var. *aichiapingense*, *Syringopora* sp. 78 m

大田段 厚度 295 m

10. 灰黑色泥灰岩夹黄褐色薄层砂岩、页岩。上部为黄褐色泥页岩夹薄层灰黑色泥灰岩。富产腕足类 *Pugilis hunanensis*；床板珊瑚 *Michelinia datangensis* 及单体珊瑚 50 m

9. 由下往上为黄褐色页岩、灰黑色泥灰岩及黄褐、灰黑色页岩 70 m

8. 黑灰色泥灰岩与黄褐色泥页岩互层 8 m

7. 黄褐色泥页岩 4 m

6. 深灰色中厚层含燧石结核灰岩。层间常夹钙质页岩。下部夹二层厚分别为 3 m 和 2 m 黄褐色页岩。顶部产腕足类 *Delepinea* sp.，中下部产珊瑚 *Kueichouphyllum* sp.，*Syringopora jiusiensis* 50 m

5. 黄褐色泥页岩夹中厚层含燧石结核灰岩及薄层硅质岩。产腕足类 30 m

4. 灰黑色中厚层灰岩夹粉砂质页岩。产珊瑚 *Kueichouphyllum* sp.（少量），*Lithostrotion* sp.，*Syringopora* sp. 8 m

3. 风化呈黄棕色泥页岩夹黑色薄层硅质岩及少量砂岩。产腕足类 50 m

2. 深灰色薄—中厚层灰岩。中部含燧石结核。上部产珊瑚 *Thysanophylloides* aff. *shaoyangense*, *Diphyphyllum* sp.；腕足类 *Linoproductus* sp.；下部产珊瑚 *Heterocaninia* sp., *Carcinophyllum* sp., *Lophophyllum*? sp., *Lithostrotion corvatum*, *Caninia*? sp.；腕足类 *Linoproductus cora* 25 m

1. 风化呈棕黑色含碳质泥灰岩，内含大量钙质泥砾。（未见底）

【地质特征及区域变化】 本组岩性复杂、变化大，主要分布于黔南和黔西北地区。黔南在惠水以东、贵阳高坡场以南、都匀者王以西、平塘通州以北的范围内均可划分三段，其中平塘西关、金桥及惠水祥摆伐木场发育较好，总厚度 400～500 m。其他地区不能分段，相当于大田段的沉积缺失，六寨段砂页岩尖灭，仅在龙里塘房、荔波洞湖等地发现砂岩凸镜体，厚度一般几米至 23 m，其下可识别出厚度几米至几十米的雅水段沉积。独山黑石关、惠水明中口等地本组为深灰色页岩夹少量泥灰岩和页岩，厚 40～84 m，大致相当于雅水段的层位。威宁草海一带，本组覆于簸箕湾组之上，大致相当于丁文江命名的十里铺石灰岩；黑土河一带本组覆于祥摆组之上，厚度可达 463 m，大塘早期海平面上升，黔南海域仅局限在以西关、摆金为中心的约 4 000 km^2范围内，旧司组大田段加积在祥摆组之上，随着海平面进一步上升，雅水段在中心区加积在大田段之上，外围区加积在祥摆组之上。此后在黔南西关、摆金一带沉积了厚 10～100 m左右的六寨段砂页岩，可能为滨岸砂坝或三角洲沉积。本组自平塘西关、惠水摆金向陆缘区自下向上逐渐缺失，上覆地层逐渐变新，是一个穿时的地层体。

本组生物丰富，珊瑚 *Thysanophylloides* 仅产于大田段，*Kueichouphyllum sinense*, *K. heishihkuanense*（少量）可上延至上司组；腕足类有 *Vitiliproductus groberi*, *Pugilis hunanensis* 产于大田段，雅水段及六寨段生物大都可延续到上司组。时代为早石炭世大塘早期至中期。

大田段 C_1j^d （06-52-0716）

【创名及原始定义】 源于贵州区调队四分队（1976）创名于惠水县摆金祥摆伐木场的大塘

组旧司段大田亚段。岩性以深灰、灰黑色中厚层致密灰岩、页岩为主，夹较多泥灰岩、燧石灰岩及硅质岩(燧石层)厚 0～261 m。上部深灰、灰黑色中厚层致密灰岩与黑色页岩互层，夹燧石灰岩、泥灰岩及硅质岩；下部以灰黑色中厚层致密细粒灰岩为主，夹较多泥灰岩、少量燧石灰岩及 2 层黑色燧石层。富含珊瑚及腕足类。下与祥摆亚段砂岩，上与上司段雅水亚段灰岩均为整合接触。

【沿革】 贵州区调队四分队(1976)建议使用上司组大田段。中国地质科学院(1979)、侯鸿飞等(1982)、吴祥和(1983)、《贵州省区域地质志》(1987)、王增吉等(1990)称旧司组。本书称旧司组大田段。

【现在定义】 下部为深灰色灰岩夹泥灰岩和页岩；上部以页岩为主，为页岩与灰岩互层，夹硅质岩。产珊瑚 *Thysanophylloides* 及腕足类等。上与旧司组雅水段灰岩，下与祥摆组砂岩均为整合接触。

【层型】 正层型为贵州惠水县摆金祥摆伐木场剖面(106°57′,26°04′)，贵州区调队四分队张明发 1975 年实测(本书略加简化)。

上覆地层：旧司组雅水段　深灰色中厚层致密灰岩

——————— 整　合 ———————

旧司组大田段　　总厚度 257 m

65—63. 灰黑色页岩夹泥灰岩，中部灰岩夹泥灰岩和燧石灰岩，顶部夹硅质岩。含珊瑚 *Lophophyllum* sp.，*Caninophyllum elegans* 等　　23 m

62—56. 顶底为灰黑色中厚层致密灰岩，中部为黑色页岩夹灰岩、泥灰岩、燧石灰岩和硅质岩。含珊瑚 *Lithostrotion curvatum*，*Heterocaninia* sp.；腕足类 *Pugilis hunanensis*，*Chonetes hardrensis*，*Schuchertella* sp. 等　　71 m

55—54. 下部为黑色燧石层夹页岩，中上部灰黑色页岩夹灰岩、泥灰岩及燧石层　　20 m

53—52. 上部深灰色中厚层致密燧石灰岩夹硅质岩，下部厚层致密灰岩夹泥灰岩和燧石灰岩。含珊瑚 *Thysanophylloides* cf. *chui*；腕足类 *Delepinea comoides*，*D. transversa*，*Vitiliproductus groberi* 等　　27 m

51—45. 深色中厚层致密灰岩与泥灰岩互层，中夹少量燧石层和燧石灰岩。含珊瑚 *Syringopora ramulosa*，*Heterocaninia* sp.；腕足类 *Delepinea subcarinata* 等　　36 m

44. 黑色燧石层。含珊瑚 *Syringopora* sp.　　3 m

43—33. 灰黑色致密灰岩、泥灰岩、泥质灰岩及燧石灰岩不等厚互层。含珊瑚 *Donophyllum* (*Polygonaria*) *carbonica*，*Neomultithecopora guizhouensis*；腕足类 *Delepinea comoides* 等　　73 m

32. 深灰色厚层微粒砂岩夹 0.5 m 灰岩。含腕足类 *Megachonetes* sp.，*Delepinea* sp.　　3 m

31. 灰黑色中厚层微粒灰岩　　1 m

——————— 整　合 ———————

下伏地层　祥摆组　黑色页岩夹泥质砂岩

【地质特征及区域变化】 本段属半局限台地沉积，在惠水祥摆伐木场、平塘西关、金桥一带厚度达 200 m 以上，向外围逐渐变薄、尖灭。*Thysanophylloides* 见于中下部，而腕足类 *Vitiliproductus* 和 *Pugilis hunanensis* 分别集中于下部和上部。时代为早石炭世大塘早—中期。

雅水段　C_1j^y　(06-52-0717)

【创名及原始定义】 贵州区调队四分队(1976)创名于惠水县雅水附近，称大塘组上司段雅水亚段，并建议使用上司组雅水段。岩性为深灰、灰黑色中厚层致密灰岩夹较多黑色泥灰岩及燧石灰岩。厚0～86 m。贵州珊瑚化石(*Kueichouphyllum*)丰富。与上覆上司段六寨亚段砂岩及下伏旧司段大田亚段页岩，均为整合接触。

【沿革】 丁文江(1931)把平塘旧司—惠水六寨，即西关(大塘)剖面第8层划为上司石灰岩下部。杨敬之等(1962)划归旧司段上部，并把 *Kueichouphyllum sinense* 作旧司段的带化石之一。中国地质科学院(1979)、侯鸿飞等(1982)、吴祥和(1983)、《贵州省区域地质志》(1987)、王增吉等(1990)均把本段划归上司组的下部。贵州区调队(1990)改归旧司组。本书把雅水段列为旧司组的正式岩性段。

【现在定义】 整合于旧司组大田段页岩夹灰岩及旧司组六寨段细粒砂岩之间的一套深灰、灰黑色中厚层致密灰岩，夹较多黑色泥质岩及燧石灰岩。产珊瑚、腕足类等化石。

【层型】 正层型为贵州惠水县摆金石炭系剖面(复合剖面)，位于惠水县雅水北2.5 km的水渠旁及公路边(106°45′,25°59′)，贵州区调队张明发1973年实测。次层型为贵州省平塘县西关(镇)下石炭统剖面(06-52-0703-4-2)。贵州省惠水县摆金剖面旧司组雅水段层序如下：

上覆地层　旧司组六寨段　浅灰色中厚层细粒砂岩夹少量灰色页岩，底部厚2 m为灰色页岩夹薄层砂岩

——————整　合——————

旧司组雅水段　　总厚度86 m

6. 深灰色中厚层致密灰岩，上部夹少量暗灰色泥灰岩，中部夹厚1 m燧石灰岩，下部夹少量黑色泥质岩，含珊瑚 *Kueichouphyllum sinense*, *K. heishihkuanense*, *Clisiophyllum* cf. *vesiculosum*, *Kusbassophyllum qingyanense*, *Paraclisiophyllum yashuiense* 及腕足类 *Marginirugus*? sp.　8 m
7. 灰黑色厚层致密灰岩。含腕足类 *Coledium*? sp. 及珊瑚 *Chaetetes* sp.　5m
8. 灰黑色致密燧石灰岩。含珊瑚 *Guizhouchaetetes* sp., *Chaetetes* sp. 及腕足类 *Schuchertella*? sp.　13 m
9. 深灰色中厚层微粒灰岩夹泥灰岩及燧石灰岩。含腕足类 *Cleiothyridina* sp. 及珊瑚 *Amygdalophyllum*? sp.　22 m
10. 灰黑色中厚层泥灰岩夹灰岩。含腕足类 *Schuchertella* sp., *Balakhonia yashuiensis*, *B. convexa*, *Composita*? sp., *Flexaria* sp., *Chonetes* sp., *Cleiothyridina* sp. 及珊瑚 *Amygdalophyllum* sp., *Neoclisiophyllum* sp., *Clisiophyllum* sp.　12 m
11. 深灰色中厚层致密灰岩夹泥灰岩，含珊瑚 *Kueichouphyllum sinense*, *K. heishihkuanense*, *Heterocaninia* sp., *Lithostrotion* sp., *Syringopora* sp. 及腕足类 *Spiriferellina* sp., *Cleiothyridina* sp.　26 m

——————整　合——————

下伏地层　旧司组大田段　黑色页岩夹泥灰岩

【地质特征及区域变化】 本段属开阔台地沉积。分布于平塘西关及惠水摆金一带，厚0～110 m，一般厚20～60 m，西关地区最厚，向外围变薄。富含珊瑚化石，其中 *Kueichouphyllum sinense*, *K. heishihkuanense*(少量), *Arachnolasma sinense* 主要富集在本段下部。时代为早石炭世大塘中期。

六寨段 C_1j^1 （06－52－0718）

【创名及原始定义】 贵州区调队四分队(1976)创名于贵州省惠水县摆金六寨，原称大塘组上司段六寨亚段，并建议使用上司组六寨段。岩性为浅灰色中厚至厚层细粒砂岩夹灰黑色页岩及1～4层深灰、灰黑色中厚层灰岩及泥灰岩。局部灰岩含砂质，具斜层理，灰岩夹层厚2～10 m。砂岩普遍具斜层理和波痕。灰岩、泥灰岩夹层中以富含贵州珊瑚及戴利比贝为典型特征。与上覆上司段摆金亚段灰岩及下伏上司段雅水亚段灰岩均为整合接触。

【沿革】 1931年丁文江将平塘旧司至惠水六寨剖面第8—11层划归上司石灰岩，其中第9层与本段相当。杨敬之等(1962)、中科院黔南地层队(1963)分别把本段全部或中下部划归旧司段。贵州区调队(1965、1966)作为上司段下部。吴祥和(1976①、1983)、中国地质科学院(1979)、侯鸿飞等(1982)、《贵州省区域地质志》(1987)、王增吉等(1990)均划归上司组。贵州区调队(1990)在1：5万贵阳片区(八幅)区调报告中划归旧司组。本书作为旧司组最上部正式段级单位。

【现在定义】 灰色中厚层粉—细粒石英砂岩、薄层砂岩、钙质粘土岩、夹黑灰色粉砂质粘土岩、粘土质粉砂岩及粉砂质灰岩、泥晶生物屑灰岩等。具平行层理、大型交错层理、沙纹层理、干裂痕等构造。产珊瑚、腕足类化石。上与上司组灰岩，下与旧司组雅水段灰岩均为整合接触。

【层型】 正层型为贵州省惠水县摆金六寨剖面，位于惠水县摆金东南8 km的六寨公路道班附近公路上(106°51′,26°02′)，贵州区调队第四分队1976年测制，贵州区调院三分队1993年重测。其层序如下(本书略加简化)：

上覆地层：**上司组** 深灰色中—厚层生物屑泥晶灰岩

———————— 整　合 ————————

旧司组六寨段　　总厚度 30.5 m

9. 灰色块状细粒砂岩。上部夹粉砂质粘土岩，下部具平行层理　3.0 m
8. 灰、灰绿色薄—中厚层粉—细粒石英砂岩，夹粉砂质粘土岩，具小型波痕及平行层理　3.4 m
7. 由深灰色中厚层泥晶生物屑灰岩与钙质粘土岩或钙质粘土质粉砂岩组成6个不等厚韵律层。产珊瑚 *Caninophyllum* sp.；腕足类 *Gigantoproductus*? sp.，*Datangia*? sp. 及海百合茎。顶部为泥灰岩和粘土岩，含大量水平虫迹管和少量腕足类　3.6 m
6. 灰、浅灰色薄—中厚层粉—细粒石英砂岩、钙质细粒石英砂岩夹粉砂质、钙质粘土岩。具水平层理、双向小型沙纹层理及大型双向交错层理，时见龟裂纹构造　6.9 m
5. 灰、深灰色中厚层粉砂质灰岩与含钙质粘土岩互层。产珊瑚 *Aulocystella* cf. *duyunensis*　1.8 m
4. 由灰、浅灰色中厚层石英细—粉砂岩或砂岩与其粘土岩。组成两个韵律层。具水平纹层、斜层理和小型波痕　2.7 m
3. 下部灰色中厚层钙质石英细砂岩，具平行层理；中上部黑色—灰黑色砂质粘土岩夹粘土质石英粉砂岩和少量小凸透镜状灰岩　2.3 m
2. 底部为厚1.2 m深灰色中厚层含砂质泥晶生物屑灰岩，中上部为黑色含碳质钙质石英粉砂岩夹粉砂质含碳质粘土岩，中部夹含珊瑚灰岩团块。产 *Syringopora* sp.，*Chaetetipora* sp.　3.8 m
1. 灰—浅灰色厚层状石英粉砂岩。顶部12 cm为含粘土质粉砂岩，具沙纹层理　3.0 m

———————— 整　合 ————————

① 贵州地层古生物工作队(吴祥和执笔)，1976，贵州的石炭系。下同。

下伏地层：**旧司组雅水段**　灰色厚层状泥晶生物屑灰岩

【地质特征及区域变化】　本段以砂页岩夹灰岩、发育交错层理为特征，属滨岸砂坝或三角洲沉积。主要分布于平塘西关及惠水摆金、雅水一带，向外围逐渐变薄尖灭，厚10～110 m，在独山、荔波、贵阳、龙里部分地区呈凸透镜状断续延伸，厚度0～20 m。部分地区可形成较纯的石英砂矿（龙里塘房）。所产化石与下伏雅水段相同，仅数量较少，主要有珊瑚 *Kueichouphyllum* sp.；腕足类 *Delepinea* sp.。时代为早石炭世大塘晚期。

上司组　$C_1\hat{s}$　(06-52-0704)

【创名及原始定义】　源于丁文江(1931)命名于贵州省独山县城南25 km上司的上司石灰岩。丁氏综合描述为以石灰岩为主偶夹砂岩和页岩，厚130～400 m。上司剖面：薄层（实为中厚层）质纯灰岩，下部夹黑色页岩和燧石条带，厚120～160 m。西关剖面为：第8层薄层质纯灰岩，顶部夹页岩，厚125 m；第9层石英砂岩夹页岩和泥灰岩，厚100 m；第10层薄层质纯灰岩夹页岩，厚90 m；第11层浅灰色灰岩夹燧石条带，厚90 m。下伏旧司砂岩或页岩，上覆中石炭统块状灰岩。

【沿革】　丁文江在使用上司石灰岩的同时还使用"Shangssu Series"。俞建章(1931)沿用上司石灰岩，并建立 *Yuanophyllum* 带。田奇瑰(1936)称上司层。刘鸿允(1955)用上司建造。1956年《中国区域地层表(草案)》改称上司组。1959年中科院黔南地层队(1963)、杨敬之等(1962)根据独山地区上司段剖面将上司组(段)底界划在相当丁氏西关剖面第9层上部或顶部，并把俞氏划归上司石灰岩的 *Kueichouphyllum sinense* 作为旧司段的带化石之一。贵州云贵石油勘探处(1963)、尹赞勋等(1966)、杨敬之等(1965、1979、1982)、吴望始等(1964、1987)、《西南地区地层古生物手册》(1974)及贵州区调队1：20万独山幅(1965)均使用杨敬之等(1962)的含义。范影年(1963)、俞建章(1965、1979)坚持丁、俞1931年西关剖面的划分。贵州区调队1：20万都匀幅(1965)、罗甸幅(1966)把上司段底界划在砂页岩(相当于第9层)之底。贵州区调队吴祥和及1：20万贵阳幅(1976)均指出大塘组上司段的标准地点应在西关(大塘)，所划底界与丁氏一致，顶界以出现珊瑚 *Aulina rotiformis* 划归摆佐组。贵州省地层古生物工作队(1977,1978)、中国地质科学院(1979)、侯鸿飞等(1982)、陈继荣(1982)①、吴祥和(1983)、《贵州省区域地质志》(1987)、王增吉等(1990)均使用此含义。贵州区调队1：5万贵阳片区(八幅)区调报告(1990)、《贵州地层典》及本书把上司组限定在相当于丁氏西关剖面的上部灰岩(第10、11层)，大致相当于1：20万贵阳幅划分上司段摆金亚段，亦与杨敬之等(1962)独山的上司段相当。

【现在定义】　深灰色中厚层—厚层灰岩、生物屑灰岩、时夹白云质灰岩、泥质灰岩，泥灰岩，下部含燧石结核，夹少量页岩。上与大埔组(原摆佐组)白云岩，下与旧司组页岩夹泥灰岩均为整合接触。产珊瑚、腕足类及有孔虫等。

【层型】　选层型为贵州省独山县黑石关至浙工山剖面，位于独山县城南25 km的黑石关附近(107°30′,25°49′)，中科院黔南地层队1959年实测(载于1963年《全国地层会议学术报告汇编，黔南地层现场会议》)。次层型为贵州惠水摆金剖面(06-52-0704-4-3)。

【地质特征及区域变化】　上司组为一套以深灰、灰色碳酸盐岩为主体的开阔台地沉积。出

---

① 陈继荣，1982，西南地层总结，石炭系。地矿部成都地质矿产研究所。下同。

露于赫章、纳雍、织金、贵阳、贵定、都匀、三都一线以南，罗甸—郎岱一线以北地区。荔波、独山、平塘、惠水及威宁等地发育较好，平塘通州最厚达 456 m，一般厚 200 m 左右，均整合于旧司组之上。在近陆边缘地区厚度变薄，厚几米～数十米，下伏地层为祥摆组或九架炉组。生物化石丰富，主要有珊瑚 *Yuanophyllum* sp.，*Kueichouphyllum sinense*，*K. heishihkuanense*，*Aulina* sp.，*Palaeosmilia* sp.，*Heterocaninia* sp.，*Arachnolasma* sp. 及腕足类 *Delepinea* sp.，*Gigantoproductus* sp. 等。时代为早石炭世大塘晚期。

大埔组　$C_{1-2}d$　(06 - 52 - 0705)

【创名及原始定义】 1941 年张文佑于广西柳城县城(大埔镇)创名大埔白云石层，最初见于李四光、赵金科、张文佑 1941 年编制的广西地层表。指燕子系与黄龙石灰岩之间的一套灰白色粗粒白云岩。厚约 70 公尺。

【沿革】 大埔组以前仅用于广西。贵州省与之大致相当的地层先后被杨式溥(1962)① 命名为德坞组，地质部五普(1962)②、金晓华等(1962)③ 称威宁组，杨绳武等(1963)④ 和贵州区调队(1965)命名为摆佐组，吴望始等(1974)命名为赵家山组。上述省内创建的地层单位的创名地点和含义虽不尽一致，但都是着重依据生物化石(如珊瑚 *Aulina rotiformis*；腕足类 *Gondolina*，*Striatifera angusta*，*Gigantoproductus edelburgensis* 组合；菊石 *Homoceras* 带等)从原大塘组或上司组(段)上部至黄龙组(群)下部划分出的独立单位，与前苏联或西欧下石炭统上部纳缪尔阶做对比，没有明确的区域性宏观岩性划分标志。贵州区调队(1965—1980)1∶20 万区调、吴祥和(1976、1987)、杨式溥(1978)、侯鸿飞(1982)、王增吉等(1990)均采用上述划分标准，使用摆佐组或德坞组。近年王洪第在《贵州地层典》中提出以白云岩作摆佐组顶、底界岩性标志。本书采用该划分意见，并按命名优先原则改称大埔组。

【现在定义】 指整合于罗城组灰岩之上、黄龙组灰岩之下的一套灰白—灰黑色厚层块状白云岩，局部含燧石团块。下以灰岩的消失或厚层块状白云岩的出现与罗城组分界，上以厚层块状白云岩的消失或灰岩的出现与黄龙组的分界。

贵州的大埔组上部、下部均为浅灰色厚层白云岩，中部为浅灰色灰岩，时夹白云岩、白云质灰岩。与下伏上司组灰岩及上覆黄龙组灰岩均为整合接触。富含珊瑚、腕足类、䗴类等。

【层型】 正层型为广西柳城县大埔镇杨柳村剖面。省内次层型为贵州省贵定县摆佐剖面(06 - 52 - 0705 - 4 - 1)、惠水摆金剖面(06 - 52 - 0705 - 4 - 2)、水城上石龙剖面(06 - 52 - 0704 - 4 - 3)。

【地质特征及区域变化】 省内大埔组以白云岩(次生)为主，属开阔台地沉积。岩性变化较大。一般由上、下两套厚层块状中粗晶白云岩，中部夹白云质灰岩或灰岩组成，部分地区可夹多层灰岩(惠水摆金)。在上、下两套较稳定的白云岩中也常夹灰岩凸镜体和灰岩团块。分布于黔南、黔西北及黔东南从江、黎平一带。以荔波、独山、平塘、惠水及水城、威宁一带发育较好，厚度 250～500 m 左右。长顺广顺及赫章、织金、贵阳、龙里、麻江、凯里、都匀、三都等地和从江、黎平一带，厚度一般不超过 100 m。与下伏上司组、祥摆组整合或与九架炉组超覆平行不整合，与上

---

① 杨式溥，1962，贵州下石炭纪腕足类分层。中国古生物学会第二届代表大会暨第十届学术年会论文摘要。

② 地质部第五普查勘探大队，1962，贵州及邻区地层古生物手册。下同。

③ 金晓华、翟志强、李先机、刘朝安，1962，贵州石炭系下统及中统的划分问题。贵州省地质学会第一届会员代表大会专刊(论文专集)。下同。

④ 杨绳武、江朝洋，1963，黔南纳缪尔期地层的新资料。下同。

覆黄龙组或马平组整合或与梁山组平行不整合接触。灰岩夹层和团块中化石丰富，以腕足类分布最广，其次为珊瑚，尚见䗴类和有孔虫等。腕足类 *Gondolina*，*Striatifera*，*Gigantoproductus* 及珊瑚 *Yuanophyllum*，*Palaeosmilia*，*Palastraea*，*Arachnolasma*，*Lithostrotion* 等主要产于下部，䗴类 *Pseudostaffella*，*Profusulinella*，*Eostaffella* 等见于上部。水城德坞产菊石 *Homoceras*。本组时代从早石炭世大塘晚期至晚石炭世滑石板期，部分地区跨晚石炭世达拉期、马平期。

黄龙组　C_2h　(06－52－0706)

【创名及原始定义】　原称黄龙石灰岩，李四光、朱森(1931)创名于江苏省南京龙潭镇西黄龙山镇。根据岩性和化石特点从旧含义的栖霞石灰岩(李希霍芬，1912)中分出，属中石炭统。因为该石灰岩构成黄龙山的主体，风化后表面呈黄色而得名。其岩性上部是带粉红色细粒结构的块状灰岩，底部是由带绿色的细粒致密灰岩组成；若干层位中产䗴 *Fusulinella bocki*，*Fusulina cylindrica*，*F. quasicyeindrica*；腕足类 *Choristites mosquensis*；厚度 102 m；被认为黄龙石灰岩呈典型的莫斯科阶有孔虫动物群，其层位相当华北的本溪系。

【沿革】　50年代黄龙灰岩已在贵州引用，廖士范(1958)正式刊出。中科院黔南地层队(1963)将由丁文江命名、计荣森(1931)介绍的“老干寨灰岩”称黄龙灰岩，并分为下部白云岩，上部为结晶灰岩和致密灰岩。杨敬之等(1962)改称黄龙群，认为威宁灰岩、威宁群、老干寨群都是黄龙灰岩的同义名。地质部五普金晓华等(1962)称黄龙统，下分滑石板组和达拉组。贵州区调队 1：20 万区调多使用黄龙群，1976 年兴仁、安龙幅用黄龙组。吴祥和(1976)、贵州省地层古生物工作队(1977)、陈继荣(1982)、《贵州省区域地质志》(1987)称黄龙群或黄龙组。上述名称的含义大体一致，均是以生物(主要是䗴)为标准确定黄龙组(群)的顶、底界。刘文凯等(1993)在黔北、道真、正安、务川发现晚石炭世早期灰岩沉积，创名姚家林组亦为本组同物异名。近年贵州区调队王洪第在《贵州地层典》中把原黄龙灰岩下部白云岩划归摆佐组(本书称大埔组)，顶以杂色砾状、瘤状灰岩或薄层灰岩夹紫红色页岩或条带状灰岩出现划归马平组的意见，为本书采用。

【现在定义】　为一套灰、浅灰肉红色厚层微晶灰岩、生物屑灰岩，底部为粗晶灰岩，含灰质白云岩角砾、团块，含丰富的䗴、珊瑚及腕足类化石。下与老虎洞组细晶白云岩分界，上与船山组灰色厚层灰岩分界，均为整合接触。

贵州黄龙组为浅灰、灰白色厚层块状灰岩、生物屑灰岩，含䗴、珊瑚、腕足类等。与上覆地层马平组底部砾状或瘤状灰岩、薄层灰岩夹紫红色泥页岩、条带状灰岩及与下伏大埔组白云岩均为整合接触。

【层型】　新层型为江苏省南京市金丝岗黄龙组剖面。省内次层型为贵州省惠水县摆金石炭系剖面(06－52－0706－4－1)。

【地质特征及区域变化】　省内本组属开阔台地沉积，总体上是一个从陆缘至陆内向上穿时的地层体。在黔南、黔西北地区分布范围比大埔组略小；在从江、黎平一带分布面积比大埔组大；道真、正安一带石炭系则仅有本组存在。以荔波、独山、平塘、惠水及水城、威宁一带发育最好，厚度 150～383 m。黔中及黔东南陆缘地区厚 0～100 m。在威宁银厂坡一带超覆在泥盆系之上，赫章郎家冲一带超覆于奥陶系湄潭组之上，道真正安一带超覆于志留系韩家店群之上，黎平羊团超覆于下江群之上。另外，凯里凯棠发现黄龙组大砾石群(周希云，1993)覆于志留系韩家店群之上。上述资料证明黄龙组沉积时的海域远比下伏大埔组大。在黔南近陆边缘地带本组一般剥蚀缺失。

本组生物以䗴为主，其中 *Fusulina*，*Fusulinella*，*Profusulinella* 等分布广泛，惠水摆金、水城上石龙等地本组顶部还有 *Triticites*；腕足类有 *Choristites*，*Linoproductus*，*Neospirifer* 等。时代为晚石炭世达拉期至马平早期。

马平组　C_2m　(06-52-0707)

【创名及原始定义】 源于1928的丁文江命名于广西柳州市(旧称马平)，乐森璕(1929)介绍的马平石灰岩。在马平与宜山县(今宜山市)一带，指质纯白色块状灰岩，自下而上分为珊瑚层、细线贝层和纺缍虫层。属上二叠统。

【沿革】 1932年黄汲清明确马平石灰岩与乌拉统对比。其后，1942年彭琪瑞首次把贵州水城观音山的上石炭统称马平层。《中国区域地层表(草案)》(1956)称马平统(王家坝统)和马平灰岩。50年代省内广泛使用马平灰岩一名。安泰庠等(1960)称马平石灰岩或马平石灰岩组。1962年杨敬之等改称马平群，其后直至80年代初，该名称在省内地质报告、文献及1∶20万区调报告中普遍使用。贵州区调队(1978—1981)1∶20万兴仁、安龙幅首次使用马平组。中国地质科学院(1979)、侯鸿飞等(1982)、吴祥和(1983)、《贵州省区域地质志》(1987)、王增吉等(1990)沿用马平组。上述地层名称均是以生物带作为划分标准。近年王洪第在《贵州地层典》中重新厘订贵州马平组含义及岩石划分标志，本书使用该划分意见。

【现在定义】 整合于黄龙组之上，平行不整合于栖霞组之下的一套灰白色中厚层泥晶灰岩、微晶灰岩、生物灰岩、白云质灰岩。下以灰色灰岩或深灰色白云质灰岩的消失或灰白色生物碎屑灰岩的出现与黄龙组分界；上以浅灰色微晶灰岩的消失或泥岩、深灰—灰黑色灰岩的出现与栖霞组分界。

贵州马平组为灰、浅灰色厚层、块状细粒灰岩，常见核形石构造，偶夹白云岩，底部为厚0.5 m至数米紫红、灰绿色瘤状化灰岩，或薄层条带状灰岩，含䗴、珊瑚及腕足类等，与下伏黄龙组灰岩整合。与上覆梁山组砂页岩平行不整合接触。

【层型】 选层型为广西宜州市庆远镇北郊。省内次层型为贵州省惠水县摆金石炭系剖面(06-52-0707-4-1)、贵州省水城上石龙石炭系剖面(06-52-0707-4-2)、贵州省威宁六洞桥—马鞍山石炭系剖面(06-52-0707-4-4)。

【地质特征及区域变化】 省内本组属开阔台地沉积，底部紫红、灰绿色瘤状灰岩、薄层灰岩或条带灰岩分布广泛，少数地区为细碎屑岩，是与黄龙组划分的标志层。该层从近陆边缘向台地内部层位逐渐变新，是达拉期末发生海退至马平初期海侵时形成的钙质风化壳沉积，仅在近陆边缘地区不明显。本组较大埔组和黄龙组分布范围稍小，目前见到者是黔桂运动剥蚀后的残留地质体。在黔南平塘甘寨、通州、金桥等地厚为209～290 m，一般厚100 m左右。近古隆起边缘厚仅数米～数十米。水城白泥烂坝、响水河一带厚度可达668～837 m，下部发育了一套厚38～250 m左右的泥、页岩夹粉砂质泥岩、灰岩、泥灰岩及燧石层(谢家荣1942年称银炉沟页岩)。在威宁地区，本组中下部常夹砂岩、粉砂岩及页岩，有时发育砾岩，厚度一般100 m以下。在黎平、从江一带本组残留厚度数十米。

本组生物化石丰富，以䗴为主，主要有 *Triticites*，*Pseudoschwagerina*，*Sphaeroschwagerina*，*Zellia*，*Pseudofusulina*，*Quasifusulina*；珊瑚 *Pseudocarniophyllum*，*Pseudotimania*，*Caninia*，*Antheria*，*Nephelophyllum* 及腕足类等。时代为晚石炭世晚期。

九架炉组 C_1jj (06-52-0708)

【创名及原始定义】 1957年廖士范① 创建于贵州省修文县小山坝九架炉。下部由紫红色铝土页岩、致密或土状铝土矿组成,紫红色铝土页岩时夹扁豆状铁矿或铝铁岩;上部由铝土页岩或碳质页岩(有时为劣煤)及泥质细砂岩组成,上、下部是连续的。有时为铝土页岩、致密铝土矿(岩)与碳质页岩互层。厚5.12 m。假整合或轻微角度不整合于九层坡灰岩之上,整合于黄龙石灰岩之下。时代为中石炭纪。

【沿革】 40年代初,乐森玥、蒋溶② (1942)、边兆祥③ (1943)及罗绳武等发现并调查了黔中铝土矿,1957年廖士范创名九架炉组。1959年黄汲清改称九架炉层。王中行(1965)引用九架炉组,尹赞勋等(1966)评述九架炉组时,划归中石炭统,但存疑。贵州区调队(1976)1:20万贵阳幅称摆佐组九架炉段。陶维义(1979)④ 定为早石炭世大塘期,并认为"修文式"、"息烽式"铝土矿实为同一层位。1:20万息烽幅(1980)称大塘组(旧司段),朱霭林等(1984)认为属大塘期旧司时。周茂基(1985)认为黔中九架炉组时代为大塘期,遵义、息烽、开阳的铝土矿时代为二叠纪。周希云(1987)称九架炉段,认为与下石炭统祥摆组相当。胡肇荣等(1988)把贵州中、北部铝土矿层统称九架炉组,认为该组时代在黔中—遵义—道真、正安一带从早石炭世旧司时至早石炭世末。廖士范(1988、1991)称黔中修文、贵阳、清镇、黔西的铝土岩系(包括赤铁矿壳)为九架炉组,息烽、开阳、遵义、瓮安、道真、正安等地的另名苟江组。刘巽峰等(1990)认为黔中九架炉组与黔北、川南的"含铝岩组"是统一的岩石地层单位,时代为早石炭世大塘期旧司时。高道德等(1992)认为黔中九架炉组相当于黔南的祥摆组和旧司组。刘平(1993,1994)把遵义以南的铝土岩系划归下石炭统九架炉组,道真、正安的铝土岩系另名大竹园组,归晚石炭世马平期。本书把九架炉组限用于黔中地区。

【现在定义】 平行不整合于寒武系娄山关组之上,石炭系上司组泥灰岩之下一套粘土岩、铝土岩(矿)、铁矿和碳质页岩组合。有矿地区可分上部为碳质或铁质粘土岩,厚度0~11 m;中部铝土矿、铝土岩及粘土岩,厚度0~12 m;下部铁质粘土岩、粘土岩夹赤铁矿、硫铁矿,厚度0~数十米。无矿地区仅有粘土岩,碳质页岩,时夹铁质结核,厚度0~数米。产植物及古孢子。

【层型】 选层型为修文小山坝附近擦耳岩剖面(106°37′,26°47′),胡肇荣等1988年实测。其层序如下:

上覆地层:上司组 褐黄、黄绿色泥灰岩、泥岩

———— 整 合 ————

九架炉组 总厚度13.02 m

8. 紫红色铁质粘土岩夹高岭石粘土岩透镜体,沿走向迅速相变为碳质粘土岩,产古孢子 *Auapiansporites athelicus*, *Raistrickia* sp., *Punctacisporites* sp., *Lycospora* sp., *Rotaspora knoxi*, *Diatomozonotriletes pectinatus*, *Murospora* sp., *Endospora* sp., *Vestcatispora cirumligus*, *Discernisporites* cf. *micromanifestus* 等 1.44 m

7. 黄灰、黄绿色高岭石粘土岩,中厚层状,单层厚15~20 cm。产古孢子 *Leiotriletes* sp., *Anapiculatisporites minor*, *Raistrickia* sp., *Foveolatis porites* sp., *Lycospora* sp., *Tri-*

---

① 廖士范,1957,贵州中部铝土矿地质特征。载自地质部南方总局杭州贵阳普查会议文献汇编。

② 乐森玥、蒋溶,1942,贵州贵筑修文两县铝矿。

③ 边兆祥,1943,贵州修文区铝矿地质简报。

④ 陶维义,1979,黔中地区修文式和息烽式铝土矿时代探讨。贵州地质学会第三届会员代表大会及学术交流会会刊。

partites sp.，*Camarozontriletes* sp. 等　1.04 m

6. 浅灰色土状、块状铝土矿，不具层理，顶部常见 20～40 cm 深的冲刷坑，坑内为黄灰色高岭石粘土岩并含铝土矿细砾石，砾径 1～2 mm，上部见较多直径 3～5 cm 的淋滤管，垂直顶面向下延伸，长 1～5 cm 不等。下部夹黄铁矿结核，直径 5～10 mm，形状不规则　4.40 m

5. 浅灰色铝土矿质高岭石粘土岩，性硬，成层性好，并具纹层构造，纹理弯曲，时呈揉皱状，常含粘土岩碎屑颗粒，粒径 0.5～1.0 mm　2.05 m

4. 深灰色铝土质粘土岩，性脆，破碎状，略具层理，局部见小透镜状碎屑粘土岩，时含少量碳质　2.09 m

3—2. 紫红色铁质粘土岩，时夹直径为 1～5 cm 的赤铁矿或粘土岩团块，成分复杂，不显层理、松软，下部常夹绿泥石或菱铁矿透镜体。底部有 1～2 cm 的致密坚硬褐铁矿壳间夹黄色粘土层　2.00 m

——————— 平行不整合 ———————

下伏地层：娄山关组　厚层块状白云岩

【地质特征及区域变化】　本组为一套富铝、铁的陆相沉积，是贵州铝土矿重要产出层位。纵、横向岩性变化急剧，含矿性受古地貌形态的严格控制。主要分布于毕节、黔西、修文一线以南，赫章、普定、长顺、贵阳一线以北广大地区。在修文、清镇、织金、贵阳等地已发现多个大中型铝土矿床。本组最大厚度为 26 m，在长顺广顺一带厚度为 0 至数米，以粘土岩为主，含铁矿结核，上部时夹碳质页岩。

本组至今未发现海相化石，贵州区调队(1980)1：20 万息烽幅在清镇林歹采获植物 *Lepidodendron* cf. *shaoyangensis*, *Sphenopteris* cf. *changduensis*, *Sublepidodendron mirabile*, *Lepidostrobophyllum* sp. 等，另外还有不少单位在黔中采获很多古孢子，主要是以 *Lycospora pusilla* 为代表的组合。本组时代为早石炭世大塘期。

威宁组　$C_{1-2}w$　(06-52-0709)

【创名及原始定义】　源于 1914 年丁文江创名于威宁城南十里铺至飞来石附近的威宁石灰岩(据丁文江 1947 发表的遗著)。上覆地层为外套山煤系，下伏地层为新官厅(硅质)石灰岩，岩性为白至灰色灰岩，偶夹砂岩层。厚 720 m。含腕足类 *Spirifer mosquensis*, *Productus* (*Striatifera*) *striatus* 等。

【沿革】　葛利普(1924)首次引用威宁石灰岩，认为属(早石炭世)维宪晚期。1929 年田奇瑪称威宁层，认为下部属维宪阶，上部属中石炭统。计荣森(1931)使用威宁系(Weiningian)代表中石炭统。1933 年丁文江、葛利普(1934)认为威宁系与莫斯科统和中宾夕法尼亚系对比，下与丰宁统、上与乌拉统均有间断。1945 年王鸿祯认为威宁系下部时代为纳缪尔期，上部为狭义的莫斯科世。1947 年丁文江遗著 111 页脚注中注明 Weining Series(威宁系)(自下而上)包括簸箕湾页岩、十里铺灰岩、新官厅灰岩和威宁石灰岩。刘鸿允(1955)称为中石炭统威宁灰岩。1956《中国区域地层表(草案)》称威宁统。1959 年石油工业部贵州石油勘探局(1963)称威宁组或威宁统。1960 年黄汲清改称威宁群，杨敬之等(1962)沿用。杨式溥(1962)、地质部五普金晓华等(1962)依据腕足类、菊石和珊瑚，在威宁石灰岩底部分别创建德坞组和"威宁组"，与西欧或苏联纳缪尔阶对比，划属下石炭统(丰宁统)，金氏等将其上的地层划分为滑石板组和达拉组，划属中石炭统(黄龙统)。吴望始等(1974，1989)把黔西、滇东的中石炭统称威宁组。周希云

(1987)在织金、修文、贵阳、贵定、广顺、黎平地区使用威宁组。近年王洪第在《贵州地层典》中修订了威宁组的含义，用于在台地边缘及近陆边缘地区的一套纯灰岩，其时代自早石炭世晚期至晚石炭世，本书使用该含义。

【现在定义】 指平行不整合于包磨山组深色中厚层灰岩夹泥岩之下，整合于鹿寨组中—薄层泥质灰岩夹燧石层及含碳质泥灰岩之上的一套岩层，岩性为浅灰色厚层至块状灰岩、生物碎屑灰岩及少量白云质灰岩、白云岩团块及凸镜体。含腕足类、珊瑚、䗴、菊石等。

【层型】 选层型为贵州盘县长房子—达拉石炭系剖面(104°46′,25°43′)位于盘县县城东南15 km的戛木冲附近，由吴祥和1968年编测，其中40—71层利用1963年中科院南古所黔西地层队资料补充。层序如下(本书略加简化)：

上覆地层：**包磨山组** 深灰、灰黑色中厚层致密灰岩夹黄绿色泥岩。含䗴? *Nankinella* sp.；藻类 *Pseudovermiporella* sp.

——————— 平行不整合 ———————

威宁组　　总厚度1 290 m

87—86. 下部灰色含白云质致密灰岩、致密灰岩与灰质白云岩间互成层，中部为灰质白云岩，上部深灰色厚层致密灰岩。产䗴? *Staffella* sp.　　46 m

85—83. 灰色、深灰及浅灰色厚层致密灰岩。产䗴 *Zellia* cf. *magnaesphaerae*, *Pseudoschwagerina*? sp., *Pseudofusulina* sp., *Schwagerina* sp., *Schubertella* sp., ? *Staffella* sp.　　55 m

87—72. 浅灰、灰色夹深灰色厚层结晶灰岩，致密灰岩。部分具灰黑色斑状构造，上部具豆状构造，产䗴 *Pseudoschwagerina* sp., *Triticites* sp., *Quasifusulina* sp., *Rugosofusulina* sp., *Schwagerina* sp. 等及珊瑚 *Caniaia* sp.　　169 m

71—67. 浅灰、灰白色厚层—至块状结晶灰岩，夹少量黑色灰岩及团块。产䗴 *Fusulina fortissima*, *F. helenae*, *F. schwagerinoides*, *F. samarica*, *F. schellwieni*, *F. pseudokonnoi*, *F. fallsensis*, *F. cylindrica*, *F. quasicylindrica*, *Fusulinella bocki*, *F. pseudobocki*, *F. paracolaniae*, *F. simplicata*, *F. eopulchra*, *Pseudostaffella paradoxa*, *P. larionoae*　　67 m

66—64. 灰白色块状结晶灰岩、致密灰岩，生物灰岩夹白云岩、白云岩团块及少量条带状灰岩。产䗴 *Profusulinella isvarica*, *P. oliviformis*, *P. prisca*, *P. pseudorhomboides*, *P. pseudolibrovichi*, *P. trisulcata*, *P. ovata*, *Pseudostaffella* sp.　　64 m

63—56. 灰白色块状灰岩、致密灰岩，顶部为块状白云岩，上部夹白云岩团块。产䗴 *Pseudostaffella varsanofievae*, *Eostaffella protvae*；腕足类 *Eomarginifera nasuta*, *Dictyoclostus expansus*, *Psilocamera sella*, *Linoproductus simensis*, *Neospirifer orientalis*, *Phricodothyris extensa*, *Stenocisma* sp., *Brachythyrina abnormalis*, *Orthotichia mapingensis*, *Choristites* sp.；腹足类 *Spiroraphella wangi* 及菊石 *Branneroceras branneri*, *Eoasianites* sp.　　136 m

55—52. 深灰色块状灰岩夹白色微晶灰岩。产腕足类 *Echinochonchus punctatus*, *Linoproductus simensis*, *Neospirifer simplex*, *N. orientalis*, *Phricodothyris extensa*, *Martinia contracta*, *Psilocamera sella*, *Kutorginella genieus*, *Dielasma giganteum*, *Enteletes* sp., *Fluctuaria* sp.；䗴 *Pseudostaffella* sp., *Eostaffella* sp.；菊石 *Gastrioceras* cf. *cumbriense*　　96 m

51. 浅灰色块状灰岩夹深灰色微晶灰岩。产菊石 *Bashkirites* sp., *Proshumardites* cf. *karpinski*, *Megapronorites* sp.；腕足类 *Orthotichia mapingensis*, *Echinoconchus*

sp.，*Linoproductus* sp.，*Phricodothyris asiatica*，*Martinia contracta*，*Choristites* sp. 27 m

50. 深灰色块状富含有机质灰岩。产菊石 *Reticuloceras reticulatum*，*R. bilingue*，*R. subreticulatum*，*Megapronorites* sp.，*Stenopronorites uralensis*；䗴 *Pseudostaffella antiqua* 及腕足类 *Eomarginifera* sp.，*Linoproductus* sp.，*Rotaia* sp.，*Neospirifer orientalis* 25 m

49—48. 中上部深灰色块状介壳灰岩夹灰白色灰岩凸镜体，下部浅灰色块状结晶灰岩。中上部产腕足类 *Orthotichia mapingensis*，*Phricodothyris* ex gr. *extensa*，*Choristites* sp. 46 m

47—45. 中上部深灰色块状致密灰岩，下部浅灰色块状灰岩夹白云岩团块及介壳灰岩。产菊石 *Reticuloceras carinatum*，*R.* cf. *pulchellum*，*Stenopronorites* sp.；腕足类 *Orthotichia mapingensis*，*Linoproductus* sp.，*Productus garwoodi*，*Antiquatonia hindi*，*Dictyoclostus* sp.，*Phricodothyris asiatica*，*Dielasma moelleri*，*Neospirifer* cf. *rodundata*，*Weiningia* sp.；䗴 *Eostaffella* cf. *ablonga*，*E. mosquensis*，*E. mediocris*，*E. constricta* 85 m

44—43. 上部灰黑色块状白云岩夹灰岩凸镜体，下部浅灰色块状灰岩夹灰黑色白云岩团块。产腕足类 *Choristites* sp.，*Orthotichia mapingensis*，*Linoproductus coralineatus*，*Flucturia* sp. 等；䗴 *Eostaffella prisca ovoides* 45 m

42—41. 青灰色块状结晶灰岩，下部局部含燧石团块及条带。上部产腕足类 *Phricodothyris sinosus*，*Martinia* sp. 63 m

40. 灰白色块状细晶灰岩，夹黑色白云质灰岩团块。产䗴 *Pseudostaffella* cf. *antiqua*，*Eostaffella kasakhstanica* 21 m

39. 灰色厚层—块状结晶白云岩，沿走向断续出现 22 m

38—35. 灰色厚层致密灰岩、细晶灰岩，顶部夹角砾灰岩，产腕足类 *Squamularia pustula*?，*Linoproductus* sp.，*Marginifera* sp.，*Cancrinella* sp. 76 m

34—33. 灰—深灰色厚层细晶灰岩，顶部含白云质团块 22 m

32. 灰—深灰色厚层含白云质团块灰岩。因受断层影响其部分岩层具断层角砾岩。方解石脉发育 45 m

31. 灰白色厚层致密灰岩。受断层破坏，形成大量断层角砾岩。与下伏地层呈断层接触 47 m

30—29. 灰色厚层结晶灰岩，下部含燧石结核，夹薄层硅质岩 25 m

28—27. 上部灰白色厚层含白云质团块灰岩，中下部灰黑色中厚层细晶灰岩 60 m

26. 灰白色厚层含燧石团块灰岩，夹少量薄层硅质岩，靠顶部夹一中层状同生角砾灰岩。产珊瑚 *Palaeosmilia ephippia*?，*Arachnolasma* cf. *irregulare* 及腕足类 *Phricodothyris* sp. 14 m

25. 灰—灰黑色中厚层—厚层致密灰岩，及深灰色中厚层细晶灰岩 34 m

——————— 整　合 ———————

下伏地层：鹿寨组　中厚层状含燧石团块泥质灰岩，夹燧石层及含碳质泥灰岩

【地质特征及区域变化】 本组为一套纯碳酸盐岩台地边缘(滩)相沉积，厚度较大，生物丰富，局部含燧石、硅质薄层或白云质团块，下部见砾屑灰岩。主要分布于盘县、紫云、贞丰、兴义等地，以盘县发育最好，厚度达 1 000 m 以上，紫云、册亨等地未见底。生物以䗴为主，尚有腕足类、菊石(盘县)、珊瑚等。时代为早石炭世晚期至晚石炭世晚期。

【其他】 本书的威宁组与丁文江在威宁地区命名的威宁石灰岩、威宁系及后来作为中石

炭统的威宁组均不同。威宁地区的"威宁石灰岩"包括本书定义的大埔组、黄龙组及马平组。盘县地区过去根据生物化石把相当于本组的地层划分为摆佐组、滑石板组、达拉组和马平组，均无明显宏观岩性划分标志。在近陆缘部分地区覆于祥摆组或九架炉组之上、梁山组之下的纯灰岩沉积，也暂归本组。随着工作的深入和标志层的发现，威宁组可能被重新划分。

簸箕湾组　C_1bj　(06－52－0710)

【创名及原始定义】 源于1914年丁文江命名(1947年发表)于威宁城南3 km簸箕湾的簸箕湾页岩。岩性为黑色页岩、黄色软质砂岩、砂质页岩和少量不纯页状灰岩互层。产珊瑚 *Pinnatophyllum* 和腕足类 *Cleiothyridina* 及丰富的苔藓虫 *Polypora*，*Fenestella*，腹足类 *Oxydiscus*，三叶虫 *Phillipsia* 等。厚度600 m。

【沿革】 丁文江(1947)将簸箕湾页岩作为Weining Series(威宁系)最下部的一段地层划归狄南统。尹赞勋等(1966)正式列述了簸箕湾页岩。1965年中科院黔西地层队及吴望始等(1974,1987,1989)改称簸箕湾组，相当于丁氏簸箕湾页岩下部。杨敬之等(1982)、《贵州省区域地质志》(1987)、冯儒林(1987)、周希云(1987)等均引用吴望始等(1974)的簸箕湾组及含义。张良(1981①,1985)把丁氏的簸箕湾页岩下部产 *Keyserlingophyllum* 以下的地层另建刘家港组，划归岩关阶，上部称簸箕湾组，划归大塘阶，以不含 *Yuanophyllum* 为特征。本书簸箕湾组与丁氏簸箕湾页岩含义相同。

【现在定义】 整合于旧司组之下，以黑色碳质页岩为主夹深色泥质灰岩、泥灰岩，底部为深色粘土岩、砂质粘土岩及杂色硅质岩。产珊瑚、腕足类、腹足类等化石。下伏地层未出露。

【层型】 选层型为贵州省威宁县六洞桥至马鞍山剖面，位于威宁城南2 km的六洞桥(104°17′,26°50′)，徐子秋等1969年测制。层序如下(本书略加简化)：

上覆地层：旧司组　黑灰色薄—中厚层泥灰岩

——————　整　合　——————

簸箕湾组　　总厚度605 m

25—22. 顶部为黄棕色砂质泥岩，中部掩盖，推测为页岩，下部黑色页岩，夹少量钙质页岩、中厚层泥灰岩、砂岩，含硅质结核。含腕足类 *Orthotetes* sp.，*Cancrinella* sp.　128 m

21—19. 中上部及底部为深灰色中厚层泥灰岩。产珊瑚 *Clisiophyllum* sp.，*Dibunophyllum* sp.；腕足类 *Delepinea* sp.。下部为黑、黑灰色碳质页岩、钙质页岩，风化呈黄棕色页岩，夹煤一层　89 m

18—16. 顶部为黄棕色、深灰色页岩，中部深色中厚层泥灰岩与钙质页岩互层，下部黑色页岩夹少量泥灰岩、黑色硅质岩，含硅质结核，底部为黑灰色中厚层泥灰岩。含腕足类 *Delepinea* sp.，*Punctospirifer* sp.，*Martiniella* sp.，*Dictyoclostus* sp.?；珊瑚 *Dibunophyllum* sp.，*Multithecopora* sp.　93 m

15. 黑色页岩夹钙质页岩，上部夹少量薄层砂岩及硅质岩，顶部夹灰岩凸镜体，中下部偶夹泥灰岩，含少量硅质结核及菱铁矿结核。含腕足类 *Spirifer subgrandis*，*Daviesella* sp.，*Cancrinella* sp.，*Dictyoclostus* sp. 及腹足类、双壳类等　158 m

14—6. 黑色页岩为主，上部夹黄棕色中厚层砂岩，下部夹杂色页岩及硅质岩，含黄铁

① 张良，1981，贵州广西北部早石炭世地层及其珊瑚动物群的研究。长春地质学院研究生毕业论文。

矿及菱铁矿结核。顶0.3 m，底0.4 m为黑色中厚层泥灰岩。含腕足类 *Finospirifer shaoyangensis*?，*Cancrinella* sp.，*Dictyoclostus* sp.，*Punctospirifer* sp.；珊瑚 *Weiningophyllum sinense* 及三叶虫 *Phillipsia* sp.？等　　45 m

5—4. 黑灰、黄棕色硅质层与黑色页岩互层，上部页岩中含黄铁矿结核和凸镜体。含腕足类 *Fusella* sp. 和珊瑚　　18 m

3. 黑色页岩夹似层状结核状黄铁矿，下部夹煤层。含腕足类 *Fusella ussiensis*，*Camarotoechia* sp.，*Dictyoclostus* sp.，*Phricodothyris* sp.；三叶虫 *Phillipsia* sp.，及苔藓虫 *Fenestella* sp.，等　　45 m

2—1. 杂色硅质岩，砂质粘土岩与粘土岩互层富含黄铁矿，产腕足类 *Finospirifer shaoyangensis*?　　29 m

下伏地层未出露。据钻孔资料下伏地层有辉绿岩(89 m)、石英砂岩等，之下为含 *Pseudouralinia gigantea* 的灰岩和泥灰岩

【地质特征及区域变化】 本组为以暗色细碎屑岩为主夹泥灰岩、硅质岩为特征的较闭塞海湾沉积。仅分布于威宁草海地区及水城一带，均未见底。时代为早石炭世岩关晚期至大塘早期。

睦化组　C_1mh　(06-52-0711)

【创名及原始定义】 熊剑飞(1983)创名于贵州长顺县睦化。岩性为一套具泥质条带及瘤状构造的泥晶灰岩，下与含 *Wocklumenia* 菊石层的代化组灰岩连续沉积，但可以 *Siphonodella praesulcata* 带和 *S. sulcata* 带分界，上与下石炭统汤粑沟组黑色碳质页岩夹硅质岩假整合接触。

【沿革】 1983年熊剑飞建议用睦化组代替王成源(1978)创名的王佑组。但翌年又认为睦化组位于王成源划分的王佑组之上，岩性为一套黑灰色厚层至块状泥晶生物灰岩及亮晶生物，夹燧石团块或硅质条带。产腕足类、介形虫及牙形石，但未列厚度。1985年侯鸿飞等指定贵州长顺睦化Ⅱ剖面为睦化组层型，岩性为黑色中厚层夹薄层泥晶灰岩，厚度近14 m。上覆地层创名打屋坝组，下伏地层为王佑组。本书沿用侯鸿飞(1985)的睦化组含义，并认为下伏地层王佑组岩性与五指山组相似，应划归五指山组。

【现在定义】 整合于五指山组(原代化组)条带状灰岩和打屋坝组黑色页岩之间的一套黑、灰黑色中厚层泥晶灰岩，微细水平层理发育，底部常为含燧石结核泥晶灰岩和硅质灰岩。产腕足类、珊瑚、牙形石、海百合茎、介形类。

【层型】 正层型为贵州省长顺县睦化Ⅱ泥盆-石炭系界线剖面(106°24′，25°48′)，位于睦化乡北600 m的公路边，侯鸿飞等1982年实测，1985年刊出。

【地质特征及区域变化】 本组以惠水王佑、长顺睦化等地研究较祥，厚0～20 m。在普定大窑、长顺王佑老凹坡等地，本组具滑塌沉积(造成泥盆、石炭系生物群混生)，睦化一带具粒级递变，具有台地边缘斜坡沉积特点。生物有珊瑚 *Humboldtia guizhouensis*，*H. guangxiensis*，*Procystomichelinia raricystosa*，*Lophophyllum* sp.；腕足类 *Brachythyridina originalis*，*Unispirifer muhuaensis*；三叶虫 *Weberphillipsia guizhouensis* 及牙形石，介形虫等，均产于本组底部，大致相当于下 *Siphonodella crinulata* 带的上部。时代属早石炭世岩关晚期。

打屋坝组　C_1dw　(06-52-0712)

【创名及原始定义】　侯鸿飞等(1985)创名于贵州省长顺县睦化打屋坝(村)。上覆地层为块状灰岩,下伏地层为睦化组泥晶灰岩,岩性为下部灰黑色页岩、粉砂质页岩夹薄层燧石层及少量粉砂岩,普遍含铁质、磷质结核,含孢子化石;上部灰黑色中薄层致密灰岩夹钙质页岩及硅质页岩,具微水平层理,偶见黄铁矿细晶体,含小型腕足类。自下而上燧石减少,钙质增加。厚130 m。

【沿革】　侯鸿飞等(1985)建组时未列剖面,仅概述了岩性及厚度,并与广西同车江组对比,划属岩关晚期。《贵州省区域地质志》(1987)列述了睦化打屋坝组剖面,并划归大塘阶。魏家庸等(1987)、季强等(1989)引用了打屋坝组。

【现在定义】　指整合于睦化组之上、上司组灰岩之下的一套岩层。岩性以黑色、黄褐色页岩、粉砂质页岩、钙质页岩为主,夹薄层硅质岩、砂岩、硅质页岩,含铁质结核,上部常夹灰岩、泥质灰岩。产腕足类、三叶虫、海百合茎、孢子等。

【层型】　正层型为贵州长顺睦化剖面(106°24′,25°48),吴祥和 1984 年测制,《贵州省区域地质志》(1987)刊出。次层型为贵州省惠水县王佑野鸭寨剖面(06-52-0712-4-2)。

【地质特征及区域变化】　本组为台盆与台地之间的过渡型沉积,靠近台地砂岩增多,近盆地硅质增加。分布于惠水王佑、长顺睦化、代化及独山麻尾一带,厚 150～250 m。侯鸿飞等(1985)、季强等(1983)在本组底部发现孢子化石,认为相当于西欧杜内晚期。本书认为本组时代为岩关晚期至大塘早期。

【其他】　建组剖面描述简单,研究程度低,在区域上的变化及其与鹿寨组、簸箕湾组、祥摆组和旧司组的关系还有待研究。

鹿寨组　C_1l　(06-52-0713)

【创名及原始定义】　源于 1929 年冯景兰、李殿臣创名于广西柳江县鹿寨墟(今鹿寨县城)西山的鹿寨系。同年冯景兰介绍。指榴江县鹿寨寨沙剖面 c—e 的地层部分。“此系总厚约二百余公尺,以页岩砂岩为主,中夹厚约数公尺之石灰岩。”“下部为黄色或灰色之页岩,……上部为质颇坚固之含铁砂岩,……下与上泥盆纪之古化石灰岩整合相接,其时代似属于下石炭纪。”

【沿革】　贵州区调队(1963—1966)1∶20 万罗甸幅曾拟建林群群,代表罗甸、紫云地区黑灰色硅质岩、页岩、燧石灰岩为主的下石炭统地层。1981 年 1∶50 万贵州省地质图编图组以贵州罗甸林群剖面为标准首次使用林群群。1989 年贵州区调队卢重明等① 改称林群组。贵州区调队(1980)1∶20 万兴仁、安龙幅以镇宁沙子沟剖面为代表,建议台盆相区下石炭统自下而上建立中坝组、沙子沟组、下院组。熊剑飞等(1983)根据罗甸纳水剖面另建下如牙组、上如牙组,分别相当杜内阶和大塘阶至纳缪尔阶 A 期。本书按命名优先原则,使用鹿寨组。

【现在定义】　指整合于五指山组之上、大埔组之下的一套灰黑色薄层泥岩夹硅质岩、灰岩和砂岩。下以扁豆状或疙瘩状灰岩的消失或泥岩硅质泥岩的出现与五指山组分界;上以灰色泥岩的消失或块状白云岩的出现与大埔组的分界。

贵州鹿寨组岩性为薄层硅质岩、深色薄至中厚层灰岩、燧石结核灰岩、粘土质、粉砂质、钙质、碳质页岩,上下均以薄层硅质岩夹页岩、灰岩与上覆南丹组厚层灰岩,与下伏五指山组条带

① 贵州区调队(卢重明等),1989,贵州沉积岩区 1∶5 万区调填图方法研究报告。下同。

状灰岩整合接触。富含海百合茎、牙形石及少量珊瑚、腕足类等。

【层型】 正层型为广西鹿寨寨沙镇剖面。省内次层型为贵州罗甸林群剖面(06-52-0713-4-1)、贵州镇宁县沙子沟剖面(06-52-0713-4-2)。

【地质特征及区域变化】 省内鹿寨组属台盆相沉积,区域上变化很大,下伏地层为五指山组,上覆地层为南丹组或威宁组。分布于罗甸、紫云、望谟、镇宁、水城欧场、盘县一带。以镇宁沙子沟最厚,达 787 m。在水城欧场本组上部有玄武岩夹层。生物地层以罗甸纳水剖面研究较祥,熊剑飞等(1985)列述了包括间隔带在内的牙形石带,本组包括②间隔带,③*Siphonodella duplicata* 带,④*Siphnodella obsoleta*—*S. isosticha* 带,⑤*Pseudopolygnathus triangulatus*—*P. multistriatus* 带,⑥*Gnathodus semiglabar* 带。大致相当于早石炭世岩关期至大塘早中期。

本组岩性、厚度变化很大,1:20 万兴仁、安龙幅(1980)曾建议把相当于本组的地层划分为中坝组和沙子沟组,由于在区域上对这两个组之间的关系及变化情况知之甚少,暂不选用。

南丹组 CP*n* (06-52-0714)

【创名及原始定义】 广西区调队(1987)创名于广西南丹县六寨镇么腰。指大埔组白云岩之上、龙马组泥岩之下的一套深灰色薄层泥晶灰岩夹数层生物屑砾屑灰岩、生物屑灰岩,富含硅质条带及结核的岩石组合。

【沿革】 贵州相当于南丹组的地层,以前使用台地相区名称,1989 年卢重明等命名为小浪风关组,划归中上石炭统。1980 年贵州区调队 1:20 万兴仁、安龙幅根据镇宁沙子沟剖面,建议用下院组、店子上组、空洞河组,并分别与摆佐组、黄龙组和马平组对比。贵州 105 地质队(1993)1:5 万沙子沟幅重测了沙子沟剖面,并引用下院组,与石炭系下统上部对比,店子上组、空洞河组与上统对比。吴望始等(1979)在普安龙吟、晴隆花贡一带创名沙子塘组,为整合于黄龙群和龙吟组之间的单位,作为三分上石炭统的下部层位。本书将上述小浪风关组改称南丹组,将上院组、店子上组、空洞河组及沙子塘组和黄龙群都归入南丹组。

【现在定义】 指整合于大埔组白云岩之上,四大寨组龙马段泥岩之下的一套深灰色中薄层含燧石条带泥晶灰岩夹厚层生物屑灰岩、砾屑灰岩、白云岩。下以厚层白云岩的消失或生物泥晶灰岩的出现与大埔组的分界;上以砾屑灰岩的消失或泥岩的出现与四大寨组龙马段分界。

贵州的南丹组为整合于鹿寨组薄至中厚层硅质层之上,四大寨组砂页岩之下的一套深灰色中厚层灰岩、燧石条带和燧石结核灰岩夹浅灰色生物碎屑灰岩、砾屑灰岩、白云质灰岩及少量薄层硅质岩。产䗴、腕足类、珊瑚、苔藓虫及牙形石。

【层型】 正层型为广西南丹六寨么腰剖面。省内次层型为贵州紫云县林场至小浪风关剖面(06-52-0714-4-1),贵州区调队 1963 年测制;贵州镇宁县沙子沟剖面(06-52-0714-4-2),贵州 105 地质队 1993 年测制。

【地质特征及区域变化】贵州的南丹组以深色灰岩、燧石条带和结核灰岩夹生物碎屑、砾屑灰岩为特征,为台盆相至斜坡相沉积。主要分布于罗甸、望谟、紫云、镇宁、郎岱、水城欧场等地的北西向海槽中,除郎岱、水城、普安、晴隆一带(原划为黄龙群和沙子塘组)燧石灰岩及砾屑灰岩减少,上部泥质灰岩、泥灰岩较多外,各地岩性大同小异。一般厚 300~500 m,以镇宁沙子沟附近最厚,达 680 m。生物主要有牙形石、䗴及少量珊瑚、腕足类、菊石等,其中䗴及珊瑚、腕足类多产于碎屑(砾屑)中。熊剑飞等(1985)在罗甸纳水剖面相当层位采获丰富的牙形石和䗴,自下而上建立了 *Apatognathus scalenus*,*Gnathodus bilineatus*,*G. bilineatus bilineatus*,*Declinognathodus lateralis*,*Idiognathoides corrugatus*,*Gondolella qiannanensis*,*Streptognathodus op-*

pletus, *Idiognathodus delicatus*, *Streptognathodus suberectus*, *S. elegantus*, *S. wabaunsensis*, *S. elongatus*, *Gondolella bisselli*, *Sweetognathus whitei* 14 个牙形石带和 *Eostaffella*, *Pseudostaffella*, *Profusulinella*, *Fusulinella* - *Fususlina*, *Triticites*, *Pseudoschwagerina*, *Sphaeroschwagerina* 带及 *Pamirina* 带的下部共 8 个䗴带。本组时代为早石炭世晚期至早二叠世早期。

本组的进一步划分尚待资料积累和研究。

龙吟组 P_1ly (06-52-0715)

【创名及原始定义】 源于贵州区调队(1973)1:20万水城幅创名于普安县龙吟的石炭二叠纪过渡层——龙吟层。指整合于马平组之上,栖霞组第一段之下的一套地层。下部土黄色砂质页岩及页岩,夹石英砂岩及泥质灰岩,厚 442 m;中部深灰色中厚层灰岩、泥质灰岩,夹生物灰岩及土黄色粉砂质页岩,厚 162 m;上部土黄色粉砂质页岩夹中厚层细粒石英砂岩,厚 222 m;顶部深灰色中厚层细晶灰岩和生物灰岩,厚 44 m。产菊石、䗴、腕足类、珊瑚等。总厚 870 m。

【沿革】 1974 年王立亭① 改称龙吟组,归上石炭统。中国地质科学院(1979)②、詹立培等(1982)、1:50万贵州省地质图(1981)沿用龙吟组,但都划归早二叠世。冯儒林(1979)③划归石炭系,认为龙吟组的底界"应以具有峰巢层的䗴类出现开始"。吴望始等(1979)把原龙吟组下部称龙吟组,上部另名包磨山组,并为杨敬之等(1979,1983)、张遴信(1983)沿用,亦划归晚石炭世。贵州区调队(1980)1:20万兴仁、安龙幅的龙吟组顶界与吴望始等(1979)一致,底界划在相当于吴氏沙子塘组的上部,并将龙吟组划分为花贡段和小米冲段,以本组之顶界作为石炭、二叠系分界。周祖仁(1988)把王立亭(1974)、吴望始等(1979)划分的梁山组归入龙吟组内,时代归二叠纪,认为石炭二叠系界线应在下伏"马平组"内。本书使用吴氏的龙吟组含义,划归早二叠世。

【现在定义】 整合于南丹组灰岩之上、包磨山组灰岩之下的一套地层。下部为褐、黄褐、黑色泥质、砂质页岩,夹少量砂岩及泥质灰岩;上部为黄褐色石英砂岩、粉砂岩、粘土岩及碳质页岩。产䗴、菊石、腕足类等。

【层型】 正层型为普安县龙吟剖面,位于普安县城北东北 28 km 的龙吟(105°00′,26°03′),王立亭 1971 年实测。层序如下(编者补充了吴望始等,1979;周祖仁,1988 重测同一剖面的化石资料,并略做简化):

上覆地层:包磨山组　浅灰色、灰色薄层—中厚层细晶灰岩、生物灰岩。富含䗴 *Pseudofusulina uralica firma*;珊瑚 *Verbeekiella cylindrica*, *V. simplex*, *Lophophyllidium* sp., *Falconophyllum cylindricum*;菊石 *Metalegoceras* sp. 及腕足类 *Dictyoclostus*? sp., *Linoproductus* sp. 等

——————— 整　合 ———————

龙吟组　　　　　　　　　　　　　　　　　　　　　　总厚度 462.4 m

54—48. 黄色、土黄、棕红色粉砂岩、砂质页岩、碳质页岩,夹薄至中厚层石英砂岩　　136.4 m

47—46. 上部中厚层—块状细—中粒石英砂岩夹粘土岩和粉砂质页岩,中下部为黄

---

① 王立亭,1974,关于贵州西南部的龙吟组问题。西南地层古生物通讯。第 4 期。

② 中国地质科学院,1979,《中国地层》二叠系(摘要)。第二届全国地层会议论文。

③ 冯儒林,1979,贵州龙吟组腕足类特征及其时代归属。载自中国古生物学会第十二届学术年会及第三届会员代表大会学术论文摘要集。

色、土黄色粉砂质、砂质页岩，下部夹石英砂岩 68.4 m

45—43. 黄色、土黄色粉砂质、砂质页岩，灰色页岩、粘土质粉砂、碳质页岩夹细—中粒石英砂岩 55.6 m

42. 灰、灰白色块状细—中粒石英砂岩 7.2 m

41. 黄、土黄色粉砂质、砂质页岩及粘土质粉砂岩 24.4 m

40. 黑色含碳质页岩，中部为黄色、灰色粉砂质页岩，上部页岩中夹深灰色泥质灰岩凸镜体，含䗴 *Pseudofusulina kankarinensis*，*P. moelleri*，*P. hessensis*，*P. juresanensis*，*P.* cf. *subashiensis*，*P. laxiseptata*，*P. megaprolocula*，*P. longyinica*，*P. puanica*，*Sphaeroschwagerina glomerosa*，*Rugosofusulina extensa*，*R. egregia*，*R. longyinica*，*R. puanica*，*Boultonia* sp.；珊瑚 *Lophophyllidium* sp. 39.8 m

39. 黄、黄褐色粉砂质页岩及粘土质粉砂岩，下部为黑色含碳质页岩。含菊石 *Propinacoceras* sp.，*Eothinites* sp.，*Metalegoceras* sp.，*Agathiceras* sp. 等 46.5 m

38. 灰、深灰色中厚层致密灰岩、泥灰岩、生物灰岩，含䗴 *Pseudofusulina wheeleri*，*P. subashiensis*，*P. kankarinensis*，? *Nankinella* sp. 等 18.6 m

37. 黄、土黄、灰色粘土岩、粉砂质粘土岩及粘土质粉砂岩，时夹灰色薄层石英砂岩。产菊石 *Popanoceras kueichowense*，*Propinacoceras* sp.，*Akmilleria*?sp.，*Neopronorites* sp.，*Daraelitites* cf. *elegans*，*Metalegoceras* sp.，*Marathonites* sp.，*Eothinites* sp. 25.0 m

36—35. 黑色钙质泥岩，顶部含钙质结核和灰岩凸镜体 40.5 m

——————— 整　合 ———————

下伏地层：南丹组　深灰、灰黑色中—厚层泥灰岩夹生物灰岩，富含䗴 *Triticites parasecalicus*，*T. pseudosimplex*，*Schwagerina machalensis*，*S. neolata*，*Pseudofusulina kraffti* var. *magna*，*Rugosofusulina* sp. 等

【地质特征及区域变化】 本组分布于郎岱、晴隆、普安及水城加开、罗盘田一带。普安龙吟一带最厚，达 462 m，一般厚 100～300 m。水城罗盘田一带砂岩增多，顶部见煤层，厚 100 m 左右；晴隆花贡、郎岱巴利以泥页岩为主。本组生物以䗴为主，有 *Pseudofusulina* sp.，*Rugosofusulina* sp.，*Sphaeroschwagerina glomerosa*，*Schwagerina* spp. 等；产菊石 *Popanoceras kueichowense*，*Propinacoceras* sp. 等。时代为早二叠世早期（也有划归石炭系的意见）。

包磨山组　P_1b　(06－52－0803)

【创名及原始定义】 吴望始、张遴信等(1979)创名于普安龙吟乡东约 2 km 的包磨山。岩性由碎屑岩和灰岩组成，以棕色砂岩为主，底部灰岩泥质较多，其余灰岩质较纯或含硅质，所含化石十分丰富，总厚度 450 m。与上覆早二叠世梁山组及下伏地层龙吟组均为连续沉积。

【沿革】 1959 年贵州石油普查勘探大队将北盘江上游马平组与栖霞组之间一套厚约千米的含煤碎屑岩夹灰岩地层称为栖霞底部煤系，定其时代为早二叠世。1971 年贵州区调队一分队改称梁山组。1973 年贵州区调队在普安龙吟、晴隆花贡一带，将其上部砂页岩夹煤层的地层称为梁山段归为栖霞组下部；中下部碎屑岩夹灰岩称为石炭-二叠系过渡层（龙吟层）。王立亭(1974)将龙吟层改称为龙吟组，其上梁山段改称梁山组。吴望始、张遴信(1979)将王氏所称的龙吟组解体，下部沿用"龙吟组"，上部碎屑岩夹灰岩称为包磨山组，定其时代为晚石炭世。1980 年贵州区调队(1：20 万兴仁、安龙幅)将包磨山组改为水坝山段，其上梁山组改称鱼塘段，合并称为垭口田组，时代划属早二叠世。龙家荣(1985)将垭口田组改为包磨山组，肖伟民(1986)改称花贡组（下段称包磨山段，上段为鱼塘段）。本书沿用吴、张(1979)包磨山组的涵

义，但定其时代为早二叠世早期。

【现在定义】 指整合于梁山组砂页岩夹煤线和龙吟组页岩夹泥灰岩之间的一套碎屑岩和灰岩地层。岩性以棕色砂岩为主，底部灰岩泥质较多，其余灰岩较纯或含硅质。底以灰黑色泥质灰岩出现与龙吟组黑色页岩分界；顶以灰岩与梁山组砂岩分界。

【层型】 正层型为贵州普安龙吟上石炭统剖面(105°00′,26°02′)，位于贵州普安县龙吟乡东约 2 km 的包磨山，吴望始、张遴信等(1973)测制(《西南地区碳酸盐岩生物地层》，1979，250—253 页，插图 3)。次层型为贵州省晴隆县花贡上石炭统剖面(06-52-0803-4-2)。

【地质特征及区域变化】 本组分布于普安龙吟、晴隆花贡、紫云克凹一带，厚 26～438 m，晴隆花贡、普安龙吟一带为沉降中心，厚度最大，属台盆相沉积。向四周厚度骤减，在水城一带相变为梁山组中下部砂页岩；在盘县、紫云等地为生物碎屑灰岩、灰岩夹粘土岩及页岩，盘县西冲厚 55 m，盘县平川厚 26 m，紫云克凹厚 38 m。生物以䗴及珊瑚为主，含䗴*Robustoschwagerina*，*Nankinella*，*Pseudofusulina*，*Schwagerina* 等；珊瑚 *Kepingophyllum*，*Verbeekiella*，*Wentzellophyllum*，*Protomichelinia* 等。尚见腕足类、菊石、腹足类、钙藻和苔藓虫等。时代属早二叠世早期。

梁山组 P_1l (06-52-0804)

【创名及原始定义】 源于赵亚曾、黄汲清(1931)创名于陕西南郑县农丰乡梁山中梁寺的“梁山系”、“梁山层”。岩性为黑色页岩，含劣质无烟煤及植物化石痕迹，直伏于含有 *Tetrapora* 的巫山石灰岩之下，下与志留纪笔石页岩直接接触。

【沿革】 丁文江(1941,1947)称外套山煤系，黄汲清(1932)称栖霞底部煤层，熊永先(1940)、尹赞勋(1944)称铜矿溪层(组)，《中国区域地层表(草案)》(1956)称含煤组，贵州省地质局大河边队(1958)称矿山煤系。1958 年中国地质学编委会和中科院地质所首次将梁山组引用于贵州东部，指假整合于上泥盆统灰岩之上，整合于栖霞灰岩之下的一套碎屑岩夹薄煤的地层。嗣后，多数地质工作者沿用梁山组。

【现在定义】 指平行不整合在新滩组页岩或罗惹坪组粉砂质板岩夹生物灰岩之上的一套含煤碎屑岩，以黑色含铁质页岩为主含劣质煤及粘土，砂岩等。与上覆阳新组灰岩整合接触，界线分明。

贵州梁山组指平行不整合于前二叠纪地层或整合于下二叠统包磨山组之上的一套砂页岩为主，夹煤层或铝铁岩的地层。与上覆栖霞组灰岩整合接触。

【层型】 正层型在陕西南郑县农丰乡梁山中梁寺。省内次层型为威宁县金钟下二叠统剖面(06-52-0804-4-1)，贵州盘县特区上平川二叠系剖面(06-52-0804-4-3)，贵州贵定闻江寺二叠系地层剖面(06-52-0804-4-5)。

【地质特征及区域变化】 本组属浅海—滨海沼泽相沉积。分布于安龙—惠水—荔波一线以北地区，西南部砂岩多，厚度大(可达 187 m)；东北部砂岩减少，习水、道真等地由粘土岩及铝铁岩组成，厚度减薄为 1～14 m。威宁金钟—水城一带本组发育齐全，岩性一般可分三部分：下部为页岩夹砂岩，中部以石英砂岩为主夹页岩，上部以页岩为主夹砂岩及煤层。厚度 105～187 m。在赫章—都匀一线，本组岩性变化甚小，但厚度减薄为 80～89 m。毕节—龙里一带本组仍可三分，一般厚度 35～46 m。大方、息烽一带亦可三分，一般不夹煤，局部夹铝铁矿，厚度 7～26 m。习水良村—遵义一线以北地区则为铁铝质岩层夹粘土岩组成，一般厚度 1～6 m。

本组生物以腕足类、珊瑚、䗴为主，尚见苔藓虫、双壳类、三叶虫、海百合茎及植物、孢粉等。主要有腕足类 *Orthotichina*, *Plicatifera*, *Tyloplecta*, *Urushtenia*；珊瑚 *Wentzellophyllum*；䗴 *Nankinella sphaeralina*，*N. orbicalaria* 等．时代为早二叠世早期。

栖霞组 P_1q （06－52－0805）

【创名及原始定义】 源于 Richthofen (1912) 创名于南京东郊 20 km 栖霞山的栖霞灰岩。指南京栖霞山泥盆系五通砂岩与南京砂岩（即钟山层）之间一大套深灰—暗灰色夹燧石结核厚层灰岩、灰岩及泥灰岩等序列，产珊瑚、腕足类和海绵等化石。命名为栖霞灰岩（Hsihsia kalkstein)，定其时代为下石炭纪，南京砂岩为上石炭纪。

【沿革】 黄汲清(1932)首次将遵义董公寺纺缍虫(*Neoschwagerina*)灰岩及郎岱茅口石灰岩下部的石灰岩称为“栖霞石灰岩”，并指出两地栖霞石灰岩分别覆于石炭系(郎岱)和栖霞煤系(遵义)之上。乐森璕等(1944)将栖霞石灰岩引用于贵阳、都匀和独山一带，指栖霞底部煤系之上，茅口石灰岩之下的一套深灰色中厚层含燧石灰岩的地层。中科院黔南地层队(1959)改称栖霞组。盛金章(1962)称栖霞组灰岩段。贵州区调队(1965)1：20万都匀幅)称栖霞组。盛金章、李星学(1974)据古生物将 *Cancellina* 亚带划归为栖霞组，以 *Neoschwagerina* 出现作为茅口组的下界。肖伟民等(1986)在六枝郎岱洒志将黄汲清(1932)所称的“栖霞石灰岩”下部的一套泥质灰岩夹页岩地层称为洒志组。近十余年来普遍使用的含义是指梁山组之上、茅口组浅色白云质团块灰岩之下的一套深灰色中厚层含燧石灰岩，本书沿用该意见。

【现在定义】 指船山组与孤峰组之间的一套碳酸盐岩和碎屑岩。自下而上为：碎屑岩；臭灰岩层；下硅质层；本部灰岩；上硅质层。含䗴、珊瑚、腕足类等。与下伏船山组灰岩呈平行不整合，与上覆孤峰组含锰或磷质结核页岩为整合接触。

贵州本组涵义指整合于茅口组与梁山组之间的一套由深灰色中厚层含燧石结核、含沥青质灰岩，生物碎屑灰岩夹泥灰岩，凸镜状泥质条带灰岩及页岩等组成的地层。含䗴、珊瑚等生物。底以灰岩与梁山组砂、页岩分界，顶以白云质团块灰岩出现与茅口组分界。

【层型】 新层型位于江苏省南京市栖霞镇大凹(洼)。本省次层型为贵州惠水砂子哨二叠系剖面(06－52－0805－4－1)，贵州黔西纸厂化窝底下二叠统剖面(06－52－0805－4－3)。

【地质特征及区域变化】 本组为一套开阔台地碳酸盐岩沉积。分布范围与梁山组基本相同。厚度 30～141 m。在黔中地区由深灰色含燧石结核灰岩夹灰黑色泥灰岩、页岩、钙质页岩组成，一般厚度 90 m，最大厚度 141 m。黔北地区由灰黑色含燧石团块(结核)灰岩，生物碎屑灰岩夹波状—凸镜状泥质条带灰岩、钙质页岩、含沥青质灰岩、碳质页岩等组成，一般厚度 85～90 m，最薄为 30 m。

该组生物以含䗴和珊瑚为主，尚有腕足类、苔藓虫、双壳类，腹足类、三叶虫和藻类等。其中䗴类在黔南地区下部以 *Misellina claudiae* 为主，上部以 *Nankinella orbicularia* 为主；黔北则仅有 *Nankinella orbicularia* 为主的䗴类。珊瑚以 *Wentzellophyllum* 为主，还有 *Hayasakaia*，*Cystomichelinia* 等。其时代属早二叠世中期。

茅口组 P_1m （06－52－0806）

【创名及原始定义】 源于乐森璕(1929)创名于贵州郎岱镇西南茅口河岸至打铁关一带的“茅口希瓦格䗴石灰岩”：上部为富含化石的黑色致密灰岩，下部为浅灰色薄层灰岩，含纺缍䗴科新希瓦格䗴(*Neoschwagerina*)、有孔虫(*Doliolina*)及珊瑚。时代为早二叠世，伏于富含 *Lytto-*

nia 的中二叠统煤系(轿子山煤系)之下。

【沿革】 黄汲清(1932)将茅口石灰岩厘定为整合在含 *Tetrapora* 栖霞石灰岩之上,不整合在 *Lyttonia* 或大羽羊齿乐平煤系或峨眉山玄武岩之下的一套含高等纺缍虫的灰白色厚块状石灰岩,即乐氏(1929)的纺缍虫层和厚层灰岩,同时把遵义附近乐森珥(1928)所称的观音洞纺缍虫灰岩改为"董公寺灰岩"。丁文江(1929)将遵义十字铺附近"*Neoschwagerina* 层"之上的一套矽质灰岩夹页岩取名为"十字铺灰岩",并将这两套灰岩与茅口石灰岩对比。乐森珥等(1944)把黄汲清厘定"茅口灰岩"应用于贵阳、贵定、都匀、独山等地,并结合岩性将其限定在"深灰色至黑灰色中厚层含泥质燧石灰岩夹少量页岩的栖霞灰岩之上、乐平统含煤地层底部不整合面之下,厚约 100 余米的浅灰至灰色灰岩"。盛莘夫(1943)及何立贤、何发荣(1953)①引用茅口石灰岩取代董公寺灰岩,其上"十字铺灰岩"或相当层位的地层单位,盛莘夫创名乌江组,何立贤、何发荣命名为白泥塘层。1959 年中科院黔南地层队将茅口石灰岩改称茅口组。盛金章(1962)*Cancellina* 出现作为茅口组底界。吴望始等(1964)② 将遵义附近的"董公寺灰岩"和"十字铺灰岩"称茅口组(未包括"豹皮状灰岩")。1974 年中科院南古所在《西南地区地层古生物手册》中提出在黔北以含腕足类 *Cryptospirifer* 泥质条带灰岩作为茅口组底部的标志层,并认为相当于黔南地区的 *Cancellina* 带。同年,盛金章、李星学提出将 *Cancellina* 亚带改归入栖霞组。贵州区调队(1976—1980)沿用此意见。贵州地层古生物工作队(1977)、地质部八普(1979)、贵州石油勘探指挥部(1983)仍用盛金章(1962)茅口组的涵义。肖伟民等(1986)、《贵州省区域地质志》(1987)及本书沿用乐森珥(1944)的含义。

【现在定义】 指整合于栖霞组深灰色燧石灰岩之上,平行不整合于龙潭组粘土岩之下的一套深灰、灰、浅灰色白云质斑块灰岩、灰岩及深灰色含燧石结核灰岩,夹少量白云岩地层。富含䗴、珊瑚及腕足类。底以浅灰色白云质斑块灰岩出现或燧石灰岩的消失与栖霞组分界;顶以黄灰色粘土岩出现与龙潭组分界。

【层型】 选层型为贵州郎岱洒志下二叠统剖面(105°22′,26°03′),位于六枝特区郎岱镇南 5 km 洒志乡简易公路上,肖伟民等 1981 年测制,1986 年发表。次层型为贵州毕节燕子口下二叠统剖面(52-0806-4-2)、贵州平塘县卡洛至甘寨二叠系剖面(52-0806-4-3)。郎岱洒志下二叠统剖面层序如下(编者做了合并简化):

上覆地层:**龙潭组** 粘土岩夹煤层

——————— 平行不整合 ———————

茅口组 总厚度 770.9 m

第三段 厚 250.7 m

62—58. 浅灰、灰色厚层白云岩化生物屑泥晶灰岩夹亮晶生物屑䗴灰岩,顶部为灰黑色中厚层生物屑碳泥质灰岩间夹少量钙质页岩。产䗴 *Neomisellina douvillei*, *N. brevicylindrica*, *Yabeina* cf. *kuangsiana*, *Reichelina* sp., *Kahlerina* sp., *Neoschwagerina kueichowensis*, *N. haydenis*, *N. multicircumvoluta*, *Yabeina* sp., *Sumatrina* sp., *Verbeekina* sp., *Paraverbeekina ellipsoidalis*;腕足类 *Monticulifera sinensis*, *Spiriferella grandis*;珊瑚 *Huangophyllum* sp., *Waagenophyllum* sp., *Ipciphyllum* sp., *Duplophyllum* sp., *Zaphrentites permicus*, *Parawentzelella* sp. 102.7 m

---

① 何方贤、何发荣,1953,贵州遵义东南部锰矿普查报告。

② 吴望始等,1964,贵州遵义附近二叠纪地层,黔北地层现场含议。

57. 浅灰色厚层泥晶球团粒生物屑灰岩夹砾屑泥晶灰岩。产蜓 *Neomisellina douvllei*, *N. shuichengensis*, *Yabeina* cf. *shiraiwensis*, *Neoschwagerina kueichowensis*, *N. haydeni*, *N. craticulifera*, *Sumatrina longissima*, *Verbeekina verbeeki*；腕足类 *Spirigerella grandis* 22.7 m

56—54. 深灰色中厚层夹薄层微显纹层含粘土质泥晶灰岩. 生物屑粉砂屑灰岩夹介屑灰岩，上部夹白云岩。产蜓 *Chusenella douvillei*, *Neoschwagerina kueichowensis*, *Verbeekina verbeeki*, *Codonofusiella* sp., *Reichelina* sp., *Pseudodoliolina* sp., *Sumatrina* sp., *Schwagerina pingdingensis*；腕足类 *Monticulifera sinensis*；珊瑚 *Ipciphyllum zunyiense*, *Sinopora dendroides* 48.7 m

53—50. 深灰—浅灰色中厚层夹厚层弱白云化生物屑泥晶灰岩，夹绿藻灰岩、亮晶生物屑珊瑚灰岩。产蜓 *Neoschwagerina craticulifera*, *N. multicircumoluta*, *N. kueichowensis*, *Sumatrina annae*, *Yabeina* sp., *Chusenella* cf. *douvillei*, *Pseudodoliolina pulchra*, *Verbeekina verbeeki*, *Kahlerina* sp.；珊瑚 *Ipciphyllum elegans*, *I. ipci*, *I. maltiseptatum*, *Paraipciphyllum* cf. *elegantum*, *Multimurinus intermedis*, *M. khmerianus*, *Protomichelinia sinense* 76.6 m

第二段 厚41.8 m

49. 灰色中厚层夹薄层泥晶生物屑灰岩，夹泥晶灰岩。偶含燧石结核。产蜓 *Kahlerina* sp., *Neoschwagerina sphaerica*, *N. craticulifera*, *Verbeekina* sp., *Pseudodoliolina* sp.；珊瑚 *Ipciphyllum subelegeans*, *Iranophyllum* sp., *Multimurinus bellatulus* 10.4 m

48. 浅灰、灰色厚层亮—泥晶生物屑蜓灰岩，偶含燧石团块。产蜓 *Neoschwagerina douvillei*, *N. craticulifera*, *Pseudodoliolina chinghaiensis*, 珊瑚 *Ipciphyllum* sp. 12.2 m

47—46. 深灰、灰色中厚层含燧石条带泥晶生物屑灰岩夹泥晶灰岩。产蜓 *Neoschwagerina douvillei*, *Chusenella* cf. *douvillei*, *C. tieni*, *Pseudodoliolina Chinghaiensis*；珊瑚 *Ipciphyllum subtimoricum* 19.2 m

第一段 厚478.4 m

45—44. 灰、浅灰色厚层块状白云岩夹白云化蜓灰岩和珊瑚灰岩。产蜓 *Afghanella schencki*, *A. megasphaerica*, *Sumatrina annae*, *S. longissima*, *Neoschwagerina craticulifera*, *N. douvillei*, *N. minima*, *N. multicircumvolata*, *Verbeekina* cf. *verbeeki*, *Pseudodoliolina chinghaiensis*, *Chusenellea tieni*, *Schwagerina* cf. *pingdingensis*；珊瑚 *Ipciphyllum pingyanense*, *Multimurinus biformis*, *Yatsengia asiatica*；腕足类 *Crytospiriter shawanense* 90.5 m

43—42. 灰—深灰色中厚层、厚层泥晶生物屑灰岩夹亮晶蜓灰岩，局部白云化。产蜓 *Afghanella schencki*, *Sazhiella simplex*, *Neoschwagerina craticulifera*, *Verbeekina verbeeki*, *Paraverbeekina ellipsoidalis*, *Pseudodoliolina chinghaiensis*, *Chusenellaschwagerinaeformis*, *Schwagerina pingdingensis*；腕足类 *Cryptospirifer* sp.；珊瑚 *Protomichelinia microstoma* 31.9 m

41—38. 浅灰色厚层生物屑泥晶灰岩夹白云化泥晶藻屑蜓灰岩，风化面呈“豹皮状”，产蜓 *Afghanella schencki*, *Sumatrina annae*, *Neoschwagerina craticulifera*, *N. kueichowensis*, *Parafusulina multiseptata*, *Chusenella schwagerinaeformis*, *Schwagerina pingdingensis*, *Pseudodoliolina chinghaiensis*, *Yangchienia* sp., *Verbeekina verbeeki*；腕足类 *Composita tangchiensis* 92.5 m

37—31. 浅灰色厚层块状白云化泥晶生物屑灰岩，夹生物屑蜓灰岩。风化面呈“豹皮状”。产蜓 *Neoschwagerina simplex*, *N. longissima*, *N. huagongensis*, *Maklaya haitongica*, *Verbeekina grabaui*, *V. minima*, *Pseudodoliolina chinghaiensis*, *Para-*

fusulina elliptica, *P. kwangsiana*, *Cancellina liuzhiensis*, *C.* cf. *primigens*, *Chusenella schwagerinaeformis*, *Neofusulinella phairayensis*, *Armenina* sp., *Yangchiennia* sp., *Pseudofusulina akasakensis*；腕足类 *Dielasma giganta*, *Phricodothyris asiatica*；珊瑚 *Ipciphyllum* sp., *Wentzelellites liuzhiensis*, *Prowentzelellites simplex*, *Hayasakaia irregularis*, *H. elegantula*, *H. parairregularis*, *H. perfecta*, *Tetraporinus paraminor*, *Cystomichelinia laibinensis*（底部 13.5 m 内不产 *Neoschwagerina*） 76.3 m

30—29. 浅灰、灰色厚层块状微晶白云岩，含白云化生物屑泥晶团块。产䗴 *Maklaya pulchella*, *M. elliptica*, *Pseudodoliolina primigena*, *Chusenella tieni*, *Yangchienia iniqua*, *Misellina* sp., *Nankinella inflata*, *N.* cf. *orbicularia*；珊瑚 *Thomasiphyllum maoyingense*, *Parastehphyllum* sp. 59.8 m

28—26. 浅灰、灰色厚层弱白云化生物屑泥晶灰岩，下部夹白云岩，风化面呈“豹皮状”。产䗴 *Maklaya elliptica*, *Pseudodoliolina chinghaiensis*, *Yangchienia iniqua*, *Sphaerulina quasileshanica*, *Eoverbeekina sazhiensis*, *Nankinella* sp.；珊瑚 *Thomasiphyllum liuzhiense*, *Chihsiaphyllum* sp., *Laophyllum* sp. 70.4 m

25—24. 浅灰色中厚层、厚层白云化泥晶灰岩，风化面呈“豹皮状”。产䗴 *Misellina* sp., *Parafusulina elliptica*, *Armenina* sp., *Nankinella* sp.；珊瑚 *Pseudohuangia langdaiensis*, *Heritschioides guizhouensis*；腕足类 *Chonetinella schlaginiweiti* 57 m

——————— 整 合 ———————

下伏地层：**栖霞组**　深灰、灰色厚层含燧石生物屑泥晶灰岩

【地质特征及区域变化】 本组属开阔台地沉积，分布范围与栖霞组一致。厚 70～771 m。一般均可划分为三个岩性段。在郎岱洒志一带，第一段为浅灰色厚层块状白云岩、白云化亮晶泥晶生物屑灰岩、生物灰岩（厚 478 m）；第二段灰、深灰色中厚层含燧石条带泥晶生物屑灰岩夹少量亮晶灰岩（厚 42 m）；第三段浅灰色厚层白云化泥晶生物屑灰岩夹生物灰岩，顶部常夹灰黑色泥质灰岩，间夹页岩（厚 251 m）。在惠水一带，第一段岩性变化不大，第二段中夹有硅质岩（厚 101～188 m）第三段不夹页岩。总厚度 472 m。威宁—赫章一带，第二段为薄层硅质岩夹燧石灰岩（厚 58～84 m），第三段为灰、深灰色及浅灰色灰岩夹少量深灰色燧石灰岩、白云质灰岩、薄层泥灰岩和生物灰岩，顶部时夹 1～2 层凸镜状薄层煤（赫章羊街、兴发），厚度 533 m。水城不鲁模第二段相变为含锰燧石灰岩。厚 454～696 m。黔中清镇、贵阳—黔东南剑河一带，一般厚 105～200 m 普遍缺失第三段，第二段发育不全。开阳和瓮安等地上部夹层纹石灰岩和扁平状角砾岩，局部地段（瓮安朱砂坑）全为白云岩，厚 100 m。都匀黄良及从江、天柱等地，该组发育不全，仅有第一段相当岩性。都匀和从江为浅灰、深灰色含燧石结核灰岩，天柱为灰岩夹泥灰岩和白云质灰岩、白云岩。厚 70～105 m。毕节—息烽—石阡一线以北，沿河、道真一线以南地区，第一段变化很大，可分三个亚段：下亚段为浅灰色白云化灰岩为主夹白云岩和少量深灰色波状—凸镜状层理泥质条带灰岩；中亚段以灰黑色波状—凸镜状层理泥质条带灰岩、泥灰岩（俗称眼球状灰岩）为主，夹生物屑灰岩和绿藻灰岩，底部为一层厚度约 20 m 的凸镜状层理极为发育的碳泥质灰岩夹页岩；上亚段为浅灰色厚层状白云岩化灰岩夹珊瑚泥晶灰岩和白云岩。第二段为燧石灰岩夹硅质岩为主，遵义附近上部为含锰燧石条带灰岩。第三段为块状灰岩。该组厚度 200～585 m。道真—沿河一线以北地区，三段不易划分，为一套深灰色含燧石团块泥质生物碎屑灰岩、泥质灰岩夹泥灰岩及有机质灰岩。厚度 334 m。

本组生物以含䗴、珊瑚及腕足类为主。含䗴 *Cancellina*, *Misellina*, *Pseudodoliolina*, *Chusenella*, *Neoschwagerina*, *Yabeina*, *Neomisellina* 等；珊瑚 *Hayasakaia*, *Palythecalis*, *Ipciphyl-*

lum, *Iranophyllum*, *Allotrophyllum* 等；腕足类 *Cryptospirifer*, *Neoplicatifera huangi* 等。时代为早二叠世中期未到晚期。

猴子关灰岩 P_1hz （06－52－0802）

【创名及原始定义】 1959 年王钰、盛金章等（1963）创名于贵州省紫云县紫松镇到白石岩公路上的（一个山隘）猴子关。指位于茅口组之下的一套浅灰色厚层状粗粒灰岩，很少见燧石结核，剖面未见底，出露部分都含 *Misellina claudiae*，厚 122 m。

【沿革】 1962 年盛金章改称猴子关组，定时代为早二叠世早期。贵州区调队（1996）1：20 万罗甸幅称"栖霞组"。1982 年肖伟民等（1986）在紫云猴场进行剖面研究时，将该地上石炭统至下二叠统一大套跨时的纯碳酸盐岩地层称猴子关灰岩（未见底，上覆地层为吴家坪组），认为该地层单位代表发育于册亨—紫云—罗甸一带的台地边滩（礁）相沉积。近年，王洪第等在紫云猴场 猴子关灰岩中（相当上述剖面第 34、35 层之间）发现不整合界面，而将其底界上移。本书使用该含义。

【现在定义】 平行不整合于威宁组之上、吴家坪组之下的一套浅灰、灰色质纯富含䗴的灰岩，上部夹水螅海绵礁灰岩。底以浅灰、灰色含泥质条带灰岩出现与威宁组灰白色生物屑藻团灰岩分界，顶以吴家坪组灰色中厚层生物屑灰岩或粉砂岩及硅质岩的出现分界。

【层型】 选层型位于贵州紫云县猴场区南端的贵州紫云猴场猴子关灰岩剖面（106°14′，25°30′），肖伟民等 1982 年测制，(《贵州南部早二叠世地层及其生物群》，1986，13—20 页，第 35 层—120 层)。次层型为贵州紫云县猴子关剖面（06－52－0802－4－2）。

【地质特征及区域变化】 猴子关灰岩属台地边缘滩礁相沉积，分布于紫云、望谟、册亨、罗甸等地。紫云一带可分三段：下段为灰、浅灰色泥晶灰岩及生物屑泥晶灰岩（厚 48m）；中段为浅灰色生物屑泥晶灰岩夹生物屑亮晶灰岩及少许深灰、灰色生物屑泥晶灰岩，顶部含黑色钙质斑块（厚 284 m）；上段为浅灰、灰白色厚层块状生物屑泥晶灰岩夹少许亮晶砂屑䗴灰岩，上部夹亮晶和泥晶水螅—海绵礁灰岩（厚 504 m）。总厚度 826 m。册亨央友一带，为一套浅灰色厚层块状亮晶生物屑灰岩及藻团生物屑灰岩，上部夹亮晶海绵礁灰岩，厚 609 m。贞丰者王一带，猴子关灰岩颜色变深，下段为浅灰、深灰色灰岩夹一层白云岩，顶部为厚 1 m 粘土岩夹灰岩凸镜体（厚 48 m）；中段灰、深灰色含燧石团块灰岩夹瘤状泥灰岩、碳质泥灰岩（厚 136 m）；上段浅灰、灰白色夹深灰色燧石团块灰岩，偶夹白云质团块和条带（厚 357 m）。总厚度 541 m。罗甸沙厂一带仅出露上部一套浅灰色块状海绵礁灰岩或苔藓海绵礁灰岩，夹亮晶生物屑灰岩，厚度大于 156 m。

猴子关灰岩䗴类十分丰富，次为珊瑚、腕足类及藻类、水螅—海绵等。含䗴 *Pamirina*, *Brevaxina*, *Misellina claudiae*, *Cancellina*, *Neoschwagerina*, *Neomisellina*, *Yabeina* 等；珊瑚 *Iranophyllum*, *Protomichelinia*, *Ipciphyllum*, *Tetraporinus*, *Hayasakaia*, *Wentzellophyllum* 等。其时代属早二叠世。

四大寨组 P_1s （06－52－0801）

【创名及原始定义】 1986 年肖伟民等创名于紫云县猴场西北 10 km 之四大寨乡。指整合于马平组和上二叠统晒瓦群之间的一套以重力流沉积为主的碳酸盐岩、粘土岩、硅质岩。生物化石稀少，主要产菊石和放射虫。分为二段，下部称改交段，上部为冲头段。总厚度 364 m。

【沿革】 80 年代之前，广大地质工作者一般将此套地层的中上部称为栖霞组和茅口组。

其下部碎屑岩为主的地层在1：20万罗甸幅(贵州区调队，1966)称栖霞组第一段；贵州地层古生物队(1977)称梁山组；贵州区调队联测分队(1980)则称为垭口田组；熊剑飞等(1985)称为纳水组。肖伟民等1986年将该组下部碎屑岩称改交段，中上部灰岩为主的称冲头段。1991年肖伟民将四大寨组限于冲头段，其下(改交段)改用熊氏(1985)的纳水组。本书沿用肖伟民等(1986)四大寨组的涵义。

【现在定义】 指整合于南丹组和领薅组之间的一套由硅质岩、粘土岩、砾屑灰岩和燧石条带灰岩所组成的地层。由下至上分为改交段(粘土岩为主)和冲头段(灰岩为主)。底以砾屑灰岩与南丹组灰岩分界，顶以硅质岩出现与领薅组分界。

【层型】 正层型为贵州紫云县猴场西北10 km四大寨乡晒瓦附近的贵州紫云县晒瓦下二叠统剖面(106°09′，25°37′)，肖伟民等1985年测制。次层型为贵州罗甸林霞三岔河二叠系剖面(06－52－0801－4－2)、贵州望谟桑郎如牙纳近C—T2地层剖面(06－52－0801－4－3)。紫云晒瓦四大寨组剖面层序如下：

上覆地层：**领薅组** 薄层灰岩夹硅质岩

——————整　合——————

四大寨组　　总厚度363.6 m

冲头段　　厚度218.5 m

上亚段　　厚132.0 m

12. 灰、深灰色中—薄层具正向粒序泥晶砂砾屑灰岩，富含燧石条带。产䗴 *Neomisellina lepida*, *Yabeina* sp., *Neoschwagerina* sp., *Kahlerina sinensis*, *Reichelina* sp.　　56.0 m

11. 灰色厚层块状含燧石条带中晶白云岩，顶部为(厚5.2 m)块状白云化灰岩角砾岩。产䗴 *Yabeina* sp., *Neomisellina* sp., *Neoschwagerina* sp., *Sumatrina* sp., *Pseudodoliolina chinghaiensis*, *Parafusulina* cf. *yabei*　　30.8 m

10. 浅灰、灰色厚层含燧石结核亮晶生物屑砂屑灰岩，局部白云化。产䗴 *Afghanella* sp., *Neoschwagerina craticulifera*, *Cancellina* sp., *Pseudodoliolina chinghaiensis*, *Yangchienia compressa*, *Y. iniqua*, *Y. haydeni*, *Verbeekina* sp., *Russidlla* sp.　　15.2 m

9. 深灰色中—厚层含燧石条带微晶灰岩，局部含少量砾屑。产䗴 *Neoschwagerina simplex*, *Chusenella* sp., *Cancellina* sp., *Parafusulina bosei*, *P.* cf. *kwangsiana*　　30.0 m

下亚段　　厚86.5 m

8. 灰黑色薄层硅质岩间夹深灰色页岩，中部夹2层砂—砾屑灰岩，顶部为(厚3.7m)石灰岩砾岩。产䗴 *Misellina* sp., *Wutuella wutuensis*, *Parafusulina* cf. *yunnanica*, *P.* cf. *yabei*；菊石 *Agathiceras* sp.　　34.8 m

7. 深灰、灰黑色中—薄层含粘土质灰岩、泥晶粉砂屑灰岩，夹薄层硅质岩及少量含钙质页岩。产䗴 *Misellina claudiae*, *Parafusulina splendens*；菊石 *Popanoceras* sp., *Metaperrinites* sp., *Eothinites* sp., *Kargalites* sp., *Neocrimites* sp., *Propinacoceras* sp., *Agathiceras* sp.　　51.7 m

改交段　　厚度145.1 m

6. 深灰、褐黄、灰绿色粘土岩夹白色凝灰质粘土岩。产菊石 *Parapronorites* sp., *Propinacoceras* sp.；腕足类 *Tyloplecta* sp., *Orthotichia* sp., *Spiriferella* sp.　　48.9 m

5. 灰黄色页岩，上部夹钙质粘土岩及粉砂岩　　21.5 m

4. 灰黑色厚层微晶灰岩为主，与同色硅质页岩、碳质页岩不等厚状互层，底部夹生物屑砂砾屑灰岩。底部产䗴 *Pamirina* sp., *Robustoschwagerina* sp., *Toriyamaia* sp., *Parafusulina* sp., *Pseudofusulina* sp.　　25.7 m

3. 灰褐色夹黑色含钙质粘土岩，时含灰岩凸镜体 26.7 m

2. 深灰色中厚层粘土质灰岩。产䗴 *Pamirina darvasica*，*P.* aff. *pulchra*，*Sphaerulina* sp.，*Eoparafusulina* sp.，*Rugosofusulina* sp. 13.0 m

1. 灰黑色含钙质碳质粘土岩，底部为(厚 1 m)泥晶砾屑灰岩。底部产䗴 *Pamirina* sp.，*Pseudofusulina krafftі*，*Eoparafusulina* sp. 9.3 m

——————— 整 合 ———————

下伏地层：南丹组 深灰色厚层生物屑泥晶灰岩

【地质特征及区域变化】 本组属盆地边缘相沉积。含䗴、菊石、腕足类、三叶虫和牙形石等化石，按岩性可分下部改交段，上部冲头段。分布于紫云和罗甸等地，厚 346～648 m。镇宁岜仙厚 346 m，紫云四大寨厚 363 m，罗甸林霞一带以含燧石结核和条带灰岩为主，厚 648 m。四大寨组的时代为早二叠世。

改交段 P_1s^g (06-52-0814)

【创名及原始定义】 系肖伟民等(1986)创名于紫云县四大寨乡晒瓦。指整合于马平组和下二叠统四大寨组冲关段之间的一套黄灰、深灰色粘土岩夹少量灰白、褐黄色含凝灰质粘土岩和黑色含有机质粘土岩，下部夹多层深灰色微晶灰岩，含生物屑砾屑灰岩，泥灰岩的地层，含䗴类化石。厚度 145 m。

【沿革】 见四大寨组。

【现在定义】 指整合于上石炭统南丹组与下二叠统四大寨组冲头段之间的一套灰黑、深灰色粘土岩，中下部砾屑灰岩、泥质灰岩、含生物屑泥灰岩所组成的地层。底以砾屑灰岩与南丹组泥晶灰岩分界，顶以灰岩出现与冲头段分界。

【层型】 正层型和次层型与四大寨组相同。

【地质特征及区域变化】 本段分布与四大寨组相同，厚 22～289 m。在镇宁岜仙一带为深灰色粘土岩夹砂岩、硅质岩、砂质粘土岩，下部夹泥灰岩。厚 175 m(岜仙)～289m(斗罗)。罗甸一带以灰岩为主，间夹粘土岩。厚度变薄，一般在 20 m 左右。罗甸林霞为泥灰岩间夹硅质岩和燧石灰岩。厚 22 m。

该段生物有䗴 *Pamirina*，*Pseudofusulina*，*Robustoschwagerina*；菊石 *Parapronorites*，*Neopronorites*，*Propinacoceras*；牙形石 *Sweetognathus whitei*，*Neostreptognahuodus peguopensis* 等。时代为早二叠世早期。

冲头段 P_1s^c (06-52-0815)

【创名及原始定义】 肖伟民等(1986)创名于贵州紫云县四大寨乡晒瓦村。指整合于四大寨组改交段与晒瓦群之间的一套深灰至灰黑色中及薄层泥晶—粉屑灰岩，正粒序泥晶砂砾屑灰岩，薄层含放射虫硅质岩。下部间夹泥灰岩和少量粘土岩；上部夹白云化塌积石灰岩角砾岩。含菊石和䗴。厚 218.5 m。

【沿革】 同四大寨组。

【现在定义】 指整合于下二叠统四大寨组改交段与上二统领薅组之间的一套灰、深灰色含燧石结核、条带砂砾屑灰岩夹白云岩，以及灰黑色硅质岩夹砂砾屑灰岩、泥质灰岩和页岩所组成。含菊石和䗴类化石。底以泥质灰岩与改交段粘土岩分界，顶以薄层硅质岩出现与领薅组分界。

【层型】 正层型及次层型与四大寨组相同。

【地质特征及区域变化】 本段分布范围与四大寨组相同。紫云四大寨一带可分为二亚段：下亚段为泥晶灰岩、泥晶砂屑灰岩、生物屑泥晶灰岩、泥灰岩夹硅质岩、页岩和少许的砾屑灰岩(厚77m)；上亚段为正粒序泥晶砂砾屑灰岩，含燧石结核亮晶生物屑砂砾屑灰岩、亮一泥晶粉屑灰岩，夹硅质岩及燧石条带白云岩(141 m)。总厚218 m。镇宁岜仙一带下亚段为含燧石灰岩夹泥晶灰岩(厚度105 m)，上亚段为燧石灰岩夹含凝灰质砾屑灰岩、白云化生物碎屑泥晶灰岩(厚度66 m)。总厚度171 m。罗甸林霞一带下亚段为深灰色中厚层含燧石结核或条带灰岩，下部夹少许泥灰岩(厚203 m)；上亚段为灰色一浅灰色中厚至厚层含燧石团块或条带灰岩，下部夹少许白云质灰岩(厚432 m)。总厚626 m。罗悃一带两亚段之间有辉绿岩侵入。

该段生物以䗴和菊石为主，次为珊瑚、腕足类、海百合茎等。下亚段含䗴 *Misellina claudiae*，*Parafusulina*，*Pseudofusulina*；菊石 *Popanoceras*，*Parapronorites*，*Propinacoceras*，*Agathiceras* 等；上亚段含䗴 *Neomisellina*，*Pseudodoliolina*，*Cancellina*，*Yabeina*，*Neoschwagerina* 等。其时代为早二叠世。

峨眉山玄武岩　$P_{1-2}em$　(06-52-0810)

【创名及原始定义】 赵亚曾(1929)创名于四川峨眉山。原称“峨眉山玄武岩”，指一套“厚的席状基性熔岩流，厚度超过400 m。岩石含致密针状长石斑晶”。下伏层为“阳新灰岩”，上覆层为煤系地层。

【沿革】 30年代初罗绳武调查纳雍一带铜矿时，将峨眉山玄武岩一名引入贵州。赵家骧(1942)称峨眉山玄武岩系，定其时代为晚二叠世早期。《中国区域地层表(草案)》(1956)中称峨眉山玄武岩，时代为早二叠世晚期。1959年贵州石油勘探局改称峨眉山玄武岩组，认为属晚二叠世早期。随后，盛金章(1962)、贵州区调队(1973)均沿用。贵州区调队(1980—1981)改用峨眉山玄武岩，并划分为三个喷发旋回，据古生物资料认为第一旋回为早二叠世晚期，第二、三旋回为晚二叠世早期。此后，《贵州省区域地质志》(1987)，引用。本书取此含义。

【现在定义】 指以灰、绿等色致密斑状、杏仁状钙碱性玄武岩为主，夹少量苦橄岩、凝灰质砂岩、泥岩、煤线及硅质岩，偶见植物化石。与下伏茅口组或阳新组深灰、黑灰色灰岩及上覆宣威组绿灰色砂岩、粉砂岩均为平行不整合接触。

贵州省内的涵义是指平行不整合于下二叠统茅口组之上，上二叠统含煤岩系之下的一套大陆溢流拉斑玄武岩与玄武质火山碎屑岩为主，夹少许凝灰质粘土岩、砂岩、凝灰岩、粘土岩及凸镜状煤等组成的岩层。西部含煤岩系与峨眉山玄武岩呈平行不整合接触；东部则为整合接触。底以玄武岩或凝灰岩与下伏茅口组灰岩划界；顶以粘土岩出现划宣威组、龙潭组、领薅组或合山组。

【层型】 选层型在四川乐山市南35 km沙湾镇。省内次层型为贵州威宁舍居乐峨眉山玄武岩组实测剖面(06-52-0810-4-1)，贵州赫章六曲峨眉山玄武岩组实测剖面(06-52-0801-4-2)。

【地质特征及区域变化】 峨眉山玄武岩分布于毕节、瓮安、贵阳、安顺和兴仁一线以西地区，西厚东薄，最大厚度1 249 m(威宁舍居乐)，黔西一安顺一线以东厚12～68 m，在瓮安一福泉一带消失。一般分为三个喷发旋回：第一旋回主要为黑灰至墨绿色角砾一块砾粗火山碎屑岩和熔岩，在水城、盘县一线以西夹少量含羊齿类植物化石的粘土岩，以东地区的火山碎屑岩大多以沉积火山碎屑岩为主，其碎屑物具冷凝边，正常沉积的胶结物中常含海绵骨针、棘皮类、有孔虫、䗴类等生物碎屑，西厚东薄，厚165～3 m；第二旋回为黑灰至深灰绿色巨厚玄武质熔岩，包括拉斑状玄武岩、拉玄岩、玄武玢岩、间隙玄武岩、玻基斑状玄武岩、淬碎龟裂状玄武岩、淬碎角砾状玄武岩、淬碎球状玄武岩，偶夹玻屑凝灰岩凸镜体，柱状节理极发育，常具气孔、杏仁状构造，毕节、安顺、晴隆一带，淬碎玄武岩碎块间的胶结物中含海绵骨针等生物碎屑，底部有时见厚数米至数十米的玄武岩砾岩，与第一旋回平行不整合接触，厚797～31 m；第三旋回主要为灰、灰绿色层理较薄的细火山碎屑岩或细火山碎屑岩与熔岩互层，在普安、织金、毕节一线以西夹正常沉积的含煤碎屑岩，该线以东的沉积火山碎屑岩的胶结物及粘土岩夹层中见到腕足类化石，厚度自西而东减薄，厚287～3 m。

省内峨眉山玄武岩仅在晴隆附近及普定补堆、织金箐门口等地第一旋回灰岩凸镜体中见䗴类 *Neomisellina*, *Neoschwagerina*；第二旋回未获化石，第三旋回在普安—织金—毕节一线以西地区正常沉积夹层中多含羊齿类和蕨类等植物。据此，第一旋回时代应属早二叠世晚期。第三旋回所含生物面貌与上二叠统含煤岩系相同，与正常沉积地层为渐变过渡，故归为晚二叠世。第二旋回无生物依据，但与上下正常沉积地层的岩相古地理比较，置于晚二叠世为妥。

领薅组　$P_{1-2}lh$　(06-52-0807)

【创名及原始定义】　贵州区调队1:20万兴仁、安龙幅(1980)创名于广西隆林城西南8 km领薅村东侧公路旁。指平行不整合于下二叠统茅口组与下三叠统罗楼组之间的一套褐黄色粉砂岩、砂岩、粘土岩为主，下部夹少许硅质岩所组成的地层。厚度673 m。其时代为晚二叠世。

【沿革】　1965年贵州区调队1:20万罗甸幅依据岩性和古生物将该套地层划分为吴家坪组、长兴组和大隆组。贵州区调队(1980)1:20万兴仁、安龙幅在镇宁岜仙将本组下部(150 m)发现 *Neoschwagerina* 等化石的部分取名为岜仙组，定其时代为早二叠世晚期；上部称领薅组，属晚二叠世。1981年贵州区调队1:50万地质图编图组称晒瓦组，并分五个段，定其时代为晚二叠世。《贵州省区域地质志》(1987)中肖伟民改用晒瓦群。据命名优先原则，本书引用领薅组，暂定其时代为早二叠世晚期(?)—晚二叠世。

【现在定义】　指平行不整合于茅口组与罗楼组之间的一套褐黄色粉砂岩、砂岩、粘土岩夹少许硅质岩。

贵州境内该组颜色以深色粘土岩为主，夹灰岩、凝灰岩及较多的硅质岩。底以碎屑岩与下伏下二叠统四大寨组或峨眉山玄武岩整合接触；顶以硅质岩夹页岩与罗楼组灰岩整合划界。

【层型】　正层型为位于广西隆林县。本省次层型为贵州紫云晒瓦上二叠统剖面(06-52-0807-4-1)，贵州镇宁县岜仙二叠系实测剖面(06-52-0807-4-2)。

【地质特征及区域变化】　本组分布于紫云晒瓦、镇宁岜仙和罗甸罗悃一带。厚400～1 619 m。为一套盆地斜坡—深水槽盆相沉积。紫云晒瓦一带可分四段：

第一段深色硅质岩夹粘土岩、长石砂岩、灰岩和泥灰岩(厚275 m)；第二段深灰、灰色长石岩屑砂岩、粉砂岩夹粘土岩、砂质粘土岩及少量泥晶灰岩、泥粉屑灰岩(厚316 m)；第三段灰黄、褐色粘土岩夹少量生物屑灰岩、硅质岩和泥灰岩凸镜体(厚111 m)；第四段为灰色泥晶含燧石结核砾砂屑灰岩、泥晶灰岩和泥晶石灰砾岩夹硅质岩及粘土岩，上部夹鲕状灰岩及浅绿色凝灰岩(厚度 165 m)。总厚度 867 m。镇宁岜仙一带灰岩和硅质岩有所减少,砂岩粒度变细并减少。第一段为玄武质粉砂岩、粘土岩夹生物屑砾屑灰岩、白云质灰岩(厚 150 m);第二段粘土岩夹粉砂岩、砂岩及少量玄武质粉砂岩和凝灰岩(厚 398 m);第三段粉砂岩、岩屑砂岩玄武岩屑砂岩夹粘土岩(厚度 252 m);第四段粘土岩夹少许生物屑灰岩和白云质灰岩,顶部为硅质岩夹页岩(厚 236 m)。总厚度 1 036 m。关岭扒子场一带第一、二段变化不大,第三段仍以粘土岩为主,第四段为一套灰色厚层含少许燧石结核灰岩(厚 195 m)。镇宁牛田一带以一套碎屑岩为主,不易分段,厚 1 619 m。镇宁岜仙向北厚度陡减为 400 m,直覆于猴子关灰岩之上。本组在紫云猴场西侧相变为吴家坪组。罗甸一带硅质岩和火山碎屑岩增多,以罗甸纳近为代表仍可分为四段:第一段硅质岩、硅质页岩夹凝灰岩(厚 123 m);第二段凝灰岩夹燧石灰岩、页岩及少量硅质岩(厚度 82 m);第三段硅质岩、钙质页岩夹凝灰岩(厚 100 m);第四段含燧石结核灰岩与页岩夹硅质岩(厚 59 m)。总厚度 533 m。

该组生物以含䗴、菊石、腕足类为主,珊瑚和双壳类稀少。第一段含䗴 *Codonofusiella*, *Neoschwagerina*, *Neomisellina*(镇宁岜仙),珊瑚 *Waagenophyllum*, *Lophophyllidium*(镇宁岜仙);菊石 Medlicottidae。第二段含腕足类 *Orthotetina*, *Rhipidomella*, *Squamularia* 等;菊石 Medlicottidae *Agathiceras*。第三段含䗴 *Codonofusiella*, *Reichelina*;菊石 *Huananoceras*, *Agathiceras*, *Prototoceras*, Medlicottidae(紫云晒瓦);腕足类 *Orthotetina*。第四段含䗴 *Palaeofusulina*, *Reichelina*, *Codonofusiella*;菊石 *Pseudotirolites*;腕足类 *Leptodus*, *Spiriferella* 等。时代为早二叠世晚期—晚二叠世。

【其他】 在镇宁岜仙曾于领薅组第一段中采获䗴类化石 *Neoschwagerina*, *Neomisellina* 及 *Codonofusiella* 等,其产出岩层是否为"异地砾屑"尚有待进一步核实,以明确其跨时性。

吴家坪组　P_2w　(06-52-0808)

【创名及原始定义】 源于卢衍豪(1956)创名于陕西南郑县吴家坪至褒城孙家村的吴家坪灰岩。代表陕西汉中梁山区上二叠纪的中上部。上部主要为暗灰色厚层状及块状灰岩及灰色块状积云状灰岩,下部除有厚层状及块状灰岩外,薄层灰岩亦极发育。富含燧石。

【沿革】 贵州石油大队(1958)首次引用"吴家坪灰岩"代表贵州上二叠统以灰岩为主的地层。王钰、盛金章等(1959)依据生物将下、中部改称吴家坪组(包括机要坡灰岩、甘桥页岩、木来冲灰岩三个岩性层);上部称磨博灰岩。盛金章(1962)将下、中部层位称吴家坪组,把三个岩性层改为段;将磨博灰岩改称长兴组。贵州区调队(1981)1∶50 万地质图编图组认为盛氏(1962)划分的两组在岩性上无法区分,改用吴家坪组—长兴组。本书采用吴家坪组,指一套海相碳酸盐岩为主的地层。

【现在定义】 整合于阳新组灰岩与大冶组泥灰岩之间的地层序列,为灰色中厚—厚层、块状含燧石团块的泥晶灰岩及生物碎屑灰岩,底部稳定地发育一层厚度不大的含鲕粒的铁铝质泥质岩(王坡段),并以此层之底作为该组的底界。

在贵州,本组指平行不整合于下二叠统猴子关灰岩与大冶组之间的一套深灰、浅灰、灰色中厚层至厚层含燧石灰岩、生物碎屑灰岩为主的地层。底部为粘土岩或铝铁岩。局部地区上部夹生物礁滩灰岩。底以粘土岩与猴子关灰岩平行不整合分界;在罗甸林霞一带该组与下伏四大寨组整合接触。顶以含砾屑泥晶灰岩与大冶组灰岩分界。

【层型】 选层型位于陕西南郑县吴家坪。本省次层型为贵州紫云县猴场区大营吴家坪组剖面(06-52-0808-4-1),贵州罗甸林霞三岔河二叠系实测剖面(06-52-0808-4-2)。

【地质特征及区域变化】 本组分布于紫云、望谟、册亨、罗甸等地。为一套台地边缘礁滩相为主的沉积。在紫云大营一带可分二段：下段为深灰、灰色中至厚层富含燧石条带或结核泥晶灰岩、生物屑灰岩，夹厚块状亮一泥晶珊瑚灰岩，底部为粘土岩(厚 239 m)；上段为灰、浅灰色厚层含生物屑亮晶灰岩、泥晶生物屑灰岩，夹厚层含少量燧石团块或结核亮晶、泥晶生物屑灰岩，顶部夹海绵礁灰岩(厚 346 m)。总厚度 585 m。册亨百屯附近下段为灰色含燧石灰岩夹灰岩(厚 270 m)；上段灰岩颜色略深，底部为灰岩，含泥质较多(厚 223 m)。总厚度 493 m。望谟播东一罗甸云里、老场坝一带以生物礁灰岩为主，在罗甸云里一带本组全为块状海绵礁灰岩，厚度 430 m，与下伏猴子关灰岩断层接触。罗甸老场坝则为亮晶生物屑灰岩间夹亮晶苔藓海绵礁灰岩，厚度约 305 m。在册亨落六、贞丰白层、紫云城北及罗甸克麻井一带以灰岩为主，中部夹一层页岩、硅质岩，两段易分。贞丰白层至册亨落六一带下段为灰岩夹少量粘土岩(厚 145～188 m)；上段以灰岩为主夹生物礁灰岩，下部夹粘土岩，底部为粘土岩(厚度 189～198 m)。总厚度 344～377 m。在紫云附近下段为灰、灰白色厚层灰岩(厚 120 m)；上段为浅灰色含少量燧石结核灰岩，底部为砂质页岩、粘土岩夹凸镜状灰岩，顶部在石头寨为生物礁灰岩 (厚 355 m)。总厚度 475 m。紫云打麻一带下段为石灰岩偶夹瘤状灰岩及燧石层(厚 381 m)，上段以含燧石灰岩为主，底部为粘土岩(厚 90 m)。总厚度 471 m。罗甸克麻井一带下段为灰白色块状质纯灰岩夹白云质灰岩及燧石灰岩，底为硅质岩夹页岩(厚 193 m)；上段为浅灰色灰岩上部夹硅质岩凸镜体，底部粘土岩(厚 139 m)。总厚 362 m。罗甸老场坝向南至罗甸林霞一带厚度减薄，下段为黑色硅质岩夹燧石灰岩、灰岩 (厚 16 m)；上段为灰、深灰色含燧石结核及条带灰岩夹灰岩(厚 107 m)。总厚度 123 m。该组生物以含簸、珊瑚、腕足类及海绵、苔藓为特征，分布广泛，变化不大。含簸 *Codonofusiella*；珊瑚 *Liangshanophyllum*，*Lophophyllidium*。上部含簸 *Palaeofusulina*；珊瑚 *Waagenophyllum*，*Huayunophyllum*。其时代属晚二叠世。

合山组　P_2h　(06－52－0809)

【创名及原始定义】 由张文佑、陈家天(1938)创名于广西合山市大隆村的合山层演变而来。岩性为深灰色薄层灰岩含燧石条带夹煤五层，底部有含铁矿砂岩一层。下与茅口灰岩呈不整合接触，上与大垅层整合接触。

【沿革】 贵州石油普查大队(1956)首次引用此名，代表黔东、黔南两地上二叠统以海相灰岩为主的地层，该队 1958 年改用吴家坪灰岩。贵州石油勘探局(1959)将中下部灰岩夹少量碎屑岩和煤的地层称乐平煤系；上部燧石灰岩及硅质层采用长兴组。盛金章(1962)将黔东一带顶部以硅质岩为主的地层称大隆组，其余部分称吴家坪组。贵州地层古生物工作队(1977)依据古生物将盛氏(1962)所称的吴家坪组上部划为长兴组。《贵州省区域地质志》(1987)沿用盛氏(1962)吴家坪组涵义。本书认为省内大隆组与茅口组之间这套地层与陕西的吴家坪组层型不同，而与广西合山组含义相近。

【现在定义】 指平行不整合于茅口组之上，整合于大隆组之下的一套以泥质灰岩、泥灰岩为主，夹数层煤层及少量硅质条带等岩性组合。下以浅灰色块状灰岩的消失或铁铝岩的出现与茅口组分界，上以泥岩、凝灰岩的出现与大隆组分界。

贵州省内该组指平行不整合于茅口组之上，整合于大隆组或下三叠统夜郎组之下的一套含燧石泥晶灰岩、生物碎屑岩为主，夹硅质岩、硅质页岩及煤的地层，底部为含铁粘土岩。底以粘土岩与茅口组灰岩分界；顶以粘土岩、凝灰岩出现与大隆组分界，或以页岩出现与夜郎组分界。

【层型】 选层型在广西合山市大隆村。本省次层型为贵州惠水县断杉上二叠统剖面(06-52-0809-4-1),贵州石阡乌谷二叠系剖面(06-52-0809-4-2),贵州平塘卡洛至甘寨二叠系剖面(06-52-0809-4-3)。

【地质特征及区域变化】 本组属台地相沉积。分布于桐梓、遵义、惠水断杉、荔波连线之东北地区。由西南向东北泥质成分及页岩、硅质岩增多;煤层层位由东向西升高、煤层增多;西南厚,东北薄,厚513～177 m。按岩性普遍可以三分。在道真—石阡—平塘一带,下段以深灰色含燧石灰岩夹硅质岩、灰岩为主,底部粘土岩夹一层煤(厚50～253 m);中段硅质岩、页岩间夹灰岩(厚20～53 m);上段深灰色含燧石生物碎屑灰岩为主,北部夹少许页岩(厚107～44 m)。总厚度177～350 m。贵定一带三个段岩性变化不大,仅在中、上段夹煤,总厚度345 m。惠水断杉一带下段含燧石生物碎屑泥晶灰岩夹泥晶灰岩,底部为含铁粘土岩(厚300 m);中段硅质岩夹硅质页岩及一层煤(厚43 m);上段含燧石泥晶灰岩夹生物碎屑泥晶灰岩(厚170 m),总厚度513 m。遵义—安顺一带本组覆于龙潭组之上。石阡以东地区缺失中上段。

该组生物以䗴、腕足类和珊瑚为主,下段至上段下部含䗴 *Codonofusiella*;珊瑚 *Liangshanophyllum*,*Lophophyllidium*;上段中上部含䗴 *Palaeofusulina* 及珊瑚 *Lophophyllidium* sp. 等。时代为晚二叠世。

龙潭组　P_2l　(06-52-0811)

【创名及原始定义】 源于丁文江(1919)在江苏南京东郊龙潭镇创名的龙潭煤系。指南京附近诸山中唯一已开采的煤矿,故用龙潭之名称这一含煤地层为龙潭煤系,时代为二叠纪。惟下为上石炭纪船山石灰岩,其上为二叠或三叠纪长牯岭石灰岩而已。

【沿革】 乐森璕(1928)将遵义附近相当该组地层称为黄家湾煤系,1929年把安顺附近含煤地层称为轿子山煤系。黄汲清(1932)将此套地层的中下部称竹塘系,上部为长兴石灰岩,属上二叠统。边兆祥(1944)改用大羽羊齿煤系,代表上二叠统。1956年《中国区域地层表(草案)》将龙潭组一名引入贵州,代表贵州西部覆于长兴石灰岩之下,伏于峨眉山玄武岩之上的海陆交替相碎屑岩为主的含煤地层。王钰、盛金章等(1959)据古生物将中、下部称为龙潭煤系,上部含 *Palaeofusulina* 灰岩凸镜体的页岩称为凉风坡页岩。地质部四普(1962)统称为龙潭组。盛金章(1962)把下、中部称为龙潭组,上部称长兴组或大隆组。贵州区调队(1973—1980)依据化石将龙潭组顶界下移,其上归为长兴组。1976年1∶20万毕节幅据峨眉山玄武岩底部粘土岩层,将龙潭组底界下移至峨眉山玄武岩之底;与此同时,姚兆奇等(1976)和田宝林(1980)亦据生物将龙潭组顶界下移。田氏还将上覆地层长兴组改为汪家寨组。《贵州省区域地质志》(1987)沿用龙潭组,其涵义指峨眉山玄武岩或茅口组与长兴组灰岩或汪家寨组之间的一套海陆交替相的煤系地层。本书基本上沿用《贵州省区域地质志》的龙潭组涵义,并认为汪家寨组与龙潭组岩性上无法分开,而归入龙潭组。

【现在定义】 指孤峰组与大隆组或长兴组之间一套含煤地层。下部为灰黄色、黄绿色粉砂岩、页岩互层;中部为灰黄色、深灰色中至粗粒中厚层长石石英砂岩、粉砂岩、页岩夹煤层,含植物化石;上部以黑色页岩为主夹薄层灰岩及细砂岩,富含腕足类等化石。下与孤峰组以含双壳类浅灰色页岩为界,上以大隆组紫红色灰岩出现为界,均为整合接触。

贵州省内该组系指平行不整合于峨眉山玄武岩或茅口组之上,整合于合山组或整合、平行不整合于夜郎组之下的一套由砂岩、粉砂岩、粘土岩夹煤层及少量硅质岩、灰岩等组成的地层,含腕足类、植物等化石。底以粘土岩与峨眉山玄武岩或茅口组灰岩分界，顶以砂岩、页岩或含燧石生物碎屑灰岩出现与飞仙关组或合山组分界。

【层型】 选层型位于江苏省南京龙潭。本省次层型为贵州安顺轿子山上二叠统世地层剖面(06-52-0811-4-1)，贵州水城汪家寨矿区上二叠统剖面(06-52-0811-4-2)。

【地质特征及区域变化】 本组属滨海至浅海沉积。分布于正安、贵阳、兴仁一线以西，赫章、盘县连线以东广大地区，东厚西薄，厚356～23 m。以安顺轿子山为代表可分三段：下段为燧石泥晶灰岩、粉砂岩、粘土岩及碳质页岩和煤组成海退式旋回，具波状、凸镜状、鱼骨状层理，煤层多在旋回顶部(厚129 m)；中段为中—细粒岩屑砂岩、粉砂岩与粉砂质粘土岩、碳质页岩及煤构成旋回层，旋回层底部常为薄层灰岩，砂岩常具向上变粗的逆粒序及大型楔状层理、交错层理(厚55 m)；上段为粉砂岩夹含燧石生物屑泥晶灰岩、泥灰岩及硅质岩、粘土岩、碳质粘土岩和煤层，具水平虫迹和季节纹层(厚180 m)。总厚度356 m。织金一带下段以粘土岩为主夹砂岩、硅质岩及灰岩和煤(厚97 m)；中段为砂岩、粉砂岩夹粘土岩、页岩和煤，厚144 m；上段则为粉砂岩、砂质粘土岩、粘土岩为主，夹煤及灰岩(厚78 m)。总厚度319 m。水城地区三段难分，下部为细砂岩、粉砂岩、粘土岩、鲕状粘土岩及煤层(厚200 m)；中部为粘土岩为主夹粉砂岩、钙质砂岩、含鲕状菱铁矿的粘土岩，含煤10余层(层50 m)；上部为钙质细粉砂岩、细砂岩、粘土岩为主夹薄层泥灰岩、生物碎屑灰岩(厚80 m)。总厚度230 m。该组生物以含植物和腕足类为主，尚见䗴、有孔虫、头足类、珊瑚和双壳类等。下中部含腕足类 *Edriosteges poyangensis*，*Squamularia grandis*，*Orthotetina ruber* 等，*Codonofusiella*；上部含䗴 *Palaeofusulina*；菊石 *Pseudotirolites*，*Pseudogastrioceras*；植物 *Gigantopteris*，*Lobatannularia* 等。其时代属晚二叠世。

宣威组 P_2x (06-52-0813)

【创名及原始定义】 由谢家荣等(1941)创名于云南宣威县打锁坡的宣威煤系演变而来。指玄武岩之上，飞仙关组之下的一套黄绿色页岩、粗砂岩、煤层及砂质页岩，富含大羽羊齿植物群。

【沿革】 1941年谢家荣首次将宣威煤系引用于贵州威宁附近。1957年贵州石油管理局地质队(1957)把宣威煤系引用至六盘水及晴隆一带。1962年盛金章改称宣威组。1966年贵州省煤田勘探公司使用"宣威煤组"。贵州区调队(1970—1974)认为宣威组上部包括长兴期沉积，并改称宣威群。《贵州省区域地质志》(1987)称宣威组，认为其时代属晚二叠世，本书沿用该含义。

【现在定义】 指峨眉山玄武岩与飞仙关组紫红色砂泥岩地层体间的一套含煤的陆相沉积。为黄、灰绿色细砂岩、粉砂岩、粘土岩、页岩及煤层，偶夹菱铁矿，富含大羽羊齿植物群的地层序列。下以凝灰岩或底砾岩与峨眉山玄武岩分界，平行不整合接触。上与紫红色泥质砂岩、砂岩夹少量页岩含叶肢介等化石的飞仙关组整合接触。

贵州省内与层型地区含义基本相同。

【层型】 正层型为云南宣威县打锁坡(煤田)剖面。本省次层型为贵州威宁二塘比巫上二叠统剖面(06-52-0813-4-1)，贵州威宁小河边宣威群剖面(06-52-0813-4-2)。

【地质特征及区域变化】 本组为一套泛滥平原、沼泽、河流及三角洲环境的陆相沉积。分布于赫章—盘县一线以西地区，东南厚(271 m)，西北薄(35—41 m)。下部以泛滥平原堆积的粘土岩为主，威宁比巫为黄褐、黄绿色粘土岩间夹粉砂岩、细砂岩，下部夹煤、底部为赤铁矿层，厚94 m；赫章小河边则为灰、灰绿色鲕状粘土岩、含植物根系块状粘土岩，含膏盐假晶粘土岩，夹粉砂质粘土岩、岩屑细—粉砂岩以及少许碳质页岩、劣质煤，厚 80 m。赫章羊街一带为灰绿色粘土岩、页岩间夹紫褐色页岩，煤层及鲕状铁绿泥石岩，底部为铁矿等，羊街附近厚 41 m，硝坡一带厚 35 m。上部属沼泽、河流及泛滥平原沉积，在比巫为灰色粘土岩夹粉砂含砾岩屑细砂岩、粉砂质粘土岩及 20 多层煤，厚 125 m。水城小河边为含砾屑细砂岩→粉砂岩→粉砂质粘土岩粘土岩、碳质页岩或煤组成由粗到细的旋回层。旋回层底部见冲刷面，含砾砂岩中具板状和水平层理等。赫章羊街一带缺失宣威组上部。

该组生物以植物为主，淡水双壳类及叶肢介次之。含植物 *Gigantopteris*，*Lobatannularia*，*Taeniopteris* 等。其时代为晚二叠世早期。

大隆组　P_2d　(06-52-0812)

【创名及原始定义】 由张文佑、陈家天(1938)创名于广西合山市大隆(大垅)的“大垅层”演变而来。岩性分上、下两部分：上部为灰色、黄灰色、绿灰色硅质页岩、灰质页岩及砂岩；下部为暗色硅质页岩夹白灰色及杂色页岩、砂岩等，时代为二叠纪—三叠纪，其上与三叠系为整合接触，下与合山层为连续沉积。

【沿革】 乐森玥等(1944)将大隆层一名引入贵州，代表贵阳、都匀、独山等地长兴石灰岩与三叠系薄层灰岩夹泥岩之间厚度不足 10 m 的灰黄、灰白色含菊石硅质岩夹硅质页岩，时代定为晚二叠世晚期。1956 年《中国区域地层表(草案)》改称大隆组。盛金章(1962)提出贵州西部大隆组与长兴组相变的观点。贵州区调队(1965)、贵州省地层古生物工作队(1976)均认为大隆组是覆于长兴组之上的地层单位。贵州区调队 1976 年 1：20 万贵阳幅根据生物将长兴组范围扩大，将吴家坪组上部至大隆 组取名“花果园段”。《贵州省区域地质志》(1987)依据菊石将贵阳附近大隆组的底界下移至原吴家坪组灰岩之上的一套硅质岩夹凝灰岩、粘土岩之底，将原长兴组灰岩作为大隆组夹层。本书使用《中国区域地层表(草案)》的大隆组含义。

【现在定义】 指位于合山组之上、三叠系南洪组之下的一套硅质岩、泥岩、砂岩及凝灰岩组成的地层。下以泥质灰岩、泥灰岩的消失或硅质岩的出现与合山组分界，上以硅质岩的消失或灰色页岩的出现与南洪组分界。上下均呈整合接触。

贵州省内现在涵义系指整合于合山组之上，下三叠统夜郎组、罗楼组或大冶组之下一套由绿泥石岩、硅质岩、粘土岩、凝灰岩、泥灰岩和砂岩组成的地层。底以硅质岩与合山组灰岩分界；顶以黄绿色页岩或粘土岩的出现与夜郎组、大冶组或罗楼组分界。

【层型】 正层型在广西合山市大隆村。本省次层型为贵州惠水县断杉大隆组剖面(06-52-0812-4-1)。

【地质特征及区域变化】 本组属台洼相沉积。分布于大方—瓮安—都匀一线以西，织金—安顺—罗甸—独山一线以东的黔中地区，向南向北均减薄、尖灭，厚度 0～88 m。惠水、都匀、独山一带发育齐全，由深灰色绿泥石岩、含放射虫硅质岩、硅化粘土岩及蒙脱石化玻屑凝灰岩及绿泥石化泥灰岩、凝灰质细—粉砂岩、黑色粘土岩组成，厚 50～88 m。罗甸边阳至平塘通州一带为硅质岩夹页岩，厚 2～4 m。北部安顺—贵阳—贵定一带为深灰色硅质岩夹玻屑凝灰岩及粘土岩，局部夹生物碎屑灰岩，厚为 5～16 m；大方—织金—瓮安一线为粘土岩夹硅质岩及凝灰岩，厚 3～10 m。

该组生物以菊石为特色，普遍发育菊石 *Pseudotirolites*，尚见腕足类、双壳类、植物、腹足类和三叶虫等。时代属晚二叠世晚期。

第二节　生物地层

一、腕足类

1. *Euryspirifer* 带

侯鸿飞等(1988)建立。最大特点是展翼、多褶的石燕大量发育，如 *Euryspirifer paradoxus shujiapingensis*，*Otospirifer daleensis*，*Alatiformia alatiformis* 等。中泥盆世繁盛的 *Athyrisina* 首次出现于该带，尚见 *Glyptospirifer quadriplicatus* 等。见于独山猴儿山、贵阳高坡场熊洞山、赫章铁矿山小河边的舒家坪组上部。

2. *Zdimir* 组合带

侯鸿飞等(1964、1988)建立。见于普安罐子窑中泥盆统罐子窑组上段下部。以五房贝类 *Zdimir* 大量发育为特征。常见有 *Zdimir kueichowensis*，*Z. extensus*，*Z. planoconvexus*，*Z. sulcatus* 等，此外还有 *Gypidula planosinosa*，*Uncinulus angularis* 等。时代为早泥盆世晚期—中泥盆世早期。

3. *Xenospirifer fongi* 组合带

侯鸿飞、鲜思远(1975、1988)建立。分布于独山猴儿山和利山龙洞水组下部。共生分子有 *Gypidula biplicata*，*Dushanirhynchia inflata*，*Uncinulus longdongi* 等。特征是石燕贝类两翼十分宽展的石燕早已消失，出现了奇石燕、小嘴贝和鹰头贝。

4. *Acrospirifer houershanensis* 组合带

侯鸿飞、鲜思远(1975、1988)建立。共生分子有 *Indospirifer maoerchuanensis*，*Eospirifer lachrymosa*，*Longdongshuia subaequata*，*Amboglossa transversa*，*Nadiastrophia rectangulata*，"*Megachonetes*" *primus*，*Spinulicosta elongata*，*Desquamatia quadrata*，*D. globosa*，*Athyrisina squamosaeformis*，*A. bifurtata* 等。其中 *Acrospirifer houershanensis* 的外部形态与西欧艾菲尔阶的 *Acrospirifer superaspiciosus* 比较接近，同属中泥盆统下部艾菲尔阶早期动物群。见于独山猴儿山和利山龙洞水组上部。

5. *Bornhardtina uncitoides* - *Acrothyris kwangsiensis* 组合带

该组合带以 *Bornhardtina uncitoides*，*Acrothyris kwangsiensis* 为特征，伴有 *Bornhardtina bisulcata*，*B. burtiniformis*，*Stringocephalus obesus*，*S. globos* 等。该组合带下部以 *Bornhardtina* 为主，上部 *Stringocephalus* 大量发育。见于独山剖面独山组鸡泡段(包括屯上段)。

6. *Stringocephalus burtini* - *Emanuella takwanensis* 组合带

王立亭在 1987 年建立。分布于独山、长顺漫滩独山组鸡窝寨段。共生分子有 *Athyris tushanensis*，*Spinatrypa aspera*，*Uudispirifer undiferus*，*Emamuella plicata*，*Desquamatia zonatiformis*，*Atrypa desquamata magna*，*Indospirifer ovata* 等。特点是 *Stringocephalus* 大量繁盛，*Bornhardtina* 衰减；穿孔贝类地方型分子发育。

7. *Cyrtospirifer* - *Tenticospirifer* 组合带

该组合带以发育 *Cyrtospirifer* 和 *Tenticospirifer* 二属为特征。常见分子有 *Cyrtospirifer chaoi*，*C. extensus*，*C. wangleighi*，*C. sinensis*，*Tenticospirifer tenticulum*，*Atrypa* sp.，*Spinatrypa* sp. 等。分布于独山、都匀、凯里和龙里等地的望城坡组，贵阳乌当和惠水岗度高坡场组第二段，威宁融县组下部。

8. *Composita glabosa* - *Schuchertella gelaohoensis* 组合带

杨式溥(1964)建立。该组合带以 *Composita* 为主，伴有 *Composita ovata*，*C. hunanensis*，*Cleiothyridina media*，*C. submabranacea*，*Cyrtospirifer* sp.，*Tenticospirifer* sp.，*Fusella* sp. 等。见于独山及惠水龙塘山革老河组下部。

9. *Eochoristites* - *Martiniella* 组合带

杨式溥(1978)建立。主要腕足类有 *Eochoristites chui*，*E. dushanensis*，*Martiniella asiatica*，*M. chinglungensis*，*M. pentangonia*，*Cleiothyridina media*，*C. obmaxina*，*Ptychomaletoechia kinlingensis*，*P. tangpagouensis*，*Yanguania dushanensis* 等。分布与汤粑沟组一致，时代与 *Pseudouralinia* 延限带中下部相当，属早石炭世岩关期。

10. *Finospirifer shaoyangensis* 顶峰带

吴望始等(1974)在贵州首次提出，作为贵州西部簸箕湾组下部的腕足类组合。本书称顶峰带。共生的腕足类有 *Rhipidomella* sp.，*Schuchertella* sp.，*Megachonetes zimmermanni*，*Tomiproductus* sp.，*Ovaita levicosta*，? *Praewaagenoconcha* cf. *kiangsuensis*，*Camarotoechia xuanchengensis*，*Fusella* cf. *raidonensis*，*Punctospirifer* sp.，*Composita* sp.，*Eochoristites* sp. 等。分布于威宁草海的簸箕湾组下部。相当于 *Pseudouralinia* 延限带的的上部，时代为早石炭世岩关晚期。

11. *Megachonetes zimmermanni* - *Vitiliproductus groberi* 组合带

由吴祥和(1976)建立的 *M. zimmermanni* - *V. groberi* - *Pugilis hunanensis* 组合简化而来。主要分子还有 *Vitiliproductus guizhouensis*，*Megachonetes guizhouensis*，*Schellweinella crenistria*，*Delepinea sinensis*，*D. subcarinata*，*D. comoides*，*D. transversa*，*Pugilis hunanensis*，*Rugosochonetes hardrensis*，*Echinoconchus elegans*，*Punctospirifer octoplicata* 等。分布于威宁的簸箕湾组中上部，平塘甘寨祥摆组上部和旧司组下部，惠水摆金、平塘西关的旧司组大田段。本带比 *Thysanophylloides* 延限带分布广、延续时间长。时代为早石炭世大塘早期。

12. *Datangia weiningensis* - *Gigantoproductus gigantoides* - *Deleponea comoides* 组合带

本带是《贵州省区域地质志》(1987)提出的 *D. weiningensis* - *G. gigantoides* 和 *Delepinea comoides* - *D. weiningensis* 两个腕足类组合的简化，本书称组合带。主要分子还有 *Gigantoproductus moderatus*，*G. putingensis*，*G. latexolansus*，*Delepinea depressa*，*D. transversa*，*Datangia ovatiformis*，*Echinoconchus elegans*，*Schellweinella reprinki*，*Megachonetes papilionacea*，*Semiplanus semiplanus*，*Balakhonia yunnanensis* 等。分布于平塘西关、惠水摆金一带旧司组雅水段、六寨段及上司组，威宁地区的旧司组、上司组及独山、平塘、惠水、普定、水城等地的上司组中。相当于 *Yuanophyllum* 延限带的中下部，时代为早石炭世大塘中期。

13. *Gondolina* - *Striatifera angusta* - *Gigantoproductus edelburgensis* 组合带

吴祥和(1976)建立，作为下石炭统上部摆佐组的化石带。主要分子还有 *Striatifera striata*，*S. panxianensis*，*Gondolina weiningensis*，*Gigantoproductus latissimus*，*G. irregularis*，*G. rectestrius*. *G. schajenwanensis* 等。分布于省内上司组上部和摆佐组，或摆佐组、威宁组下部。在碳酸盐岩台地最为发育，近陆缘地区较稀少。本组合带大致与 *Yuanophyllum* 延限带的上部相当。时代为早石炭世大塘晚期(部分可能延至晚石炭世早期)。

14. *Choristites* 带

吴祥和(1976)提出，作为贵州上石炭统下部腕足类组合。本书改称带，作为晚石炭世䗴带的辅助生物带。本带腕足类还有 *Krotovia*，*Avonia*，*Murwoodia*，*Kutorgia*，*Retaria*，*Semicostel-*

la, *Psilocamera*, *Orthotichia*, *Enteletes* 等，大多数分子自晚石炭世早期出现，延至晚石炭世晚期，少数可到早二叠世。分布于台地和台地边缘的大埔组(摆佐组)上部，黄龙组、马平组、威宁组。在普定大窑，水城、紫云猴场扁平、盘县滑石板等地发育较好。时代为晚石炭世滑石板期至马平晚期。

15. *Orthotichia chekiangensis* 组合带

肖伟民(1987)在《贵州省区域地质志》中使用。主要共生有 *Orthotichia morganiana*, *Tyloplecta richthofeni*, *Chaoina reticulata*, *Plicatifera spinulocosta*, *Spirigerella sublongatum*, *Urushtenia* sp. 等。见于梁山组至栖霞组。

16. *Cryptospirifer* 组合带

肖伟民(1987)在《贵州省区域地质志》中使用。以 *Cryptospirifer* 分布最广，主要共有 *Tyloplecta nankingensis*, *T. grandicostata*, *Spiriferella substriquetra*, *Monticulifera sinensis*, *Composita tangchiensis* 等。见于黔中、黔北茅口组下部，燧石灰岩以下。

17. *Neoplicatifera huangi* 组合带

肖伟民(1987)在《贵州省区域地质志》中使用。主要共生有 *Martinia triquetra*, *Urushtenia crenulata*, *Monticulifera sinensis* 等。见于茅口组上部燧石灰岩段至块状灰岩段。

二、四射珊瑚

1. *Puanophyllum guizhouensis* 顶峰带

王立亭(1987)在《贵州省区域地质志》中建立。以 *Puanophyllum* 富集和与 *Calceola sandalina* 共同发育为特征。主要分子有 *Puanophyllum guizhouensis*, *P. minor*, *P. gigantum lijawanensis* 等。见于普安罐子窑地区罐子窑组下段。

2. *Dushanophrentis cystotabulata* - *Pseudomicroplasma houershanicum* 组合带

王立亭(1987)在《贵州省区域地质志》中建立。见于独山猴儿山地区龙洞水组下部。常见共生分子有 *Lyrielasma qiannanense*, *Pseudomicroplasma dushanicum*, *P.* (*Choanoplasma*) *longdongshuiense*, *Grypophyllum diluvianum*, *Tabularia devoniana*, *Neospongophyllum orientale*, *Macgeea houershanensis*, *Pycnactis*? *houershanensis* 等。该组合带与腕足类 *Acrospirifer fongi* 组合带层位大致相当。属中泥盆世早期。

3. *Utaratuia sinensis* - *Sociophyllum minor* - *Breviseptophyllum kochanense* 组合带

俞昌民、廖卫华(1978)建立。见于独山猴儿山和都匀平黄山龙洞水组上部。尚共生有 *Digonophyllum houershanense*, *Zonodigonophyllum guizhouense*, *Dendrostella trigemme*, *Digonoclisia sinensis*, *D. minor*, *Houershanophyllum involutum*, *Pseudomicroplasma fractum* 等。大致相当腕足类 *Acrospirifer houershanensis* 组合带。属中泥盆世早期。

4. *Dendrostella trigemme* - *Parasociophyllum isactis* 组合带

王立亭(1987)在《贵州省区域地质志》中建立。尚共生有 *Columnaria dushanica*, *Pseudomicroplasma flabelliforme*, *P.* (*Phacelloplasma*) *guizhouense*, *P.* (*P.*) *qiannanense*, *Neospongophyllum orientale*, *Disphyllum goldfussi*, *Suniphyllum intermedium*, *Dialithophyllum crassum* 等。*Dendrostella trigemme* 和 *Columnaria dushanica* 仅见于该带下部。该组合带见于独山猴儿山和都匀平黄山等的独山组鸡泡段。

5. *Endophyllum guizhouense* - *Sunophyllum elegantum* 组合带

王立亭(1987)在《贵州省区域地质志》中建立。见于独山附近独山组鸡窝寨段，共生分子有

Grypophyllum jiwozhaiensis, *Sunophyllum typicum*, *Temnophyllum waltheri*, *Disphyllum goldfussi*, *Stringophyllum primaevum*, *Hexagonaria quadrigemina*, *Pseudomicroplasma fongi*, *Acrophyllum gigantea*, *Dialithophyllum* sp., *Wedekindophyllum* sp., *Cystiphylloides* sp. 等。

6. *Sinodisphyllum* - *Mictophyllum* 组合带

王立亭(1987)在《贵州省区域地质志》中建立。以绳珊瑚类、泡沫珊瑚类绝迹，羽珊瑚类大量减少和 *Sinodisphyllum*、*Mictophyllum* 大量出现为特征。伴生有 *Sinodisphyllum litvinovitshae*, *Temnophyllum leei*, *Pseudozaphrentis wangchengpoensis*, *P. dushanensis*, *Mictophyllum modicum*, *M. intermedium*, *M. breviseptatum*, *M. sinense*, *Hexagonaria thomasi*, *Grypophyllum mackeziense* 等。时代为晚泥盆世早期(廖卫华，1977)。见于独山、惠水、都匀等地区独山组贺家寨段下部(厚 6～10 m)。

7. *Donia dushanense* - *Peneckiella minima* 组合带

王立亭(1987)在《贵州省区域地质志》中建立。以 *Peneckiella* 和 *Donia* 富集为特征。伴生有 *Peneckiella achanayensis*, *Donia urrassa*, *Phillipsastraea maccouni*, *Pseudozaphrentis wangchengpoensis*, *Sinodisphyllum simplex*, *Hexagonaria sp.*, *Disphyllum* sp. 等。见于独山、都匀地区望城坡组。

8. *Cystophrentis* 带

以单一 Cystophrentis 属种为特征，主要有 *Cystophrentis kolaohoensis*(最常见), *C. flabelliformis*, *C. tieni* 等。见于独山—惠水一带革老河组上部。

9. *Pseudouralinia* 延限带

俞建章(1931)首建 *Pseudouralinia* 带，作为我国南方下丰宁系(杜内阶)晚期的化石带并与汤耙沟砂岩对应。本书改称延限带。以 *Pseudouralinia* 的始现和绝灭作为本带时代。主要分子有 *Pseudouralinia tangpakouensis*, *P. irregulare*, *P. simplex*, *P. gigantea*, *Siphonophyllia* sp., *Caninia* sp., *Koninckophyllum* sp., *Syringopora* sp., *Chia* sp., *Kueichowpora* sp. 等。分布于黔南和黔西北地区汤粑沟组中上部。上部还共生有 *Keyserlingophyllum*, *Humboldtia*, *Weiningophyllum*, *Procystomichelinia*，见于威宁簸箕湾组下部、长顺睦化的睦化组下部及盘县一带鹿寨组的下部。本带时代为早石炭世岩关中晚期。

10. *Thysanophylloides* 延限带

俞建章(1931)首创 *Thysanophyllum* 带，作为贵州丰宁系大塘群旧司砂岩(维宪阶下部)的化石带。1983 年俞氏等把丛状的 *Thysanophyllum* 改为 *Thysanophylloides*。本文改称延限带。主要有 *Thysanophylloides chui*, *T. asiaticum*, *Siphonodendron curvatum*, *Donophyllum* (*Polygonalis*) *carbonica*, *Caninophyllum elegans*, *Diphyphyllum* sp., *Lithostrotionella* sp., *Heterocaninia* sp., *Kueichouphyllum* sp. (少量)。分布于平塘西关、金桥，惠水摆金为中心约 4 000 km^2 范围内的旧司组大田段。时代为早石炭世大塘早期。

11. *Yuanophyllum* 延限带

俞建章(1931)创建 *Yuanophyllum* 带，作为丰宁系大塘群上司石灰岩的化石带，认为可与西欧维宪阶 D1—D3 对比。本书改称延限带，以 *Yuanophyllum* 的出现和绝灭作为本带的范围，可划分两个亚带，下部称 *Kueichouphyllum* 顶峰亚带；上部称 *Aulina* 延限亚带，以 *Aulina* 的出现为标志。本带珊瑚化石十分丰富，主要分子有 *Yuanophyllum kansuense*, *Kueichouphyllum heishihkuanense*, *K. sinense*，及 *Heterocaninia*, *Palaeosmilia*, *Arachnolasma*, *Clisiophyllum*, *Neoclisiophyllum*, *Carcinophyllum*, *Lithostrotion*, *Siphonodendron* 等。另外，*Kusbassophyllum qingyanense* 仅见于 *Kueichouphyllum* 顶峰亚带；*Palastraea regia*，*P. bella*，*P. baijinensis*，*P. guizhouensis*，*Aulina carinata*，*A*，*rotiformis* 只见于 *Aulina* 延限亚带。主要分布于荔波、独山、平塘、惠水、长顺、威宁一带旧司组上部及上司组、大埔组下部。仅在平塘西关、惠水摆金一带可识别两个亚带，前者产于旧司组雅水段、六寨段，后者产于上司组和大埔组下部。本带时代为早石炭世大塘中晚期。

12. *Verbeekiella cylindrica* – *Falconophyllum cylindricum* 组合带

吴望始等(1979)建立。几乎全由单体珊瑚组成。共生分子有 *Verbeekiella simplex*，*Sochkineophyllum*，*Lophophyllidium*，*Falconophyllum*，*F. pinnatum*，*F. minor*，*Cryptophyllum*，*Kinkiaidia stereoseptata*，*Timorphyllum*? 等。见于晴隆花贡包磨山组底部泥质灰岩中。

13. *Kepingophyllum* 组合带

吴望始等(1979)建立。以 *Kepingophyllum* 块状复体珊瑚兴起和繁盛为特征，*Protomichelinia* 亦大量出现。计有 *Kepingophyllum distans*，*K. irregulare*，*K. major*，*K. polythecaloides*，*K. puanense*，*Thomasiphyllum sinense*，*Verbeekiella*，*Sochkineophyllum*，*Falconophyllum* 等。此带见于包磨山组中上部，猴子关灰岩下段。相当 *Pamirina* 䗴带。

14. *Wentzellophyllum* 组合带

张正华等(1988)首次使用。计有 *W. volzi*，*W. weiningense*，*W. baijinense*，*W.* cf. *kueichowense*。伴生有 *Yatsengia* sp.，*Y. asiatica*，*Y. simplex*，*Cystomichelinia* sp.，*C. laibinensis*，*C. renhuaiensis*，*C.* cf. *marginocystosa*，*Protomichelinia* 等。见于黔南栖霞组，威宁—清镇一线以北地区栖霞组下部。猴子关灰岩中段下部亦有此带的主要分子。

15. *Hayasakaia elegantula* 组合带

黄汲清(1932)建立 *H. elegantula* 带，肖伟民(1987)在《贵州省区域地质志》中改称组合带。以 *Hayasakaia* 富集为特征，*Hayasakaia elegantula*，*H. irregularis*，*H. syringoporoides*，*H. cystosa*，*H. spinosa* 等最常见。尚有 *Szechuanophyllum*，*Yatsengia*，*Polythecalis chinensis*，*Chusenophyllum* 等。见黔北威宁—清镇一带栖霞组上部，惠水一带茅口组第一段。

16. *Polythecalis* 组合带

张正华等(1988)建立。以 *Polythecalis* 大量繁盛为特征。常见主要分子有 *Polythecalis yangtzeensis*，*P. huangi*，*P. shiqianensis*，*Tetraporinus planotabulatus*，*T. kilungshanensis*，*T. bijieensis*，*T. nankingensis*，共生分子为 *Hayaskaia*，*Thomasiphyllum*，*Szechuanophyllum*，*Pavastehphyllum*，*Protomichelinia* 等；尚有 *Wentzellophyllum*，*Yatsengia* 等。见于茅口组第一段，在黔北见于茅口组底部的黑色泥质层中。

17. *Ipciphyllum* – *Iranophyllum* 组合带

芮林(1981)建立。以新兴的 *Ipciphyllum* 为主及含主要分子 *Iranophyllum* 为特征，主要有 *Ipciphyllum ipci*，*I. elegans*，*I. pingyanense*，*I. timoricum*，*I. zunyiense*，*Iranophyllum guizhouense*，*I. splendens*，伴有 *Paraipciphyllum*，*Proipciphyllum*，*Multimurinus* 等。见于茅口组第一段上部，猴子关灰岩上段中部。

18. *Ipciphyllum* – *Allotrophyllum* 组合带

芮林(1981)建立。以 *Ipciphyllum*，*Allotrophyllum* 较丰富，未曾见到 *Iranophyllum* 为特征。伴有 *Multimurinus*，*Huangophyllum*，*Yatsengia*，*Parawentzelella* 等。见于茅口组第二至三段。

19. *Liangshanophyllum* – *Lophophylloidium* 组合带

芮琳(1981)建立。以 *Liangshanophyllum wengchengense*, *L. luodianense*, *L. huishuiensis*, *L. interomurum*, *Lophophylloidium* 为主,常共生有 *Ipciphyllum* 和 *Waagenophyllum* 尚见 *Aridophyllum*, *Tachylasma* 等。见于吴家坪组和合山组下段至上段下部。

20. *Waagenophyllum – Huayunophyllum* 组合带

芮琳(1981)建立。以 *Waagenophyllum* 大量出现为特征,计有 *Waagenophyllum virgalense*, *W. ziyunense*, *W. simplex*, *W.* cf. *asperum* 等,并有 *Huayunophyllum* 共生。见于吴家坪组上段上部。

三、菊石

1. *Probeloceras applanatum* 带

阮亦萍(1981)建立。主要共生分子有 *Probeloceras forcipiferum*, *Tornoceras* (*Tornoceras*) sp.。*P. applanatum* 仅见于欧洲、北非弗拉斯阶中、下部。该带与欧洲、北非的 *Pharciceras lunulicosta* 带相当。见于长顺代化榴江组下部。

2. *Manticoceras cordatum* 带

阮亦萍(1981)建立。尚共生有 *Manticoceras wedekindi*, *Eobeloceras anguisellatum*, *Mesobeloceras acutum* 等。该带与欧洲弗拉斯阶中上部的 *Manticoceras cordatum* 带对比。见于长顺代化榴江组中部。

3. *Clymenia* 带

阮亦萍(1981)建立。以海神石亚目的属、种为主,棱菊石亚目的分子次之。主要分子有 *Prozonioclymenia acuticostats*, *Clatziella tylota*, *Parawocklumeria paradoxa*, *Cyrtoclymenia transita*, *Platyclymenia* (*Platyclymenia*) *walcotti*, *Clymenia laevigata*, *Protoxyclymenia dukeri*, *Kosmoclymenia undulata*, *Lymaclymenia striata*, *Lobotornoceras bilobatum*, *Discoclymenia cucullata*, *S. orbiculare*, *Pronoceras* (*kenseyoceras*) *sinuconstrictum*, *Imitoceras* (*Imitoceras*) *subbilobatum* 等。该带与世界各地上泥盆统法门阶上部 *Clymenia* 带相当。见于长顺代化五指山组上部。

4. *Wocklumeria* 带

阮亦萍(1981)建立。以海神石亚目为主,次为棱菊石亚目,主要分子有 *Sdiclymenia paradoxa*, *Pachyclymenia* sp., *Wocklumeria sphaeroides*, *Kanmptoclymenia* sp., *Parawocklumeria paradoxa*, *P. distorta*, *Kosmoclymenia undulata*, *K. serpentina*, *Cymaclymenia striata*, *C. chaoi*, *C. parinvolvens*, *Prionoceras* (*Pr.*) *sulcatum* 等。该带可与欧洲、北非等地法门阶顶部 *Wocklumeria* 带对比。见于长顺代化五指山组顶部。

5. *Gattendorfia* 带

吴祥和(1976)把本属作为早石炭世岩关早期革老河段同时异相沉积的标准化石。1979 年中国地质科学院把本带列入岩关阶。主要分子有 *Gattendorfia subinvoluta*, *G. molaris*, *G. discoides*, *G. popanoides*, *G. minica*, *G. ventroplana*, *Imitocera folliforme*, *I. simile* 及 *Eocanites*, *Prionoceras*, *Pseudarietites* 属的一些种等。分布于惠水王佑及长顺睦化等地五指山组顶部。为早石炭世岩关早期。

6. *Eumorphoceras plummer – Dombarites falcatoides* 带

阮亦萍(1981)研究了广西南丹七圩菊石后建立本带,并与国外 *Eumorphoceras* 带对比划归下石炭统。贵州仅在镇宁沙子沟南丹组下部发现 *Dombarites falcatoides*,普定大窑发现

D. cf. *tectus*。时代为早石炭世晚期。

7. *Homoceras* 带

吴望始等(1974)在贵州首次提出,作为贵州西部早石炭世赵家山组的菊石带。主要分子有 *Homoceras dewuense*, *Pericleites uralensis*, *P. crassatus*, *P. platygabatus*, *P. obovatus*, *Ramosites sinensis* 等。分布于水城德坞的大埔组。时代为晚石炭世早期。

8. *Retites* 带

吴望始等(1974)称 *Reticuloceras* 带,作为贵州西部中石炭统威宁组下部的菊石带。阮亦萍(1981)认为贵州原鉴定为 *Reticuloceras* 几个种均为 *Retites*。本书使用 *Retites* 带代替 *Reticuloceras* 带。本带主要菊石有 *Retites guizhouensis*, *R. reticulatus*, *R. microreticulatus*, *Stenopronorites uralensis*, *Ramosites curvatus* 等。大致相当于广西南丹七圩的 *Retites carinatus* 带。主要分布于盘县、水城等地的大埔组、威宁组下部。时代为晚石炭世滑石板早期。

9. *Branneroceras branneri* 带

阮亦萍(1981)根据广西南丹七圩菊石资料提出的,认为相当于西欧纳缪尔阶 G1 亚带。贵州本带主要有 *Branneroceras branneri*, *Syngastrioceras orientalis*, *S. suborientalis*, *Leiogastrioceras discoides*, *Megatrochoceras striatum* 等。主要分布于水城、盘县的大埔组、威宁组下部,大致相当䗴 *Pseudostaffella* 带的上部和 *Profusulinella* 带。时代为晚石炭世滑石板晚期至达拉早期。

10. *Pseudoparalegoceras* 带

杨逢清(1978)据水城法箐的菊石资料建立,主要分子有 *Pseudoparalegoceras kueichowense*, *Stenopronorites shuichengensis*, *S. uralensis*, *Neodimorphoceras gigantum* 及 *Somoholites*, *Schartymites*, *Owenoceras*, *Agathiceras*, *Windimorphoceras* 等属种。与䗴 *Fusulina* - *Fusulinella* 带相当。主要分布于水城地区的黄龙组或威宁组中部。时代为晚石炭世达拉晚期。

11. *Propinacoceras simile* 组合

张正华等(1988)建立。见于罗甸及紫云羊场、晒瓦四大寨组改交段。主要共生分子有 *Parapronorites*, *Aktubinskia*? , *Marathonites*, *Eothinites*, *Propinacoceras galilaei*, *Neopronorites*, *Agathiceras* 等。*Propinacoceras* 属是俄罗斯阿丁斯克期的重要分子。省内该组合产于䗴类 *Pamirina* 带中。

12. *Metaperrinites* - *Popanoceras* 组合

张正华等(1988)建立。见于四大寨组冲头段下亚段。主要分子有 *Metaperrinites shaiwaensis*, *Popanoceras ziyunense*, *Parapronorites timorensis*, *Marathonites*, *Agathiceras*, *Neocrimites guizhouensis*, *Eothinites sidazhaiensis* 等。*Metaperrinites* 属见于北美的里奥拿阶和帝汶岛的 Bitauni 组, *Neocrimites* 属见于俄罗斯乌拉尔、北美等地的阿丁斯克阶及其以上地层中。本组合与䗴类 *Misellina claudiae* 共生。

13. *Eumedlicottia* - *Waagenoceras* 组合

张正华等(1988)建立。见于四大寨组冲头段上亚段上部。主要共生分子有 *Eumedlicottia verneuili*, *Propinacoceras beyrichi*, *Agathiceras* 及 Medlicottidae 等。其中 *Waagenoceras* 是北美瓜达鲁普阶的代表分子,在黔南与䗴 *Yabeina*, *Neomisellina* 等共生。时代属早二叠世晚期。

14. *Anderssonoceras* 延限带

肖伟民(1987)在《贵州省区域地质志》中建立。见于都匀、独山以西的合山组下段。主要有 *Anderssonoceras*, *Xiangulingites* cf. *acutus*, *Pseudogastrioceras* 以及 *Duyunoceras vulgarum*,

D. cornutum, *D. compressum* 等。其生物面貌和产出层位可与江西老山段下部 *Anderssonoceras* 带(赵金科,1978)对比。时代为晚二叠世龙潭早期。

15. *Prototoceras* 组合带

肖伟民(1987)在《贵州省区域地质志》中建立。见于紫云一带领薅组第二、三段。指 *Anderssonoceras* 延限带之上,*Pseudotirolites* 带之下的生物地层单位。计有 *Prototoceras*, *Planodiscoceras*, *Eumedicottia*, *Huananoceras*, *Xenodiscus*, *Propinacoceras*, *Artinskia*, *Agathiceras* 等。时代为晚二叠世龙潭晚期。

16. *Pseudotirolites* 带

姚兆奇等(1980)建立。该带在安顺一带自下而上可分为两个亚带:①*Shevyrevites* - *Paratirolites* 亚带,共生有? *Abichites*,? *A. stoyanovi*, *Pseudotirolites*, *Pseudogastrioceras*, *Xeno-discus* 等,见于安顺一带龙潭组顶部,时代为晚二叠世长兴早期;②*Rotodiscoceras* - *Pleuronodoceras* 亚带,主要分子有 *Pleuronodoceras anshunense*, *P. curvoplicatum*, *P. compactum*, *P. tenuicostatum*, *Pseudotirolites asiaticus*, *P. leibinensis*, *P. regularis*, *P. disconnectus*, *Qinglongites costatus*;伴生有 *Huananoceras*, *H. pseudoperornatus*, *H. perornatum*, *Pseudogastrioceras* 等。见于大隆组、龙潭组上部、合山组上段及领薅组第四段,时代为晚二叠世长兴晚期。

四、䗴类

1. *Eostaffella mosquensis* 带

芮琳等(1987)首次把本带作为贵州早石炭世大塘晚期䗴带。以带分子出现为下界,以 *Millerella marblensis* 或 *Eostaffella postmosquensis* 首次出现为上界。常见分子还有 *E. priscaovoidea*, *E. proikensis*, *Mediocrismediocris*, *M. breviscula*, *M. ovalis cupellaeformis* 等。目前仅知分布于罗甸纳水地区南丹组下部。石炭纪开阔台地及台地边缘沉积区应有本带存在,但未详细研究。其时代为早石炭世大塘晚期。

2. *Millerella marblensis* - *Eostaffella postmosquensis* 组合带

芮琳等(1987)首次在贵州使用,作为晚石炭世罗苏阶的䗴带。以带分子的首次出现至 *Pseudostaffella* 首次出现止为本带时限。共生分子有 *Millerella pressa*, *Eostaffella accutissima*, *E. mutabilis rjasanensis*, *E. ovoidea*, *E. protrae* 等。本带底界与牙形石 *Declinognathodus noduliferus* 带之底一致,是国际石炭系中间界线委员会确定的石炭系中间界线。此带建于罗甸纳水南丹组下部。贵州其他地区的威宁组下部及大埔组中部也应存在,但纵横向变化延展还需继续研究和积累资料。其时代为晚石炭世罗苏期。

3. *Pseudostaffella* 带

1964 年杨式溥等在《贵州下中石炭统动物群(䗴、腕足类及菊石)组合及分带》一文中提出(据吴望始等,1974)。以 *Pseudostaffella* 的首次出现至 *Profusulinella* 的首次出现为本带的范围。主要属种有 *Pseudostaffella antiqua*, *P. antiqua posterior*, *P. guizhouensis*, *P. nibelensis*, *P. gorskyi*, *P. praegorskyi*, *P. composita*, *P. minor*, *Ozawainella* sp., *Eostaffella* sp., *Millerella* sp. 等。分布于威宁水城、盘县、独山、惠水、荔波、长顺、紫云、平塘、罗甸等地的大埔组中上部,黄龙组、威宁组下部及南丹组下部。都匀、贵阳、纳雍、织金、黎平一带未见。时代为晚石炭世滑石板期。

4. *Profusulinella* 带

1964年杨式溥等首次提出(据吴望始等,1974)。以 *Profusulinella* 的首现至 *Fusulina*、*Fusulinella* 的首现为本带范围。以 *Profusulinella* 最为繁盛,贵州已发现33种、变种及未定种,有22种限于本带(吴祥和,1976)。此外还有 *Taitzehoella*,*Aljutovella*,*Fusiella*,*Schubertella*,*Pseudostaffella*,*Eostaffella*,*Ozawainella*,*Millerella* 等属。分布于黔南和黔西北地区大埔组上部,黄龙组下部,威宁组中部及南丹组下部。尚见于黎平、从江及道真、正安一带黄龙组下部或大埔组上部。时代为晚石炭世达拉早期。

5. *Fusulina* - *Fusulinella* 带

杨式溥等1964年提出(据吴望始等,1974)。以带分子出现至 *Montiparus* 或 *Triticites* 的出现为本带范围。䗴类丰富,西南地区所见的 *Fusulina*(24种)及 *Fusulinella*(达40种及变种)大多数在省内本带可以见到,此外还有 *Fusiella*,*Beedeina*,*Neostaffella*,*Protriticites*,*Profusulinella*,*Schubertella*,*Ozawainella* 等。本带具有延限带性质,仅有少数地区有极少数 *Fusulinella* 的分子延至 *Triticites* 带底部。广布于省内黄龙组上部、威宁组中部、南丹组中部及部分地区的大埔组上部或中部。时代为晚石炭世达拉晚期。

6. *Triticites* 带

吴望始等(1974)首次在贵州使用,作为贵州西部上石炭统"马平组"下部的䗴带。以 *Montiparus* 或 *Triticites* 的首现至 *Pseudoschwagerina* 的首现为本带范围。主要分子有 *Montiparus weiningensis*,*M. longissima*,*M. montiparus*,*M. tobensis*,*Triticites paramontiparus*,*T. subrhomboides*,*T. ozawai*,*T. simplex*,*T. longissima*,*T. plicatus*,*T. schwageriniformis mosquensis*,及 *Quasifusulina*,*Protriticites*,*Schwagerina*,*Ozawainella*,*Schubertella* 等。少数 *Fusulina*,*Fusulinella*,和 *Fusiella* 分子可延续至本带底部。广布于黔南、黔西、黔中及黎平、从江地区的黄龙组顶部(少数地区),马平组下部、威宁组上部、南丹组上部。时代为晚石炭世马平早期。

7. *Pseudoschwagerina* 带

吴望始等(1974)首次在贵州使用,作为贵州西部上石炭统"马平组"上部的䗴带。为广义的 *Pseudoschwagerina*(*S. L*)带,包括了狭义的 *Pseudoschwagerina*(*S. S*)和 *Sphaeroschwagerina* 两个带。本书选用狭义的 *Pseudoschwagerina* 带。以 *Pseudoschwagerina* 的首次出现至 *Sphaeroschwagerina* 和首次出现为本带的范围。主要分子有 *P. uddeni*,*P. texana*,*P. cheni*,*P. fusiformis*,*P. minuta* 及 *Triticites*,*Quasifusulina*,*Schwagerina* 等。广布于黔南、黔西、黔中(部分地区)及黎平、从江一带的马平组中部,威宁组上部,南丹组上部。时代为晚石炭世马平中期。

8. *Sphaeroschwagerina* 带

吴望始等(1979)首次在贵州使用,作为晴隆花贡及普安龙吟地区沙子塘组中上部和龙吟组的䗴带。以 *Sphaeroschwagerina* 的首现至 *Pamirina* 首现为本带范围。主要共生分子有 *Pseudoschwagerina*,*Triticites*,*Schwagerina*,*Eoparafusulina*,*Pseudofusulina*,*Rugosofusulina*,*Zellia* 等。*Robustoschwagerina* 仅分布在台地边缘部分地区。本带广泛分布于黔南、黔西及黎平地区的马平组、威宁组、南丹组上部。时代为晚石炭世马平晚期。

9. *Pamirina* 带

王国莲等(1973)、熊剑飞等(1985)使用。以 *Sphaeroschwagerina* 带结束至 *Misellina* 出现为其范围。常见属种有 *Pamirina darvasica*,*P. chinlingensis*,*P. ziyunnica*,*Pseudofusulina*,*Robustoschwagerina*,*Schwagerina*,*Rugosofusulina*,*Staffalla* 及 *Toriyamaia* 等。见于四大寨组改交段及猴子关灰岩下段。

10. *Misellina* 带

芮琳(1981)建立。以具有拟旋脊的 Misellininae 出现为特征。下限为 *Pamirina* 带之顶,上限为 *Cancellina* 带之始现。主要分子有 *Misellina*(*Brevaxina*)*dyhrenfarthi*,*M.*(*B*)*bianpingensis*,*M.*(*B.*)sp.,*M. termieri*,*M. minor*,*M. aliciae*,*M. claudiae*,*M. ovalis*,*M. megalocula*,还伴有 *Pseudofusulina*,*Parafusulina*,*Nankinella*,*N. orbicularia*,*Sphaerulina* 等。该带见于四大寨组冲头段下亚段、猴子关灰岩中段及黔中南部栖霞组。

11. *Cancellina* 带

盛金章(1959、1962、1974)使用。以出现旋向副隔壁的 *Cancellina* 为特征。以 *Misellina* 带之顶为其下限,上限为 *Neoschwagerina* 带之底。常见分子有 *Cancellina neoschwagerinoides*,*C. liuzhiensis*,*Verbeekina*。该带见于黔中、黔南茅口组第一段中部偏下部位及猴子关灰岩上段下部。

12. *Neoschwagerina* 带

盛金章(1959—1962)使用。以 Neoschwagerinids 和 Verbeekinids 中较原始分子的广泛发育为特征。以 *Cancellina* 带之顶为下限,*Yabeina* - *Neomisellina* 带之底为上限。常见分子有 *Neoschwagerina simplex*, *N. maklayaeformis*, *N. minima*, *N. haitongica*, *N. kwangsiana*, *N. craticulifera*,*Verbeekina grabaui*,*V. sphaera*,*V. verbeekina*,*Chusenella conicocylindrica*(此种在黔北占主导),*Pseudodoliolina*,*Neofusulinella* 等。见于黔南茅口组第一段中上部,黔北茅口组第一段中亚段至第二段,猴子关灰岩上段中下部,四大寨组冲头段上亚段。

13. *Yabeina* - *Neomisellina* 带

芮琳(1981)建立。是贵州早二叠世最高的一个䗴带。以 *Yabeina*、*Neomisellina* 及 *Sumatrina* 大量兴起为特色,伴有 *Rugososchwagerina*,*Kahlerina*,*Reichelina*,*Verbeekina* 等,上部还见有 *Codonofusiella*。见于黔南茅口组第二、三段,黔北茅口组第三段,猴子关灰岩上段中上部。

14. *Codonofusiella* 带

盛金章(1959、1962)使用。以 *Codonofusiella* 大量出现为特征。主要有 *Codonofusiella lui*,*C. asiatica*,*C.* cf. *kueichowensis*,*C. tenuissima*,伴有 *Dunbarula palaeofusulinaeformis*,*Reichelina*,*Nankinella*,*Staffella* 等。该带见于吴家坪组下段和上段下部,合山组上段下部,龙潭组下、中段,领薅组第一段至第三段。

15. *Palaeofusulina* 带

姚兆奇(1980)建立。以 *Palaeofusulina* 的大量出现至䗴类的绝灭为其范围,为二叠系䗴类的最高生物地层单位。自下而上可分为两个亚带:

①*Palaeofusulina minina* - *Nankinella guizhouensis* 亚带。特征是 *Palaeofusulina* 属中壳体小、结构简单而原始的分子以及 *Nankinella* 属的某些新生分子开始繁盛。主要共生分子有 *Palaeofusulina simplex*, *P. qinglongensis*, *Nankinella acuta*, *N.* cf. *minor*, *N. pumila*, *N. zhichangensis* 等。见于黔西龙潭组上段下部,合山组和吴家坪组上段中部。②*Palaeofusulina sinensis* 亚带。以 *Palaeofusulina* 属的高级种群出现为底界。*Palaeofusulina* 一属数量多、壳体大、结构复杂,主要共生分子有 *Palaeofusulina wangi*, *P. mutaloilis*, *P. ampla*, 伴有 *Nankinella*,*Sphaerulina*,*Reichelina* 及少量 *Eoverbeekina*,*Leella* 等。见于龙潭组、吴家坪组和合山组上段上部,领薅组第四段下部。

五、牙形石

1. *Siphonodella sulcata* 带

熊剑飞(1983)在贵州首次介绍,以 *S. sulcata* 的首次出现至 *S. duplicata* Morphotype 1 的首次出现为本带的范围。主要有 *Siphonodella sulcata*, *S. praesulcata*, *Protognathodus meischneri*, *P. collinsoni*, *P. kockeli*, *P. kuehni*, *Polygnathus com. communis*, *P. purus subplanus*, *P. inornatus*, *Pseudopolygnathus dentilineatus*, *Bispathodus aculeatus*, *Spathognathodus stabilis*。本带目前在贵州仅见于长顺睦化的五指山组上部,时代为早石炭世岩关早期。

2. Lower *Siphonodella duplicata* 带

熊剑飞(1983)在贵州首次使用。以 *Siphonodella duplicata* Morphotype 1 的首次出现至 *S. duplicata sensu* 的首次出现为本带的范围。重要分子有 *Siphonodella sulcata*, *S. duplicata* M. 2, *Pseudopolygnathus dentilineatus*, *P. primus*, *P. triangulus inaequalis*, *Polygnathus com. communis*, *P. inornatus*, *P. purus subplanus*, *P. purus purus*, *P. longipositicus*, *Bispathodus aculeatus*, *Spathognathodus stabilis* 等。分布于长顺、惠水等地五指山组上部,紫云、望谟等地鹿寨组下部。时代为早石炭世岩关早期。

3. Upper *Siphonodella duplicata* 带

熊剑飞(1983)在贵州首次介绍,以 *Siphonodella duplicata sensu* 的首次出现至 *S. sandbergi* 的首次出现为本带范围。重要分子有 *Siphonodella sulcata*, *S. duplicata* Morphotype 1,2,3,4,5, *S. duplicata sensu*, *S. obsoleta*, *S. lobata*, *S. carinthiaca*, *Pseudopolygnathus dentilineatus*, *P. primus*, *P. triangulus inaequalis*, *Polygnathus com. communis*, *P. inornatus*, *P. purus subplanus*, *P. purus purus*, *Elictognathus laceratus*, *Bispathodus aculeatus*, *Spathognathodus stabilis* 等。分布于惠水王佑、长顺睦化等地五指山组上部,紫云、望谟等地鹿寨组下部。时代为早石炭世岩关早期。

4. *Siphonodella sandbergi* 带

熊剑飞(1983)在贵州首次引用。以 *Siphonodella sandbergi* 的首次出现至 *S. crenulata* 的首次出现为本带范围。主要分子有 *Siphonodella sulcata*, *S. duplicata sensu*, *S. duplicata* Morphotype 1, 2, 3, 4, 5, *S. cooperi Morphotype* 2, *S. carinthiaca*, *S. lobata*, *S. obsoleta*, *S. quadruplicata*, *S. sandbergi* Morphotype 1,2, *Pseudopolygnathus dentilineatus*, *P. prinus*, *P. tri. triangulus*, *P. triangulus inaequalis*, *Polygnathus purus subplanus*, *P. purus purus*, *P. inornatus*, *P. com. communis*, *Elictognathus laceratus*, *E. bialatus*, *Dinodus leptus*, *D. fragosus*, *Bispathodus aculeatus* 和 *Spathognathodus stabilis* 等。分布于长顺睦化、惠水王佑等地五指山组上部,紫云、望谟等地鹿寨组下部。时代为早石炭世岩关早期。

5. Lower *Siphonodella crenulata* 带

熊剑飞(1983)在贵州首次引用,以 *Siphonodella crenulata* 的首次出现至 *Gnathodus delicatus* 的首次出现为本带范围。主要共生分子有 *Siphonodella* cf. *isosticha*, *S. cooperi* Morphotype 2, *S. duplicata sensu*, *S. duplicata* Morphotype 2, 4, *S. lobata*, *S. obsoleta*, *S. quadruplicata*, *S. sandbergi* Morphotype 1, 2, *S. crenulata* Morphotype 1, 2, *S. sulcata*, *Pseudopolygnathus dentilineatus*, *P. fusiformis*, *P. marginatus*, *P. primus*, *P. tri. triangulus*, *P. tri. inaequalis*, *P. vogesi*, *Polygnathus com. communis*, *P. inornatus*, *Elictognathus laceratus*, *E. bialatus*, *Dinodus fragosus*, *D. leptus*, *D. youngquisti*, *Bispathodus aculeatus*, *Spathognatho-*

dus stabilis 等。分布于惠水王佑、长顺睦化等地五指山组顶部至睦化组下部，紫云、望谟、罗甸等地鹿寨组下部。时代为早石炭世岩关早期。

6. *Siphonodella cooperi* – *S. lobata* 带

熊剑飞等(1985)提出，作为岩关晚期的牙形石带。建立于罗甸纳水—望谟如牙剖面鹿寨组下部。本带与 Lower *S. crenulata* 带关系尚不清楚，至少有部分相当。

7. *Gnathodus semiglaber* 带

熊剑飞等(1985)建立。主要共生分子有 *Gnathodus typicus*，*Hindeodella ibergensis*，*H. undata*，*Neoprioniodus confiuens*，*N. peracutus*，*Polygnathus inornatus*，*Spathognathodus* aff. *stabilis*，*Scaliognathus anchoralis* 等。产于罗甸纳水鹿寨组上部。时代为早石炭世大塘早期。

8. *Gnathodus bilineatus bollandensis* 带

王志浩等(1987)列述。以带分子有首次出现至 *Declinognathodus noduliferus* 首次出现为本带范围。常见分子尚有 *Gnathodus homopunetatus*，*Paragnathodus commutatus*，*P. nodosus*，*Cavusgnathus unicornis*，*Mestognathus bipluti* 等。见于罗甸纳水附近南丹组下部。时代为早石炭世大塘晚期。

9. *Declinognathodus noduliferus* 带

王志浩等(1987)在贵州首次使用。以带分子首次出现至 *Idiognathoides sulcatus* 的首次出现为本带范围。常见分子还有 *Declinognathodus noduliferus noduliferus*，*D. noduliferus inaequalis*，*D. noduliferus japonicus*，*D. lateralis*，*Gnathodus bilineatus bollandensis*，*G. bilineathus bilineatus*，*Paragnathodus commutatus*，*P. nodosus*，*Mestognathus bipluti* 等。见于罗甸纳水南丹组下部，时代为晚石炭世罗苏早期。本带底界为国际石炭系中间界线委员会确定的上、下石炭统界线。

10. *Idiognathoides sulcatus* – *I. corrugantus* – *I. sinuatus* 带

王志浩(1987)在贵州首次提出。以 *I. sulcatus* 的首次出现至 *Neognathodus symmetricus* 的首次出现为本带范围。常见分子还有 *Declinognathodus noduliferus noduliferus*，*D. noduliferus inaequalis*，*D. noduliferus japonicus* 等。见于罗甸纳水南丹组下部。时代为晚石炭世罗苏早期。

11. *Neognathodus symmetricus* 带

王志浩等(1987)在贵州首次列述。以带分子首次出现至 *Idiognathodus primulus* 的首次出现为本带范围。常见分子还有 *Idiognathoides sinuatus*，*I. sulcatus sulcatus*，*I. corrugatus*，*Declinognathodus noduliferus nodulifer*，*D. noduliferus japonicus*，*D. lateralis* 等。见于罗甸纳水南丹组下部，时代为晚石炭世罗苏早期。

12. *Idiognathodus primulus* 带

王志浩等(1987)在贵州首次列述。以带分子的首次出现至 *Idiognathoides sulcatus parva* 的首次出现为本带范围。常见分子还有 *Streptognathodus expansus*，*Idiognathoides sulcatus sulcatus*，*I. corrugantus*，*Declinognathodus noduliferus noduliferus*，*D. noduliferus japonicus*，*D. lateralis*，*Neognathodus* cf. *bassleri*，*N. symmetricus* 等。见于罗甸纳水南丹组下部。为晚石炭世罗苏期最后一个牙形石带。

13. *Idiognathoides sulcatus parva* 带

王志浩等(1987)在贵州首次提出。以带分子的首次出现至 *Neogondolella clarki* 的首次出现为其范围。常见分子还有 *Idiognathoides sulcatus sulcatus*，*I. sinuatus*，*I. corrugatus*，*Idiog-*

nathodus primus, *Streptognathodus expansus*, *Declinognathodus noduliferus noduliferus* 等。见于罗甸纳水南丹组中部。时代为晚石炭世滑石板期至达拉早期。

14. *Neogondolella clarki* 带

王志浩等(1987)在贵州首次提出。以带分子出现至 *Streptognathodus parvus* 出现为其范围。常见分子还有 *Idiognathodus delicatus*, *I. sinuosus*, *Idiognathoides corrugatus*, *I. sinuatus*, *I. sulcatus parva*, *I. sulcatus sulcatus*, *Neognathodus* cf. *bassleri*, *Streptognathodus expansus*, *S. suberectus* 等。见于罗甸纳水南丹组中部。时代为晚石炭世达拉期。

15. *Streptognathodus parvus* 带

王志浩(1987)在贵州首次提出。分别以带分子出现至 *S. oppletus* 的出现为本带范围。常见分子还有 *S. suberectus*, *Idiognathodus delicatus*, *I. sinuosus* 等。见于罗甸纳水南丹组中部。时代为晚石炭世达拉期。

16. *Streptognathodus oppletus* 带

熊剑飞等(1985)在贵州首先提出。以带分子出现至 *S. elegantulus* 出现为本带范围。常见分子还有 *S. suberectus*, *S. parvus*, *Idiognathodus delicatus*, *I. sinuosus* 等。见于罗甸纳水南丹组中部。时代为晚石炭世达拉期。

17. *Streptognathodus elongatus* 带

王志浩等(1987)在贵州首次使用。以带分子出现至 *Neogondolella dentiseparata* 的出现为本带范围。常见分子还有 *S. elegantulus*, *S. wabaunsensis*。见于罗甸纳水南丹组上部。时代为晚石炭世马平早期。

18. *Neogondolella dentiseparata* 带

王志浩等(1987)在贵州首次使用。以带分子出现至 *N. bisselli* 出现为本带范围。常见分子还有 *Streptognathodus elegantus*, *S. elongatus*, *S. oppletus*, *S. wabaunsensis*, *S. fuchengensis*, *Adetognathus paralautas* 等。见于罗甸纳水南丹组上部。时代为晚石炭世马平中期。

19. *Neogondolella bisselli* 带

王志浩等(1987)在贵州首次使用。以带分子出现至 *Sweetognathus whitei* 的出现为本带范围。常见分子还有 *Streptognathodus elegantulus*, *S. elongatus*, *S. wabaunsensis*, *Neogondolella dentiseparata* 等。见于罗甸、望谟、紫云、普安等地南丹组上部。时代为晚石炭世马平晚期。

20. *Sweetognathus whitei* 带

熊剑飞(1985)、张正华等(1988)使用。主要化石有 *Sweetognathus guizhouensis*, *Diplognathodus*, *Anchignathodus minutus*, *Neostreptognathodus sulcoplicatus*, *N. toriyamai*, *Xaniognathus sweeti* 等。见于四大寨组改交段。相当于 *Pamirina* 䗴带。

21. *Neostreptognathodus pequopensis* 带

柯楚尔(Kozur, 1977)建立。代表北乌拉尔和帕米尔东南部阿丁斯克阶(Artinskian)上部层位。肖伟民(1987)、张正华等(1988)在贵州使用。主要共生分子有 *Sweetognathus guizhouensis*, *S. whitei*, *Anchignathodus*, *A. minutus*, *Diplognathodus angustus*, *Lonchodina*, *Hindeodella*, *Neoprioniodus*, *Neostreptognathodus*, *Streptognathodus* 等。见于四大寨组冲头段下亚段下部。相当于䗴 *Misellina* 䗴带下部。

22. *Neogondolella idahoensis* - *N. gujioensis* 组合带

张正华等(1988)使用。共生分子有 *Sweetognathus whitei*, *Anchignathodus*, *Neogondolella*, *Ozarkodina*, *Stepanovites* 等。见于四大寨组头段下亚段中部。与 *Misellina* 䗴带中部基本相

当。

23. *Neogondolella aserrata* 带

张正华等(1988)使用。共生分子有 *Neogondolella gujioensis*, *N. idahoensis*, *Sweetognathus*, *Stepanovites*, *Merrillina* 等。见于四大寨组冲头段下亚段上部。相当于 *Misellina* 簸带上部。

24. *Neogondolella denticulata* – *Neostreptognathodus prayi* 组合带

张正华等(1988)使用。共生分子有 *Neogondolella aserrata*, *N.* cf. *gujioensis*, *N.* cf. *idahoensis*, *N.* cf. *rosenkrantzi*, *Neostreptognathodus foliotus*, *Anchignathodus*, *Iranognathus*, *Hindeodella*, *Merrillina*, *Sweetognathus* 等。见于四大寨组冲头段上亚段底部。与 *Cancellina* 簸带大致相当。

25. *Merrillina* cf. *areacristata* – *Sweetognathus hanzhongensis* 组合带

张正华等(1988)使用。共生分子有 *Neogondolella wilcoxi*?, *Anchignathodus*, *Sweetognathus iranicus* 等。见于四大寨组冲头段上亚段下部。与 *Neoschwagerina* 簸带大致相当。

26. *Neogondolella postserrata* 带

张正华等(1988)使用。共生分子有 *Neogondolella serrata*, *N. aserrata*, *Merrillina*, *Stepanovites* 等。见于四大寨组冲头段上亚段中部。与 *Yabeina* – *Neomisellina* 簸带下部大致相当。

27. *Neogondolella bitteri* – *Merrillina praedivergens* 组合带

张正华(1988)使用。共生分子有 *Neogondolella postserrata*, *Diplognathodus*, *Hindeodella* 等。见于四大寨组冲头段上亚段上部。与 *Yabeina* – *Neomisellina* 簸带上部大致相当。

六、植物

1. *Zosterophyllum yunnanicum* – *Drepanophycus spinaeformis* 组合带

王立亭(1987)在《贵州省区域地质志》中使用。该带还共生有 *Zosterophyllum dushanensis*, *pilophyton* cf. *goldschmidtii*, *Taeniocrada robusta* 等。见于独山地区丹林组中上部。

2. *Protolepidodendron schasyanum* – *Barrandeina dusliana* 组合带

王立亭(1987)在《贵州省区域地质志》中使用。该带尚有 *Lepidodendropsis arborescens*, *Drepanophycus spinosus*, "*Protoperidium*" *minudum* 等。见于贵阳乌当和高坡场等地独山组宋家桥段。

第三节　年代地层划分

(一)年代地层划分

1. 贵州泥盆系底界的时代

由于底部未获生物化石资料,其时代划分有两种意见:一是依据岩性对比及追索,认为丹林组下部未缺失莲花山阶(王钰、俞昌明,1974;侯鸿飞等,1978、1988;廖卫华等,1978);其二认为丹林组下部缺失莲花山阶(《贵州省区域地质志》,1978)。

2. 贵州中、下泥盆统界线

关于此界线的划分一直存在两种意见:一是根据腕足类 *Euryspirifer paradoxus* 将舒家坪组置于下统埃姆斯晚期(侯鸿飞等,1978、1988);二是依据四射珊瑚将舒家坪段(组)归为中泥盆世艾菲尔早期(王钰、俞昌民等,1974;廖卫华等,1978)。随后,周希云(1992)根据龙洞水组中珊瑚、腕足类提出了中、下统界线应置于邦寨组(周氏称大河口组)与龙洞水组之间。本书采用第一种意见。

3. 关于泥盆系顶界

近些年来有三种划分意见:①传统界线置于尧梭组之顶界。②划在者王组与革老河组之间(侯鸿飞等,1989)。③划在革老河组泥灰岩与汤粑沟组条带灰岩之间(《贵州省区域地质志》,1987)。本书采用第三种意见。

4. 岩关阶

源于丁文江(1931、1974)的岩关群或岩关统,命名于独山县城南14.5 km 的岩关村。杨敬之等(1962)改称岩关阶,包括革老革河段和汤粑沟段地层。中国地质科学院(1979)把该阶的底界放在 *Cystophrentis* 带之底的相应地层层位。本书把 *Cystophrentis* 带划归泥盆系,岩关阶作为贵州石炭系最下部的年代地层单位。在台地边缘、台盆相区以牙形石 *Siphonodella sulcata* 的始现至 *Gnathodus semiglaber* 的始现为本阶的时代范围。在台地相区以 *Cystophrentis* 的绝灭至 *Pseudouralinia*(包括 *Keyserlingophyllum*,*Humboldtia*)的绝灭为本阶的时代范围,即五指山组顶部和睦化组、鹿寨组下部及汤粑沟组、簸箕湾组下部为本阶地层。

5. 大塘阶

源于丁文江(1931、1947)的大塘群和大塘统,命名于平塘县(旧称大塘)西关。杨敬之等(1962)称大塘阶。在台盆相区以牙形石 *Gnathodus semiglaber* 的首次出现至 *Declinognathodus noduliferus* 的首次出现为本阶的时代范围,即顶、底界分别位于南丹组下部与鹿寨组中部层位。在开阔台地相区,以 *Pseudouralinia*(包括 *Humboldtia* 和 *Keyserlingophyllum*)的绝灭及 *Finospirifer shaoyangensis* 的消失作为大塘阶的底界时限;*Yuanophyllum* 的消失或䗴类 *Millerella marblensis* 及 *Eostaffella postmosquensis* 的首次出现为本阶的顶界时限。包括珊瑚 *Thysanophylloides* 及 *Yuanophyllum* 延限带;腕足类 *Megachenetes zimmermanni* - *Vitiliproductus groberi*,*Datangia weiningensis* - *Gigantoproductus gigantoides* - *Deleponea comoides* 和 *Gondolina Striatifera angusta* - *Gigantoproductus edelburgensis* 三个组合带。除最后一个腕足类组合少数可延至罗苏阶外,均为本阶常见生物。祥摆组(或上部)或簸箕湾组上部,旧司组、上司组及大埔组下部为本阶地层。

6. 罗苏阶

芮琳等(1987)创建。层型剖面在罗甸县罗苏西南7 km 罗甸至望谟公路边。生物以牙形石和䗴类为主。包括四个牙形石带,自下而上为:①*Declinognathodus noduliferus* 带;②*Idiognathoides sulcatus* - *I. corrugatus* - *I. sinuatus* 带;③*Neognathodus symmetricus* 带;④*Idiognathodus primulus* 带和一个䗴带:*Millerella marblensis* - *Eostaffella postmosquensis* 带。以 *Declinognathodus noduliferus* 或 *Millerella marblensis* 的首现至 *Idiognathoides sulcatus parva* 或 *Pseudostaffella* 的首现为本阶时代。水城德坞发现的 *Homoceras* 带的底界也是本阶的底界时限。台地沉积区本阶顶底界线的精确划分还需进一步研究。盆地相区南丹组下部,台地相区的威宁组下部,大埔组均包含有本阶地层。

7. 滑石板阶

源于地质部第五普查勘探大队(1962)①命名于盘县滑石板的滑石板组。中国地质科学院(1979)改为滑石板阶以䗴 *Pseudostaffella* 首现至 *Profusulinella* 的首现为本阶时代。菊石

---

① 地质部第五普查勘探大队,1962,贵州及邻区地层古生物手册。

Retites 带和 *Branneroceras branneri* 带分别相当于本阶的下部和上部时限。黔南、黔西的南丹组中部，威宁组中部，部分地区的黄龙组下部或大埔组上部为本阶地层。

8. 达拉阶

源于地质部第五普查勘探大队(1962)创名于盘县达拉的达拉组。中国地质科学院(1979)改为达拉阶。以䗴 *Profusulinella* 的首次出现至 *Montiparus* 和 *Triticites* 的首现为本阶的时代，包括䗴 *Porfusulinella* 带 *Fusulina* - *Fusulinella* 带；牙形石 *Idiognathoides sulcatus parva* 带的上部，*Neogondolella clarki* 带，*Streptognathodus parvus* 带及 *Streptognathodus oppletus* 带。水城法箐的 *Pseudoparalegoceras* 带为本阶的上部时限。黔南、黔西、黔东南及道真正安一带的黄龙组、威宁组中部、南丹组中部为本阶地层。

9. 马平阶

源于丁文江(1928)创名，乐森玥(1929)介绍的马平石灰岩。中国地质科学院(1979)改称马平阶。以䗴 *Montiparus* 或 *Triticites* 的首现至 *Sphaeroschwagerina* 或 *Pseudoschwagerina* 的绝灭，或 *Pamirina* 的始现为本阶时代。大致相当牙形石 *Streptognathodus elegantulus* 带和 *Neogondolella bisselli* 带。本书按传统划分意见把本阶作为石炭系最上部的阶，其顶界为石炭二叠系分界。马平组、威宁组上部、南丹组上部，部分地区黄龙组上部为本阶地层。

10. 隆林阶

该阶为一套碳酸盐岩地层，以 *Sphaeroschwagerina* 消失为下界时限，*Misellina* 出现为上界时限。含有 *Pamirina* 䗴带，牙形石 *Sweetognathus whitei* 带和珊瑚 *Kepingophyllum* 组合带等生物地层单位。该阶包括猴子关灰岩下段，四大寨组改交段和包磨山组等。

11. 栖霞阶

以 *Misellina* 带或 *Wentzellophyllum* 组合带的出现作底界时限；以 *Cancellina*，*Pseudodoliolina* 或 *Cryptospirifer* 出现为顶界时限。䗴 *Misellina* 带，珊瑚 *Wentzellophyllum* 组合带及 *Hayasakaia elegantula* 组合带等代表本阶时限范围。包括栖霞组、四大寨组冲头段下亚段、猴子关灰岩中段、局部地区茅口组第一段下部地层。

12. 茅口阶

一般以䗴类 *Misellina* 的消失，*Cancellina* 的出现为下界时限。含 *Cancellina* 带，*Neoschwagerina* 带，*Yabeina* - *Neomisellina* 带等生物地层单位。包括茅口组、猴子关灰岩上段、峨眉山玄武岩和领薅组第一段(?)及四寨组冲头段上亚段等岩石地层单位。

13. 龙潭阶

以 *Yabeina* - *Neomisellina* 带的消失，或䗴 *Codonofusiella* 带、菊石 *Anderssonoceras* 带的出现作为时代下界；以䗴 *Palaeofusulina* 带或菊石 *Pseudotirotites* 带的出现为时代上界。该阶包括吴家坪组、合山组、龙潭组下段至上段下部及领薅组等岩石地层单位。

14. 长兴阶

以䗴 *Palaeofusulina minima* 或菊石 *Pseudotirolites*，*Paratirolites* 的出现作为本阶时代下限。以 *Palaeofusulina*，*Rotodiscoceras*，*Pseudotirolites*，*Pleuronodoceras* 等的消失为长兴阶时代的结束。该阶包括大隆组及吴家坪组、合山组、龙潭组上段上部，以及领薅组第四段地层。

(二)年代地层与岩石地层、生物地层的对应关系

年代地层与岩石地层、生物地层对应关系参见图4-4、表4-1、表4-2、表4-3、表4-4。

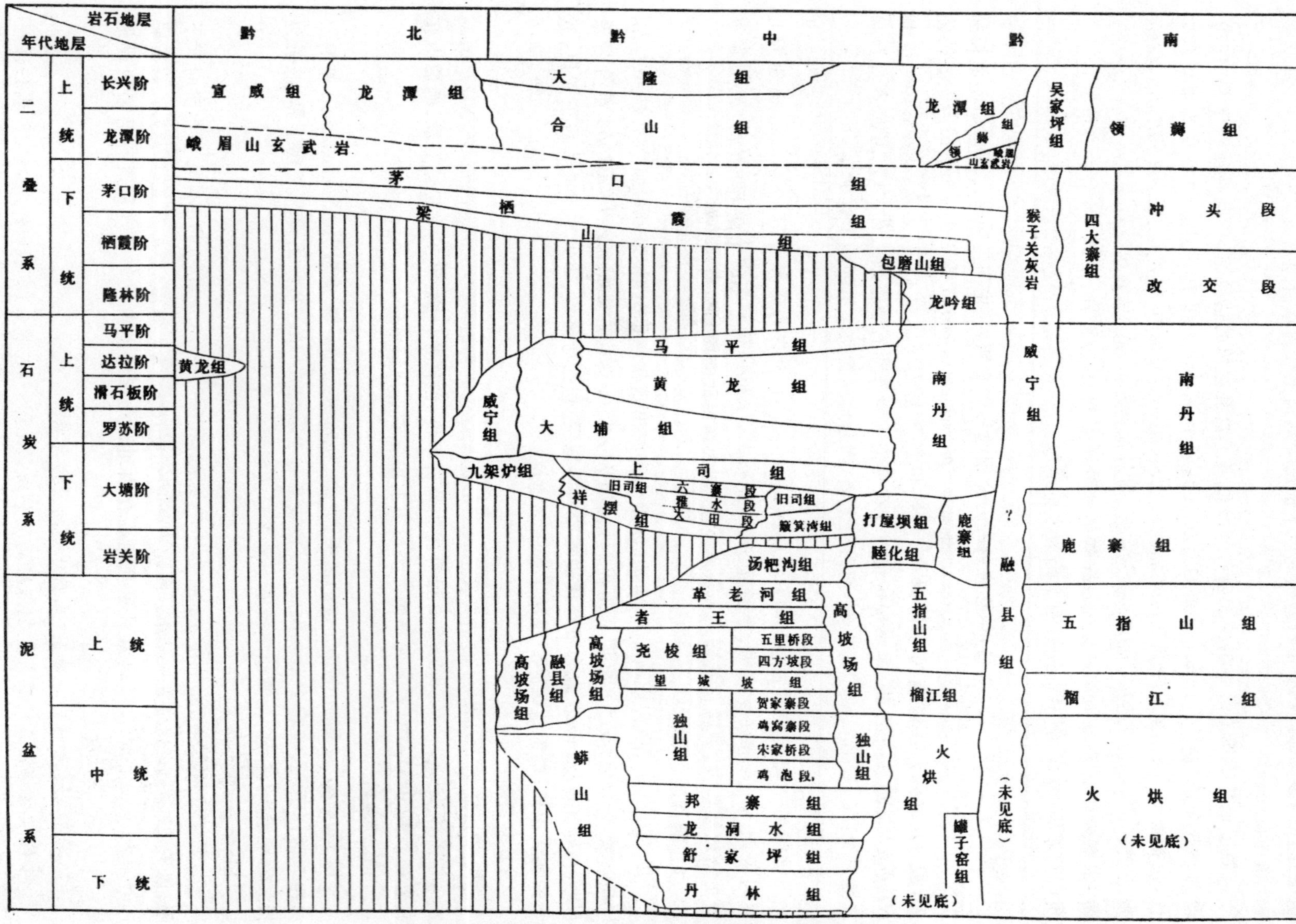

图4-4 贵州泥盆纪—二叠纪年代地层、岩石地层对应关系图

表4-1　贵州泥盆纪岩石地层、生物地层、年代地层对比表

年代地层 统	年代地层 阶	年代地层 阶	贵阳—水城地区 威宁小区	贵阳—水城地区 乌当小区	贵阳—水城地区 都匀小区	贵阳—水城地区 独山小区	贵阳—水城地区 长顺小区	紫云地区 罗甸小区	紫云地区 普安小区	罗甸地区 六里小区
上统	法门阶	锡矿山阶	高坡场组、融县组	(缺失)	(缺失)、者王组、尧梭组	革老河组、者王组、尧梭组、五里桥段、四方坡段	革老河组、者王组、高坡场组	高坡场组	五指山组	融县组
上统	弗拉斯阶	佘田桥阶	高坡场组、融县组	高坡场组	高坡场组、望城坡组	望城坡组、贺家寨段	高坡场组	高坡场组	榴江组	融县组
中统	吉维特阶	东岗岭阶	独山组	独山组	独山组	独山组、鸡窝寨段、宋家桥段、鸡泡段	鸡窝寨段、宋家桥段、鸡泡段	火烘组	火烘组	融县组
中统	艾非尔阶	应堂阶	(缺失)	邦寨组、龙洞水组	蟒山组	邦寨组、龙洞水组	邦寨组、龙洞水组	火烘组	火烘组、罐子窑组	融县组
下统	埃姆斯阶	四排阶	(缺失)	舒家坪组	蟒山组	舒家坪组	舒家坪组	火烘组	罐子窑组	融县组
下统	布拉格阶	郁江阶	(缺失)	丹林组	蟒山组	丹林组	丹林组	火烘组(未见底)	罐子窑组(未见底)	融县组(未见底)
下统	洛赫柯夫阶	那高岭阶、莲花山阶	(缺失)	丹林组	蟒山组	丹林组	丹林组	火烘组(未见底)	罐子窑组(未见底)	融县组(未见底)

生物地层

腕足类：
- *Euryspirifer* Z.
- *Zdimir* Ass. Z.
- *Xenospirifer fangi* Ass. Z.
- *Acrospirifer houershanensis* Ass. Z.
- *Bornhardtina uncitoides* – *Acrothyris kwangsiensis* Ass. Z.
- *Stringocephalus burtini* Ass. Z.
- *Emanuella takwanensis*
- *Tenticospirifer*
- *Cyrtospirifer*

珊瑚：
- *Puanophyllum guizhouensis* A. Z.
- *Dushanophrentis cystotabulata* – *Pseudomicroplasma houershanicum* Ass. Z.
- *Utaratuia* Ass. Z.
- *Dendrostella trigemme* Ass. Z.
- *Temnophyllum* Z.
- *Endophyllum* – *Sunophyllum* Ass. Z.
- *Sinodisphyllum* – *Mictophyllum* Ass. Z.
- *Donia* – *Peneckiella* Ass. Z.
- *Cystophrentis* Z.

植物：
- *Zosterophyllum yunanicum* – *Drepanophycus spinaeformis* Ass. Z.
- *Protolepidodendron* Z.

菊石：
- *Probeloceras applanatum* Z.
- *Manticoceras cordatum* Z.
- *Clymenia* Z.
- *Wocklumeria* Z.

* 生物带名称已简化(详见本章第二节)

表4-2 贵州石炭纪岩石地层、生物地层、年代地层对比表

年代地层		道真正安地区 I	贵阳黎平地区 II	威宁水城地区 III	独山黑土河地区 IV	普安麻尾地区 V	罗甸郎岱地区 VI	珊瑚	腕足类	䗴	牙形石
二叠系		梁山组	梁山组	梁山组	梁山组	猴子关灰岩	四大寨组；包磨山组			Parmirina Z.	Sweetognathus whitei Z.
上石炭统	马平阶	梁山组		马平组	马平组	威宁组	龙吟组；南丹组		Choristites Z.	Sphaeroschwagerina; Pseudoschwagerina Z.; Triticites Z.	Neogondolella bisselli Z. N. dentiseparata Z.; S. elegantulus Z.; S. elongatus Z.
	达拉阶	黄龙组	威宁组	黄龙组	黄龙组	威宁组	南丹组		Choristites Z.	Fusulina–Fusulinella Z.; Profusulinella Z.	Streptognathodus parvus Z.; S. oppletus Z.; Neogondolella clarki Z.
	滑石板阶		威宁组	摆佐组	摆佐组	威宁组	南丹组		Choristites Z.	Pseudostaffella Z.	Idiognathoides sulcatus parva Z.
	罗苏阶		九架炉组	摆佐组	摆佐组	威宁组	南丹组		Choristites Z.	Millerella marblensis–Eostaffella postmosquensis Ass. Z.	Idiognathodus primulus Z. Neognathodus symmetricus Z. I. sulcatus–I. sinuatus–I. corrugatus Z. Declinognathodus noduliferus Z.
下石炭统	大塘阶		九架炉组	上司组；旧司组；祥摆组	上司组；旧司组；簸箕湾组	打屋坝组	鹿寨组	Yuanophyllum R.Z.; Kueichouphyllum A.Z.; Thysanophylloides R.Z.	Gondolina–Striatifera angusta–Gigantoproductus edelburgensis Ass. Z.; Datangia weiningensis–Gigantoproductus gigantoides Ass. Z.; Megachonetes zimmermanni–Vitiliproductus groberi Ass. Z.	Eostaffella mosquensis Z.	Gnathodus bilineatus bollandensis Z.; G. semiglaber Z.
	岩关阶		九架炉组	祥摆组；汤粑沟组	未出露	睦化组；五指山组	鹿寨组	Pseudouralinia R. Z	Finospirifer shaoyangensis A.Z.		S. cooperi–S. lobata Z.; L. S. crenulata Z.; S. sandbergi Z.; L. S. duplicata Z.; L. S. duplicata Z.; S. sulcata Z.
泥盆系											S. praesulcata Z.

表4-3　贵州早二叠世岩石地层、生物地层、年代地层对比表

岩石地层

年代地层		黔北区	黔南区	晴隆区	麻山区	紫云—罗甸区 羊场	紫云—罗甸区 罗悃
下二叠统	茅口阶	茅口组：第三段、第二段、第一段（上亚段、中亚段、下亚段）	峨眉山玄武岩；茅口组：第三段、第二段、第一段	峨眉山玄武岩第一段；茅口组：第三段、第二段、第一段	猴子关灰岩：上段、中段	领薅组第一段；四大寨组	四大寨组：上段、下段（亚段）
	栖霞阶	栖霞组；梁山组	栖霞组；梁山组：上部、中部、下部	栖霞组；梁山组；包磨山组	猴子关灰岩：中段、下段	四大寨组；改交段	四大寨组；改交段

生物地层

年代地层		𫟖 紫云罗甸区	𫟖 麻山区	𫟖 晴隆区	𫟖 黔南区	𫟖 黔北区	珊瑚 晴隆黔南区	珊瑚 黔北区	腕足类
下二叠统	茅口阶	*Neoschwagerina* Z.	*Neoschwagerina* A.Z.；*Cancellina*	*Yabeina–Neomisellina* R.Z.		*Neoschwagerina–Chusenella conicocylindrica* Z.；*Yabeina–Neomisellina* R.Z.	*Ipciphyllum Iranophyllum* Ass.Z.；*Hayasakaia–Polythecalis* Ass.Z.；*Ipciphyllum–Allotrophyllum* Ass.Z.	*Ipciphyllum–Allotrophyllum* Ass.Z.；*Polythecalis yangtzensis–Tetraporinus* Ass.Z.	*Neoplicatifera huangi* Ass.Z.；*Cryptospirifer* Ass.Z.
	栖霞阶	*Misellina* Z.；*Pamirina* Z.	*M.(B.) dyhrenfurthi*；*Misellina claudiae* R.Z.；*Pamirina darvasica*	*Misellina claudiae* R.Z.；*Pamirina* R.Z.	*Misellina claudiae* R.Z.；*Nankinella orbicularia* R.Z.	*Nankinella orbicularia* R.Z.；*Pisolina–Schwagerina chihsiaensis* R.Z.	*Wentzellophyllum volzi* R.Z.；*Kepingophyllum–Protomichelinia* Ass.Z.	*Hayasakaia elegantula* Ass.；*Wentzellophyllum–Cystomichelinia multicystosa* Ass.Z.	*Orthotichia cheklangensis* Ass.Z.；*Dictyoclostus uralicus–Loczyella* Ass.Z.

表4-4　贵州晚二叠世岩石地层、生物地层、年代地层对比表

岩石地层

年代地层		乌蒙山区 赫章	乌蒙山区 威宁	三岔河区 六盘水	三岔河区 安顺	苗岭区 石阡	苗岭区 都匀	麻山区	紫云—罗甸区 羊场	紫云—罗甸区 罗悃
上二叠统	长兴阶	宣威组	宣威组	龙潭组上部	大隆组；合山组上段	合山组上段	大隆组	吴家坪组上段	领薅组第四段	领薅组第四段
	龙潭阶	宣威组；峨嵋山玄武岩	宣威组；峨嵋山玄武岩	龙潭组：中部、下部	龙潭组：上段、中段、下段；第三段；第二段	合山组：中段、下段；第三段；第二段	合山组：上段、中段、下段	吴家坪组下段	领薅组：第三段、第二段	领薅组：第三段、第二段、第一段

生物地层

年代地层		𫟖	珊瑚	菊石	腕足类	植物
上二叠统	长兴阶	*Palaeofusulina* Z.：*Palaeofusulina minina–Nankinella guizhouensis* Sub.Z.；*Palaeofusulina sinensis* Sub.Z.	*Waagenophyllum–Huayunophyllum* Ass.Z.	*Pseudotirolites*；*Pseudostephanites–Tapashanites* Sub.Z.；*Rotodiscoceras–Pleuronodoceras* Sub.Z.	*Enteletina zigzag–Cathaysia sulcatifera*	*Gigantopteris–Lobatannularia*
	龙潭阶	*Codonofusiella* Z.	*Liangshanophyllum–Lophophylliodium* Ass.Z.	*Protoceres* Z.；*Anderssonoceras* Z.	*Squamularia grandis–Orthotetina ruber*；*Edriosteges poyangensis*	*Gigantopteris–Lobatannularia*

第四节　盆地演化特征及问题讨论

一、盆地演化特征

晚加里东期广西运动以后贵州前泥盆系隆升、褶皱，造成了泥盆系与前泥盆系的不整合或平行不整合。沉积相带的展布由震旦系—志留系以近南北向为主，改变为晚古生代近东西向为主的格局，形成南部盆地、中部台地、北部为陆的总体特征。广西运动期间形成的紫云-垭都断裂，影响并控制了上古生代北西向紫云-水城裂谷盆地的沉积。贵州整个上古生代的沉积史，就是上述北西向盆地发生、发展到消亡的历史。

早泥盆世海侵自南向北，整个海盆沉积（贵州部分）是以碎屑岩作为主体的丹林组、蟒山组、舒家坪组。早泥盆世晚期至中泥盆世海侵扩大，海平面升降频繁，在相对稳定期独山布寨、长顺漫滩、赫章菜园子、普安罐子窑等地发育点礁。早、中泥盆世贵州海盆总体是缓坡沉积，没有显示出台、坡、盆沉积的突变。晚泥盆世以碳酸盐岩沉积为主体，是泥盆纪最大海侵时期，望城坡组、尧梭组、高坡场组、者王组、革老河组分布最广，只因紫云运动（石炭纪岩关中晚期）使海平面下降，并发生剥蚀作用使后两个组分布局限。晚泥盆世末在长顺睦化、惠水王佑一线才见到稍明显的台地与斜坡的过渡沉积。早石炭世时早期海侵达到最高水位，分布广、岩性稳定、化石稀少的汤粑沟组第一段条带状灰岩就是例证。由于紫云运动造成的剥蚀，使汤粑沟组的分布范围远远小于下伏革老河组、者王组、尧梭组、望城坡组及高坡场组。早泥盆世至早石炭世时期是一个完整的沉积旋回，包括了多个次一级旋回，记录了泥盆纪—早石炭世早期的海平面升降变化及黔南海盆的演化历程。威宁、水城一带出露的石炭系簸箕湾组为海湾相沉积，推测威水背斜腹部泥盆系为较深水台盆沉积，至少为过渡类型。

紫云运动造成海平面下降，在长顺睦化、惠水王佑一带的睦化组可能属低水位楔。黔中地区自广西运动后一直暴露剥蚀，形成红土型古风化壳，在大塘早期古岩溶平原湖泊盆地中，形成黔中陆相（九架炉组）铝土矿，并被大塘晚期的海相灰岩覆盖。黔南台地大塘早期海侵范围较少，沉积了滨岸相祥摆组碎屑岩，随着海平面上升、海域扩大祥摆组逐渐向黔中超覆退积，其上加积了旧司组大田段深色灰岩、泥质岩、页岩、硅质岩组合，雅水段灰岩夹页岩组合及六寨段砂页岩夹灰岩组合。能划分三个段的旧司组仅分布于以平塘西关、金桥及惠水祥摆为中心的约4 000 km²范围内。大塘晚期海平面上升，在上述地区沉积了上司组、大埔组下部；外围地区沉积了祥摆组（滨岸）和不能分段的旧司组、上司组和大埔组；在黔中隆起南缘及江南隆起遭受剥蚀。此次海平面上升的晚期海水才淹没了广顺、黔中隆起南坡及从江、黎平一带。晚石炭世早期（滑石板期）海侵范围稍大，凯里凯棠在志留系之上发现滑石板和达拉期灰岩大砾石（周希云，1993），足以证明此时的海域大于大塘晚期。达拉早期海平面上升辐度与滑石板期相近。自大塘晚期黔南台地已非常平坦，微弱的海平面变化就能引起近岸区淡水与海水的往复迁移，正是这种淡化了的海水使下伏大塘晚期及滑石板期岩层广泛白云岩化，大埔组下部及上部白云岩层即是此种作用的产物。达拉晚期海侵进一步扩大，海平面上升速率与（黄龙期）沉积速率大致相当，除近陆缘区因黔桂运动遭受剥蚀外，在广大台地相区黄龙组灰岩沉积厚度变化不大，一般厚100～200 m，䗴类丰富。黔北道真、正安、黎平羊团等地区本期沉积超覆在志留系或震旦系之上。晚石炭世马平早期明显海退，荔波、平塘、惠水断杉一线以北地区及威宁、水城一带马平组底部发育瘤状化灰岩或薄至中厚层状含泥质条带状灰岩，是暴露期的标志（钙质风化壳）。在水城响水河、白泥烂滥坝、观音山一带，相当层位发育一套38～250 m厚的细碎屑岩夹少量灰岩和硅质岩（前人称“银炉沟页岩”），覆于达拉期沉积的深色燧石条带灰岩夹生物碎屑灰岩之上，为马平早期的低水位沉积。随海平面的上升，其上发育厚达400 m（响水河）至800 m（滥坝）的台地边缘沉积。由于威宁、水城海槽自早石炭世起逐渐填平，至马平期已全部成为台地，深水盆地移至水城以南。马平期海域大体与达拉期相似，末期至栖霞早期海平面下降（黔桂运动），使马平期沉积遭受强烈剥蚀。

马平早期的海平面下降及稍后的海侵使都匀黄良、贵定摆佐一线东北，都匀牛田、贵定英寨一线西南约20 km宽的地区有充足的淡水（河流）补给，形成淡化混合水带，至使大塘晚期至达拉期岩层大多白云岩化。另外，在贵阳南部子牙一带及织金纳雍之间的石炭系白云岩化，也与早二叠世上述地区北部有充足淡水（河流）补给有关。

黔桂运动造成石炭二叠系的“不整合界面”，使台地上缺失了早二叠世早期的沉积。栖霞中期开始的海侵逐渐淹没黔南台地，晚期海水到达黔中隆起的南坡，茅口期淹没黔中隆起，以后逐渐到达黔北并覆盖了整个贵州。早二叠世台地区沉积的梁山组、栖霞组、茅口组的界面是沉积环境的转换面，随海平面上升同一沉积环境亦向陆迁移，滨岸相梁山组、半局限台地相栖霞组及开阔台地相茅口组及其界面明显穿时，向陆逐渐年轻。茅口中期沿黔中纳雍、织金、息峰、开阳、瓮安一线，古断裂引发玄武岩喷溢和浅层辉绿岩侵入，造成这一带稍高的古地形。伴随火山活动形成的大量硅质溶液分别流入黔南海盆和黔北局限海盆，沉积茅口组第二段硅质岩、硅质条带灰岩，硅质含量自黔中火山活动区向南北逐渐减少。遵义地区缺失茅口组第三段，可能与茅口中期的火山活动形成的古地形有关。早二叠世晚期东吴运动台地隆升使早二叠世沉积遭受剥蚀，峨眉山玄武岩喷发前期的富硅气液流入海中，在遵义尚稽、黔西、织金、盘县等地区形成断续分布的块状硅质岩（俗称“城墙硅质岩”）覆于茅口组第二段或第三段之上。早二叠世末发生的大规模的海退使茅口组被剥蚀，晚二叠世早期贵州西部大面积玄武岩喷发使西部隆升，由早二叠世相带南北展布改变为晚二叠世呈东西展布格局，台地区自东向西分别为海相（合山组）、海相交互相（龙潭组）、陆相（宣威组），台地边缘的滩礁相沉积（吴家坪组）平行不整合于猴子关灰岩之上。贵州晚古生代经历了深水盆地逐渐缩小，台地逐渐扩大的演化过程。在威宁—水城—关岭—晴隆一线表现最为明显。威宁-水城背斜核部地区未出露泥盆系及岩关早期地层，推断为较深水沉积。大塘早期至马平期台盆边界逐渐移至水城响水河、滥坝一带。

石炭纪末大规模海平面下降，使石炭系碳酸盐岩台地暴露剥蚀，海水退至西北向海盆端普安区龙吟、晴隆花贡一带，早二叠世早期盆地与台地过渡相龙吟组在紫云、望谟、罗甸、镇宁一带沉积了盆地—斜坡相四大寨组，在台地边缘沉积了猴子关灰岩。稍后海平面略微上升，海水局限在盆地和台地边缘及外围地区，龙吟地区连续沉积了包磨山组。其后海平面再次下降至盆台地边缘附近地区。栖霞中期海平面逐渐上升，形成大规模海侵，梁山组是海侵过程中滨岸环境向陆退积沉积的地层体。栖霞—茅口期的盆地向南移至关岭附近。早二叠世末发生大规模海平面下降，茅口组被剥蚀，峨眉山玄武岩喷发后贵州西部地势稍高，为晚二叠世盆地和台地碎屑岩沉积提供了充足的物源。晚二叠世末期整个盆地被填平，结束了贵州晚古生代盆地的沉积演化史。

二、问题讨论

1. 关于紫云运动

紫云运动由地质部八普(1980)[①]命名。原指黔南地区早石世革老河期末发生的一次规模较大的地壳运动,使“革老河组”(本文的者王组、革老河组、汤粑沟组第一段之和)及其下伏地层遭受不同程度的剥蚀。

本书认为紫云运动主要发生在早石炭世岩关中期或晚期,即下石炭统祥摆组与汤粑沟组之间。其性质以抬升为主,伴有轻微的区域褶皱,在紫云、长顺、惠水、贵阳、龙里、麻江等地表现最为明显。此次运动造成祥摆组(九架炉组)与下伏地层(自下江群至汤粑沟组)的不整合或平行不整合接触,古地形起伏不平。下伏地层缺失顺序始终是自上而下的。另外从祥摆组的含煤情况亦说明古地形不平坦,在地形低洼处,祥摆组厚度大、下伏地层保存多、沼泽化时间长、含煤性好;地形隆起处的情况则恰恰相反。上述情况亦佐证紫云运动发生于汤粑沟组沉积之后,祥摆组沉积之前,并且具有一定强度。

2. 龙吟组、包磨山组的时空分布

晚石炭世末期在台地及台地边缘形成了马平组及威宁组上部的逐渐暴露,此时紫云-水城海槽的西北端仍接受碳酸盐岩沉积,即南丹组上部。早二叠世初期海平面下降至水城南侧台盆斜坡时马平组被剥蚀,这个海槽(西北端)成了接受陆源碎屑沉积的唯一水盆并与广海相通,龙吟组就是这期间沉积的扇状体(低水位楔),与下伏南丹组为连续沉积。此时在镇宁、紫云、望谟、罗甸一带的海盆沉积了四大寨组下部碎屑岩,在台地边缘沉积了猴子关灰岩底部岩层;广大碳酸盐岩台仍处于暴露状态。

包磨山组是早二叠世早期(相当于 *Misellina termieri* 带时期),台地边缘和盆地之间的过渡沉积。以底部瘤状灰岩与下伏马平组(或威宁组)平行不整合接触。在区域上包磨山组虽未发现 *Misellina*,但张正华等(1988)在龙吟剖面包磨山组底部发现 *Chalaroschwagerina* 和 *Pamirina*,前者在紫云猴场及郎岱洒志大多与 *Misellina* 的原始类型共生。

总之,龙吟组和包磨山组是低水位期沉积体,分布局限,变化很大。前者时代为早二叠世隆林期至栖霞早期。

---

① 地质部第八普查勘探大队,1980,贵州南部紫云运动古构造研究报告。

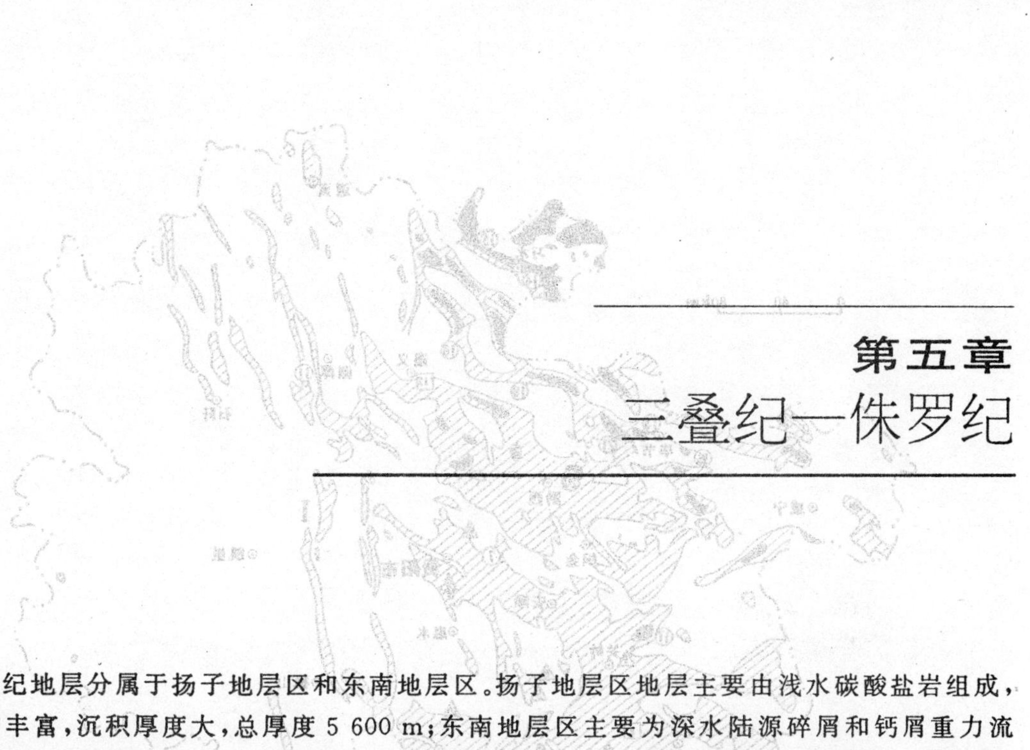

第五章 三叠纪—侏罗纪

三叠纪地层分属于扬子地层区和东南地层区。扬子地层区地层主要由浅水碳酸盐岩组成，底栖生物丰富，沉积厚度大，总厚度 5 600 m；东南地层区主要为深水陆源碎屑和钙屑重力流沉积，生物以浮游型菊石和双壳类为主，总厚度大于 4 000 m。侏罗纪地层一般残留于道真、湄潭、龙里、贞丰一线西北地区，出露面积仅占全省面积 4%，以河湖相红色砂泥岩沉积为主，黔北地区发育最佳，总厚度达 3 000 m。生物以双壳类、爬行类及植物为主。可分为遵义区、威宁-郎岱区和天柱区(图 5-1)。

本书收录曾使用过的岩石地层名称 130 多个，对其中基本符合命名要求的 78 个单位做了重点清理，从中筛选出建议采用的地层单位 39 个(25 个组、14 个段)。

第一节 岩石地层单位

飞仙关组 T_1f (06-52-0906)

【创名及原始定义】 赵亚曾(1929)创名于四川广元县城北约嘉陵江东岸飞仙关的"飞仙关页岩"。"于广之可划分下部紫色页岩系和上部灰岩层，飞仙关页岩上部含有薄的灰岩夹层，在石兰子(Shiantze)厚约 350 m，时代三叠纪。"1931 年赵亚曾等又修订为"紫、紫红色页岩，夹薄的页状灰岩夹层，典型露头在嘉陵江沿岸的江河驿(Shahoi)与飞仙关之间，有两层突起的灰岩，各厚 100 m，并为紫色页岩所隔开，见化石，时代为三叠纪。"以上两个定义不完全相当，前者可能包括了嘉陵江组在内。

【沿革】 许德佑(1939)将"飞仙关页岩"引用于贵州，并于 1944 年明确本紫色页岩层厚 700 m 以上，位于"关岭系"之下，乐平煤系之上。王钰等(1962)改称飞仙关组，时代属早三叠世印度期。其后飞仙关组广泛用于黔西地区。

【现在定义】 岩性以紫红色页岩、砂质页岩为主，夹有灰色薄层灰岩、鲕状灰岩、泥灰岩、砂岩及粉砂岩。富含双壳类、菊石等化石。底部常以一层稳定的薄层灰岩(汪家坝层)下伏大隆组硅质岩或吴家坪组灰岩整合接触；与上覆铜街子组页岩与灰岩互层亦为整合接触。

省内本组主要为一套滨海、浅海相紫红色砂岩及粘土岩，夹少量灰岩，常见斜层理及交错

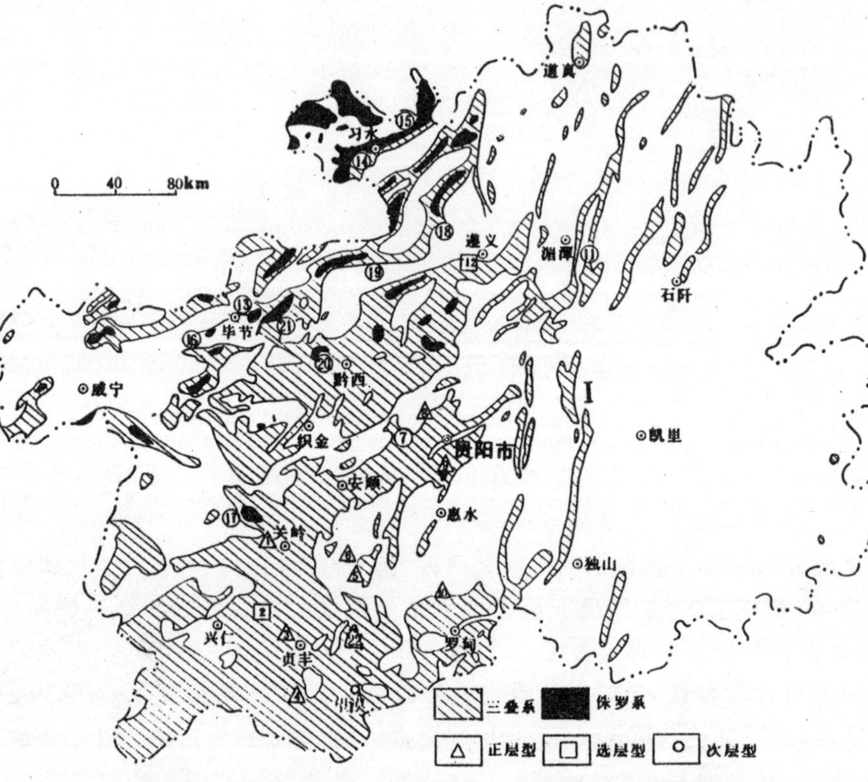

图 5-1 贵州三叠系、侏罗系露头分布及层型剖面位置图

1. 关岭永宁镇(关岭组);2. 贞丰龙场(法郎组);3. 贞丰把南(把南组);4. 册亨坡段(坡段组),5. 紫云新苑(新苑组);6. 紫云茶叶哨(紫云组);7. 清镇后五磨石冲(三桥组);8. 贵阳三桥(二桥组、三桥组、改茶组);9. 贵阳垄头(垄头组);10. 罗甸边阳(边阳组);11. 瓮安党林(巴东组);12. 遵义高桥(夜郎组);13. 毕节青场(飞仙关组);14. 习水铜鼓溪(自流井组、遂宁组、蓬莱镇组);15. 习水三岔场(沙溪庙组、遂宁组、蓬莱镇组);16. 毕节王丰屯(自流井组);17. 郎岱罗家冲(自流井组);18. 遵义山盆(新田沟组);19. 仁怀九仓(新田沟组);20. 大方新场(自流井组);21. 大方响水(沙溪庙组);22. 望谟许满(许满组)

层,厚 286～882 m,自西北向东南增厚,灰岩夹层增多。富含双壳类及少量腕足类、菊石等,平行不整合于宣威组或龙潭组之上,整合于嘉陵江组之下。

【层型】 正层型为四川省广元县城北嘉陵江东岸飞仙关—须家河剖面。本省次层型为贵州毕节青场三叠系剖面(06-52-0906-4-1),系贵州区调队一分队(1∶20 万威信幅,1979)肖伟民等测制。

【地质特征及区域变化】 分布于毕节、纳雍、晴隆、兴仁一线以西。按岩性自下而上分为两段。

第一段:灰绿、黄灰色薄至中厚层岩屑粉砂岩、泥质粉砂岩及砂质粘土岩,以富含玄武岩屑及凝灰物质为特征,顶部时有一层鲕粒灰岩、生物碎屑灰岩或细晶灰岩。陆源岩屑粒度向东变细,灰岩含量增多,威宁、盘县一带常夹绿色薄层含铜砂岩。富含双壳类 *Pseudoclaraia wangi*, *Claraia griesbachi*, *C. clarai*;菊石 *Ophiceras* sp.;腕足类 *Lingula tenuissima* 等。厚 28～275 m,一般厚 100 m 左右。

第二段:紫红、灰绿色薄至中厚层长石粉砂岩、岩屑粉砂岩、砂质粘土岩及粘土岩组成不等厚韵律性互层。普遍见有水平层理、中至大型板状交错层理、低角度交错层理及部分变形层理。自西向东含铜砂岩、陆源碎屑及玄武岩屑成分减少，钙质含量增加。富含双壳类 *Claraia aurita*，*Eumorphotis multiformis*，*E. teilhardi*，*E. inaequicostata* 等。厚 258～699 m，一般厚 500 m 左右。时代为早三叠世印度期。

夜郎组　T_1y　(06－52－0905)

【创名及原始定义】 丁文江(1933)将他本人(1928)创名于贵阳附近的“二桥砂岩”、“三桥灰岩”，大方的“玉龙山灰岩”，遵义的“松子坎页岩”、“茅草铺灰岩”、“九级滩页岩”统称“夜郎系”，时代归上二叠统。

【沿革】 尹赞勋(1937)认为“夜郎系”时代为早三叠世。许德佑(1939)谓川东南、黔北地区下三叠统下部为大冶组石灰岩，上部为飞仙关页岩之混合层。尹赞勋(1944)称黔北下三叠统地层为“梓槽组”，自上而下分为九级滩页岩、黄村坝灰岩、沙堡湾页岩。1956 年《中国区域地层表(草案)》改称夜郎群。王钰等(1959)认为镇宁一带的夜郎群属大冶石灰岩与飞仙关页岩过渡相，自下而上创名白马哨组、镇宁组及安顺群。1962 年殷鸿福称黔北下三叠统印度阶地层为夜郎组，自下而上分为第一段——沙堡湾页岩及下黄村坝灰岩，第二、三段——上黄村坝灰岩及下九级滩页岩，第四段——上九级滩页岩。嗣后习用的夜郎组自下而上分为沙堡湾段、黄村坝段及九级滩段，本书沿用。

【现在定义】 指整合于合山组或大隆组之上、嘉陵江组之下的一套富含双壳类化石的黄绿、灰绿色钙质、砂质页岩及浅至深灰色薄至中厚层细晶鲕粒灰岩夹紫红色钙质、砂质粘土岩。底部以黄绿色页岩与下伏合山组灰岩或大隆组硅质岩分界；顶以紫红色钙质粘土岩与上覆嘉陵江组灰岩划界。自下而上分为沙堡湾段、黄村坝段和九级滩段。

【层型】 选层型为遵义市高桥三叠系剖面(06－52－0905－4－1)，贵州区调队一分队(1：20万遵义幅，1972)沈志达等测制。次层型为贵州区调队(1：20 万兴仁、安龙幅，1979)贵州贞丰龙场三叠系剖面(06－52－0905－4－2)。遵义高桥剖面层序如下：

上覆地层：嘉陵江组　灰、深灰色厚至中厚层微晶灰岩，顶部具假鲕状构造。含双壳类

——————— 整　合 ———————

夜郎组　　总厚度 458.1 m

九级滩段　　厚度 235.6 m

53. 黄绿色粘土岩。含双壳类 *Entolium discites E.* sp.，*Eumorphotis* sp.，*E. inaequicostata*，*E.* cf. *multifromis*　15.1 m

52—51. 青灰色中至厚层夹薄层含白云质灰岩，局部见蠕虫状构造。含腕足类 *Lingula* sp.；双壳类 *Unionites* cf. *fassaensis*，*Entolium* cf. *discites*　12.1 m

50—49. 紫红色粘土质泥灰岩夹薄层灰岩。含双壳类 *Eumorphotis* cf. *inaequicostata*　20.4 m

48—44. 紫红色钙质粘土岩、含钙质铁质页岩、夹泥灰岩、白云岩　52.6 m

43—40. 暗绿灰色薄至中厚层微晶含粉砂粘土质灰岩，夹共绿色含粉砂质泥灰岩，顶部为不规则层纹状泥灰岩。含双壳类 *Eumorphotis* cf. *multiformis*，*E.* sp.，*Unionites* sp.，腕足类 *Lingula* sp.，*L. panxiangensis*　13.2 m

39—36. 紫红、黄绿色粉砂质粘土质泥灰岩及粘土质灰岩，顶部为厚 1.7 m 的暗紫红色粘土质灰岩。含双壳类 *Aequipecten* sp.，*Unionites fassaensis*，*U.* sp.，*Eumorphotis* cf. *aueri*，*E.* cf. *inaequicostata*，*E.* cf. *venetiana*，*E.* sp.，Pectinidae，*Chlamys* sp.，

Gervillia sp.；腕足类 *Lingula* sp.，*L. tenuissima* 25.4 m

35. 紫红色层纹状钙质粘土质粉砂岩。含双壳类 *Claraia* sp.，*Eumorphotis telleri*；腕足类 *Lingula* cf. *panxiangensis* 6.0 m

34—33. 紫红色含生物碎屑泥灰岩及钙质泥岩。含双壳类 *Eumorphotis* cf. *multiformis*，*E.* cf. *inaequicostata*，*E.* cf. *hinnitidea*，*E.* sp.，*Neoschizodus* sp.，*M.* cf. *laevigata*，*Chlamys* sp.，Pectinidae，*Pteria* sp.；腕足类 *Lingula* sp.，*L. panxiangensis* 34.7 m

32—31. 暗紫、灰绿色钙质粉砂质粘土岩夹粘土质灰岩透镜体，层间夹大量紫红色含黄铜矿钙质结核。含双壳类 *Pecten* sp.，*Pleuronectites* sp.，*Leptochondria* sp.，*Eumorphois* sp.，*E. inaequicostata*，*E. telleri*，*E.* cf. *waageni* 35.4 m

30. 红紫色层纹状钙质(铁质)粘土质粉砂岩。含双壳类 *Claraia aurita*，*C.* cf. *aurita* 20.7 m

黄村坝段 厚度 203.9 m

29—25. 灰色中至厚层粘土质灰岩，夹微晶灰岩。含双壳类 *Eumorphotis* sp.，*Bakevillia* sp.，*Leviconcha* sp.，*L. ovata*，*Claraia* sp.，*Unionites* sp. 44.1 m

24. 紫红色含钙质、铁质、粉砂质粘土岩，层间夹有灰岩结核。含双壳类 *Claraia* sp.，*C. stachei*，*Eumorphotis* cf. *multiformis* 6.6 m

23—6. 灰、浅灰色中至厚层微至细晶灰岩与泥质灰岩互层，夹生物碎屑灰岩。具盐类矿物假像及缝合线构造，局部具交错层纹及蠕状结构。含双壳类 *Eumorphotis* sp.，*Claraia* sp. 153.2 m

沙堡湾段 厚度 18.6 m

5—2. 绿色含碳酸盐矿物假像粘土岩，夹薄层泥灰岩及泥岩。含菊石 *Lytophiceras* sp.；双壳类 *Chlamys* sp.，*Claraia* sp.，*C. griesbachi*，*C. comcenrtrica*，*Gervillia* sp.，*Pteria* sp.，*P. ussurica variabilis*，*Towapteria scythicum*，*Unionites* sp.，*Bakevellia* sp.；腕足类 *Lingula* sp. 18.6 m

——— 整 合 ———

下伏地层：合山组 顶部为 0.5 m 厚的棕黄色薄层泥云岩、页岩及含粉砂质泥岩。其下为灰色厚层含燧石团块生物碎屑灰岩

【地质特征及区域变化】 本组为一套潮下、潮间相为主的半局限台地沉积。砂泥岩普遍具水平层理、小型交错层理，潮道砾屑灰岩及亮晶鲕粒灰岩普遍见大—中型槽状交错层及粒序层理。垂向上由潮下泥坪—混合坪—鲕滩、冲积扇—泻湖组成向上变浅序列。自西向东陆源成分减少、变细，碳酸盐岩成分增多。厚 184～904 m，一般厚 400～500 m，由西向东减薄。鲕粒堤滩形成的水下障壁边界大体在贞丰、六枝、织金、修文、开阳、瓮安一线。本组富含双壳类 *Claraia*，*Eumorphotis* 及菊石等化石，时代为早三叠世印度期。

沙堡湾段 T_1y^{sb} (06-52-0902)

【创名及原始定义】 刘之远(1941)称沙堡湾页岩，创名于遵义老城西北 4 km 的沙堡湾。指下三叠统底部含 *Claraia wangi* 的灰绿、黄绿色页岩。时代为早三叠世早期。

【沿革】 见夜郎组

【现在定义】 指整合于合山组、大隆组之上，夜郎组黄村坝段之下的一套富含双壳类化石的黄绿、灰绿、褐灰色页岩，钙质页岩、粉砂质页岩，夹泥质灰岩或粉砂岩地层。底部以黄绿色页岩的出现与合山组灰岩、大隆组硅质岩分界；顶以砂页岩的结束与黄村坝段灰岩划界。

【层型】 同夜郎组。

【地质特征及区域变化】 本段厚5～205 m，向西南加厚(旧称“卡以头层”)，富含双壳类 *Pseudoclaraia wangi*，*Claraia stachei*；菊石 *Ophiceras sinensis* 及腕足类、腹足类等，时代为早三叠世印度早期。

黄村坝段 T_1y^h (06－52－0903)

【创名及原始定义】 尹赞勋(1944)称黄村坝灰岩，创名于贵州遵义城东22 km的黄村坝。岩性为深灰色薄至中厚层细晶灰岩，中部夹深灰色鲕粒石灰岩，时夹紫红色页岩。归下三叠统“梓槽组”中段。

【沿革】 见夜郎组。

【现在定义】 指整合于沙堡湾段和九级滩段之间一套富含双壳类化石的浅至深灰色薄至中厚层微至细晶灰岩、泥晶灰岩和鲕粒灰岩，时夹白云质灰岩及紫红色钙质泥岩。底部以灰岩的出现与沙堡湾段页岩分界；顶部以灰岩的结束与九级滩段紫红色页岩划界。

【层型】 同夜郎组。

【地质特征及区域变化】 本段厚28～667 m，一般为250～300 m，自西北向东南增厚，灰岩及鲕粒灰岩、白云岩增多，紫色钙质泥岩递减。富含双壳类 *Claraia aurita*，*C. stachei*，*Eumorphotis* sp. 及腕足类、腹足类等，归属早三叠世印度期。

九级滩段 T_1y^j (06－52－0904)

【创名及原始定义】 丁文江(1928)创名于遵义城北约3 km的九级滩(实为九节滩)的九级滩页岩。指遵义城郊的全部页岩，归“夜郎系”，属上二叠统。

【沿革】 见夜郎组。

【现在定义】指整合于夜郎组黄村坝段与嘉陵江组之间的一套富含双壳类化石的紫红、暗紫、黄绿色含钙质粘土岩、粉砂质粘土岩，夹灰岩、泥灰岩及薄层粉砂岩地层。底部以紫色钙质粘土岩的大量出现与黄村坝段分界；顶部以紫色钙质粘土岩的结束与嘉陵江组灰岩划界。

【层型】 同夜郎组。

【地质特征及区域变化】本段厚17～531 m，自西北向东南减薄，在晴隆碧痕营、关岭永宁镇一线，中部不夹或偶夹灰岩，向东灰岩增多。富含双壳类 *Eumorphotis multiformis* 等，时代为早三叠世印度期。

大冶组 T_1d (06－52－0908)

【创名及原始定义】 源于谢家荣(1924)创名于湖北大冶县大冶铁矿附近的“大冶石灰岩”。原始定义：“指位于炭的湾煤系与武昌煤系之间的地层。为灰、灰白色薄层石灰岩，广泛分布于大冶以北之山丘地带，其最下部可相变为30～40 m的钙质页岩和黄色页岩，在大冶保安东北一带，该层页岩有头足类化石，它们为二叠纪生物群。总厚约500 m。其时代：下部为二叠纪(?)，上部薄层灰岩，地质时代可能为三叠纪。”

【沿革】许德佑(1944)首先在贵州引用大冶群，指黔中下三叠统薄层灰岩。地质部八普(1956—1958)将黔南下三叠统地层亦称大冶群。殷鸿福(1962)认为大冶群还适用于黔东北地区，岩性以黔中地区较典型，底部为黄绿色页岩夹灰岩，下部薄层石灰岩，上部厚层石灰岩。嗣后为省内广泛沿用。1964年地质部四普限定的大冶组仅相当于殷鸿福大冶群之底部及下部。《贵州省地质图说明书》(1981)及《贵州省区域地质志》(1987)限定大冶组用于黔中地区，本书沿用该含义。

【现在定义】 以薄层灰岩为主，下部为含泥质灰岩或黄绿色页岩，中上部夹中至厚层灰岩，时夹鲕粒灰岩、白云质灰岩或白云岩化灰岩。底界以页岩与下伏大隆组硅质页岩、硅质岩或以其薄层灰岩与下伏吴家坪组灰色中厚层灰岩整合接触；其顶界与上覆嘉陵江组白云岩明显分开并整合接触。

省内本组为深水相中厚层及薄层泥灰岩、泥质条带灰岩与页岩组成，与下伏大隆组或吴家坪组整合接触；与上覆安顺组白云岩整合接触。

【层型】 选层型在湖北省大冶县沙田剖面(114°45′58″,30°10′50″)。本省次层型为贵州区调队四分队(1∶20万贵阳幅,1975)实测的贵阳市三桥地区三叠纪剖面(二)(06-52-0908-4-1)、清镇站街高铺三叠纪剖面(06-52-0908-4-2)。

【地质特征及区域变化】 本组分布于黔中一线，宽20～60 km范围内，厚111～582 m，西厚东薄。含少量菊石及双壳类化石，时代为早三叠世印度期至早奥伦期。自下而上分为三段：第一段(页岩段)以灰绿、黄绿色粘土岩为主，夹钙质页岩、薄层灰岩及灰泥岩。含菊石 *Ophiceras sinensis*, *Lytophiceras* sp.；双壳类 *Pseudoclaraia wangi*，腕足类及介形类等。厚33～123 m。第二段(互层段)为浅灰、深灰色薄至中厚层灰岩、泥质条带灰岩，下部夹灰泥岩、钙质页岩及油页岩。含菊石 *Meekoceras* sp.，*Paranorites* sp. 及双壳类 *Claraia* sp.，*Eumorphotis* sp. 等。厚26～166 m。第三段(灰岩段)为灰、深灰色薄层条带状灰岩，时夹中厚层灰岩、鲕粒灰岩、砾屑灰岩及页岩。含双壳类 *Claraia aurita*，*Eumorphotis* cf. *multiformis* 等。厚180～530 m，一般厚150 m。

罗楼组　T_1l　(06-52-0901)

【创名及原始定义】 源于李四光(1941)在广西凌乐罗楼圩东北1 km那利岭东坡创名的“罗楼层”(赵金科1959年介绍)。指发育于广西凌云县罗楼圩一带，富含早三叠世菊石的石灰岩层，与下伏“合山灰岩”不整合接触，顶部受断层破坏出露不全，厚30余米。

【沿革】 王钰等(1959)引用“罗楼群”代表黔南下三叠统地层。贵州地层古生物工作队(1976)细分罗楼组为上下段。《贵州地质图说明书》(1981)所划罗楼组仅相当习用“罗楼群(组)”下段，其上段另创名紫云组，该方案为《贵州省区域地质志》(1987)采用。

【现在定义】 指位于板纳组与合山组之间的地层。岩性为深灰色灰岩、生物碎屑灰岩、泥质条带状灰岩、砾状灰岩、泥灰岩夹少量钙质泥岩、泥岩及泥灰岩组成，富含菊石。顶部以灰岩的消失与板纳组泥岩分界；底部以薄层泥灰岩或薄层灰岩与下伏合山组含䗴生物灰岩分界。与下伏地层局部整合，大部为平行不整合接触。

贵州罗楼组目前定义为整合于吴家坪组或领薅组之上，紫云组之下的一套含菊石、双壳类等化石的浅至深灰色薄层灰岩、泥质灰岩夹灰绿、黄灰色页岩，时夹砾屑灰岩的地层。底以钙质页岩与合山组灰岩、大隆组或领薅组硅质岩、硅质页岩分界；顶以薄层灰岩与紫云组砾屑灰岩划界。

【层型】 正层型在广西省凌云县罗楼墟北东1 km那利岭东坡。本省次层型为贵州区调队四分队(1∶20万罗甸幅,1965)实测的贵州紫云板当茶叶哨中下三叠统剖面(06-52-0901-4-1)，贵州区调队联测分队(1∶20万兴仁、安龙幅,1977)实测的贵州贞丰呢罗中下三叠统剖面(06-52-0901-4-2)。

【地质特征及区域变化】 省内本组为一套深水陆架相灰泥沉积，岩石普遍发育水平纹层，时夹低密度钙屑浊流沉积，厚度一般数十米至250 m，广布于黔南广大地区。册亨、望谟以南为槽盆沉积，水平层理、斜层理、粒序层理、变形层理及生物扰动构造发育。生物以浮游型菊石、双壳类及牙形石为主，时代为早三叠世早印度期。自下而上分两段：第一段为灰色泥晶灰岩与黄绿色钙质页岩不等厚互层。含菊石 *Ophiceras sinensis*，*Koninckites* cf. *ellipticus*，*Paranorites linguisellatus*；双壳类 *Pseudoclaraia wangi*，*Claraia concentrica*；腕足类 *Crurithyris* sp. 等。第二段以深灰、灰色薄层灰岩为主，偶夹钙质页岩或砾屑灰岩，时具滑移挠曲构造。含双壳类 *Claraia aurita*，*Eumorphotis* cf. *multiformis* 等。黔东南黎平一带，本组平行不整合于合山组之上。

嘉陵江组　T_1j　(06-52-0910)

【创名及原始定义】　源于赵亚曾、黄汲清(1931)在四川广元城北嘉陵江东岸川陕公路旁创名的“嘉陵江石灰岩”。泛指“整合于紫红色页岩为主的飞仙关组之上的一套黄至浅灰色薄层状含白云质石灰岩地层，厚约600余米，未找到化石。”

【沿革】　1956年《中国区域地层表(草案)》用“嘉陵江统”代表黔北地区中三叠统沉积(相当于尹赞勋1944年创名的“溪水组”)。饶荣标(1978)认为黔北茅草铺组即为嘉陵江组①。贵州长期使用王钰等(1959)创名的永宁镇组或源于丁文江(1928)创名的“茅草铺组”。本书使用创名在先的嘉陵江组。

【现在定义】　岩性以灰色中一厚层状白云岩白云质灰岩为主，夹微晶灰岩、“盐溶角砾岩”及厚度巨大的岩盐及石膏层，含海相双壳类及有孔虫化石，菊石罕见。一般厚310～780 m。该组与下伏大冶组灰色薄层石灰岩，铜街子组杂色砂、泥岩及上覆雷口坡组或巴东组杂色泥岩，白云岩匀为整合接触。

省内本组为整合于飞仙关组、夜郎组之上，关岭组之下的一套泥晶灰岩、生物屑灰岩、白云岩、膏盐溶塌角砾岩及少量页岩组成的地层，富含双壳类，时见菊石、腕足类、腹足类等。厚300～875 m。底以灰岩与飞仙关组、夜郎组紫红色页岩分界，顶以白云岩或角砾白云岩与关岭组杂色页岩分界。

【层型】　正层型为四川广元城北嘉陵江东岸飞仙关一须家河剖面。本省次层型为贵州区调队联测分队(1：20万兴仁、安龙幅，1976)实测的贵州关岭永宁镇三叠系剖面(06-52-0910-4-1)，贵州贞丰龙场三叠系剖面(06-52-0910-4-2)。

【地质特征及区域变化】　省内本组为一套半局限台地相沉积，由泥晶灰岩、生物屑泥晶灰岩、蠕虫状灰岩、泥晶白云岩、凝块状白云岩、盐溶角砾白云岩组成向上变浅的序列。黔西北威宁以西地区以砖红、紫红色粉砂质粘土岩为主，偶夹泥灰岩、泥质灰岩凸镜体，具水平层理、小型斜层理及凸镜层理，属泻湖相沉积。本组广布于黔西—黔北地区，自西而东砂、泥质层变薄至尖灭，白云质含量增多。生物以广盐度双壳类为主，及少量头足类、腹足类等，时代跨早三叠世奥伦期至中三叠世早安尼期。按岩性自下而上分四段：

第一段由灰、深灰色中厚层泥晶灰岩，砂屑、砾屑、团粒灰岩，生物屑灰岩及鲕粒灰岩组成韵律互层，顶部鲕粒灰岩比较稳定。含双壳类、腕足类、腹足类及菊石等化石，主要有 *Entolium discites microtis*，*Eumorphotis teilhardi*，*E. hinnitidea* 等。厚24～290 m。

第二段为紫红、黄绿色薄至中厚层粘土岩，钙质、粉砂质粘土岩与泥质灰岩、泥晶白云岩和

---

① 饶荣标，1978，西南地层古生物通讯，第9号。

盐溶角砾岩不等厚互层。富含双壳类 *Pteria* cf. *murchisoni*；菊石 *Tirolites spinosus*，尚含腕足类、叶肢介、植物等。厚 24～220 m，一般厚 60～80 m。

第三段以灰色薄至中厚层泥晶灰岩为主，夹泥质灰岩、白云质灰岩、蠕虫状灰岩及白云岩。含双壳类 *Entolium discites microtis*；菊石 Meekoceratidae 及腕足类等。厚 61～325 m，一般厚 50 m 左右。

第四段：灰、黄灰色薄至中厚层白云岩、盐溶角砾白云岩，顶部夹玻屑凝灰岩，偶见双壳类及菊石化石。厚 56～248 m，一般厚 110～130 m。

安顺组　T_1a　(06－52－0909)

【创名及原始定义】 源于乐森玥(1929)在安顺东南 5 km 头铺螺蛳山创名的“安顺淡水螺层”，岩性为白色富含砂质灰岩。疑其时代为白垩纪至第三纪。

【沿革】 继乐氏之后，赵亚曾、黄汲清在安顺所采化石经巴特鉴定时代为二叠纪或三叠纪。许德佑(1933—1934)谓安顺城四周“安顺石灰岩”主要岩性为“矽质石灰岩”及石灰岩，底部有黄绿色及紫黑色页岩一层，据所获双壳类及腕足类，认为乐氏的“安顺淡水螺层”时代可能系晚三叠世卡尼早期(?)。王钰等(1959)将许氏“安顺石灰岩”改称“安顺群”，底部黄绿色及紫黑色页岩层划归“镇宁组”，定安顺群时代为早三叠世晚期至中三叠世早期。1964 年地质部四普改称安顺组，指整合于大冶组和关岭组底部“绿豆岩”之间以白云岩为主的地层。贵州区调队四分队(1976)将安顺组分为四个段，自下而上为大洼段、坡头上段、马桑坝段和大坝段。此含义为《贵州省区域地质志》(1987)沿用。

【现在定义】 指整合于大冶组之上，巴东组或坡段组之下一套含双壳类、腹足类及菊石的灰色中至厚层白云岩、膏盐溶塌白云岩、角砾岩及灰岩组成的地层。底以白云岩与大冶组灰岩分界；顶以膏盐溶塌白云岩角砾岩或白云岩与巴东组杂色泥质白云岩或坡段组灰岩划界。

【层型】 选层型为贵阳三桥地区三叠系剖面(06－52－0909－4－1)，贵州区调队四分队(1：20 万贵阳幅，1975)卢重明等实测。次层型为贵州清镇站街三叠系剖面(06－52－0909－4－2)及贵阳二戈寨—龙家寨下三叠统剖面(06－52－0909－4－4)，贵州关岭扒子场三叠系剖面(06－52－0909－4－3)。贵阳三桥剖面层序如下：

上覆地层：关岭组　灰色硅质岩夹黄绿色玻屑凝灰岩

——————— 整　合 ———————

安顺组　　总厚度 390.5 m

62—60.	灰白色厚层白云岩及溶塌角砾白云岩，时具膏盐假晶。产有孔虫 *Glomospirella sinensis* 等	29.0 m
59—57.	浅灰、黄灰色薄层泥质白云岩，上部为钙质白云岩，局部为溶塌角砾岩	33.5 m
56—55.	灰色厚层中至粗粒砂屑白云岩，时具角砾构造。含大量有孔虫 *Glomospirella shengi*，*G. sinensis*，*G.*，*sygmoidalis* 等	20.5 m
54—50.	紫红色薄层泥质白云岩夹溶塌角砾岩及细砂屑白云岩	42.0 m
49—47.	灰黄色薄层含生物屑泥质白云岩，角砾泥质白云岩	33.9 m
46—43.	灰至灰黄色细—中粒中厚层溶塌角砾岩及细砂屑白云岩	36.1 m
42—41.	深灰色薄至中厚层微粒至细粒生物碎屑白云岩。含双壳类 *Eumorphotis* cf. *inaequicostata*，*E.* cf. *telleri*. *E. hinnitidea*，*Entolium discites*，*Mytilus* sp.，*Bakevellia* sp. 及腹足类等	28.2 m

40—36. 灰、灰白色厚层细砂屑鲕粒白云岩，含双壳类 *Claraia* sp.，*Entolium* cf. *discites*，*Myalina* sp. 及腕足 *Mentzelia*? sp. 53.8 m

35—33. 灰色厚层细粒白云岩，下部夹少量致密灰岩 63.4 m

32—30. 灰白色中厚层至块状中粒和粗粒白云岩，间含少量鲕粒。产双壳类 *Eumorphotis telleri*，*E.* sp.，*Entolium discites* 23.0 m

29—26. 浅灰色厚层中粒结晶白云岩，下部含钙质，与下伏灰岩为过渡关系 27.1 m

——————— 整　合 ———————

下伏地层：大冶组　浅灰、灰色致密至细粒中层灰岩，夹条带灰岩和泥质灰岩

【地质特征及区域变化】 本组为一套具交错层的纹层或藻纹层白云岩，时夹具大型帐篷构造、干裂和微型帐篷构造的纹层—薄层状白云岩及膏盐角砾岩，为台地边缘相沉积。分布于黔中地区，厚 280～712 m。含腹足类、有孔虫、菊石及小型双壳类，主要有双壳类 *Pteria* cf. *murchisoni*，*Entolium discites microtis* 及菊石 *Tirolites* 等。时代为早三叠世奥伦期至中三叠统早安尼期。可自下而上分三段：

第一段下部为深灰、灰色厚层细粒白云岩，偶具重晶石团块；上部为浅灰、灰色厚层鲕粒白云岩夹生物碎屑白云岩。含双壳类 *Eumorphotis* cf. *inaequicostata*，*Pteria* cf. *murchisoni* 及菊石 *Tirolites* sp. 等。厚 100～300 m。

第二段为灰黄、紫红色薄层泥质白云岩，时夹角砾状白云岩，含双壳类 *Pteria* cf. *murchisoni*，*Entolium discites microtis* 及菊石、有孔虫等。厚 100～300 m。

第三段为灰白色厚层白云岩及具膏盐假晶溶塌角砾(云)岩，含少量双壳类及有孔虫化石。厚 40～100 m。

紫云组　T_1z　(06-52-0907)

【创名及原始定义】 沈志达(《贵州地质概述》，1981)创名于紫云县附近的新苑及板当一带。由薄层石灰岩夹角砾状灰岩组成，厚 30～60 m。富含菊石，形成以 *Procarnites*，*Japonites*，*Ziyunites* 为主的动物群。可分两段：上段为灰、深灰、肉红色薄片状灰岩，层间夹泥质，中部夹硅质泥岩，厚 10 m 左右；下段为厚层块状角砾灰岩，上部夹紫红色薄层灰岩及泥岩，下部夹灰岩、泥灰岩及页岩，厚 40 m 左右。

【沿革】 许德佑(1938)称“大冶石灰岩”。王钰等(1959)认为与广西“罗楼群”岩性一致。殷鸿福(1962)归入“大冶群”。贵州地层古生物工作队(1976)称罗楼组上段。1976 年贵州区调队 1：20 万贵阳幅称“谷脚组”。《贵州省区域地质志》(1987)及本书沿用紫云组。

【现在定义】 指整合于罗楼组与新苑组之间一套富含菊石及少量双壳类、腕足类化石的灰、紫红色薄至中厚层角砾状砾屑灰岩、泥质条带灰岩，时夹硅质及钙质页岩组成的地层。底以砾屑灰岩与罗楼组薄层灰岩分界；顶以砾屑灰岩的结束，砂页岩的出现与新苑组划界。

【层型】 正层型为贵州紫云板当茶叶哨中下三叠统剖面(06-52-0907-4-1)，贵州区调队四分队(1：20 万罗甸幅，1965)实测。次层型为贵州区调队四分队(1：20 万贵阳幅，1975)实测的贵州龙里谷脚下三叠统剖面(06-52-0907-4-2)及贵州安顺林哨下三叠统剖面(06-52-0907-4-3)。正层型剖面层序如下：

上覆地层：新苑组　黄绿色晶屑凝灰岩或硅质岩

——————— 整　合 ———————

紫云组 总厚度 86 m

29—26. 灰、深灰、肉红色薄层片状泥晶灰岩及泥质条带灰岩，偶夹硅质页岩，中部灰岩富产菊石 32 m

25—21. 灰、深灰色及肉红色厚层块状角砾岩，夹三层紫红色薄层灰岩及页岩，同生角砾、杂岩呈棱角至滚圆状，产菊石 *Subcolumbites* sp.，*Columbites* sp.，*Gyrophiceras* sp.，*Paranannites* sp. 等 10 m

20—19. 深灰、紫红色薄层泥晶灰岩及页岩。产菊石 *Glyptophiceras* sp. 等 8 m

18—14. 灰、深灰色块状角砾状砾屑灰岩夹灰色薄层、中厚层泥晶灰岩，砾屑灰岩的砾径 0.5～5 cm。产菊石 *Gyrophiceras* sp.，*Lytophiceras* sp.，*Pseudospidites*? sp.，*Owenites* sp. 等 18 m

13. 灰色薄层致密灰岩，夹透镜体角砾状灰岩一层 18 m

——————— 整 合 ———————

下伏地层：罗楼组 深灰色薄层泥晶灰岩

【地质特征及区域变化】 该组伴罗楼组分布于黔南地区，黔中一线及岩隆周围斜坡相沉积物发育典型。本组下段的块体流沉积物中含大量碳酸盐岩粗碎屑，一般厚 2～5 m，最厚者达 20 m 左右，呈似层状、凸镜状向盆地一侧尖灭。砾屑成分包括原地和异地浅水成因的同期或前期沉积物，角砾大小悬殊，砾径几厘米至数十厘米，局部可达几米至几十米，砾石多为次棱角至次圆形，常顺层排列，显粒序性，见有包卷构造、旋涡构造或具“人”字形支撑等特征，砾石含量 30%～95%，一般为 50%～70%，由颗粒或杂基支撑，偶见大型交错层理，与下伏层间多具截切构造。除陡坡地带崩塌“倒石堆”外，大部属于缓坡区不同级别的水道沉积；上段正常灰泥沉积中具水平层理、小沙纹层理、滑移揉皱变形层理，时见风暴成因具递变层理的介壳层，生物扰动强烈。本组厚 20～210 m，一般厚 20～50 m。含浮游型菊石及少量双壳类，时代属早三叠世奥伦期。据岩性自下而上分两段：

第一段为灰、紫红色厚层块状角砾状砾屑灰岩与中至薄层泥晶灰岩、页岩及硅质岩，含菊石 *Owenites* sp.，*Meekoceras* sp.，cf. *Pseudowenites oxynostus* 及双壳类 *Claraia aurita* 等。

第二段为灰、深灰色薄层片状泥质条带泥晶（粉晶）灰岩，时夹硅质及钙质页岩。近台地边缘夹白云岩。含菊石 *Paranannites* cf. *subglobosus*，*Tirolites* cf. *spinosus*，*Anasibirites* sp. 等。

关岭组 T_2g （06－52－0919）

【创名及原始定义】 源于许德佑（1939）在关岭县城旁营盘山创名的“关岭系”。岩性为灰白色薄层石灰岩，风化表面具蠕虫痕迹，夹有黄绿色及杂色页岩，时代归安尼锡克层。

【沿革】 许德佑（1940）将关岭永宁镇至北极三叠纪剖面划分为 9 层，将下部 6 层归“关岭系”。王钰等（1959）在许氏“关岭系”第 1—3 层采得早三叠世化石，故划归永宁镇组。贵州石油普查大队贺自爱等（1961）在工作年报中首次提出以“绿豆岩层”作为关岭组底界，嗣后广为采用。但对本组顶界及使用范围的认识不尽一致。贵州区调队、贵州石油队（1963—1976）、贵州地层古生物工作队（1977）均划分三段，以第三段“杨柳井石灰岩”上界为顶，用于黔西南地区。地质部八普（1979）[①]、贵州区调队（1980、1981）、《贵州省区域地质志》（1987）分本组为下部松子坎段和上部狮子山段，以杨柳井组底为顶界，并扩大使用范围至黔北地区。本书仍将杨柳井

---

① 地质部第八普查大队，1979，贵州省地质图说明书（1：35 万）。

段(组)归入本组。

【现在定义】 指整合于嘉陵江组和法郎组之间的一套富含双壳类化石的黄绿等杂色页岩、浅灰色中厚层灰岩及厚层白云岩地层。底以杂色页岩与嘉陵江组白云岩或盐溶角砾岩划界;顶以白云岩或白云质灰岩与法郎组竹杆坡段及改茶组薄至中厚层灰岩划界。自下而上分为松子坎段、狮子山段及杨柳井段。

【层型】 正层型位于关岭县永宁镇(105°29′,25° 54 ′),为王钰等(1959)重测的关岭永宁镇一黄土塘剖面。次层型为贵州区调队联测分队(1:20万兴仁、安龙幅,1977)实测的贵州贞丰龙场三叠系剖面(06-52-0919-4-2)。正层型层序如下:

上覆地层:法郎组竹杆坡段 灰色薄层石灰岩,局部色深,产双壳类 *Leptochondria illyrica*, *L.* cf. *subillyrica*, 腕足类 *Spiriferina* spp.

—————— 整 合 ——————

关岭组	总厚度 985.6 m
杨柳井段	厚度 317.8 m
46. 浅灰、微红色薄层块状粗粒白云岩,局部含角砾状碎块	87.4 m
45. 深灰至灰白色厚层块状粗晶白云岩	230.4 m
狮子山段	厚度 407.3 m
44. 深灰色中至厚层细粒石灰岩	130.4 m
43. 灰色、深灰色中厚层石灰岩	101.7 m
42. 深灰黑色中厚层石灰岩,含腹足类碎片	18.5 m
41. 黑色、青灰色泥岩	5.0 m
40. 灰色中厚层石灰岩	38.1 m
39. 深灰色中厚层白云质灰岩	33.5 m
38. 黑灰色中厚层灰岩	13.4 m
37. 灰至深灰黑色中厚层灰岩,风化后呈页片状	20.6 m
36. 灰至深灰色厚层泥质灰岩,夹青灰色页岩;灰岩表面具蠕虫状构造。含双壳类 *Pleuromya elongata*	10.0 m
35. 深黑色、灰色中厚层灰岩	9.5 m
34. 深灰色厚层泥质灰岩,风化后呈薄片状或瘤状,具蠕虫状构造。含双壳类 *Pleuromya elongata*, *P.* sp.	26.6 m
松子坎段	厚度 260.5 m
33. 深灰色页岩,风化后呈黄色。含双壳类 *Nucula* sp., *Gervillia mytiloides ornata*, *Entolium* sp.	0.5 m
32. 浅灰色、灰黑色厚层泥质灰岩,具蠕虫状构造,风化后呈瘤状或薄片状。产双壳类 *Gervillia* cf. *mytiloides ornata*, *Costatoria goldfussi*, *Placunopsis* sp., *Pleuromya* sp.	47.5 m
31. 紫色、浅绿色、青灰色页岩与青灰色薄层灰岩互层	26.0 m
30. 青灰色薄层灰岩	15.0 m
29. 黑色页岩,夹多层青灰色泥灰岩凸镜体	14.8 m
28. 黄色、青灰色泥岩	13.6 m
27. 浅绿色、灰色、青灰色中层泥灰岩。含双壳类 *Leptochondria*? sp., *Costatoria goldfussi*, *Pecten* sp., *Pleuromya*? sp.	24.5 m
26. 深灰色薄层泥灰岩,土黄色、深灰黑色页岩互层	15.1 m
25. 灰色泥灰岩,深灰黑色灰岩,紫黑色纸状页岩。产双壳类 *Leptochondria* sp., *Lima*	

sp. ,*Entolium liscariensis*,*Nucula* sp. ,*Costatoria goldfussi*；腹足类 *Neritina*? sp. 1.7 m

24. 浅灰绿色(微黄)钙质页岩，青灰色泥质灰岩，灰色泥灰岩互层。常夹碳质页岩 101.8 m

——————— 整 合 ———————

下伏地层：**嘉陵江组** 深灰色薄层白云质灰岩

【地质特征及区域变化】 本组为局限台地相沉积。以紫红、灰绿色白云质泥岩、泥晶灰岩、生物碎屑泥晶灰岩、藻屑泥晶灰岩、藻鲕粒灰岩、凝块石球粒灰岩、介屑鲕粒灰岩、核形石泥晶灰岩、泥质白云岩、盐溶角砾白云岩为主。发育水平层理、中小型斜层理、双向斜层理、鱼骨状层理及生物扰动构造、层纹石—叠层石构造、鸟眼构造、膏盐模孔、帐篷构造、干裂构造或小型冲刷面等。厚 570～830 m。分布于黔西南—黔北广大地区，由西北向东南砂、泥减少，白云岩增多。生物以适应广盐度生活的双壳类 *Costatoria goldfussi mansuyi*，*Leptochondria illyrica* 及腹足类、介形类为主，痕迹化石丰富，以垂直潜穴、居住构造迹为主，偶见爬行类足迹，时代为中三叠世安尼—早拉丁期。

松子坎段 T_2g^s （06－52－0916）

【创名及原始定义】 源于丁文江(1928)在遵义市北 2.5 km 松子坎创名的“松子坎页岩”。岩石主要为黄绿、灰绿、黄、紫等杂色页岩夹灰岩，富含双壳类化石。厚 150～230 m(当时统归“夜郎系”中，划上二叠统)。

【沿革】 尹赞勋(1937)改“夜郎系”为下三叠统，又于 1944 年综合前人的意见改“松子坎页岩”为“松子坎建造”，划归中三叠统“溪水组”。刘之远(1942)称“松子坎层”。1962 年赵金科等(1959)认为松子坎组岩性和关岭组相似，与上覆狮子山组及下伏茅草铺群整合接触。殷鸿福(1962)将松子坎段划作关岭组中段。范嘉松(1964)称黔北“绿豆岩层”与狮子山组之间的地层为松子坎组。《贵州省区域地质志》(1987)沿用松子坎段，归关岭组下段，代表黔西南及黔北地区早安尼期沉积。

【现在定义】 指整合于嘉陵江组与关岭组狮子山段之间一套富含双壳类化石的紫红、灰绿、黄绿等杂色钙质粘土岩、砂质、白云质粘土岩夹泥质白云岩，泥灰岩地层。底部以杂色层的出现与嘉陵江组白云岩或盐溶角砾岩分界；顶部以杂色层的消失与狮子山段灰岩划界。

【层型】 选层型为贵州区调队一分队(1：20 万遵义幅)沈志达等(1972)实测的遵义高桥三叠系剖面(06－52－0919－4－4)。次层型为贵州区调队联测分队(1：20 万兴仁、安龙幅)王立亭等(1977)实测的贞丰龙场三叠系剖面(06－52－0919－4－2)。遵义高桥剖面层序如下：

上覆地层：**关岭组杨柳井段** 灰、红灰、黄灰色薄至中层白云岩，下部偶夹灰岩

——————— 整 合 ———————

关岭组 总厚度 505 m

狮子山段 厚度 212 m

111—109. 灰色薄至中厚层生物碎屑灰岩、泥质白云岩夹泥质灰岩。产双壳类 *Myophoria* sp. ,*Palaeolima subcostata*,*P. praecepidecliva*,*Entolium* sp. 28 m

108—106. 灰色薄至中厚层微粒灰岩及少量泥质灰岩，常具角砾状构造。下部产双壳类 *Myophoria* cf. *goldfussi*,*M.* sp. 38 m

105—99. 灰、深灰色中厚层微粒灰岩，时含泥质或具角砾状构造及缝合线构造。中上部偶夹泥质灰岩 95 m

98—96. 灰色中厚层生物碎屑灰岩，含白云质或泥质。偶夹薄层泥质白云岩。产菊石 *Progonoceratites* sp.，*P. nanjiangensis*，*P.* cf. *robustus*；双壳类 *Plagiostoma radiata*，*P. striata*，*Myophoria* (*Costatoria*) sp. 等 51 m

松子坎段

95—93. 灰黄色中厚层泥质白云岩与灰绿色泥页岩、泥灰岩不等厚互层。中部产双壳类 *Myophoria curvirostris*，*Pleuromya* sp.，*Leptochondria* sp. 81 m

92—90. 灰色薄至中厚层泥质灰岩、生物碎屑灰岩夹黄绿色页岩及角砾状白云岩。产双壳类 *Myophoria goldfussi mansuyi*，*M.* sp.，*Leptochondria* sp.，*Entolium* sp. nov.，*Eumorphotis* sp. 32 m

89—86. 灰、黄灰色中厚层白云岩、生物碎屑灰岩与黄绿色白云质泥岩互层。产双壳类 *Eumorphotis* sp.，*Myophoria* sp. 等 69 m

85—84. 灰色中厚层生物碎屑灰岩，下部为厚层角砾状白云岩。产双壳类 *Leptochondria paradoxica*，*Myophoria* sp. 18 m

83—77. 灰、黄、绿色薄层泥质白云岩，上部夹深灰色泥灰岩。产双壳类 *Myophoria goldfussi mansuyi*，*Leptochondria paradoxica*；腕足类 *Lingula* sp. 等 71 m

76—73. 上部灰色块状灰岩；下部灰色中厚层至块状白云岩，时具角砾状构造；底部黄绿色斑脱岩化凝灰岩（厚 25 cm）

———— 整 合 ————

下伏地层：**嘉陵江组** 浅灰色中至厚层白云岩及溶塌角砾状白云岩

【地质特征及区域变化】 见关岭组。

狮子山段 T_2g^{sz} （06－52－0917）

【创名及原始定义】 源于王钰(1944)创名于遵义市附近狮子山的"狮子山灰岩"。指位于松子坎页岩之上(遵义附近三叠系最高层位)的浅红色、浅灰色、灰白色薄层状灰岩及厚层状灰岩，顶部有泥质角砾岩，时代归中三叠世安尼期。

【沿革】 刘之远(1941)将此套灰岩与贵阳上三叠统"三桥灰岩"对比。尹赞勋(1944)综合前人资料将其划归新创名的"溪水组"，时代 属安尼期。1962 年赵金科等称"狮子山组"。殷鸿福(1962)认为此灰岩当归狭义关岭组上段。范嘉松(1964)据本段灰岩下部含菊石 *Progonoceratites* sp.，将其时代归拉丁期。贵州地层古生物工作队(1976)，据岩性分"狮子山组"为上(白云岩)下(灰岩)两段。1987 年《贵州省区域地质志》认为"狮子山段"上部白云岩与"杨柳井组"相当，其下段灰岩和松子坎段相当于关岭组。

【现在定义】 指整合于关岭组松子坎段和杨柳井段之间一套含双壳类、菊石化石的灰、深灰色薄至中厚层灰岩、泥质灰岩、蠕虫状灰岩夹生物碎屑灰岩、泥质白云岩地层。底部以大套薄至中厚层灰岩的出现与松子坎段杂色白云质灰岩分界；顶部以灰岩或白云质灰岩的结束与杨柳井段白云岩划界。

【层型】 同松子坎段。

【地质特征及区域变化】 见关岭组。

杨柳井段 T_2g^{y} （06－52－0918）

【创名及原始定义】 源于王钰等(1959)在关岭永宁镇西南 2 km 之杨柳井创名的"杨柳井石灰岩"。王钰等 1963 年介绍。指关岭组之上，竹杆坡灰岩之下一套白云岩、白云质灰岩及灰岩，上部白云岩局部含角砾状碎块。厚607 m。

【沿革】 1963年王钰等再次发表《贵州西南部三叠纪地层》时解体了“杨柳井石灰岩”，将上部318 m白云岩划归竹杆坡组，下部灰岩划归关岭组。殷鸿福(1962)细分关岭组为四段，第1—3段称狭义关岭组，第4段称杨柳井段，并为南古所(1974、1977)沿用。地质部八普(1979)将杨柳井白云岩划归法郎组下段。贵州区调队联测分队(1∶20万兴仁、安龙幅，1980)认为“杨柳井石灰岩”主体为白云岩，在区域上是一个比较稳定的岩石地层单位，并首次使用杨柳井组，分上(灰岩)下(白云岩)两段，时代为拉丁期，此方案为1987年《贵州省区域地质志》和1∶5万区调填图沿用。本书改称杨柳井段，划归关岭组。

【现在定义】 指整合于关岭组狮子山段之上和法郎组竹杆坡段之下一套浅灰、灰白色块状白云岩、角砾状白云岩、白云质灰岩地层。底部以厚层白云岩的出现与关岭组狮子山段灰岩或薄层泥质白云岩划界；顶部以厚层白云岩或白云质灰岩的结束与法郎组竹杆坡段薄层灰岩分界。

【层型】 正层型同关岭组。次层型为贵州区调队联测分队(1∶20万兴仁、安龙幅)王立亭等(1977)实测的贵州贞丰龙场三叠系剖面(06-52-0919-4-2)。

【地质特征及区域变化】 本段在省内广泛分布，以黔西南及黔中地区发育最为完好，一般厚400～600 m，最厚达1 258 m；西北部盘县、纳雍、息烽一线以北地区保存不全或缺失，厚0～100 m。岩性为一套以白云岩为主体的半封闭浅海蒸发相沉积，主要由浅灰、灰色薄至中厚层白云岩组成，夹厚层白云岩、块状角砾状白云岩或灰质白云岩，底部为由薄至中厚层泥质白云岩夹黄褐、紫红色白云质粘土岩组成的标志层，一般厚20～70 m。本段生物罕见，在贞丰龙场附近采获双壳类 *Unionites spicatus*，*U. albertii*，*U. muensteri*，*Bakevellia* cf. *substraiata*，*Pleuromya* sp. *Leptochondria* sp. 等，黔西南、黔中地区常有脊椎动物 *Sauropterygia* 肢骨碎片发现。时代属中三叠世拉丁期。

巴东组 T_2b (06-52-0913)

【创名及原始定义】 源于Richthofen(1912)在湖北巴东县长江沿岸创名的“巴东层(Patung-Schichten)”。原始定义：“泛指红色地层，盖在三叠纪(?)石灰岩之上。”谢家荣、赵亚曾(1925)将其修订为：岩性以一套紫色页岩夹灰绿色页岩之薄层，但中部有一颇厚的灰色薄层灰岩夹灰质页岩，而顶部有一薄层灰色灰岩及页岩，厚达800 m。与上者香溪系之底粗砂岩之间有一大间断在焉，而与下者大冶石灰岩呈整合接触。

【沿革】 贵州地层古生物工作队(1976)首先引用“巴东群”代表黔东北地区中三叠世早期沉积，并为地质部八普(1979)使用。沈志达(1981)改称巴东组并分四段，为1987年《贵州省区域地质志》沿用。

【现在定义】 上、下部为紫红色粉砂岩、泥灰岩夹灰绿色页岩，偶含孔雀石薄膜，中部为灰岩、泥灰岩。底部普遍有灰绿色页岩与下伏嘉陵江组白云岩、灰岩呈过渡关系；顶部为紫红色粉砂岩、灰绿色钙质页岩，夹灰岩、白云岩与上覆九里岗组含煤砂页岩呈不整合或平行不整合接触。

省内本组主要由紫红、灰绿色粉砂质泥岩与白云岩组成韵律互层，与下伏安顺组呈过渡关系，和上覆二桥组含煤砂页岩平行不整合接触。

【层型】 正层型在湖北省巴东县城附近剖面(110°23′50″，30°02′00″)。次层型为贵州区调队三分队(1∶20万湄潭幅)魏家庸等(1976)实测的余庆觉林三叠系剖面(06-52-0913-4-

1）。

【地质特征及区域变化】 本组主要分布于黔东北地区。沉积特征与鄂西地区相似，属潮间至潮上环境沉积。时代为中三叠统安尼至拉丁期。自下而上分三段：

第一段（下紫色层）：紫红、蓝灰色砂质泥岩、粉砂质含钙粘土岩夹白云岩，泥质岩及薄层粉砂岩，厚 200～450 m。含双壳类 *Costatoria goldfussi*，*Gervillia mytiloides*，*Pleuromya elongata*。

第二段（灰岩层）：浅至深灰色薄至中厚层灰岩、生物碎屑灰岩夹泥质灰岩、钙质页岩、钙质白云岩。厚 50～354 m。含双壳类 *Leptochondria illyrica*，*L. subillyrica* 等。

第三段（上紫色层）：紫红、黄绿、灰绿色薄至中厚层泥灰岩、钙质粘土岩、泥质灰岩夹灰岩，含生物碎屑鲕粒灰岩、白云岩及少量杂色粉砂岩。厚 0～336 m。含双壳类 *Costatoria* sp.，*Entolium tenuistriatum rotundum*。

坡段组 T_2p (06-52-0914)

【创名及原始定义】 贵州区调队（1980）创名于册亨坡段附近。原始定义：岩性由大量藻屑、藻团块及其它生物碎屑、砾屑组成的灰、深灰色中厚层至厚层内碎屑灰岩及生物碎屑灰岩。包括淀晶生物碎屑藻屑灰岩、粘结藻灰岩、淀晶藻团块灰岩、生物碎屑灰岩、含藻砾屑灰岩、含砾屑藻屑灰岩及泥晶砾屑灰岩等，局部见红藻灰岩及粘结藻灰岩。

【沿革】 贵州区调队四分队（1966）在罗甸边阳小米塘创名了“小米塘组”，地质部八普（1977）在青岩附近创名了“簸箕山组”、贵州区调队四分队（1977）在贵阳等处创名了“花溪组”。1987 年《贵州省区域地质志》中沿用坡段组。

【现在定义】 指整合于安顺组与垄头组之间一套富含双壳类、腹足类、腕足类等化石及大量生物屑、藻团块、砾屑组成的浅灰色中、厚层内碎屑灰岩及生物碎屑灰岩，包括亮晶生物藻屑、藻团块及砾屑灰岩、泥晶砾屑灰岩等。底部以灰岩的出现与安顺组白云岩分界；顶部以深灰色中厚层灰岩结束与垄头组亮晶灰岩划界。

【层型】 正层型为贵州册亨坡段中三叠统剖面（06-52-0914-4-1），贵州区调队联测分队（1：20 万兴仁、安龙幅，1979）实测。次层型为贵州罗甸打将三叠系剖面（06-52-0914-4-2），贵州关岭扒子场三叠系剖面（06-52-0914-4-3）。

【地质特征及区域变化】 本组岩石主要为中厚层至块状砾屑灰岩、藻屑灰岩、球粒、团粒灰岩、凝块灰岩、藻纹层灰岩、核形石泥粒灰岩，含砾砂屑灰岩、栉壳状角砾灰岩及鲕粒灰岩。岩石中含大量蓝藻，少量绿藻、红藻及各种藻屑；常见大、中型板状交错层理、大型槽状层理、平行层理、冲刷层理及暴露成因的鸟眼构造、环边世代胶结物形成的栉壳构造。主要分布于台缘（局部碳酸盐隆边围），厚 500～1 100 m。为浅海高能环境沉积。见有大量腕足类 *Diholkorthynchia sinensis*，*Nudispiriferina minima*；双壳类 *Neomorphotis giganteus*，*Ornithopecten subarcoidea*，*Leptochondria illyrica*；菊石 *Japonites* sp. 等及腹足类、有孔虫、苔藓虫混生并形成大量生物屑，时代为中三叠世。

新苑组 T_2x (06-52-0911)

【创名及原始定义】 王钰等（1959）创名于贵州紫云城郊新苑村，1963 年介绍。岩性为一套页岩夹砂岩，与下伏罗楼群和上覆江洞沟组整合接触。厚 305 m，时代为安尼期。

【沿革】 新苑组自创建后为省内外生产、科研及教学单位广泛使用。

【现在定义】 指整合于紫云组与边阳组之间一套富含双壳类和菊石化石的灰绿、黄灰等色泥页岩，夹薄至中厚层钙质砂岩、粉砂岩、泥晶灰岩组成的碎屑岩地层。底以灰绿色页岩与紫云组薄层灰岩分界；顶以灰色厚层石英砂岩的出现划归边阳组。

【层型】 正层型为王钰等创名时所测紫云县三叠系剖面(06-52-0911-4-1)。选层型为贵州区调队联测分队(1∶20万兴仁、安龙幅)实测的贵州贞丰呢罗三叠系剖面(06-52-0911-4-2)。

【地质特征及区域变化】 本组为广海陆架相沉积。以灰色薄至中厚层钙质砂岩、页岩为主，偶夹砾屑灰岩。水平层理发育，时夹低密度钙屑浊流沉积。厚数十米至340 m，分布于黔南望谟、镇宁沙子沟、册亨一线北(东)地区。生物以浮游型双壳类、菊石及牙形石为主，时代为中三叠世安尼期至早拉丁期。可自下而上分三段：第一段为灰绿色页岩，薄至中厚层钙质砂岩及泥质灰岩，厚150 m。富含双壳类 *Daonella producta*，*D. guizhouensis*，*Posidonia pannonica*；菊石 *Balatonites multisulcatus* 等。第二段为灰绿色薄至中厚层、局部为厚层粉至细砂级石英砂岩、泥质粉砂岩、粉砂质泥岩、泥岩组成的复理石岩系。鲍马序列发育。厚100 m左右。含双壳类 *Daonella ignobilis*，*D. nileensis*，*D. americana*；菊石 *Judicarites* sp. 等。第三段为灰色薄至中厚层钙质细砂岩、粘土岩，夹深灰色泥晶灰岩、瘤状灰岩及砾屑灰岩，厚60 m左右。含双壳类 *Daonella indica*，*D. lommeli*，*D. paucicostata*，*Posidonia bakevelliaeformis* 及菊石、植物等。

许满组　T_2xm　(06-52-0928)

【创名及原始定义】 董卫平(《贵州省区域地质志》，1987)创名于贵州望谟县城西北约30 km许满村。主要由一套复理石砂页岩及灰岩组成。以厚度大(800～1 600 m)、横向变化复杂、浊流沉积典型为特征。富产双壳类、菊石及大量植物碎片，分布于望谟—镇宁沙子沟—册亨一线以南地区。底部以硅质岩或晶屑凝灰岩与下伏紫云组整合或平行不整合接触。

【沿革】 贵州区调队联测分队(1980)对此套地层未正式命名，曾称"大新苑组"或"隆林型新苑组"。自创名许满组后为省内1∶5万区调及矿产勘探工作采用。

【现在定义】 指整合于紫云组之上、边阳组之下的一套含双壳类、菊石、植物碎片化石的厚度大(800～1 600 m)、横向变化复杂、浊流沉积典型之复理石砂页岩及灰岩地层。底部以薄层泥岩与下伏紫云组薄层灰岩或硅质灰岩分界；顶以钙质粘土岩夹薄层灰岩或瘤状灰岩与边阳组厚层砂岩划界。

【层型】 正层型为贵州区调队联测分队(1∶20万兴仁、安龙幅，1980)实测的望谟许满三叠系剖面(06-52-928-4-1)，其层序如下：

上覆地层：边阳组　灰色块状钙质细砂岩，底部夹灰色薄层灰岩

——————— 整　合 ———————

许满组　总厚度1 557 m

第四段　厚度452 m

76—71. 灰绿色中厚层钙质粘土岩与粉砂质粘土岩、粉砂岩韵律互层。上部夹泥晶灰岩。富产双壳类 *Daonella ignobilis*，*D. boechhi*，*D.* cf. *serpianensis*，*D.* sp.，*Posidonia* sp.　155 m

70—68. 灰色中厚层钙质粘土岩、钙质粘土粉砂岩偶夹砂质灰岩、泥晶灰岩透镜体。产双壳类 *Daonella* cf. *boeckhi*，*D.* cf. *ignobilis*，*D.* sp. 等　63 m

67—63. 灰色中厚层钙质粘土岩夹粉砂质粘土岩及粘土质粉砂岩，后者具水平层理及交

错层理。产双壳类 *Daonella ignobilis*，*D. boeckhi*，*D.* cf. *moussoni*，*D.* cf. *serpianensis*，*D.* cf. *golana* 及植物碎片　130 m

62—57. 灰色薄至中厚层钙质粘土岩、粉砂质粘土岩，夹含钙粘土质粉砂岩。产双壳类 *Daonella serpianensis*，*D. producta*，*D.* cf. *golana*，*D.* sp.，*Posidonia* sp. 及大量植物碎片。下部夹薄层泥晶灰岩透镜体　104 m

第三段

56—55. 灰、深灰色薄至中厚层泥晶生物碎屑灰岩、泥灰岩，夹灰色钙质粘土岩。灰岩具正粒序层，产植物碎片。粘土岩中产双壳类 *Daonella* cf. *boeckhi*，*D.* cf. *serpianensis*，*Posidonia* sp.　75 m

54—49. 灰、深灰色中厚层钙质粘土岩夹深灰色薄层泥晶灰岩或泥灰岩透镜体。产双壳类 *Daonella ignobilis*，*D. boeckhi*，*Posidonia* sp. 及菊石碎片　99 m

48—38. 灰色中厚层钙质粘土岩与深灰色薄至中厚层泥晶灰岩、泥灰岩、砂质灰岩组成韵律性不等厚互层。灰岩普遍产植物碎片及菊石。常具小型斜层理、交错层理，偶具包卷层理及底印模。产菊石 *Balatonites* sp.，*Hollandites* sp.，*Protrachyceras* sp. 及双壳类 *Posidonia* sp. 等　173 m

第二段　厚度 562 m

37—32. 灰色中厚层钙质粘土岩，夹薄层钙质粉砂岩及薄层或透镜状泥灰岩。泥灰岩具水平层理及斜层理，具正粒序层。富产菊石 *Balatonites* sp.，*Danubites* sp. 及双壳类 *Posidonia* sp. 等　177 m

31—26. 灰色中厚层至块状粘土质粉砂岩与钙质粘土岩韵律互层，偶夹泥灰岩透镜体。粉砂岩普遍具斜层理及交错层理，底面时具重荷模。产双壳类 *Posidonia* sp.　169 m

25. 灰色薄层泥灰岩及中厚层泥晶灰岩，见水平层理及小型斜层理，具清晰之粒序递变。富产菊石 *Judicarites* sp.，*Danubites* sp. 等　18 m

24—17. 灰色中厚层钙质粘土岩与钙质粘土质粉砂岩不等厚韵律互层，上部夹少量泥晶灰岩透镜体。粉砂岩普遍具交错层理、波状层理、小型斜层理或包卷层理，底面常具沟模、槽模及冲刷面。富产双壳类 *Posidonia* sp.，上部产菊石 *Huishuites* sp. 等　145 m

16. 灰色块状钙质粘土质粉砂岩夹钙质粘土岩。粉砂岩具沙纹层理及交错层理，底面常有槽模构造　53 m

第一段　厚度 196 m

15—11. 灰色中厚层钙质粘土岩夹薄层泥晶灰岩、泥灰岩及少量中厚层钙质粉砂岩。灰岩普遍具水平纹层、沙纹交错层及包卷层理。产菊石及双壳类碎片。　97 m

10—6. 灰色中厚层粘土质粉砂岩、钙质粘土岩夹薄层泥灰岩或其透镜体。产双壳类 *Posidonia* sp.　97 m

5. 灰色中厚层生物碎屑硅质岩、钙质硅质岩　2 m

———— 整　合 ————

下伏地层：紫云组　灰色中厚层泥灰岩，顶部 1 m 为块状砾屑灰岩

【地质特征及区域变化】　本组分布于册亨—镇宁沙子沟—罗甸板庚一线以南地区。下部主要为一套深水灰泥与陆源碎屑浊流沉积，陆源碎屑浊积岩由粉至细砂级石英砂岩、泥质粉砂岩、粉砂质泥岩、泥岩组成的复理石岩系，发育典型鲍马序列。砂岩成分成熟度和结构成熟度低，薄至中厚层为主，具粒序层理、水平层理、包卷层理、斜层理、爬升层理，底部时含泥砾，常见冲刷面，发育有重荷模、沟模、槽模、刷模及复合印模等，泥质粉砂岩、粉砂质泥岩以薄至中厚层为主，具水平层理。泥岩成块状，层理不清，富含碳质。鲍马序列以 C 序列常见，B 序列次之；充

填程序中，发育深水灰泥沉积，浊积岩呈夹层或突然集中出现，并以夹层萎缩，显示阵发性特点。区域性浊流方向在 270°～310°间，陆源碎屑来自东部及南东方向。含头足类、双壳类及植物碎片，主要有菊石 *Balatonites* sp.，*Danubites* sp.，*Japonites* sp.，*Judicarites* sp.，*Huishuites* sp. 及双壳类 *Daonella producta*，*D. ignobilis*，*D. americana* 等。时代为中三叠世安尼期至早拉丁期(?)。

按岩性分两大旋回层、四个岩性段。第一段(厚 81～151 m)和第三段(厚 170～540 m)以灰色薄至中厚层泥晶灰岩和钙质粘土岩为主组成不等厚韵律层，时夹粉砂岩；第二段(厚 142～1 117 m)及第四段(厚 485～863 m)以灰、灰绿色钙质粉砂岩、砂质粘土岩和钙质粘土岩为主组成韵律互层，偶夹灰岩。第二段的浊积岩尤为典型，具 A—E 和 C—D 系列，重荷模、沟模、槽模及冲刷面等底部构造十分发育。第三段灰岩在区内十分稳定，可作为标志层段。

垄头组　T_{2-3}*lt*　(06 - 52 - 0915)

【创名及原始定义】 地质部八普 1977(1979)[①] 创名于贵阳青岩北约 2 km 垄头村。岩性下部为白云岩；中上部由浅灰、灰白色厚层块状层纹石白云岩、粘结白云岩、白云质灰岩与亮晶藻屑灰岩、亮晶核形石灰岩组成韵律互层。富含双壳类、腕足类、腹足类、海百合茎和藻类及少量菊石、珊瑚等。代表中三叠世拉丁期生物礁(滩)相沉积。

【沿革】 许德佑(1943)将该套地层划青岩组。王钰等(1959)及杨遵仪等(1966)称法郎组。殷鸿福(1962)称“三桥石灰岩”。贵州区调队四分队(1：20 万罗甸幅，1966)在罗甸边阳创名为“凉水井组”，继后在 1：20 万贵阳幅(1976)创名为“贵阳组”。《贵州省区域地质志》(1987)使用垄头组，本书沿用该涵义。

【现在定义】 指整合于坡段组及关岭组(狭义)之上，改茶组、法郎组或边阳组之下一套富含双壳类、腕足类、腹足类化石的浅灰色厚层亮晶灰岩、生物灰岩、豆粒灰岩、藻屑藻团粒灰岩及核形石灰岩、叠层石灰岩和“栉壳状灰岩”。底部以亮晶灰岩的出现与坡段组深灰色中厚层灰岩分界；顶部以改茶组泥质白云岩或法郎组竹杆坡段中厚层灰岩出现划界。

【层型】 正层型为地质部八普(1977)创名时所测贵州花溪垄头三叠系剖面(06 - 52 - 0915 - 4 - 1)。次层型为贵州区调队联测分队(1：20 万兴仁、安龙幅，1978)实测的贵州关岭扒子场三叠系剖面(06 - 52 - 0915 - 4 - 2)，贵州区调队四分队(1：20 万罗甸幅，1966)实测的贵州罗甸边阳打将三叠系剖面(06 - 52 - 0915 - 4 - 3)。

【地质特征及区域变化】 本组主要分布于黔中分区，宽约 10 km 范围内。沉积特征与坡段组一致。厚 174～1 526 m ，一般厚 500 m 左右。富含双壳类 *Entolium lavaredanum*，*Daonella indica*；腕足类 *Lissorthynchia pygmaea*；珊瑚 *Montilivaltia capitata*；菊石 *Flexoptychites* sp. 及腕足类、海百合茎等，时代为中三叠世拉丁期至晚三叠世卡尼期(?)。

边阳组　T_{2-3}*by*　(06 - 52 - 0912)

【创名及原始定义】 贵州石油普查大队龙祥符(1958)[②] 创名于罗甸边阳附近。岩性由灰绿、青灰色薄至中厚层泥灰岩及页岩夹粉、细砂岩及少量泥灰岩组成。厚 2 120 m。含双壳类、

---

① 地质部第八普查勘探大队 1977 年创名，发表于 1979 年 1：35 万贵州省地质图说明书。

② 石油工业部贵州石油勘探局、北京地质学院地勘大队 116 队，1959，贵州中西部三叠纪地层及含油性研究专题报告(内刊)。

菊石等。与上覆"把南组"和下伏青岩组整合接触。代表黔南地区中三叠世拉丁期的地层。

【沿革】 1958年王钰等将紫云附近该套地层名为"江洞沟组"。赵金科、殷鸿福(1962),中科院南古所、地质部四普(1964),贵州区调队1∶20万都匀幅(1964)、安顺幅(1971)均沿用江洞沟组。70年代以来贵州区调队、贵州地层古生物工作队(1976)、《贵州省区域地质志》(1987)广泛使用边阳组。

【现在定义】 指整合于新苑组或许满组之上的一套富含双壳类和菊石的青灰色砂岩夹页岩、钙质泥岩,砂岩中保存有浊积岩内部及外部构造。底部以厚层砂岩与新苑组或许满组顶部钙质粘土岩夹瘤状灰岩或泥晶灰岩分界;顶为厚层钙质泥岩或中厚层砂质泥岩及泥灰岩,出露不全。

【层型】 正层型为贵州区调队四分队(1∶20万罗甸幅,1966)重测的贵州罗甸边阳三叠系剖面(06-52-0912-4-1)。次层型剖面为贵州区调队联测分队(1∶20万兴仁、安龙幅,1979)实测的贵州贞丰联合三叠系剖面(06-52-0915-4-2)。罗甸边阳剖面层序如下:

边阳组 总厚度>1 930 m

第四段 厚度>100 m

98. 灰色薄至中厚层钙质砂岩,顶部夹少量泥灰岩(未见顶)

第三段 厚度 290 m

97—96. 灰色中厚层钙质粉砂岩夹褐色粉砂质粘土岩,具球状风化、斜层理及水平层理。产双壳类 *Pteria cartinensis*, *Nuculana* sp., *Cassianella* cf. *gryphaeatoidea*, *Palaeocardites* sp., *Bakevellia* sp., *Hoermesia* sp., *Quadratia* sp. 等 110 m

95—94. 灰色中厚层粉砂质泥灰岩,底部及中部各具一层厚层砾屑灰岩,砾屑次圆状、分选性差。产双壳类 *Pinna* sp., *Bakevellia* sp., *Pleuromya* sp., *Mytilus* sp., *Nuculana* sp. 等 65 m

93—89. 灰色薄至中厚层钙质粉砂岩与薄层钙质粘土岩不等厚互层,水平层纹发育,偶见虫管。顶部产双壳类 *Posidonia wengensis*, *Nuculana* sp. 83 m

88. 灰色厚层粉砂质泥灰岩夹薄层条带状粉砂岩。产双壳类 *Halobia subcomata*, *H.* sp., 及腕足类等 32 m

第二段 厚度 1 114 m

87. 灰色薄层粉砂质粘土岩,夹少量粉砂岩及砂质泥岩,普遍含钙。产双壳类 *Nuculana* cf. *alpina*, *Palaeoneilo* sp., *P.* cf. *tirolensis*, *Catella* cf. *latisulcata*, *Pleuronectites* sp., *Daonella* sp., *Halobia* sp.;菊石 Trachyceratidae, *Anolcites* sp. 38 m

86. 黄褐色薄层粘土岩,具断续水平纹层。产双壳类 *Daonella* sp., *Halobia* sp. 37 m

85—80. 灰、灰绿色薄层钙质粘土岩,夹钙质粉砂质粘土岩、泥质粉砂岩,普遍发育水平纹层。产少量双壳类 285 m

79—77. 灰色薄层粉砂质粘土岩,夹钙质粉砂岩及泥质粉砂岩。下部产双壳类 *Halobia subcomata*, *Posidonia wengensis*, *P. wengensis robusta* 等 258 m

76. 灰色钙质粘土岩与薄层岩屑粉砂岩不等厚互层。前者见水平层理,后者普遍发育斜层理,具粒序递变层理。富产双壳类 *Halobia subcomata*, *H.* sp., *Daonella densisulcata*, *Posidonia* sp. 59 m

75—74. 灰色薄层粉砂质粘土岩夹泥质粉砂岩,水平层理发育。富产双壳类 *Posidonia wengensis*, *P.* sp., *Daonella* sp., *Plagiostoma* cf. *limeita* 等 235 m

73—71. 灰色中厚层石英砂岩与粉砂质粘土岩互层 58 m

70—69. 灰黑色钙质粉砂质粘土岩,上部夹钙质页岩及粉砂岩。产双壳类 *Halobia subco-*

mata, *H*. sp. , *Posidonia* sp. 144 m

第一段 厚度 426 m

68—63. 黄灰色中厚层岩屑石英砂岩与砂质粘土岩、钙质页岩组成韵律互层。粘土岩中时见虫管构造。富产双壳类 *Daonella varifurcata*, *Posidonia wengensis* 91 m

62—61. 黄灰色薄层粉砂质粘土岩、钙质粘土岩与青灰色中厚层岩屑石英砂岩成韵律性互层。产双壳类 *Daonella* sp. , *Posidonia wengensis* 等 54 m

60—59. 青灰色薄层含钙质粘土岩，具微细层理，夹中厚层粘土质石英砂岩。产双壳类 *Daonella* sp. , *Posidonia* sp. 40 m

58—57. 青灰、灰绿色中厚层粘土质石英粉砂岩，具交错层理，下部夹青灰色薄层钙质粘土岩。产双壳类及菊石碎片 33 m

56—55. 青灰色含砂质粘土岩，夹钙质、粘土质石英粉砂岩。中部盛产双壳类 *Daonella varifurcata*, *Posidonia wengensis*, *Costatoria* sp. , *Entolium* sp. , *Bakevellia* sp. ; 腕足类 *Lingula* sp. 及腹足、海百合茎、植物化石

54—53. 青灰、灰绿色中厚层粘土质石英粉砂岩至细砂岩，具交错层及波痕，夹灰色钙质石英粉砂岩、底部夹少量青灰色钙质、粉砂质粘土岩及页岩，产菊石及植物化石碎片

52. 黄灰色中厚层岩屑石英砂岩、钙质岩屑石英砂岩，夹薄层砂质、钙质粘土岩。常组成不完整的鲍马序列，砂岩底部普遍具重荷模、槽模、偶见流水波痕。粘土岩中盛产双壳类 *Daonella varifurcata*, *D. iommeli*, *Posidonia wengensis*; 菊石 *Anolcites* sp. 及植物碎片 33 m

51—47. 青灰色中厚层粘土岩，钙质细粒石英砂岩，间夹薄层粉砂质粘土岩及少量页岩。产双壳类 *Daonella paucicostata*, *D*. sp. , *Posidonia wengensis* 等 61 m

46. 灰绿色钙质粘土岩，具微细层理。产双壳类 *Daonella paucicostata*, *Posidonia* sp. 及菊石和植物碎片 32 m

45—44. 灰色中厚层粘土质石英粉砂岩夹粘土岩及薄层粉砂质粘土岩。产双壳类 *Daonella* sp. , *Pasidonia* sp. 28 m

43—42. 褐灰色薄层钙质粘土岩夹少量层纹状钙质、粘土质石英粉砂岩。产双壳类 *Daonella* cf. *indica*, *D. paucicostata*. *D. tyrolensis*, *D. banchangensis*, *D. bulogensis*, *Posidonia bakevelliaeformis*, *P. wengensis* 等 10 m

——————— 整 合 ———————

下伏地层：新苑组　灰色薄层生物碎屑灰岩夹泥灰岩及厚层角砾灰岩

【地质特征及区域变化】 本组广泛分布于黔南地区。为深水广海陆架相—浅槽盆相陆源碎屑砂泥岩组成。浊积岩主要发育在下部，由石英粉—细砂岩、岩屑石英粉—细砂岩、杂砂岩、泥质粉砂岩及钙质泥岩、页岩组成复理石岩系。砂岩以中至厚层为主，底部时含泥砾，成分成熟度及结构成熟度较低。颗粒组分中，石英占 45%～70%，岩屑占 4%～5%，杂基含量一般为 5%～10%，少量可达 15%～35%；见有粒序层理、水平层理、小型沙纹层理、爬升交错层理、包卷层理等，底部常发育重荷模、槽模、沟模、跳模等，化石罕见，普遍含植物碎屑。泥页岩水平纹层发育，常有双壳类、菊石富集。岩系由各种不完整鲍马序列组成，单个序列一般厚 20～50 cm，少数在 100 cm 以上。浊积岩总厚 100～1 000 m 左右。中上部为薄—中厚层岩屑粉砂岩、粉砂质泥岩、钙质泥岩及砂质灰岩、泥质灰岩等，普遍发育水平层理、块状层理、凸镜状层理。含大量浮游双壳类及菊石、牙形石，时见斜交及垂直层面的"U"形生物潜穴遗迹。时代为拉丁至早卡尼期。

据岩性自下而上分四段：第一段为灰色中厚层岩屑石英砂岩、长石石英砂岩、钙质砂岩、粉砂岩及砂质粘土岩、粘土岩组成韵律互层，浊积岩发育典型。厚 453～1 187 m。含双壳类

Daonella varifurcata, *D. lommeli*, *Posidonia wengensis* 及菊石等。第二段由黄绿、灰绿色砂质粘土岩、钙质粘土岩与岩屑石英砂岩、钙质砂岩组成韵律互层，砂岩普遍发育斜层理及包卷层理，厚 738～1 112 m，含双壳类 *Daonella densisulcata*, *Posidonia wengensis* 及菊石等。第三段灰绿、黄灰色钙质细砂岩、钙质粉砂岩及钙质粘土岩，夹灰色生物碎屑灰岩、砂质泥灰岩。厚 359～807 m 。含双壳类"*Daonella* "*bifurcata*, *Halobia kui*, *H. subcomata*；菊石 *Protrachyceras* sp. 及腕足类 *Koninckina* sp. 等。第四段由灰色薄至中厚层钙质砂岩夹泥质灰岩、砂质灰岩组成(未见顶)，见于罗甸边阳及贞丰黑苗湾、坡坪等地。

法郎组　$T_{2-3}fl$　(06－52－0923)

【创名及原始定义】 本组化石首先为乐森玥(1929)采自关岭花江南约 5 km 之法郎村及新铺，法郎组始见于 1956 年《中国区域地层表(草案)》。指关岭组之上、三桥统之下的地层，主要为灰白色薄层至块状泥质与矽质石灰岩，夹黄绿色砂岩及紫、浅黄、灰等色页岩与砂质页岩。顶部与三桥灰岩接触处时有棕黄色厚层细粒砂岩一层，底部有 10～20 m 白灰色石灰岩。时代为中三叠统拉丁尼克期。厚 200～350 m。

【沿革】 许德佑等(1939、1940、1944)称"海燕蛤层"，归拉丁期。王钰等(1959)将许氏"海燕蛤层"下部薄层质纯灰岩划出，另创名为"竹杆坡石灰岩"(包括其下的杨柳井白云岩)，其上部灰至深灰色薄层灰岩及页岩仍称法郎组。赵金科等(1962)改竹杆坡石灰岩为段(未含下部杨柳井白云岩)，归法郎组下段，为殷鸿福(1962)沿用。陈楚震等(1979)分法郎组为两段，上部称"赖石科段"，下部称竹杆坡段，其下的地层称杨柳井段，归关岭组。贵州区调队(1：20 万兴仁、安龙幅，1980)认为法郎组仅为一化石采集点，与地层命名原则不符，应废弃，故以杨柳井组、竹杆坡组代表黔西南地区拉丁期沉积，其上赖石科组划属上三叠统卡尼阶。次年沈志达在《贵州地质概述》中分黔西南中上三叠统为法郎组(包括下部杨柳井段，上部竹杆坡段)和赖石科组。王义刚(1983)沿用陈楚震等(1979)法郎组含义，但将赖石科段上部砂页岩分出，创名为"龙场段"。1987 年《贵州省区域地质志》将大体相当于王义刚(1983)的龙场段称赖石科组，将其赖石科段名为法郎组"瓦窑段"。本书保留法郎组，将上述竹杆坡组(段)、瓦窑组(段)及赖石科组(段)归人本组。

【现在定义】 指整合于关岭组或垄头组之上、把南组之下一套富含双壳类、菊石、海百合茎及腕足类化石的灰色中厚层至薄层泥质灰岩、硅质灰岩及黄绿色砂质页岩、钙质粉砂岩地层。底部以中厚层灰岩与关岭组杨柳井段白云岩或垄头组灰白色块状亮晶灰岩分界；顶部以把南组厚层岩屑石英砂岩出现划界。本组自下而上包括竹杆坡段、瓦窑段和赖石科段。

【层型】 选层型为贵州区调队联测分队(1：20 万兴仁、安龙幅)实测的贵州贞丰龙场三叠系剖面(06－52－0923－4－1)。次层型为贵州关岭断桥三叠系剖面(06－52－0923－4－3)，王钰等(1959)实测的关岭永宁镇三叠系剖面(06－52－0923－4－2)。

【地质特征及区域变化】 本组主要为一套广海陆架相沉积。北部六枝、关岭、镇宁、紫云等地为砂岩、泥岩、灰岩，含双壳类及菊石，系内陆架沉积；南部兴义、兴仁、贞丰等地下部为薄层灰岩、黑灰色薄板状泥晶灰岩、钙质泥岩，具水平层理，富含锰结核，含大量浮游型菊石、双壳类；上部为泥岩、砂岩及岩屑砂岩组成浊积岩系，系深水陆架沉积。厚 96～408 m。时代为中三叠世拉丁期至晚三叠世卡尼期。

【其他】 法郎村仅为乐氏(1928)一个化石采集点，但法郎组见于地层文献后为国内外地学界沿用极广，故予保留。

竹杆坡段 $T_{2-3}fl^{z}$ （06－52－0921）

【创名及原始定义】 王钰等(1959)创名于关岭永宁镇西南4 km左右之竹杆坡，1963年介绍。时称“竹杆坡石灰岩”。指法郎组之下，关岭组之上彼此整合接触的一套地层。上部灰色薄层纯质灰岩及灰岩，底部灰岩中产双壳类、腕足类等。下部为浅灰、灰白色块状白云岩，局部含角砾状碎块，厚467 m。时代为中三叠世拉丁早期。

【沿革】 见法郎组。

【现在定义】 指整合于关岭组杨柳井段或垄头组之上，法郎组瓦窑段之下一套含双壳类、菊石、腕足类化石的灰色中厚层灰岩、白云质灰岩。底部以中厚层灰岩的出现与关岭组杨柳井段白云岩或垄头组块状亮晶灰岩分界；顶部以法郎组瓦窑段底部泥质灰岩出现划界。

【层型】 正层型位于关岭永宁镇西南4 km左右之竹杆坡(105°29′,25°54′)，王钰等1959年实测，贵州区调队程代全1971年重测。次层型为贵州区调队联测分队王立亭等(1977)在1：20万兴仁、安龙幅区调时实测的贞丰龙场三叠系剖面(06－52－0921－4－1)及陈宗富(1979)实测的关岭断桥三叠系剖面(06－52－0921－4－3)。正层型层序如下：

上覆地层：法郎组瓦窑段 深灰带肉红色中厚层灰岩，近顶部夹一层红褐色钙质粘土岩。底部深灰色中厚层泥质灰岩夹钙质页岩。含菊石 *Protrachyeras* sp.，*P. yongningensis*；海百合茎 *Traumatocrinus* sp.；腕足类 *Athyris* sp.；双壳类 *Halobia* sp. 等

——————— 整 合 ———————

竹杆坡段 厚度153 m

96. 浅灰、灰色中厚层灰岩，局部质纯，缝合线构造发育，层间普遍有灰黄、褐黄色粘土物质富集，层面凹凸不平，呈瘤状构造。偶含菊石 Trachyceratidae；双壳类 *Halobia* sp；海百合茎 *Traumatocrinus*? sp. 及腕足类等 95 m
95. 灰、浅灰色中厚层灰岩，局部具瘤状构造，中部偶夹腕足类组成的生物灰岩 22 m
94. 浅灰色中厚层细晶白云岩夹薄层白云质灰岩，后者含燧石结核 20 m

——————— 整 合 ———————

下伏地层：关岭组杨柳井段 上部浅灰色中厚层灰岩夹白色白云质灰岩凸镜体，下部深灰色薄至中厚层角砾状灰岩。含双壳类 *Leptochondria illyrica* 及腕足类 *Rhaetina* sp.

【地质特征及区域变化】 本段地层岩性稳定，一般厚80～170 m，六枝郎岱厚达696 m。含双壳类 *Halobia kui*，*H. subcomata*；菊石 *Protrachyceras* sp.，*Xenoprotrachyceras primum*；腕足类 *Koninckina lanhardi*；海百合 *Traumatocrinus hsüi* 等，时代为中三叠世拉丁期至晚三叠世卡尼早期(详见法郎组)。

瓦窑段 $T_{3}fl^{w}$ （06－52－0922）

【创名及原始定义】 董卫平(1987)在《贵州省区域地质志》中创名。标准地点在贵州关岭县永宁镇西南4 km的瓦窑村。岩性由深灰、黑灰色钙质粘土岩及深灰色薄至中厚层泥晶灰岩、泥质灰岩及生物屑灰岩组成。底以富含双壳类、菊石及海百合的薄层泥质灰岩夹钙质页岩与竹杆坡段灰色中厚层灰岩整合，顶以钙质、粉砂质粘土岩夹泥质灰岩与赖石科段厚层岩屑砂岩或砂质灰岩划界。

【沿革】 贵州区调队联测分队(1：20万兴仁、安龙幅，1980)称赖石科组第一段。贵州区

调队(1991)1：5万坡坪幅、兴隆幅称瓦窑组。

【现在定义】同原始定义。

【层型】 标准地点本段剖面未测全(待完善)。次层型为贞丰龙场三叠系剖面(06-52-0921-4-1)，由王立亭等(1977)测制；关岭断桥三叠系剖面(06-52-0921-4-3)，由陈宗富等(1979)测制。贞丰龙场瓦窑段层序如下：

上覆地层：赖石科段　灰色中厚层细粒石英砂岩夹薄层粘土岩、砂质粘土岩

——————— 整　合 ———————

瓦窑段　　厚度138 m

97—96. 灰、灰绿色薄至中厚层粘土岩、砂质粘土岩、钙质粘土岩夹泥灰岩及泥灰岩。产双壳类 *Halobia rugosoides*；菊石 *Trachyceras* sp.，*Protrachyceras* sp. 等　　78 m

95. 灰、深灰色中厚层钙质粘土岩夹中厚层生物屑泥晶、粉晶灰岩。产双壳类 *Halobia rugosoides*，*H.* cf. *planicosta*，*H. kui*，*Daonella bulongensis bifurcata*；菊石 *Anolcites* sp.，*Protrachyceras* sp.，*P. costulatum*，*Joannites* sp.，*Cyrtopleurites socius*，*C. bicrenatum*；海百合茎 *Traumatocrinus hsüi*　　50 m

94. 灰、深灰色中厚层生物碎屑泥质灰岩、瘤状泥晶灰岩夹钙质粘土岩。产菊石 *Protrachyceras douvillei*，*P. deprati*，*Trachyceras* sp.；牙形石 *Gondolella* cf. *polygnathiformis*，*G. navicula*；双壳类 *Halobia kui*；海百合 *Traumatocrinus* cf. *candex* 等　　10 m

——————— 整　合 ———————

下伏地层：竹杆坡段　灰、深灰色中厚层生物屑泥粉晶灰岩，含少量燧石结核

【地质特征及区域变化】 本段在兴义、贞丰地区为深灰、黑灰色钙质粘土岩夹薄至中厚层泥晶灰岩、泥质灰岩及生物屑灰岩，厚16～138 m；在关岭、六枝郎岱地区，主要由灰褐色薄层泥质灰岩与钙质粉砂岩、钙质粘土岩组成，厚160～238 m。普遍富含菊石 *Protrachyceras deprati*，*P. douvillei*，*P. yongningensis*，*Trachyceras* cf. *multituberculatum*；牙形石 *Gondolella* cf. *polygnathiformis*，*G. novicula*；双壳类 *Halobia kui*，*Daonella bulongensis bifurcata*；海百合 *Traumatocrinus hsüi* 等，时代为晚三叠世卡尼早期。

赖石科段　T_3fl^1　(06-52-0922)

【创名及原始定义】 源于许德佑等(1942)① 在贞丰西南2.5 km做地质调查时野外记录中的赖石科段，陈楚震等(1979)介绍。原始定义：指法郎组上部砂岩、页岩地层。

【沿革】 见法郎组。

【现在定义】 指整合于法郎组瓦窑段之上、把南组之下一套富含双壳类、菊石化石的黄绿色粘土岩、钙质粘土岩、钙质粉砂岩地层。底部以岩屑石英砂岩与瓦窑段粘土岩夹薄层灰岩分界；顶部以把南组底部厚层岩屑石英砂岩出现划界。

【层型】 正层型在贞丰龙场西南约4 km赖石科(105°30′，25°54′)，王立亭等(1977)重测。次层型为王钰等(1959)实测的贞丰挽澜三叠系剖面(06-52-0923-4-4)、贵州区调队(1：20万兴仁、安龙幅，1979)实测的贵州关岭断桥三叠系剖面(06-52-0923-4-3)。正层型剖面层序如下：

---

① 许德佑、陈康(1942)野外笔记，西南地区的三叠系地层古生物(内刊)。

上覆地层：把南组　灰、灰绿色厚层至块状细粒、中粒岩屑石英砂岩，下部夹粘土岩

———————— 整　合 ————————

赖石科段　　厚度 732 m

112. 灰、灰绿色薄层钙质粘土岩与灰色薄层钙质粉砂岩互层。产双壳类 *Halobia* cf. *rugosa*；菊石 *Trachyceras* sp. 等　　20 m

111—110. 灰色薄层钙质粘土岩夹灰绿色粉砂质粘土岩。产双壳类 *Halobia* cf. *rugosoides* 及菊石 *Cyrtopleurites bicrenatus* 等　　116 m

109—108. 灰色中厚层粘土岩、粉砂质粘土岩，夹薄层、凸镜状岩屑石英砂岩。产双壳类 *Halobia rugosoides*　　126 m

107—106. 灰、灰黄、灰绿色薄层钙质粘土岩、粉砂质粘土岩，下部夹薄层至中厚层岩屑石英砂岩。含双壳类 *Halobia rugosoides*；菊石 cf. *Paratibetites clarkei*　　163 m

105. 灰、灰绿色薄层粘土岩、粉砂质粘土岩，中部夹钙质粉砂岩。底部厚 5 m 为灰、灰绿色中厚层细粒岩屑石英砂岩。含双壳类 *Halobia* sp.；菊石 cf. *Trachyceras sinensis*　　40 m

104. 灰、深灰色薄层粘土岩、粉砂质粘土岩，夹灰色薄层至中厚层粉砂岩、细粒岩屑石英砂岩及少量碳质页岩。含双壳类 *Halobia rugosoides*；菊石 cf. *Trachyceras sinensis*　　69 m

103. 灰、灰绿色薄层至厚层细粒岩屑石英砂岩，夹灰黄色薄层粘土岩、粉砂质粘土岩。含双壳类 *Halobia rugosoides*　　36 m

102. 灰、灰绿色中厚层细粒岩屑石英砂岩，夹灰黄色粉砂质粘土岩　　20 m

101. 灰、灰绿、灰黄色薄层粘土岩、粉砂质粘土岩夹中厚层细粒岩屑石英砂岩。含双壳类 *Halobia rugosoides*，*Palaeonucula* sp.，*Posidonia* sp.　　42 m

100. 灰黄、黄绿色薄层粘土岩、粉砂质粘土岩，夹薄层泥质粉砂岩及少量砂质灰岩。含双壳类 *Halobia rugosioides*；菊石 *Protrachyceras* sp.，Clionitidae，? *Traskites* sp.，? *Monophyllites* sp.　　52 m

99. 灰、灰黄色薄层粘土岩、粉砂质粘土岩，上部夹灰色中厚层钙质粉砂岩。含双壳类 *Halobia rugosoides*　　19 m

98. 灰色中厚层细粒石英砂岩夹灰黄色薄层粘土岩、粉砂质粘土岩　　29 m

———————— 整　合 ————————

下伏地层：瓦窑段　灰、灰绿色薄层至中厚层粘土岩、粉砂质粘土岩，中上部夹泥灰岩及泥质灰岩

【地质特征及区域变化】　本段在兴义锅底河、贞丰龙场、关岭断桥、六枝郎岱各地保存完好，主要由灰、绿灰色薄至中厚层粘土岩、钙质粘土岩、砂质粘土岩与岩屑粉砂岩、细—中粒岩屑石英砂岩组成不等厚韵律互层。贞丰一带本组下部为浊流沉积，具鲍马序列及重荷模、槽模等底部构造；中上部普遍发育水平层理。由南向北减薄趋势明显，贞丰附近厚 732 m，关岭附近厚 313 m，郎岱附近厚仅 67 m。以底部岩屑石英砂岩与下伏瓦窑段粘土岩夹泥质灰岩整合接触，标志清楚。本段富含菊石 Clionitidae，*Clionites*? sp.，cf. *Paratibetites clarkei*，*Trachyceras* cf. *janurius* 及双壳类 *Halobia rugosoides*，时代属晚三叠世卡尼期。

改茶组　$T_{2-3}g\hat{c}$　(06-52-0920)

【创名及原始定义】　源于贵州区调队四分队(1976)在贵阳市三桥南约 1 km 改茶村附近创名的改茶段，时归贵阳组上段。本段下部为黄绿、紫红色砂页岩夹薄层白云岩韵律沉积。中部为灰岩夹白云岩，含腕足类化石。上部为介壳灰岩，含大量双壳类，以“*Gerlus*”为主，厚 94.5 m。

【沿革】 沈志达1981年在《贵州省地质图说明书》中沿用改茶段。1987年《贵州省区域地质志》认为本段岩性特殊，顶底界线鲜明，故升格为改茶组。

【现在定义】 指整合于垄头组之上、三桥组之下的一套黄绿、紫红色页岩及灰、肉红色灰岩夹白云岩及鲕粒灰岩、白云质灰岩、介壳灰岩组成的地层。底以紫红色页岩与垄头组灰白色块状亮晶灰岩分界；顶以介壳灰岩与三桥组砂岩划界。

【层型】 正层型为贵州区调队四分队卢重明等(1976)实测的贵阳二桥上三叠统剖面(06－52－0920－4－1)。次层型为贵州区调队四分队(1977)实测的贵阳二戈寨黄花园至毛寨剖面(06－52－0920－4－2)，1975年实测的贵州清镇站街高铺三叠系剖面(06－52－0920－4－3)。其层序如下：

上覆地层：三桥组　黄褐色砂质粘土岩夹中厚层砂岩

——————— 整　合 ———————

改茶组　　总厚度 94.5 m

131. 浅灰、微粉红色厚层细粒灰岩，夹层纹状白云岩，上部为层纹状白云岩。产双壳类 *Gerlus* sp.，*Leptochondria illyrica*，*L.* cf. *subillyrica*；腕足类 *Pimirhynchopsis*? sp.　19.1 m

130. 浅灰色中厚层泥质白云岩，时夹灰色致密白云岩，中上部夹两层深灰色中厚层细粒灰岩　17.8 m

129—128. 灰色厚层白云质溶塌角砾状灰岩夹白云岩，角砾大部分为棱角状白云岩，偶有灰质和泥质，底部2 m为灰色薄板状致密白云岩夹中粒晶洞白云岩　15.1 m

127—119. 灰黄色薄层至中厚层砂岩，杂色页岩、白云岩组成6～7韵律互层，各层厚5～10 m，上部韵律中夹溶塌角砾岩，脱白云岩化灰岩　42.5 m

——————— 整　合 ———————

下伏地层：垄头组　白云岩或含藻灰岩

【地质特征及区域变化】 本组为局限台地相沉积，主要为生物屑泥粒灰岩(或白云岩)、藻纹层—纹层状灰岩(白云岩)、薄层页岩组成，厚50～97 m。分布在黔中地区安顺、平坝及贵阳一线。含浅水双壳类 *Gerlus* sp. 及腕足类、腹足类等化石，时代为中三叠世拉丁晚期至上三叠统卡尼早期。

把南组　T_3bn　(06－52－0924)

【创名及原始定义】 源于许德佑等(1944)在贞丰城西约10 km之把南村(现称挽澜)创名的“把南系”。原始定义：岩石为砂岩及页岩之互层。下界与拉丁尼克层(海燕蛤层)整合接触，上界与侏罗纪煤系为不整合接触。

【沿革】 张祖还(1944)用把南系代表“关岭系”之上、“小河沟系”之下中三叠统拉丁阶地层。贵州石油普查大队(1956—1958)改为把南组，定位于法郎组之上、火把冲组之下。王钰等(1959)疑把南组上部有诺利期沉积。1962年《中国的三叠系》基本沿用贵州石油普查大队含义，嗣后广泛使用。

【现在定义】 指整合于法郎组之上、火把冲组之下一套富含双壳类化石的黄灰色中厚层岩屑石英砂岩、砂岩、钙质粘土岩组成的不等厚碎屑岩韵律互层。下以块状岩屑石英砂岩的出现与法郎组赖石科段钙质砂、页岩分界；顶部以火把冲组砂页岩含煤地层的出现划界。

【层型】 选层型为贵州区调队联测分队1∶20万兴仁、安龙幅王立亭等(1977)实测的贞

丰龙场三叠系剖面(06-52-0924-4-2),层序如下:

上覆地层:火把冲组　深灰、灰黑色钙质粘土岩,碳质粘土岩,夹劣质煤和灰色厚层至块状石英岩屑砂岩。含双壳类等化石

——————— 整　合 ———————

把南组　　总厚度 463 m

122. 灰、深灰色薄至中厚层钙质粘土岩,泥灰岩,夹灰色厚层中粒石英砂岩、钙质砂岩及劣质煤。含双壳类 *Costatoria kweichowensis*, *Myophoriopis guizhouensis*, *Unionites myophorioides*, *Entolium tenuistriatum rotundum*, *Nuculana* cf. *alpina*, *Homomya zhenfengensis*, *Cassianella* sp.;腕足类 *Lingula tenuissima* 及植物 *Equisetum sarrani*　124 m

121. 灰、灰绿色厚至中厚层细至中粒钙质岩屑石英砂岩　13 m

120—119. 上部灰绿色薄层粉砂质粘土岩、粉砂岩,夹中厚层细砂岩;下部灰、深灰色薄层钙质粘土岩,夹灰色中厚层至块状细至中粒岩屑砂岩、泥质砂岩。富含双壳类 *Wangenoperna aviculaeformis*, *Trigonodus keuperenus*, *Costatoria kweichowensis*, *Liostrea zhenfengensis*, *Heminajas forulata*　86 m

118. 灰黄、灰绿色薄层粘土岩、粉砂质粘土岩、夹中厚层泥质粉砂岩。含双壳类 *Entolium tenuistriatum*, *E. discites*, *Homomya zhenfengensis*, *Nuculana parlonga*, *Trigonodus keuperenus*　27 m

117. 灰、灰绿色薄至中厚层粘土岩、砂质粘土岩与灰色中厚层中粒岩屑石英砂岩不等厚互层。富含双壳类 *Costatoria kweichowensis*, *Entolium tenuistriatum rotundum*, *Heminajas forulata*, *Cassianella* cf. *beyrichii*　16 m

116. 灰、灰绿色中厚层至块状细至中粒石英岩屑砂岩

115—114. 灰、灰绿色中厚层粘土岩、粉砂质粘土岩,夹灰黄色薄层细粒岩屑石英砂岩、石英岩屑细砂岩及砂质粘土岩。含双壳类 *Ertolium* cf. *tenuistriatum*;菊石 *Trachyceras* sp., cf, "*Trachyceras*" *sinensis*　176 m

113. 灰、灰绿色厚层至块状细至中粒岩屑石英砂岩,下部夹灰绿色薄层粘土岩、粉砂质粘土岩　12 m

——————— 整　合 ———————

下伏地层:法郎组赖石科段　灰绿、灰色薄层钙质粘土岩与灰色薄层钙质粉砂岩不等厚互层

【地质特征及区域变化】 本组为内陆架至深水开阔陆架相沉积。以灰、灰绿色薄至中厚层钙质粘土岩、砂质粘土岩为主,与薄至中厚层岩屑粉砂岩及少量厚层块状细至中粒岩屑石英砂岩组成韵律互层,细碎屑岩普遍发育水平层理或小型沙纹层理,粗碎屑岩常见中至大型板状交错层或斜层理。主要分布于黔西南地区,厚 150～460 m,由东南向西北变薄。富含海相双壳类 *Costatoria kweichowensis*, *Cassianella beyrichii*, *Heminajas ferulata*, *Entolium tenuistriatum rotundum*, *Elegantina venusta* 等。时代为晚三叠世卡尼期。

三桥组　T_3s　(06-52-0925)

【创名及原始定义】 源于丁文江(1928)在贵阳三桥附近创名的"三桥石灰岩"。下部为黄绿色砂质灰岩.上部为灰白色石灰岩。

【沿革】 丁文江(1936)定三桥石灰岩时代为二叠纪。尹赞勋(1936)改归晚三叠世,许德佑(1939)分"三桥石灰岩"为卡尼克层和诺利克层,卡尼克层为厚约 50 m 的灰岩,自下而上为灰

绿色含云母页岩，时代归上三叠统下部；诺利克层为灰白色石灰岩，以穿孔贝属(*Terebratula*)最多，全体石灰岩几尽为介壳组成。时代或属诺列克？期。乐森璕(1944)在《贵州地质旅行指南》中，谓“二桥砂岩”之下的“三桥石灰岩”厚1 916 m，显然包括范围更大了。王钰等(1959)改称三桥组，谓本组由页岩、云母页岩、砂岩及灰岩组成，与下伏“法郎组”白色厚层白云质灰岩，上覆瑞替克煤系页岩及少量砂岩均为整合接触，厚129 m，其时代及分层近同许氏(1939)意见。1962年赵金科等认为三桥组全归卡尼期，并成为嗣后广泛使用的三桥组含义。

【现在定义】 指改茶组与火把冲组之间一套富含双壳类化石的灰绿、黄灰色厚层钙质砂岩、粉砂岩，钙质、碳质页岩及灰岩、泥灰岩、生物碎屑灰岩地层。底部以钙质砂岩的出现与改茶组介壳灰岩分界整合接触；上部以灰岩的结束，碳质页岩的出现与火把冲组划界，平行不整合接触。

【层型】 正层型为贵州区调队四分队1∶20万贵阳幅卢重明等(1973)重测的贵阳二桥上三叠统剖面(06-52-0925-4-1)。层序如下：

上覆地层：自流井组　灰绿、紫红色砂岩、页岩互层

——————— 平行不整合 ———————

二桥组　总厚度67 m

上段　厚度60 m

42. 黄灰色厚层石英砂岩与薄层砂岩、泥岩互层　18 m

41. 黄绿色块状及厚层中粒砂岩，含泥质　15 m

40—39. 黄灰色中厚层及厚层中、粗粒长石石英砂岩　15 m

38. 黄绿色中厚层中粒铁质、泥质石英砂岩　12 m

下段　厚度7 m

37. 黄色泥岩夹砂质泥岩及薄层粉砂岩，附近见碳质页岩透镜体

————————— 平行不整合 ———————

三桥组　总厚度94 m

第四段(上灰岩段)　厚度11 m

36. 上部灰色豆、鲕粒灰岩及生物屑灰岩；下部灰黑色薄层泥晶灰岩，含燧石结核或条带。产双壳类 *Leptochondria* sp.，*Entolium* sp.；腕足类 *Sanqiaothyris elliptica* 等

第三段(上砂岩段)　厚度36 m

35—30. 黄灰、黄绿色中至厚层石英砂岩夹泥质砂岩、砂质泥岩及页岩。产双壳类 *Myophoriopis* sp.，*Entolium tenuistriatum rotundum*，*Plagiostoma* sp.，*Liostrea zhenfengensis*

第二段(下灰岩段)　厚度17 m

29—26. 灰、肉红色中至厚层灰岩及生物屑灰岩，上部为泥质灰岩。富产腕足类 *Sanqiaothyris elliptica*，*Rhaetinopsis ovata* 等

第一段(下砂岩段)　厚度30 m

25—20. 灰黄色厚层钙质云母砂岩与泥质砂岩互层，夹少量钙质泥、页岩，上部偶夹灰岩透镜体。富产双壳类 *Pinna* aff. *lima*，*Unionites guizhouensis*，*Entolium* cf. *tenuistriatum rotundum*，*Burmesia* cf. *krumbecki*，*Halobia* sp.；腕足类 *Lingula* sp.；海百合 *Cyclocyclicus* sp. 等　19 m

19—16. 黄绿、灰黑色中厚层砂质粘土岩、页岩，夹少量薄层砂岩、钙质砂岩。富产双壳类 *Palaeoneilo praecata*，*P. elliptica*，？*Burmesia* cf. *lirata*，*Plagiostoma* cf. *nuitoense*，*Cuspidaria* sp.，*Quadratia* sp.，*Nuculana* cf. *perlonga* 等。底部见少量植物碎片及痕迹化

石　　11 m

——————— 平行不整合 ———————

下伏地层：改茶组　灰、深灰色介壳灰岩

【地质特征及区域变化】 本组为一套滨岸陆源碎屑滩相沉积。由黄绿、黄灰色薄至中厚层钙质细砂岩、钙质粉砂岩、钙质粘土岩的韵律层与灰、深灰色中厚层灰岩、生物碎屑灰岩、泥质条带灰岩组成。砂岩普遍含植物碎屑，发育中、小型交错层理及不对称波痕，粘土岩及灰岩中常见有粉砂质、泥质偏集成细纹层、条带或凸镜体，多具水平及小型斜层理，在灰岩中形成“瘤状”、“香肠状”构造。主要分布于平坝以东黔中地区。厚0～93 m。富含淡水双壳类 *Costatoria kweichowensis*, *Angustella angusta*, *Unionites guizhouensis*, *Heminajas forulata*, *Entolium tenuistriatum rotundum*, *Cassianella beyrichii*, *Myophoriopis guizhouensis*，及腕足类、腹足类和珊瑚等，时代为晚三叠世卡尼期。据岩性自下而上分四个岩性段：

下砂岩段：灰绿、灰黄色薄至中厚层钙质砂岩、粉砂岩，夹灰绿、灰黑色泥岩和页岩，偶夹薄层和凸镜状灰岩、泥灰岩或碳质页岩。全段岩石由粗至细，常组成10个小韵律层，夹具波痕及斜层理砂岩3～4层。盛产双壳类及腕足类、孢粉化石，上部含植物碎片及脊椎残骨，厚0～75 m。本段在贵阳以南甘荫塘、花溪一带无薄层或凸镜状石灰岩及泥灰岩夹层，一般以粉砂岩和泥页岩为主。平坝东南马田一带，本段及整个三桥组剥蚀殆尽。

下灰岩段：灰色厚层灰岩(四层)夹钙质砂岩和灰色钙质泥岩，底部砂岩见波痕。四层灰岩自下而上为灰色厚层质纯灰岩、泥灰岩和两层瘤状灰岩。富含双壳类及腕足类，厚0～20 m。在三桥以南二戈寨黄花园、花溪一带缺失本段岩性和化石，下砂岩段与火把冲组平行不整合接触。

上砂岩段：黄绿色薄层及厚层钙质石英砂岩、泥质砂岩夹粉砂岩和泥、页岩，厚0～46 m。富含双壳类，本段仅分布于贵阳以西地区。

上灰岩段：灰至深灰色中厚层灰岩夹燧石灰岩，豆状、假鲕粒状生物碎屑灰岩，厚0～15 m。含双壳类、珊瑚及腕足类。分布同上砂岩段。

火把冲组　T_3h　(06-52-0926)

【创名及原始定义】 源于孟宪民等(1936)在云南省个旧市卡房乡火把冲创名的“火把冲煤系”。主要由砂岩、黑色块状板岩、石英岩、黄色易碎页岩及少量煤层构成。总厚1 000 m。

【沿革】 贵州石油队(1958)首先引用火把冲组代表黔西南晚三叠世诺利阶的含煤地层。嗣后广泛使用。此前许德佑(1944)命名为“把南系”，同年张祖还称作“小河沟系”。地质部八普(1964)命为“郎岱组”。本书沿用火把冲组。

【现在定义】 指位于把南组之上的灰、深灰、灰黑色含砾石英砂岩、含砾粉砂岩、砾岩、石英砂岩、板岩夹碳质页岩、煤层组成的多个沉积旋回。底部以一套砂岩、含砾砂岩与下伏把南组泥岩分界整合接触。

省内现在定义同创名地的现在定义。只是顶部与二桥组整合接触。

【层型】 选层型在云南省个旧市斐苦—火把冲一带(103°09′,23°14′)。省内次层型为贞丰龙场三叠系剖面(06-52-0926-4-1)，由贵州区调队联测分队王立亭等1976年实测。

【地质特征及区域变化】 省内本组为海湾—海陆交互相、湖沼相和冲积相含煤沉积组合，海相夹层向上减少。贵州郎岱及云南会泽、开远以北地区一般不具海相夹层。沉积物为砂页岩夹煤层，砂岩交错层发育，含有被河水冲来的植物碎片。页岩中纹层发育，含海相双壳类及淡水介形虫。沉积物特征与滇东南火把冲组相似。整合于把南组或平行不整合于二桥组块状石英砂岩之下，厚 216～678 m，向东北方向减薄。富含双壳类 *Yunnanophorus boulei*，*Trigonodus keuperinus*；含介形类及植物 *Lepidopteris ottonis* 等，时代为晚三叠世诺利至瑞替期。

二桥组　T_3e　(06-52-0927)

【创名及原始定义】　源于丁文江(1928)在贵阳市二桥创名的“二桥砂岩”。岩性下部为黄灰色砂岩与暗灰色页岩互层，上部为黑色页岩，位于三桥石灰岩之上，厚数十米，时代归二叠纪。

【沿革】　斯行健等(1933)据黄汲清等在贵阳三桥该层位所采植物化石 *Lepidopteris ottonis* 将其划归瑞替阶，此含义为乐森璕等(1944)、《中国区域地层表(草案)》(1956)、赵金科等(1962)沿用。1979 年中科院南古所陈楚震等在《西南地区三叠系》中，认为习归侏罗纪的“龙头山砂岩”、“黔灵山砂岩”、“洗马滩砂岩”等层位中含有与二桥组、火把冲组及四川须家河组、云南的一平浪组相同的孢粉组合，故扩大二桥组含义，细分上、下两部：上部以长石石英砂岩为主(相当于“黔灵山砂岩”、“龙头山砂岩”等)；下部为碳质页岩，黑色页岩夹粉砂岩及煤线，至此本含义广泛使用，并引入黔西南地区。

【现在定义】　指平行不整合于火把冲组与侏罗系自流井组之间一套陆相含植物化石的灰白、黄灰、褐灰色厚层夹薄层岩屑石英砂岩。下部以厚层岩屑石英砂岩出现与火把冲组煤系地层分界；上部以侏罗系自流井组红色岩系出现划界。

【层型】　正层型同三桥组。次层型为贵州区调队一分队 1∶20 万威信幅肖伟民等(1977)实测的毕节青场三叠系剖面(06-52-0927-4-2)。

【地质特征及区域变化】　本组为内陆湖相沉积，主要以细至粗粒石英砂岩、含砾石英砂岩、砂质粘土岩为主，夹少量石英砂岩、碳质页岩及劣质煤层。分布于黔西南、黔中及黔西北广大地区，岩性及厚度变化大，一般厚 300 m。富含植物化石 *Pterophyllum minuta* 及非海相双壳类 *Qiyangia qiyangensis* 等。时代为晚三叠世瑞替期。

自流井组　J_1z　(06-52-1001)

【创名及原始定义】　Heim 1931 年创名于四川省自贡市自流井一带。原称“自流井系”，泛指命名地一套“红色泥岩为主，夹砂岩及灰岩的地层，富含贝壳类化石”，并称“含化石之石灰岩及砂岩，砂岩内夹有各种不同之页岩，”由下而上分为“自流井红色页岩层”及“自流井石灰岩”两个单位，厚约 200 m。

【沿革】　1956 年《中国区域地层表(草案)》将自流井统引入黔北。1962 年斯行健等称自流井组，同年地质部五普将自流井统自下而上分为珍珠冲组、东岳庙组、马鞍山组、大安寨组及凉高山组。1965 年地质部四普在《滇黔桂石油地质图集》中称自流井群，并自下而上分为东岳庙组、大安寨组及凉高山组。1972 年贵州 102 地质队将此群分为珍珠冲组、东岳庙组、土台组。1973 年贵州 1∶20 万威宁幅改称龙头山群。1974 年西南三省中生代地层座谈会将自流井组自下而上分六段：綦江段(此段贵州曾归香溪群上部)、珍珠冲段、东岳庙段、马鞍山段、大安寨段及凉高山段，归中一下侏罗统。1976 年贵州区调队(1:20 万毕节幅)认为毕节以西地区该套地层已基本不含灰岩，其特征与滇中盆地更相似，而称下禄丰组。1979 年魏家庸在《黔北晚三叠世一侏罗纪陆相地层》一文中将自流井群分为綦江段、珍珠冲段、东岳庙段、马鞍山段及“大安寨段”。1981年《西南地区地层总结——侏罗纪》将自流井组顶部岩性段划归中侏罗统称新田沟组(原凉高山段)。1985年王思恩《中国的侏罗系》及1987年《贵州省区域地质志》采用贵州区调队1∶20万毕节幅意见,后者并指出其顶部“大安寨段”可能包括了川南中侏罗统新田沟组(即凉高山段)地层,因而时代未能肯定为早侏罗世。本书沿用自流井组。

【现在定义】 整合于须家河组、二桥组陆相含煤碎屑岩系之上的一套紫红及黄绿等色泥(页)岩夹薄层石英细砂岩、粉砂岩、生物碎屑灰岩或泥灰岩为主的地层,常具韵律结构,富含双壳类、叶肢介及介形类化石。整合于新田沟组杂色砂、页岩或平行不整合于沙溪庙组底部黄灰色块状砂岩(“关口砂岩”)之下。可以划分五个岩性段,从下到上为綦江段、珍珠冲段、东岳庙段、马鞍山段、大安寨段。

省内本组为一套河流相及湖泊相为主组成的陆相沉积,由紫红色泥岩夹粉—细砂岩及灰岩组成。底部为石英砂岩夹赤铁矿、菱铁矿,偶夹煤层凸镜体,与下伏二桥组岩屑石英砂岩平行不整合接触;顶部为深灰色、黄绿色泥、页岩,普遍夹1～3层灰黑色油页岩和介壳灰岩与上覆沙溪庙组整合接触。自下而上分为綦江段、珍珠冲段、东岳庙段、马鞍山段、大安寨段。

【层型】 正层型为四川自贡市龙井周家沟—伍家坝剖面。省内次层型为贵州习水铜鼓溪侏罗系自流井组剖面,1977年贵州区调队三分队测于习水铜鼓溪东北约1 km(06-52-1001-4-2);贵州大方新场侏罗系自流井组剖面,1974年贵州区调队六分队测于大方新场西约2 km之新场(06-52-1001-4-1)。

【地质特征及区域变化】 省内本组分布于道真、湄潭、龙里、贞丰一线西北广大地区。厚290～480 m。其中,贵阳、毕节一线以北地区夹有两个灰岩地层体而将本组明显分为五段,此线以南地区灰岩标志层基本消失,不能划分五个岩性段,主要为暗紫、棕红、灰绿色泥岩夹粉砂岩及石英细砂岩,局部夹灰岩及泥灰岩凸镜体,郎岱附近及威宁地区砂岩夹层增厚,发育斜层理。本组含丰富双壳类 *Pseudocardinia kweichouensis*, *P. hupehensis*, *Cuneopsis sichuanensis*;叶肢介 *Euescheria*;爬行类 *Lufengosaurus magnus*, *Gryposaurus sinensis*;植物 *Brachyphyllum*, *Pagiolphyllum* 等,时代为早侏罗世。

綦江段　J_1z^q　(06-52-1002)

【创名及原始定义】 源于丁毅、关士聪(1942)命名于四川綦江土台矿区的“綦江铁矿层”。指附近一套含赤铁矿、菱铁矿的铁质砂岩地层,自下而上为:大道坡砂岩、白砂岗砂岩、田坝煤系、綦江铁矿层及岩楞山砂岩五个地层单位。

【沿革】 1974年西南三省中生代地层座谈会改称“綦江段”,作自流井组最底部地层单位,为贵州广泛沿用。贵州区调队1∶20万遵义幅(1976)将其归“香溪组”上段,1∶5万温水、良村幅(1990)称綦江组。

【现在定义】 上下部均为灰白色石英砂岩(习称下部为“田坝煤系底砂岩”,上部为“岩楞山砂岩”),中部为灰黑等色碳质页岩夹煤层、煤线、菱铁矿及赤铁矿(习称“田坝煤系”)。仅发育于重庆、綦江、江津一带。

贵州綦江段为灰白、浅灰、灰绿色石英砂岩,铁质石英砂岩,夹泥岩、粉砂质泥岩、粉砂岩,局部夹赤铁矿、菱铁矿及少量煤层凸镜体。含植物及少量双壳类、叶肢介、昆虫等化石。底以含砾石英砂岩、褐铁矿薄壳或碳质页岩夹煤线与二桥组灰白色岩屑石英砂岩平行不整合或整合接触;与上覆珍珠冲段整合接触。

【层型】 正层型位于四川綦江县土台矿区。贵州省内次层型为遵义苟江自流井组剖面(06

-52-1001-4-3)，1975年贵州区调队一分队实测；贵州大方新场侏罗系自流井组剖面(06-52-1001-4-1)，1974年贵州区调队六分队实测。

【地质特征及区域变化】 省内本段由下而上可分为“田坝煤系”、“綦江层”、“岩楞山砂岩”三层。“田坝煤系”为中至细粒石英砂岩夹粉砂质泥岩、碳质页岩，偶夹凸镜状煤层，分布局限，极不稳定；“綦江层”主要为石英砂岩、含铁石英砂岩夹泥岩，局部夹凸镜状菱铁矿和赤铁矿，是主要铁矿层位，分布较“田坝煤系”广泛；“岩楞山砂岩”为灰、灰白色石英砂岩，局部为粉砂岩，此层最稳定，分布范围广。在仁怀沙滩、合马等地区三分明显。石英砂岩石英含量高、成分单一、成熟度高，发育块状层理或沙纹层理、水平层理，局部见斜层理、波痕和虫迹。粒级在垂向上变化不大，砂体较薄，无明显冲刷面。反映本段主要为湖滨相，局部夹沼泽相沉积。岩性、厚度变化较大，在仁怀沙滩、合马一带厚17～23 m，三分明显。习水官渡，桐梓金竹垭、水田沟等地仅厚3～6 m，缺失“田坝煤系”，至蒙渡大坝附近全段缺失。毕节、大方一带主要发育“岩楞山砂岩”，底部为含砾、含铁石英砂岩，仅在马鬃岭垭口附近见有碳质页岩夹煤线的凸镜体(厚0～5 m)。贵阳—毕节—威信一线附近，大部分相变为含菱铁矿岩屑石英砂岩夹深灰色泥岩，其西南侧宽约40 km范围内出现紫红色泥岩夹层，再向西南则砂岩消失，相变为紫红色泥岩或缺失。含有植物 *Brachyphyllum* sp.，*Pagiophyllum* sp.，*Elatocladus* sp.，*Pityophyllum* sp.，*Podozamites lanceolatus*，*P.* cf. *schenki*，*Czekanowskia setacea*，*C.* cf. *rigida*，*Pterophyllum* sp.，*Cycadocarpidium erdmanni*，*Beania* sp.，*Androstrobus*? sp.，*Eretmophyllum* sp.，*Stachypteris* sp.，*Coniopteris*? sp.，*Cladophlebis* sp.，*Neocalamites* sp.，*Equisetum sarrani*；双壳类 *Pseudocardinia sibirensis*，*P. busimensis*，*P.* cf. *kweichouensis*，*Sibireconcha anodontoides*，*Sphaerium* cf. *selenginense*…及叶肢介、鱼类、昆虫等。时代为早侏罗世。

珍珠冲段 J_1z^z (06-52-1003)

【创名及原始定义】 源于谭锡畴、李春昱(1933)在四川自贡命名的“珍珠冲粘土”。岩性以浅棕红紫色粘土岩为主，夹浅绿色粘土，可见厚度20 m。

【沿革】 1962年地质部五普首次将珍珠冲组引入贵州，定时代为中侏罗世。贵州省地质局综合研究队(1965)、105地质队(1971)、102地质队(1972)沿用珍珠冲组。1974年西南三省中生代地层座谈会改称珍珠冲段，归为自流井群，时代为早侏罗世，该意见为省内广泛使用。

【现在定义】 以紫红色泥(页)岩为主，夹浅灰色薄层状石英细砂岩条带，厚50～260 m。

贵州珍珠冲段以暗紫红色泥岩、砂质泥岩为主，含钙质结核，夹少量钙质或泥质粉—细粒薄层石英砂岩，下部常夹多层黄绿色泥岩及砂岩，中上部常夹凸镜状灰岩，有时夹一层钙质砂岩。含丰富的双壳类及恐龙、叶肢介、植物等化石。以紫红色泥岩与下伏綦江段灰白色石英砂岩或黄绿色粉砂质泥岩整合接触，顶与东岳庙段整合接触。

【层型】 正层型同自流井组。省内次层型为大方新场侏罗系剖面(06-52-1001-4-1)。

【地质特征及区域变化】 省内本段主体为滨湖—浅湖相沉积，局部地区湖盆较綦江期扩大，而直覆于上三叠统二桥组之上。总体岩性较稳定，唯由东往西砂岩夹层及泥岩含砂量有所增多。桐梓—遵义—毕节一线较薄，往西北增厚。厚40～140 m。生物以双壳类及脊椎动物为主，含双壳类 *Pseudocardinia* 及 *Sphaerium subplanum*，*S. selenginense*，*Ferganoconcha* sp.；脊椎动物(恐龙) *Lufengosaurus magnus*，cf. *Lufengosaurus magnus*(=*Sinosaurus triassicus*)，*Gryposaurus sinensis*，*Yunnanosaurus huangi*；叶肢介 *Euesthria* sp.，及植物 *Ginkgoites* cf. *sibiricus* 等。时代为早侏罗世。

东岳庙段 J_1z^d (06-52-1004)

【创名及原始定义】 源于谭锡畴、李春昱(1933)命名于四川自贡的"东岳庙灰岩"。岩性以灰色灰岩为主,夹灰棕色泥灰岩、浅绿黄色粘土及砂岩,厚5米余。

【沿革】 1962年地质部五普首次将东岳庙组引入贵州,岩性为灰、灰黑色页岩夹多层介壳灰岩,厚12~21 m。贵州地质局综合研究队(1965)、105地质队(1971)、102地质队(1972)沿用东岳庙组。1974年西南三省中生代地层座谈会称东岳庙段,划归自流井群,时代为早侏罗世。该划分意见为省内广泛沿用。

【现在定义】 以黑色页岩夹介壳灰岩为主,底部为含介壳钙质粉砂岩。厚5~50 m。

贵州东岳庙段为灰岩、介壳灰岩、泥灰岩,常含燧石凸镜体,中部夹黄绿、紫红色泥岩。偶夹鲕状赤铁矿凸镜体。含丰富双壳类及少量叶肢介、腹足类等化石。底部以灰岩与珍珠冲段紫红色泥岩整合接触。顶以灰岩与马鞍山段紫红色泥岩连续沉积。

【层型】 正层型同自流井组。贵州次层型为习水铜鼓溪侏罗系自流井组剖面(06-52-1001-4-2),1977年贵州区调队三分队实测;遵义苟江侏罗系自流井组剖面(06-52-1001-4-3)。

【地质特征及区域变化】 省内本段沉积构造不发育,一般具块状层理及正粒序递变结构,为浅湖相沉积。贵阳附近出现滨湖相白云岩。本段岩性变化较大。北部习水、桐梓一带以灰岩为主,往西南至贵阳—毕节一线为宽20~30 km的相变地带,北部灰岩多,向南灰岩逐渐尖灭。厚10~80 m。生物群以双壳类 *Pseudocardinia* 为主,有 *P. kweichouensis*, *P. hupehensis*, *P. angulata* 等14个种及 *Cuneopsis sichuanensis*, *Ferganoconcha curta*, *F. sibirica*, *Unio yunnanensis*, *Utschamiella* sp.,尚见少量叶肢介、腹足类、鳄类等。时代为早侏罗世。

马鞍山段 J_1z^m (06-52-1005)

【创名及原始定义】 源于谭锡畴、李春昱1933年命名于四川自贡的"马鞍山粘土"。岩性为紫红色粘土岩,厚约50 m。

【沿革】 1962年地质部五普首次将马鞍山组引入贵州,岩性为紫红色巨厚层泥岩夹绿灰、蓝灰、灰色薄层或凸镜状石英砂岩,厚37~178 m。1974年西南三省中生代地层座谈会称马鞍山段,划归自流井群。该意见为省内广泛使用。

【现在定义】 以紫红色泥岩为主夹少量灰绿、黄绿色粉—细砂岩,泥岩可变为灰黑、灰绿色,砂岩在区域上稳定性差。厚50~200 m。

贵州本段为鲜红色钙质泥岩、砂质泥岩夹浅灰色细粒石英砂岩,中部夹凸镜状砾岩,偶夹凸镜状泥灰岩、灰岩。砂岩具水平层理及交错层理。含少量双壳类化石。底部以鲜红色泥岩与下伏东岳庙段灰岩、泥灰岩整合接触,顶与大安寨段整合接触。

【层型】 正层型同自流井组。贵州次层型为大方新场侏罗系自流井组剖面(06-52-1001-4-1),1974年贵州区调六分队实测;习水铜鼓溪侏罗系自流井组剖面(06-52-1001-4-2),1977年贵州区调队三分队实测。

【地质特征及区域变化】 省内本段为滨湖相夹河流相沉积。主要由鲜紫红色泥岩夹砂岩组成。厚130~150 m。泥岩多具块状层理,含少量钙质结核,局部夹生物灰岩、泥灰岩凸镜体,时见垂直和水平生物遗迹;砂岩成分以石英为主,含少量岩屑,发育沙纹层理、水平层理及交错层理,偶见波痕。砂体常呈似层状、凸镜状及楔状,底界平整,少见冲刷面。该段岩性稳定,西部威宁、水城等地逐渐缺失本段以上的地层。本段生物罕见，含双壳类及脊椎动物骨块，有双壳类 *Pseudocardinia nuculaeformis*, *P. sibiriensis*, *P. elliptica*, *P.* cf. *kweichouensis*, *P.* cf. *busimensis*, *P.* cf. *tetragonalis*, *Cuneopsis* sp. 等，时代为早侏罗世。

大安寨段　J_1z^{da}　(06-52-1006)

【创名及原始定义】 源于1933年谭锡畴、李春昱命名于四川自贡的"大安寨灰岩"。岩性以白灰带浅紫黄色灰岩为主，夹灰紫、黄红色泥灰岩、粘土岩及浅绿暗灰色页岩，厚约24 m。

【沿革】 1962年地质部五普首次将大安寨组引入贵州，其岩性为紫红色泥岩夹黄色薄层钙质粉砂岩或其凸镜体。厚9～78 m。1974年西南三省中生代地层座谈会称大安寨段，划归自流井群，时代为早侏罗世。该划分为省内广泛沿用。

【现在定义】 以黑、黄绿等色页岩与生物介壳灰岩不等厚互层为主，上部夹紫红色泥岩，时夹泥灰岩及灰质细砾岩凸镜体。

贵州本段下部为暗紫红色、灰绿色钙质页岩、粉砂质泥岩、钙质石英砂岩与凸镜状泥质灰岩互层，含双壳类及少量腹足类、鱼类、爬行类、昆虫及植物等化石；上部为灰绿、深灰色页岩、粉砂质泥岩、粉一细粒石英砂岩夹介壳灰岩及油页岩。底以灰紫色钙质泥岩、粉砂质泥岩与马鞍山段鲜红色泥质粉砂岩或粉砂质泥岩整合接触，与上覆新田沟组整合接触。

【层型】 正层型同自流井组。贵州次层型为大方新场侏罗系自流井组剖面(06-52-1001-4-1)，1974年贵州区调队六分队实测；遵义苟江侏罗系自流井组剖面(06-52-1001-4-3)，1975年贵州区调队一分队实测。

【地质特征及区域变化】 省内本段泥、页岩含少量钙质、粉砂质和生物介屑，普遍含黄铁矿晶粒或团块，具水平层理，生物化石丰富、保存完好、个体较小，是自流井组含化石最多的层位，介壳灰岩介壳多呈碎屑状，灰黑色泥、页岩中几乎不见生物。厚5～130 m。属半深一深湖相沉积。本段岩性变化地带仍处于贵阳一毕节一线宽30～40 km范围内。由东北(习水、桐梓一带)向西南泥灰岩及灰岩夹层逐渐减少，直至浅色钙质岩全部消失。伴上述变化，盛极一时的生物群落也销声匿迹。本段生物十分丰富，含淡水双壳类 *Pseudocardinia kweichouensis*, *P. angulata*, *P. hupehensis*, *Ferganoconcha curta*, *F.* cf. *liaosiensis*, *F.* cf. *jorekensis*, *Cuneopsis sichuanensis*, *Lamprotula* (*Eolamprotula*) aff. *cremeri*, *Cyrena* sp. 及咸水一半咸水相双壳类 *Modiolus yunnanensis*, *M.* cf. *bipartitus*, *Mytilus* sp.，尚含腹足类 *Teinostoma* sp.，*Bellamya* sp.；爬行类 *Plesiosaurus* 及鱼类、昆虫、植物、孢粉等。时代为早侏罗世。

【其他】 贵州区调队1：5万良村、温水幅区调中(1990)对侏罗系稳定副矿物组合和碎屑岩的主要矿物组合含量进行了分析研究。其中大安寨段的稳定副矿物组合特征和碎屑岩主要矿物组合含量与下伏珍珠冲段至马鞍山段一致，而与上覆沙溪庙组有天壤之别，可作为本段时代与下伏珍珠冲段至马鞍山段同属早侏罗世的佐证(表5-2)。

新田沟组　J_2x　(06-52-1007)

【创名及原始定义】 四川航调队(1977)命名于重庆市北碚区坝南200 m的新田沟村。指位于自流井组大安寨段之上，"小垭口砂岩"(相当于沙溪庙组底部"关口砂岩")之下的一套地层，与上覆、下伏地层均为整合接触，含有瓣鳃类、介形类、叶肢介等多门类化石，厚200 m。

【沿革】 1962年地质部五普首次将凉高山组引入贵州，作为自流井统最上部岩组。1976年贵州区调队(1：20万遵义幅)改称凉高山段，划归自流井组。1979年四川中生代地层讨论会决定以新田沟组代替凉高山组。1981年《西南地区地层总结——侏罗系》将贵州凉高山段改称新田沟组，归中侏罗统下部。

【现在定义】 岩性以黄绿、紫红夹深灰色泥岩、粉砂质泥岩为主，夹细、粉砂岩及生物碎屑灰岩凸镜体，岩性具三分性，上、下部以杂色泥岩为主，中部以黑色泥页岩为主。含双壳类、叶肢介、介形类、脊椎动物及孢粉化石。与下伏自流井组顶部紫红色泥岩及上覆沙溪庙组黄灰色块状岩屑砂岩（"关口砂岩"）均为整合接触。亦可平行不整合超覆于自流井组之上。

省内本组厚度小，岩性三分性较四川盆地中部差。岩性为灰绿、紫褐、紫红色泥岩之上夹灰色粗—中粒长石石英砂岩及粉砂岩，局部夹泥质灰岩。整合于自流井组大安寨段之上与上覆沙溪庙组之下。

【层型】 正层型为四川重庆市北碚炭坝—新田沟剖面。贵州次层型为遵义县山盆侏罗系剖面(06-52-1007-4-2)，1974年贵州区调队一分队实测；贵州仁怀九仓侏罗系剖面(06-52-1007-4-1)，1973年贵州区调队实测。仁怀九仓剖面其层序如下：

上覆地层：沙溪庙组　灰红色块状砂—砾级不等粒铁质粘土质砂岩

——————— 整　合 ———————

新田沟组　　总厚度 23.8 m

33. 暗紫色中厚层夹薄层铁质粘土质粉砂岩　　10.5 m

32. 灰、深灰色中厚层微粒含粉砂质灰岩。风化后呈瘤状脱落。富含双壳类 *Cuneopsis* sp.，*C. sichuanensis*，*Pseudocardinia* sp.，*Tutuella* sp.，*Sibireconcha* sp.，*Mytilfus* sp. 等　　13.3 m

——————— 整　合 ———————

下伏地层：自流井组大安寨段　深灰色含粉砂质及钙质粘土岩，夹少量同色薄层粘土质粉砂岩，上部偶夹薄层泥灰岩

【地质特征及区域变化】 省内本组厚度小，岩性三分性标志较四川盆地中部差。遵义及仁怀山盆、九仓一带为灰、灰黄色含钙质、粉砂质泥岩与灰、深灰色含泥质、粉砂质灰岩互层，夹细砂岩及泥质粉砂岩，厚20～24 m。苟江一带为棕黄色厚层状细粒石英砂岩，一般厚12 m左右。其余广大地区为数米厚的灰绿、黄色含粉砂质泥岩夹细砂岩。息烽小鹿窝一带以紫褐、紫红色薄层板状泥岩、粉砂质泥岩为主，与泥质粉砂岩及灰褐、灰色长石石英砂岩组成不等厚互层，厚164 m。生物以淡水双壳类为主，计有 *Pseudocardinia angulata*，*P. ovalis*，*P.* cf. *carinata*，*P.* cf. *turfanensis*，*P.* cf. *hupehensis*，*Cuneopsis sichuanensis*，*Sibireconcha* sp.，*Tutuella* sp.，*Utschamiella* sp. 及半咸水相双壳类 *Mytilus* sp.，*Modiolus* sp. 等。此时期 *Pseudocardinia* 虽然较多，但其种类已显著减少。时代归中侏罗世。

【其他】 目前对新田沟组的层位有三种认识。一是与大安寨段上部相当，二是相当于大安寨段顶部和下沙溪庙组的一部分，三是仅相当于下沙溪庙组下部。贵州区调队1∶20万威宁幅(1979)及1∶5万良村、温水幅(1990)认为"关口砂岩"为不稳定席状砂体，在横向上则渐变为灰绿色含泥质砂岩或同色粉砂质粘土岩，与下伏大安寨段黑色泥岩逐渐过渡，组成湖退沉积序列。在区域上大安寨段与沙溪庙组之间为整合接触，显然贵州有新田沟组。

沙溪庙组　$J_2\hat{s}$　(06-52-1008)

【创名及原始定义】 源于杨博泉、孙万铨(1946)创名于四川合川沙溪庙附近的"沙溪庙

层”，系由原“重庆系”(Heim，1931)中划分出来的。指分布于该地的一套紫红色泥岩夹浅灰色长石砂岩与长石石英砂岩，中部泥岩与砂岩呈不等厚互层的地层，厚 1 220～2 000 m。

【沿革】 1962 年顾知微将沙溪庙组引用于贵州，时代归中侏罗世，同年地质部五普以“叶肢介页岩”为界，分为上沙溪庙组和下沙溪庙组，时代均归晚侏罗世。1974 年西南三省中生代地层座谈会将上、下沙溪庙组时代归中侏罗世，嗣后省内广泛沿用。

【现在定义】 岩性为黄灰、紫灰色长石石英砂岩与紫红、紫灰色泥(页)岩不等厚韵律互层。含双壳类、介形类、叶肢介、植物及脊椎动物化石。与下伏新田沟组或千佛崖组杂色砂泥岩及上覆遂宁组砖红色岩屑长石砂岩均为整合接触。亦可平行不整合超覆于自流井组之上。建议该组以“叶肢介页岩”为界划分段级单位。

省内本组为紫红、暗紫红色泥岩、粉砂质泥岩与灰、紫灰色粉砂岩、岩屑长石砂岩或长石石英砂岩组成不等厚韵律互层。底部常为灰绿色块状—中厚层长石砂岩或岩屑砂岩(“关口砂岩”)，下部夹一层厚 2～30 m 的黄绿色页岩、粉砂岩及黑色油页岩(“叶肢介层”)凸镜体，上部夹 1～5 层含铜砂岩。底与新田沟组整合或平行不整合于自流井群之上，顶与遂宁组鲜紫红色泥岩或长石石英砂岩整合接触。

【层型】 正层型在四川省合川县南沙溪庙龙洞—建连桥—白塔坪一带。省内次层型为贵州习水三岔场侏罗系沙溪庙组剖面(06-52-1008-4-1)，1988 年贵州区调队三分队实测；贵州仁怀九仓侏罗系沙溪庙组剖面(06-52-1008-4-2)，1973 年贵州区调队一分队实测。

【地质特征及区域变化】 省内本组主要为曲流河—洪泛平原沉积。该组砂体常呈似层状、凸镜状展布，与泥岩组成十分发育的韵律层，韵律层中上部紫红、暗紫红色泥岩、粉砂质泥岩、粉砂岩及细砂岩发育沙纹层理，偶见水平层理及龟裂纹构造；韵律层下部灰、紫灰色块状至中厚层长石砂岩、长石石英砂岩，发育槽状层理、平行层理、板状层理或斜层理；韵律层底部常见泥砾凸镜体，具明显的切层及冲刷面。主要为河流—洪泛平原沉积，时具浅湖—深湖相沉积。厚 200～1 400 m，最厚可达 1 558 m。本组主要分布于赤水、习水、桐梓、遵义、毕节、威宁一带，岩性变化不大。贵阳以南、郎岱及黔东天柱等地区保存不全。主要生物有淡水双壳类 *Lamprotula* (*Eolamprotula*) cf. *guangyanensis*，*L.* (*Eol.*) cf. *subquadrata*，*Psilunio* sp.，*Cuneopsis* sp.，*Undulatula* sp.，*Tutuella* sp.；腹足类 *Bithyia mengyinense*；鲎 *Triops bashuensis*；植物 *Coniopteris hymenophylloides*，*C. tatungensis*；叶肢介 *Euestheris ziliujingensis*，*E. haifanggouensis*，*E. yanjiawanensis*，*E. shandanensis*，*E. jingyuanensis*，*E. xianshuiensis* 等。时代为中侏罗世。

遂宁组 J_2sn (06-52-1009)

【创名及原始定义】 源于李悦言、陈秉范(1939)创名于四川遂宁县城附近的“遂宁页岩层”，由“广元系”(赵亚曾、黄汲清，1931)中分出。岩性以棕红、砖红色泥岩为主，夹同色砂岩及粉砂岩地层，偶夹石膏薄层，厚 300～500 m。其下伏地层未描述，上覆“九龙场层”以砂岩为主。

【沿革】 顾知微等(1962)据 1953 年斯行健在重庆群下部发现的植物化石，将遂宁组时代定为晚侏罗世，同时引用于贵州。1974 年西南三省中生代地层座谈会更其时代为中侏罗世，此意见为叶念曾(1976)① 及贵州区调队(1976—1978)采用。1979 年四川中生代地层讨论会将遂宁组归上侏罗统。

---

① 贵州地层古生物工作队(叶念曾执笔)，1976，贵州的侏罗系。

【现在定义】 岩性以红、鲜红、砖红色泥(页)岩为主，夹同色岩屑长石砂岩、粉砂岩，含介形类、轮藻，叶肢介及双壳类化石，与下伏沙溪庙组紫红色泥岩及上覆蓬莱镇组紫灰色长石石英砂岩均为整合接触。

贵州本组为鲜紫红、砖红色钙质泥岩、钙质粉砂质泥岩夹浅灰、紫红色长石石英砂岩、钙质岩屑石英砂岩及泥质、钙质粉砂岩，局部夹泥质灰岩、薄层泥灰岩或凸镜体。底以紫红色岩屑石英砂岩、钙质长石石英砂岩或泥岩与沙溪庙组长石砂岩或泥岩整合接触，顶与蓬莱镇组灰色长石石英砂岩整合接触。

【层型】 正层型在四川省蓬莱县高坪黄朝门—中江县广福凤凰镇一带。贵州次层型为贵州习水三岔场上侏罗统遂宁组剖面(06-52-1009-4-1)，1988 年贵州区调队三分队实测；贵州习水鼓溪侏罗系遂宁组剖面(06-52-1009-4-3)，1977 年贵州区调队三分队实测。

【地质特征及区域变化】 省内本组主要为一套网状河—洪泛平原沉积，局部为浅湖相沉积。砂岩钙质含量高，可达 30%左右，具正粒序结构，发育沙纹层理、斜层理及槽状交错层理，局部含铜、铀；泥岩呈块状，普遍含钙质结核，局部可成层富集，偶见水平层理；底部常含泥砾凸镜体，具明显冲刷面。本组主要分布于赤水、习水、桐梓、仁怀地区，其余地区保存不全。区域岩性基本稳定，总体上有自东向西砂岩、泥岩减少，泥灰岩夹层增多的趋势。所含生物有叶肢介 Euestheriidae，鱼类 *Lepidotes* sp. 及植物 *Equisetum* sp. 等。时代为晚侏罗世。

【其他】 贵州区调队 1∶5 万良村幅、温水幅对该组的稳定副矿物组合及碎屑岩的主要矿物组合含量变化进行分析研究，其特征与上覆蓬莱镇组一致，而与下伏沙溪庙组有明显区别，可作本组时代归晚侏罗世之佐证。

蓬莱镇组 J_3p (06-52-1010)

【创名及原始定义】 源于杨博泉、孙万铨(1946)创名于四川蓬溪县蓬莱镇的“蓬莱镇砂岩层”。原义泛指发育于遂宁、蓬溪一带“蓬莱页岩”之上一套浅黄色厚层砂岩与紫红色页岩互层的地层，砂岩由西向东逐渐增多，颗粒变粗，厚 1 260～1 840 m。

【沿革】 1962 年斯行健等称蓬莱镇组并引用于贵州，时代归晚侏罗世。此后省内广泛应用。

【现在定义】 岩性以紫灰色长石石英砂岩与紫红等色泥(页)岩不等厚互层为主，夹黄绿色页岩及生物碎屑条带灰岩。含介形类、叶肢介、轮藻及双壳类化石，与下伏遂宁组砖红色泥岩或砂岩呈整合接触，与上覆苍溪组灰紫色岩屑长石砂岩为整合或平行不整合接触。

贵州本组下部为紫红色钙质泥岩、钙质粉砂质泥岩、钙质粉砂岩夹紫红色厚层块状细粒长石石英砂岩或岩屑石英砂岩；上部为浅灰、紫灰色厚层块状长石石英砂岩、岩屑石英砂岩夹紫红色钙质泥岩、钙质粉砂质泥岩。底以厚层钙质长石石英砂岩或岩屑石英砂岩与遂宁组鲜紫红色粉砂质泥岩整合接触；顶与窝头山组灰紫色砾岩平行不整合接触。

【层型】 选层型在四川省蓬溪县蓬莱镇一带。省内次层型为习水三岔场侏罗系蓬莱镇组修测剖面(06-52-1010-4-1)，1980 年贵州区调队三分队实测；习水铜鼓溪侏罗系蓬莱镇组剖面(06-52-1010-4-2)，1977 年贵州区调队三分队实测。

【地质特征及区域变化】 省内本组仅分布于赤水、习水及桐梓一带，主要为一套河流—洪泛平原沉积，局部夹湖沼相沉积。钙质泥岩普遍含钙质结核，局部富集成层。产植物碎片及虫迹；粉砂岩发育沙纹层理；细砂岩一般有正粒序递变结构，具平行层理、槽状层理，砂体呈似层状或条带状，时具分叉和切割现象，下部具大型槽状层理和斜层理。底部常含泥砾，具冲刷面。

本组主要变化为砂岩由东北往西南减少。生物以植物为主，计有松柏类 *Pagiophyllum* sp.，？*Eletides curvifolia*，？*Phyllocladopsis heterophylla*，*Cupressinocladus* sp.，*Pitylepsis* sp.，*Elatocladus* sp.，*Podozamite lanceolatus* 及蕨类 *Coniopteris* sp.，cf. *Klukia browniana*，*Raphaelia* ？sp.，*Sphenopteris* sp. 等，尚见鱼类 *Lepidotes* sp.。时代为晚侏罗世。

第二节 生物地层

古生代、中生代之交是自寒武纪无脊椎动物大爆发以来生物界一次重大革命，一些中生代生物类群得以迅速辐射适应，取代了古生代生物类群。贵州海相三叠系富含多门类生物化石，尤以双壳类、菊石动物群分异繁衍最具特色。侏罗系则以非海相双壳类为主。现按生物门类分叙述如下。

一、双壳类

1. *Towapteria scythicum* – *Pteria ussurica variabilis* 顶峰带

殷鸿福(1983)据华南双壳类资料建立，主要分子有 *Claraia* cf. *griesbachi*，*Promyalina minuta* 及菊石 *Hypophiceras*；腕足类 *Crurithyris* cf. *speciosa*；介形类 *Hollinella tingi*；腹足类、牙形石及昆虫、植物等。时代为早三叠世印度早期。广泛适用于扬子区，赋存于飞仙关组、夜郎组沙堡湾段及大冶组底部。

2. *Pseudoclaraia wangi* 顶峰带

即许德佑(1943)的 *Claraia wangi* 带，殷鸿福(1983)的 *Pseudoclaraia wangi* 带。本带连续于前带之上，以 *Pseudoclaraia wangi* 富集及富含菊石 *Lytophiceras*，*Glyptophiceras* 为特征。尚含牙形石 *Isarcicella isarcica* 等。时代为早三叠世印度早期。广泛适用于扬子区，赋存于飞仙关组、夜郎组及大冶组下部。

3. *Claraia aurita* – *C. stachei* 组合带

董卫平(1987)首次使用，主要分子有 *Claraia guizhouensis*，*C. concentrica* 等 40 余种及 *Eumorphotis venetiana* 等。时代为早三叠世印度中期。广泛适用于扬子区，赋存于飞仙关组、大冶组中部及夜郎组黄村坝段，罗楼组中以 *Claraia concentrica* 富集为特征。

4. *Eumorphotis multiformis* 顶峰带

王钰等(1959)将许德佑(1943)*Eumorphotis inaequicostata* 带改称本带。主要共生分子以 *Eumorphotis* 属种为主，时代为早三叠世印度晚期。广泛适用于扬子区，赋存于飞仙关组上部、夜郎组九级滩段及大冶组上部。

5. *Pteria* cf. *murchisoni* – *Entolium discites microtis* 组合带

董卫平(1987)首次使用，主要共生分子有 *Eumorphotis inaequicostata*，*E. hinnitidea* 及菊石 *Tirolites spinosus* 等，时代为早三叠世奥伦期。广泛适用于扬子区，赋存于嘉陵江组中下部，安顺组中以 *Entolium discites microtis* 最富。

6. *Costatoria goldfussi mansuyi* – *Leptochondria illyrica* 组合带

董卫平(1987)首次使用，主要共生分子有 *Leptochondria subillyrica*，*L. paradoxica*，*Unionites spicata*，*Pleuromya elongata*，*Pleuromectites diformis*，*Gervellia mytiloides ornata* 等，时代为中三叠世安尼期。广泛适用于扬子区黔西—黔北分区，赋存于关岭组及巴东组。

7. *Neomorphotis gigantus* – *Ornithopecten subarcoidea* 组合带

甘修明(1990)建立。相当于青海地科所和中国地质大学研究南祁连山郡子河群时发现的 *Neomorphotis* 动物群。主要共生分子有 *Neomorphotis intermedius*，*N. magneaurites*，*Leptochondria gratiosus*，*Aqgupecten subalbernana*，*Pleuromectites difformis*；腕足类 *Aulacothyris angustaeformis*，"*Athyris* "*sulcata*，*Rhaetina angustaeformis*，*Mentzelia mentzeli*，*Diholkorhynchia sinensis*，*Nudispiriferina minima*，*Septaliphoria sinensis* 及菊石、珊瑚等，时代为中三叠世安尼期。适用于扬子区黔中分区，赋存于坡段组。

8. *Daonella guizhouensis* 延限带

甘修明(1983)据黔南双壳类资料建立。主要共生分子有 *Daonella anterobliqua*，*D. caudata*，*D. abnorma*，*D. moussoni*，*Enteropleura guembeli* 及菊石 *Balatonites* sp. 及腕足类、鹦鹉螺等，时代为中三叠世早安尼期。适用于右江区黔南分区，赋存于新苑组中下部。

9. *Daonella producta* 顶峰带

甘修明(1990)建立。相当于陈金华(1982)*Daonella americana* - *D. producta* - *D. ignobilis* 组合的 C 带。主要共生分子有 *Daonella producta concentrica*，*D. vaceki*，*D. elongata*，*D. caudata*；菊石 *Balatonites* sp.(大量)，*Judicarites* sp. 及鹦鹉螺、箭鞘类、腕足类和植物等，时代为中三叠世安尼中期。适用于右江区黔南分区，赋存于新苑组中部。

10. *Daonella ignobilis* 延限带

甘修明(1990)建立。大体相当于中科院南古所(1974)所列新苑组上段双壳类。主要分子有 *Daonella ignobilis exaltata*，*D. americana*，*D. dubia*，*D. nileensis* 及菊石 *Balatonites* sp.，*Judicarites* sp.，*Hollandites* sp. 等，时代为中三叠世晚安尼期。广泛适用于右江区黔南分区，赋存于新苑组中上部。

11. *Daonella indica* - *Entolium lavaredanum* 组合带

大体相当于贵州区调队(1976)*Entolium lavaredanum* - *Halobia subcomata* 带及董卫平(1987)的 *Entolium lavaredanum* 组合带。除带化石富集外，尚有 *Leptochondria illyrica*，*L. subillyrica*；菊石 *Megaphyllites* sp.；珊瑚 *Montilivaltia capitata* 及腕足类、腹足类、棘皮类等，时代为中三叠世拉丁早期。适用于扬子区黔中分区，赋存于坡段组上部及垄头组中。其中 *Daonella indica* 尚赋存于右江区黔南分区新苑组第三段顶部瘤状灰岩中。

12. *Daonella varifurcata* - *Posidonia bakevelliaeformis* 组合带

甘修明(1983)据黔南地区双壳类资料创名。主要分子有 *Daonella lommeli*，*D. indica*，*D. paucicostata*，*D. banchangensis*，*D. tyrolensis*，*Posidonia wengensis*，*P. wengensis robsta* 及菊石、植物等。时代为中三叠世早拉丁期。广泛适用于右江区黔南分区，赋存于新苑组第三段及边阳组第一段。

13. *Daonella densisulcata* 延限带

即甘修明(1983)使用的 *Daonella desisulcata* 组合。主要分子有 *Posidonia robsta*，*P. elliptica*，*Daonella acutiterminata*，*D. tripartita*；菊石 *Protrachyceras* sp.，*Trachyceras* sp. 等，时代为中三叠世早拉丁晚期。适用于右江区黔南分区，赋存于边阳组第二段。

14. *Halobia kui* -"*Daonella*" *bifurcata* 组合带

甘修明(1983)据黔西南地区资料创立。主要共生分子有 *Halobia subcomata*；海百合茎 *Traumatocrinus hsui*；腕足类 *Koninkina lenhard* 及菊石、牙形石、有孔虫等，时代为中三叠世晚拉丁期。适用于右江区黔南分区及扬子区黔西南地区，赋存于边阳组第三段及法郎组中下部。

15. *Halobia rugosoides* 顶峰带

董卫平(1987)创立,本带双壳类属种单调,以双壳类 *Holabia rugosoides* 及菊石 *Trachyceras multituberculatum* 繁衍富集为特征。常见分子有双壳类 *Plagiostoma communis*, *Pinna subcarinata*, *Neoschizodus londengensis*, *Entolium tenuistriatum* 等,时代为晚三叠世早卡尼期。适用于黔西南地区,赋存于法郎组赖石科段中、下部。

16. *Costatoria kweizhowensis* - *Cassianella beyrichii* 组合带

王钰等(1959)建立于黔西南。陈楚震(1977)称 *Costatoria kweizhowensis* - *Heminajas forulata* 组合。主要分子有 *Angustella angusta*, *Entolium tenuistriatum rotundum*, *Myophoriopis guizhouensis*, *Unionites guizhouensis*, *Heminajas forulata*, *Hoernesia bifornicata*, *Elegantinia venusta*, *Palaeoneilo subexcetrica* 等,时代为晚三叠世卡尼期。适用于扬子区,赋存于黔西南把南组及黔中三桥组。

17. *Trigonodus keuperinus* - *Yunnanophorus boulei* 组合带

相当于陈楚震(1977)*Burmesia lirata* 及 *yunnanophorus* - *Permophorus* 组合。以带化石大量富集为特征,常见共生分子有 *Unionites griesbachi*, *U. griesbachi brivis*, *Modiolus* sp., *Burmesia lirata*(少见)及植物、介形虫、叶肢介等,时代为晚三叠世诺利至瑞替期。适用于扬子区,赋存于火把冲组。

18. *Pseudocardinia* 组合

1979 年魏家庸创建于黔北,以 *Pseudocardinia* 繁盛为特征,主要有 *P. kweichouensis*, *P. hupehensis*, *P. angulata*, *P. ovalis*, *P. sibirensis*, *P. khadjakalanensis* 等 20 余种,尚见 *Cuneopsis sichuanensis*, *Fergenoconcha curta*, *F.* cf. *liaosiensis*, *Modiolus yunnanensis* 等。时代为早侏罗世。赋存于自流井组珍珠冲段至大安寨段。

19. *Lamprotula*(*Eolamprotula*) *cremeri* 组合

1979 年魏家庸创建于黔北,主要分子有 *Lamprotula* (*Eolamprotula*) aff. *cremeri*, *L.* (*E.*) cf. *subquadrata*, *L.* (*Eol.*) sp., *Psilunio* sp., *Cuneopsis* sp., *Unio* sp., *Sphaerium* sp., *Pseudocardinia* sp. 等。时代为中侏罗世早期,赋存于自流井组大安寨段顶部至沙溪庙组下部(原"下沙溪庙组")。

20. *Lamprotula*(*Eolamprotula*) - *Psilunio* 组合

1979 年廖能懋创名于贵州。主要分子有 *Lamprotula*(*Eolamprotula*) sp., *Psilunio ovalis*, *P. globitriangularis*, *P. chaoi* 等。伴有 *Cuneopsis* sp., *Unio* sp., *Sphaerium* sp., *Pseudocardinia* sp. 等。时代为中侏罗世中期,赋存于沙溪庙组中部(即原"上沙溪庙组"下部)。

21. *Lamprotula*(*Eolamprotula*) *guangyuanensis* - *Undulatula* 组合

1979 年魏家庸创建于黔北,主要分子有 *Lamprotula*(*Eolamprotula*) cf. *guangyuanensis*, *L.* (*E.*) sp., *Undulatula* sp., *Cuneopsis sichuanensis*, *C. johannisboehmi*, *C. wansienesis*, *C.* sp., *Solenaia* sp., *Margaritifera* sp., *Psilunio* cf. *chaoi* 等,尚见个别 *Qiyangia*。时代为中侏罗世晚期。赋存于沙溪庙组上部(即原"上沙溪庙组"上部)。

二、菊石

1. *Hypophiceras* 顶峰带

与王义刚(1984)*Hypophiceras* 群相当。主要分子有 *Xenodiscus*, Xenodiscidae, *Pseudogastrioceras*, ? *Otoceras*(纳雍阳长),是三叠纪一个十分原始的菊石群,与其上更为单调的 *Oph-*

iceras 菊石群有着密切的联系，时代为早三叠世印度早期。赋存于黔中大冶组、罗楼组及夜郎组沙堡湾段底部。

2. *Ophiceras sinensis* 延限带

相当于赵金科(1959)*Ophiceras sinensis* 带。主要分子有 *Ophiceras tingi*, *O.* cf. *demissum*, *Lytophiceras* cf. *chamunda*, *Glyptophiceras* sp. 等。本带连续于 *Hypophiceras* 顶峰带之上，时代为早三叠世早印度期。赋存于大冶组、罗楼组下部及夜郎组沙堡湾段，飞仙关组底部不发育。

3. *Koninckites* - *Paranorites* 组合带

董卫平(1987)建立。主要分子有 *Koninckites* cf. *ellipticus*, *Paranorites linguisellatus*, *P.* cf. *ovalis*, *Prionolobus* cf. *impressus*, *P.* cf. *bodgosoni* var. *involutum*, *Clypeoceras* sp., *Vishnuites* sp., *Flemingites* sp. 等。时代为早三叠世晚印度期。适用于黔中、黔南地区，赋存于大冶组及罗楼组中上部。

4. *Owenites* - *Meekoceras* 组合带

董卫平(1987)建立。主要共生分子有 *Meekoceras kweichowensis*, *Pseudowenites oxynostus*, *Submeekoceras* cf. *trolengensis*, *Hellenites* sp., *Paranannites* sp., *Xenodiscoides* cf. *rigida* 等，时代为早三叠世奥伦期。主要分布于黔中等地，赋存于紫云组及嘉陵江组中下部。

5. *Tirolites* - *Procarnites* 组合带

董卫平(1987)建立。大体与王钰等(1959)*Tirolites* 带相当。主要分子有 *Tirolites spinosus*, *Procarnites oxynostus*, *P. skanderbergi*, *Columbites* sp., *Paranannites* cf. *subglobosus*, *Isculitoides* sp., *Dieneroceras* sp., *Anasibirites* sp. 等，尤以 *Tirolites* 分布最广。时代为早三叠世中晚奥伦期。赋存于嘉陵江组、紫云组中上部。

6. *Parapopanoceras* - *Leiophyllites* 组合带

大体相当于王义刚(1963)*Parapopanoceras nanum* 带。主要分子有 *Parapopanoceras nanum*, *Leiophyllites* cf. *pitamaha*, *L. angustum billicus*, *L. anshuensis*, *Hollandites yangbubaensis*, *Balatonites* sp., *B. multisulcatus*, *Huishuites elliptica*, *H.* cf. *bifidus*, *Japonites primoridius*, *Danubites insulcus*, *Paracrochordiceras* sp., 等。时代为中三叠世早安尼期。赋存于黔南新苑组下部。

7. *Nicomedites yohi* 延限带

王义刚(1964)建立。本带仅见于贵阳三叠统青岩组上部，其他地区尚未发现。

8. *Paraceratites binodosus* - *P. trinodosus* 组合带

相当于王义刚(1984)*Paraceratites binodosus* 和 *P. trinodosus* 两带。主要分子有 *Paraceratites* cf. *brenbanus*, *Bulogites multicostatus*, *B. coronatus*, *Salterites* sp., *Ptychites* cf. *everesti* 等。时代为中三叠世晚安尼期。目前本带仅见于贵阳青岩地区。

9. *Xenoprotrachyceras primum* 组合带

王义刚(1983)创于六枝郎岱。主要分子有 *Langdaiceras pateriformis*, ? *Bulogites langdaiensis*。本带分布局限，仅发现于六枝郎岱晚拉丁阶早期法郎组竹杆坡段。

10. *Protrachyceras deprati* 顶峰带

王钰等(1959)创立，主要分子有 *Protrachyceras costulatus*, *P. mutabilis*, *P. guizhouensis*, *P. archelaus*, *P. yongningensis*, Carnitidae(cf. *Pseudocarnites*), *Proarcestes* sp. 等。时代为晚拉丁至早卡尼期。适用于黔西、黔南地区，赋存于法郎组瓦窑段及边阳组第三段之上。

11. *Trachyceras multituberculatum* 延限带

王义刚(1983)创立。主要分子有 *Trachyceras* cf. *janurius*, *T. maximiliani*, cf. *T. sinense*, *Protrachyceras* sp., *Paratibetites clarkei*, *Sirenites* sp., *Clionites*? sp.,时代为晚三叠世早卡尼期。适用于黔西南地区,赋存于法郎组赖石科段中部。

第三节　年代地层划分及其与生物地层、岩石地层的对应关系

自本世纪初以来,一些外国学者就采用阿尔卑斯三统六阶的方案划分中国南方三叠系,我国地质工作者在沿用该方案的同时,也在努力建立和建全新的划分方案,本次对比研究仍沿用三统七阶划分方案(表 5-1)。侏罗系的划分以四川红盆为标准,其生物地层和岩石地层的对应关系见表 5-2。

表 5-1　贵州三叠系岩石地层、生物地层、年代地层划分对比表

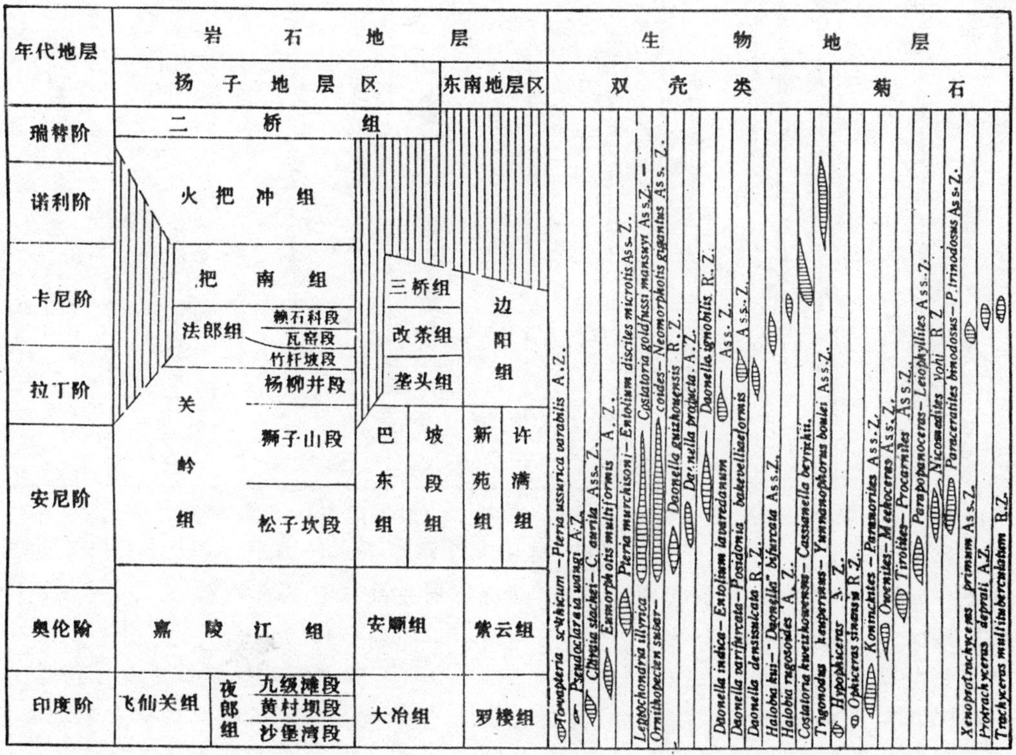

第四节　沉积环境分析

三叠纪继承了二叠纪末的古地理格局,贵州海盆位于近西南海盆中心,西有康滇古陆,北有秦岭淮阳古陆,东有江南古陆,仅南面经开远海峡与特提斯海相通,是一个半封闭环境,陆源碎屑主要来自西部和东部。沿兴义、册亨、镇宁、贵阳、福泉一线受古构造控制,南北沉积分异明显。早三叠世全球快速海侵形成较开阔的浅海,中三叠世海退形成半封闭内陆海,晚三叠世中晚期海水进一步撤出,形成滨海沼泽含煤及陆相沉积。

表 5-2　贵州侏罗系岩石地层年代序列表

年代地层	岩石地层		生物地层：双壳类	生物地层：叶肢介	生物地层：爬行类	生物地层：植物	稳定副矿物组合带	碎屑岩主要矿物含量
上统	蓬莱镇组	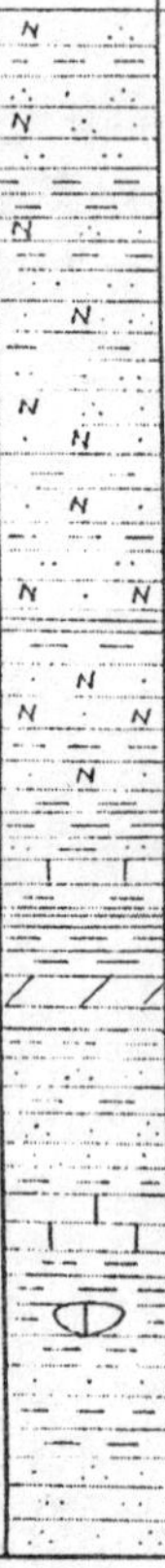	L.（Eol.）—Psilunio 组合			cf. Klukia browniana—Raphaelia ? sp. 植物群	钛铁矿 + 石榴石	Ⅳ组合带 石英82%-86%，长石3%-5%，黑、白云母＜4%
	遂宁组							
中统	沙溪庙组		Lamprotula（Eolamprotula）cremeri 组合	Euestheria ziliujingensis 动物群	Mamenchisaurus 动物群		钛铁矿 + 石榴石 + 绿帘石	Ⅲ组合带 石英55.4%，长石32.7%，黑云母20%
	新田沟组		Pseudocardinia 组合					Ⅱ组合带 石英70%-75%，长石8%-10%，黑云母6%-10%
下统	自流井组		L.（Eol.）guangyuanensis—Undulatula 组合		Lufengosaurus 动物群	Brachyphyllum—Coniopteris 植物群	钛铁矿 + 电气石	Ⅰ组合带 石英90%±，长石1%，黑云母1%

早三叠世特提斯海水经南部开远海峡、鄱阳九江海峡进入环太平洋海区。贵州地处两大海区的通道，江南古陆淹没于广阔的西南浅海，陆源碎屑主要来自西部康滇古陆，生物兼具两大海区属种特征。

早三叠世早期(印度期)自北(西)而南(东)为一浅水至深水缓坡环境。上扬子海盆纳雍—晴隆一线以西主要为紫红色砂泥潮坪—泻湖沉积；以东主要为陆源碎屑与碳酸盐岩混和沉积，由西向东陆源碎屑渐减，碳酸盐成分增多。该时期形成的一套鲕粒滩由西向东加积推进，在兴义、册亨、镇宁、贵阳一线形成扬子局限碳酸盐台地边缘雏形轮廓。向东南海水逐步加深，由薄层具滑移变形的灰泥、悬浮灰泥夹钙屑及细碎屑重力流和远源火山碎屑浊流等沉积，形成斜坡—深水陆架—深水槽盆的总体特征。

早三叠世晚期(奥伦期)碳酸盐台地边缘初具规模，形成台地—台前斜坡—深水盆地格局。局限台地西部潮坪—泻湖沉积范围缩小至威宁以西，陆源碎屑物减少，以东碎屑物质变细、白云质含量增加。兴义、册亨、镇宁、贵阳一线主要为中厚至厚层鲕粒白云岩、生物屑白云岩及纹层状或藻纹层白云岩，形成台地边缘。该线以南地区为以薄层泥晶灰岩为主与滑塌钙屑角砾岩、变密度颗粒流灰岩及钙屑浊积岩等组成的斜坡—深水槽盆沉积。

中三叠世早中期(安尼期至早拉丁期)碳酸盐岩台地边缘生物建隆的障壁作用使台地处于

半封闭-封闭的局限浅海环境，形成杂色泥云岩—灰岩—时具干裂纹白云岩为主体的含膏盐潮坪—泻湖沉积。台缘地带由亮晶生物屑灰岩、亮晶藻屑灰岩、亮晶鲕粒灰岩及藻纹层灰岩或白云岩组成，其前缘斜坡地带见有重力崩（塌）积形成的岩楔或岩舌。黔桂海盆仍与外海相通，近源和远源陆源碎屑形成脉动快速堆积，盆地处于补偿状态，形成一套陆源碎屑浊积岩为主体的深水槽盆沉积。近江南古陆的黔东南地区砂岩中具交错层及波痕，常见被冲碎的介壳异地堆积，显近滨海沉积环境。

中三叠世晚期（晚拉丁期），继拉丁期大海退之后，沉积环境发生了很大变化，深水盆地迅速充填。在六枝、镇宁、关岭、紫云、罗甸等地，主要为含菊石和双壳类的生物碎屑泥粒灰岩或白云岩、砂岩、泥岩组成的陆架沉积，南部兴义、兴仁、贞丰、望谟等地，以含大量浮游型菊石及双壳类具水平层理的深灰色薄层泥晶灰岩，钙质泥岩和浊积岩组成的深水开阔陆架沉积。

晚三叠世卡尼期，平坝、贵阳一带为晚三叠世特提斯海水所达最东最北地区，主要为灰岩、砂岩相间沉积，灰岩中除生物屑灰岩外，还见有鲕粒及豆粒灰岩，含底栖腕足类及双壳类，系滨岸陆源碎屑滩沉积。黔西南兴仁、贞丰、关岭等地以砂、泥灰质沉积为主，向上含植物碎片的砂岩及碳质页岩夹层增多，富含底栖双壳类，偶见腕足类及菊石碎片，为内陆架至深水开阔陆架沉积；诺利—早瑞替期海水逐渐撤出，陆域扩大，贞丰、六枝等地为砂页岩含煤沉积，向上煤层增多增厚，富含海相及半咸水双壳类和陆相植物、叶肢介、介形虫等，系典型海陆交互沉积；诺利晚期之前海水全部撤出，上升成陆，结束了贵州海相沉积历史，仅在凹陷地区以河湖相石英砂岩或含长石石英砂岩沉积为主（二桥组），开始了中生代西南红盆陆相沉积的新历程。

侏罗纪时，贵州处于川黔湖盆南缘。道真、湄潭、龙里、贞丰一线北西形成了河湖环境为主的沉积。

早侏罗世綦江期，湖水由北向南从綦江、合江经赤水进入贵州，另一支可能由西（西北）进入，继而湖盆逐渐扩大、加深，沉积了一套浅灰、灰色细粒纯净的湖滨沙滩相石英砂岩、粉砂岩（下部时夹赤铁矿和菱铁矿层）沉积。此期气候较温湿，属弱还原条件为主的滨湖—沼泽相沉积环境；珍珠冲期湖盆扩展，紫红色泥岩、砂质泥岩夹粉—细粒石英砂岩及凸镜状灰岩，局部超覆于上三叠统二桥组之上。大方新场、毕节八十亩为湖滨环境，含 *Lufengosaurus* 动物群；向东至遵义山盆、苟江一带湖水加深，生物以 *Pseudocardinia* 为主。此期气候炎热，为湖滨向浅湖过渡的氧化环境。东岳庙期，以浅湖碳酸盐岩沉积为主，湖水由东北向西南变浅，此期川黔湖盆的边缘在贵阳、郎岱、毕节一线。马鞍山期，似为滨湖相沉积，其砂岩成熟度较高，水平层理发育，生物稀少。此期威宁、水城等地渐抬升，由西向东逐渐缺失马鞍山段及大安寨段沉积。大安寨期，黔北广大地区为大湖还原环境，沉积了一套深灰、黑色页岩、泥岩夹泥晶灰岩，中上部夹 1～3 层油页岩；向西南贵阳、毕节一线为湖滨环境，黑色页岩消失，泥岩渐红，灰岩夹层剧减，本期生物仍以淡水双壳类假铰蚌属种为主，并伴有少量半咸水双壳类。综上所述，贵州早侏罗世基本上为大型内陆淡水湖环境，纵向上可分为綦江期至东岳庙时期和马鞍山时期至大安寨时期湖水由浅变深的两大沉积旋回。

中侏罗世新田沟期湖底抬升，水体变浅，黔北呈浅湖环境，仁怀九仓及遵义泮水、苟江等地为大型湖相沉积，息烽小鹿窝一带为炎热氧化环境河湖相沉积，再南过渡为河流环境。

中侏罗世沙溪庙期沉积环境发生了明显变化，以河流沉积为主，厚度近 1 500 m。主要由红色块状泥岩、粉砂岩、中粒长石砂岩、长石石英砂岩组成的韵律层。韵律旋回层顶部出现泥岩、粉砂岩夹生物碎屑灰岩，可能为洪泛河漫滩小湖泊沉积；其岩系中不稳定砂体十分发育，底部具凹凸不平的冲刷面，呈现以曲河流为主的洪泛平原沉积环境。其中期遍布一层（厚 3～

15 m）十分稳定的“叶肢介层”，显示了大型湖泊环境。因此，本期主要是河流洪泛平原沉积伴大湖及小湖泊沉积。

晚侏罗世遂宁期，沉积盆地随地壳抬升由南向北逐步退缩，沉积范围仅限于水城、大方、息烽和遵义一线西北。本期泥岩普遍含钙质结核，砂体似层状，砂粒次圆、次棱角状，分选性较好，具水平层理、交错层理，层面常见对称波痕、泥裂、垂直虫管，底界具明显截切现象，系网状河为主的洪泛平原沉积环境伴小型浅湖沉积环境。西部毕节、威宁以紫红色泥、页岩为主，夹泥灰岩、粉砂岩。含双壳类、叶肢介、腹足类和鱼类等，可能系小型湖泊沉积。蓬莱镇期，沉积盆地缩小至黔北赤水、习水和桐梓一带，初期以紫红色钙质泥岩、粉砂岩为主夹细粒石英砂岩或长石石英砂岩，局部地区偶夹泥灰岩或煤层凸镜体；后期沉积物以细粒石英砂岩或长石石英砂岩为主，具大型槽状层理、斜层理，底面为凹凸不平冲刷面，系河流冲积环境为主，局部为湖沼环境。综上所述，侏罗纪时沉积环境表现为湖泊环境向河流环境的演变。湖水进退及河流类型的变化，反映了此时期地壳运动以隆升为主，使沉积盆地逐渐向北退缩。

第六章
白垩纪—早第三纪

贵州白垩纪及早第三纪地层发育不全，出露零星（图 6-1），研究程度较低。

图 6-1 贵州白垩系—下第三系露头及层型剖面分布图

△ 正层型地点　　▲副层型地点

1. 威宁三道河（三道河组）；2. 习水土城挖断山（窝头山组、三合组）；3. 惠水况家湾（况家湾组）；4. 修文扎佐高坝（扎佐组）；5. 修文扎佐小堰（扎佐组）；6. 黄平旧州（旧州组）；7. 盘县石脑（石脑群）

白垩系主要分布于水城、晴隆、贞丰一线北东广大地区，缺失早白垩世早、中期沉积；下第三系局限于该线南西盘县、兴仁、兴义一带，均为一套以砾岩、砂岩及泥岩为主的紫红色岩系。赤水、习水地区的白垩系与四川盆地毗连，属大型内陆坳陷盆地边缘河流相沉积。其余 50 余个红盆均为孤立、分散的小型断陷盆地堆积，盆地面积仅 0.1 至数十平方公里，残留厚度为数米至千余米，盆地展布多与区域构造方向一致。

本书根据沉积环境、岩相、地层发育程度及现有的古生物资料，将贵州白垩系—下第三系划分为三个地层区。①赤水-习水区：包括赤水、习水及威宁地区，发育早白垩世晚期至晚白垩世地层，属大型内陆坳陷盆地沉积，与下伏地层平行不整合接触，赤水、习水地区称嘉定群，威宁地区称三道河组。②贵阳-扎佐区：包括道真—毕节—威宁一线以南，贞丰—晴隆一线以东广大地区，发育上白垩统，为小型断陷盆地沉积，称茅台群，与下伏地层不整合接触。③盘县-兴义区：包括盘县、普安、兴仁、兴义地区，发育下第三系石脑群，与下伏地层不整合接触。本书推荐使用的岩石地层单位共 11 个，包括 3 个群，8 个组（表 6－1）。

表 6－1　白垩纪—老第三纪地层划分

年代地层		岩石地层：盘县—兴义区	岩石地层：贵阳—扎佐区	岩石地层：赤水—习水区		生物组合：介形类	生物组合：藻类	生物组合：哺乳类
下第三系		石脑群 上坝组						*Qianohippus magicus*, *Lophiomeryx gracilis*, *L. shinaoensis*, *Pygmaetitan panxianensis*
		石脑群 彭家屯组						
白垩系	上统		茅台群 旧州组	嘉定群	三合组	*Talicypridea*—*Cypridea*—*Candona*—*Cypris* Ass.	*Charites guanpingensis*·*Obtusochara luodianensis* Ass.	
	上统		茅台群 扎佐组	嘉定群	三合组		*Porochara anluensis*—*P. gonganzhaiensis* Ass.	
	上统		茅台群 况家湾组	嘉定群	三合组	*Tangxiella*—*Talicypridea* *Mongolianella* Ass.		
	下统			三道河组	嘉定群 窝头山组	*Cypridea* (*Cyprideа*)—*Mongolianella* Ass.		

第一节　岩石地层单位

三道河组　K_1sd　(06－52－1101)

【创名及原始定义】　源于王克勇(1984)创名于威宁三道河聂家院子的三道河群。原始定义：属四川盆地边缘相，由山麓河流相的砾岩与含砾长石石英砂岩组成的三个半间断旋回，平行不整合于上二叠统或上三叠统须家河组之上，残留厚度 131～154 m。

【沿革】 1973 年贵州区调队 1∶20 万威宁幅划归为下第三系，并指出该地层与下伏地层一起褶皱，怀疑其可能属白垩系。1982 年王克勇重新观察，1984 年命名为三道河群，将时代改为晚白垩世晚期。本书沿用创名时的涵义，并改称三道河组。

【现在定义】 由灰色块状砾岩与紫红、砖红色含砾长石石英砂岩、钙质长石石英砂岩或含砾砂岩组成三个半间断旋回。底以灰色块状砾岩与下伏二桥组黄色块状长石石英岩屑砂岩平行不整合接触。顶与第四系松散粘土不整合接触。

【层型】 正层型为威宁县三道河聂家院子剖面（《贵州省区域地质志》，1987），系王克勇 1982 年测于贵州威宁北西约 19 km 之三道河聂家院子（104°12′，27°01′）。

【地质特征及区域变化】 本组砾岩砾石以二叠系灰岩为主，次有硅质岩、砂岩等，滚圆度较好，砾径一般 1～6 cm，大者达 13 cm，砂岩中发育大型斜层理、交错层理及波痕，未获生物化石，为山麓洪积—河流相沉积。该组仅见于威宁三道河地区，面积约 5 km^2。根据与下伏地层的接触关系、岩性和构造部位等分析，其时代暂归早白垩世晚期。

【其他】 本组时代归属目前有两种意见，王克勇（1984）认为本组与四川盆地边缘相似，可与川南嘉定群下段大致对比，时代暂置于早白垩世晚期；林树基（1992）认为三道河组与其下伏二桥组为平行不整合接触，且与二叠—三叠纪地层一起经受强烈褶皱，同为燕山运动所致，而在四川盆地及其边缘的赤水、习水地区燕山运动表现为大面积升降性质，时代为早白垩世早期。本书认为威宁地区同赤水、习水地区燕山运动均为升降性质，褶皱断裂发生于早第三纪，且目前在四川盆地南部、黔北、滇东地区均未发现早白垩世早期地层，而将其时代暂归早白垩世晚期。

嘉定群 KJ （06－52－1102）

【创名及原始定义】 由 Heim 1930 年创名于四川省乐山县。原称“嘉定层”（Kiating Formation）。其涵义指创名地的一套砖红色砂岩。1932 年创名人又补充定义为：砖红色（辰砂红色）之砂岩，岩质极碎弱，颜色较红色岩系之其他各层鲜亮，交错层极为显著，厚度大于 800 m。

【沿革】 1956 年《中国区域地层表（草案）》称嘉定统，并用于黔北赤水、习水地区，归白垩系。顾知微 1962 年称嘉定群，时代为“早白垩世？”，1979 年《地质辞典》称嘉定组，归白垩系。1978—1980 年四川航调队在黔北习水挖断山嘉定群中采获了较多介形类化石，将时代修订为早白垩世晚期至晚白垩世，并自下而上分为窝头山组、打儿凼组、三合组及高坎坝组。1987 年《贵州省区域地质志》将嘉定群分上、下两段，时代分别为晚白垩世及早白垩世晚期。1990 年贵州区调队 1∶5 万良村幅、温水幅称嘉定组，时代为早白垩世晚期至晚白垩世。本书使用正层型地点现在定义。

【现在定义】 通过本次对比研究的实地核查，建议按岩石组合特征将嘉定群自下而上分为窝头山组、三合组、柳嘉组。

贵州该群为砖红、紫红色含砾砂岩、砂岩与泥岩组成若干大小不等的间断旋回。底部为一层较稳定的砾岩，与下伏蓬莱镇组平行不整合接触，上部遭受剥蚀而保存不全。自下而上分为窝头山组、三合组。

【层型】 正层型位于四川省宜宾县三合场至柳嘉公路上。省内次层型为贵州习水县土城挖断山嘉定群剖面（06－52－1002－4），由四川航调队 25 队（1978）实测。

【地质特征及区域变化】 省内本群分布于赤水、习水一带，面积在 2 000 km^2 以上，为一套泛滥河流相沉积。岩性横向变化不大，厚度有由北向南增加的趋势，赤水官渡厚520 m，往南习水飞鸽子为881 m，小桥林场894 m，金子屯一带900 m，土城挖断山1 293 m。时代为早白垩世晚期至晚白垩世。

窝头山组　K_1w　(06－52－1103)

【创名及原始定义】 四川航调队(1980)创名于四川省宜宾县三合场区的窝头山。原义为砖红色厚层至块状含铁、泥质不等粒石英砂岩或长石石英砂岩，时夹钙质砂岩结核，微晶钙质(灰岩)扁豆体及少许泥页岩，底部含石英砾砂岩，与下伏蓬莱镇组呈平行不整合接触。厚度110 m。

【沿革】 1980年四川航调队将该组用于黔北习水一带。1981年《贵州地质概述》称夹关组，时代归晚白垩世早期。《贵州省区域地质志》(1987)称嘉定群第一段。本书称窝头山组。

【现在定义】 岩性以砖红色厚层块状含铁质、泥质不等粒长石石英砂岩，长石砂岩，时夹少量粉砂岩及泥岩，偶夹微晶灰岩凸镜体。底部砂岩含砾，夹砾岩凸镜体。含介形类为主的化石。与下伏蓬莱镇组砖红色砂泥岩整合接触。

贵州本组为紫红、砖红色厚层块状含钙岩屑石英细砂岩，与钙质泥质粉砂岩、钙质粉砂质泥岩互层，偶夹紫红色泥灰岩。底部为一层较稳定砾岩或含砾长石石英砂岩，与下伏蓬莱镇组粉砂质泥岩或岩屑石英砂岩平行不整合接触。顶以砖红色长石石英砂岩与三合组长石砂岩夹泥岩整合接触。

【层型】 正层型位于四川省宜宾县三合场至柳嘉场公路上。贵州次层型为贵州习水县土城挖断山窝头山组剖面(06－52－1103－4－1)，系四川航调队二分队(1978)实测；贵州习水小桥林场白垩系窝头山组剖面(06－52－1103－4－1)，由贵州区调队三分队(1977)实测。习水土城挖断山窝头山组剖面层序列述如下：

上覆地层：三合组　灰紫色块状粉—细粒钙(泥)质长石砂岩夹少许砖红色泥岩

——————— 整　合 ———————

窝头山组	总厚度504 m
第二段	厚度264 m
28. 砖红色厚层块状细粒长石石英砂岩偶夹砖红色泥岩	16 m
27. 砖红色块状中—细粒泥质长石石英砂岩，具球状风化，底部为0.5 m厚的棕红色泥岩	39 m
26. 灰紫色块状细粒泥质长石石英砂岩，砂岩层理不清，偶夹几厘米的棕红色粉砂质泥岩	26 m
25. 砖红色厚层细粒长石石英砂岩夹少许砖红色粉砂质泥岩。泥岩风化略显页理	13 m
24. 砖红色块状细粒泥钙质长石石英砂岩夹少许砖红色粉砂质泥岩，砂岩斜层理发育	52 m
23. 砖红色厚—块状细粒长石石英砂岩，偶夹砖红色粉砂质泥岩	21 m
22. 砖红色块状细—中粒铁泥质长石石英砂岩夹少许砖红色粉砂质泥岩。砂岩层理不发育，泥岩风化后略显页理。产介形类 *Cypridea* sp.	24 m
21. 砖红色块状细粒长石石英砂岩夹同色粉砂质泥岩	18 m
20. 砖红色含粉砂钙质泥岩，风化略显页理，并见灰绿色小圆点。产介形类 *Cypridea* sp.，*Mongolianella* sp.	3 m
19. 砖红色块状粉—细粒泥质长石石英砂岩，偶夹砖红色泥岩。中下部砂岩大型斜层理发育	52 m
第一段	厚度240 m
18. 棕红色含粉砂质泥岩夹同色凸镜状粉砂岩。产介形类	7 m

17. 灰紫色块状细粒长石石英砂岩。岩石层理不发育，单层厚 2 m 左右 6 m

16. 棕红色块状细粒长石石英砂岩夹同色含钙粉砂质泥岩。底部及顶部泥岩分别厚 1.5 m 及 0.5 m，中部一层厚 2 m 13 m

15. 棕红色块状细粒钙质长石石英砂岩夹同色粉砂质泥岩 17 m

14. 棕红色块状细粒长石石英砂岩。砂岩具球状风化，不具层理，顶部为棕红色钙质泥岩，含钙质结核 2 m

13. 棕红色含粉砂钙质泥岩。泥岩中偶见灰绿色小圆点 8 m

12. 紫红色粉—细粒钙铁泥质长石石英砂岩夹同色粉砂质泥岩。砂岩呈球状风化，并具钙质结核 70 m

11. 灰紫色块状粉—细粒钙铁泥质长石石英砂岩，呈球状风化 10 m

10. 下部为灰紫色块状细粒长石石英砂岩，中上部为砖红色粉砂质泥岩 5 m

9. 砖红色粉砂质泥岩。见较多虫迹 1 m

8. 下部为浅砖红色块状钙泥质粉砂岩；上部为同色块状长石石英砂岩 3 m

7. 灰紫色块状中粒铁泥质长石石英粉—细砂岩，呈球状风化 14 m

6. 灰紫色块状粉—细粒钙铁泥质长石石英砂岩 13 m

5. 浅砖红色块状钙泥质细粉砂岩，下部具层纹状构造 9 m

4. 灰紫色厚—块状粉—细粒钙泥质岩屑长石石英砂岩夹浅砖红色粉砂质泥岩或页岩；顶部为 2 m 厚的粉砂岩及泥岩。产介形虫类 *Cypridea* (*Cypridea*) *sichuanensis*, *C.* (*C.*) *angusticaudata*, *Cypridea* sp.，*Mongolianella* spp. 14 m

3. 灰紫色钙质砂质砾岩。砾石成分主要为含钙质粉砂岩、泥灰岩等，砾径大者 1 cm 4 m

2. 灰紫色厚—块状细粒长石石英砂岩 5 m

1. 灰紫色巨块状中至细粒铁泥质长石岩屑石英砂岩。底部为灰紫色砾岩(厚约 0.5 m)，砾石成分主要为石英、燧石及少许泥砾和砂岩，砾径大者 20 cm，小者 1 cm 以下，并由下往上变小，圆度好，无分选性。下部砂岩中夹 1～3 层砾石层厚 0～3 m；上部偶夹棕红色泥岩 39 m

——————— 平行不整合 ———————

下伏地层：蓬莱镇组 灰紫色厚—块状含岩屑长石石英砂岩，局部含泥砾，间夹粉砂质泥岩凸镜体，顶部为浅砖红色含钙泥岩

【地质特征及区域变化】 省内本组分布于赤水、习水一带，岩性在区域上变化不大，砂岩岩屑成分含量较高，发育大型槽状交错层理、板状交错层理、斜层理、平行层理及波痕、裂纹构造，具凹凸不平的冲刷面。为湖盆边缘冲积平原上游辫状河流相沉积。泥岩夹层有由东向西增多的趋势。产介形类 *Cypridea* (*Cypridea*) *sichuanensis*, *C.* (*C.*) *angusticaudata*, *Mongolianella* sp. 等化石，时代为早白垩世晚期。

三合组 K_2s (06-52-1104)

【创名及原始定义】 四川航调队(1980)创名于四川省宜宾县三合场。原义为砖红色薄至厚层状粉—细或不等粒岩屑长石砂岩与同色泥岩组成不等厚互层，厚度达 200 m。与下伏打儿凼组以大套砖红色泥岩的出现划分，与上覆层高坎组岩性过渡。

【沿革】 四川航调队(1980)将该组引用于贵州习水土城挖断山，时代归晚白垩世。《贵州省区域地质志》(1987)称嘉定群第二段。贵州区调队 1：5 万良村幅、温水幅(1990)称嘉定组第三段。本书采用正层型地点本组的现在定义。

【现在定义】 岩性为砖红色薄至中厚层不等粒泥质岩屑长石砂岩与砖红、紫红色泥岩不等厚韵律互层,含介形类化石,厚度近 700 m。与下伏窝头山组砖红色不等粒长石砂岩及上覆柳嘉组紫红色块状石英砂岩均为不整合接触。

省内本组保存不全未见顶。岩性以砖红、紫红色中厚—厚层岩屑石英砂岩、长石石英砂岩为主,下部夹泥岩较多。与下伏窝头山组整合接触。

【层型】 正层型在四川省宜宾县三合场—柳嘉场公路上。省内次层型为贵州习水县土城挖断山三合组剖面(06-52-1104-4-1),为 1978 年四川航调队二分队实测;贵州习水小桥林场白垩系剖面(06-52-1104-4-2),为贵州区调队三分队 1977 年实测。习水土城挖断山三合组层序如下:

三合组 总厚度>788 m

第二段 厚度>478 m

41. 砖红色块状细粒铁泥质长石砂岩、粉—细粒钙质长石砂岩或细粒泥质长石砂岩,含泥砾或泥岩凸镜体。砂岩斜层理、波痕、层纹状构造发育。(未见顶) >328 m

40. 砖红色块状粉—细粒铁泥钙质长石砂岩或同色块状细粒钙铁泥质长石砂岩夹粉砂质泥岩及泥岩凸镜体。砂岩略显纹层状构造 150 m

第一段 厚度 310 m

39. 浅砖红色块状细粒长石石英砂岩夹砖红色钙质粉砂质泥岩,顶部一层泥岩厚度约 1 m。近顶部砂岩波痕构造发育 28 m

38. 灰紫、紫红色块状细粒长石石英砂岩夹棕红色粉砂质泥岩凸镜体,砂岩局部含泥砾 20 m

37. 灰紫色块状不等粒铁泥钙质长石砂岩,局部见层纹状构造。风化后呈灰白色粘土 13 m

36. 棕红色块状细粒长石石英砂岩夹砖红色泥岩。砂岩层理不清,风化后极为疏松。顶部为一层数十厘米的泥岩 67 m

35. 砖红色泥岩夹同色泥质粉砂岩凸镜体。泥岩风化后略显页理。产介形类 *Mongolianella* sp.,*Rhinocypris* sp. 5 m

34. 灰紫色厚—块状长石石英细砂岩夹棕红色粉砂质泥岩。泥岩虫迹发育 19 m

33. 灰紫色块状不等粒铁泥质长石石英砂岩夹多层棕红色粉砂质泥岩。泥岩风化后略显页理 21 m

32. 砖红色块状细粒钙铁泥质长石砂岩,单层厚数米,局部见斜层理,颜色往上变暗 33 m

31. 紫红色厚层细粒泥质岩屑长石砂岩夹同色砂质泥岩 39 m

30. 紫红色块状泥质长石细—粉砂岩,顶部为厚度 0.5 m 的紫红色砂质泥岩 36 m

29. 灰紫色块状粉—细粒钙泥质长石砂岩夹少许砖红色泥岩。砂岩不具层理,由下往上颜色变红 29 m

—————— 整 合 ——————

下伏地层:窝头山组 砖红色厚—块状细粒长石石英砂岩偶夹同色泥岩

【地质特征及区域变化】 省内该组砂岩长石含量较高,易风化成砂糖状,发育大型交错层理、斜层理、波痕及龟裂纹构造,属河流冲积相沉积。分布于赤水、习水地区,以习水土城挖断山一带发育最好,保留厚度 788 m,习水小桥林场附近 204 m。本组生物化石稀少,目前仅获介形类 *Mongolianella* sp.,及 *Rhinocypris* sp,等。时代为晚白垩世。

茅台群 K_2M (06-52-1105)

【创名及原始定义】 源于杨登华(1945)创名于贵州仁怀县茅台北约 2.5 km 之赤水河悬

壁的“茅台砾岩”(未测剖面)。砾石为二叠系及三叠系石灰岩,大小不一,最大者可达50 cm,小者1~2 cm,呈不规则之圆形,有甚光滑之其它形状。胶结物为灰质,胶结甚坚,砾石粗细堆积,略具层次,厚约200 m。不整合于侏罗纪及白垩纪地层之上。根据造山运动推测,时代应属于老第三纪。

【沿革】 1956年《中国区域地层表(草案)》在黔北沿用“茅台砾岩”,归下第三系(?)。1962年贵州省地质局1:50万贵州地质图改称茅台群,定其时代为白垩纪或早第三纪。1976年贵州区调队(1:20万遵义幅)划属始新世至渐新世。1981年沈志达等在《贵州地质概述》中将茅台群暂定为晚白垩世至早第三纪古新世(?)。1984年王克勇将威宁—紫云一线东北地区(除威宁三道河外)的该套岩层均称茅台群,并自下而上分为惠水组、扎佐组和旧州组,时代定为晚白垩世。本书沿用该划分意见。

【现在定义】 本群由砖红、紫红色砾岩—含砾砂岩—泥岩组成三个沉积旋回。自下而上分为况家湾组、扎佐组及旧州组。

【地质特征及区域变化】 本群均为孤立分散的小型坳陷及断陷盆地堆积。主要为一套红色砾岩—砂岩—泥岩组成的山麓洪积—河湖相沉积。岩性、厚度变化较大,除榕江盆地外,其余红盆均发育不全。一般由砾岩、砂岩、泥岩组成较完整的旋回,有的仅由一套砾岩、砂岩—泥岩或砾岩、砂岩组成。榕江盆地厚1 440 m,黎平洪州仅厚4 m。

况家湾组 K_2k (06-52-1106)

【创名及原始定义】 原称惠水组,由王克勇(1984)① 创名于贵州惠水县况家湾。岩性由山麓洪积—河流—湖泊相砖红、紫红色砾岩、含砾砂岩、泥质粉砂岩及砂质泥岩组成。厚0~508 m。不整合于前白垩纪地层之上。时代属晚白垩世早期。

【沿革】 1992年林树基等在《贵州省地质矿产志》编写中,认为惠水组一名与贵州区调队1976年命名的更新世“惠水期”堆积物易于混淆,且该组在况家湾剖面发育完好,而改称况家湾组。本书采用该名。

【现在定义】 岩性以灰色块状砾岩,灰带砖红色含砾砂岩及砖红、紫红色砂质、钙质泥岩为主,夹泥质灰岩和泥质粉砂岩。泥岩富含介形类化石。底以灰色块状砾岩不整合于下三叠统黄绿色页岩之上。

【层型】 正层型为贵州惠水况家湾剖面(《贵州省区域地质志》1987),1983年王克勇测于惠水况家湾南约11 km公路旁(106°35′,25°59′)。次层型为贵州榕江西门坡况家湾组剖面(06-52-1106-4),王克勇1983年测于榕江县城西门坡。

【地质特征及区域变化】 本组可分两段:第一段为灰色块状角砾岩、砾岩—灰带砖红色含砾砂岩—砖红色泥质灰岩,不整合于三叠纪及其以前地层之上;第二段灰色块状砾岩—砖红色含砾砂岩及少许砂质泥灰岩—紫红、砖红色泥质粉砂岩、砂质泥岩。厚76 m。惠水青坡、榕江等地偶含石膏。砾岩砾石成分因地而异,一般为二叠系或三叠系的灰岩、泥质灰岩、硅质岩及少许白云岩;榕江一带为变余砂岩、板岩。砾径为0.2~30 cm,最大可达60 cm,大小混杂,多呈次棱角及次圆状,向上滚圆度较好,砾径变小,偶呈叠瓦状排列。砂岩具板状交错层理及槽状交错层理、斜层理及虫迹。泥岩富含介形类化石。

本组分布于惠水、紫云、罗甸、榕江、荔波等地的小型红盆中,岩性、厚度变化较大。惠水盆

---

① 王克勇,1984,贵州小型红盆沉积地层时代划分,贵州区域地质(1、2)。下同。

地青坡厚达 164 m，第一段为角砾岩，第二段底部为厚层含砾砂质泥岩夹凸镜状砾岩及角砾岩，其上为紫红色泥岩及含粉砂质泥岩，偶含石膏；北至赤土仅见第二段，厚 31 m。罗甸盆地只见第一段，厚 51 m。往东增厚，荔波第一段厚 132 m。平塘开花寨、甲桐马场为厚 70～80 m 的紫红色砾岩。榕江盆地第一段为砾岩及含砾砂岩，第二段为砾岩—含砾砂岩—泥岩，厚 508 m。

本组富含以 *Tangxiella* 为主的介形类化石，计有 *T. extrana*，*T. tangxiensis*，*Quadracypris* sp. 等 6 属 3 种，时代为晚白垩世早期。

扎佐组　$K_2\hat{z}$　(06-52-1107)

【创名及原始定义】 源于沈志达(1981)[①] 创名于贵州修文扎佐高坝的“扎佐群”。岩性主要为砾岩、砂岩的韵律层频繁交替组成，局部已发现轮藻、孢粉、腹足类等。厚 230 m。与下伏寒武系—中侏罗统岩层不整合接触。代表黔中地区的晚白垩世—古新世(?)的沉积。

【沿革】 1983 年王克勇等重新测制扎佐高坝剖面，根据沉积旋回将扎佐群下部富含 *Porochara anluensis* 藻化石的层位称扎佐组；上部称旧州组。本书沿用扎佐组。

【现在定义】 由灰带砖红色砾岩、砖红色含砾石英砂岩、粉砂岩、泥岩组成，局部含石膏脉。富含轮藻及介形类化石。以砂质砾岩与下伏娄山关组灰白色细晶白云岩不整合接触；以砖红色泥岩与上覆旧州组含砾砂岩整合接触。

【层型】 正层型为贵州修文县扎佐高坝扎佐组剖面(《贵州省区域行质志》1987)，1983 年贵州区调队王克勇等重测于修文扎佐西北之高坝南约 1 km(106°42′，26°53′)。次层型为贵州修文扎佐小堰扎佐组剖面(06-52-1107-4-2)，1983 年王克勇等测于扎佐北约 4.5 km 之小堰。

【地质特征及区域变化】 本组分布于修文扎佐、黄平旧州、余庆、施秉、榕江等地。由块状砾岩—含砾石英砂岩或泥质石英砂岩、粉砂岩—砂质泥岩组成。砾石成分因地而异，主要为灰岩、白云岩、次为硅质岩、粘土岩，偶见砂岩及赤铁矿、砾径一般 2～10 cm，大者 20～30 cm，个别达 60 cm，分选较差，多呈次棱角状及次圆状，扁平砾石常呈叠瓦状排列。含砾砂岩、粉砂岩、泥岩常组成不同级别的正粒序韵律层，夹少许石膏。岩层中偶见冲刷面、大型龟裂纹及大型斜层理，粉砂岩、泥岩中含丰富的介形类、轮藻化石，反映此时期为炎热干燥气候条件下的山麓洪积—河湖相沉积。

本组岩性及厚度变化均较大。在修文高坝可根据由粗至细的旋回分为两段，盆地中部小堰附近，其岩石粒度显著变细为砖红色泥岩、钙质粉砂质泥岩夹粉砂岩及泥灰岩凸镜体，厚 118 m；修文小箐为砾岩偶夹砾砂岩凸镜体，厚 150 m；修文炮打岩(厚 150 m)、贵阳白石岩(厚 80 m)、息峰阳郎(厚 2 m)等地均由砾岩及角砾岩组成；普定马场为砾岩及紫红色含砾砂质泥岩，厚 181 m。黄平旧州地区可分两段，第一段为灰带砖红色块状砾岩夹中厚层砂岩；第二段为砾岩夹含砾砂岩、粉砂质泥岩。厚 893 m。施秉一带第一段由砖红色含砾石英砂岩及砾岩组成 5 个反粒序韵律层(厚 108 m)，第二段由砾岩、紫红色钙质砂岩和粉砂岩、钙质粉砂质泥岩组成(厚 1 190 m)。松桃盆地仅见砾岩及含砾砂岩，厚 90 m。榕江盆地(厚 102 m)第一段为棕红、砖红色砾岩、泥质砂岩及砂质泥岩；第二段为棕红色含砾砂岩及泥质砂岩。本组仅在榕江盆地以砾岩与下伏况家湾组整合接触，其余地区均与前白垩纪地层不整合接触。

本组含丰富的生物化石，其中介形类 *Talicypridea amoena*，*T. quadrata* 系晚白垩世中期

---

① 贵州省地质局，1981，贵州地质概述——1：50 万贵州省地质图说明书。

的重要分子；轮藻 *Porochara anluensis*，*P. gonganzhaiensis* 系华南晚白垩世中期的特征分子；并伴有孢粉 *Protopicea* sp.，*Psophosphaera* sp.，*Leiotriletes* sp. 等。时代应为晚白垩世中期。

旧州组 K_2j (06-52-1108)

【创名及原始定义】 王克勇(1984)创名于贵州黄平旧州。岩性由砖红、紫红色砾岩—含砾砂岩—泥岩组成，厚 5～230 m。与下伏扎佐组呈平行不整合或整合接触以及与下伏前白垩纪地层呈不整合接触，属河湖相。

【沿革】 创建后省内广泛使用。

【现在定义】 由砖红、褐黄色砾岩—含砾石英砂岩、粉砂岩—紫红、鲜紫红色含砂质泥岩组成。富含介形类及轮藻化石。底以褐黄色含砾砂岩与扎佐组砖红色含砂质泥岩整合接触；顶以紫红色含砂质泥岩与第四系黄灰色砾石层不整合接触。

【层型】 正层型为黄平旧州落水洞旧州组剖面(《贵州省区域地质志》1987)，1982 年王克勇等测于黄平西北 16 km 之旧州落水洞(107°47′，26°58′)。次层型为贵州仁怀茅台旧州组剖面(06-52-1108-4-2)，1976 年贵州区调队一分队测于仁怀西北约 5 km 之茅台镇。

【地质特征及区域变化】 本组由砾岩—含砾石英砂岩、粗砂岩—粉砂岩、砂质泥岩组成一个由粗到细的沉积旋回。砾石一般以灰岩、白云岩为主，少许硅质岩、泥岩，分选较差，多呈次棱角及次圆状。总体向上粒度变小，滚圆度较好。时见定向排列，偶见斜层理及冲刷面。此时期主要为河湖相沉积。分布于修文扎佐、黄平旧州、施秉、榕江、茅台、桐梓、凤岗等地区。在黄平旧州本组粒度较细，粉砂岩及泥岩中含极丰富的介形类、轮藻化石；施秉盆地为砾岩及含砾砂岩夹两层黄色砂岩，厚 64 m；榕江盆地仅沉积一套灰色砾岩，厚 230 m。修文扎佐盆地为含砾砂岩或砾岩及含砾砂质泥岩，厚 51～118 m；仁怀茅台为砾岩夹含砾粉砂质泥岩，顶部以砂质泥岩为主，厚 219 m；凤冈一带为紫红色砾岩及含砾砂岩，厚 90 m；桐梓城关附近仅见厚 5 m 的砾岩。本组在修文扎佐、黄平旧州、施秉、榕江等地以砾岩与下伏扎佐组整合接触；其余地区均与前白垩纪地层不整合接触。

本组含丰富的介形类、轮藻及少量腹足类化石。介形类有晚白垩世晚期的重要分子 *Talicypridea reticuleta*，cf. *T. parallella* 等；轮藻 *Charites guanpingensis* 为晚白垩世晚期特征分子，并有新兴类群 *Gyrogona*，*Grambastichara*，*Charites* 等，时代应归晚白垩世晚期。

石脑群 $E_{2-3}\hat{S}$ (06-52-1201)

【创名及原始定义】 源于毛志中、陈德琴(1979)[①]创名于贵州盘县石脑的石脑组。岩性以褐红色含砾钙质粉砂质泥岩和石灰岩砾岩为主，中部夹有一标志清楚、分布稳定的含煤线的杂色层。保留厚度为 150～600 m，属山麓坡积、洪积—河流相沉积。与下伏中三叠统关岭组和上覆第四系均为不整合接触。

【沿革】 1973 年贵州区调队(1∶20 万盘县幅)称“下第三系”或“上第三系”。1979 年毛志中等在石脑盆地采获了丰富的哺乳类、腹足类、植物及孢粉等化石，并命名为石脑组，明确时代为始新世。1980 年贵州区调队(1∶20 万兴仁、安龙幅)认为测区内此套地层岩相、岩性与修文扎佐附近“茅台群”比较接近，而划归上白垩统—下第三系。1982 年苗德岁对石脑盆地哺乳动物进一步研究，认为时代可能为早渐新世。1984 年王克勇认为石脑组是跨统地层，并改称石脑

---

① 毛志中、陈德琴，1979，贵州石脑盆地的早第三纪红层。贵州区域地质(2)。

群，自下而上分为彭家屯组及上坝组。《贵州省区域地质志》(1987)、地矿部《中国地质图说明书》(1990)及本书沿用此涵义。

【现在定义】 岩性由褐红、棕红、灰色砾岩、泥质细砂岩及含砾钙质、粉砂质泥岩组成，下部间含石膏脉，中部夹煤线。含哺乳类、腹足类、植物和孢粉等化石。底以灰色砾岩与下伏关岭组灰色泥质灰岩，顶以褐红色泥岩与上覆下更新统砂砾层均为不整合接触。

【层型】 正层型为贵州盘县石脑彭家屯至上坝剖面(104°21′，25°41′)，1983年王克勇等重测(部分化石利用1978毛志中等资料)，发表于《贵州省区域地质志》(1987)。次层型为贵州盘县水塘石脑群剖面(06-52-1201-4-1)，1970年贵州区调队一分队测于盘县水塘西2.5 km之梨花水井；盘县平关徐家屯石脑群剖面(06-52-1201-4-2)，1971年贵州区调队一分队测于盘县石脑徐家屯北约0.5 km。

【地质特征及区域变化】 本群下部为砾岩与钙质粉砂质泥岩呈不等厚互层，夹细脉状石膏，上部粒度较细，以褐红色含砾钙质泥岩，夹多层砾岩及褐煤凸镜体。砾石成分因地而异，以灰岩、白云岩为主，次为泥灰岩、硅质岩等，呈次圆状或次棱角状，砾径一般2～10 cm。砾石有向上变小、磨圆度变好的趋势。时见斜层理，为山麓洪积—河流相沉积，局部地区为沼泽相沉积。分布于盘县、普安、兴仁、兴义等地的断陷盆地。岩性、厚度变化较大，在石脑盆地中主要出露下部砾岩及褐红色钙质粉砂质泥岩，盆地西部独家村厚度149 m，夹煤线；西南至徐家屯砾岩显著减少夹两层褐煤凸镜体，厚度147 m；往东约1 km的彭家屯已不夹煤线，砾岩层增多、增厚，砾径变大，大者达50 cm，多呈棱角状，厚度600 m。盘县淹伍寨(65 m)、水塘(727 m)、乐民所均为砾岩。普安罐子窑盆地北缘为砾岩，往南变细，至盆地南侧变为紫红色砂岩、粉砂岩、泥岩。兴仁潘家庄为灰色角砾岩、砾岩及紫红色泥岩组成一个半沉积旋回，厚度476 m。

该群在石脑盆地中含丰富的生物化石。哺乳类经苗德岁(1982)研究均为新属或新种，认为*Lophiomeryx*时代不可能早于晚始新世，*Qianohippus magicus*，*Pygmaetitan panxianensis*两种奇蹄类时代不可能晚于早渐新世，因而该哺乳类动物群时代可能为早渐新世。腹足类是以*Strobilops* sp.，*Discostrobilops* sp.等球果螺类占优势的组合。中科院余汶认为类似的组合见于广东三水盆地的宝丹组和安徽的双塔寺组。其时代属早第三纪始新世。植物化石计有15属2种。除*Sequoia*属于裸子植物外，其余均属被子植物。中新世后*Dryophyllum*绝灭，*Sequoia*也在我国绝迹，其他属多延续至今，但种均不同。其中*Ulmus drepanodonta*见于前苏联阿舒塔斯渐新统，*U.* cf. *longifolia*见于欧洲始新统。该植物群中有11个属见于抚顺始新世植物群。故此植物群时代为始新世至早渐新世。孢粉经中科院植物所孙湘君(1979)研究，计有*Quercoidites microhenrici*，*Liquidambar pollenites stieqmosus*等15属7种，被子植物花粉占优势，时代为始新世。综合上述生物组合特征，本群时代暂定为晚始新世至早渐新世。

【其他】 本群的时代有三种意见。其一根据哺乳类、腹足类及孢粉组合倾向于始新世。其二根据哺乳类化石进一步研究，定时代为早渐新世。其三认为是跨统地层时代归晚始新世—早渐新世。本书持第三种意见。

彭家屯组 E_2p (06-52-1202)

【创名及原始定义】 1984年王克勇创名于盘县石脑彭家屯。岩性为灰带棕红色砾岩及褐红色含砾钙质泥岩组成间断性旋回。不整合于老第三纪前的地层之上。厚82～106 m。代表始新世中、晚期一套山麓洪积相沉积。

【沿革】 1984年王克勇将石脑组改称石脑群，并在其下部新建彭家屯组。《贵州省区域地质志》(1987)、《中国地质图说明书》(1990)及本书沿用。

【现在定义】 由灰带棕红色砾岩及褐红色泥质粉砂岩，含砾砂质、钙质泥岩组成间断旋回，含腹足类。底部以块状砾岩与下伏关岭组灰黄色泥质灰岩不整合接触，以褐红色泥岩与上覆上坝组砾岩整合接触。

【层型】 正层型为盘县石脑彭家屯剖面(104°21′,25°40′)，系王克勇1983年测于盘县石脑彭家屯北1 km，详见《贵州省区域地质志》(1987)。

【地质特征及区域变化】 本组以砾岩与含砾砂质、钙质泥岩组成间断旋回。分布于盘县、兴仁潘家庄、普安、兴义等地断陷盆地中。岩性变化不大，可全为砾岩或砂、砾岩。厚106 m。除石脑盆地外，与上覆上坝组难以划开。

上坝组　$E_3\hat{s}$　(06－52－1203)

【创名及原始定义】 王克勇1984年创名于盘县石脑上坝村。由褐红色带灰色砾岩及杂色含砾砂质泥岩夹煤线组成。与下伏彭家屯组呈平行不整合接触。厚117 m。

【沿革】 1984年王克勇将上坝组作为石脑群上部地层单位。时代归渐新世早期。后《贵州省区域地质志》(1987)、《中国地质图说明书》(1990)沿用，本书亦用该方案。

【现在定义】 岩性由灰、褐红色砾岩，杂色含砾砂质、钙质粉砂质泥岩夹粉砂岩、不连续褐煤线及少许泥灰岩凸镜体组成。以砾岩与下伏彭家屯组钙质泥岩整合接触。

【层型】 正层型为盘县石脑上坝剖面(104°21′,25°41′)，系王克勇1983年实测于盘县石脑上坝，详见《贵州省区域地质志》(1987)。

【地质特征及区域变化】 本组岩石粒度较细，以褐红色含砾钙质泥岩为主，夹褐煤凸镜体。分布与彭家屯组相同。岩性变化大，石脑盆地东部粒度较细，夹煤线。兴仁、兴义等山间盆地岩性为灰色角砾岩、砾岩和紫红色含砾砂质泥岩，与下伏彭家屯组难于分开。

第二节　生物地层概况

一、介形类

1. *Cypridea* (*Cypridea*)－*Mongolianella* 组合

该组合系王克勇(1987)在《贵州省区域地质志》中所建。见于习水土城嘉定群窝头山组下部泥岩中，主要分子有 *Cypridea* (*C.*) *sichuanensis*, *C.* (*C.*) *angusticaudata*, *C.* sp., *Mongolianella* sp. 等。该组合与四川及云南蓝坪—思茅等地早白垩世晚期介形类组合面貌大致相似，仅属种较少，时代应为早白垩世晚期。

2. *Tangxiella*－*Talicypridea*－*Mongolianella* 组合

王克勇(1987)建立。计有6属3种，分布于惠水、榕江、罗甸等盆地况家湾组泥岩中，以 *Tangxiella* 大量繁盛为特征。除特征分子 *Tangxiella extrana*, *T. tangxiensis*, *T.* sp. 外，伴生有 *Talicypridea latiovata*, *T.* sp., *Mongolianella* sp., *Quadracypris* sp., *Cypris* sp. 及 *Candona* sp. 等。*Quadracypris* 是我国晚白垩世特有属，同时出现了繁盛于新生代的 *Cypris*、*Candona* 等属，*Mongolianella* 主要见于白垩纪早期。其总体面貌与江苏句容浦口组晚白垩世早期的介形类面貌相似。时代应为晚白垩世早期。

3. *Talicypridea*－*Cypridea*－*Candona*－*Cypris* 组合

王克勇(1987)建立。见于修文和施秉等地扎佐组及黄平附近的旧州组。特点是 *Talicypridea* 极繁盛(占 56%),*Tangxiella* 衰减或消失,新出现了晚白垩世中晚期至晚期重要分子 *Talicypridea quadrata*, *T. amoena*, *T. reticulata*, cf. *T. parallela* 等。伴生有 *Kaitunia*? *triangularis*, *K.*? *dongdangensis*, *Candona* (*Typhlocypris*) *truncata*, *Quadracypris* sp., *Mongolocypris* sp., *Mongolianella* sp., *Damonella*? sp., *Ziziphocypris* sp. 等晚白垩世常见分子。其时代应为晚白垩世中晚期。

二、轮藻

1. *Porochara anluensis* - *P. gonganzhaiensis* 组合

王振、王克勇(1985)建立,目前仅见于修文扎佐盆地的扎佐组。计有 3 属 6 种,产于砂质、钙质泥岩及泥灰岩中。伴生分子有 *Porochara decursiva*, *P. stipitata*, *Hornichara xiuwenensis*, *Nemegtichara microcylindrica* 等。特征是由 *Porochara* 组成的大型种群乃晚白垩世的特征类型,其优势种 *P. anluensis* 和 *P. gonganzhaiensis* 是华南晚白垩世中期常见的特征分子。*Porochara* 大型种群在欧洲和南美出现于 Campanian—Maestrichitian 阶,在我国分布广泛。本组合属于华南晚白垩世中、晚期的 *Porochara anluensis* - *Charites tenuis* 轮藻植物群的早期组合。时代应属于晚白垩世中期。

2. *Charites guanpingensis* - *Obtusochara luodianensis* 组合

王振、王克勇(1985)建立,主要见于黄平地区旧州组中、上部,计有 6 属 7 种。主要共生分子有 *Nemegtichara microcylindrica*, *Gyrogona* cf. *xindianensis*, *Grambastichara jiuzhouensis*, *Porochara jingshanensis*, *P. stipitata* 等。其特征是 *Porochara* 已为数不多且个体偏小,并与新兴类 *Gyrogona*、*Grambastichara*、*Charites* 共生,显示了中、新生代过渡性轮藻植物面貌,*Charites guanpingensis* 是华南晚白垩世晚期的特征分子。总面貌特征与我国南方晚白垩世晚期的轮藻组合相似。时代应为晚白垩世晚期。

第七章 结 语

一、主要成果及进展

本课题是在收集历年积累的大量地层资料的研究成果的基础上进行的。特别是近十年来开展的重要年代地层界线层型研究、《贵州省区域地质志》、《贵州地层典》和大面积 1∶5 万区调填图等项工作已汇集的大量新、老地层信息，给本次地层清理和划分对比研究提供了明确的范围、目标和实践标准。

(1)省内自前震旦纪至早第三纪 11 个断代，已收录的岩石地层词目在 780 个左右，本次对其中符合命名要求的 394 个单位做了重点清理，从中选出 186 个正式岩石地层单位(7 个群、2 个亚群，152 个组、25 个段)提供省内使用(见表 1－1)。重新明确了单位的原始定义、现在定义、层型(或新层型、选层型、次层型)地点、延伸范围及变化特征。对推荐使用和建议暂不使用或废弃的单位，分别填制了各类岩石地层登记卡片，做了微机录入工作，建立了“贵州地层数据库”。

(2)生物地层(单位)清理和划分，在近年筛选出的 280 个左右生物地层词目的基础上，重点清理了主要生物门类并进行了生物地层(单位)划分，查明了其在岩石地层单位所处的具体位置和横向延伸范围，明确不同生物门类生物地层(单位)纵横向重叠或交叉关系。在生物地层(单位)清理和划分的基础上，对古生代至三叠纪各断代“系”和“统”的年代地层界线进行了划分和研究。提出将黔南台地区泥盆、石炭系界线置于珊瑚 *Cystophrentis* 带之顶的划分方案。

(3)在岩石地层、生物地层、年代地层清理和划分基础上，对岩石地层单位的穿(跨)时特点及其横向范围做了详细研究，查明省内跨阶的单位有 35 个、跨统的单位有 10 个，跨系的单位有 4 个(参见表 1－1)。

(4)编制了各断代区域性岩石地层横剖面，这些剖面系统反映了各时代岩石地层单位的垂向序列、几何形态、延伸范围及与相邻单位的关系，对各阶段沉积的垂向演化及盆地环境做了分析研究。例如对扬子古陆东南缘青白口纪板溪群、下江群各组的年代地层位置，以及海水进退与岩石地层单位穿时性的研究；对寒武纪古地理和盆地环境的分析和对早寒武世—中晚寒武世扬子区范围不断向东(南)推移的认识；对石炭纪沉积范围、盆地环境分析，以沉积环境对白云岩和煤、铝等矿产成因控制作用的分析等，都取得了明显进展。

二、存在的主要问题

贵州省地层学研究与全国的情况一样，目前正处于新旧规范交替的变革时期。随着地层学、沉积学有关新理论、新概念、新方法的不断引进和深化，以及在1∶5万区调填图和中小比例编图的实践中提出的新问题，地层清理和划分对比研究工作将不断深入。囿于目前第一性资料的研究程度和工作周期，本课题目前的清理和划分对比研究成果是阶段性的，需要通过实践的检验，继续修订补充完善。贵州省地层主要有以下几方面问题有待深入。

(1)自古生代以来，受古构造控制的台地—斜坡—盆地沉积体系普遍发育，目前各时代依此建立的三类岩石地层系统中，以台地边缘区和相变地带岩石地层划分问题较多。目前，泥盆系至三叠系使用的一套台地边缘地带的岩石地层单位，如融县组(D_{2-3})、威宁组(C_{1-2})、猴子关灰岩(P_1)、吴家坪组(P_2)、安顺组(T_1^2)、坡段组(T_2^1)、垄头组(T_2^2)等，其岩石地层、生物地层划分及单位层型或次层型的确定，均有待进一步研究完善。此外，三都县普安一带奥陶系台地边缘地带“桐梓组”、“红花园组”为一套巨厚白云岩化的碳酸盐岩，其岩石地层划分及命名也尚待深入。

(2)紫云—罗甸地区与裂陷有关的台盆区石炭纪岩石地层单位，如鹿寨组、南丹组尚需进一步建立单位层型，完善建组要求的内容。

(3)几个重要年代地层界线的研究与讨论：①关于前震旦系-震旦系的界线，通过本次清理和研究，认为“莲沱组”与板溪群不是同时异相，而是上下关系。我国长期以来沿用李四光在峡东建立的震旦系分层系统，以莲沱组作为前震旦系-震旦系界线层型的界线是一个不整合面，代表了大量地层的缺失，以致使莲沱组与板溪群是否可以对比的问题的讨论持续了30年。从大区域来说，这个问题应给予进一步研究和澄清。②关于三叠系中、下统界线问题，在大区域内习惯上均以“绿豆岩”作等时面划界，目前从岩石地层划分上已将其划入嘉陵江组(永宁镇组)，但“绿豆岩”上、下部位的生物地层工作尚需继续深入，目前暂沿用习惯划分意见。③中、上三叠统年代地层界线划分的意见，目前在贵州省内尚未取得更充分的资料，划分方案亦未统一。这一界线是目前亟待利用多种手段重点解决的重要问题。④黔中—黔西北一线红花园组、桐梓组与娄山关组均为白云岩而缺乏生物的地区，目前地层清理及1∶5万区调都反映出其岩石地层和年代地层划分均比较困难。该地带次生白云岩化的环境因素及地层划分尚待深入。⑤贵州省内目前1∶5万区调填图正在推广和使用沉积岩区新的填图方法体系，不少图幅和断代已经有了良好的基础。为了把岩石地层与年代地层更好地联系起来，应加强对各类不整合界面的调查、追索和区域性不同级别层序的调查，为地层清理和划分对比研究工作开拓更为广阔的领域。

三、建议

当前，国内外晚前寒武系的建系工作正在积极开展，对建立我国与国际前寒武系相应的分类命名方面，已提出一些有益的建议。黔桂地区上元古界发育好，特别是早震旦世冰成地层层序清楚、厚度巨大且连续(或基本连续)、保存完整。通过该区地层研究，建立起与国际前寒武系划分新方案中 Cryogenian 对应的单位层型，是完全可能的。

参 考 文 献

安太庠等，1960，王家坝灰岩的时代问题。北京大学学报（自然科学），6（2）。

安太庠，1979，湖北宜昌黄花场地区奥陶系牙形石生物地层。中国微体古生物学会第一次学术讨论文集。北京：科学出版社。

安太庠，1983，西南地区地层古生物图册微体古生物分册，寒武纪和奥陶纪牙形石。北京：地质出版社。

安太庠，1987，中国南部早古生代牙形石。北京：北京大学出版社。

边兆祥，1943，贵州修文区铝矿地质简报。前资源委员会西南矿产勘测处（临时报告），38号。

边兆祥，1944，贵州西部水城附近大羽羊齿煤系之一剖面。中国地质学会志，24（1—2）。

陈金华，1983，贵州南部中三叠世鱼鳞蛤组合序列。地质科学，（2）。

陈均远，1976，中国北方奥陶纪地层及头足类化石研究的新进展。古生物学报，15（1）。

陈旭、林尧坤，1978，黔北桐梓下志留统的笔石。中国科学院南京地质古生物研究所集刊12号。北京：科学出版社。

陈楚震、黎文本，1979，西南地区的三叠系。见：西南地区碳酸盐生物地层。北京：科学出版社。

地质部地质辞典办公室，1979，地质辞典。北京：地质出版社。

丁文江，1931，丰宁系之分层。中国地质学会志，10卷。

丁文江，1947，地质调查报告（1913—1930）。前经济部中央地质调查所。

丁文江、王曰伦（合著），尹赞勋整理，1936—1937，云南马龙曲靖之寒武纪及志留纪地层。中国地质学会志，16卷。

董得源，1964，广西、贵州早石炭世层孔虫。古生物学报，12（2）。

范影年，1963，贵州、湖南早石炭世四射珊瑚。古生物学报，11（2）。

冯儒林，1987，贵州石炭系简介。全国石炭纪会议论文专集。北京：地质出版社。

冯少南、林甲兴，1980，华南二叠纪的植物组合。地层学杂志，4（4）。

甘修明，1983，黔南等地中三叠统生物地层。贵州地层古生物论文集，第一集。贵阳：贵州人民出版社。

高道德、石善华，1992，贵州中部九架炉组沉积特征。贵州地质，9（2）。

高道德、盛章琪、石善华、陈履安，1992，贵州中部铝土矿地质研究。贵阳：贵州科技出版社。

高联达、侯静鹏，1975，贵州独山、都匀早、中泥盆世孢子组合特征及其地层意义。地层古生物论文集，第一辑。北京：地质出版社。

高联达、沈志达、秦典燮，1989，贵州凯里地区早二叠世早期孢子花粉的发现其及地层意义。贵州地质，6（2）。

葛治洲、戎嘉余、杨学长、刘耕武、倪寓南、董得源、伍鸿基，1979，西南地区的志留系。见：西南地区碳酸盐生物地层。北京：科学出版社。

龚联瓒，1990，关于贵州北部和黔东南志留系岩石地层划分对比和统一名称问题。贵州地质，7（4）。

贵州省地方志编纂委员会，1992，贵州省志——地质矿产志。贵阳：贵州人民出版社。

贵州地矿局科研所，1979，中国震旦纪冰川沉积。见：地质矿产部书刊编辑室，国际交流地质学术论文集（2）。北京：地质出版社。

贵州地层古生物工作队，1977，西南地区区域地层表·贵州省分册。北京：地质出版社。

贵州省地质局石油大队，1963，贵州及邻区三叠系和古生界统一对比划分草案。见：全国地层会议学术报告汇编。黔南地层现场会议。北京：科学出版社。

贵州省地矿局区域地质调查大队，1992，贵州岩相古地理图集。贵州科技出版社。

贵州省地质矿产局，1987，贵州省区域地质志。地质矿产部地质专报（区域地质第7号）。北京：地质出版社。

贵州省地矿局区调院，1996，贵州地层典。贵阳：贵州科技出版社。

郝诒纯、苏德英等，1986，中国地层12，中国的白垩系。北京：地质出版社。

贺自爱等，1980，贵州中三叠世生物礁。地质学报。（3）。

侯鸿飞，1978，中国南部的泥盆系。见：华南泥盆系会议论文集。北京：地质出版社。

侯鸿飞、季强、吴祥和、熊剑飞、王士涛、高联达、盛怀斌、魏家庸、苏珊·特纳，1985，贵州睦化泥盆—石炭系界线。北京：地质出版社。

侯鸿飞、王增吉、吴祥和、杨式溥，1982，中国的石炭系。中国地层1，中国地层概论。北京：地质出版社。

侯鸿飞、王士涛等，1988，中国地层7，中国的泥盆系。北京：地质出版社。

侯鸿飞、鲜思远，1975，广西、贵州下、中泥盆统腕足类化石。地层古生物论文集，第一辑。贵阳：地质出版社。
侯鸿飞、徐桂荣，1964，贵州西部拟拱箕贝化石的发现及其意义。古生物学报，12（4）。
黄汲清，1932，中国南部之二叠纪地层。前地质调查所地质专报，甲种10号。
黄志勋、时言、魏沐潮，1982，二叠系一个新的地层单位——隆林阶。成都地质学院学报，（4）期。
胡肇荣、张先禄、刘巽峰，1988，贵州石炭系 九架炉组。贵州地质，5（2）。
季强、侯鸿飞、吴祥和、熊剑飞，1984，牙形类 *Siphonodella praesulcata* 带和 *S. sulcata* 带在我国的发现及其意义。地质学报，58（2）。
季强、魏家庸、王洪第、王宁、罗小松，1988，贵州长顺睦化泥盆-石炭系界线层型研究的新进展——介绍大坡上泥盆-石炭系界线剖面。地质学报，62（2）。
计荣森，1931，中国中石炭纪威宁系珊瑚化石。中国古生物志，乙种，第12号第5册。
江能人，1958，贵州炉山翁项区的古生代地层。地质学报，38（4）。
江能人、王尊周、陈永光，1964，滇东寒武纪地层的探讨。地质学报，44（2）。
康沛泉、王成源、王志浩，1987，贵州紫云陆棚相区石炭纪—二叠纪牙形刺生物地层。微体古生物学报，4（2）。
赖才根，1979，中国奥陶系顶、底界线研究的新进展。地质学报，53（4）。
赖才根等，1982，中国地层5，中国的奥陶系。北京：地质出版社。
李积金、陈旭，1962，黔南三都寒武纪及奥陶纪的笔石。古生物学报，10（1）。
李四光、赵亚曾，1924，长江峡东地质及峡之历史。中国地质学会志，3（3—4）。
李四光、陈旭、朱森，1930，Huanglung Limestone and its Fauna. 前中央研究院地质研究所西文集刊，9号。
李星学、蔡重阳，1979，中国泥盆纪植物群。地层学杂志，3（2）。
李星学、姚兆奇，1980，中国南部二叠纪含煤地层。地层学杂志，4（4）。
廖士范，1958，贵州都匀铁矿地质特征。地质学报，38（4）。
廖士范，1988，贵州早石炭世古风化壳相铝土矿地层时代及其与邻省对比问题。贵州地质，5（4）。
廖士范、梁同荣等，1991，中国铝土矿地质学。贵阳：贵州科技出版社。
廖卫华，1977，从四射珊瑚论贵州中、上泥盆统分界。古生物学报，16（1）。
廖卫华、许汉奎等，1979，西南地区几个泥盆系基础剖面的论述。见：西南地区碳酸盐生物地层。北京：科学出版社。
林宝玉等，1984，中国地层6，中国的志留系。北京：地质出版社。
林焕令等，1966，贵州松桃，铜仁及湖南卢溪一带寒武纪地层。地层学杂志，1（1）。
刘国昌，1945，再论湘黔边境汞矿。地质论评，10（3、4）。
刘功欧，1990，黔西北地区下石炭统九架炉组含铁、铝碎屑岩层的发现及其意义。贵州地质，7（1）。
刘鸿允，1955，中国古地理图。北京：科学出版社。
刘鸿允、沙庆安，1963，长江峡东区震旦系新见。地质科学，（4）。
刘鸿允、沙庆安，1964，贵州北部的震旦系及其与邻区的对比。地层学杂志，1（2）。
刘鸿允、沙庆安等，1973，中国南方的震旦系。中国科学，（2）。
刘鸿允，1982，前寒武系的划分——中国南方前寒武系的划分和对比问题。前寒武纪论文集。北京：地质出版社。
刘鸿允、董榕生、李建林、杨彦均，1980，论震旦系划分与对比问题。地质科学，4。
刘平，1993，三论贵州之铝土矿——黔北铝土矿成矿时代、物质来源及成矿模式。贵州地质，10（2）。
刘平，1994，四论贵州之铝土矿——黔中-川南成矿带铝土矿的稀散、稀土组分对比特征。贵州地质，11（3）。
刘文凯、肖光华、彭国林，1993，黔北地区中石炭统灰岩的发现及其地质意义。贵州地质，10（2）。
刘向，1978，贵州的泥盆系。见：华南泥盆系会议论文集。北京：地质出版社。
刘巽锋、王庆生、陈友能、秦典燮，1990，黔北铝土矿成矿地质特征及成矿规律。贵阳：贵州人民出版社。
刘之远，1942，遵义桐梓两县地质纲要。前国立浙江大学文科研究所史地学部丛刊。
刘之远，1948，黔北地层发育史。前中央研究院地质研究所丛刊，第7号。
龙家荣，1982，桂西北早二叠世地层——常么组。地层学杂志，6（1）。
龙家荣，1984，黔南．桂西北石炭、二叠系之交的生物地层及其界线。地质学报，59（3）。
卢衍豪，1941，云南昆明附近下寒武纪的地层及三叶虫。中国地质学会志，21卷。
卢衍豪，1942，黔北金顶山之下寒武纪三叶虫。中国地质学会志，22卷。
卢衍豪，1945，贵州湄潭之早期中寒武纪动物群。中国地质学会志，25卷。

卢衍豪，1954，贵州三都上寒武纪三叶虫动物群的发现及其意义。古生物学报，2（2）。
卢衍豪，1956，汉中梁山区二叠纪并论中国南部二叠纪的分层和对比。地质学报，36（2）。
卢衍豪，1959，中国南部奥陶纪地层分类和对比。中国地质学基本资料专题总结论文集第2号。北京：地质出版社。
卢衍豪，1962，中国的寒武系。全国地层会议学术报告汇编。北京：科学出版社。
卢衍豪，1963，中国寒武纪地层的新材料。地质学报，43（4）。
卢衍豪，1975，华中及西南奥陶纪三叶虫动物群。中国古生物志，新乙种第11号。北京：科学出版社。
卢衍豪、董南庭，1953，山东寒武纪标准剖面新观察。地质学报，32（3）。
卢衍豪、朱兆玲等，1982，中国寒武纪地层对比表及说明书。载中国各时代地层对比表及说明书。中国科学院南京地质古生物研究所。北京：科学出版社。
罗惠麟、蒋志文、徐重之、宋学良、薛啸峰，1980，云南晋宁梅树村、王家湾震旦系—寒武系界线研究。地质学报，54（2）。
罗惠麟、蒋志文、武希彻、宋学良、欧阳麟，1982，云南东部震旦系—寒武系界线。昆明：云南人民出版社。
罗惠麟，1982，云南的寒武系。云南地质，1（2）。
罗绳武，1963，贵州主要沉积矿床概况。见：全国地层会议学术报告汇编（黔南地层现场会议）。北京：科学出版社。
马国干、王砚耕，1983，鄂湘川黔毗邻地区早震旦世冰川地质问题讨论。宜昌地质矿产研究所所刊，第2号。北京：地质出版社。
苗德岁，1982，贵州盘县石脑盆地早第三纪哺乳动物。古生物学报，21（5）。
穆恩之，1959，中国含笔石地层。中国地质学基本资料专题总结论文集，第3号。北京：地质出版社。
穆恩之，1962，中国的志留系。全国地层会议学术报告汇编。北京：科学出版社。
穆恩之，1974，正笔石及正笔石式树形笔石的演化、分类及分布。中国科学，（2）。
穆恩之，1980，中国笔石的研究。古生物学报，19（2）。
穆恩之、陈旭，1962，中国的笔石。北京：科学出版社。
穆恩之、陈旭、倪寓南、戎嘉余，1982，关于中国志留系的划分与对比问题。载中国各纪地层对比表及说明书。北京：科学出版社。
穆恩之、葛梅钰、陈旭、倪寓南、林尧坤，1979，西南地区下奥陶统的笔石。中国古生物志，新乙种第13号。北京：科学出版社。
穆恩之、戎嘉余，1983，论国际奥陶—志留系的分界。地层学杂志，7（2）。
穆恩之、戎嘉余、杨学长、刘耕武等，1979，西南地区的志留系。见：西南地区碳酸盐生物地层。北京：科学出版社。
穆恩之、朱兆玲、陈均远、戎嘉余，1979，西南地区的奥陶系。见：西南地区碳酸盐生物地层。北京：科学出版社。
穆恩之，1983，中国奥陶系生态地层的类型与生物地理区。古生物学基础理论丛书，中国古生物地理区系。北京：科学出版社。
穆恩之，1983，中国奥陶系与志留系的分界。中国各纪地层界线研究。北京：科学出版社。
潘江、王士涛，1978，中国南方无颌类及鱼类化石。华南泥盆系会议论文集。北京：地质出版社。
潘江、王士涛、高联达、侯静鹏，1979，华南陆相泥盆系。华南泥盆系会议论文集。北京：地质出版社。
潘江、王士涛、刘运鹏，1975，中国南方早泥盆世无颌类及鱼类化石。地层古生物论文集，第1辑。北京：地质出版社。
彭琪瑞，1942，贵州水城县观音山褐铁矿。前中央地质调查所地质汇报，35号。
彭琪瑞，1942，贵州中部之水矾土矿。前中央地质调查所简报，76号。
彭善池，1987，湖南松源及慈利晚寒武世早期地层及三叶虫动物群。中国科学院南京地质古生物研究所研究生论文集1。南京：江苏科学技术出版社。
彭善池，1990，湖南桃源、慈利一带的晚寒武世地层及三叶虫序列。地层学杂志，14（4）。
钱逸，1977，华中西南区早寒武世梅树村阶的软舌螺纲及其它化石。古生物学报，16（2）。
钱义元，1961，贵州三都和都匀寒武纪三叶虫。古生物学报，9（2）。
秦典燮、胡肇荣等，1989，黔东南苦李井、鱼硐一带早二叠世孢粉组合。贵州地质，6（1）。
全国地层委员会，1962，中国的前寒武系。北京：科学出版社。
全国地层委员会，1962，中国的侏罗系和白垩系。北京：科学出版社。
秦鸿宾，1956，贵阳附近志留纪化石的新资料。古生物学报，4（4）。
秦鸿宾、黄仰州，1960，贵州惠水区石炭纪地层的新资料。成都地质学院学报，（1）。

秦守荣，1984，黔东晚元古早期地层岩组的重新划分。贵州地质，1（2）。

秦守荣、朱顺才等，1984，贵州的上前寒武系。载贵州上前寒武系及震旦系——寒武系。贵阳：贵州人民出版社。

戎嘉余，1979，中国的赫南特贝动物群论奥陶系与志留系的分界。地层学杂志，3（1）。

戎嘉余、杨学长，1981，西南地区早志留世中晚期腕足类动物群。中国科学院南京地质古生物研究所集刊，第13号。北京：科学出版社。

阮亦萍，1979，中国泥盆纪菊石的分带。地层学杂志，3（2）。

阮亦萍，1981，广西、贵州泥盆纪和早石炭世早期菊石群。中国科学院南京地质古生物研究所集刊，第15号。北京：科学出版社。

阮亦萍，1981，广西南丹七圩石炭纪菊石。中国科学院南京地质古生物研究所集刊，第15号。北京：科学出版社。

芮琳，1981，扬子区的二叠系。地层学杂志，5（4）。

芮琳，1987，贵州罗甸罗苏一带石炭系中间界线附近的䗴类。古生物学报，26（4）。

芮琳、王志浩、张遴信，1987，罗苏阶——上石炭统底部一个新的年代地层单位。地层学杂志，11（2）。

芮琳、赵嘉明、穆西南、王克良、王志浩，1984，陕西汉中梁山吴家坪灰岩的再研究。地层学杂志，8（3）。

沈志达，1983，贵州中寒武统高台组（广义的）再划分及石冷水组的建立。中国区域地质，（6）。

盛金章，1962，中国的二叠系，全国地层会议学术报告汇编。北京：科学出版社。

盛金章，1963，广西、贵州及四川二叠纪的䗴类。中国古生物志，新乙种，第10号。北京：科学出版社。

盛金章、李星学，1974，近年来中国二叠纪生物地层学的进展。中国科学院南京地质古生物研究所集刊，第5号。北京：科学出版社。

盛莘夫，1974，中国的奥陶系划分和对比。北京：地质出版社。

四川盆地陆相中生代地层古生物编写组，1984，四川盆地陆相中生代地层古生物。成都：四川人民出版社。

石油工业部贵州石油勘探局，1963，贵州地层概述及其与石油矿床的关系。全国地层会议学术报告汇编（黔南地层现场会议）。北京：科学出版社。

孙云铸，1923，开平盆地之上寒武纪。中国地质学会志，第2卷。

孙云铸，1924，中国北部寒武纪动物化石。中国古生物志，乙种，第1号第4册。

孙云铸，1935，中国北部上寒武纪之三叶虫化石。中国古生物志，乙种，第7号第2册。

孙云铸，1935，中国北部下奥陶纪之笔石。中国古生物志，乙种，第14号第2册。

孙云铸，1943，就中国古生代地层论划分地史之原则。中国地质学会志，23（1—2）。

孙云铸等，1965，中国石炭系论文选集。北京：科学出版社。

孙云铸、沈耀庭，1965，黔南晚泥盆世后期乌克曼菊石（*Wocklumeria*）层的菊石群及其地层意义。地质科学院论文集，乙种，地层学、古生物学，第1号。北京：中国工业出版社。

田景春，1992，黔桂地区早震旦世沉积相及沉积盆地性质。中国南方震旦纪岩相古地理论文集。成都：成都科技大学出版社。

田奇瑪，1936，中国之丰宁系。地质论评，1（3）。

田奇瑪，1938，中国之泥盆系。地质论评，3（4）。

汪啸风，1965，黔北早志留世晚期和中志留世笔石群的发现及其意义。古生物学报，13（1）。

王超翔、边效曾，1949，湘西资江中游的前泥盆纪地层。中国地质学会志，第29卷。

王成源，1987，论 *Cystophrentis* 带的时代。地层学杂志，11（2）。

王成源、王志浩，1978，黔南晚泥盆世早石炭世牙形刺。中国科学院南京地质古生物研究所集刊，第11号。北京：科学出版社。

王钢、焦惠亮，1984，黔东施秉宝塔期地层的发现。贵州地质，1（1）。

王钢，1986，贵州奥陶系年代地层探讨。贵州地质，3（4）。

王钢、张碧志，1988，黔南三都丹寨地区奥陶纪锅塘组的再认识。贵州地质，5（2）。

王鸿祯，1945，论中国西部之威宁系。地质论评，10（3—4）。

王克勇，1984，黔中舒家坪组的发现及其时代归属。地层学杂志，8（3）。

王克勇，1985，贵州东部“红层”轮藻化石的发现及其时代归属。贵州地质，2（1）。

王思恩等，1985，中国地层11，中国的侏罗系。北京：地质出版社。

王晓青，1940，湖南金矿分布。地质论评，5（5）。

王砚耕，1981，贵州晚期先寒武纪地壳演化概述。科学通报，19期。
王砚耕等，1980，湘黔桂震旦纪地层类型及其特征。中国震旦亚界。天津：天津科技出版社。
王砚耕等，1984，贵州扬子区震旦系—寒武系界线地层学。见：贵州上前寒武系及震旦系—寒武系界线。贵州人民出版社。
王砚耕、王来兴，1985，贵州东部大塘坡组地层沉积环境和成锰作用。贵阳：贵州人民出版社。
王砚耕等，1987，江南地层区西段前寒武系地层和火山一沉积岩系及其演化。前寒武系地质（3）。北京：地质出版社。
王砚耕、王来兴、陈玉林，1992，一个被动边缘盆地的沉积作用。见：中国南方震旦系岩相古地理论文集。成都：成都科技大学出版社。
王义刚，1983，黔西南法郎组（Ladinian—E. carnian）菊石。古生物学报，22（2）。
王钰，1944，贵州遵义城厢之三叠纪地层，中国地质学会志，第24卷。
王钰，1945，三峡式下部古生代地层之分层。地质论评，10（1—2）。
王钰，1947，再谈黔北中寒武纪地层。地质论评，12卷。
王钰、俞昌民，1962，中国的泥盆系，全国地层会议学术报告汇编。北京：科学出版社。
王钰、盛金章、陈楚震、陆麟黄，1963，贵州省普安县晴隆公社塘边寨和望膜县紫松镇的两个二叠纪剖面。全国地层会议学术报告汇编（黔南地层现场会议）。北京：科学出版社。
王钰、陈楚震、陆麟黄，1963，贵州西南部三叠纪地层。全国地层会议学术报告汇编（黔南地层现场会议）。北京：科学出版社。
王钰、俞昌民等，1964，贵州独山泥盆系标准剖面的新观察。科学通报，9月号。
王钰、俞昌民、吴岐，1974，中国南方泥盆纪生物地层研究的进展。中国科学院南京地质古生物研究所集刊，第6号。北京：科学出版社。
王钰、俞昌民、许汉奎、廖卫华、蔡重阳，1979，华南泥盆纪生物地层。地层学杂志，3（2）。
王曰伦，1955，中国震旦纪冰碛层及其对地层划分的意义。地质学报，35卷4期。
王曰伦，1955，对中国前寒武纪以前古老沉积岩划分的意见。地质学报，35（4）。
王曰伦，1980，中国上前寒武纪的划分和对比。中国震旦亚界。天津：天津科学技术出版社。
王曰伦、熊永先、吴希曾，1938，贵州东部矿产简报。前经济部地质调查所简报，第10号。
王振、王克勇，1985，从晚白垩世轮藻化石论黔中红层的划分及相关的构造运动。古生物学报，24（5）。
王增吉等，1990，中国的石炭系。中国地层8。北京：地质出版社。
王治平，1983，贵州中泥盆世四射珊瑚新属。古生物学报，22（1）。
王自强、索书田，1987，黔湘赣中上元古界分层及对比。见：国际晚前寒武纪地质讨论会论文集，第三号。北京：地质出版社。
王中行，1965，黔中铝土矿的成矿条件。地质学报，45（3）。
吴望始，1964，湖南中部早石炭世珊瑚。中国科学院南京地质古生物研究所集刊，第3号。北京：科学出版社。
吴望始、张遴信、金玉玕，1974，贵州西部的石炭系。中国科学院南京地质古生物研究所集刊，第6号。北京：科学出版社。
吴望始、张遴信、王克良、廖卓庭等，1979，贵州普安、晴隆的上石炭统兼论石炭系的上界。见：西南地区碳酸盐生物地层。北京：科学出版社。
吴望始、赵嘉明，1989，黔西、东石炭纪和早二叠世早期的四射珊瑚。中国古生物志，新乙种，24号，北京：科学出版社。
吴祥和，1983，黔南石炭系地质旅行指南。全国石炭纪地层讨论会。
吴祥和，1986，黔南泥盆-石炭系界线层序及海退事件。地层学杂志，10（3）。
吴祥和，1987，贵州石炭系生物地层。地质学报，67（4）。
肖伟民、王洪第、张遴信、董文兰，1986，贵州南部早二叠世地层及其生物群。贵阳：贵州人民出版社。
谢家荣，1942，贵州水城观音山赫章铁矿山铁矿报告。前资源委员会矿产测勘处临时报告，25号。
鲜思远、王守德、周希云、熊剑飞、周天荣，1980，华南泥盆纪南丹型地层及古生物。贵阳：贵州人民出版社。
项礼文等，1981，中国地层4中国的寒武系。北京：地质出版社。
谢家荣，1942，贵州西部水城威宁赫章之铁矿。中国地质学会志，22（3—4）。
谢家荣、郭文魁、王超翔，1941，叙昆铁路沿线昆明威宁间地质矿产调查。前矿产勘测处临时报告，第1号。
谢家荣、赵亚曾，1925，鄂西罗惹坪志留系剖面的研究。中国地质学会志，第4卷。
邢裕盛，1989，中国地层3。中国的上前寒武系。北京：地质出版社。

熊剑飞，1983，华南泥盆—石炭系的分界与对比。石油与天然气地质，4（4）。
熊剑飞，1987，贵州普安罐子窑泥盆纪牙形类生物地层及沉积环境分析。贵州地质，4（1）。
熊剑飞、陈隆治，1983，贵州石炭系的牙形刺。贵州地层古生物论文集，第1集。贵阳：贵州人民出版社。
熊剑飞、吴祥和、侯鸿飞、季强，1984，国际泥盆系—石炭系界线层型候选剖面——贵州睦化剖面。见：地质矿产部出刊编辑室，国际交流地质学术论文集（1）。北京：地质出版社。
熊剑飞、翟志强、陈隆治，1987，贵州罗甸（黑区）石炭—二叠系过渡层及其分界。全国石炭系会议论文专集。北京：地质出版社。
熊永先，1940，川黔间之铜矿溪层。地质论评，5（4）。
许德佑，1938，中国南部三叠纪化石之新材料。地质论评，3（2）。
许德佑，1939，中国南部海相三叠纪之新研究。地质论评，4（5）。
许德佑，1940，中国三叠系之数个剖面。中国地质学会志，20（2）。
许德佑，1944，贵州省南部之三叠纪。地质论评，9（1）。
许德佑，1944，中国之海相上三叠纪。地质论评，9（5—6）。
许德佑、陈康，1944，贵州西南部之三叠纪。地质论评，9（1—2）。
杨登华，1945，茅台砾岩之时代问题。地质论评，10（5—6）。
杨家騄，1978，湘西、黔东中上寒武统及三叶虫动物群。地层古生物论文集，第4辑。北京：地质出版社。
杨逢清，1978，贵州西部下、中石炭统及菊石群。地层古生物论文集，第5辑。北京：地质出版社。
杨敬之、盛金章、吴望始、陆麟黄，1962，中国的石炭系。全国地层会议学术报告汇编。北京：科学出版社。
杨敬之，1987，试论中国石炭系内部分界。全国石炭纪会议论文专集。北京：地质出版社。
杨敬之、吴望始，1965，中国石炭系分类和对比。中国石炭系论文选集。北京：科学出版社。
杨敬之、吴望始、张遴信、廖卓庭、阮亦萍，1979，我国石炭系分统的再认识。地层学杂志，3（3）。
杨敬之、吴望始、张遴信、王克良，1982，关于中国石炭系的划分和对比（中国石炭系对比表及说明书），见：中国各纪地层对比表及说明书。北京：科学出版社。
杨敬之、王成源，1983，中国泥盆系与石炭系分界。中国各纪地层界线研究。北京：科学出版社。
杨绳武，1985，贵州石炭—二叠系床板珊瑚化石。贵州地质，2（1）。
杨绳武、肖伟民、王洪第、董文兰、龙家荣、董卫平，1981，贵州栖霞组与茅口组的界线讨论。地层学杂志，5（2）。
杨式溥，1962，贵州下石炭纪及腕足类分层。中国古生物学会第十届学术年会论文摘要。
杨式溥，1964，黔东南下石炭统杜内阶之腕足类。古生物学报，12（1）。
杨式溥，1978，贵州下石炭统腕足类动物及其生物地层意义。地层古生物论文集，第5辑。北京：地质出版社。
杨式薄、侯鸿飞、高联达、王增吉、吴祥和，1980，中国的石炭系。地质学报，54（3）。
杨学长、戎嘉余，1982，川黔湘鄂边区志留系秀山组上段的腕足类化石群。古生物学报，21（4）。
杨振东，1985，贵州郎岱打铁关“茅口石灰岩”中䗴类化石的再研究。微体古生物学报，2（4）。
杨遵仪等，1982，中国的三叠纪。地质学报，56（1）。
姚兆奇，1978，华南“大羽羊齿煤系”和大羽羊齿植物群的时代。古生物学报，17（1）。
姚兆奇等，1980，黔西滇东晚二叠世含煤地层和古生物群。北京：科学出版社。
叶善德、周希云，1975，贵州都匀、独山中泥盆世早期龙洞水组床板珊瑚、日射珊瑚及刺毛类。地层古生物论文集，第一辑。北京：地质出版社。
尹恭正、王砚耕、钱逸，1982，贵州震旦系与寒武系分界的初步研究。地层学杂志，6（4）。
尹恭正，1986，贵州奥陶系三叶虫序列。贵州地质，3（4）。
尹恭正、龚联瓒、蔡英、焦惠亮，1984，中国贵州寒武系与奥陶系的界线。国际交流地质学术论文集（1）。北京：地质出版社。
尹赞勋，1937，夜郎系之时代问题。中国地质学会志，17（3—4）。
尹赞勋，1949，中国南部志留纪地层之分类与对比。中国地质学会志，29（1—4）。
尹赞勋等，1944，贵州遵义县东乡之三叠纪地层。地质论评，9（5—6）。
尹赞勋、谌义睿、秦鼐，1945，湄潭县之寒武纪地质。地质论评，10（5—6）。
尹赞勋、谌义睿，1947，楚米铺观音桥之志留系剖面。中国地质学会志，27卷。
尹赞勋、陈锦石、张守信、骆金锭等，1966，中国地层典（七）石炭系。北京：科学出版社。

俞昌民、廖卫华，1978，贵州独山中泥盆统猴儿山组龙洞水段四射珊瑚。中国科学院南京地质古生物研究所集刊，第12号。北京：科学出版社。
俞昌民、廖卫华、邓占球，1979，中国南方泥盆纪珊瑚化石的分布和组合层序。地层学杂志，3（2）。
殷鸿福，1962，贵州三叠系生物地层问题。地质学报，42（2）。
殷鸿福，1982，中国的拉丁阶。地质论评，28（3）。
殷鸿福，1983，古生代、中生代之交的华南双壳类——分带、对比及危机。地质论评，29（4）。
俞建章，1931，丰宁系（中国下石炭纪地层）之时代及其珊瑚化石之分带。中国地质学会志，10卷。
俞建章，1933，宜昌石灰岩及艾家山层间之缺层。中国地质学会志，12卷。
俞建章，1965，依据皱纹珊瑚来划分中国的丰宁统（下石炭统）。中国石炭系论文集。北京：科学出版社。
俞建章、林英锡，1979，中国丰宁世地层及古生物群特征。见：地质矿产部书刊编辑室，国际交流地质学术论文集（2）。北京：地质出版社。
俞建章、林英锡、时言、黄柱熙、俞为光，1983，石炭纪—二叠纪珊瑚。长春：吉林人民出版社。
乐森玥，1928，重庆贵阳间地质要略。前地质调查所地质汇报，第11号。
乐森玥、蒋溶，1944，贵阳附近地质旅行指南。中国地质学会第20届年会。
张良，1985，关于华南下石炭统建阶问题的讨论。中国地质科学院成都地质矿产研究所所刊，第6号。北京：科学出版社。
詹立培、陈毓龄、李莉、陈炳蔚，1982，中国的二叠系。中国地层1，中国地层概论。北京：地质出版社。
张吉惠，1983，贵州盘县早第三纪植物群的发现及其意义。贵州地层古生物论文集，第一集。贵阳：贵州人民出版社。
张遴信，1983，论生臭灰岩（Swine Limestone）。地层学杂志，7（3）。
张遴信、王治华等，1988，黔南二叠纪古生物。北京：贵州人民出版社。
张鸣韶、盛莘夫，1958，川黔边境的奥陶纪地层。地质学报，38（3）。
张文堂，1962，中国的奥陶系，全国地层会议学术报告汇编。北京：科学出版社。
张文堂、李积金、钱义元、朱兆玲、张守信、陈楚震，1957，湖北峡东寒武纪及奥陶纪地层。科学通报，（5）。
张文堂、袁克兴等，1979，西南地区的寒武系。见：西南地区碳酸盐生物地层。北京：科学出版社。
张文堂、李积金、葛梅钰、陈均远，1982，中国奥陶系的划分及对比。见：中国各纪地层对比表及说明书。北京：科学出版社。
张文堂、朱兆玲、林焕令，1980，中国寒武系的分阶、分带及对比。见：地质矿产部书刊编辑室，国际交流地质学术论文集（4）。北京：地质出版社。
张正华等，1988，黔南二叠纪地层。北京：贵州人民出版社。
赵金科等，1962，中国的三叠系，全国地层会议学术报告汇编。北京：科学出版社。
赵金科，1966，中国南部二叠纪菊石层。地层学杂志，1（2）。
赵自强、邢裕盛、马国干、陈忆尧，1985，长江三峡地区古生物地层学。震旦纪分册（1）。北京：地质出版社。
郑启钤，1985，贵州境内峨眉山玄武岩的基本特征及其与成矿作用的关系。贵州地质，2（1）。
中国地质学编委会、中国科学院地质研究所，1956，中国区域地层表（草案）。北京：科学出版社。
中国科学院黔南地层队，1963，贵州都匀，独山和三都一带古生代地层。全国地层会议学术报告汇编。（黔南地层现场会议）。北京：科学出版社。
中国科学院南京地质古生物研究所，1974，西南地区地层古生物手册。北京：科学出版社。
周希云，1983，贵州泥盆系床板珊瑚地层的初步研究。贵州地层古生物论文集，第一集。贵阳：贵州人民出社版。
周茂基，1985，贵州石炭纪铝土矿的成矿规律。贵州地质，2（2）。
周希云，1987，贵州及滇东石炭纪岩相古地理基本轮廓。全国石炭纪会议论文专集。北京：地质出版社。
周希云，1992，贵州泥盆纪几个地层问题的讨论。贵州地质，9（4）。
周希云，1993，贵州凯里凯堂地区石炭系砾石群的研究及其地质意义。贵州地质，10（2）。
周天荣，1986，贵州三都地区中寒武统都柳江组新观察。贵州地质，3（3）。
周志毅、袁金良等，1980，贵州寒武纪地层分类和对比。地层学杂志，4（4）。
周志毅、袁金良，1980，西南地区下寒武统三叶虫序列。古生物学报，19（4）。
周祖仁，1988，贵州省西南部龙吟组的时代——兼论华南与苏联乌拉尔地区早二叠世地层的对比。中国科学，B辑（4）。
周祖仁，1988，华南早二叠世阿丁斯克期菊石及生物地层。古生物学报，27（3）。
朱鸾林、黄根琛、向茂木等，1984，论黔中铝土矿的地质时代。贵州地质，1（1）。

朱鸿，1987，中国南方震旦系大塘坡段含锰岩层古地磁初步研究。国际晚前寒武纪地质讨论会论文选集，第三号。北京：地质出版社。

区域地质调查报告及地质图说明书

广西地质局区域地质测量队，1973，1∶20万乐业幅区域地质调查报告。
广西区调队，1966，1∶20万三江幅区域地质调查报告。
贵州省地质局，1965，1∶20万榕江幅地质图说明书。
贵州省地质局，1965，1∶20万都匀幅地质图说明书。
贵州省地质局，1965，1∶20万独山幅区域地质测量报告，上册——区域地质部分。
贵州省地质局，1965，1∶20万镇远幅区域地质测量报告。上册——区域地质部分。
贵州省地质局，1965，1∶20万剑河幅区域地质测量报告书（上册）。
贵州省地质局，1966，1∶20万罗甸幅区域地质测量报告，上册——区域地质部分。
贵州省地质局，1970，1∶20万沿河幅区域地质调查报告，上册——区域地质部分（代地质图说明书）。
贵州省地质局，1970，1∶20万瓮安幅区域地质调查报告，上册——区域地质部分（代地质图说明书）。
贵州省地质局，1970，1∶20万江口幅区域地质调查报告，上册——区域地质部分（代地质图说明书）。
贵州省地质局，1970，1∶20万正安幅区域地质调查报告，上册——区域地质部分（代地质图说明书）。
贵州省地质局，1971，1∶20万安顺幅区域地质调查报告，上册——区域地质部分（代地质图说明书）。
贵州省地质局，1973，1∶20万威宁幅区域地质调查报告，上册——区域地质部分（代地质图说明书）。
贵州省地质局，1973，1∶20万水城幅区域地质调查报告，上册——区域地质部分（代地质图说明书）。
贵州省地质局，1973，1∶20万盘县幅区域地质调查报告，上册——区域地质部分（代地质图说明书）。
贵州省地质局，1974，1∶20万湄潭幅区域地质调查报告（地质部分）。
贵州省地质局，1976，1∶20万遵义幅区域地质调查报告，上册——区域地质部分（代地质图说明书）。
贵州省地质局，1976，1∶20万毕节幅区域地质调查报告，上册——区域地质部分（代地质图说明书）。
贵州省地质局，1976，1∶20万贵阳幅区域地质调查报告，上册——区域地质部分（代地质图说明书）。
贵州省地质局，1977，1∶20万黎平幅区域地的调查报告（地质部分）。
贵州省地质局，1978，1∶20万桐梓幅区域地质调查报告（地质部分）。
贵州省地质局，1979，1∶20万威信幅区域地质调查报告（地质部分）。
贵州省地质局，1980，1∶20万兴仁、安龙幅区域地质调查报告（地质部分）。
贵州省地质局，1980，1∶20万息烽幅区域地质调查报告（地质部分）。
贵州省地质矿产局，1993，1∶5万贵阳市幅地质图说明书。
贵州省地质矿产局，1993，1∶5万花溪幅地质图说明书。
贵州省地质矿产局，1993，1∶5万燕楼幅地质图说明书。
贵州省地质矿产局，1993，1∶5万温水幅、良村幅地质图说明书。
贵州省地质矿产局，1994，1∶5万都匀幅地质图说明书。
贵州省地质矿产局，1994，1∶5万丹寨幅地质图说明书。
贵州省地质矿产局，1994，1∶5万普安幅地质图说明书。
贵州省地质矿产局，1994，1∶5万惠水幅地质图说明书。
贵州省地质矿产局，1995，1∶5万长顺县幅地质图说明书。
贵州省地质矿产局，1995，1∶5万摆金幅地质图说明书。
贵州省地质矿产局，1995，1∶5万沙子沟幅地质图说明书。
贵州省地质矿产局，1995，1∶5万水田坝幅地质图说明书。
湖南省地质局区测队，1973，1∶20万芷江幅区域地质调查报告。
湖南省地质局区域地质测量队，1964，1∶20万吉首幅地质图说明书。
四川省地质局107队，1977，1∶20万南川幅区域地质调查报告（地质部分）。
中华人民共和国地质矿产部，1990，中国地质图1∶500万说明书。北京：地质出版社。
Chen Chuzhen. 1979. Marine Triassic Lamellibranch assemblages from Southwest China. Riv. Stratigr. Ital. Paleont.,

Vol. 85, nos. 3—4.

Grabau, A W. 1923—1924. Stratigraphy of China (Pt. 1) pp. 1—200, 1923; pp. 201—528, 1924, Peking

Hou Hougfei, Ji Qiang. 1984. A Possible Stratotype of Devonian—Carboniferous Boundary in Guizhou Province, South China. Cour. Forsch. —Inst. Senckenberg, 67.

Ji Qiang, 1987, New results from Devonian—Carboniferous boundary beds in South China. Newsletter on Stratigraphy, 17 (3).

Ji Qiang *et al.* 1989. The Dapoushang Section—An excellent section for the Devonian—Carboniferous Borndary Stratotype in China. Science Press, Beijing, China. pp. 1—165 Pl. 1—43

Ting, V K and Grabau A W. 1934. The Carboniferous of china and its bearing on the classification of the Mississippian and Pennsylvanian. Rept. 16th Internat. Geol. Congr. 1933.

Huang Y K, Grabau A. W. 1936. The Permian of China and its bearing on Permian classification. Rept. 16th Internat. Geol. Congr. 1933.

Wei Jiayong, Xiao Weimin, Wang Hongdi, Dong Wenlan, Feng Rulin, Wu Xianghe, Zheng Shufang. 1987. Guide Book Excursion 5. 11th Internat. Congr. of Carboniferous Strat. and Geol.

Willis, B, E Blackwelder and Sargent, R H. 1907. Descriptive Topography and Geology. Research in China, Vol. II, Carnegie Inst. Washington.

Yang Jinzhi, Wu Wangshi, Zhan Linxin, Liao Zhouting. 1979. Advances in the Carboniferous Biostratigraphy of China (Paper for the 9th Internat. Congr. of Carboniferous Strat. and Geol.)

Yoh S S. 1929. Geological Reconnaisance of W. Kueichow. Bull. Geol. Serv. China, No. 12.

Zhang Linxin *et al.* 1987. Carboniferous Stratigraphy in China. Sci. Press, Beijing.

附录Ⅰ　贵州省地层数据库的建立及其功能简介

地层数据库的研制和建库工作是随地矿部“八五”期间设立《全国地层多重划分对比研究》项目同时开展的，其指导思想和研究内容与全国地层清理工作的有关文件要求基本一致。建立地层数据库的目的是要为全国区域地质调查和基础地质研究工作服务，巩固地层清理成果，避免地层单位使用的混乱现象，使我国地层研究管理走向科学化、信息化，并与国际地层学研究工作接轨。

省级地层数据库是地矿部专项地勘科技项目（编号：DZ1992-01）“全国地层数据库”的一个重要组成部分，它既是全国地层数据库的一个基本子库，同时又是一个独立、完整的省级地层数据库。

省级数据库按照全国地层数据库的统一要求，是以岩石地层单位为基本单元建库的，以全国地层清理项目办统一制定的五种地层剖面数据卡片为数据采集源。其数据采集、数据库信息管理、检索及查询软件是以“全国地层数据库”项目提供的软件和标准进行的。贵州省地层数据库是在地质矿产部区调处及贵州省地质矿产局的领导和大力支持下，由贵州省地矿局区域地质调查研究院承建的。

一、地层数据库的建库情况

负责录入贵州省地层数据库的单位是贵州省地质矿产局区域地质调查研究院基础地质研究室。参加地层卡片填制的人员有林树基（前震旦系）、陈玉林（震旦系）、尹恭正（寒武系）、焦惠亮（奥陶系、志留系）、王克勇（泥盆系、二叠系）、王洪弟（石炭系）、甘修明（三叠系）、张吉惠（侏罗系、白垩系、下第三系）。

地层数据库录入组由许昊任组长，参加地层数据库数据卡片录入的人员有许昊、王红梅、孙亚莉、王秋菊、姚元惠。地层数据库的数据卡片审校工作主要由焦惠亮负责。使用的机型是COMPAQ DESKPRO 433i主机，EPSON LQ-1600K打印机。

1994年3—6月先后培训了4名录入人员，于4月开始正式录入工作，同时调入一台联想386型微机参加部分卡片录入工作。截止1994年9月项目验收时完成全部卡片录入工作。共录入经清理的地层单位共计397个，包括建议在贵州使用的岩石地层单位184个，其中前震旦纪26个，震旦纪11个，寒武纪22个，奥陶纪11个，志留纪10个，泥盆纪22个，石炭纪17个，二叠纪16个，三叠纪28个，侏罗纪10个，白垩纪8个，老第三纪3个；建议不使用的岩石地层单位213个。

二、地层数据库功能介绍

地层数据库主要由三部分组成。①数据采集系统：包括对原始数据的录入、编辑、查错及地层信息检索、数据库字典查询、文献检索、地层单位数据文件管理等功能；②数据处理系统：包括地层卡片的输出、地层数据库各类信息的查询检索及汇总制表、岩石地层单位的监控等功能；③扩充部分的接口是为地层数据库日后的进一步开发所留。

1. 系统运行环境

(1) DOS版本

软件支撑环境：DOS 3.30以上，Microsoft C 6.0，PTDOS 2.0，FoxPro 2.0。

硬件运行环境：286以上主机，VGA显示器，LQ-1600K或其他24针打印机。

(2) Windows版本

软件支撑环境：Windows 3.1，Borland C++ 3.1，中文之星1.2，FoxPro for Windows 2.5，MS-DOS 5.0以上。

硬件运行环境：386、486主机（内存≥4M，硬盘≥100M），VGA显示器LQ-1600K或其他24针打印机。

2. 数据采集模块功能

卡片Ⅰ（岩石地层单位综合信息）数据录入与修改（可选择按编号、创名时间、汉语等顺序）。

卡片Ⅱ（岩石地层单位的划分沿革）数据录入与修改。

卡片Ⅲ（岩石地层单位剖面的分布图和柱状对比图）数据录入与修改。

卡片Ⅳ（岩石地层单位的剖面图）剖面信息数据录入与修改。

卡片Ⅴ（岩石地层单位的参考文献）数据录入与修改。

3. 卡片输出模块功能

选择输出的地层单位。

卡片封面输出。

卡片Ⅰ输出：屏幕或打印机输出岩石地层单位综合信息。

卡片Ⅱ输出：岩石地层单位划分沿革（图表）。

卡片Ⅲ输出：柱状对比图输出（图形）。

卡片Ⅳ剖面文字描述表格及图形。

卡片Ⅴ输出：岩石地层单位的参考文献。

4. 地层信息检索模块功能

4.1检索条件（一级检索条件）

(1) 选择省份——选择检索的区域范围。

(2) 选择大区——选择检索的区域范围。

(3) 选择经纬度——选择检索的区域范围。

(4) 选择断代［纪］——选择检索的时间范围。

(5) 地质年代数码转换——地质年代数据进行数码转换，是进行时间范围检索的必要条件。

(6) 输出方式选择：①显示方式，将检索结果显示在屏幕上；②打印方式，将检索结果在打印机上输出；③文件方式，将检索结果表格文件以用户给定的文件名记盘。

(7) 输出栏目选择：①地层单位表格；②地层剖面表格；③文献表格。

选择以上表格的输出栏目，依使用者的要求挑选所需的制表栏目序号及表格每页的行数。

4.2 地层单位信息检索（二级检索条件）

所有地层单位：检索出满足选定时间和区域条件的地层单位。

正式地层单位：检索出满足选定时间和区域条件的正式地层单位。

废弃地层单位：检索出满足选定时间和区域条件的废弃地层单位。

地层单位名称：检索出与指定地层单位名称相同的地层单位。

地层单位名称（拼音）：检索出与指定拼音相同的地层单位。

地层单位编号：检索出与指定地层单位编号相同的地层单位。

地层单位代号：检索出与指定地层单位代号相同的地层单位。

同物异名：检索出与指定名称相同的同物异名地层单位。

同名异物：检索出与指定名称相同的同名异物地层单位。

同物异名/同名异物：检索出有同物异名或同名异物的地层单位。

输出剖面分布图：输出当前检索内容的地层单位的剖面分布图。

4.3 剖面信息检索（二级检索条件）

检索出满足选定时间和区域条件的地层剖面。

检索出满足选定时间和区域条件的正层型、副层型、选层型、新层型及次层型。

检索出与指定剖面名称相同的地层剖面。

检索出与指定剖面编号相同的地层剖面。

检索剖面上化石分类的中文名称。

检索剖面上已录入的下列信息：生物地层带名称所在的剖面，含有磁极性内容的所有剖面，含有化学特征内容的所有剖面，含有矿物内容的所有剖面，含有矿产内容的所有剖面，含有变质相内容的所有剖面（注意：不对文字描述的内容进行检索）。

某地层单位正层型：检索出指定地层单位的正层型。

输出剖面分布图：输出检索内容的剖面分布图。

4.4 参考文献目录检索（二级检索条件）

按指定作者检索文献目录。

按指定发表时间检索文献目录。

按指定作者发表时间检索文献目录。

断代［纪］：按选定的地质年代范围检索有关地层单位所涉及的文献目录。

按地层单位检索文献目录。

指定某一文献所在的省码文献库的记录号，检索该文献在本省的引用情况（创名或引用）。

5. 地层单位监察控模功能

对新建地层单位进行命名监控

(1) 同名的监控：检索出与指定地层单位名称相同的地层单位。

(2) 同音的监控：检索出与指定地层单位名称（拼音）相同的地层单位。

(3) 同编号的监控：检索出与指定地层单位名称相同的地层单位。

(4) 同代号的监控：检索出与指定地层单位名称相同的地层单位。

(5) 有效性的监控：检索出与新建地层单位的经纬度邻近的剖面，供科研人员进行对比研究。

三、贵州省地层数据库目前功能和维护

省级数据库是全国地层数据库的基础，随着地质工作的深入必须对地层数据库进行扩充与维护，并及时与全国库进行信息交流，以保证省库与全国库的数据一致性。今后负责管理维护地层数据库的单位是贵州省地勘局区域地质调查研究院。

目前贵州省地层数据库还处于建库初级阶段，主要功能是将输入的原始数据还原制表，输出打印岩石地层单位的卡片封面；岩石地层单位的综合信息（卡Ⅰ）；岩石地层单位的划分沿革（卡Ⅱ）；岩石地层单位的地层剖面（卡Ⅳ）；岩石地层单位的参考文献（卡Ⅴ）。其中，数据卡片Ⅲ（岩石地层单位剖面分布图及柱状对比图）按全国项目办要求暂缓填制，故上述功能尚待该项工作的补充。此外，省内近几年基础地质和科研工作新增的地层剖面亦尚需补充。因此，贵州省地层数据库应在全国地层数据库的统一部署下，从人员设备、管理机制、服务功能和维护方面不断完善。

附录Ⅱ　贵州省采用的岩石地层单位

附录Ⅱ-1

序号	岩石地层单位名称		编号	代　号	地质时代	创名人或单位[①]	创建时间	所在省	在本书页数
	英　文	汉　文							
1	Anshun Fm	*安顺组	52-0909	T_1a	T_1	乐森玥	1929	贵州	228
2	Aoxi Fm	敖溪组	52-0316	$\in_2a$	$\in_2$	湖南省区测队	1965	湖南	82
3	Badong Fm	巴东组	52-0913	T_2b	T_2	Richthofen	1925	湖北	234
4	Baiyunsi Sub Gr	*白云寺亚群	52-0101	Pt_2BY	Pt_2	贵州区调队林树基	1994	贵州	9
5	Banan Fm	*把南组	52-0924	T_3bn	T_3	许德佑等	1944	贵州	245
6	Bangzhai Fm	*邦寨组	52-0604	D_2b	D_2	丁文江	1929	贵州	150
7	Banxi Gr	板溪群	52-0120	Pt_3BX	Pt_3	王晓青、刘祖奕	1936	湖南	31
8	Baomoshan Fm	*包磨山组	52-0803	P_1b	P_1	吴望始、张遴信等	1979	贵州	182
9	Baota Fm	宝塔组	52-0406	$O_{1-3}b$	O_{1-3}	李四光、赵亚曾	1924	湖北	96
10	Bianmachong Fm	*变马冲组	52-0312	$\in_1bm$	$\in_1$	张正华、周志毅等 (张文堂)	1970 (1974)	贵州	77
11	Bianyang Fm	*边阳组	52-0912	$T_{2-3}by$	T_{2-3}	贵州石油普查大队龙祥符	1958	贵州	238
12	Bitiao Fm	比条组	52-0318	$\in_3bt$	$\in_3$	湖南省区测队	1965	湖南	84
13	Bojiwan Fm	*簸箕湾组	52-0710	C_1bj	C_1	丁文江	1914 (1947)	贵州	177
14	Changan Fm	长安组	52-0201	$Z_1\dot{c}$	Z_1	王曰伦 (赵金科、吴燕生)	1936 (1941)	广西	48
15	Chefu Fm	车夫组	52-0317	$\in_{2-3}\dot{c}$	$\in_{2-3}$	湖南省区测队	1965	湖南	83
16	Chengjiang Fm	澄江组	52-0204	$Z_1\dot{c}j$	Z_1	谢家荣等	1941	云南	55
17	Chongtou Mem	*冲头段	52-0815	$P_1s^{\dot{c}}$	P_1	肖伟民等	1986	贵州	190
18	Daanzhai Mem	大安寨段	52-1006	J_1z^{da}	J_1	谭锡畴、李春昱	1933	四川	253
19	Dalong Fm	大隆组	52-0812	P_2d	P_2	张文佑、陈家天	1938	广西	197
20	Daniin Fm	*丹林组	52-0601	D_1dl	D_1	云贵石油勘探处104队	1963	贵州	143
21	Dapu Fm	大埔组	52-0705	$C_{1-2}d$	C_{1-2}	张文佑	1941	广西	170
22	Datangpo Fm	*大塘坡组	52-0206	Z_1dt	Z_1	贵州103队江荣吉	1967	贵州	57
23	Datian Mem	*大田段	52-0716	C_1j^d	C_1	贵州区调队四分队	1976	贵州	165
24	Dawan Fm	大湾组	52-0404	O_1d	O_1	张文堂、李积金等	1959	湖北	92
25	Dawuba Fm	*打屋坝组	52-0712	C_1dw	C_1	侯鸿飞等	1985	贵州	179
26	Daye Fm	大冶组	52-0908	T_1d	T_1	谢家荣	1924	湖北	225
27	Dengying Fm	灯影组	52-0211	$Z\in dy$	$Z_2—\in_1$	李四光	1924	湖北	63
28	Dongyuemiao Mem	东岳庙段	52-1004	J_1z^d	J_1	谭锡畴、李春昱	1933	四川	252
29	Douposi Fm	陡坡寺组	52-0305	$\in_{1-2}d$	$\in_{1-2}$	卢衍豪，王鸿祯 (谢家荣)	1939 (1941)	云南	69
30	Doushantuo Fm	陡山沱组	52-0209	Z_2d	Z_2	李四光	1924	湖北	61
31	Duliujiang Fm	*都柳江组	52-0320	$\in_2dl$	$\in_2$	杨敬之，钱义元 (钱义元)	1959 (1961)	贵州	86
32	Dushan Fm	*独山组	52-0605	$D_{2-3}d$	D_{2-3}	丁文江	1929	贵州	150

注：①创名人栏(　)内为介绍人，创建时间栏(　)内为介绍时间；②*查阅过原始文献。

序号	岩石地层单位名称（英文）	岩石地层单位名称（汉文）	编号	代号	地质时代	创名人或单位	创建时间	所在省	在本书页数
33	Duyantang Fm	˙独岩塘组	52-0108	Pt_2d	Pt_2	贵州区调队	1974	贵州	19
34	Ejiaao Fm	˙鹅家坳组	52-0122	Pt_3e	Pt_3	贵州103地质队	1972	贵州	37
35	Emeishan Basalt	峨眉山玄武岩	52-0810	$P_{1-2}em$	P_{1-2}	赵亚曾	1929	四川	191
36	Erqiao Fm	˙二桥组	52-0927	T_3e	T_3	丁文江	1928	贵州	249
37	Falang Fm	˙法郎组	52-0923	$T_{2-3}fl$	T_{2-3}	乐森玥	1929	贵州	241
38	Fanjingshan Gr	˙梵净山群	52-0101	Pt_2F	Pt_2	湘黔桂三省（区）前寒武系踏勘小组	1961	贵州	8
39	Fanzhao Fm	˙番召组	52-0115	Pt_3f	Pt_3	贵州区调队赵化琛等	1963	贵州	26
40	Feixianguan Fm	飞仙关组	52-0906	T_1f	T_1	赵亚曾等	1929	四川	221
41	Fulu Fm	富禄组	52-0202	Z_1f	Z_1	王曰伦 （赵金科、吴燕生）	1936 (1941)	广西	53
42	Furongba Fm	˙芙蓉坝组	52-0124	Pt_3fr	Pt_3	秦守荣等	1984	贵州	33
43	Gaicha Fm	˙改茶组	52-0920	$T_{2-3}gc$	T_{2-3}	贵州区调队四分队	1976	贵州	244
44	Gaijiao Mem	˙改交段	52-0914	P_1s^g	P_1	贵州区调队肖伟民等	1986	贵州	190
45	Gaopochang Fm	˙高坡场组	52-0609	D_3gp	D_3	贵州地质局王克勇	1976	贵州	155
46	Gaotai Fm	˙高台组	52-0306	$\in_2g$	$\in_2$	尹赞勋、谌义睿、秦鼐	1945	贵州	70
47	Gaozhaitian Fm	˙高寨田组	52-0510	S_1g	S_1	乐森玥、蒋溶	1944	贵州	111
48	Gelaohe Fm	˙革老河组	52-0611	D_3g	D_3	丁文江	1931	贵州	158
49	Gongdong Fm	拱洞组	52-0125	Pt_3g	Pt_3	广西区调队	1966	广西	31
49	Guanling Fm	˙关岭组	52-0919	T_2g	T_2	许德佑	1939	贵州	230
50	Guanziyao Fm	˙罐子窑组	52-0614	$D_{1-2}gz$	D_{1-2}	侯鸿飞、徐桂荣	1964	贵州	158
51	Guotang Fm	˙锅塘组	52-0408	$\in Og$	$\in_3—O_1$	中国科学院黔南地层队	1959	贵州	98
52	Hanjiadian Gr	˙韩家店群	52-0505	$S_{1-2}HJ$	S_{1-2}	丁文江	1930	贵州	107
53	Hecun Fm	˙河村组	52-0111	Pt_2hc	Pt_2	贵州区调队	1964	贵州	22
54	Hejiazhai Mem	˙贺家寨段	52-0620	D_3d^h	D_3	中科院南古所西南队	1974	贵州	153
55	Heshan Fm	合山组	52-0809	P_2h	P_2	张文佑、陈家天	1938	广西	194
56	Hetaoping Sub Gr	˙核桃坪亚群	52-0101	Pt_2HT	Pt_2	贵州区调院林树基	1994	贵州	17
57	Honghuayuan Fm	˙红花园组	52-0402	O_1h	O_1	张鸣韶、盛莘夫 （刘之远）	1940 (1948)	贵州	90
58	Hongzixi Fm	˙红子溪组	52-0121	Pt_3hz	Pt_3	贵州区调队	1972	贵州	36
59	Houziguan Limestone	˙猴子关灰岩	52-0802	P_1hz	P_1	王钰、盛金章等	1959	贵州	188
60	Huangcunba Mem	˙黄村坝段	52-0903	T_1y^h	T_1	尹赞勋	1944	贵州	225
61	Huanghuachong Fm	˙黄花冲组	52-0407	$O_{1-3}hh$	O_{1-3}	中科院南古所	1974	贵州	97
62	Huanglong Fm	黄龙组	52-0706	C_2h	C_2	李四光、朱森	1931	江苏	171
63	Huixiangping Fm	˙回香坪组	52-0104	Pt_2h	Pt_2	贵州区调队	1974	贵州	14
64	Huixingshao Fm	回星哨组	52-0509	S_2hx	S_2	中科院南古所	1974	四川	111
65	Huobachong Fm	火把冲组	52-0926	T_3h	T_3	孟宪民等	1936	云南	248
66	Huohong Fm	˙火烘组	52-0613	D_2h	D_2	贵州石油普查大队	1958	贵州	159

序号	岩石地层单位名称		编号	代号	地质时代	创名人或单位	创建时间	所在省	在本书页数
	英文	汉文							
67	Jiading Gr	嘉定群	52-1102	KJ	K	Heim	1930	四川	267
68	Jialao Fm	·甲劳组	52-0315	$\in_2 jl$	$\in_2$	张正华、周志毅等（张文堂）	1970（1974）	贵州	81
69	Jialingjiang Fm	嘉陵江组	52-0910	$T_1 j$	T_1	赵亚曾、黄汲清	1931	四川	227
70	Jialu Fm	·甲路组	52-0113	$Pt_3 j$	Pt_3	贵州区调队赵化琛等	1963	贵州	24
71	Jindingshan Fm	·金顶山组	52-0303	$\in_1 j$	$\in_1$	刘之远	1942	贵州	67
72	Jinzhuping Fm	·金竹坪组	52-0123	$Pt_3 jz$	Pt_3	贵州省区调院林树基	1994	贵州	34
73	Jipao Mem	·鸡泡段	52-0617	$D_2 d^j$	D_2	丁文江	1929	贵州	151
74	Jiujialu Fm	·九架炉组	52-0708	$C_1 jj$	C_1	廖士范	1957	贵州	173
75	Jiujitan Mem	·九级滩段	52-0904	$T_1 y^j$	T_1	丁文江	1928	贵州	225
76	Jiulong Gr	·九龙群	52-0109	$Pt_2 J$	Pt_2	贵州区调队赵化琛等	1963	贵州	20
77	Jiumenchong Fm	·九门冲组	52-0311	$\in_1 jm$	$\in_1$	张正华、周志毅（张文堂等）	1970（1974）	贵州	77
78	Jiusi Fm	·旧司组	52-0703	$C_1 j$	C_1	丁文江	1931	贵州	163
79	Jiuzhou Fm	·旧州组	52-1108	$K_2 j$	K_2	王克勇	1984	贵州	273
80	Jiwozhai Mem	·鸡窝寨段	52-0619	$D_2 d^{jw}$	D_2	丁文江	1929	贵州	152
81	Kaili Fm	·凯里组	52-0314	$\in_2 k$	$\in_2$	卢衍豪等	1963	贵州	79
82	Kuangjiawan Fm	·况家湾组	52-1106	$K_2 k$	K_2	王克勇	1984	贵州	271
83	Laikeshan Fm	·赖壳山组	52-0411	$O_2 lk$	O_2	贵州区调队王钢、焦惠亮	1983	贵州	101
84	Laishike Mem	赖石科段	52-0922	$T_3 fl^l$	T_3	许德佑等（陈楚震等）	1942（1979）	贵州	243
85	Lanmutan Fm	·烂木滩组	52-0410	$O_1 l$	O_1	穆恩之、朱兆玲等	1972（1979）	贵州	100
86	Laobao Fm	老堡组	52-0210	$Z\in l$	$Z_2—\in_1$	王曰伦（赵金科、张文佑）	1936（1952）	广西	62
87	Liangjiehe Fm	·两界河组	52-0203	$Z_1 lj$	Z_1	邹盛荣	1967	贵州	54
88	Liangshan Fm	梁山组	52-0804	$P_1 l$	P_1	赵亚曾、黄汲清	1931	陕西	183
89	Lijiapo Fm	·黎家坡组	52-0207	$Z_1 ljp$	Z_1	贵州区调队林树基	1964	贵州	59
90	Linghao Fm	·领薅组	52-0807	$P_{1-2} lh$	P_{1-2}	贵州区调队	1980	广西	192
91	Liujiang Fm	榴江组	52-0615	$D_3 lj$	D_3	冯景兰	1929	广西	160
92	Liuzhai Mem	·六寨段	52-0718	$C_1 j^l$	C_1	贵州区调队四分队	1976	贵州	168
93	Longdongshui Fm	·龙洞水组	52-0603	$D_2 l$	D_2	云贵石油勘探处104队	1964	贵州	148
94	Longli Fm	·隆里组	52-0118	$Pt_3 l$	Pt_3	贵州区调队赵化琛等	1963	贵州	29
95	Longmaxi Fm	龙马溪组	52-0501	OSl	$O_3—S_1$	李四光、赵亚曾	1924	湖北	101
96	Longtan Fm	龙潭组	52-0811	$P_2 l$	P_2	丁文江	1919	江苏	195
97	Longtou Fm	·垄头组	52-0915	$T_{2-3} lt$	T_{2-3}	地质部八普	1977（1979）	贵州	238
98	Longyin Fm	·龙吟组	52-0715	$P_1 ly$	P_1	贵州区调队王立亭	1973	贵州	181
99	Loushanguan Fm	·娄山关组	52-0308	$\in Ol$	$\in_2-O_1$	丁文江	1942	贵州	73

序号	岩石地层单位名称		编号	代号	地质时代	创名人或单位	创建时间	所在省	在本书页数
	英文	汉文							
100	Luolou Fm	罗楼组	52-0901	T_1l	T_1	李四光（赵金科）	1941（1959）	广西	226
101	Luzhai Fm	鹿寨组	52-0713	C_1l	C_1	冯景兰	1929	广西	179
102	Maanshan Mem	·马鞍山段	52-1005	J_1z^m	J_1	谭锡畴、李春昱	1933	四川	252
103	Majiaochong Fm	·马脚冲组	52-0506	S_1m	S_1	葛治洲、戎嘉余等	1979	贵州	108
104	Mangshan Fm	·蟒山组	52-0606	$D_{1-2}m$	D_{1-2}	乐森珺	1929	贵州	148
105	Maokou Fm	·茅口组	52-0806	P_1m	P_1	乐森珺	1929	贵州	184
106	Maotai Gr	·茅台群	52-1105	K_2M	K_2	杨登华	1945	贵州	270
107	Maotian Fm	·毛田组	52-0310	$\in Om$	$\in_3—O_1$	贵州区调队三分队	1966	贵州	76
108	Maping Fm	马平组	52-0707	C_2m	C_2	丁文江（乐森珺）	1928（1929）	广西	172
109	Meitan Fm	·湄潭组	52-0403	O_1m	O_1	俞建章	1933	贵州	91
110	Mingxinsi Fm	·明心寺组	52-0302	$\in_1m$	$\in_1$	刘之远	1942	贵州	65
111	Muhua Fm	·睦化组	52-0711	C_1mh	C_1	熊剑飞	1983	贵州	178
112	Nandan Fm	南丹组	52-0714	CPn	$C_1—P_1$	广西区调队四分队	1987	广西	180
113	Nantuo Fm	南沱组	52-0208	Z_1n	Z_1	Blackwelder	1907	湖北	60
114	Niutitang Fm	·牛蹄塘组	52-0301	$\in_1n$	$\in_1$	刘之远	1942	贵州	64
115	Palang Fm	·杷榔组	52-0313	$\in_1p$	$\in_1$	杨敬之、钱义元（中科院黔南地质队）	1959（1963）	贵州	78
116	Pengjiatun Fm	彭家屯组	52-1202	E_2p	E_2	王克勇	1984	贵州	274
117	Penglaizhen Fm	蓬莱镇组	52-1010	J_3p	J_3	杨博泉、孙万铨	1946	四川	256
118	Pingjing Fm	·平井组	52-0309	$\in_2p$	$\in_2$	贵州区调队三分队	1966	贵州	74
119	Pinglue Fm	·平略组	52-0117	Pt_3p	Pt_3	贵州区调队秦守荣等	1984	贵州	28
120	Poduan Fm	·坡段组	52-0914	T_2p	T_2	贵州区调队	1980	贵州	235
121	Qijiang Mem	綦江段	52-1002	J_1z^q	J_1	丁毅、关士聪	1942	四川	250
122	Qingshuijiang Fm	·清水江组	52-0116	Pt_3q	Pt_3	湘黔桂三省（区）前寒武系踏勘小组	1961	贵州	27
123	Qingxudong Fm	·清虚洞组	52-0304	$\in_{1-2}q$	$\in_{1-2}$	尹赞勋、谌义睿、秦鼐	1945	贵州	68
124	Qixia Fm	栖霞组	52-0805	P_1q	P_1	Richthofen	1912	江苏	184
125	Rongxi Fm	溶溪组	52-0507	S_1r	S_1	葛治洲、戎嘉余等	1979	四川	109
126	Rongxian Fm	融县组	52-0612	D_3r	D_3	田奇瑰	1938	广西	156
127	Sandaohe Fm	·三道河组	52-1101	K_1sd	K_1	王克勇	1984	贵州	266
128	Sandu Fm	·三都组	52-0322	$\in_3s$	$\in_3$	卢衍豪	1954	贵州	88
129	Sanhe Fm	三合组	52-1104	K_2s	K_2	四川航调队	1980	四川	269
130	Sanqiao Fm	·三桥组	52-0925	T_3s	T_3	丁文江	1928	贵州	246
131	Shabaowan Mem	·沙堡湾段	52-0902	T_1y^{sb}	T_1	刘之远	1941	贵州	224
132	Shangba Fm	·上坝组	52-1203	E_3s	E_3	王克勇	1984	贵州	275

序号	岩石地层单位名称		编号	代号	地质时代	创名人或单位	创建时间	所在省	在本书页数
	英文	汉文							
133	Shangsi Fm	·上司组	52-0704	$C_1\dot{s}$	C_1	丁文江	1931	贵州	169
134	Shaximiao Fm	沙溪庙组	52-1008	$J_2\dot{s}$	J_2	杨博泉、孙万铨	1946	四川	254
135	Shilengshui Fm	·石冷水组	52-0307	$\in_2\dot{s}l$	$\in_2$	贵州区调队三分队	1974	贵州	72
136	Shinao Gr	·石脑群	52-1201	$E_{2-3}\hat{S}$	E_{2-3}	毛志中、陈德琴	1979	贵州	273
137	Shiniulan Fm	石牛栏组	52-0504	$S_1\hat{s}$	S_1	丁文江 (熊永先)	1930 (1939)	四川	105
138	Shizipu Fm	·十字铺组	52-0405	$O_{1-2}\hat{s}$	O_{1-2}	乐森玥	1928	贵州	94
139	Shizishan Mem	·狮子山段	52-0917	T_2g^{sz}	T_2	王钰	1944	贵州	233
140	Shujiaping Fm	·舒家坪组	52-0602	$D_1\hat{s}$	D_1	王钰、俞昌民等	1964	贵州	147
141	Sidazhai Fm	·四大寨组	52-0801	P_1s	P_1	贵州区调队肖伟民等	1986	贵州	188
142	Sifangpo Mem	·四方坡段	52-0621	D_3y^{sf}	D_3	中科院南古所西南队	1974	贵州	154
143	Songjiaqiao Mem	·宋家桥段	52-0618	D_2d^s	D_2	丁文江	1929	贵州	152
144	Songkan Fm	·松坎组	52-0503	S_1sk	S_1	戎嘉余、杨学长	1981	贵州	104
145	Songzikan Mem	·松子坎段	52-0916	T_2g^s	T_2	丁文江	1928	贵州	232
146	Suining Fm	遂宁组	52-1009	J_3sn	J_3	李悦言、陈秉范	1939	四川	255
147	Tangbagou Fm	·汤耙沟组	52-0701	C_1t	C_1	丁文江	1931	贵州	161
148	Taojinhe Fm	·淘金河组	52-0102	Pt_2t	Pt_2	贵州区调队	1974	贵州	9
149	Tiesiao Fm	·铁丝坳组	52-0205	Z_1t	Z_1	马国干、王砚耕	1983	贵州	56
150	Tongchang Fm	·铜厂组	52-0106	$Pt_2t\dot{c}$	Pt_2	贵州区调队	1974	贵州	17
151	Tonggao Fm	·同高组	52-0409	O_1tg	O_1	中国科学院黔南地层队	1959	贵州	99
152	Tongzi Fm	·桐梓组	52-0401	O_1t	O_1	张鸣韶、盛莘夫	1940	贵州	89
153	Wangchengpo Fm	·望城坡组	52-0607	D_3w	D_3	丁文江	1929	贵州	153
154	Wayao Mem	·瓦窑段	52-0922	T_3fl^w	T_3	董卫平	1987	贵州	242
154	Waxi Fm	·洼溪组	52-0107	Pt_2w	Pt_2	贵州区调队	1974	贵州	18
155	Weining Fm	·威宁组	52-0709	$C_{1-2}w$	C_{1-2}	丁文江 (丁文江)	1928 (1947)	贵州	174
156	Wotoushan Fm	窝头山组	52-1103	K_1w	K_1	四川航调队	1980	四川	268
157	Wujiaping Fm	吴家坪组	52-0808	P_2w	P_2	卢衍豪	1956	陕西	193
158	Wuliqiao Mem	·五里桥段	52-0622	D_3y^w	D_3	中科院南古所西南队	1974	贵州	154
159	Wuye Fm	·乌叶组	52-0114	Pt_3wy	Pt_3	贵州区调队赵化琛等	1963	贵州	25
160	Wuzhishan Fm	五指山组	52-0616	$D_3w\dot{z}$	D_3	张兆瑾	1941	广西	161
161	Xiajiang Gr	·下江群	52-0112	Pt_3X	Pt_3	王曰伦	1936 (1955)	贵州	23
162	Xiangbai Fm	·祥摆组	52-0702	C_1x	C_1	贵州区调队四分队	1976	贵州	163
163	Xiaojiahe Fm	·肖家河组	52-0105	Pt_2x	Pt_2	贵州区调队	1974	贵州	12
164	Xintan Fm	新滩组	52-0502	S_1xt	S_1	Blackwelder	1907	湖北	103
165	Xintiangou Fm	新田沟组	52-1007	J_2x	J_2	四川航调队	1977	四川	253
166	Xinyuan Fm	·新苑组	52-0911	T_2x	T_2	王钰等	1959 (1963)	贵州	235

序号	岩石地层单位名称		编号	代号	地质时代	创名人或单位	创建时间	所在省	在本书页数
	英文	汉文							
167	Xiushan Fm	秀山组	52-0508	$S_{1-2}x$	S_{1-2}	中科院南古所	1974	四川	110
168	Xuanwei Fm	宣威组	52-0813	P_2x	P_2	谢家荣等	1941	云南	196
169	Xuman Fm	·许满组	52-0928	T_2xm	T_2	董卫平	1987	贵州	236
170	Yangjiawan Fm	·杨家湾组	52-0321	$\in_{2-3}y$	$\in_{2-3}$	杨敬之、钱义元等 (钱义元)	1959 (1961)	贵州	87
171	Yangliujing Mem	·杨柳井段	52-0918	T_2g^y	T_2	王钰等	1959 (1963)	贵州	233
172	Yaodeng Fm	·尧等组	52-0110	Pt_2yd	Pt_2	贵州区调队	1964	贵州	21
173	Yaosuo Fm	·尧梭组	52-0608	D_3y	D_3	丁文江	1929	贵州	154
174	Yashui Mem	·雅水段	52-0717	C_1j^y	C_1	贵州区调队四分队	1976	贵州	166
175	Yelang Fm	·夜郎组	52-0905	T_1y	T_1	丁文江	1933	贵州	223
176	Yujiagou Fm	·余家沟组	52-0103	Pt_2y	Pt_2	贵州区调队	1974	贵州	11
177	Zhalagou Fm	·渣拉沟组	52-0319	$\in_1\dot{z}$	$\in_1$	杨敬之、钱义元 (钱义元)	1959 (1961)	贵州	85
178	Zhangjiaba Fm	·张家坝组	52-0119	$Pt_2\dot{z}$	Pt_2	贵州区调所秦守荣等	1984	贵州	35
179	Zhazuo Fm	·扎佐组	52-1107	$K_2\dot{z}$	K_2	沈志达	1981	贵州	272
180	Zhenzhuchong Mem	·珍珠冲段	52-1003	$J_1z^{\dot{z}}$	J_1	谭锡畴、李春昱	1933	四川	251
181	Zhewang Fm	·者王组	52-0610	$D_3\dot{z}$	D_3	邓峰林	1963	贵州	157
182	Zhuganpo Mem	竹杆坡段	52-0921	$T_{2-3}fl^{\dot{z}}$	T_{2-3}	王钰等	1959 (1963)	贵州	242
183	Ziliujing Fm	自流井组	52-1001	J_1z	J_1	Heim	1930①	四川	249
184	Ziyun Fm	·紫云组	52-0907	T_1z	T_1	贵州区调所沈志达	1981	贵州	229

附录Ⅲ 贵州省不采用的地层单位

附录Ⅲ-1

序号	地层单位名称		编号	地质时代	创名人或单位	创建时间	所在省	不采用的理由
	英文	汉文						
1	Awengdapo Mem	阿翁大坡段	52-0666	D_2^2	云贵石油勘探处 104	1963	贵州	与宋家桥段岩性近似，分布面积不大
2	Baimashao Fm	白马哨组	52-0953	T_1	王钰、陈楚震、陆麟黄	1969	贵州	创名晚于夜郎组
3	Bainitang Bed	白泥塘层	52-0870	P_1	何立贤等	1953	贵州	与茅口组第二段(燧石灰岩段)岩性大致相同
4	Baisha Fm	白沙组	52-0557	S_1	中国科学院南古所	1974	贵州	标准地点地质构造复杂、断层多
5	Baidu Fm	摆堵组	52-0255	Z_1	贵州区调队林树基	1964	贵州	统一使用南沱组
6	Baijin Mem	摆金段	52-0759	C_1	贵州区调队	1976	贵州	与上司组和湖南的梓门桥组相当
7	Baizuo Fm	摆佐组	52-0705	C_1	贵州区调队	1963	贵州	按命名优先原则称大埔组
8	Baxian Fm	岜仙组	52-0871	P_1	贵州区调队	1979	贵州	按岩性归入领薅组
9	Bojishan Fm	簸箕山组	52-0966	T_2	地质部第八普查勘探大队	1977	贵州	未发表。现为坡坪组
10	Caohai Fm	草海组	52-0770	C_1	吴望始、张遴信、金玉玕	1974	贵州	已解体为簸箕湾组、上司组及大埔组
11	Caojiaying Fm	曹家营组	52-0883	P_2	龙家荣	1978	贵州	按岩性归入龙潭组
12	Dahekou Mem	大河口段	52-0659	D_2	王钰、俞昌民等	1964	贵州	与中国科学院黔南地层队(1959)创名的邦寨组含义相同
13	Dahekou Sub Fm	大河口亚组	52-0661	D_2	地质部第四普查勘探大队	1964	贵州	邦寨组是同名异物，很少引用
14	Daihua Fm	代化组	52-0674	D_2^3	李杰才等	1959	贵州	创名晚于广西五指山组
15	Dala Fm	达拉组	52-0764	C_2	地质部第五普查勘探大队	1962	贵州	本组是以生物带建立的，与上下地层无岩性划分标志
16	Daposhang Mem	大坡上段	52-0781	C_1	季强、魏家庸、王洪第	1988	贵州	与下伏地层岩性过渡，划归五指山组
17	Datang Fm	大塘组	52-0752	C_1	丁文江	1931	贵州	已解体为祥摆组、旧司组、上司组
18	Dawu Fm	大屋组	52-0261	Z_1	刘巽锋	1985	贵州	创名晚于铁丝坳组
19	Dayao Mem	大窑段	52-0675	D_2^3	孙云铸、沈耀庭	1965	贵州	按岩性归入五指山组
20	Dazhai Mem	大寨段	52-0864	P_1	肖伟民等	1986	贵州	与茅口组内的其它段无明显的岩石划分特征
21	Dewu Fm	德坞组	52-0761	C_1	杨式溥	1962	贵州	是根据腕足类建立的组，与上、下地层无明岩性划分标志，现称大埔组
22	Dianzishang Fm	店子上组	52-0779	C_2	张明发、康沛泉	1980	贵州	与上、下地层间的岩石划分标志不明显

序号	地层单位名称		编号	地质时代	创名人或单位	创建时间	所在省	不采用的理由
	英文	汉文						
23	Donggongsi Fusulinids limestone	董公寺纺锤虫灰岩	52-0866	P_1	乐森玥	1928	贵州	上部归茅口组，下部归栖霞组
24	Duanshan Mem	断杉段	52-0877	P_2	肖伟民	1987	贵州	与盛金章(1962)称的甘桥段岩性、层位相同
25	Duyun Fm	都匀组	52-0359	$\in_2$	卢衍豪等	1982	贵州	从未使用
26	Fengmuping Fm	枫木坪组	52-0360	$\in_2$	北京地质学院	1961	贵州	典型剖面未见顶，岩性同花桥组
27	Fengwo Mem	风窝段	52-0859	P_1	肖伟民等	1986	贵州	与包磨山组的岩性基本相同
28	Foyeshan Sandstone	佛爷山砂岩	52-0754	C_1	廖士范	1958	贵州	大致相当于祥摆组
29	Gaiyao Fm	改尧组	52-0663	D_3	贵州第八普查勘探大队	1979	贵州	创建时间晚于高坡场组
30	Gangao Fm	干稿组	52-0558	S_1	鲜思远等	1979	贵州	已解体为石牛栏组、马脚冲组、溶溪组及秀山组
31	Gangzhai Fm	杠寨组	52-0365	$\in 2$	周天荣等	1986	贵州	相当渣拉沟组上部
32	Ganqiao shale Mem	甘桥页岩段	52-0874	P_2	王钰、盛金章等	1959	贵州	属合山组内部夹层
33	Ganyintang Mem	甘荫塘段	52-0974	T_2	贵州区调队	1976	贵州	创建时间晚于关岭组
34	Gaopu Sub Fm	高铺亚组	52-0971	T_{1-2}	贵州区调队	1976	贵州	已划归关岭组
35	Gedongguan Bed	格董关层	52-0677	$D_2^3-C_1$	侯鸿飞等	1984	贵州	分布范围很小，上部灰岩属下石炭统，下部页岩为大型凸镜体，属泥盆系
36	Gezhongwu Fm	戈仲伍组	52-0351	$Z_2-\in_1$	王砚耕、尹恭正、钱逸	1979	贵州	按岩性归入灯影组
37	Goujiang Fm	苟江组	52-0756	C_1	廖士范	1988	贵州	相当于梁山组
38	Guanyindong Fusulinids limestone	观音洞纺锤虫灰岩	52-0867	P_2	乐森玥	1928	贵州	与茅口组相同
39	Guiding Fm	贵定组	52-0454	O_1	地质部第八普查勘探大队	1981	贵州	为红花园组岩性次生变化。未发表
40	Guiping Fm	桂平组	52-0262	Z_1	王砚耕	1984	贵州	相当于南沱组
41	Guiyang Fm	贵阳组	52-0973	T_2	贵州区调队	1976	贵州	已解体为坡段组、垄头组
42	Gujiao Fm	谷脚组	52-0958	T_{1-2}	贵州区调队	1976	贵州	建组层型上下两段分别在安顺及贵阳。现称紫云组
43	Haozizhai Fm	耗子寨组	52-0559	S_1	鲜思远等	1979	贵州	相当于秀山组下部
44	Hedao Mem	河道段	52-0755	C_1	秦鸿宾、黄仰州	1960	贵州	已划归祥摆组
45	Hongfeng sub Fm	红枫亚组	52-0972	T_2	贵州区调队	1976	贵州	已划归关岭组
46	Honglakong Mem	红拉孔段	52-0865	P_1	肖伟民等	1986	贵州	与大寨段无明显岩性差异
47	Houba Fm	后坝组	52-0354	$\in_3$	贵州区调队	1966	贵州	按岩性处理为娄山关组

序号	地层单位名称		编号	地质时代	创名人或单位	创建时间	所在省	不采用的理由
	英文	汉文						
48	Houchang Limestone	猴场石灰岩	52-0852	C_2—P	张正华等	1988	贵州	与猴子关灰岩、吴家坪组岩性相同
49	Houershan Fm	猴儿山组	52-0657	D_2^1	王钰、俞昌民等	1964	贵州	已解体，将原划分的段称组
50	Housuo Fm	后所组	52-0553	S_1	贵州区调队	1976	贵州	与高寨田组含义一致
51	Houtang Limestone	猴塘灰岩	52-0458	O_2	中国科学院黔南地层队	1959	贵州	实为锅塘组及同高组底部的结晶灰岩
52	Huagong Fm	花贡组	52-0857	P_1	肖伟民等	1986	贵州	与包磨山组加粱山组的岩性相同
53	Huagong Mem	花贡段	52-0783	C_2	张明发、康沛泉	1980	贵州	上部划归龙吟组，下部归南丹组
54	Huangjiawan Coalmeasure	黄家湾煤系	52-0881	P_2	乐森珥	1928	贵州	与龙潭组含义相同
55	Huanglianba Fm	黄莲坝组	52-0353	$\in_1$	张文堂等	1972	贵州	已解体为牛蹄塘组及明心寺组
56	Huanglianshu Shale	黄连树页岩	52-0467	O	张鸣韶、盛莘夫	1939	贵州	相当于五峰组，创名者提出废弃
57	Huaqiao Fm	花桥组	52-0362	$\in_2$	湖南省地质局区测队	1964	湖南	据湖南层型现在定义归车夫组
58	Huashiban Fm	滑石板组	52-0763	C_2	地质部第五普查勘探大队	1962	贵州	以生物带为标准建立，无明显岩性划分标志
59	Huaxi Fm	花溪组	52-0970	T_2	贵州区调队	1976	贵州	创名晚于关岭组，分布局限
60	Huishui Fm	惠水组	52-1151	K_2	王克勇	1983	贵州	与"惠水冰期"同名，更名况家湾组(林树基 1992)
61	Jiabang Fm	加榜(岩)组	52-0151	Pt_3	王曰伦	1936	贵州	归下江群下部
62	Jiangdonggou Fm	江洞沟组	52-0969	T_2	王钰等	1959	贵州	创名晚于边阳组
63	Jiangkou Fm	江口组	52-0253	Z_1	湘黔桂三省(区)前寒武系地层工作组	1962	贵州	未广泛采用
64	Jiaozishan Coalmeasure	轿子山煤系	52-0880	P_2	乐森珥	1929	贵州	龙潭组的同物异名
65	Jiashao Fm	加烧组	52-0251	Z_1	贵州地层古生物工作队地层组	1975	贵州	命名地平袍现名加烧属长安组(1936)上段
66	Jiazhao Fm	甲招组	52-0453	O_1	地质部第八普查勘探大队	1981	贵州	岩性、生物均与红花园组相同
67	Jibozhai Fm	鸡博寨组	52-0561	S_2	鲜思远等	1979	贵州	以生物划界，现归高寨田组
68	Jiguling Fm	鸡骨岭组	52-0562	S_1	鲜思远等	1979	贵州	以生物划界，现归秀山组
69	Jiucengpo Limestone	九层坡石灰岩	52-0470	O	彭琪黄	1942	贵州	含义不清，实为寒武系
70	Jiudianya Shale	酒店垭页岩	52-0551	S_1	丁文江等	1930	贵州	即龙溪页岩，现归龙马溪组
71	Jiulong Fm	九龙组	52-0886	P_2	罗绳武	1963	贵州	与龙潭组岩性相同

序号	地层单位名称		编号	地质时代	创名人或单位	创建时间	所在省	不采用的理由
	英文	汉文						
72	Jiuzhai Limestone	旧寨灰岩	52-0460	O_1	王曰伦等	1938	贵州	大致相当于桐梓组及红花园组
73	Jiyaopo Limestone	机要坡灰岩	52-0873	P_2	王钰、盛金章等	1959	贵州	与合山组下部岩性相同
74	Kongdonghe Fm	空洞河组	52-0780	C_2	张明发、康沛泉	1980	贵州	与上、下地层无明显岩性标志
75	Kuangjiayan Fm	况家岩组	52-0461	O_2	地质部第八普查勘探大队	1981	贵州	与烂木滩组(1977)含义一致
76	Lalan Fm	拉揽(岩)组	52-0152	Pt_3	王曰伦	1936	贵州	归下江群上部
77	Langdai Fm	郎岱组	52-0985	T_3-J_1	贺自爱等	1963	贵州	为火把冲组(1936)同物异名
78	Langdai Gr	郎岱群	52-1051	J_2	贵州区调队	1971	贵州	为火把冲组(1936)同物异名
79	Lantu Quartz sandstone	烂土石英砂岩	52-0655	D_1	计荣森、霍世诚	1939	贵州	与邦寨组(1929)的岩性相同
80	Laoganzhai Limestone	老干寨石灰岩	52-0765	C_2	丁文江创名(计荣森介绍)	1929 (1931)	贵州	相当于黄龙组(1931)
81	Laoyashan Quartz Sandatone	老鸦山石英砂岩	52-0654	D_2	西南地质局548队(即贵州石油普查大队)	1956	贵州	与蟒山组(1929)岩性相同
82	Layan Fm	拉岩组	52-0669	D_3^1	贵州第八普查勘探大队	1979	贵州	与融县组(1938)的岩性相同
83	Lebu Fm	乐埠组	52-0456	O_1	南京地质古生物研究所黔南队	1959	贵州	岩性、生物与大湾组(1959)一致
84	Leidapo Shala	雷打坡页岩段	52-0982	T_2	贵州区调队	1976	贵州	分布局限，归斩苑组
85	Leijiatun Fm	雷家屯组	52-0556	S_1	中国科学院南京地质古生物研究所	1974	贵州	与石牛栏组大致相当
86	Liangfengpo Shale	凉风坡页岩	52-0882	P_2	王钰、盛金章	1959	贵州	与龙潭组的分界线依据生物归龙潭组
87	Liangfengya Fm	凉风垭组	52-0552	S_1	尹赞勋、谌义睿	1947	贵州	分布规律及岩性变化不清
88	Lianglukou Series	两路口系	52-0267	Z_2	王曰伦	1955	贵州	相当于灯影组
89	Liangshuijing Fm	凉水井组	52-0967	T_2	贵州区调队	1966	贵州	研究程度差，相当垄头组
90	Liantuo Fm	莲沱组	52-0259	Z_1	刘鸿允	1963	湖北	湖北省已停用
91	*Lesueriila* Bed	列氏螺层	52-0463	O_2	俞建章	1933	贵州	划归湄潭组
92	Lijiawan Fm	李家湾组	52-0671	D_2	王治平	1964	贵州	依据古生物在原罐子窑下部划出，岩性界线不明显，层位上有争议
93	Lilue Fm	里略组	52-0364	$\in_2$	周天荣等	1986	贵州	相当都柳江组中下部
94	Limushan Mem	粟木山段	52-0782	C_1	季强	1987	贵州	延伸范围小，划属五指山组
95	Liingxia Mem	岭峡段	52-0667	D_2^2	云贵石油勘探处104队	1963	贵州	分布面积小，与鸡窝寨段接近
96	Linqun Fm	林群组	52-0713	C_1	贵州区调队卢重明	1963 (1989)	贵州	创名晚于鹿寨组

序号	地层单位名称		编号	地质时代	创名人或单位	创建时间	所在省	不采用的理由
	英　文	汉　文						
97	Lipingxi System	黎平系	52-0154	Z	罗绳武	1944	贵州	无具体剖面及含义
98	Lisshan Fm	利山组	52-0656	D_2	孙云铸等	1964	贵州	已解体为舒家坪组和龙洞水组
99	Liuchapo Fm	留茶坡组	52-0266	Z_2	王超翔	1949	湖南	相当老堡组
100	Liujiagang Fm	刘家港组	52-0769	C_1	张良	1981	贵州	已作为簸箕湾组的下部
101	Longhang Mem	龙场段	52-0967	T_3^1	王义刚	1983	贵州	岩性划分标志不明显
102	Longjing Fm	龙井组	52-0471	O_3	贵州区调队	1976	贵州	相当于湄潭组上部
103	Longzuiba Fm	龙咀坝组	52-0469	O_1	汪啸风	1965	贵州	相当于二桥组
104	Longtoushan Sandstone	龙头山砂岩	52-1053	T_3^2	罗绳武、蒋溶等	1944	贵州	相当于二桥组
105	Lontoushan Gr	龙头山群	52-1001	J_1	贵州区调队 1：20 万威宁幅	1973	贵州	不符合命名原则
106	Lujiazhai Mem	卢家寨段	52-0662	D_3^1	南京地质古生物研究所西南队泥盆系研究小组	1974	贵州	相当于望城坡组
107	Luomian Fm	洛棉组	52-0560	S_1	鲜思远等	1979	贵州	大致相当于秀山组中下部
108	Luosizhai Limestone	螺丝寨灰岩	52-0459	O_2	王曰伦等	1938	贵州	大致相当于大湾组
109	Lushan Fm	炉山组	52-0355	$\in_{2-3}$	蒋溶	1944	贵州	相当于娄山关组
110	Mafengpo Shale	马蜂坡页岩	52-0980	T_2	贵州区调队	1976	贵州	分布局限。归入新苑组
111	Majiang Fm	麻江组	52-0455	O_1	南京地质古生物研究所黔南队	1959	贵州	大致相当于桐梓组及红花园组
112	Malukou Shale	马路口页岩	52-0465	O_1	张鸣韶、盛莘夫	1940	贵州	岩性、生物与湄潭组相同
113	Maluping Fm	马路坪组	52-0258	Z_1	湘黔桂震旦亚界研究队	1979	贵州	相当于澄江组
114	Maluping Gr	马路坪群	52-0257	Z_1	贵州区调队	1980	贵州	相当于澄江组
115	Maocaopu Fm	茅草铺组	52-0956	T_1	丁文江	1928	贵州	未广泛使用。特征同嘉陵江组
116	Maoshajing Limestone	冒沙井石灰岩	52-0758	C_1	乐森珥	1944	贵州	层序混乱，不便使用
117	Maozhai Gr	茅寨群	52-0665	D_3	丁文江、王曰伦	1929	贵州	已细分为望城坡组及尧梭组
118	Mazongling Fm	马鬃岭组	52-0652	D_2	地质部泥盆系专题研究队	1965	贵州	属蟒山组上部
119	Mazongling Series	马鬃岭系	52-0753	$D-C_1$	乐森珥、蒋溶	1944	贵州	已解体为蟒山组、高坡场组、祥摆组、归司组、上司组。
120	Mobo Limestone	磨博灰岩	52-0876	P_2	王钰、盛金章等	1959	贵州	划分依据生物。划归吴家坪组。

序号	地层单位名称		编号	地质时代	创名人或单位	创建时间	所在省	不采用的理由
	英文	汉文						
121	Muchang Fm	木昌组	52-0357	ϵ_1	林焕令、王俊庚等	1966	贵州	渣拉沟组(1959)的同物异名
122	Mulaichong Limestone	木来冲灰岩	52-0876	P_2	王钰、盛金章等	1959	贵州	属吴家坪组上部
123	Nanmudu Conglomerate	南木渡砾岩	52-1152	K_2	刘之远	1948	贵州	无人沿用
124	Nashui Fm	纳水组	52-0851	P_1	熊剑飞、翟志强	1985	贵州	以生物带划分。岩性特征应为南丹组
125	Nierguan Mem	倪儿关段	52-0959	T_1	贵州区调队	1976	贵州	见谷脚组
126	Pingchuan Fm	平川组	52-0856	P_1	贵州区调队	1980	贵州	该组两段岩性与包磨山组和梁山组基本相同
127	Pingpao Fm	平袍组	52-0252	Z_1	贵州地层古生物工作队地层组	1978	贵州	相当长安组(1936)上段
128	Puan Fm	普安组	52-0452	O_1	地质部第八普查大队	1981	贵州	岩性与锅塘组相似
129	Qianingshan Sandstone	黔灵山砂岩	52-0989	T_3	殷鸿福	1962	贵州	创名晚于二桥组(1928)
130	Qinglong Fm	晴隆组	52-0861	P_1	张祖圻	1985	贵州	与黔西北、黔中的梁山组岩性基本相同
131	Qingyan Fm	青岩组	52-0976	T_2	李四光	1939	贵州	为分布局限、变化大的岩楔
132	Raochaguan Fm	绕茶官组	52-0563	S_2	鲜思远等	1979	贵州	其界线以生物划分
133	Rongjiang Fm	冗降组	52-0670	D_3^2	地质部第八普查勘探大队	1979	贵州	与融县组上部岩性相同
134	Rongxi Fm	溶溪组	52-0260	Z_1	杨暹和	1987	贵州	创名晚于铁丝坳组，与志留系溶溪组(1979)重名
135	Sanchalu Mem	三岔路段	52-0860	P_1	肖伟民等	1986	贵州	与黔中的梁山组(旧称栖霞组第一段)相同
136	Sanglang Fm	桑郎组	52-0672	D_3^1	贵州区调队	1961	贵州	创名晚于榴江组
137	Sanhezhen Fm	三合镇组	52-0451	ϵ-O	王刚、张碧志	1988	贵州	应归属锅塘组下部
138	Sazhi Fm	洒志组	52-0858	P_1	肖伟民等	1986	贵州	按岩性划属栖霞组
139	Shaiwa Fm	晒瓦组	52-0372	P_2	贵州区调队	1981	贵州	创名晚于领薅组
140	Shangruya Fm	上如牙组	52-0776	C_1	熊剑飞、陈隆治	1983	贵州	依据生物划分。岩性属南丹组
141	Shazigou Fm	沙子沟组	52-0777	C_1	张明发、康沛泉	1980	贵州	区域分布规律不清，暂不使用
142	Shazitang Fm	沙子塘组	52-0768	C_2	吴望始、张遴信等	1979	贵州	与下伏地层无明显划分标志，划归南丹组
143	Shilipu Fm	十里铺组	52-0772	C_2	丁文江	1947	贵州	岩性与上司组相同
144	Shizlkou Series	狮子口系	52-0155	Z_1	袁见齐、刘朋岩	1941	贵州	相当澄江组

序号	地层单位名称		编号	地质时代	创名人或单位	创建时间	所在省	不采用的理由
	英文	汉文						
145	Shizipu Limestone	十字铺灰岩	52-0868	P_1	丁文江	1929	贵州	岩性与茅口组第二段大致相同
146	Shizishanjiao Mem	狮子山脚段	52-0975	T_2	贵州区调队	1976	贵州	归垄头组下部
147	Shulbashan Mem	水坝山段	52-0854	P_1	贵州区调队	1980	贵州	与包磨山组岩性相同
148	Silikou Fm	泗里口组	52-0263	Z_1	刘鸿允	1980	贵州	相当于黎家坡组
149	Songlin Fm	松林组	52-0264	Z_2	刘鸿允	1964	贵州	相当陡山沱组上部，未广泛采用
150	Taiciqiao Fm	太慈桥组	52-0878	P_2	龙家荣	1978	贵州	以生物划分界线
151	Taozichong Fm	桃子冲组	52-0352	Z_2-$\in_1$	王砚耕、尹恭正、钱逸	1979	贵州	按岩性划归灯影组
152	Tiechang Fm	铁厂组	52-0256	Z_1	贵州区调队	1976	贵州	未广泛采用，相当于澄江组
153	Tiekuangshan Fm	铁矿山组	52-0658	D_2^1	周希云	1983	贵州	创名晚于邦寨组，少有使用
154	Tonggutan Fm	铜鼓滩组	52-0361	$\in_2$	林焕令、王俊庚、刘义仁	1964	贵州	相当敖溪组
155	Tongren Dolomite	铜仁白云岩	52-0363	$\in_3$-O_1	刘国昌	1945	贵州	已解体，现归车夫组
156	Tuanpo Gr	团坡群	52-0462	O	乐森玥、蒋溶	1944	贵州	含义不确切，无剖面又无岩性描述
157	Tunshang Mem	屯上段	52-0660	D_2	王钰、俞昌民等	1964	贵州	只在屯上村勉强可分，大范围与鸡泡段不能分
158	Waitoushan Coalmeasure	歪头山煤系	52-0885	P_1	丁文江	1914	贵州	与梁山组岩性基本相同
159	Wangjiaba Limestone	王家坝灰岩	52-0766	C_2	乐森玥	1929	贵州	原含义不清
160	Wangjiazhai Fm	汪家寨组	52-0884	P_2	田宝林、张连武	1980	贵州	与龙潭组界线依据生物，无明显的岩石划分标志
161	Wangyou Fm	王佑组	52-0668	D_2	地质部第八普查勘探大队	1978	贵州	主要依据钻井资料，分布面积不大
162	Wangyou Fm	王佑组	52-0676	C_1	王成源、王志浩	1978	贵州	分布范围很小，且与八普(1978)创建的王佑组重名
163	Wengxiang Gr	翁项群	52-0554	S	王曰伦等	1938	贵州	上、下部岩性分别与黔北韩家店群、石牛栏组相同
164	Wudang Fm	乌当组	52-0651	D_1	地质部泥盆系专题研究队	1965	贵州	与上覆马鬃岭组无显著划分标志，与蟒山群下部相同
165	Wujiang Fm	乌江组	52-0869	P_1	盛莘夫	1943	贵州	与茅口组第二段岩性大致相同
166	Wuliguan Fm	五里关组	52-0457	O_1	穆恩之、朱兆玲等	1977	贵州	岩性变化大、分布局限已归属锅塘组

序号	地层单位名称		编号	地质时代	创名人或单位	创建时间	所在省	不采用的理由
	英文	汉文						
167	Wuxun Fm	乌训组	52-0358	$\in_1$	张正华、周志毅等	1970	贵州	解体为杷榔组和清虚洞组
168	Wuyi Fm	乌衣组	52-0254	Z_1	贵州区调队	1964	贵州	剖面研究程度低，一直未被正式采用
169	Xiangiushan Limestone	香炉山灰岩	52-0664	D_3	宫景光、朱景善	1965	贵州	已解体为独山组鸡窝寨段、望城坡组及高坡场组
170	Xiangshuidong Fm	响水洞组	52-0673	D_3^1	李尚武、孔磊、刘金铭	1962	贵州	创名晚于广西榴江组
171	Xiangshuyuan Fm	香树园组	52-0555	S_1	中国科学院南京地质古生物研究所	1974	贵州	包括了松坎组和石牛栏组的一部分
172	Xianrenmiao Mem	仙人庙段	52-0863	P_1	肖伟民等	1986	贵州	与茅口组第一段岩性完全相同
173	Xiaohegou Series	小河沟系	52-0990	T_3	许德佑	1944	贵州	与火把冲组大体一致
174	Xiaojiazhuang Mem	肖家庄段	52-0960	T_1	贵州区调队	1976	贵州	见谷脚组
175	Xiaolangfengguan Fm	小浪风关组	52-0714	C_2	贵州区调队卢重明	1963 (1989)	贵州	公开发表明于南丹组
176	Xiaomichong Mem	小米冲段	52-0784	C_2	张明发、康沛泉	1980	贵州	已划归龙吟组上部
177	Xiaomitang Fm	小米塘组	52-0965	T_2	贵州区调队	1966	贵州	研究程度差，使用少
178	Xiaosai Mem	小鳃段	52-0366	$\in_1$	尹恭正	1987	贵州	划归九门冲组（上部）
179	Xiaoshan Sub Fm	小山亚组	52-0977	T_{1-2}	贵州区调队	1976	贵州	分布局限，见青岩组
180	Xiaruya Fm	下如牙组	52-0775	C_1	熊剑飞、陈隆治	1983	贵州	以生物及年代地层为建组依据。划归南丹组
181	Xiasi Flint Limestone	下司燧石灰	52-0757	$C-P_1$	乐森璕	1929	贵州	已解体为上司组、大埔组、黄龙组
182	Xiayuan Fm	下院组	52-0778	C_1	张明发、康沛泉	1980	贵州	剖面断层重复，区域变化不清楚，归南丹组
183	Ximatan Fm	洗马滩组	52-0986	T_3	刘之远	1948	贵州	相当二桥组
184	Xinguanting Fm	新官厅组	52-0773	C_1	丁文江	1947	贵州	未指出与上、下地层的划分标志
185	Xingolongchang Fm	兴隆场组	52-0957	T_{1-2}	殷鸿福	1962	贵州	与嘉陵江组同义
186	Xinpu Fm	新铺组	52-0963	T_{2-3}	乐森璕	1929	贵州	化石采集点，不符合命名原则
187	Xintugou Limestone	新土沟灰岩	52-0269	Z_2	刘之远	1942	贵州	与灯影组同义
188	Xinzhai Mem	新寨段	52-0760	C_1	贵州区调队	1976	贵州	大致相当大埔组
189	Xinzhan Sandstone	新站砂岩	52-0987	T_3	刘之远	1942	贵州	与二桥组同义

序号	地层单位名称		编号	地质时代	创名人或单位	创建时间	所在省	不采用的理由
	英文	汉文						
190	Xishui Fm	溪水组	52-0962	T_1	尹赞勋	1944	贵州	相当于关岭组
191	Xuanjiaping Coalmeasurei	宣家坪煤系	52-0879	P_2	乐森玥	1929	贵州	与合山组、大隆组岩性相同
192	Yakoutian Fm	垭口田组	52-0853	P_1	贵州区调队	1980	贵州	与包磨山组加梁山组的岩性相同
193	Yangchangguan Fm	羊场关组	52-0862	P_1	康沛泉、王成源、王志浩	1987	贵州	以生物划界，岩性不易划分，与四大寨组改交段岩性相同
194	Yangnongzhai Fm	杨能寨组	52-0472	O_1	穆恩之、朱兆玲	1977	贵州	底界与下伏地层不易区分，已归人同高组中
195	Yangshui Fm	洋水组	52-0265	Z_2	刘鸿允	1964	贵州	大区统一用陡山沱组
196	Yangtianwo Shale	仰天窝页岩	52-0466	O_1	丁文江	1930	贵州	与"湄潭页岩"相当，划入湄潭组
197	Yanguan Fm	岩关组	52-0751	D_3-C_1	丁文江	1931	贵州	已解体为革老河组、汤粑沟组
198	*Yangtzeela* Bed	扬子贝层	52-0464	O_2	俞建章	1933	贵州	用化石名称命名，不符合国际地层规范
199	Yangjingba Dolomitic limestone	盐井坝白云质石灰岩	52-0268	Z_2	袁见齐、刘明岩	1941	贵州	含义同灯影组
200	Yankong Fm	岩孔组	52-0367	ϵ_1	张正华、周志毅等	1970	贵州	相当灯影组顶部
201	Yazitang Mem	鸭子塘段	52-0771	C_1	吴望始、张遴信、金玉玕	1974	贵州	中、下部划归簸箕湾组上部划归上司组
202	Yeshan Quartzite	野山石英岩	52-0653	D_3	王曰伦、熊永先等	1938	贵州	与蟒山组的岩性相同
203	Yingshangpo Limestone Mem	营上坡灰岩段	52-0981	T_2	贵州区调队	1976	贵州	分布局限，见青岩组
204	Yinlugou Shale	银炉沟页岩	52-0767	C_2	谢家荣	1942	贵州	分布范围小，变化情况不明
205	Yongningzhen Fm	永宁镇组	52-0955	T_1	王钰、陈楚震、陆麟黄	1959	贵州	创名时间晚于嘉陵江组
206	Yulongshan Mem	玉龙山段	52-0952	T_1	丁文江	1928	贵州	相当沙堡湾段及黄村坝段
207	Yuqing Sub Fm	渔庆亚组	52-0978	T_2	贵州区调队	1976	贵州	分布局限
208	Yutang Mem	鱼塘段	52-0855	P_1	贵州区调队	1980	贵州	上部与梁山组岩性相同中下部与包磨山组岩性相同
209	Zaibian Series	宰便系	52-0153	Pt_3	罗绳武	1944	贵州	含义不清
210	Zhaojiashan Fm	赵家山组	52-0762	C_1	吴望始、张遴信、金玉玕	1974	贵州	以生物划界
211	Zhenfeng Series	贞丰系	52-0991	T_3	赵金科等	1962	贵州	含义不清
212	Zhenning Fm	镇宁组	52-0954	T_1	王钰、陈楚震、陆麟黄	1959	贵州	含义同夜郎组，创名时间晚

序号	地层单位名称		编号	地质时代	创名人或单位	创建时间	所在省	不采用的理由
	英文	汉文						
213	Zhongba Fm	中坝组	52-0774	C_1	张明发、康沛泉	1980	贵州	区域分布规律不清，暂不使用
214	Zicao Fm	梓槽组	52-0951	T_2	尹赞勋	1944	贵州	为夜郎组同物异名
215	Zitai Fm	紫台组	52-0468	O_1	中国科学院南京地质古生物研究所	1974	贵州	为大湾组同物异名，创名晚
215	Zunyi Series	遵义统	52-1052	J_{2-3}	刘之远	1948	贵州	相当自流井组至沙溪庙组，无人沿用